HISTOIRE DES SCIENCES

LA CHIMIE AU MOYEN ÂGE

OUVRAGE PUBLIÉ

SOUS LES AUSPICES DU MINISTÈRE DE L'INSTRUCTION PUBLIQUE

PAR M. BERTHELOT

SÉNATEUR, SECRÉTAIRE PERPÉTUEL DE L'ACADÉMIE DES SCIENCES

TOME II

L'ALCHIMIE SYRIAQUE

COMPRENANT

UNE INTRODUCTION ET PLUSIEURS TRAITÉS D'ALCHIMIE SYRIAQUES ET ARABES D'APRÈS LES MANUSCRITS DU BRITISH MUSEUM ET DE CAMBRIDGE

TEXTE ET TRADUCTION

AVEC NOTES, COMMENTAIRES, REPRODUCTION DES SIGNES ET DES FIGURES D'APPAREILS, TABLE ANALYTIQUE ET INDEX

AVEC LA COLLABORATION

DE M. RUBENS DUVAL

MEMBRE DE LA SOCIÉTÉ ASIATIQUE

PARIS

IMPRIMERIE NATIONALE

M DCCC XCIII

HISTOIRE DES SCIENCES

LA CHIMIE AU MOYEN ÂGE

II

OEUVRES DE M. BERTHELOT.

OUVRAGES GÉNÉRAUX.

La Synthèse chimique, 6e édition, 1887, in-8°. Chez Félix Alcan.

Essai de Mécanique chimique, 1879, 2 forts volumes in-8°. Chez Dunod.

Sur la force des matières explosives d'après la Thermochimie, 3e édition, 1883, 2 volumes in-8°. Chez Gauthier-Villars.

Traité élémentaire de Chimie organique, en commun avec M. Jungfleisch, 3e édition, 1886, 2 volumes in-8°. Chez Dunod.

Science et Philosophie, 1886, in-8°. Chez Calmann-Lévy.

Les Origines de l'Alchimie, 1885, in-8°. Chez Steinheil.

Collection des anciens Alchimistes grecs, texte et traduction, avec la collaboration de M. Ch.-Ém. Ruelle, 1887-1888, 3 volumes in-4°. Chez Steinheil.

Introduction à l'étude de la Chimie des anciens et du moyen âge, 1889, in-4°. Chez Steinheil.

La Révolution chimique, Lavoisier, 1890, in-8°. Chez Félix Alcan.

Traité pratique de Calorimétrie chimique, 1893, in-18. Chez Gauthier-Villars et G. Masson.

LEÇONS PROFESSÉES AU COLLÈGE DE FRANCE.

Leçons sur les méthodes générales de Synthèse en Chimie organique, professées en 1864, in-8°. Chez Gauthier-Villars.

Leçons sur la Thermochimie, professées en 1865. Publiées dans la *Revue des Cours scientifiques*. Chez Germer-Baillière.

Même sujet, en 1880. *Revue scientifique*. Chez Germer-Baillière.

Leçons sur la Synthèse organique et la Thermochimie, professées en 1881-1882. *Revue scientifique*. Chez Germer-Baillière.

OUVRAGES ÉPUISÉS.

Chimie organique fondée sur la Synthèse, 1860, 2 forts volumes in-8°. Chez Mallet-Bachelier.

Leçons sur les Principes sucrés, professées devant la Société chimique de Paris en 1862, in-8°. Chez Hachette.

Leçons sur l'Isomérie, professées devant la Société chimique de Paris en 1863, in-8°. Chez Hachette.

HISTOIRE DES SCIENCES

LA CHIMIE AU MOYEN ÂGE

OUVRAGE PUBLIÉ

SOUS LES AUSPICES DU MINISTÈRE DE L'INSTRUCTION PUBLIQUE

PAR M. BERTHELOT

SÉNATEUR, SECRÉTAIRE PERPÉTUEL DE L'ACADÉMIE DES SCIENCES

TOME II

L'ALCHIMIE SYRIAQUE

COMPRENANT

UNE INTRODUCTION ET PLUSIEURS TRAITÉS D'ALCHIMIE SYRIAQUES ET ARABES

D'APRÈS LES MANUSCRITS DU BRITISH MUSEUM ET DE CAMBRIDGE

TEXTE ET TRADUCTION

AVEC NOTES, COMMENTAIRES, REPRODUCTION DES SIGNES ET DES FIGURES D'APPAREILS,

TABLE ANALYTIQUE ET INDEX

AVEC LA COLLABORATION

DE M. RUBENS DUVAL

MEMBRE DE LA SOCIÉTÉ ASIATIQUE

PARIS

IMPRIMERIE NATIONALE

M DCCC XCIII

TABLE DES DIVISIONS.

INTRODUCTION.

I

La culture hellénique se répandit en Syrie et en Mésopotamie, à la suite des conquêtes d'Alexandre et de la fondation des grandes cités grecques, depuis la côte jusqu'à la région du Tigre. Mais elle demeura liée à la langue grecque elle-même, jusqu'au moment où la propagation du christianisme rendit nécessaire au peuple syrien la connaissance de l'Ancien et du Nouveau Testament dans sa langue native : ainsi fut faite, vers la fin du IIe siècle de notre ère, la version Peshito, l'un des plus vieux monuments de la littérature syriaque. Bientôt les ouvrages des Pères grecs, les décrets et canons des conciles furent également traduits, et leur étude poursuivie dans des académies, où la connaissance des sciences profanes se mêlait avec celle de l'Écriture sainte. Édesse devint le siège de la plus ancienne de ces académies et de sa bibliothèque. Au milieu du Ve siècle, Cumas et Probus y traduisirent du grec en syriaque les œuvres d'Aristote et divers livres relatifs aux arts libéraux : grammaire, rhétorique, dialectique, arithmétique, géométrie, astronomie, médecine. Mais les dissensions religieuses, issues de l'hérésie de Nestorius, amenèrent la ruine de cette première académie. Dès 432, l'évêque d'Édesse, Rabula, en expulsa les docteurs. Rétablis par Hiba, son successeur, ils furent définitivement

IMPRIMERIE NATIONALE.

exilés comme Nestoriens sous l'évêque Cyrus, par l'ordre de l'empereur Zénon, qui détruisit l'académie en 489. Justinien persécuta également les philosophes, héritiers de la culture païenne, et ferma l'École d'Alexandrie. Les fugitifs se réfugièrent en Perse, et, sous la protection des Sassanides, souverains de ce pays, les Syriens donnèrent une nouvelle vie à l'École déjà existante de Nisibe et fondèrent celle de Gandisapora, dite *École hippocratique,* fort en faveur au temps des Chosroès.

Si l'on ajoute à cette liste l'École de Harran, siège des Sabéens, adorateurs des astres et derniers héritiers de la culture babylonienne, on aura une idée du centre scientifique qui s'était formé en Mésopotamie, vers le ve siècle de notre ère, et qui subsista jusqu'au xie siècle, époque à laquelle il fut détruit par le fanatisme musulman. Mais, auparavant, il avait eu le temps d'exercer sur les conquérants arabes une influence profonde.

Les écoles syriaques, en particulier, étaient consacrées à l'étude d'Aristote, des sciences et de la médecine; elles exécutèrent de nouvelles traductions du grec et perfectionnèrent les anciennes. Dans le cours de ces péripéties, qui montrent au milieu de quelles aventures se poursuivait alors la culture scientifique, les Jacobites ou Monophysites, autre secte chrétienne, rivale des Nestoriens, cultivaient les mêmes études dans leurs écoles de Resaïn, en Mésopotamie, et de Kinnesrin, en Syrie. Parmi eux on compte Sergius, évêque-médecin, qui vivait au vi^e^ siècle[1]; il s'adonna aussi à la traduction des philosophes et des médecins, et composa des commentaires sur la dialectique, dédiés à Théodore. Nous rencontrons le nom de Sergius cité

[1] Assemani, *Bibl. orientale,* t. III, p. 323 et passim; c'est la source principale. Voir aussi Wenrich, sur les traductions syriaques, arabes, etc., des auteurs grecs. Leipzig, 1842; — Renan, *De philosophia peripatetica apud Syros,* 1852.

dans les traités alchimiques grecs qui portent le nom du Chrétien[1], traités offrant également le caractère de commentaires, plutôt que celui d'œuvres originales. L'alchimie, aussi bien que l'astrologie, appartenait aux sciences de l'époque, au même titre que la médecine et les mathématiques, et elles étaient cultivées par les mêmes personnes. C'est sans doute aux travaux pratiques de ces alchimistes que l'on peut rapporter l'invention du feu grégeois, employé en 673 par Callinique, d'Héliopolis en Syrie.

Les savants syriens jouaient déjà un rôle fort important comme intermédiaires entre les souverains persans et les empereurs de Constantinople : ils furent plus d'une fois envoyés par les premiers comme ambassadeurs. Mais leur autorité devint plus grande encore, lorsque les Arabes eurent conquis la Perse et la Syrie. Ils furent surtout en faveur auprès des califes Abbassides, héritiers de la tradition et de la civilisation persane. Les califes recherchaient les savants syriens, à cause de leur habileté médicale; leur rôle était multiple, car ils figurent comme médecins, ingénieurs civils et militaires, astrologues, trésoriers, gouverneurs de ville, etc. On trouve à cet égard des détails circonstanciés dans la Bibliothèque orientale d'Assemani. Mais je n'ai pas à entrer ici dans le développement de cette histoire, si ce n'est pour rappeler combien le rôle de ces personnages fut favorable au développement de la culture scientifique. Or toute leur science venait des Grecs, et c'est par leur intermédiaire que la doctrine grecque a passé aux Arabes. Les califes se procurèrent, soit par achat à Constantinople, en Égypte, en Arménie, soit par conquête, lors de la prise des villes telles que Ancyre, Amorium, etc., un grand nombre d'œuvres

[1] *Coll. des Alch. grecs*, trad., p. 110, 111, 296. Le nom de Théodore y figure aussi, p. 208, et dans la dédicace de cette collection, p. 4.

grecques et ils les firent traduire d'abord en syriaque et plus tard directement en arabe.

Ainsi procédèrent successivement, depuis le milieu du VIIIe siècle jusque vers la fin du siècle suivant, les califes Al-Mansour, Al-Mahdi, Al-Hadi, Haroun-al-Raschid, Al-Amin, Al-Mamoun, Al-Moutasim, Al-Wathik, Al-Moutawakkil, que leur tolérance et leur goût pour les sciences profanes firent plus d'une fois accuser d'hérésie par les croyants rigides. Ils fondèrent à Bagdad des académies ou écoles et ils y appelèrent les savants. Honein ben Ishak (809-877), en particulier[1], devint le médecin favori de Al-Moutawakkil, après avoir été mis en prison par lui pendant un an, parce qu'il avait refusé de composer un poison. Il fut nommé en même temps président de la Commission chargée de traduire les ouvrages scientifiques des Grecs, traductions faites du grec en syriaque et en arabe, parfois dans les deux langues. Les unes de ces traductions étaient nouvelles, les autres exécutées en remaniant et perfectionnant les traductions antérieures, notamment celles de Sergius. Telles furent les versions d'Euclide, Archimède, Apollonius l'Astronome (?), Ptolémée, dans l'ordre mathématique; celles de Hippocrate, Dioscoride, Galien, Aristote, Théophraste, Oribase, Paul d'Égine, Alexandre d'Aphrodisie, dans l'ordre naturaliste. Toutes ces traductions furent alors faites, ou revisées, soit par Honein, soit sous sa direction. Son fils et son neveu, parfois confondus avec lui, poursuivirent cette œuvre. Il s'accomplit donc à cette époque, autour des califes Abbassides, un travail de compilation et de concentration des résultats de la science antique, parallèle à celui qui avait lieu à Constantinople. C'est probablement à ce double travail pour-

[1] *Johannitius* des Latins.

suivi pendant trois siècles, du VIIe au Xe siècle, que sont dues, d'un côté, la *Collection des Alchimistes grecs*, sous sa première forme (compilation du Chrétien[1]), et, d'autre part, les *Alchimies syriaques*, que nous publions en ce moment, ou du moins leurs premières sections. Ces traités syriaques ont été constitués en grande partie à l'aide de documents antérieurs, remontant au temps de Sergius, tels que la traduction de la Chrysopée et de l'Argyropée du Pseudo-Démocrite, celles des Livres de Zosime, des Lettres de Pébéchius, etc.; documents qui auront été étendus et complétés par des gloses et commentaires plus récents. Ils sont d'autant plus précieux que la plupart des traductions syriaques des auteurs grecs ont péri, étant tombées hors d'usage par suite de l'existence des traductions arabes. Les écoles syriaques, si florissantes au VIIIe siècle, deviennent languissantes vers la fin du IXe siècle; bien qu'elles se soient prolongées jusqu'au temps de Barhébræus, mort en 1286, qui composa encore de nombreuses compilations scientifiques.

La seconde partie de notre *Alchimie syriaque* semble répondre à cette dernière période; elle est écrite en partie en arabe, en partie en syriaque, et les connaissances qu'elle renferme répondent à peu près à celles d'Ibn Beithar et des traductions latines des traités arabes de matière médicale.

J'ai relevé quelques indications relatives à l'alchimie dans la Bibliothèque orientale d'Assemani et chez les autres savants cités plus haut. Déjà dans un hymne de saint Éphrem au IVe siècle[2], hymne destiné à réfuter les astrologues chaldéens, on trouve ces mots caractéristiques : *Thesauropœorum personam gessere justi, dum majestatis opes humanæ naturæ reserarunt*,

[1] *Coll. des Alch. grecs*, trad., notice sur la compilation du Chrétien, p. 375 et suiv. — [2] Assemani, t. I, p. 122.

elementis ad natum obsequentibus : « Les justes accomplirent la même œuvre que les faiseurs d'or, en révélant les richesses de la majesté (divine) à la nature humaine, et faisant obéir les éléments à leur volonté. » La tradition des Sabéens d'Harran (héritiers des Chaldéens) comprenait en effet les relations astrologico-alchimiques[1] des métaux avec les planètes; le rôle d'Hermès Trismégiste était aussi revendiqué par eux. Mais ces Sabéens idolâtres étaient en rivalité et controverse avec leurs voisins, les Syriens chrétiens.

Nous rencontrons aussi, parmi les traductions faites d'abord en syriaque, puis en arabe, le titre d'un traité attribué à Démocrite : *De corporum solutione in partem individuam :* « Sur la résolution des corps en leurs éléments séparés (?) », lequel paraît être alchimique; il est cité à côté d'un traité d'agriculture, mis sous le nom du même auteur et traduit en arabe. Ebed Jésus avait également traduit en syriaque la prétendue lettre d'Aristote à Alexandre sur le grand Art[2], ouvrage dont nous possédons, ce semble, dans le *Theatrum chemicum* une interprétation latine[3], entremêlée de gloses et d'interpolations faites par les moines du moyen âge : le nom syrien d'Antiochus y figure en effet, avec des commentaires singuliers, qui semblent d'origine orientale. Dans un livre de biographie médicale, par Ebn Abi Osaïbiya (1203-1269), livre tiré lui-même d'un ouvrage de Mohamed ben Ishak, qui va jusqu'en 987, il existe un chapitre sur les alchimistes. Presque toutes ces traductions syriaques sont perdues.

Cependant nous avons pu retrouver dans les bibliothèques d'Angleterre trois manuscrits alchimiques syriaques, d'une grande importance : deux au British Museum, un autre à la

[1] *Origines de l'Alchimie*, p. 48. — [2] Assemani, t. III, p. 361. — [3] *Origines de l'Alchimie*, p. 144. — *Theatrum chemicum*, t. V, p. 880. Antiochus est cité p. 886.

bibliothèque de l'Université de Cambridge. Entrons dans quelques détails à cet égard.

II

Les deux premiers manuscrits représentent une copie du même texte; l'autre, celui de Cambridge, est plus original. Une notice spéciale sur les trois manuscrits, rédigée par M. Rubens Duval, fait suite à la présente introduction. Parlons d'abord des deux premiers manuscrits, qui se trouvent au British Museum; ils renferment une Alchimie syriaque manuscrite, pleine de précieux renseignements pour l'histoire de la science. La copie est du XVIe siècle; mais l'ouvrage paraît remonter vers le temps des Abbassides. En tout cas, il se rattache étroitement à la tradition grecque, d'après l'examen que j'ai pu faire de son contenu. En effet, j'en ai fait prendre une copie à Londres, avec l'aide de M. l'abbé Graffin, et M. Rubens Duval, dont les savants connaissent la compétence spéciale en cette matière, a eu l'obligeance d'en exécuter, à mon intention, une traduction littérale, que j'ai revisée ensuite, au point de vue technique, de façon à lui donner, autant que faire se peut, un sens scientifique. Cet ouvrage est précieux pour l'histoire de la chimie, et il se rattache directement à la tradition des alchimistes grecs d'Égypte et de Constantinople.

L'ouvrage est partagé en deux parties distinctes, d'importance et de date différentes, et que je vais examiner successivement.

La *première partie* (texte syriaque) occupe 56 folios, ou pages doubles, dans le manuscrit A, le plus complet des deux manuscrits du British Museum; 164 pages dans la copie que j'en ai fait faire et que M. Rubens Duval a bien voulu reviser sur les manuscrits. Elle est écrite entièrement en langue syriaque et

forme un traité régulier, sous le nom de *Doctrine de Démocrite*, exposée en dix livres. Elle est remplie de mots grecs, qui sont appliqués à presque toutes les substances minérales et drogues mises en œuvre, avec un petit nombre de locutions tirées de l'arabe : double genre d'emprunts qui précisent la date de la composition de l'ouvrage. Cette date résulte également du contenu, le même en substance que celui de la *Collection des Alchimistes grecs*, avec moins de richesse dans les emprunts faits aux vieux auteurs, mais avec une coordination plus méthodique. La *Doctrine de Démocrite* est une compilation, faite à l'époque où les Byzantins réduisirent en forme d'extraits et de résumés systématiques les auteurs de l'antiquité; ainsi qu'on le voit dans les ouvrages de Photius, de Suidas, dans les collections de Constantin Porphyrogénète, etc. Elle débute, de même que notre *Collection des Alchimistes grecs*, par un exposé des signes, notations et nomenclature : ce qui caractérise la nature de l'ouvrage. Mais la première partie de l'*Alchimie syriaque* ne renferme pas les plus vieux traités des alchimistes grecs, à l'exception de ceux du Pseudo-Démocrite et de quelques lignes extraites de Synésius. On y trouve seulement indiqués les noms de Pébéchius et de Diogène, à l'exclusion de ceux de Zosime[1], d'Olympiodore ou autres. Par sa composition, cette partie rappelle particulièrement les compilations du Chrétien et de l'Anonyme, compilations qui paraissent voisines du temps de Stéphanus[2], c'est-à-dire écrites du VIe au VIIIe siècle de notre ère.

La première partie de ces traités d'*Alchimie syriaque* est un livre de même caractère et de date voisine; elle renferme à peine quelques mots arabes.

(1) Celui-ci est nommé une seule fois dans la deuxième partie du manuscrit du British Museum. Mais ses œuvres forment une grande partie du manuscrit de Cambridge.

(2) *Coll. des Alch. gr.*, trad., p. 378, 379.

L'ouvrage syriaque débute par un court *Avis préliminaire*, sur son objet, les accidents qui entravent le succès, la pureté nécessaire à l'opérateur, etc.; puis vient l'indication des propriétés générales des agents qu'il convient de connaître, indication traduite ou imitée d'un passage analogue de Démocrite l'Alchimiste. Suivent les *signes*, *notations* et *noms*, nécessaires à connaître pour l'intelligence de l'ouvrage; ils sont en grande partie tirés des listes analogues, qui figurent en tête de la *Collection des Alchimistes grecs*. On y rencontre spécialement cette nomenclature des métaux et de leurs dérivés : limaille, feuille, rouille, métal brûlé, etc., première ébauche des nomenclatures méthodiques de notre temps; j'y consacrerai tout à l'heure une notice particulière, pour ne pas trop allonger le présent paragraphe. Tout celà est caractéristique : car ni les Latins, ni leurs maîtres les Arabes, ne nous ont transmis de liste méthodique de signes de cette espèce.

Commence alors la *Doctrine* de Démocrite le Philosophe.

Le *Livre premier* (Chrysopée) est traduit fidèlement, sauf certaines omissions, de la Chrysopée grecque du Pseudo-Démocrite; les noms mêmes des substances y sont conservés.

Le *Livre deuxième* (Argyropée) est également traduit, mais avec des suppressions.

On lit à la suite, sous forme d'appendice, divers articles sur la pierre philosophale, la comaris de Scythie, le mercure, le minium, la teinture de la laine, celle du plomb, de l'étain, de l'argent; articles analogues, mais non identiques à ceux des alchimistes grecs. Un autre chapitre est relatif à la préparation des verres colorés et pierres précieuses artificielles, sujet qui fait aussi l'objet d'articles chez les alchimistes grecs et qui était traité dans des ouvrages de Démocrite, déjà cités par Sénèque.

Le *Livre troisième* commence alors : c'est une collection de

préparations sur le cinabre, le cuivre brûlé, la malachite dorée, le vinaigre, le mélange des couleurs, les espèces tinctoriales. Ces recettes rappellent à la fois celles que j'ai rattachées aux ouvrages grecs de Zosime et celles du papyrus gréco-égyptien de Leyde.

Le *Livre quatrième* est du même ordre, mais d'une physionomie plus alchimique : il comprend le traitement du mâle (arsenic) et de la femelle (mercure); la teinture de l'étain et du cuivre; le blanchiment et le jaunissement de la pyrite; la fusion du fer indien.

Le *Livre cinquième* a un caractère singulier; on pourrait l'intituler : *Sur les œufs*. Il est, en effet, consacré à la préparation de l'élixir philosophique, au moyen des œufs : ceux-ci représentent une notion demi-réelle, demi-symbolique et mystique, qui joue un grand rôle chez les alchimistes grecs, surtout chez le Chrétien et l'Anonyme. Les préparations exposées dans l'*Alchimie syriaque* sont plus nettes et plus positives que chez les Grecs; la teinture (superficielle) de l'or et de l'argent y est exposée.

Dans le *Livre sixième*, on lit une suite de recettes sur la *Diplosis*, opération destinée à doubler le poids de l'or ou de l'argent, soit réellement, soit par l'addition d'un métal étranger; sur les élixirs, l'huile et la chaux tirées des œufs; sur la magnésie des alchimistes; sur l'acide arsénieux, le plomb brûlé, l'étain brûlé, le cuivre brûlé, le sublimé mercuriel, diverses préparations relatives au vinaigre, à l'urine incorruptible, à la chaux des sages, à la purification de l'étain, du plomb, du soufre, etc. Une partie de ces recettes ressemble à celles du papyrus de Leyde et plus encore à celles de la Chimie de Moïse. On y trouve encore, en appendice, des dires de Démocrite sur l'animal à deux faces — ce qui s'applique aux deux espèces de

mercure (vif-argent et arsenic métallique); — sur l'action de l'arsenic sublimé et des métaux, pour blanchir le cuivre, amollir le fer, priver l'étain de son cri, durcir le plomb, etc.

Le *Livre septième* revient sur l'Argyropée, avec des recettes nouvelles; et le *Livre huitième* traite de la Chrysopée. Ce sont des sortes de doublets des livres I et II. On y expose quelles sont les substances qui jaunissent, comment on réalise le changement en or de l'argent, du plomb, du cuivre, de l'étain, etc. : toutes recettes de faussaires, comme les recettes d'asem dans le papyrus de Leyde.

Dans le *Livre neuvième*, on voit apparaître, pour la première fois, l'indication de doctrines mystiques, qui semblent empruntées à Synésius; quoique la rédaction soit un peu différente. Il s'agit encore des deux mercures tirés du cinabre (notre mercure) et de la sandaraque (arsenic métallique sublimé); puis l'auteur parle du mercure quintessencié des philosophes.

C'est le seul passage théorique de tout l'ouvrage, le reste étant d'ordre pratique. Là aussi est cité Pébéchius, vieil auteur alchimique qui semble avoir été aussi désigné sous le nom d'Horus. Diogène, Démocrite et Pébéchius sont les seuls auteurs cités nominativement dans le Traité de syriaque que nous analysons. Encore le nom de Démocrite a-t-il été remplacé dans certains endroits par celui d'Hippocrate, confusion facile pour des copistes habitués aux ouvrages médicaux. Mais c'est là une erreur du copiste, l'ordre et la nature des matières obligeant à lire Démocrite.

Après ces développements généraux, nous rentrons dans toutes sortes de recettes pratiques : préparation du mercure à froid, dans un mortier de plomb, ou bien de cuivre; épreuve de l'argent. Les eaux de soufre, ou eaux divines, qui jouent un si grand rôle chez les Grecs pour blanchir les métaux (change-

ment apparent en argent), ou pour les jaunir (changement en or), apparaissent ici en nom pour la première fois.

Enfin, le *Livre dixième* semble avoir été ajouté après coup. Il offre un caractère tout différent, étant consacré à des préparations techniques positives, telles que la céruse, le minium, la litharge, le plomb brûlé, le vert-de-gris, le fer indien, le cinabre, la fusion et la coloration des verres; la production de rubriques pour teindre les métaux superficiellement au moyen de l'orpiment, du réalgar, du soufre de Mélos, de la pyrite, du prétendu alun de safran, c'est-à-dire de l'acide arsénieux préparé avec l'orpiment, etc.; les traitements divers de l'or, de l'argent, de l'étain, du plomb, de l'arsenic, des pyrites, du mercure.

L'ouvrage se termine par un certain nombre de figures d'appareils de distillation, de sublimation et de digestion, propres à éclaircir la description des opérations : je les ai fait photographier, et je les ai interprétées et rapprochées des figures des alchimistes grecs.

En résumé, cet ouvrage représente une compilation de procédés et recettes alchimiques antiques, traduites du grec vers le VIIe, le VIIIe ou le IXe siècle, et appartenant à la même famille que la *Collection des Alchimistes grecs*. Il complète les notions contenues dans celle-ci et précise les sources de l'alchimie arabe. Un certain nombre de ces recettes ont passé d'ailleurs, à peu près sans changement, jusque chez les auteurs alchimistes latins du XIIIe siècle, établissant ainsi la filiation et la continuité des pratiques chimiques depuis l'antiquité.

III

SUR LES SIGNES ET NOTATIONS.

La liste des signes et notations mérite une attention particulière. En effet, cette liste se retrouve à peu près intégralement dans celles des alchimistes grecs; elle est même moins étendue. En outre, la plupart des signes sont les mêmes, à cela près qu'ils ont été inclinés d'un quart de cercle, c'est-à-dire que les signes verticaux du grec sont devenus horizontaux. A simple vue, la filiation est évidente. Mais les signes du manuscrit syriaque ne présentent plus cette ordonnance méthodique, qui caractérise le début de la liste du plus vieux manuscrit grec, celui de la bibliothèque de Saint-Marc[1]. Au lieu d'y lire les signes des métaux distribués dans un ordre régulier: or, argent, cuivre, fer, plomb, étain, et suivis chacun de leurs dérivés, tels que : terre ou minerai, limaille, feuille, métal brûlé, alliages, rouille (les signes divers des produits de la matière médicale et autres ayant été transcrits seulement à la suite), on ne rencontre plus dans l'Alchimie syriaque que des signes brouillés dans leur ordre et confondus par les copistes. Cet accident est également arrivé aux listes des manuscrits grecs les plus récents[2].

Par exemple, nous lisons dans le traité syriaque : la limaille de cuivre;

Plus loin : le signe du cuivre, réservé au laiton;

Quelques lignes après : les feuilles de cuivre;

Après une ligne intercalaire : le cuivre brûlé.

Puis viennent : le minerai de fer;

[1] *Introd. à la Chimie des anciens*, p. 104. — [2] *Ibid.*, p. 96.

Après deux lignes intercalées : les feuilles de fer;

Après quatre lignes encore : la rouille de fer;

Dix lignes plus loin : le fer.

L'étain apparaît sous deux signes différents, intercalés entre la limaille et les feuilles de cuivre. Son nom est répété plus loin, sous la rubrique de la planète Jupiter, en même temps que celui de l'électrum; métal auquel cette planète était consacrée à l'origine, avant de devenir, vers le VIIe siècle, celle de l'étain.

Le nom de *plomb blanc* est d'ailleurs donné à l'étain comme synonyme, conformément à la tradition antique.

Après la rouille de fer, reparaissent les feuilles d'étain;

Plus loin, après le fer, l'étain brûlé.

Le signe du plomb ne figure pas dans la liste actuelle, quoiqu'on y trouve son nom deux lignes plus bas, après l'étain brûlé.

Un peu plus bas : les feuilles de plomb;

Deux lignes après, la rouille de plomb;

Deux lignes encore, le plomb brûlé.

Et plus loin le molybdochalque (alliage de cuivre et de plomb).

Observons encore que les noms de l'or et de l'argent sont sous-entendus, à la suite des signes du soleil et de la lune : mais ils sont continuellement désignés par ces signes dans le corps de l'ouvrage, précisément comme chez les Grecs; ce qui ne laisse place à aucune incertitude.

On voit que la nomenclature métallique est la même; mais l'ordre des noms est confondu, comme dans un jeu de cartes mal battu : les signes ont été parfois tellement défigurés, qu'ils sont devenus méconnaissables.

Le nom du ciel, de la terre, du jour, de la nuit y figurent pareillement et avec les mêmes signes que chez les Grecs. De même les noms de l'huile de raifort, de l'huile de ricin, du

vinaigre, de la magnésie, du séricon, de la couleur bleue, de la soudure d'or, de l'ocre, du verre, de l'alun lamelleux, de la couperose, du safran de Cilicie, du soufre sous ses formes diverses, de la chalcitis (minerai pyriteux de cuivre, qui reparaît deux fois), ainsi que la sandaraque (sulfure d'arsenic rouge, ou réalgar) et le cinabre. Beaucoup de ces noms sont même donnés en langue grecque dans le texte syriaque.

Tout ceci démontre une parenté étroite, sauf la confusion jetée par les copistes.

Après cette liste, où chaque nom, ou à peu près, est accompagné par son signe, on en rencontre une autre, formée également de noms grecs, mais sans leurs signes, et dont plusieurs reproduisent les noms précédents.

La liste des sept planètes avec leurs signes est donnée ensuite. Une liste analogue figure dans la *Collection des Alchimistes grecs*, traduction, p. 25.

Les signes sont les mêmes en général, et ils établissent une relation identique entre les planètes et les métaux : ce qui est important pour les signes de Jupiter rapporté à l'étain, et d'Hermès rapporté au mercure, attribution qui date du ve ou du vi^e^ siècle, ainsi que je l'ai montré[1]. Mais les autres désignations sont différentes; notamment la liste des noms des divinités babyloniennes : Bel (étain, Jupiter), Bilati (Vénus, cuivre), Camoch (plomb, Saturne), Nebo (mercure), liste due sans doute aux Sabéens d'Harran. Elle n'existe pas dans le texte grec; tandis que, par contre, les attributions de minéraux ne se lisent pas dans le texte syriaque. Une autre différence très essentielle, c'est l'attribution des quatre éléments : feu, air, eau et terre, à quatre planètes, dans le texte syriaque; attribution

[1] *Introd. à la Chimie des anciens*, p. 84 et 94.

qui ne figure pas dans le texte grec, les éléments n'ayant pas de signe propre chez les alchimistes grecs.

Les douze signes du zodiaque représentent un système particulier d'astrologie alchimique, non relaté chez les alchimistes grecs venus jusqu'à nous, quoiqu'on en trouve la trace au moyen âge chez les Latins.

Cette liste est suivie par une autre, mise là comme au hasard, renfermant quelques noms de minéraux et de drogues, avec leurs signes. Puis vient une série de noms grecs de drogues et substances diverses.

On lit alors de petits traités plus méthodiques, relatifs aux sept terres, aux douze pierres, employées comme remèdes et amulettes, aux dix-neuf pierres jouant le rôle de matières tinctoriales et employées pour colorer le verre, etc.

Pour compléter ces notions et ces nomenclatures, nous avons cru utile d'insérer ici des notices alchimiques, tirées du *Lexique syriaque de Bar Bahloul,* notices relatives aux métaux, à leurs dérivés, aux minéraux, aux douze signes du zodiaque, etc.

IV

Venons à la *seconde partie* du manuscrit du British Museum, c'est-à-dire au Traité arabe écrit en caractères syriaques. Ce traité va du folio 56 (verso) du manuscrit A au folio 99 (verso), soit 43 folios ou pages doubles. Dans la copie il occupe 49 pages. Il est écrit, je le répète, en majeure partie en langue arabe, mais avec des portions en langue syriaque; le tout d'ailleurs en caractères syriaques, du même alphabet que ceux de la première partie.

Le mélange des deux langues nous reporte à l'époque où

les Abbassides firent traduire les œuvres scientifiques grecques, d'abord en syriaque et plus tard en arabe.

Cette seconde partie constitue donc une addition de date postérieure : ce que confirme la nature des faits qui y sont rapportés, quoique certains articles se rattachent étroitement avec ceux de la première partie, par les sujets et la rédaction. C'est une compilation non digérée de morceaux d'origine et de date diverses, ajoutés à la suite les uns des autres. Tout examen fait, elle me paraît voisine des écrits arabes dont nous possédons des traductions latines, telles que le traité *De Animâ* d'Avicenne, imprimé au XVIe siècle, et les ouvrages inédits, en partie anonymes, dont les copies existent dans les manuscrits 6514 et 7156 de la Bibliothèque nationale. Ces derniers manuscrits ont été transcrits vers l'an 1300; mais ils renferment des traductions faites à la fin du XIIe siècle, ou au commencement du XIIIe. Les écrits arabes originaux étaient sans doute antérieurs d'un siècle ou deux : ce qui nous reporterait du IXe au XIe siècle, pour l'époque de la rédaction originelle des articles de la seconde partie de l'Alchimie syriaque. Je donne cette indication sous toute réserve. En tout cas, la composition de cette seconde partie est plus moderne que celle des écrits du Chrétien, de l'Anonyme et de la « Doctrine de Démocrite »; mais elle est plus ancienne que celle du faux Géber latin, d'Arnaud de Villeneuve et du faux Raymond Lulle.

Examinons de plus près la seconde partie. Elle a, comme la première, un caractère essentiellement pratique; la théorie et les déclamations ordinaires des alchimistes doctrinaires y faisant défaut. Elle comprend 182 articles, que j'ai cru pouvoir distribuer en quinze sections, répondant chacune à un petit traité spécial, ou à un groupe de recettes, dont l'agrégat aurait formé notre manuscrit, ou plutôt son prototype.

IMPRIMERIE NATIONALE.

Section I (nos 1-14). Après une sorte de préface sur le blanchiment du corps noir, viennent de petites recettes sur la fusion du plomb, la préparation de l'encre dorée, la sublimation du mercure (calomel) et du sel ammoniac, la décomposition de ce dernier par la chaux, opération désignée sous le nom de *fixation du sel ammoniac*, la trempe de l'acier, la préparation de l'acide arsénieux, etc.; recettes transcrites sans méthode et comme au hasard, et rappelant les articles que l'on trouve fréquemment en tête des manuscrits, sur les pages originairement blanches qui précèdent l'ouvrage fondamental[1].

Section II. Ici commence un traité méthodique (nos 15-32) : *sur les espèces de vitriols naturels* et *artificiels*, sur les *aluns*, les *borax*, et *sur les différentes espèces de sels*, rappelant les traités *De salibus et aluminibus* attribués à Rasès, le traité de Bubacar et ceux du Pseudo-Aristote, traités latins traduits de l'arabe[2].

Section III. Suit un autre opuscule (nos 33-40), *sur les ustensiles*, qui faisait probablement partie du traité précédent. On y trouve la description des creusets, alambics, luts, etc., et il se termine par un paragraphe écrit en syriaque *sur les poids et mesures*, genre de sujet qui rappelle l'opuscule grec analogue de Cléopâtre[3], intercalé dans les manuscrits qui renferment la *Collection des Alchimistes grecs* et publié à plusieurs reprises par les métrologistes.

Section IV (nos 41-43). C'est une intercalation, faite dans un espace laissé vide originairement par le premier copiste; elle

[1] Voir, par exemple, le ms. grec de Paris 2327, fol. 8 à 14, et 292 à 299; et son analyse dans les *Orig. de l'Alch.*, p. 335.

[2] *Transmission de la science antique*, p. 306 et suivantes.

[3] *Origines de l'Alchimie*, p. 111.

est d'une autre main. Ce sont encore de petits articles isolés sur l'argent doré, le verre, l'émail, le cinabre; puis, un peu plus loin, un article sur la génération spontanée, article similaire de ceux qui existent chez les auteurs anciens et chez les Arabes, dans le traité d'Avicenne, *De Animâ* par exemple[1].

La *Section V* (n°s 44-94) constitue un véritable traité d'alchimie et de minéralogie, comprenant les sujets ordinaires qui sont exposés dans ce genre d'ouvrage, aux XIIIe et XIVe siècles[2].

L'auteur y parle des métaux, des esprits et des pierres. Il développe une longue nomenclature sur les sept métaux, les sublimés mercuriels, les sept esprits, le sel ammoniac, les deux arsenics, le soufre, les minéraux, les sept (genres de) pierres. Puis il décrit ces pierres, telles que les marcassites, magnésies, antimoines, pierres magnétiques, hématites, vitriols, sels, aluns, borax ou fondants. Suivent l'indication des corps employés dans l'art de faire de l'or et de l'argent, et la description des ustensiles et opérations.

On remarquera que ce traité expose, avec plus de détails, les mêmes sujets que nos sections II et III.

La *Section VI* (n°s 95-107) donne lieu à des rapprochements plus étroits avec les Grecs. En effet, c'est un opuscule sur les perles et pierres précieuses, congénère de celui qui existe dans la *Collection des Alchimistes grecs* (trad., p. 334-356); il en reproduit même quelques-unes des recettes. L'un des articles actuels est signalé en particulier, à tort ou à raison, comme traduit de Zosime.

La section VI offre une autre particularité. Les premiers

[1] *Artis chemicæ principes* p. 37, 38. — [2] Cf. l'*Alchimie* attribuée à Albert le Grand.

numéros sont en langue arabe, les derniers (101-107) en syriaque.

La *Section VII* (nos 108-125) est en arabe. C'est un ensemble de recettes diverses, ou « chapitres sur l'or », c'est-à-dire sur la Chrysopée.

La *Section VIII* (nos 126-134) possède un caractère spécial. Elle a pour titre : *Description de l'art animal.* C'est l'art de composer l'élixir philosophique; mais le nom qui lui est attribué est d'origine arabe et répond à certaines pratiques et doctrines symboliques, exposées dans les œuvres arabes de Djâber et dans les traductions latines des alchimistes arabes. Elle se continue par l'exposé de recettes pour fabriquer l'argent, art corrélatif de la fabrication de l'or. La tradition antique s'y manifeste, spécialement par cette indication qu'il s'agit de l'argent égyptien, c'est-à-dire de l'*asem,* intermédiaire antique de la transmutation[1].

La *Section IX* (nos 135-136) nous ramène à des doctrines plus modernes. Ce sont encore des procédés de Chrysopée (« le chapitre principal de l'or »); mais les préparations qui se succèdent prennent les noms symboliques des éléments : la terre, l'air, l'eau. Or ce symbolisme, déjà indiqué chez les Byzantins du VIIe siècle, tels que Comarius, n'a pris toute son autorité que plus tard[2], et il a été spécialement employé dans le Pseudo-Raymond Lulle, sans doute à l'imitation d'auteurs arabes plus anciens.

La *Section X* (nos 137-148) contient une série de recettes techniques de toute nature, relatives aux métaux. Le titre de

[1] *Introd. à la Chimie des anciens*, p. 62. — [2] *Coll. des Alch. grecs*, trad., Comarius, p. 285. — « Travail des Quatre éléments », p. 322.

la première est syriaque, ainsi que le texte même de celles qui suivent. Il s'agit d'empêcher le fer de se rouiller, de tremper le cuivre, l'étain, de fixer le mercure, de blanchir l'alliage monétaire, de blanchir le cuivre, de purifier l'étain, etc. : tous ces titres rappellent ceux du papyrus de Leyde[1].

La *Section XI* (n°s 149-155) débute par un « chapitre des Francs pour blanchir le cuivre », indication qui semble contemporaine des croisades. On y expose divers procédés pour la préparation et la trempe du cuivre, de l'étain et du bronze.

La *Section XII* (n°s 156-164) reprend en langue arabe. Elle traite surtout « du rouge », c'est-à-dire de la teinture de l'argent en couleur d'or, ou de sa transformation en or : opérations continuellement confondues par les alchimistes. On y remarque la préparation du bioxyde d'étain, appelé *céruse*, puis de nouvelles recettes de Chrysopée.

La *Section XIII* (n°s 165-175) est consacrée à un sujet tout différent. C'est un petit traité destiné à l'art du verrier, sujet également étudié par les alchimistes grecs[2] et qui joue un grand rôle dans les traités latins techniques du moyen âge, tels que ceux d'Éraclius et de Théophile.

L'auteur arabe examine d'abord les matières qui colorent le verre en vert, en noir, en rouge, en bleu, en jaune, etc.[3]; Puis il décrit les fours du verrier et énumère divers ingrédients utiles à son travail.

La *Section XIV* (n°s 176-177) renferme des recettes d'un autre ordre, relatives à la fabrication des flèches incendiaires,

[1] *Introduction à la Chimie des anciens*, p. 28 et suiv.

[2] *Coll. des Alch. grecs*, trad. p. 333.

[3] *Compositiones*, p. 10-12, dans la *Transmission de la science antique*, et *Mappæ clavicula*, p. 53.

des pétards et artifices, sujets traités pareillement chez les auteurs arabes du temps des croisades et dans la *Mappæ clavicula*[1].

Enfin la *Section XV* (nos 178-182), écrite en syriaque, expose la préparation d'un amalgame, puis diverses recettes de soudure.

On a cru devoir ajouter à la suite certaines additions écrites en marge du manuscrit A, par quelqu'un de ses lecteurs.

V

Un autre manuscrit syriaque d'alchimie examiné par nous appartient à la Bibliothèque de l'Université de Cambridge; il porte les indications suivantes: Mm 6.29. Le Comité des Trustees a bien voulu autoriser le bibliothécaire, sur la demande de M. le professeur Bensly, à prêter ce manuscrit à la Bibliothèque nationale de Paris, qui nous l'a communiqué. Il est écrit sur papier, d'une écriture du XVe siècle; il est en assez mauvais état, mutilé au commencement et à la fin. Beaucoup de passages sont difficiles à lire, l'encre ayant été en partie effacée par l'humidité. Plusieurs feuillets ont été percés et rongés par les vers.

Il renferme 148 feuillets[2], hauts de 0m 17 sur 0m 13. Il ne contient pas de figures, mais seulement un petit nombre de signes, relatés ci-après. L'étendue de ce manuscrit est trop considérable pour qu'il nous ait paru utile d'en faire une publication complète, surtout après celle des manuscrits précé-

(1) Voir *Transmission de la science antique*, p. 62 et 93. — Voir aussi mon article sur le feu grégeois, dans la *Revue des Deux-Mondes*, tome CVI, p. 787; 1891.

(2) Plus quelques feuillets numérotés en double : 32, 32*; 34, 34*; 36, 36*.

dents, qui s'y trouvent en partie reproduits. Cependant son importance est très grande : non seulement il est traduit du grec, comme la première partie des précédents; mais il nous a conservé des textes alchimiques très vieux et très intéressants, ainsi qu'il va être dit. Aussi avons-nous cru devoir en donner une analyse développée et des extraits étendus, embrassant à peu près la moitié du texte. Celui-ci contient une série de traités anciens, tels que :

1° Un *premier Traité*, anonyme, en deux livres, comprenant des recettes techniques, semblables à celles du papyrus de Leyde, de la Chimie de Moïse, de la *Mappæ clavicula*, etc.; plusieurs sont même identiques à celles du papyrus de Leyde.

2° Un grand *Traité de Zosime* en douze livres; d'autant plus précieux que le texte grec n'en existe plus, à l'exception d'un passage transcrit par Le Syncelle.

3° Le *Traité de Démocrite*, reproduisant une partie des deux premiers livres du texte syriaque du British Museum, avec des variantes considérables, attestant la différence d'origine des copies.

4° Un *extrait* dit *de Démocrite*, avec des parties communes aux textes du British Museum, mais renfermant en outre des articles sur la pourpre.

5° Un *autre Traité attribué à Démocrite*, en trois livres, renfermant toutes sortes de recettes techniques sur le travail des métaux et autres sujets. Ce traité contient des parties communes avec le texte du British Museum, fort étendues, des recettes spéciales qui semblent contemporaines, enfin des additions ou interpolations postérieures.

6° Le *Livre d'Esdras*, contenant des recettes techniques, analogues à celles de la Chimie de Moïse[1]. Quelques-unes existent aussi dans les manuscrits du British Museum : ce qui montre la confusion et le caractère commun des matériaux qui ont concouru à la formation de tous ces traités.

7° Un *Livre de Zosime* sur les terres et minerais, rappelant l'ouvrage de Dioscoride, mais avec des additions très intéressantes sur les voyages de Zosime. Ici encore se trouvent quelques articles existant dans les manuscrits du British Museum.

8° Les *Lettres de Pébéchius* à Osron le mage, sur le livre d'Ostanès.

9° Des *Fragments mystiques*, où il est question de Ctésias, d'Hippocrate confondu avec Démocrite et opposé à Homère, regardé, lui, comme le type de la perversité : ce qui semble répondre à la lutte des chrétiens contre l'hellénisme au IIIe siècle. L'auteur y décrit son combat matériel contre l'envie, etc.; et il termine par un débris du *Livre sur l'union de l'or et de l'argent*.

10° Des *Formules de conjurations magiques*, qui paraissent tirées de vieux écrits égyptiens.

11° Une suite de *Recettes techniques* sur les perles et la teinture des métaux, en partie communes avec les textes du British Museum.

12° Divers *Fragments mystiques*, relatifs à Ostanès, à Hermès, à Nécepso, etc.

13° Une dernière suite de *Recettes* purement *techniques*.

(1) *Collection des Alch. grecs*, trad., p. 287.

Nous allons examiner de plus près ces différents livres et traités.

I. Le premier traité est anonyme et divisé en deux livres. L'un d'eux est intitulé : *Sur les couleurs*, et contient seulement quelques titres d'articles relatifs à l'or; c'est évidemment un débris mutilé de l'ouvrage original. Le second livre, désigné par la lettre B, traite des écritures et spécialement de la chrysographie, sujet fort en honneur dans l'antiquité et exposé dans un certain nombre d'articles du papyrus de Leyde[1] et de la *Collection des Alchimistes grecs*[2]. Il s'agit de peindre et d'écrire en lettres dorées ou argentées, non seulement sur papier, mais aussi sur verre, marbre, etc., ainsi que de dorer les vases, l'argent, le cuivre, la peau teinte en pourpre, etc. On emploie l'or délayé soit dans des liquides gommeux, soit dans le mercure; ou bien des matières jaunes imitant l'or, comme le safran et le carthame. On enseigne aussi à faire des lettres noires sur or, argent, cuivre, fer; à écrire en lettres d'argent, d'étain, de cuivre, sur le fer, etc.

II. Le second traité, qui porte le nom de Zosime, est beaucoup plus étendu : il renferme une portion très considérable du grand ouvrage en vingt-huit livres, écrit par cet auteur, d'après les historiens[3]. Plusieurs de ces livres sont transcrits ici, avec des numéros d'ordre compris entre 1 et 12. Ils forment un complément très important aux chapitres de Zosime, conservés dans la *Collection des Alchimistes grecs*, et ils précisent même davantage le singulier mode de composition de cet écrivain. Si l'on ne retrouve dans le texte syriaque aucun texte tout à fait commun avec les chapitres conservés en grec dans

[1] *Introduction à la Chimie des anciens*, p. 51.

[2] Pages 313, 320.

[3] *Origines de l'Alchimie*, p. 177.

IMPRIMERIE NATIONALE.

cette collection, il y a cependant similitude dans les procédés d'exposition. Le début même de l'un des livres du texte syriaque est conforme à un autre texte grec de Zosime, transcrit par Le Syncelle, et où il est dit que la chimie a été révélée aux mortels par les anges déchus; j'y reviendrai tout à l'heure.

La plupart des livres écrits en syriaque renferment, tantôt en tête, sous la forme d'une sorte de préface, tantôt dans le cours des chapitres et comme digression, des exposés généraux et des récits mythiques et gnostiques, entremêlés d'allégories morales et d'allusions religieuses, similaires avec les exposés du même auteur qui existent en grec[1]. Cela fait, l'auteur déclare qu'il va entrer dans son sujet, et il présente une suite de recettes techniques, de l'ordre de celles du papyrus de Leyde et de la Chimie de Moïse. Il désigne même cette portion de son œuvre sous le nom de *χειρότμητα*, c'est-à-dire manipulations ou recettes pratiques[2], nom déjà relaté par Suidas.

Le livre Ier n'est pas précédé par une préface : peut-être parce que celle-ci aura été perdue. Il traite d'abord du travail de l'argent d'Égypte, c'est-à-dire de l'*asem*, alliage à titre variable employé par les orfèvres[3]. Puis l'auteur s'occupe du cuivre et des procédés propres à le blanchir, à le rendre mou et malléable; de la teinture de l'argent en noir, en bleu, en couleur d'or; de la teinture superficielle et de la teinture profonde, également distinguées par les Grecs. On retrouve, chemin faisant, l'axiome connu : les sulfureux sont dominés par les sulfureux. Il est question des cynocéphales, qui jouent un

(1) Voir notamment *Coll. des Alch. grecs*, trad., p. 90, 117, 125, 206, 221, 231, 235, etc.

(2) *Origines de l'Alchimie*, p. 157, 177. Le sens de ce mot, un peu incertain, est fixé par le texte syriaque analysé ici.

(3) *Introduction à la Chimie des anciens*, p. 62.

certain rôle dans les écrits égyptiens[1], puis du livre Imouth et d'Héphestion, que nous allons retrouver tout à l'heure. Les trois teintures blanches, de fugacité inégale, sont alors présentées, comme dans Olympiodore[2]. Ce dernier, d'après le passage actuel, aurait reproduit un texte de Zosime, sinon d'un auteur plus ancien; car la rédaction est un peu différente. Démocrite est aussi cité, ainsi que la stabilité éternelle de ses teintures.

L'auteur revient à des recettes pour donner à l'argent la couleur noire, la couleur vineuse, celle de la pomme (jaune ou rose?), la couleur verte, ou bleue; pour le dorer, le souder; pour faire un alliage de cuivre, d'argent et d'or. Suit une petite dissertation sur l'utilité pratique de la science et la nécessité de l'expérimentation, afin d'arriver à connaître les choses; dissertation analogue à celles qui figurent dans le Pseudo-Démocrite[3] et dans Olympiodore : toute cette littérature offre certains caractères communs et de nombreuses répétitions.

L'écrivain termine en décrivant quelques épreuves sur la pureté de l'argent, dont l'une est identique avec un des numéros du papyrus de Leyde : ce qui fournit une nouvelle démonstration de l'existence des cahiers de métiers, répandus en Égypte, et qui sont arrivés en partie jusqu'à nous par diverses voies.

Le livre 2 a pour titre : *De l'argent*, et reprend des sujets tout pareils au premier : travailler l'argent d'Égypte; purifier l'argent, doubler le poids de l'argent, lui donner la teinte de l'électrum, etc. Il se termine par une liste de signes de métaux et autres substances. Les noms persans des sept planètes divines sont en tête du 3e livre.

(1) Voir entre autres le *Papyrus magique de Leyde*, cité dans mon *Introd. à la Chimie des anciens*, p. 18, vers le bas.

(2) *Collection des Alchimistes grecs*, trad., p. 81-84.

(3) *Ibid.*, p. 51.

Les livres 3 à 5 sont représentés par un chapitre attribué à Platon et par une suite de préparations. Ces livres ont disparu presque entièrement dans le manuscrit actuel; à moins que deux d'entre eux ne soient précisément les livres 1 et 2 du traité anonyme, placé en tête et analysé plus haut.

Le livre 6 offre un caractère plus complet : il a pour titre : *Sur le travail du cuivre*, et renferme une suite de digressions et développements caractéristiques. Au début, il est dit que le cuivre est l'agent tinctorial par excellence; ce qui est conforme à l'axiome des alchimistes grecs : *Le cuivre teint quand il a été teint*. Les prêtres, ajoute Zosime, s'en servaient pour le doublement et la multiplication des métaux : or, argent, cuivre; pour la fabrication de l'alliage corinthien, c'est-à-dire du célèbre airain de Corinthe dont parlent les anciens[1], pour le travail des images ou idoles et des statues, spécialement des objets noircis. On employait pour noircir ces statues et produire des effets analogues à ce que nous appelons aujourd'hui l'*argent oxydé*, des tours de main particuliers, rapportés par Pline[2].

Zosime traite également des enduits colorés, et il expose des recettes capitales, dit-il, et tenues secrètes sous l'obligation du serment. Il ajoute que les symboles sous lesquels les prêtres voilaient leurs procédés ont été expliqués par les anciens maîtres et prophètes; ces procédés étant tenus cachés par jalousie. C'est le langage de tous les auteurs alchimiques, langage conforme d'ailleurs à la tradition des initiations[3].

Tout cet exposé est entremêlé de recettes pratiques, relatives à la coloration des images ou figurines des hommes et

[1] *Introduction à la Chimie des anciens*, p. 231.

[2] *Ibid.*, p. 69.

[3] *Origines de l'Alchimie*, p. 23 et 25. — *Introd. à la Chimie des anciens*, p. 10. — *Coll. des Alch. grecs*, trad., *passim*.

des femmes, lesquelles rappellent certains textes de la *Mappæ clavicula*[1], textes probablement traduits soit de ceux de Zosime, soit de collections analogues. Nous voyons apparaître quelques préparations avec le nom de leurs auteurs (Tertullus), conformément aux usages de la science moderne. Mais cet usage était contraire aux traditions égyptiennes, et Zosime ajoute que les prêtres s'y opposaient, attribuant tout aux livres d'Hermès, personnification du sacerdoce égyptien : ce qui est en harmonie avec les indications concordantes de Diodore de Sicile, de Jamblique, de Tertullien, de Galien, etc.[2]. Le blâme dirigé contre ceux qui révèlent les secrets de la science est également signalé par divers autres textes.

Zosime expose aussi des procédés pour donner au cuivre la couleur du corail, ou du feu; pour blanchir le cuivre indien, obtenir le cuivre persan, fondre le cuivre rouge et le cuivre jaune. Il relate l'invention d'une coloration admirable par Pabapnidos, et les procédés pour colorer les statues, telles que celles d'Agathodémon, de la Bonne Fortune, du Hasard, de la Terre, du Destin, du Nil, etc. Puis il traite avec dédain les disciples de Nilus, son contemporain, contre lequel il avait entretenu une polémique, également rapportée dans certains passages de la *Collection des Alchimistes grecs*[3], et il parle des idoles, réputées vivantes, colorées par des procédés tenus secrets et qui inspiraient la terreur au vulgaire. Le livre se termine par des recettes relatives au cuivre et à ses teintures en couleur dorée, argentée, ignée ou rouge, etc.

Le livre 7 est appelé *Scellé ou Héphestion*. On y enseigne à amollir l'argent et les métaux pour y faire des empreintes;

(1) *Transmission de la science antique*, p. 63.

(2) *Origines de l'Alchimie*, p. 39.

(3) Trad., p. 187.

sujet également traité chez les alchimistes grecs, depuis les plus vieux auteurs jusqu'à un traité d'orfèvrerie, de date relativement récente[1]. Le procédé actuel consiste à enduire le métal avec du mercure, que l'on chasse ensuite par l'action du feu. Reviennent des recettes pour blanchir, dorer, noircir, verdir le cuivre, le rendre pareil à l'*asem*, le souder au fer, etc.; pour dorer l'électrum, les vases de terre, la pierre, le bois, l'ivoire, etc. Il est question, chemin faisant, des deux livres d'Imouth, titre cité dans Le Syncelle[2]. La fabrication et le polissage des miroirs d'argent sont décrits avec soin.

Le livre 8, sur le *travail de l'étain*, est des plus caractéristiques. En effet, il débute par un mythe célèbre, tiré du livre d'Énoch, celui des anges qui ont séduit les femmes et leur ont enseigné les arts : ce passage est précisément celui dont Le Syncelle nous a conservé une partie dans le texte grec[3]. Ici nous en retrouvons la traduction syriaque, sous une forme plus complète et plus développée. Il y est question d'Hermès et du livre *Chema*[4], divisé en vingt-quatre sections, dont sept sont citées sous leurs noms : *Imos, Imouth, Face, Clé, Sceau* ou *Scellé, Enchiridion* (ou manuel), *Époque*. Le nom même de l'alchimie est rattaché à celui du livre par Zosime. Les successeurs d'Hermès l'ont corrompu, dit-il, par leurs commentaires inexacts. Mais la méditation et le secret sont nécessaires, et Zosime les recommande à Théosébie, la femme savante qui enseigne la chimie sous sa direction. Cet ouvrage comprend d'ailleurs, d'après Zosime, la teinture et transmutation de tous les métaux et

[1] *Coll. des Alch. grecs*, trad., Chimie de Moïse, p. 297. — *Traité d'orfèvrerie*, p. 312.

[2] Imouth = Imhotep, divinité égyptienne; *Origines de l'Alchimie*, p. 9 et 184.

[3] *Origines de l'Alchimie*, p. 9.

[4] *Ibid.*, p. 9, 10, 27.

l'exposé des expériences manuelles ou *Chirotméta*. Il semble que ce soit le prototype du traité de Zosime lui-même : les ouvrages relatifs à des sujets spéciaux se sont en tout temps copiés les uns les autres.

Suivent des recettes relatives à la purification de l'étain, à ses alliages, à son changement ou à sa teinture en or et en argent. On y trouve un procédé pour éprouver la pureté de l'étain, d'après la température de sa fusion, procédé déjà relaté dans Pline et dans le papyrus de Leyde[1].

Le livre 9, désigné comme les précédents par une lettre de l'alphabet grec, concerne le *travail du mercure*.

A l'occasion du nombre 9, l'auteur parle du mystère des neuf lettres, qui jouent en effet un rôle dans les amulettes gnostiques et dans l'énigme Sibyllin[2]. Le travail du mercure est la clef de l'œuvre. Le mot *mercure* même est pris dans un sens extensif et symbolique, et il est appliqué aux trois teintures dérivées du soufre et de l'arsenic (teintures fugace, moyenne, stable, déjà citées plus haut). Les noms multiples du mercure sont énumérés, comme dans la *Collection des Alchimistes grecs* et dans le manuscrit du British Museum, notamment le nom de bile du dragon[3]. Le livre poursuit par des textes reproduits également par les autres manuscrits dans la *Doctrine de Démocrite*.

Une partie des plus curieuses de ce livre est l'exposé d'un mythe étrange, relatif à l'origine de l'étain. Dans l'Occident,

[1] *Introd. à la Chimie des anciens*, p. 36, n° 32.

[2] *Origines de l'Alchimie*, p. 136. — *Collection des Alchimistes grecs*, traduction, p. 136. — Voir aussi le Dieu aux neuf formes, dans les *Papyri Græci* de Leyde, publiés par Leemans, t. II, p. 85 et 167-168.

[3] *Coll. des Alch. grecs*, trad., Lexique, p. 15.

dit Zosime, il existe une source d'étain liquide. On offre au dieu de cette source une vierge, afin de l'attirer au dehors; il s'élance pour la poursuivre et des jeunes gens apostés le frappent avec des haches, de façon à le couper en lingots, etc.

Zosime raconte ensuite que Pébéchius criait dans les marchés : « Tous les corps sont du mercure »; cri symbolique exprimant l'identité de la matière première des corps ou métaux.

Il expose ensuite la dorure au moyen du mercure, à l'aide de procédés, dit l'auteur, tenus secrets par les fabricants; cependant on sait qu'ils sont rapportés dans Pline et ailleurs. Puis il relate des recettes analogues d'argenture et de cuivrage, etc.; il fait des réflexions sur les gens qui manquent les opérations; il décrit la préparation du mercure à froid, au moyen du cinabre et d'un mortier de plomb[1], ou bien encore au moyen de l'étain; l'extraction du mercure ordinaire du cinabre; ses propriétés vénéneuses; la préparation du second mercure, c'est-à-dire de l'arsenic métallique[2], au moyen du sulfure d'arsenic, etc. On retrouve encore ici des textes communs avec la *Doctrine de Démocrite.*

Zosime parle des livres de falsifications qui existaient de son temps, pour l'usage des chimistes, des fabricants de drogues, des marchands de vin, d'huile, et pour tous les arts. On voit que ce n'est pas là une chose moderne, comme on l'imagine quelquefois. Il ajoute que le marchand sait fort bien éprouver la pureté des matières, quand il est acheteur; tout en déclarant que de telles épreuves n'existent pas, quand il est vendeur[3]. Ce passage, comme beaucoup de ceux de Zosime, offre les traces d'une sincérité et d'une naïveté singulières Il conclut

(1) *Introduction à l'étude de la Chimie des anciens*, p. 287. Pline dit qu'on opérait de même avec un mortier de cuivre. — *Collection des Alchimistes grecs*, trad., p. 171.

(2) *Introduction*, etc., p. 99, 236, 282.

(3) *Ibid.*, p. 39.

en disant que ses livres ont précisément pour objet de faire connaître ces épreuves et qu'il est nécessaire de les étudier.

Un appendice renferme des articles sur l'eau de soufre, les procédés de blanchiment, l'eau de cendres, etc.; reproduisant des textes qui figurent dans les manuscrits du British Museum, avec quelques variantes intéressantes.

Le livre 10 (lettre *iota*) est relatif au plomb. Il parle du molybdochalque, de la litharge, de la céruse, etc. Il ne contient pas de développements spéciaux, mais des parties communes avec la *Doctrine de Démocrite*.

Le livre 11 (lettre *K*[1]) traite du fer et de ses préparations: écriture sur verre, teinture sur verre, teinture du fer en couleur dorée, et dorure véritable; soudure du fer et du cuivre, de l'or et de l'argent, de l'or et du cuivre; élixirs ferrugineux développant une couleur dorée, etc. « Si tu fais ces choses, tu seras heureux. Mais il faut suivre les préceptes avec un cœur pur et écouter les maîtres. » L'auteur cite alors un dire de Platon et un précepte d'Apsidès.

Le livre 12, sur l'électrum, débute par des considérations morales : « Tout don précieux vient d'en haut; mais les démons trompeurs dissimulent la vérité et cherchent à égarer les hommes. » Ceci rappelle une citation analogue de Zosime, faite par Olympiodore[2].

Après l'indication de quelques recettes, vient un long passage sur les miroirs d'argent, ou plutôt d'électrum. La compo-

[1] A proprement parler, ce serait le livre 20; d'après la notation connue des chiffres grecs. Cependant le *K* semble bien ici synonyme du chiffre 11, car le livre suivant porte le numéro 12.

[2] *Coll. des Alch. grecs*, trad., p. 92.

sition en aurait été découverte par Alexandre le Grand, dans le but de se préserver de la foudre. Après avoir exposé à cet égard un conte bizarre, Zosime ajoute que ce sont là des miroirs magiques : les hommes qui s'y regardent apprennent à se connaître eux-mêmes.

Le récit devient alors confus et mêlé d'allégories gnostiques. Il y est question d'un livre appelé le *Cercle des prêtres*. Les deux métaux qui constituent le miroir d'électrum sont assimilés au Verbe, fils de Dieu, et à l'Esprit-Saint. Ce miroir est placé au-dessus des Sept Portes, répondant aux Sept Cieux, dans la région des Douze maisons célestes et des Pléiades. Au-dessus existe l'Œil de l'Esprit divin.

Alexandre a fabriqué (avec le même métal) des monnaies, qu'il a semées en terre et qui sont des talismans, institués par Aristote, philosophe d'une grande intelligence. Son intelligence était limitée cependant, parce qu'il ne possédait pas l'inspiration divine, nécessaire pour atteindre au plus haut degré.

C'est avec ce miroir (allégorique) d'électrum, c'est-à-dire à la lumière du Verbe et de l'Esprit-Saint, en présence de la Trinité, que l'on doit regarder son âme, pour se connaître soi-même.

Dans ce récit on trouve un mélange étrange du christianisme gnostique avec les légendes apocryphes, qui envisageaient Alexandre et Aristote comme des magiciens[1]; légendes transportées des Grecs aux Arabes, puis au moyen âge latin.

Mais Zosime ne s'en tient pas là, et dans la suite de son texte on voit apparaître les traditions de la magie orientale et juive, relatives à Salomon. Il ajoute en effet que les Sept Cieux, cités

[1] Cf. les récits de Marcus Græcus, dans la *Transmission de la science antique*, p. 105, 107, 129.

plus haut, sont aussi le titre d'un livre égyptien, attribué à Salomon, qui l'avait écrit contre les démons. Les talismans de Salomon, tirés de la Géhenne, portaient, dit Zosime, une écriture inventée par lui; il y avait sept talismans de ce genre, en forme de bouteilles, pourvues d'inscriptions magiques, et dans lesquelles on pouvait emprisonner les démons; la recette de leur préparation existe, ajoute-t-il, dans les écrits juifs.

Le traité de Zosime prend fin ici.

III. Un troisième traité, portant le nom de Démocrite, reproduit les deux livres connus de la Chrysopée et de l'Argyropée, avec abréviations et variantes considérables.

IV. Le quatrième morceau renferme divers extraits de Démocrite, et principalement des recettes pour fabriquer la pourpre, qui rappellent le début des *Physica et Mystica* de la *Collection des Alchimistes grecs*.

V. Un cinquième traité est mis encore sous le nom de Démocrite : il se compose de trois livres. Il est probable que le nom de Démocrite, comme auparavant celui d'Hermès, comme plus tard ceux de Géber, de Raymond Lulle, etc., a servi à couvrir toutes sortes de compilations chimiques et alchimiques. En tout cas, celui-ci renferme bien des citations de noms postérieurs à Démocrite, tels que Zosime, Dioscoros, Théodote, Gregorios, Diogène, Cratès, Eustathenès, sans préjudice d'auteurs plus anciens, notamment Agathodémon et Asclépias (écrit Akoulas)[1], dont on y rencontre également les noms.

[1] Ce mot pourrait être traduit aussi par Aquila. On sait que ce dernier nom a été porté par un traducteur de l'ancien Testament, de l'hébreu en grec, au second siècle de notre ère, lequel s'est aussi occupé d'astrologie.

Résumons brièvement ce traité.

Dans le livre 1er, il s'agit de traitements d'argent, d'étain, de cuivre, de teintures dorées, etc., comme il est ordinaire dans ce genre de collections.

Les livres 2 et 3 traitent de certains minéraux et roches, de préparations diverses, relatives aux perles, à l'émeraude, aux pierres précieuses artificielles et aux métaux. L'une des préparations est appelée *sang perpétuel*, c'est-à-dire teinture en rouge inaltérable. Puis l'auteur parle des minerais de Tripoli (montagne aurifère), de Cyrène, de Perse, d'Hiérapolis, de pierres recueillies au temps de la pleine lune; la teinture des métaux figure dans ses descriptions. Bref, c'est un fouillis d'articles de toute origine, recueillis et mis à la suite sans méthode : certains sont communs avec les textes du British Museum. A la fin du second livre, on trouve une addition, contenant le nom des sept planètes en langues syriaque, hébraïque, grecque, latine et persane.

VI. Le sixième traité porte le nom du prophète Esdras, auteur évidemment pseudo-épigraphe : la chose est fréquente dans ce genre de littérature. Le traité est très court et purement technique, comme la Chimie de Moïse, dans la *Collection des Alchimistes grecs*, et il a d'ailleurs des parties communes avec le texte des autres manuscrits. On lit à la suite les noms de diverses plantes, ainsi que ceux des planètes et métaux.

Ces nomenclatures semblables des métaux et des planètes correspondantes, inscrites à la fin de chaque petit traité, montrent que ces traités constituaient à l'origine des opuscules indépendants, quoique formés d'après les mêmes règles générales. Ils ont ensuite été mis bout à bout, tels quels, dans les collections formées par les copistes et parvenues jusqu'à nous.

VII. Le nom de Zosime reparaît en tête du septième traité, lequel semble avoir réellement appartenu aux œuvres de cet auteur. Il est appelé le livre neuvième : *Sur les changements de la terre, sur les pierres et drogues qui en sont tirées.* Zosime débute par l'indication de quelques noms de drogues et produits; il y parle, entre autres, du *Diphrygès,* résidu des fourneaux à cuivre de Chypre, qu'il a examinés sur place; des cadmies de même origine; du misy, qu'il a également étudié dans les mines de cette île, avec le concours du directeur. Toutes ces descriptions, malheureusement mutilées, portent l'empreinte personnelle d'un témoin oculaire, et tranchent, à cet égard, avec les œuvres de simples compilateurs, tels que Pline.

L'auteur passe ensuite à la description des diverses terres employées en médecine, et cette description est conforme, en général, à celles de Dioscoride et de Pline; elle comprend les terres de Lemnos, de Samos, de Cimole, d'Arménie, les terres *pignitis, ampelitis,* etc. La dernière était destinée à détruire les insectes et vers qui dévorent la vigne : celle-ci était donc dès lors, comme aujourd'hui, en proie aux affections parasitaires.

La partie la plus originale de ce livre est le récit, adressé à Théosébie, des voyages de Zosime à Chypre, en Célésyrie, Troade, Thrace, Italie, Macédoine, à Thasos, et surtout à Lemnos et dans ses deux villes, Myrine et Hephestos. Zosime décrit *de visu* la préparation de la terre de cette île, extraite d'une colline rouge et ferrugineuse.

Il parle de la prêtresse qui est préposée à la fabrication du produit, des sceaux qu'on y appose, de la tradition relative au sang de chèvre, tradition indiquée seulement par un mot dans Dioscoride. L'auteur termine, en rappelant les renseignements et livres qu'il a recueillis sur place et l'achat d'une provision de terre de Lemnos.

Le récit de ces voyages doit être assurément attribué à Zosime lui-même; mais il montre que le voyage a eu lieu à une époque où la religion païenne était encore dominante dans l'Archipel. Ce récit est très curieux et très caractéristique.

Le livre se termine par une longue liste de noms de sels et substances diverses, citées par Zosime, liste ajoutée à la suite. On y lit un article spécial sur l'alouette huppée, avec citation d'un récit mythique, tirée d'Aristophane.

VIII. Un huitième ouvrage, non moins curieux, se présente alors dans le manuscrit, sous le titre de *Lettres de Pébéchius*. C'est une correspondance réelle, ou fictive, attribuée à cet auteur alchimique, dont le nom, de forme égyptienne (Pe Bech, l'épervier), semble synonyme d'Horus, et avoir même été remplacé par ce dernier dans la tradition arabe. Les lettres en question sont prétendues échangées avec le mage Osron. Pébéchius dit avoir trouvé les livres d'Ostanès, écrits en persan, et il demande l'aide du mage pour les interpréter. Ces livres renferment, dit-il, l'astrologie, la philosophie, la logique, la magie, la science des mystères et des sacrifices, l'art de faire de l'or, de teindre la pourpre et le verre : énumération de science universelle fort répandue chez ce genre d'écrivains. On peut rappeler à cet égard les livres d'Hermès, dans Clément d'Alexandrie[1]; la science universelle attribuée à Salomon par les juifs; les annonces emphatiques des alchimistes arabes, tels que Djâber[2]. Pébéchius s'en réfère au livre divin d'Ostanès, appelé *la Couronne*, titre reproduit plus tard par Djâber[3], et il proteste de sa sincérité.

[1] *Origines de l'Alchimie*, p. 40.

[2] *Traités d'Alchimie arabe*, p. 19, 32 et suiv.; 133, 141, 155.

[3] *Traités d'Alchimie arabe*, p. 34, n° 24 : Traité du Diadème. — *Transmission de la science antique*, p. 323.

Il y est question des 365 sections et jours, avec indication du jour complémentaire des années bissextiles[1].

Toute la fin semble tirée de quelque vieux récit égyptien, d'après lequel l'écrit aurait été protégé par un sortilège, qu'il fallut défaire, avant de pouvoir expliquer au roi les inscriptions des stèles d'Hermès. On sait qu'il existait, d'après la tradition égyptienne, un livre de Toth, autrement dit Hermès, renfermant des formules de conjuration et doué de toutes sortes de propriétés magiques[2].

Le nombre cabalistique sept reparaît à ce moment, dans notre récit : les sept tablettes sont placées dans un lieu secret ou sanctuaire, protégé par sept portes consacrées aux sept planètes et métaux. Dans l'énumération de ceux-ci figurent les vieilles attributions, telles que l'étain, voué à la planète Hermès; l'électrum, à Jupiter[3] : ce qui montre que les lettres actuelles ont été écrites avant le VIe siècle de notre ère. Le serpent Ouroboros, si connu des alchimistes[4] et des gnostiques[5], est mentionné, ainsi que l'obligation de réserver les mystères aux adeptes et aux gens de haute naissance[6].

IX. Une neuvième série renferme des fragments mystiques d'un caractère singulier. On y lit d'abord un passage tiré, ce semble, des *Indica* de Ctésias, sur la fabuleuse licorne, suivi de l'indication de l'idole qui en reproduit l'image. Puis

[1] Sur les 365 dieux, voir *Papyri græci* de Leyde, publiés par Leemans, t. II, p. 89.

[2] *Les contes populaires de l'Égypte ancienne*, par Maspero (1882), p. XLVII et 55; dans le conte de Satni Khâmoïs.

[3] *Introd. à la Chimie des anciens*, p. 81 et 82.

[4] *Coll. des Alch. grecs*, trad., p. 22, 23; Olympiodore, p. 87.

[5] *Origines de l'Alchimie*, p. 62. — *Papyri græci*, etc., publiés par Leemans, papyrus W, t. II, p. 85.

[6] *Coll. des Alch. grecs*, trad., p. 97. — Clément d'Alexandrie, cité dans les *Origines de l'Alchimie*, p. 28.

viennent le philosophe Roustos (probablement Zoroastre) et son idole à figure d'éléphant; Sophar, et son aigle magique, érigé aussi en idole : cet aigle figure également chez les alchimistes grecs[1]. Toutes ces idoles auraient été transportées à Rome.

Un article d'un caractère singulier est consacré ensuite à Hippocrate, confondu avec Démocrite, avec un mélange de traditions alchimiques, relatives à la recherche par le fils de Démocrite des écrits de son père[2].

Après avoir parlé des quatre éléments de la pierre philosophale, l'auteur expose les doctrines médicales, réelles ou prétendues, du véritable Hippocrate, du froid et du chaud, du sec et de l'humide, de la puissance supérieure du feu. Il passe de là à la fièvre et à ses caractères, ainsi qu'aux caractères de l'urine, et il fait un pompeux éloge d'Hippocrate. Ce mélange incohérent des traditions relatives à Hippocrate et à Démocrite témoigne de l'ignorance de l'écrivain et rappelle les confusions du même ordre qui règnent dans certains écrits de basse époque, tels que la *Turba philosophorum*.

A Hippocrate, bienfaiteur de l'humanité, l'auteur (peut-être Zosime?) oppose Homère, dans un passage très surprenant, qui semble répondre à la lutte du christianisme contre l'hellénisme, pendant la première moitié du IIIe siècle de notre ère : ce qui fournirait peut-être une date approchée à la présente composition.

C'est une malédiction contre Homère, le créateur du mal dans ce monde; la colère du fils de Pélée est détournée dans un sens mystique. Homère, étant maudit de Dieu, n'a pas su comprendre les paroles d'Hermès; et il a été justement frappé

(1) *Coll. des Alch. grecs*, trad., Sophar est cité p. 26, dans la liste des noms des philosophes alchimistes. A la page 129, il est question de son aigle. — (2) *Ibid.*, trad., p. 45.

de cécité. Ses paroles font autorité dans les tribunaux et autres lieux d'oppression, et sa doctrine rend les juges (païens) contempteurs de la justice.

L'auteur ajoute, ce qui est tout à fait chrétien : on ne doit pas donner le nom de Dieu au ciel et à la terre; puis il adresse à Dieu sa prière, dans une phrase étrange qui débute par ces mots : « Notre père qui êtes aux cieux », et qui continue en invoquant sa toute-puissance; dans des termes tout différents et conformes aux traditions égyptiennes : « Tu tiens les clefs du monde, tu es le commencement et la fin, tu demeures au milieu du feu sur la terre, tu occupes le fond de la mer et les fondements de la terre : seul tu peux enflammer l'eau et la mer, faire habiter les poissons sur la terre, rappeler les morts de l'enfer ténébreux et ouvrir le Tartare... Ta personne est de feu, tes yeux sont des étoiles. » Cet hymne rappelle les invocations égyptiennes à Agathodémon, contenues dans le papyrus de Leyde[1], et la formule magique de Toth[2]. Après cet amalgame extraordinaire de prières chrétiennes et d'invocations empruntées à la vieille Égypte, amalgame commun, d'ailleurs, chez les gnostiques, la prière continue sur un ton plus humble : « Ne m'abandonne pas, ô Dieu; daigne entrer dans mon cœur, ...remplis-moi de la flamme de la vraie science; chasse de mon âme la méchanceté et l'envie. »

La fin est bizarre : l'auteur décrit sa lutte contre l'envie personnifiée, qu'il combat avec la hache et qu'il terrasse, coupe

(1) *Introduction à l'étude de la Chimie des anciens*, p. 18. — *Papyri Græci* de Leyde, publiés par Leemans, t. II, p. 67, 141, 147.

(2) Le livre magique que Toth avait, disait-on, écrit de sa main, renfermait deux formules : « Si tu récites la première, tu charmeras le ciel, la terre, l'enfer, les montagnes, les eaux; tu connaîtras les oiseaux du ciel et les reptiles...; tu verras les poissons; car la force divine les fera monter à la surface, etc. » — *Contes populaires de l'Égypte ancienne*, par Maspero, p. 55.

IMPRIMERIE NATIONALE.

en morceaux et met à mort. L'ouvrage se termine par un autre débris, portant le titre de *Livre VIII*, *Sur l'union de l'or et de l'argent* (du soleil et de la lune).

X. La dixième partie renferme des conjurations magiques et païennes. « Je vous adjure au nom des dieux immortels et du Dieu des dieux. » Ce texte est peut-être le plus ancien de toute la collection. Il se termine par le récit d'un voyage, entrepris sous la direction d'un guide mystérieux, vers les trésors cachés; récit mutilé, qui semble encore d'origine égyptienne. Malheureusement ce n'est qu'un fragment à demi effacé et presque illisible. Toute cette fin du manuscrit se compose de fragments de caractère très divers et réunis soit par le hasard du copiste, soit par la mise bout à bout de feuillets, disposés à l'origine tout autrement et embrouillés à un certain moment.

XI. La onzième partie débute par des recettes sur le travail des perles et pierres précieuses artificielles, qui font suite aux recettes des livres précédents (voir p. XXXVI), sur la teinture philosophique, sur une formule médicale, etc., avec des textes communs aux autres manuscrits.

XII. Une douzième partie est constituée encore par des fragments mystiques. C'est d'abord l'éloge de la science universelle et de la puissance du philosophe (Hermès) : il a parlé de tout ce qui existe dans la terre et les mers, dans l'air et l'éther, des révolutions des astres, de ce qui existe au-dessus du monde et qu'on ne peut atteindre, etc. Suit un texte relatif à Ostanès et à la nécessité de cacher les mystères contenus dans ses ouvrages aux gens qui n'en sont pas dignes, et de changer le sens des mots pour voiler la doctrine. L'écrivain revient encore sur

la science d'Hermès Trismégiste, spécialement en astrologie, et sur les relations de l'astrologie avec les opérations alchimiques. Les tablettes d'Hermès ont été trouvées par Nécepso, roi d'Égypte; personnage qui figure, en effet, comme magicien dans certaines légendes de l'époque Alexandrine.

XIII. Les dernières feuilles du manuscrit se terminent par des recettes purement techniques sur la comaris et autres sujets, avec quelques détails sur la formation du sori et du pompholyx, dans les fours de Chypre. — Le feuillet qui contient ces indications fait, en réalité, partie du traité de Zosime sur les pierres et drogues tirées de la terre, analysé plus haut, p. XXXVII. C'est par suite de quelque accident qu'il se trouve aujourd'hui à la fin du manuscrit.

M. B

NOTICE

SUR LES MANUSCRITS D'ALCHIMIE

PUBLIÉS DANS CE VOLUME,

PAR

M. RUBENS DUVAL.

Le traité d'alchimie syriaque et arabe, publié dans la première partie de ce volume, est renfermé dans deux manuscrits du British Museum, qui procèdent d'un même original et dont les variantes, en général peu importantes, sont dues à des fautes ou à des omissions de copistes. Nous avons désigné ces deux manuscrits par les lettres A et B. Le traité se divise en deux parties distinctes : l'une, en syriaque, occupe la première moitié du manuscrit; l'autre, en arabe, mais en lettres syriaques (ou carschouni) en forme la seconde moitié.

Ces deux manuscrits sont des copies relativement modernes d'un original peu ancien lui-même et dont la rédaction appartient à l'époque où la langue arabe était devenue familière aux Syriens. Les expressions arabes que renferme le texte syriaque sont un indice que ce texte doit être presque contemporain du texte arabe qui en forme la suite. Un autre indice de l'âge de sa composition se tire des incorrections du style, le masculin s'y mêlant souvent avec le féminin, le pluriel avec le singulier; incorrections fréquentes dans les écrits de basse époque, surtout dans les traductions faites du grec; aussi n'avons-nous pas cru devoir signaler dans les notes chaque cas de ce genre. Sous ce rapport on peut rapprocher ce traité des compositions scientifiques ou didactiques qui signalèrent la renaissance des études syriaques sous les califes Abbassides à Bagdad, pendant les IXe et Xe siècles. Bien que le caractère nestorien de ces traités d'alchimie ne s'affirme pas franchement, les nombreux mots persans qui s'y rencontrent font supposer qu'ils ont été composés dans la Mésopotamie orientale. L'examen de la partie arabe conduit au même résultat; elle appartient à ce genre de littérature des Syriens arabisants qui dénote un tour d'esprit si différent des Arabes musulmans.

Dans les deux manuscrits, les en-tête, qu'il s'agisse d'un titre ou d'un mot à expliquer, sont en rouge. Nous avons tenu compte de cette distinction en surlignant dans notre édition les mots qui sont en rouge dans les manuscrits.

Le manuscrit de la Bibliothèque de l'Université de Cambridge, à l'analyse duquel est consacrée la seconde partie du volume, renferme un traité différent de celui des manuscrits du British Museum. Plusieurs passages cependant se trouvent également dans les deux traités. Le texte du manuscrit de Cambridge est généralement meilleur, mais nous n'avons pu l'étudier d'une manière approfondie qu'après l'impression du traité du British Museum. Nous avons donc dû relever, dans le cours de notre analyse, les variantes du nouveau texte qui présentaient quelque intérêt.

Ce traité est plus correct et moins mêlé de mots arabes que celui du British Museum, mais il semble appartenir, comme ce dernier, à la période que nous avons indiquée plus haut comme embrassant le xe et le xie siècle, quoique, sans doute, un peu plus ancien que lui. La copie que nous en possédons est aussi un peu plus ancienne que les deux manuscrits du British Museum.

Voici la méthode que nous avons suivie pour le sommaire que nous avons fait de ce traité : Nous avons traduit tous les en-tête qui sont en rouge et nous les avons distingués par des caractères italiques du reste du texte. Nous avons donné une courte analyse des diverses préparations des métaux : alliages, teintures, nettoyages, etc., dont le fond est en général le même que celui des articles analogues dans le traité du British Museum. Nous avons, au contraire, traduit les parties qui présentaient un caractère historique et qui traitaient des écrits des alchimistes; les traductions littérales sont mises entre guillemets. Ainsi ces distinctions sont claires et sautent aux yeux : les titres en rouge sont représentés par les mots en italique; les sommaires ne portent pas de signe particulier; les traductions littérales sont entre guillemets.

Nous avons donné en note les mots syriaques qui présentaient quelque intérêt lexicographique ou dont le sens prêtait au doute.

Dans les manuscrits, les métaux qui reviennent le plus fréquemment, comme l'or l'argent et le cuivre, sont parfois indiqués par leurs signes. Dans notre édition, ces signes sont remplacés par les mots syriaques ou arabes correspondants.

A ces considérations préliminaires, nous ajoutons une brève description des manuscrits : 1° Manuscrit A du British Museum; 2° Manuscrit B du même musée; 3° Manuscrit de la Bibliothèque de l'Université de Cambridge.

I. Manuscrit A.

Manuscrit sur papier, comprenant 100 feuillets, 0 m. 160 × 0 m. 103. Les 56 premiers feuillets, 1-56 recto, contiennent le texte syriaque, et les derniers, 56 verso-99, le texte arabe. Bonne écriture du XVIe siècle. Sur le recto du premier feuillet et sur les marges des feuillets 55, 56 et 57, ont été écrites par une main postérieure des notes alchimiques que nous avons reproduites à la fin du texte arabe. Aucune clausule ne fournit une date ou un nom de copiste. Quelques gloses marginales, qui se trouvaient déjà dans l'original et qui sont également communes à B; d'autres, en mauvaise écriture hébraïque, ont été ajoutées par un possesseur du manuscrit : toutes ces gloses sont mentionnées dans les notes jointes à notre édition. Sur le verso du dernier feuillet on lit le nom du diacre Ibrahim, ܡܫܡܫܢܐ ܐܒܪܗܡ, un des anciens possesseurs du manuscrit. Celui-ci devint plus tard la propriété du docteur Adam Clarke, dans la collection duquel il portait le n° 309, ainsi qu'il résulte de cette notice écrite sur le feuillet de garde : « n° CCCIX of Dr Adam Clarke's collection of oriental mss., purchased, 29 mai 1838. » Il est décrit sous le n° MVII dans le catalogue de William Wright, *Catalogue of the syriac manuscripts in the British Museum*, 1872, p. 1190-1192, où l'on trouve imprimées la préface du traité syriaque et la préface du traité arabe. Il est entré au British Museum dans la collection Egerton, dont il portait le n° 709.

II. Manuscrit B.

Manuscrit sur papier, comprenant 49 feuillets, 0 m. 182 × 0 m. 126. Le traité d'alchimie syriaque et arabe occupe les 43 premiers feuillets. Bonne et fine écriture du XVe ou du XVIe siècle, un peu plus ancienne que celle du manuscrit A. Les 6 derniers feuillets ont été remplis par d'autres mains, à différentes époques. Incomplet au commencement et à la fin, il ne contient aucune clausule portant une date ou un nom de copiste; quelques notes marginales communes avec le manuscrit A, ainsi que nous l'avons dit plus haut. Plusieurs lacunes, en dehors de celles du commencement et de la fin,

existent dans les différentes parties de l'ouvrage, surtout dans le texte arabe. En outre, les feuillets ont subi pendant la reliure de notables interversions qui auraient rendu inutilisable ce manuscrit sans le secours de A; des feuillets détachés ont même été reliés si maladroitement, que le verso se trouve former maintenant le recto et *vice versa*. Il y aurait lieu de rétablir l'ordre des feuillets. On trouvera des renseignements pour cette revision dans les notes du texte, où nous avons signalé ces interversions. Nous ferons, en outre, observer que les feuillets ont été numérotés au verso au moyen de chiffres arabes, par une main orientale, et que ce numérotage diffère de la pagination récente marquée sur le recto. Il n'est pas utile de noter ici ces différences de pagination, car, au moyen de la présente édition, on pourra facilement remettre chaque feuillet à sa place.

Voici une analyse du contenu des derniers feuillets, qui ont été remplis après coup.

Feuillet 44 recto. Écriture de la même époque que celle du corps de l'ouvrage. Article sur la conjonction des astres. A la marge, une courte liste de termes techniques d'alchimie. — *Verso.* Écriture très fine de la même époque. En titre et en grosses lettres ܠܙܓܘܓܝܬܐ « pour le verre »; formule pour faire le verre. Diverses formules de teinture. Teinture en noir. Teinture en rouge appelé *atoubi* ܐܛܘܒܝ. Élixir qui rend le jaune couleur de rubis (?), ܐܣܦܝܕܢܐ ܣܡܩܐ. Élixir qui teint le blanc en jaune safran, ܒܢܘܣܐ, et en vert pistache, ܡܘܪܩܐ ܦܣܬܩܝܐ.

Feuillet 45 recto. Suite des articles précédents; puis un paragraphe contenant une description du four à fusion, analogue à celle contenue dans le traité arabe, voir ci-après, p. 196.

Feuillet 45 verso et feuillet 46 recto. Écriture moderne, informe et peu lisible.

Feuillet 46 verso et feuillet 47 recto. Écriture très moderne. Diverses formules de chimie; on trouve mentionné le vitriol *cabriçi*, ܐܠܙܐܓ ܩܒܪܨܝ.

Feuillet 47 verso et feuillet 48 recto. Écriture différente. Même sujet.

Feuillet 48 verso et feuillet 49 recto. Notice sur les signes du zodiaque.

Feuillet 49 verso. Écriture moderne. Articles sur la manière de faire le verre (*sic*) ܠܙܓܘܓܝܐ, et sur divers élixirs.

Ce manuscrit porte le n° 1593 de la collection orientale du British Museum. Il ne figure pas dans le catalogue de W. Wright, car son entrée au Musée est postérieure à la publication de ce catalogue, ainsi que l'indique cette note : « B[t] (bought) of sir Rawlinson, 24 november 1867. »

C'est M. Richard Gottheil, professeur à l'Université de Columbia College, à New-York, qui nous a fait connaître l'existence de ce manuscrit. Nous devons à l'obligeance de M. Wallis Budge, conservateur du musée égyptien au British Museum, toutes les facilités que nous avons eues pour le collationner avec A.

III. Manuscrit de Cambridge.

Manuscrit sur papier, renfermant 148 feuillets (sans compter quelques feuillets qui portent le même chiffre, tels que 32 et 32 *x*, 34 et 34 *x*, 36 et 36 *x*), 0 m. 173 × 0 m. 130. Bonne écriture du XVe siècle. Incomplet au commencement et à la fin. Les feuillets 139 à 148, suivant une note latine ajoutée au bas du verso du feuillet 138, étaient d'abord détachés du manuscrit, et leur place devait être au commencement plutôt qu'à la fin. Cette observation est confirmée par l'examen du texte. Quelques blancs laissés par le copiste entre la fin d'un chapitre et le commencement du chapitre suivant ont été remplis par une main moderne, de diverses préparations arabes; au bas du verso du feuillet 111, on trouve, en caractères syriaques modernes, une liste des noms des sept planètes en différentes langues. Malheureusement le manuscrit a été pénétré dans toute son épaisseur, et principalement sur les deux côtés des feuillets, par l'humidité qui l'a fortement endommagé. Certaines parties sont très difficiles à lire; d'autres sont complètement effacées. Il est curieux que l'humidité qui a si fortement détrempé l'encre noire n'a pas eu de prise sur les titres en rouge, qui sont en bon état de conservation. De plus quelques feuillets ont été rongés par les vers et présentent une véritable dentelle.

Ce manuscrit est coté Mm, 6, 29.

Nous sommes redevables à M. Bensly, professeur à l'Université de Cambridge, d'avoir pu consulter ce manuscrit sur place au mois de juin 1892 et d'en avoir obtenu l'envoi à Paris au mois d'octobre suivant. Nous lui adressons, ainsi qu'aux syndics de la Bibliothèque qui ont autorisé le prêt, nos plus vifs remerciements.

TRAITÉ
D'ALCHIMIE SYRIAQUE ET ARABE.

I. TEXTE SYRIAQUE.

ܒܫܡ ܡܪܝܐ ܐܚܝܕ ܟܠ ܟܠ ܐܝܟ ܀

ܐܪܥ ܠܟ ܒܟܬܒܐ ܕܐܝܟܐ ܐܪܥܐ ܐܝܬܝܗ̇ ܡܩܕܘܢܝܐ. ܘܐܝܟܐ ܡܫܬܡܫܢܐ. ܘܐܝܟܐ ܡܬܬܟܬܒܐ ܘܐܝܟܐ ܡܬܚܫܒܐ. ܘܐܝܟܐ ܡܬܩܢܝܐ. ܘܐܝܟܐ ܡܬܟܢܫܐ. ܘܐܝܟܐ ܡܬܟܬܒܐ. ܘܟܕ ܗܟܢ ܐܪܥ ܐܐܪܥ ܡܢ ܗܘܦܟܐ ܕܐܝܬܝܗ ܒܐܬܪܐ ܗܘܘ ܕܟܠ ܡܢ ܐܬܬܐ ܘܡܢ ܡܢܝܬܐ. ܘܡܢ ܟܠ ܦܩܘܕܐ ܘܦܘܬܐ ܟܢܫܐ ܘܐܝܟ ܦܠܓ ܐܢܬ ܒܗ ܗܟܢ ܠܟ ܚܕܐ ܡܢ ܗܠܝܢ. ܠܐ ܗܘܐ ܗܘܟܢܐ ܐܠܐ ܐܢܬ ܐܢܬ ܠܟ ܡܢ ܟܠ ܒܫܡܐ ܒܢܝܢܐ ܘܦܢܝ̈ ܘܕܘܪ ܚܕܐ ܕܡܬܒܥܐ ܙܒܢܐ ܘܦܪܝܫ ܐܬܪܘܬ ܒܟܬܒܐ ܠܦܘܩܕܢܐ ܘܒܬܫܡܫܬܗ ܒܟܬܒ̈ܐ ܫܡ̈ܗܐ. ܘܪܒ ܐܢܫ ܕܦܪܫ ܒܗ ܡܬܬܪܥܐ. ܘܐܝܟܐ ܡܪܝܡ ܘܐܝܟܐ ܦܪܥܢ ܘܐܝܟܐ ܐܦܐ ܡܢܝܐ ܒܠܚܘܕ. ܘܐܝܟܐ ܢܚܬ ܠܬܚܬܝܐ ܘܐܝܟܐ ܡܢ ܠܥܠ ܦܠܓ. ܘܐܝܟܐ ܡܢ ܠܬܚܬ ܦܠܓ ܘܐܝܟܐ ܡܬܬܒܥ ܘܟܬܒ ܘܐܝܟܐ ܟܬܒ ܕܬܬܒܥ. ܦܬܓܡܐ ܕܝܢ ܡܫܟܚܐ ܡܢ ܠܥܠ ܘܡܢ ܠܬܚܬ ܘܪܡ ܠܬܚܬ ܡܢܝܐܘܢ. ܘܡܢ ܠܥܠ ܡܢܝܐܘܢ ܘܪܡ ܠܥܠ ܦܠܓܝܢ. ܘܪܡ ܠܥܠ ܦܠܓ[1]. ܐܝܟ ܕܟܬܒ ܡܬܢܦܫ ܘܡܬܪܕܝܢ ܒܫܒܥܝܢ. ܕܒܬܪܗܘܢ ܕܦܢܝܬܐ[2]. ܠܦܘܬܐ ܕܦܘܪܦܘܪܐ ܡܫܒܚܐ ܕܫܡܫܐ ܠܦܠܓܗ. ܘܡܫܟܠ ܠܗܘ ܒܟܬܪܐ

(1) *Sic*, lire ܦܠܓܝܢ. — (2) *Sic*, lire ܕܦ̈ܢܝܬܐ.

IMPRIMERIE NATIONALE.

ܣܡ̈ܡܢܐ ܦܘܪܫܐ ܚܕ ܗܘ ܕܟܠܗ ܡܢ ܟܬܒ ܘܡܥܡܘܕ ܘܡܥܒܕܢܘ. ܗܘ ܕܠܐ ܡܫܬܟܚ ܘܗܕܐ ܒܡܩ̈ܛܠܬܐ ܡܘܬܐ ܒܗܘܢܐ ܕܟܠ[1]܀

ܦܘܫܩ ܡܚ̈ܘܐ ܫܡ̈ܗܐ ܐܬܘ̈ܬܐ ܕܟܠ ܣܡ̈ܡܢܐ.

☽ ܕܣܗܪܐ ܡܐܠܚ̈ܢܝ. ⋈ ܡܠܚܐ ܕܐܡ̈ܘܢܐ. ⌃ ܡܠܚܐ. ♀ ܕܐܦܪܘܕܝܛܝ.
ܥܘ ܒܢܠܐ. ⊤ ܐܪܒܐ. ⊓ ܡܘܩܐ ܕܗܐܡܐ. ⌐ ܡܠܚܐ. b ܐܣܪܒܐ.
ܦܫܝܛܐ ܗ̄. ܡܪܐܪ ܡܫܒܐ. ∞ ܥܒܪ. ♀ ܒܟܠܐ.
♄ ܐܪܣܢܝܩܘܢ. ~ ܣܢܕܝܩܘܢ ܠܒܢܝ. ♀ ܩܘܩܒܐ. ♁ ܒܕ̈ܢܐ ܐܣܛܡܣܝܘܢ.
ܩ ܣܡܝܘܣ. ☿ ܟܪܘܣܘܩܘܠܠܘܢ.

ܩ⊓ ܡܘܩܐ ܕܝܫܥܐ. — ᛉ ܐܪܘܒܒܐ.
♀ ܡܓܢܝܣܝܐ ܗ̄ ܐܠܝ· — ܡܫܡܫܬܐ ⊗ ܕܗܒܐ ܒܠܐܡܪܝܢܐ[2].
ܡܐ ܐܘܪܐ. — ܢܛܒܬܐ — ⊏ ܐܒܐ ܡܣܛܝܪ
✕ ܠܡܘܠܝܒܕܐ. — ܣܡܡܬܐ
✳ ܙܪܢܐ ܕܒܢܝܐ.
ܟܒܠܐ. — ܩ ܣܩܘܡܘܣ ܣܘܪܐ ܗ̄ ܢܣܡܐ

ܡܠܐ[3]. ̈ ܡܠܚܐ.

ܥܡܒ ܐܒܐ ܡܣܛܝܪ ܡܪܐܫܝܘܢ[4]. ̈ ܩܢܝܐ ܦܩ̈ܘܐ.

ܡܫ ܦܠܠܐ ܕܝܫܥܐ. ☾ ܡܫܡܐ.

(1) Cette préface manque dans B dont le premier feuillet est perdu. Ce qui suit jusqu'à l'article sur les sept planètes s'y trouve, mais rédigé dans un ordre différent; B n'a pas un certain nombre d'articles donnés par A, mais il en renferme quelques-uns que A ne possède pas. Nous donnerons ces derniers avant l'article des sept planètes. A partir des sept planètes les deux manuscrits présentent le même texte.

(2) A ܒܐܠܡܪܝܢ.

(3) Les deux derniers mots sont au-dessous des deux premiers dans les deux manuscrits.

(4) Ce mot est au-dessous des deux premiers dans A et au-dessus dans B où il est écrit ܡܪܐܫܝܘܢ. Dans le lexique syriaque de Bar Bahloul on lit ܡܪܐܫܝܘܢ ܐܡ ܩܕܫ ܡܩܠܐ ܗܘ ܡܘܣܛܝܪ (*lege* ܡܣܛܝܪ) ܗ̄ ابار الرصاص الابيض يعنى القلعى وهو القصدير.

[sym] ܢܚܫܐ ܕܣܡܩ ܚܘܪܐ ܕܣܡܩ[1] ܩ̄. ܟܠܩܝܬܘܣ. [sym] ܦܪܙܠܐ ܐܪ̄[2]. [sym] ܦܠܛܐ ܕܩ̄[3].
[sym] ܡܓܢܝܛܝܣ ܘܡܓܢܝܣܐ[4]. ܡܪܩܫܝܬܐ ܐܟܪܐ. [sym] ܫܘܟܐ ܕܦܪܙܠܐ[5].
[sym] ܟܟܪܬܐ ܕܢܚܫܐ ܘܟܟܪܬܐ[6] ܕܠܐ ܟܡܠܐ ܟܢܘܪܐ ܠܐܝܟ ܐܦܘܪܝ[7].
ܐܘܣ̄ ܐܢܟܐ ܘܩܫܝܛܝܢ ܠܟܠܘܪܝ[8].

[sym] ܩܘܡܠܐ ܕܦܪܙܠܐ. [sym] ܠܟ ܚܣܪܐ ܕܐܢܒܠܐ ܩ̄ ܡܩܘܫܡܝܢ[9]. ܐܣܘܣ̄ ܟܦܪܐ ܕܕܘܟܐ. [sym] ܦܠܛܐ ܕܐܢܟܐ. [sym] ܟܠܩܝܬܝܪ[10] ܩ̄ ܕܩ̈ܐܟܐ ܘܕܘܟܢܬܐ ܩܘܣ̈ ܡܟܪܝ[11]. ܣܘܪܝ ܢܚܫܐ. [sym] ܩܘܠܐ ܕܐܢܟܐ. [sym] ܟܘܪܟܡܐ ܩܢܟܡܢܐ. ܣܘܡܩ[12] ܦܪܙܠܐ. [sym] ܥܒܕ ܐܢܟܐ ܕܣܡܩ. [sym] ܩܘܐܝܪ. ܩܢܟܪܢܝܩ ܐܠܝܐܦܢ ܐܠܝܦܢ. [sym] ܐܟܪܐ ܟܐܡ. [sym] ܠܟܘܕܪܝܘܢ ܩܘܕܪܝܘܢ ܟܟܪܬܐ ܕܢܚܫܐ[13]. ܩܘܪܫܝܘܢ ܡܪܩܫܝܬܐ.

[sym] ܦܠܛܐ ܕܐܟܪܐ. [sym] ܡܟܫܐ ܕܩܝܪܐ. ܡܓܢܝܣܝܣ ܐܢܝܟܐ. [sym] ܩܘܩܢܝܬܐ ܕܐܟܪܐ. [sym] ܕܟܠܐ. ܐܠܝܟ ܐܦܪܝ ܟܟܪܬܐ ܕܠܐ ܟܡܠܐ ܟܢܘܪܐ. [sym] ܐܟܪܐ ܕܣܡܩ.

(1) A ܕܣܡܩ ici et plus haut.

(2) Abréviation de ܐܪܐܣ.

(3) Abréviation de ܕܩܘܩܐ.

(4) B ajoute ܐܢܣܐ.

(5) Dans A écrit en abrégé ܕܦ̄ܪ.

(6) A ܐܝܬܘܗܝ.

(7) Ces mots, à partir de ܕܠܐ, sont en petites lettres sous la ligne dans A, qui a ܐܦܝܪ au lieu de ܐܦܘܪܝ.

(8) Ce mot en petites lettres sous la ligne.

(9) A manque ܡܩܘܫܡܝܢ; B manque ܩ̄.

(10) B ܟܠܩܝܬܝܪ.

(11) Les trois derniers mots en petites lettres sous la ligne. Le mot ܡܟܪܝ se trouve également dans le manuscrit d'alchimie de Cambridge, mais ne se rencontre pas dans le lexique de Bar Bahloul. Plus loin, dans le texte arabe, on lit la glose : ܘܠܩܠܩܢܛܝ ܐܠܝ ܐܚܡܪ ܘܗܘ ܐܠܙܐܓ ܘܗܘ ܐܠܩܒܪܨܝ «Le sori est le vitriol rouge; c'est le *fort* et le *cabriçi*.»

(12) *Sic* dans les deux manuscrits. Le manuscrit d'alchimie de Cambridge et Bar Bahloul écrivent ce mot ܣܘܡܩܝ. Ce dernier auteur donne la glose suivante : ܣܘܡܩܝ ܦܪܙܠܐ ما يستعمله اصحاب الكيميا.

(13) Les deux derniers mots en petites lettres sous la ligne. B ܩܘܕܪܝܘܢ au lieu de ܩܘܕܪܝܘܢ. Le lexique de Bar Bahloul (*Lexicon syr.*, 168, 10) a la glose suivante : ܠܟܘܕܪܝܘܢ (*sic*) ܙܥܦܪܢ ܠܘܬ ܟܝܡܝ̈ܐ. (*var.* ܩܘܕܪܝܘܢ) ܐܝܟ ܒܪ ܣܪܘܫܘܝ ܠܟܘܕܪܝܘܢ ܣܘܪܝ ܟܒܪܝܬܐ ܕܝܡܐ كبريت بحرى. «Elidrium safran chez les alchimistes; suivant Bar Séroschwai, elidrium sori (?), soufre marin».

ܟܪܘܟܐ ܣܡܡܡܢ ܗ̄ ܢܝܠܐ ܣܘܕܐ ܡܡܡܠܐ[1]. ܐܣܛܝܡܝܘܢ ܟܘܚܠܐ. ܘܟܘ ܐܚܪ ܢܣܥ
ܐܡܘܢ[2]. ܠܘܬ ܩܢ ܡܟܣܠܐ. ܡܘܡܡܝܢ ܡܣܡܣܐ ܗܘ ܕܐܣܛܡܠܐ ܡܚܪܝܢ[3].
ܥܠܝ ܐܡܘܢ. A ܩܠܡܝܐ. ܡܟܡܝܢܡ ܐܠܝ ܐܟܠܝܢ. ܩܠܝ ܐܡܘܢ ܩܘܡܡܠܐ.
ܡܥ ܐܚܪܐܘܢ. ܡܩܢܛܝܪܘܢ ܗܘ ܕܡܘܚܠܐ ܕܡܓܢܣܝܢ[4]. ܡ̄ ܡܚܪܐ ܛܝܢ ܡܚܛܘܡ[5].
ܠܠ ܣܛܝܪܘܢ ܐܩܣܛܘܪܝܘ[6]. ܩܘܕ ܡܚܪܝܢ[7] ܕܡܚܣܝܡܐ. ܡܠ ܐܡܘܢ ܣܘܕܐ.
ܗ̄ ܩܠܘܝܢ[8]. ܡܡܡܠ ܕܘܚܠ. ܟܠܗ ܡܟܣܠ ܐܪܡܘܣܝܩܘܢ ܕܕܡܣܠ ܠܟܠܐܘܪ
ܐܪܣܝܩܘܢ. ܐܘ[9] ܐܪܣܢܝܩܘܢ. ܐܠܡܝܘ ܢܘܪܐ ܕܡܬܡܣܝܢ ܒܗ ܒܝܢܐ ܗ̈ܪܝܢ ܡܚܪܐ. ܕܐܬܐܠ
ܡܢ ܐܪܡܠܐ ܐܪܡܢܝ. ܩܘܪܐ ܩܠܡܝܐ. ☉ ܡܟܪܝܡܡ ܐܝܟ ܘܡܡܢ. ܘܡܡܣܩܘ
ܚܣܪܝܘ[10]. ܐܪܡܢܡ ܐܡܘܢ. ☿ ܩܘܪܛܝܡ ܡܪܩܝܫܐ. ܩܪܘܕܛܝܢ ܢܚܫܐ.
ܡܘܡܡܘܠܐ ܕܘܚܠ ܕܕܘܚܠ ܟܣܠܘܢ. ܐܪܡܡ ܩܪܐܠܐ. ܟܒܪܐ ܕܡܢ ܟܡܡܡܡ ܛܝܢ
ܡܚܛܘܡ ܡܓܢܐ ܕܡܢ ܩܠܘܩܡܡ. ܛܝܢ ܐܪܡܢܝ. ܗ̄. ܛܝܢ ܡܚܛܘܡ ܀
ܐܩܘܣܛܪܘܢ ܕܐܬܘܡ ܢܛܪܐ ܐܩܪܡܠܐ ܕܟܠܒܐ[11]. ܐܩܪܘܣ ܕܣܛܪܘܢ ܪܡܛܐ. ܘܐܡܝ
ܡܡܣܠܐ[12]. ܓܘܡܡܠܐܘܡ ܓܘܡܡܡܝܢ ܟܪܐ ܣܘܕܐ ܀ ܐܡܘܡ ܡܘܣܛܐ. ܐܡܪܘܢ ܗܘܢܠ
ܟܠܐܘܐܠ ܕܡܡܡܪ ܒܗܘܢ ܢܣܠܐ ܒܡܘܡܪܘܡ ܐܡܝ ܕܡܪܘܓܠܘܡ[13] ܀ ܩܠܡܪܡܘܡ
ܡܡܡܪܐ. ܐܟ ܘܡܡܘܠ ܘܠܡܪܐ[14] ܀ ܟܠܗ[15] ܡܟܣܠ ܐܪܡܘܣܝܩܘܢ ܡܘܣܠ ܘܡܡܘܩܣܠ ܀

(1) Les quatre derniers mots en petites lettres sous la ligne dans A; ils manquent dans B.

(2) B manque ܐܡܘܢ.

(3) A ܡܚܪܝܢ, et il ajoute ܙܐܓ, comparer p. 3, note 11. Les trois derniers mots en petites lettres sous la ligne.

(4) Ce mot manque ici dans A, mais se trouve plus bas sous le mot ܩܘܕ.

(5) Les deux derniers mots en petites lettres sous la ligne.

(6) B ܐܩܣܛܘܪܝܘ.

(7) A ܡܚܪܝܢ; B ܡܚܪܝܢ.

(8) Ce mot en petites lettres sous la ligne dans A; et au-dessus de la ligne dans B.

(9) A ajoute ici ܢܣܠܐ.

(10) Ces deux mots, dans A, écrits ܘܡܡܣܩܘ ܚܣܪܝܘ, sont à la fin de l'article sur le sel ammoniac; dans B ils sont au-dessus de ܐܝܟ ܘܡܡܢ, et ܘܡܡܣܩܘ est écrit ܘܡܡܣܩܘ.

(11) Ce mot manque dans A.

(12) Ces deux derniers mots manquent dans A.

(13) B ܕܡܪܘܓܠܘܡ.

(14) A ܠܡܪܐ.

(15) B manque ܟܠܗ.

(SIGNES ET NOTATIONS PROPRES AU MANUSCRIT B[1].)

⊸ ܩܘܣܛܐ ܕܢܚܫܐ.

♉ ܒܪܘܣܘܡܘܬܐ ܕܟܘܠܐ ܕܕܗܒܐ. ܟܠܗ.

ܟܠܟܐܘܪܓܝܪܘܣ ܡܣܘܪܟܐ.

ܐܡܝ ܡܚܪܬܐ.

ܡܥܪܝܣ ܡܠܚܝ ܕܟܠܗ. ܘܡܠ ܕܟܠܗ ܡܚܬܪܐ ܐܝܟ ܚܡܪܐ.

ܣܝܪܝܩܘܢ ܐܪܣܢܝܩܘܢ. ܐܘ ܒܪܘܡܘܢ ܣܘܡܩ ܕܐܝܟ ܠܠܘܢ ܣܡܪܐ. ܒܪܡܝ܀

ܣܛܘܦܛܝܪܝܐ ܙܥܐ ܕܡܚܝܠܐ ܕܟܠܒܐ. ܘܗܘ ܐܝܟ ܕܟܠܒܐ܀

ܣܘܢܕܘܪܘܡܘܣ (?)[2] ܣܢܝܩܘܢ.

ܦܣܐܘܣ ܐܘܢ ܗ̄ ܐܘܪܝ ܣܘܡܡܟܐ.

ܗܕܪܐܓܪܘܣ ܐܡܝ.

ܡܡܢܛܘܣ (*sic*) ܗܟܠ ܕܢܚܫܐ.

ܡܩܘܣ ܡܘܡܝܘܣ ܢܚܫܐ ܩܘܡܝܐ.

ܦܣܥܦܬܐܝ ܣܥܝܪܐ ܕܡܚܬܪܐ ܟܣܠܐ ܡܢ ܐܟܪܐ. ܠܝ ܢܒܥܘܬܐ ܗܝܠܐ ܗܘܐ ܣܢܝܩܘܢ.

ܐܠܟܘܐܐ ܟܠܗܘ ܗ̄ ܙܟܪܐ܀

ܐܡܘܢܝܩܘܢ ܟܪܐ ܡܟܚܠܐ (*sic*). ܘܡܘ. ܐܘ ܣܝܪܘܣ.

ܕܣܪܘܦܐܘܣ ܡܢ ܡܘܦܪܘܣ ܐܠܐ.

ܡܐܝܘܣ ܕܐܬܘ ܡܐܝܘܢ ܕܙܝܬܐ.

ܡܟܝܢ (*sic*) ܕܡܘܐܐ ܕܟܘܟܐ.

ܐܘܡܠ ܣܡܟܪܐ.

ܠܘܩܘܢ ܡܘܠܐ ܟܡܟܬܐ ܡܟܠ ܦܡܪܐ.

ܣܡܘܪܐ ܣܬܝ ܦܪܐܠܐ ܘܕܟܠܘܢ ܟܘܡܩܠ.

[1] Le ms. A renferme 63 signes; le ms. B n'en contient que 49, parmi lesquels deux ne se trouvent pas dans A. Nous donnons ici ces deux nouveaux signes, ainsi que 21 mots grecs qui manquent dans A.

[2] Mot en partie effacé et douteux.

ܛܛܪܐܦܘܣ ܟܠܗ.

ܐܪܣܛܘܛܠܝܣ ܦܝܠܣܘܦܐ ܀

ܐܬ̈ܘܬܐ ܕܡܬ̈ܟܠܐ. ܡܟܝܠ ܀

ܕܗܒܐ. ܗܘܐ ܒܡܘܬܒܐ ܕܫܡܫܐ ܀

ܣܐܡܐ ܡܛܠ ܒܡܘܬܒܐ ܕܣܗܪܐ ܀

ܢܚܫܐ ܐܝܟ ܡܢ ܒܠ[1] ܒܡܘܬܒܐ ܕܗ̄. ܐܠܐ ܀

ܐܣܪܐ ܫܡܝܗ ܕܗܘ ܐܦܪܘܕ ܗܘܐ. ܚܝܐ ܫܡܫ. ܐܪܒܐ ܡܢܗ ܒܡܘܬ̈ܐ ܕܗ̄ ܕܐܦܪܘܕܝܛܐ ܀

ܒܗ̄ ܦܪܙܠܐ ܐܪܝܣ. ܫܡܫܐ. ܠܐܪܝܣ. ܠܐܪܝܣ. ܗܘܐ ܒܡܘܬ̈ܐ ܕܗ̄. ܫܛܝܡܐ ܦܠܙ[2] ܀

ܟܣܘܐ ܐܒܪܐ ܐܘܟܡܐ ܐܠܐܒܪ. ܐܠܐܣܪܒ. ܐܪܒܐ. ܒܡܘܬ̈ܐ ܕܙ̄. ܕܟܘܟܒ ܀

ܐܘܪܢܝܩܘܢ. ܐܢܟ. ܐܠܡܥܡܥ. ܐܠܐ. ܘܡܛܠ ܒܡܘܬ̈ܐ ܕܚ̄. ܕܚܘ[3] ܀

ܐܬ̈ܘܬܐ ܕܡ̄. ܕܡܬ̈ܒܢܐ ܀

ܗܘܐ ܐܒܪܐ ܡܪܩܫܝܬܐ. ܒ̄ ܟܘܢ̈ܐ ܀

ܐܢܟ ܗܘ ܠܘܪܐ ܡܓܢܝܣܝܐ ܒ̄ ܟܘܢ̈ܐ ܀

ܐܠܐ ܒ̄ ܐܠܐܩ̈ܠ ܐܢܝܟܐ ܫܡܝܗ ܒ̄. ܘܡܓܢܝܣܐ[4].

ܡܛܠ ܫ̄ ܫܢܝܬܐ. ܙܪܢ ܒܟܠܗܘܢ ܟ̈ܠܐ ܘܢܘ̈ܢܐ ܘܫܢ̈ܝܬܐ ܀

ܗܘܐ ܦ̄ ܐܢܐ ܠܟܘܢ ܕܐܡ̈ܢܐ ܡܟܠܗܘܢ ܡܬܒܪ ܘܗܘ ܐܠܟܒܪ ܠܝ ܐܠܟܒܪܝܬ ܚܕܝܢ ܠܟܠ. ܘܠܟܠܚܕ ܠܟܠܗ[5] ܀

---

[1] B ܕܟܠܐ.

[2] Dans B ܫܛܝܡܐ est au-dessous de ܫܡܫ et ܦܠܙ au-dessous de ܐܠܐܪܝܣ.

[3] Dans A on lit à la marge : ܐܣܛܘܛܘܪܝܐ ܚ̄ زاج شب « σ7υπ7ηρίχ, c'est-à-dire alun ». Comp. p. 5, l. 8.

[4] *Sic* dans les deux manuscrits.

[5] A manque ܠܟܠܗ.

ܟܦܪܐ ܐܣܘ ܡܟܠܬܐ. ܐܣܦܝܕܐ ܘܫܪܝܩܘܢ. ∂ ܐܠܟܚܠ ܀

ܐܪ ᛈ ܣܡܠܐܬܐ ܙܘܓܐ ܕܡܚܝܠܐ[1]. ܗ̄ܘ. ܘܡܟܠܐ[2] ܒ̄. ✕ ܐܠܟܠܝ ܀

ܡܬܐ ε ܟܡܪܐ. ܡܟܪܟܬܐ. ܒ̄. ⊡ ܐܠܢܘܫܕܪ. ☐ ܐܠܡܠܚ ܀

ܢܘܪܐ ܕܒ ܟܡܝܐ ܟܘܟܒ ܘܡܬܩܝܠܬܐ. ⊡ ܐܠܟܒܪܝܬ. ܐܘܪܐ. ܩ̄ܕܝܡܐ. ܢܚܫܘܢ ܟܬܘܢ ܘܟܘܪܐ ܐ̄. ⋑ ܐܠܢܚܐܣ ܀

ܐܪ 𝟹𝟹𝟹𝟹 ܕܘܠܐ ܡ̈ܟܬܐ ܟܬܘܢ[3] ܐܘܪ̄. ܥ ܐܠܩܠܥܝ. ܡܬܐ ✕ ܢܘܪܐ[4]. ܟܪܘ ܦ̈ܐܬܐ ܟܬܘܢ. ∞ ܐܠܩܨܕܝܪ. ܡ ܐܠܪܨܨܝܕ[5]. ܩ̄ ܐܠܚܠܘ. ܚ ܐܠܐܢܚܐܣ.

::: ܐܠܚܕܝܕ. ܘܐ̄ܘ ܘܟܚܠܝ. ܚ ܕܘܒܝ. ܒ ܡܣܡܣܐ[6]. ܡܨܘ ܐܠܝ[7].

ܟܣܡܘܢ ܐܣܦܝܕܐ. ܕܪܘܫ ܟܘܬܐ. ܪܘܫ ܐ̈ܬܐ ܐܘ ܣܘܡܩܐ[8]. ܟܚܫܘܢ ܦܘܡ ܡܪܝܡ. ܡܪܘܫ ܐܪܐ. ܫܪܣܘܣܠܐ ܐܡܪܘܢ. ܟܘܟܒܐ ܘܟܚܠ ܕܬܘܬܝܐ. ܡܪܐܐ ܟܢܚܫܐ ܐܘ ܟܠܐܪܘܐ[9]. ܟܠܚܪܟܘܢ ܢܘܪܐ. ܡܣܪܘܩ ܐܩ̈ܪܐ. ܫܡܘܪܐ ܡܘܕܐ (sic).

ܟܒܠܘܢ ܡܘܠܐ. ܡܘܟܘܢ ܦ̈ܐܬܐ. ܟ̈ܟ ܡܪܘܐܐ. ܟܠܚܝܠܐ ܡܫܚܐ ܕܪܕܝܡ. ܡܪܫܘܫ ܟܘܪܟܐ. ܟܫܡܘܢ ܡܣܟܬܐ. ܡܠܣܘܢ[10] ܙܘܐ. ܘܙܪܘܫ ܕܘܟܬܐ. ܐܬܘܫ ܐܬܡ ܦܡܣ. ܐܫܡܘܫ ܣܠܐ. ܐܠܡܠܘܣܐ[11] ܪܘܟܬܐ ܕܡܟܐ. ܐܘܟܐ ܣܡܪܐ. ܦܫܡܐ ܐܝܟܬܐ. ܣܚܪܘܢ ܟܬܐ ܐܝܦܘܟܝܐ. ܢܚܠܫܘ ܡܟܐ. ܦܫܠܟܘܢ ܟܢܚܫܐ. ܠܘܟ ܐܣܦܝܓܘܫ ܐܣܦܘܓܐ. ܐܘܪܘܫ ܠܦܘܪܐ. ܐܠܦܐ ܟܬܘܢ ܡ̈ܟܬܐ ܘܠܡܕܪ[12] ܀

ܡܛܠ ܐ̈ܬܘܬܐ ܐ̄. ܐ̄ ܗܘ ܕܒܗ ܟܬܒܘܫ ܕܒܠܐ ܗܘ̈ܡܟܐ ܦ̈ܬܐܐ ܡܢܗ ܫܘܡܗܬܐ ܕܡܘܣܐ ܘܡ̈ܠܟܐ ܟܬܒܝܢ. ܡܢܗ ܡܟܪܐ ܕܟܝ̈ܐ. ܘܡܢܗ ܡܪܘܟܬܐ ܀ ܕܒ̄ : ܐܫܠܡܘܢ ܀ ܟܘܦܪܐ ܕܡܟܐ ܕܫܒܘܩ. ܕܓ̄. ܐܘܟܐ ܕܡܢ ܫܡܟܘܫ ܟܐܪܐ ܕܗ̄. ܐܘܟܐ ܗܡܐ ܟܘܟܒ ܐܘܟܐ. ܕܗ̄ ܡܪܝܢ. ܕܙ̄ ܡܣܡܘܟܐ ܚ̄.. ܕܛ̈ܡܣܟܐ ܐ̄.

[1] B ܕܡܚܝܐ.

[2] *Sic*, lire ܡܟܠܐ ܗ̄ܘ, comp. ci-dessus, p. 5, l. 8.

[3] A ܟܬܘܢ.

[4] A ܢܘܪܐ.

[5] Comparer روسنج et روستج = راختج dans le lexique persan de Vullers, II, p. 74.

[6] B ܐܠܡܣܡܣܐ.

[7] B ܐܠܐܠܝ. Dans B quelques-unes de ces notations sont dans un ordre différent.

[8] Cet article manque dans B.

[9] B manque ܐܘ ܟܠܐܪܘܐ.

[10] B ܡܠܐܣܘܢ.

[11] A ܡܠܘܣܐ; B ܐܠܡܠܘܣܐ.

[12] *Sic*, lire ܢܡܠܕܪ. Dans B quelques-uns de ces articles suivent un ordre différent.

ܕܗܒܢܝܬܐ ܘܡܓܢܝܣܝܬܐ ܘܦܪܐܠܠܝܬܐ ܕܢܦܩܐ[1] ܡܢ ܩܦܛܘܡܘܢ ܐܘܟܝܬ ܡܢ ܡܣܩܐ.. ܘܟܠܗܘܢ. ܗܟܢ ܒܩܘܩܐ. ܕܗ̄. ܐܢܬ ܐܘܟܠܝܡܝܛܝܣ ܗ̄. ܩܕܡܝܬܐ[2] ܕܗܘ ܐܝܟ ܗܦܟܬܗܘܢ ܕܬܢܝܢ ܠܐ ܒܩܘܦܠܐ ܠܫܘܠܐ. ܕܗ̄ ܕܡܢ ܐܘܟܝܢܐ. ܕܐܬܐ ܒܢܘܗܪܐ ܕܗܘ ܐܪܘܢܐ ܕܗܘܝܐ. ܕܐ̄ ܕܕܡܝܐ ܠܗܘܢ ܕܩܝܡܝܢܘܢ ܒܗܘܢ ܐܘܩܕܢܐ ܐܝܟ ܕܩܘܦܪܐ ܀

ܘܡܢ ܗܟܢ ܡܩ̈ܒܠ ܐܩܪܐ ܕܢܩ̈ܦ ܩܐܦܐ ܡ̈ܕ. ܘܐܦܪܘܢ ܡ̈ܢ. ܐܠܐ ܡ̈ܢ ܐܢܫ̈ܝܢ ܀ ܘܗܠ ܕܠܠܐ ܒܠܗܘܢ ܘܠܠܐ ܡܘܡܪܬܐ ܐ̄. ܕܗܘܝܢ ܒܘܪ̈ܟܐ ܒܙ̈ܓܝܢ[3] ܒܗܘܢ. ܠܠ ܡܪܐ ܐܝܟ ܡܠܐ[4] ܕܗܘܒ ܒܗ ܡܒܝܢܝܢ ܀

ܘܠܠ ܦܐܩ̈ܐ ܡ̈ܢ ܠܘܒ ܕܬ̈ܪܝܢ ܒܡܠܠܘܬܐ ܘܦܠܘܡܘܢܐ ܗܕܐ ܀

ܠܠ ܦܐܩ̈ܐ ܗܟܢ.. ܕܒ ܡܡܠܬ̈ܢܝܢ[5] ܡܡܠ̈ܬܝܢ ܘܡܠ̈ܬܝܢ[6] ܒܡܠܘܗ[7] ܀

ܐ ܐܦܛܝܛܘܣ ܗ̄. ܕܡܢܝܬܐ. ܕܡܫܡܠ ܒܡܠܘܗ ܐܝܟ ܕܡܠܐ ܀

ܒ ܩܐܛܛܛܝܛܘܣ ܡܫܡܠܝܬܐ ܕܡܫܡܠ ܡܠܘܗ ܡܘܙܐ ܐܝܟ ܬ̈ܠܬܐ ܀

ܓ ܡܣܛܝܛܘܣ ܕܡܫܠܡܬܐ ܕܡܫܡܠ ܡܠܘܗ ܕܢܩܠ ܒܛܝܡܘ ܒܕܡܐ ܀

ܕ ܡܘܪܦܘܣܘܢ[8] ܗܘܦܘܣܣ ܘܛܦܣܝܢ ܒܗ ܒܪ̈ܢܫܐ ܀

ܗ ܗܟܢ ܘܐܡܣܟܘܢ ܗܘܐ ܘܐܬܐ ܡܢ ܒܗܘܢ ܘܡܠܐܟܐ ܒܢܡܘܗ ܀

ܘ ܗܘܪܡܣܘܢ ܗܘܝܬܐ ܡܢܗ ܒܦܛܘܪܝܘܢ ܕܡܘܙܐ ܘܡܘܙܐ ܘܡܫܡܢܐ ܘܐܬܐ ܒܗ ܡܩ̈ܠܐ ܐܝܟ ܗܘ ܕܦܛܘܪܘܣ ܡܢܝܢ ܀

ܙ ܩܘܪܛܘܣ. ܕܗܘܢܝܬܐ ܕܦܛܢܘܣܝܣ ܕܡܪܐ ܐܘܟܝܢ (*sic*) ܘܡܠܝܢܬܐ[9] ܐ̄ܘ ܟ̈ܘܫ ܗܘ ܕܐ̄ ܒܩܦܠܐ ܦܛܐ ܒܝܬܘܗܝ ܗܘܝ ܕܐܬܐ ܦܠܝܬܘܣܛܘܣ ܀

ܚ ܐܣܪܢܝܬܐ ܦܐܩܐ ܕܡܡܪܐ ܩܪܘܛܝܬܐ ܀

ܛ ܐܦܐܪܝܘܣ ܕܠܐ ܗܦܠ[10] ܕܡܬܢܦܫܝܢ ܒܗ ܐܦ̈ܦܠܐ ܀

ܝ ܕܡܣܡܣܪܝܘܣ ܐܘܟܝܬ. ܘܡܠ ܕܡܪܟܐ ܒܡܘܙܐ ܡܘܟܠ ܢܣܠܐ ܐܝܟ ܒܩܘܦܪܐ

(1) A ܘܕܢܦܩܐ.

(2) *Sic*, lire ܩܕܡܝܬܐ ܗ̄.

(3) A ܒܙܓܝܢ.

(4) A manque ܡܠܐ.

(5) A ܡܡܠܬܝܢ.

(6) *Sic*, lire ܡܠܬܝܢ.

(7) A ܒܡܠܘܗ.

(8) B ܡܘܪܦܘܣܘܢ, comp. Bar Bahloul (*Lexicon syr.*, 958, 26; 971, 5; 1041, 19).

(9) Dans A ce mot se trouve deux lignes plus bas après ܩܪܘܛܝܬܐ.

(10) B ܗܦܠ.

ܕܡܫܠ. ܘܗܟܢ ܠܗ ܒܫܘܘܕ ܟܠܦܐ ܕܡܬܢ ܡܘܣܚܝ. ܘܐܦ ܦܩܣ ܒܟܣܝܐ[1]
ܘܟܠܗܝܢ ܕܟܣܝܐ[2] ܡܟܣܝܐ ܒܫܘܪܐ ܕܟܡܣܐ ܐܝܟܠܗܘܢ܀

ܠ ܘܕܐܦܢ ܢܦܕܝܘܗ (sic) ܕܡܢ ܢܦܫܐ ܒܟܘܪܐ ܠܢܘܪܐ ܬܫܡܫ ܘܡܢ ܐܦܝܣ ܠܟܣܦܐ
ܡܢܐ ܡܬܚܫܡܐ. ܘܚܟܝܡܐ ܡܢܚܘ[3] ܠܗ ܡܠ ܕܦܩܝ ܘܡܫܪܝ ܒܬܘܪܐ ܬܪܬܝܢ
ܡܢ ܫܘܐ ܕܟܠܒܐ ܘܡܟܣܝܐ ܦܘܪܛܘܣ. ܦܣܦܣܝܛܣ ܟܠܦܐ ܕܡܣܡܣܝܐ
ܘܡܟܣܐ. ܐܘܢܦܘܣ ܐܠܟܘܡܝܬܝܘܣ ܠܟܘ ܕܟܠ ܐܪܒܥ. ܦܪܘܣܟܝܘܢ
ܕܟܠܗ ܐܪܒܥ ܗ̄. ܘܡܠܐ ܕܫܠܡܐ ܟܠܦܐ ܠܟܘ. ܐܡܣܝܛܝܢ ܕܫܬܝܬܐ
ܘܡܫܬܐ ܕܡܢܐ. ܕܐܬܝܢ ܐܝܟ ܫܒܪܐ ܕܐܘܬ ܘܫܘܐ ܘܡܟܣܦܐ ܐܝܟ ܚܕܐ
ܘܠܟܘ ܠܘܬ ܐܬܝܢ. ܐܠܐ ܠܐ ܡܫܠ܀

ܣܝܡ ܟܠܦ̈ܐ ܕܡܬܩܪܝܢ ܒܩܘܛܢܐ ܦܬܓܡ̈ܐ ܘܗܘܝܢ ܡܢ ܡ̈ܓ. ܩ̄. ܦܘܠܓܐ ܘܡܢܝܢܐ
ܘܡܬܦܠܓܝܢ ܒܩܘ̈ܠ (sic) ܘܒܢܝ̈ܢܐ. ܡܢܝ̈ܢ. ܟܠܦܐ ܕܐܣܘܪܛܐ. ܕܡܢ ܒܢܝܐ ܘܡܢܝܐ
ܗܘܐ ܡܫܬܪܝܗ ܕܫܘܐ ܘܡܫܡܫܐ ܠܟܠ̈ ܩܘܡܛܐ ܒܟܝܢܬܐ܀ ܒ̄ ܟܠܦܐ
ܕܐܠܗܐ. ܚܘ ܐܪܒܥ܀ ܓ̄. ܟܠܦܐ ܦܘܪܛܘܣ ܡܫܡܫܐ ܘܗܘܐ ܠܟܠ̈ ܩܘܡܛܐ܀
ܕ̄ ܟܠܦܐ ܕܡܬܬܫܝܛ ܟܡܦܪ[4] ܦܪܐܠܐ ܘܟܠ ܩܘܡܛܐ ܕܐܠܡܢܝ ܒܗ܀ ܗ̄ ܟܠܦܐ[5]
ܡܫܡܫܐ ܕܐܬܘܪܐ. ܡܬܬܚܒܐ ܒܟܠ ܙܘܬܝܢ[6] ܐ̄܀ ܘ̄ ܟܠܦܐ ܙܘܦܝܣܛܐ܀
ܐ̄ ܐܦܝܬܝܛܝܣ ܕܗܘ ܡܟܕܝܢ܀ ܣ̄. ܟܠܦܐ ܦܘܪܛܘܣ ܟܘܪܛܘܣ ܦܪܛܘܣ ܐ̄ܐ̄܀
ܠ̄ ܟܠܦܐ ܐܪܣܢܝܩܘܢ ܛܘܛܝܐ ܐ̄܀ ܢ̄ ܟܠܦܐ ܕܟܪܘܟܝܐ ܡܬܬܚܒܐ ܒܗܘܪ ܘܦܝܪܘܢ ܘܕܪ
ܘܠܥܘܠ܀ ܡ̄ܠ. ܟܠܦܐ ܐܣܛܝܛܝ ܡܫܟܪܐ[7] ܘܟܠܠܐ ܒܩܘܡܛܐ ܠܚܘܡ ܘܐܦ ܒܗ
ܠܘܬܐ ܦܘܪ. ܠܐ ܡܬܡܟܟܝܢ܀ ܡ̄ܟ. ܟܠܦܐ ܙܪܢ[8]܀ ܡ̄ܓ. ܟܠܦܐ ܕܒܠܗܐ ܟܠܦܐ
ܕܛܒܪܐ܀ ܡ̄ܕ ܟܠܦܐ ܕܫܘܐ ܗ̄. ܕܛܪܢܐ[9]܀ ܡ̄ܗ ܡܪܘܩܛܘܣ ܡܬܬܚܒܐ ܘܗܘܐ
ܒܪܘܠܐ. ܘܡܢ ܒܪܘܠܐ ܒܩܘ̈ܠ ܐܣܪܢܐ܀ ܡ̄ܘ. ܐܠܡܛܪܝ ܟܡܦܪ ܐܦܪܐ[10] ܘܟܠ ܒܚܘܪܐ܀
ܡ̄ܙ ܟܠܦܐ ܡܟܠܝܢܐ܀ ܡ̄ܚ ܟܠܦܐ ܐܘܩܝܢܐ ܕܢܫܐ ܘܗܘ ܕܦܬܓܡܐ܀ ܡ̄ܛ ܟܠܦܐ ܡܪܝܡ

(1) *Sic*, peut-être pour ܡܟܣܝܐ.
(2) A ܕܟܣܝܐ.
(3) A ܕܟܘ.
(4) A ܟܡܦܪܐ.
(5) B manque ܟܠܦܐ.
(6) B ܙܘܬܝܢ.
(7) B ܡܫܟܪܐ.
(8) B ܙܐܪ.
(9) B ܛܪܢ.
(10) *Sic*, lire ܐܦܪܐ.

IMPRIMERIE NATIONALE.

ܐܣܘܪܬܐ ܡܢܝܢܐ ܕܡܬܒܢܝܢ ܗܘ ܕܝܢ ܐܘܟܝ ܘܐܪܣܢܝܩܘܢ ܡܫܢܝܬܐ ܘܡܣܡܣܡܐ
ܟܘܡܘܠܐ ܐ̄ ܙܪܢܝܟܐ[1] ܘܡܫܟܢܐ ܀

ܡܢ ܡܠܟܘܬܐ ܕܕܡܩܪܛܝܣ ܣܚܒܐ ܩ̄ܕ̄ ܕܝܢ ܡܠܘܐܐ ܩ̄ܕ̄ ܠܘܬܟ ܠܐܘܣܝܐ
ܕܐܣܛܘܟܣܝܐ ܕܕܗܒܐ. ܗܢ ܚܝܠܐ ܘܐܡܪ ܟܝܡܝܐ ܕܡܟܝܢܝܬܐ ܐܘ ܒܒܘܫܠܐ
ܐܠܟܝܡܝܐ ܐܘ ܒܒܪܝܬܐ ܕܡܝܐ ܩ̄. ܒܠܚܘܕ ܫܘܡܠܐ ܐܘ ܒܦܪܡܢܝܘܢ. ܐܘ ܒܒܠܡܐ
ܡܛܘܠ. ܐܘ ܒܣܛܘܦܛܪܝܐ ܐܘ ܠܐܪܣܢܝܩܘܢ ܐܘ ܐܚܪܢܐ ܕܡܬܪܐ ܐܝܟ. ܘܐܡܪ ܒܝ
ܢܘܪ ܟܠ ܐܦܪܘܢ. ܘܒܠ ܐܝܟ ܐܦܪܘܕ ܐܣܛܝܦܝܬܘܢ ܚܘܪܐ[2]. ܒܝ ܗܘܠܝܣ ܕܝܢ
ܐܢܛܝܢܘܢ ܠܒܠܝܘܢ ܟܠ ܩܠܝܐ. ܘܒܠ ܐܝܟ ܕܗܒܐ ܘܟܠ ܕܗܒܐ. ܘܗܘܐ
ܠܣܘܡܘܡܛܘܢ[3]. ܗܘ ܒܝ ܗܘ ܚܕ ܐܦ ܐܪܣܢܝܩܘܢ ܣܩ̈ܝ. ܘܣܢܕܪܟܝܢ ܕܐܘܪܟܐ[4]
ܘܕܝܘܣܡܘܣ ܕܐܠܟܝܡܝܐ. ܘܡܠܒܢܝܢ ܣܝܢܛܝܩܘܢ[5] ܕܐܠܦܪܝܢ. ܠܐܦܪܘܢ ܕܝܢ
ܣܝܣܛܘܣ ܐܝܟ ܠܒܝܬ ܚܕ. ܒܝܠ ܒܒܝܠܐ ܐܦܠ ܀

ܦܘܪܛܘܣ ܐܟܘܪܛܘܣ ܗܘ ܕܣܦܪܛܘܣ ܡܢ ܠܗ ܕܒܪ ܐܣܝ ܒܝܬܐ ܕܐܠܡܣܣ
ܕܐܬܐ. ܡܬܐܬܐ ܕܝܢ ܒܝ ܙܛܘܬܐ (*sic*) ܐܘ ܒܝ ܡܕܘܪܝܐ ܚܘܪܐ. ܐܘ ܒܝ ܒܘܣܠܐ
ܐܠܟܝܡܝܐ. ܘܒܪܘܣܘܣ ܒܒܘܣܝܢ ܠܗ ܒܘܠܐ ܕܡܬܡܢܣܝܢ ܒܗ. ܠܐ ܐܬܝܐ. ܐܠܐ ܗܘ
ܕܝܢ ܣܛܘܡܐ (*sic*) ܢܩܡ. ܘܛܐ ܘܐܪܥܐ ܠܟܘܡܣܝܐ ܕܙܠܐ ܐܝܟ. ܡܢܐ ܕܗܘܐ
ܣܘܡܡܐ ܘܙܟܐ. ܒܝܠ ܒܒܝܠܐ ܡܬܦܢܝܐ ܀

ܠܘܩܝܐ ܕܦܘܪܛܘܣ ܚܠܦ ܕܝܢ ܐܐܦܘܪܘܡܐ ܗܒܠ ܀ ܡܬܐܡܪ ܒܠܠܐ ܘܒܒܠܡܐ
ܘܒܠܗܘܢ ܐܘ ܒܠܠܐ ܘܐܘܟܠܐ. ܐܘ ܒܟ̈ܝܢ ܡܠܐ. ܘܟ̈ܝܢ ܕܐܡܝܟܝܬܘܢ ܒܪܝ ܒܣܟܘܗ
ܠܐܝܟ ܐܦܘܪܝ[6] ܐܦ ܒܪܙ ܕܡܠܐ[7] ܗܘܡܡܐ ܐܘ ܐܘܒܪܐ (*sic*) ܐܣܛܠܝܐ ܐܦ ܐܣܝ
ܕܡܬܒܠܟܠ ܐܝܟ ܘܐܪܥܐ ܗܘܪܐ ܘܡܒܒܣ ܐܝܟ ܕܗܘܐ ܒܝܠ ܒܪ ܒܒܝܠܐ ܗܦܝ ܀

ܐܒܪܘܕܡܘܣ ܗܒܠ ܚܠܦ ܒܣܥܪܐ ܡܢܝܐ ܐܘ ܒܟ̈ܝܢ ܕܢܟܠ. ܐܘ ܒܠܐܘܬܐ ܐܘ ܒܢܒܠܐ
ܘܡܢܝܠܐ ܀ ܒܘܟܝ ܡܬܒܠܟܝܢ ܒܝ ܡܬܟܪܟܝܢ ܟ̈ܝܢܐ. ܘܐܘܟ ܗܣܘܡܝܘܢ ܒܝܢ

(1) Au-dessous du mot ܙܪܢܝܟܐ est écrit ܕܡܢ dans A; dans B il est placé au-dessus du mot ܡܠܘܐܐ de l'article suivant.

(2) Ce mot est écrit au-dessus de la ligne dans les deux manuscrits.

(3) B ajoute à la marge ܒܝܘ ܐ̄, c'est-à-dire ܒܝܘܣܘܡܘܛܘܢ dans un manuscrit.

(4) *Sic* pour ܕܐܪܕܢܐ.

(5) B ܣܝܢܛܝܩܘܢ.

(6) A la marge de A on lit : ܒܝܕ ܕܠܐ ܒܒܠܐ ܒܝܘܪܐ.

(7) *Sic*, lire ܒܪܙܠܐ ܕܡܠܐ.

ܒܟܘܠܠ. ܡܢ ܙܥܘܪܐ ܐܝܬ ܒܗ ܡܢ̈ܬܐ ܕܡܥܠ. ܐܘ ܒܟܠܘ̈ܬܐ. ܐܘ ܒܢܝܠܐ ܘܡܟܬܝܠܐ. ܗܟܝܠ ܗܢܘܢ ܡܥܝܢ ܒܗ ܒܝܬܐ ܕܢܦܩ ܐܘܪܚܐ ܕܟܘܠܠ. ܘܒܬܪܝܢ ܦܪ̈ܨܘܦܘܗܝ ܘܒܡܒܥܘܗܝ. ܒܝܬܐ ܕܫܡܫܐ. ܟܠܗ ܕܝܢ ܒܡܢ̈ܐ ܕܐܬ̈ܪܐ ܘܐܪܒܥ ܡܢܗ ܒܩܘܪܐ. ܘܗܘܐ ܕܗܟܢܐ. ܐܝܟ ܕܐܡܪ ܐܦܘܪܝ ܙܥܘܪܐ ܐܝܬ. ܗܘܐ ܒܩܘܦܘܣܡܘܢ.[1] ÷

ܡܛܠ ܐܦܪܐ ܚܘܪܐ. ܐܡܪ ܐܢܐ ܕܝܢ ܗܘ ܕܒܢ ܐܣܦܝܕܐܓ[2]. ܘܒܢ ܩܠܩܢܬܘܣ ܘܩܦܪܐ ܕܡܣܝܣܐ. ܗܘܐ ܕܝܢ ܒܦܘܪܐ ܗܟܝܠ. ܒܡܢ̈ܐ ܕܢܦܩܐ. ܘܡܬܬܣܝܡ ܡܢ ܩܕܡ ܒܩܕܡܐ[3] ܘܟܠܠܐ[4]. ܗܘܐ ܕܝܢ ܐܝܟ ܐܣܦܝܕܐܓ. ܘܒܡܥܢܘܗܝ ܘܐܪܒܥ ܒܠܒܘܢ ܚܡܝܪܐ ܕܚܝܠܐ ܐܘ ܚܝܠܐ ܕܡܥܡܢ. ܗܢܘ ܕܝܢ ܙܥܘܪܐ ܒܗ ܐܦܘܪܝ ܘܡܦܫܩ ܒܝܬܐ ܕܐܦܝ ܘܗܘܐ ܕܚܡܝܪ. ܗܘܐ ܕܝܢ ܦܥܠܝܬܐ. ܗܢܘ ܕܡܬܦܪܐ ܒܠܘܩܒܠ ܡܥܝܪܐ. ܐܡܪ ܐܢܐ ܐܢܬܝܡܘܢ ܘܟܠܗܘܢ. ܗܢܘ ܕܝܢ ܡܥܡܝܐ. ܐܢ ܗܘܐ ܐܫܟܚܢ. ܐܘ ܗܘܐ ܐܘ ܠܐ. ܒܐܦܘܪܝܣ ܒܝܬ ܡܬܠ. ܐܘ ܒܠܒܘܢ ܡܝܬܐ ܠܬܚܠܬܐ ܠܐ ܐܝܬ. ܗܢܘ ܡܢܘ ܒܗ ܒܗܘܢ ܕܡܬܚܠܝܢ ܒܗ. ܘܟܠܗ ܒܝܬܐ ܕܫܡܫܐ ܘܐܪܒܥ ܒܟܠܗ ܡܛܠ ܕܪܓܠ ܐܝܬ. ܒܝܠ ܟܪ ܒܒܪܝܠܐ ܒܚܬܝ ÷

ܒܠܝܘܗܝ ܐܦܘܪܝ ܚܕܐ ܡܦܠܠܘܢ ܘܡܠܘܫܘܢ. ܕܥܠ ܟܪ ܡܠܘܫܘܢ ܒܩܝܠܬܝ ܘܡܬܬܣܝܡ ܕܝܢ ܒܩܘܩܢܕܝܢ[5] ܒܗܘܢ ܐܪܒܥ ܐܝܟ ܒܩܠܬܐ ܚܕ. ܘܟܠܗ ܐܝܟ ܒܚܘܪܐ[6] ܠܝ̄ ܡܕܡ̈ܝܐ ܒܝܬܐ ܕܫܡܫܐ. ܒܢ ܗܘܐ ܐܪܒܥ ܒܐܦܘܪܝܣ ܘܗܘܐ ܩܡܚܐ ܒܩܘܦܘܣܡܘܢ ܗܘ ܕܡܬܩܪܝܐ. ܗܘ ܕܪܡܐ ܒܩܘܣܛܐ ܕܚܝܠܐ. ܗܢܘ ܕܝܢ ܦܘܫ ܒܗ ܒܠܘ̈ܬܐ ܕܐܬܪܐ. ܒܝܬܐ ܕܡܬܗܦܟ. ܒܫܘܩܪ ܒܢ ܩܕܡ ܡܬܚܡܐ. ܘܒܠܐ ܕܡܬܗܦܟܐ ܒܡܢܝܬܐ ܒܣܛܘܡܟܐ. ܐܘ ܒܩܘܩܢܕܝܢ ܘܒܠܝܘܗܝ ܐܦܘܪܝ. ܘܗܟܝܠ ܫܦܝܪܐ. ܒܢ ܗܕܐ ܐܪܒܥ ܘܦܝܠܐ. ܘܡܬܬܣܝܡ ܡܢ ܩܕܡ ܕܦܠܓ. ܥܣ̄ܪ ܥܒ ܐܦܪܐ ܕܝܢ. ܗܘ ܕܗܘܐ ܐܪܒܥܝܢ ܒܢ ܒܠ ܘܡܢܝܢ ܗܟܢܐ ܘܪܩܐ ܘܦܠܓ ܒܠܒܝܠ. ܘܐܪܒܥ ܐܝܟ ܒܩܘܣܛܘܣ ܘܩܘܪܩܡܐ ܘܣܪܟܐ ܘܡܩܘܢܝܢ ܘܠܒܘܢܝܢ ܒܩܪܘܩܘܡܓܡܐ[7] ܘܐܪܥܦܠܐ ܚܡܪܐ ܒܠܐ ܚܪܝܦܐ ܘܦܬܝܟ ܐܝܟ ܐܘܡܬܐ. ܘܐܪܒܥ ܠܡ ܐܦܪܐ. ܘܢܗܘܐ ܒܗ[8] ܚܒܪܐ ܚܕܐ.

(1) A ܐܦܪ̈.

(2) Dans A, au-dessus de ce mot est écrit سفيداج; et au-dessous سفيداج; dans B à la marge ܩܝܡܘܠܝܐ.

(3) A ܒܩܕܡܐ.

(4) Sic, lire ܒܟܠܠܐ.

(5) A la marge : ܐܠܝ ܡܟܕܪ dans B; dans A ܐܠܝ ܡܟܕܪ, comparer p. 3, note 11.

(6) A manque ܚܘܪܐ.

(7) Sic, comparer ܩܪܘܩܘܡܓܡܐ, p. 47, l. pénult., altéré de κρόκον μάλαγμα.

(8) A ܒܗ.

ܐܣܝܢ . ܒܠܘܥܐ ܒܗ ܐܬܐ ܕܝܢ ܗܘܐ . ܕܟܝܐ ܡܕܝܢ ܘܡܥܡܕܢܐ . ܘܡܥܡܕܢܝܢ
ܐܦܘܪܝ ܡܠܟ ܕܗܘܐ ܐܘܡܢܐ ܢܒܠܢܝ ܀ ܟܕ ܕܝܢ ܚܟܝܡܐ ܐܦܝܠܐ ܗܕܐ ܦܠܣܦܐ ܟܠܗ
ܘܐܡܬܠܬܗ ܠܟܕܢ[1] ܟܕ ܐܬܐ ܒܡܬܢܝܢܘܢ ܘܐܡܘܢܝܢ[2] ܘܐܦܟܪ ܠܗܘܢ ܢܒܠܗ ܕܟܠܬܐ
ܗܝܕܝܢ. ܦܠܣܦܐ ܠܟܕ ܗܘܠܐ ܘܕܡܘܡܬܐ ܘܕܡܘܬܐ. ܠܐ ܕܝܢ ܠܐܕܡܢܘܢ. ܒܫܘܬܦܐ ܐܬܠܘܢ
ܠܟܘܢ ܓܝܪ ܓܝܪܗ. ܣܒ ܗܘܢ ܕܟܠܗܘܢ ܟܬܒܝ ܠܟܘܢ. ܐܘܟ ܕܡܠܗ ܀ ܟܕ ܕܝܢ ܡܠܗ ܀ ܣܠܒ
ܣܠܟ ܒܡܬܐ ܕܟܬܐ ܗܘܕܐ ܐܕܡܝܢ. ܕܐܬܐܣܘܢ ܗܠܟܝܢ: ܣܟܠܐ ܕܡܫܒܚܬܐ ܒܢ
ܠܐܘܣܝܐ ܗܘܢ. ܐܘ ܠܐܒܐܕܡܝܢ. ܐܘ ܐܝܟ ܕܡܫܬܦܠܐ ܐܦܝܪܝܘܢ ܐܝܟ ܟܝܒܐ. ܘܐܘܪܡܐ
ܡܢܗ ܠܟܘܪ ܐܘ ܠܡܦܘܠܦܠܐ ܘܡܢܘܢ. ܗܕܐ ܟܬܒܐ ܘܡܫܝܚܘܬܐ ܡܠܐ ܕܝܠܗ ܗܘܐ ܗܘ.
ܘܐܘܣܝܐ ܡܠܐ ܕܡܬܦܬܠܐ. ܘܡܕܡܐ. ܘܐܒܐܕܡܝܢ ܕܠܐ ܢܘܪܐ. ܘܠܟܘܦܠܐܪܝܢ ܡܠܐ
ܕܐܢܬܪܐ. ܘܡܫܡܫܝܢ ܡܠܐ ܕܟܠܐ ܠܟܘܢ ܐܡܪܝ ܦܐܠܣܠܐ ܕܝܢ ܟܕ ܡܬܚܫܠܐ
ܠܡܫܝܚܘܬܐ ܠܟܕ ܠܟܘܠܐ ܗܘ ܕܦܘܠܐ. ܟܝܠܐ ܕܝܢ ܠܟܘ ܟܝܠܐ ܣܒܐ. ܗܟܢ ܠܟܝ. ܠܟܘܠܐ
ܕܬܡܟ ܓܝܪ ܠܠܐ ܢܟܬܐ ܘܚܫܠܐ ܠܡܫܝܠܐ. ܘܠܬܐܪܝܢ ܗܟܝܢܘܢ ܘܡܠܟܝܢܘܢ (*sic*)
ܠܐܦܠܘܛܝܐ. ܗܘܐ ܕܝܢ ܡܬܡܠܠܐ ܣܒ. ܘܐܦܠܘܛܝܐ ܡܬܩܠܐܠܝ. ܗܝܕܝܢ
ܚܫܠܐ ܒܗܘܢ. ܘܢܘܪ ܘܟܕܝ ܟܠܗ ܐܦܠܘܛܝܢ[3]. ܗܟܢ ܠܟܢ ܡܠܐ ܕܐܢܬܪܘ
ܠܟܘ ܚܬܪܐ. ܠܟܠܡܕܝܢ ܕܚܫܬܐ ܚܘܪܐ ܙܪܢܝ. ܟܝ ܠܟܢ ܠܟܝ. ܗܟ ܡܫܝܚܘܬܐ
ܚܘܪܬܐ. ܡܢܬܪܐ ܠܗ ܟܩܠܐ ܘܡܟܠܐ. ܘܠܡܦܘܠܦܠܐ[4] ܘܟܡܬܐ ܕܢܦܠܐ ܐܘ ܕܡܦܬܝܢ
ܐܘ ܠܟܠܡܘܢ. ܐܠܦܗ ܕܝܢ ܕܐܡܘܢ ܟܕ ܣܢܘܢ. ܠܟܘܢ ܠܟܡܩܠܐ ܡܢܬܪܘܢ. ܗܟܠܐ ܕܝܢ
ܐܦܢܝܢ. ܘܐܝܠܐ ܕܙܟܐ ܠܟܗܘܐ ܠܟܕ ܗܡܡܟܡ ܓܘܠܬܐ. ܕܐܗܘܐ ܚܘܪܐ ܦܫܝ ܠܟܕܝ
ܗܕܐ ܡܫܝܚܐ. ܗܟ ܚܫܠܐ. ܐܩܝ ܓ. ܘܗܘܝ ܢܦܠܐ ܓܝܪ ܗܝܕܝܢ ܟܕ ܡܟܝܫܬܐ. ܐܢܟܠܐ
ܟܕ ܢܦܝ ܘܐܘܪܡܐ ܠܗ ܡܫܝܚܘܬܐ. ܕܟܬܒܐ ܠܗ ܕܠܐ ܢܝܕܐ ܦܢܝܪ ܘܡܢܝܡܝܢ ܗܡܫܠܬܗ.
ܟܝ ܠܟܢ ܠܟܝ. ܐܘܡܝ ܗܘܕܐ ܡܬܐ ܕܡܫܬܠܟܝܢ ܠܗܘܢ ܠܟܡܬܐ ܗܟܢ ܣܩܝܠܐ
ܘܡܩܕܡܬܐ. ܗܟ ܠܘܦܟܠܐ[5] ܡܟܡܫܠܐ ܘܐܘܪܡܐ ܠܟܡܬܐ ܙܦܐ. ܘܟܢܝܫܝܢ ܐܘܡܐ[6]

[1] B a ici un blanc pour un mot.

[2] *Sic*, pour ܘܐܣܡܘܣܝܢ.

[3] B ܐܦܠܘܛܝܢ.

[4] Une note marginale en caractères hébreux grossiers explique ce mot par رزقا شب dans A.

[5] Une note marginale en caractères hébreux grossiers explique ce mot par زعفران dans A.

[6] Une note marginale en caractères hébreux grossiers explique ce mot par خمير dans A.

ܘܒܗܘܢ ܒܗ ܐܘܪ ܘܡܢܘܪ[1] ܀ ܠܐܘ ܒܥܒܕܐ ܗܠܝܢ ܐܟܘܬܗ. ܐܝܟܢܐ ܕܡܥܒܕܝܢ (sic).
ܐܪܝܡܘܗܝ ܘܐܡܪ ܐܝܟܢܐ. ܐܘ ܐܝܟ ܕܡܫܬܟܚܐ. ܘܡܫܟܚ ܒܗ ܗܘܐ ܐܝܟ
ܠܡܕܪܫܐ (sic) ܘܐܬܚܙܝ. ܒܗ ܫܠܡ ܐܢܬ ܒܗܘܢ ܠܡܬܠܐ ܗܠܝܢ. ܐܪܐ ܐܝܟ ܒܥܒܕܐ
ܕܢܦܠ. ܘܢܗܘܘܢ ܚܘܪܝܢ. ܘܐܬܚܙܝ ܡܢܗܘܢ ܐܝܟ ܐܘܡܢܐ (sic). ܒܒܘܪܟܬܐ ܕܝܢ
ܡܢܟܡܐ ܒܥܒܕܐ ܕܢܦܠ ܡܢܝܢ ܘܡܢܘܪ. ܫܒܪܐ ܕܝܢ ܫܡܥܘ: ܥܡ ܒܠܒܢ ܦܪܨܘܦ ܀
ܗܐ ܡܫܟܚܝܢ ܐܝܟ ܠܒܘܢ ܫܘܫܫܝܢ ܕܕܗܒܐ ܘܕܐܬܐܡܐ ܘܢܦܩ ܠܐ ܫܡܥܝܢ ܗܘܟܐ.
ܐܠܐ ܐܬܚܙܝ ܕܡܠܐ ܘܕܐܡܝܢܐ ܫܘܦܢܐ ܡܢܝܐ ܘܗܠܝܢ ܟܠܗ ܕܕܠܐ ܫܡܥܝܢ ܐܡܪܢ ܐܝܟ
ܒܗܘܢ ܒܠܒܗ ܐܝܬܝ ܀

ܕܡܬܘܪܓܡܐ ܐܦܢ ܒܡܟܝܢܬܐ ܥܠܝܗ ܒܗ ܒܗܘܠܬܐ ܐܚܪܢܐ ܡܬܡܪܟܝܢ. ܠܐܝܠܝܢܬܐ
ܕܪܘܚܬܐ ܦܬܟܐ. ܦܬܟܐ ܡܢܝܢ ܕܐܬܐܡܪ ܗܘ ܡܢ ܟܠ ܕܠܐ[2] ܢܗܘܐ ܐܠܐ. ܠܐ ܗܘܐ ܗܘܐ ܕܟܢܘܫ.
ܐܠܐ ܗܘ ܒܢܘܪܗ. ܦܟܪܐ ܒܟܠ ܙܘܥܝܢ. ܘܒܟܠ ܐܠܦܝ ܦܬܟܐ ܗܐ ܒܟܠܗܘܢ ܗܘ
ܦܘܠܐ ܕܠܐ ܫܦܡܝܢ. ܗܐ ܒܟܠܗܘܢ ܐܠܦܐ ܕܒܬܪܗ ܐܠܦܐ. ܘܒܬܪ ܒܗ ܠܫܩܠܐ. ܐܦܢ
ܐܢܐ ܕܝܢ. ܘܡܢ ܫܘܠܡܐ ܠܡܬܩܪܝܢ. ܟܠܐ ܡܢܝܢ ܡܠܝܢ. ܘܡܢ ܚܕ ܗܘ ܡܥܡܪ. ܒܫܡܝܐ
ܡܬܩܢܐ ܡܬܡܪܐ. ܠܐ ܗܘܐ ܒܫܠܡܘܬܐ. ܐܠܐ ܐܝܟ ܥܡܠܐ ܕܐܝܬ ܒܗ. ܐܡܝܢܐ ܕܠܐܡܪ ܐܝܟ.
ܕܗܟ ܕܦܫܛܝܢ ܘܡܢܘܪ ܘܐܝܬ ܒܗ ܘܗܘܡܢܘܣ ܚܘܪܐ ܠܐ ܡܬܚܠܦ. ܒܗ ܗܠܝܢ ܐܡܪ
ܡܠܟ ܢܒܟܠ. ܡܢܐ ܒܪ ܦܢ ܢܘܪܐ. ܕܐܝܬܘܗܝ ܐܠܐܗ ܕܦܪܘܠ ܡܟܠܟܠܝܢ. ܘܗܘ
ܕܟܢܘܫܘܗ ܡܢܘܪܐ ܢܣܒܐ ܗܘܠܐ. ܐܠܦܐ ܗܘܐ. ܐܝܟ ܒܪܗ ܡܩܪܘܐ ܫܒܝܠܐ. ܒܡܠܟܘܬܗ ܒܗ
ܢܘܪ (sic). ܘܐܪܡܗ ܒܢܒܟܠ ܕܫܒܪܐ ܐܘ ܒܢܒܟܠ ܕܟܪܐ. ܒܗܘ ܫܟܠܐ ܡܘܡܐ. ܐܪܐܠ
ܟܠܐ ܕܡܬܡܪܘܢ ܐܘ ܕܐܫܬܟܚܘܢ[3]. ܫܠܝ ܕܝܢ ܠܐ ܗܘܐ ܒܗ ܫܘܝܢ ܟܠܗܐ. ܘܐܪܐܠ
ܒܡܬܐ ܐܚܪܐ.[4] ܒܪܟܐ ܕܡܬܩܢ ܐܝܟ ܕܡܫܬܟܚܐ. ܘܫܡܗ ܡܢܝܐ ܕܐܬܝܗܘܢ ܡܫܘܢ
ܘܐܬܩܢܗ ܒܟܠܗܐ. ܘܫܬܡܫܗ ܒܢܘܪܐ ܕܪܘܚܐ ܚܕ ܡܘܡ ܘܫܡܗ ܡܢܗ ܡܢܝܐ ܗܠܝܢ.
ܘܡܬܚܫ ܐܝܬ ܒܗ ܕܐܘܡܢ. ܫܟ ܗܘܐ ܘܦܟܘܣ ܡܢܗ ܡܢܝܢ ܕܒܟܠܗ. ܗܘܐ ܒܗ
ܡܬܚܫܟ ܡܫܬܟܚ ܒܟܠܐ ܀

ܗܐ ܒܗܘܢ ܡܬܡܪܫܡ ܕܒܗ ܫܡܘܐܠ ܕܐܝܬܘܗܝ ܐܪܟܐ. ܐܠܐ ܗܘ ܕܐܝܬܘܗܝ ܦܢܝ

(1) A ܝܘܢ.
(2) A ܕܠܐ.
(3) A ܕܐܫܬܟܚܘܢ.
(4) B a ici un blanc pour un mot.

ܣܡܘܬܐ. ܐܝܟ ܕܒܥܒܪܐ. ܘܦܬܠܐ ܐܪܒܥܐ ܘܕܒܠܬܗ ܦܬܠܐ. ܒܬܪ ܗܠܝܢ[1] ܣܠܩܘ. ܐܪܡܝ ܒܒܛܢܐ. ܟܕ ܡܫܪܝܬ ܐܣܩܠܛܝܣ ܘܡܣܘܦ ܒܢܚܘܬܗܘܢ. ܡܠܝܠ ܠܝ ܗܘܝܐ ܪܟܝܟܐ ܘܡܨܝܐ. ܬܘܒ ܟܠ ܟܠܦ ܕܪܥܝܬ ܘܡܣܘܡܣܘ. ܘܗܘܐ ܡܬܢܓܕܝܢ. ܘܡܬܪܝܡ ܕܝܢ ܡܐ ܕܡܬܚܬܪܐ. ܘܡܦܪܩ ܢܘܪܐ ܒܒܐܪܐ ܀

ܐܡܪܝ ܠܝ ܙܐܐ ܗܘ ܡܬܐܡܪ ܗܟܢ ܀ ܐܪܡܝܘ ܒܚܠܐ ܕܐܝܬ ܒܗ ܚܠܛܪܘܢ. ܒܡܬܐܠܐ ܕܐܬܚܕܬܐ. ܘܐܪܡܝܘ ܐ̄ ܣܘܟܐ ܘܫܒܘܩ ܀

ܐܡܪ ܕܡܛܝܒܝܢ. ܠܝ ܡܬܐܡܪܐ ܐܒܪܬܝܢ[2] ܒܥܘܙܐ. ܘܡܫܬܪܐ ܦܪܐܠܐ ܟܠܗ ܡܚܪܘ. ܠܗ ܕܗܘܐ ܢܘܪ (sic) ܒܗ. ܘܐܬܘܪ ܐܡܪ ܠܝ ܐܝܟ ܪܒܐ ܡܚܝܠܐ ܒܡܪܝܡܘܗܝ. ܘܦܩܘܕ ܒܗ. ܐܒܪܐ ܣܘܡܝܐ ܡܡܚܣ ܒܗ. ܦܘܡܐ ܕܒܬܪܐ. ܡܚܝܠ ܬܘܪܬܐ ܒܡܦܪܘܫܘܬܐ ܦܪܐ ܀ ܠܣܘܡܩܐ. ܐܒܪܐ ܗܘ ܕܡܬܐܡܪ ܒܒܣܡܐ ܕܡܬܢܣܒ ܀ ܡܘܒܠ ܐܬܘܗܝ ܬܘܪܣܘܒܝܢ ܀ ܐܪܒܐ ܐܝܟ ܕܦܛܪܐ ܠܐܪܒܐ ܣܘܪܐ ܦܪܐ ܀ ܕܦܘܣܩܝܢ ܒܣܝܐ. ܦܬܠܐ ܐܬܘܗܝ ܀ ܡܐܬܐ ܕܫܪܒܐ. ܒܚܒܫ ܕܒܦܫܘ ܐܬܘܗܝ ܀ ܐܣܦܛܝܢ ܘܐܦܛܝܢ ܒܦܪܐ ܗܘ ܣܘܕܐ ܀ ܐܣܦܛܘܣ ܐܦܬܐ ܗܘ ܕܒܥܠ ܀ ܡܡܚܘܒܠ ܡܛܪܢ ܐܪܒܐ ܐܝܟܢ ܀ ܢܘܒܠ ܕܗܘܐ ܐܝܟ ܕܗܘܐ ܡܡܚܘܒܠ ܡܢܬܐ ܚܕܐ ܘܐܣܦܛܝܢ ܡܢܬܐ ܚܕܐ. ܚܣܘܦ ܒܗܝ ܫܪܕܐ ܘܬܘܒ ܒܦܪܐ ܐܘ ܡܐܬܐ ܕܒܥܠ ܐܬܐ. ܘܐܪܡܝܘ ܒܢܘܪܐ ܒܟܦܪܐ. ܘܒܬܪܟܢ ܐܦܩܝܘ. ܘܗܘܐ ܐܝܟ ܕܗܘܐ ܀

ܐܡܪ ܣܡܐ ܐܣܘܒܣ[3] ܀ ܡܛܠ ܕܡܣܛܪܝܢ[4] ܕܠܒܐ ܒܡܣܛܪܝܢ ܘܠܐܒܪܐ. ܘܗܠܐ ܕܢܣܒ ܐܝܟ ܐܠܒܝܢ ܕܐܬܓܡܪܘܢ ܬܐܪܐ (sic) ܘܢܘܪܐ[5] ܒܒܗܘܢ ܘܡܢܗܘܢ ܢܘܪܐ ܒܡܣܛܪܝܢ ܐܘ ܠܐܒܪܐ ܘܡܬܛܠܒܝܢ. ܘܗܠܐ ܕܐܬܢܣܒ ܐܝܟ ܦܘܪܡܐ ܀

ܬܐܪܐ ܒܒܩܝ ܚܘܪܐ[6] ܐܬܪܘܗܝ ܓ̄. ܐܪܣܢܝܩܘܢ. ܘܐܝܟ ܐܣܛܪܘܢ. ܘܡܣܦܪܝܢ. ܗܠܝܢ ܟܕ ܒܗܝ ܚܘܪܐ ܦܠܚܝܢ. ܒܒܗܢ ܚܘܪܐ. ܘܡܠܐ ܕܒܠܥܬ ܐܝܟ ܘܒܠܥܬܗ ܬܐܪܐ ܐܝܟ ܕܒܒܠܐ (sic) ܀ ܐܡܪ ܡܛܠ ܡܣܬܒܪܝܢ ܗܦܟܝܢ ܒܟܘܦܠܐ. ܘܗܦܟܝܢ ܒܥܘܙܐ. ܦ̈ܬܠܐ ܓ̄. ܐܬܡܣܟܢ ܡܣܬܒܪܝܢ ܕܝܢ ܡܛܠܐ ܀ ܐܡܪ. ܕܐܝܟ ܐܦܣܪܘܢ ܒܒܬܪ

(1) Sic, lire ܡܢܗܝܢ.

(2) A ܐܒܪܬܝܢ.

(3) A ܣܘܟܘܣ.

(4) Une note marginale explique ce mot par ܟܒܪܬܐ (sic) dans les deux manuscrits.

(5) A ܡܢܘܪܐ.

(6) Cet article jusqu'à ܐܡܪ ܫܘܪ ܚܠܐ manque dans A.

ܒܪܘܡܐ܀ ܐܬܓܠܝ ܕܡܫܬܟܚܢܐ ܢܦܫܗ ܠܩܘܒܠ. ܘܠܐ ܢܦܫܗ ܚܠܐ. ܦܬܝ. ܕܚܠܐ ܦܘܡܗ
ܡܢܗܘܢ ܩܕܡܝܐ. ܠܩܘܒܠ ܕܡܢ ܡܚܝܢܘܬܐ. ܘܐܡܪ ܠܗܘܢ. ܕܐܬܚܙܝܘܢ ܠܐܢܫܐ ܘܠܐ ܕܢܚܙܘܢ
ܐܠܗܐ ܘܡܚܝܢܘܢ ܐܢܫܐ (*sic*) ܒܡܘܪܐ ܚܕܐ ܡܢܬܐ܀

ܕܐܡܪ ܡܘܪ ܢܣܚܐ ܐܝܟ ܒܥܒܐ܀ ܡܪܘܡܝܢ ܒܢܝܫܐ ܛܢܢܬܗ ܘܗܒ ܒܝܬܐ
ܘܐܫܬܒܚܐ ܘܗܘܐ ܒܗ ܚܕܬܐ ܘܗܘܐ ܒܝܘܡ ܐܝܟ ܒܥܒܐ܀

ܕܐܡܪ ܗܘܐ ܡܛܪܐ ܘܠܐ ܢܚܬ. ܡܛܠ[1] ܕܦܫܪ ܐܪܥܐ ܒܟܘܠܗ ܒܝܘܡܬܐ[2] ܚܕܐ[3] ܡܢ ܟ.
ܘܡܫܘܚܬܗ[4] ܠܐ ܐܪܥܐ. ܘܐܦ ܦܫܪ ܘܡܛܠ ܕܦܪܐ. ܐܪܥܐ ܒܗ ܚܕܐ ܡܢ ܠܐܠܦ[5].
ܘܡܛܠ ܕܐܬܚܙܝ ܩܘܡܝ ܠܐ ܐܪܥܐ. ܘܡܛܠ ܕܦܫ ܩܛܝܢ ܡܢܗܘܢ ܕܪܒܝܬ܀

ܗܘܝܐ ܩܕܝܫܘܬܐ ܩܛܝܢܘܬܐ ܡܢܬܐ ܚܕܐ. ܘܡܢ ܫܘܠܡܐ ܕܪܒܐ ܐܝܬ. ܡܟܝܠ
ܟ. ܦܠܛܘܢ ܚܕܪܐ ܒܟܘܠܐ ܘܦܩܕ ܐܝܬ܀ ܡܪܘܩܝܢܘܣ ܟܠܗܝ ܐܪܥܐ ܒܟܘܠܐ
ܕܥܡܪܐ. ܘܒܬܪ ܟܕ ܗܘܢܝ ܡܡܬܢܝܐ ܒܪܘܠܐ܀ ܘܐܦ ܐܦܠܐ ܐܢܫܝܢ ܒܟܠ ܕܪܥܐ
ܘܢܦܠܐ ܘܡܣܘܩ ܐܝܟ. ܘܐܪܥܐ ܒܗܘܢ ܡܪܘܩܝܢܘܣ ܘܡܣܬܟܠ ܡܟܠܠ. ܕܐܡܒܠܐ
ܡܪܩܪܐ[6] ܡܪܘܩܝܢܘܣ ܐܪܡܝ ܒܪܥܐ ܕܐܝܬ ܒܗ ܚܠܐ. ܚܘܡܬܐ ܟܦ. ܘܐܪܥܡ
ܘܐܪܡܝܗܘܢ ܒܡܘܒܠܗ ܕܒܛܐ ܡܛܐ ܐܝܟܢܐ ܗܘ ܕܐܘܡܝ ܒܘܦܫܗ. ܘܒܡܘܒܠܗ
ܕܚܝ ܠܠܐܒܝܢ. ܘܚܕܐ ܕܐܘܒܠ[7]. ܘܐܦ ܢܦܠܐ ܕܒܬܘܠܬܐ. ܗܟܢ ܦܬܝ ܒܝܢ
ܚܕܪܐ. ܘܦܠܛ ܒܝܘܡܐ ܪܡܫܐ. ܗܘ ܕܝܢ ܡܠܟܐ ܡܬܚܫܒܢܘܬܐ ܗܒܝܢ ܩܛܝܢ
ܚܪܒ[8] ܐܬܬܐ܀

ܕܐܡܪ ܡܬܐܘܝܢ ܠܐ ܒܐܦܐ ܘܡܫܩܠܝܢ ܠܐ ܪܘܚܝܢ܀ ܐܪܥܐ ܐܚܪ ܒܟܘܠܐ ܕܦܫܝܢ
ܘܗܡܢ ܒܥܘܡܩܐ ܘܡܚܕܐ ܡܬܡܚܝܢ ܘܡܫܩܠܝܢ ܠܐ ܪܘܚܝܢ܀

ܘܡܐܡܪܐ ܕܟ. ܕܡܬܘܡܪܘܬܗ܀ ܗܒ ܐܪܥܐ ܐܚܪܢܝܢ ܘܐܪܥܐ ܒܥܡܪܐ ܕܦܣܪܐ
ܘܗܘܐ ܡܢ ܠܐܚܪܢܐ ܡܢܗ ܘܟܠܠ ܡܢܗ ܠܐܝܟ ܕܠܐ ܦܘܩܕܐ ܘܦܘܩܕܐ ܟܦܣܢܐ ܕܦܣܪܐ
ܘܗܘܐ ܒܗܢܐ ܦܘܩܕܢ. ܘܡܢ ܢܟܦ ܗܘ ܕܐܬܬܐ ܒܐܘܠܐ ܕܟܦܢܐ ܟ ܒܟܪܟܐ
ܐܢܫܝ. ܘܒܬܪ ܗܒ ܒܥܡܪܐ ܘܡܥܒܕ ܩܡܛܐ ܦܘܩܕܐ. ܒܗܘܢ ܗܒ ܘܦܟܘܗ

(1) A manque ܡܛܠ.
(2) A *sic*; B ܒܝܘܡܬܐ.
(3) A ܚܕ.
(4) A ܘܡܫܘܚܬܗ.
(5) A *sic*, B ܠܐܠܦ̂ܐ, lire ܠܐܠܦ (?).
(6) A ܡܪܩܪܐ.
(7) A ܕܐܘܒܠ.
(8) B ܚܪܒ.

ܘܕܘܩ ܒܚܡ̈ܐ ܚܠܐ ܒܚܡܥܐ ܝܘ̈ܡܬܐ ܒ̄. ܘܢܕܒ. ܘܐܘܒ ܐܚܡܝܘܗܝ. ܘܕܘܩܝܘܗܝ
ܒܚܡܥܐ. ܒܠܘ̈ܬܐ ܕܬܘܡܐ ܝ̄ܘ ܚܬܬܐ ܐܚܕܝܢ. ܘܢܕܒ ܘܣܝܡ ܒܡܐܢܐ ܕܙܓܘܓܝܬܐ
ܘܛܘܪ ܡܙܓܘܓܝܬܐ. ܗܕܐ ܗܝ ܡܥܡܕܢܘܬܐ ܕܢܚܫܐ. ܘܐܦ ܕܝܢ ܒܡܣܘܟܠܘܬܗ. ܗܟ̄ܢ.
ܣܒ ܟܠܗ ܡܕܡ ܕܐܡܝܪ ܘܐܡܝܬܝܘܗܝ ܒܚܡܪܐ ܕܩܛܝܪܐ. ܘܗܘܝܘ ܥܡ ܟܠܗ ܘܥܒܕ
ܠܡܣܒ ܡܢܗ ܐܪܣܢܝܩܘܢ[1]. ܘܚܡܐ ܒܚܡܪܐ ܒܟܡܝܐ ܕܩܛܪܐ. ܘܗܘܝܘ ܒܚܡܝܡܐ
ܒܝܕܐ ܦܬܘܬܐ. ܘܢܕܒ ܘܗܒܬ ܒܟܠܝܬܐ ܕܙܓܘܓܝܬܐ. ܐܝܟܢܐ ܕܢܘܪܐ
ܡܥܠܝܬܐ. ܝ̄ ܢܘܩ̈ܝܢ. ܘܗܟ ܒܚܡܪܐ ܘܡܥܡܕ ܐܢܬ ܡܥܠ ܢܘܪܐ. ܒܬܪ ܗܟ
ܘܕܘܩ ܒܚܡܥܐ ܝ̄ ܢܘ̈ܩܝܐ ܘܕܘܟ ܘܐܪܡܝ ܒܟܠܝܬܐ ܕܙܓܘܓܝܬܐ ܘܛܘܪ ܡܙܓܘܓܝܬܐ.
ܦܘܫ ܒܐܪܝܩܘܢ ܒܦܘܠܘܓܘܣܝܢ. ܗܟ̄ܢ ܗܟ ܢܘܦܠܐ ܘܐܪܡܝ ܒܚܡܝܡܐ (sic)
ܘܐܒܝܪ ܘܛܘܪ ܗܘܡܢܣ̈ܘ ܒܝܬ ܟܝܬܐ ܐܝܟ. ܘܗܟ ܒܠܘܪܘܣ ܐܦܪܘܝܢ ܗܟܢ ܕܠܐ
ܡܬܕܒܚ. ܘܐܪܡܝ ܒܠܒܘܫ̈ ܘܐܬܙܘܪ. ܗܠܐ ܦܝܐ ܒܟܝܪܘܦܝܢܝܣ. ܐܣܝܪ̄ܬܐ. ܐܝܟ
ܐܦܘܛܝܘܢ ܗܕܐ ܗܟܝܠ. ܗܟ ܐܝܟ ܘܕܘܩ. ܘܣܘܟ ܒܚܡܫܬܐ ܝܘܡ̈ܝܢ. ܘܐܪܡܝܘܗܝ
ܒܕܝܟܬܐ. ܘܐܪܡܝ ܒܗ ܕܒܫܐ ܒܚܠܐ ܕܦܩܩ. ܘܗܘܝܘ ܡܢܐ ܟܠ ܢܘܪܐ ܘܐܪܐܝܗ. ܘܥܒ
ܪܐܝܢ ܕܒܫܐ ܒܢܘܪ ܒܚܘܪܐ ܐܝܟ ܡܒܠܗ ܡܒܠܠ. ܘܐܚܕܪ ܠܒܝܬ ܕܐܬܝܢܗ. ܢܘܪܐ
ܐܝܟ ܒܓܒܪܐ ܗ̄. ܘܕܒܫܐ ܡܣܩܐ ܗ̄. ܘܒܠܗܢܘܬܐ ܐܚܕܪ ܕܢܘܪܐ ܐܝܟ ܒܟܡ ܕܒܫܐ
ܡܠ ܕܡܚܣܝ ܐܢܬ ܡܘܟ̈ܬܐ ܓ̄. ܒܢܘܪܐ ܪܟܝܟܬܐ ܘܗܒܬ ܒܟ ܒܟܠܝܬܐ ܕܙܓܘܓܝܬܐ. ܒ
ܫܩ ܐܢܬ ܒܗ ܒܓܘܪܢܝ. ܘܡܚܫܐ ܕܐܬܝܢܗ. ܗܢܘ ܪܘܚܐ (sic) ܒܠܬܪܐ ܐܝܟ ܕܐܬܐ
ܕܢܟܐ ܕܐܬܓܪܐ. ܘܐܝܟ ܦܩܘܕ ܠܡܢܬܗ. ܘܗܘܐ ܒܢܘܪܐ ܪܟܝܟܬܐ. ܐܝܟܐ ܕܟܬܒܐ
ܒ ܡܥܠܝܬܐ ܡܬܐܦܝܢ ܝ̄ ܡܘܟ̈ܬܐ. ܘܐܦܝܘܗܝ ܘܚܡܝܘܗܝ ܘܐܪܡܝ ܒܟܒܪܝܬܐ
ܘܕܘܩ ܒܠܘܪܘܣ ܐܦܪܘܝܢ ܡܘܟ̈ܬܐ ܒ̄. ܘܐܪܡܝ ܒܠܙܓܘܓܝܬܐ ܘܛܘܪ. ܐܣܝܪ̄ܬܐ. ܗܟ
ܦܘܫܛܩܐ. ܘܐܝܟ ܕܐܡܪ ܒܐܚܫܘܡܝܠ. ܝ̄ ܐܝܬܝ. ܘܗܘ ܕ̄[2] ܐܚܝܢ ܒܡܬܓܒܠ
ܒܡ̈ܝܐ ܚܬܝܐ. ܟܕ ܐܦܘܩ ܡܫܟܢ ܘܐܬܪܡܘ ܒܓܘܫܡܗ ܕܕܗܒܐ ܘܡܬܦܪܩ. ܦܪܘܫ
ܐܪܡܝ ܒܟܒܪܝܬܐ ܒܟܡ ܕܒܫܐ ܕܢܚܫܐ. ܘܐܣܝܪ ܦܘܡܗ ܐܘܣܝܬܐ. ܘܗܘܐ ܒܢܘܪܐ.
ܒܠܘܪܘܣ ܕܠܐ ܡܬܕܒܚܠ. ܡܘܟ̈ܬܐ ܓ̄. ܘܡܢ ܕܢܦܩ ܐܪܡܝܘܗܝ ܒܟܒܪܝܬ ܘܛܘܪ ܒܠܘܪܘܣ.
ܐܣܝܪ̄ܐ ܗܟ ܦܪܝܟܐ ܡܢܗܘܢ ܘܕܘܩ ܘܣܘܟ[3] ܒܚܡܫܬܐ ܝܘܡܝܢ. ܘܐܘܒ ܕܘܩ

(1) A ܐܪܣܢܝܩܘܢ. — (2) B a ici un blanc pour la place d'un mot. — (3) A ܘܣܘܡܗ.

ܒܫܢ̈ܝ ܡܫܠ. ܢܩܫܠ ܨܝܬܐܐ. ܟܕ ܚܙܐ ܐܢܬ ܒܗ̇ ܚܘܪܬܐ. ܘܡܬܒܥܐ ܒܗ̇ ܐܝܟ
ܐܢܣܛܣܝܘܣ ܦܘܪܣܛܝܩܘܣ ܕܐܬܒܢܝܬ ܡܕܝܢܬܐ. ܕܗܘܐ ܒܫܡܝܐ. ܒܐܘܪܗܝ ܐܦܛܪܘܦܝ.
ܢܩܫܬܐ ܒ̄ ܘܡܟܘܣ ܕܠܡܕ. ܘܛܪܝܘܢ ܛܘܡܟܐ. ܗܝ ܠܠܛܘܡܘܣ ܪܟܫ. ܐܚܪܢ
ܡܚܠ ܡܟܡܫܢܘܬܗ ܡܕܝܢܬܐ ܡܢܬܐ ܚܕܐ. ܘܐܦܛܪܦܝܢܐ ܡܢܬܐ ܚܕܐ. ܘܗܘܒܠܐ
ܕܡܒܚܠܐ ܡܢܬܐ ܚܕܐ. ܕܗܘ ܒܟܡ ܒܪܐ ܕܦܘܪܫܢܐ ܒܚܛܝܐ ܚܕܐ. ܘܒܒܒ ܒܘܒܝܐ
ܕܕܒܝܐ ܘܦܒܪ ܒܠܛܘܡܣ ܘܛܪ. ܗܪܘ ܐܬܟܬܫ ܦܘܦܪܢܘܣ: ܐܬܩܪܝ ܕܚܠܐ: ܚܠܐ
ܡܫܛܬܐ ܒܡ̄. ܚܛܪܝ ܠܐܟܡܝܪܢܐ ܒܛܢܝܐ ܗ̄. ܩܘܠܒܘ ܒܛܢܝܐ ܗ̄. ܦܠܩܒܘ ܒ̄
ܐܕܩܐ ܐܬܚܝܘܝ. ܒܩܐ ܙܘܒܠ ܒܦܢܐ ܗܘ ܕܡܝܐ ܗܘܝ. ܘܛܒ ܙܘܦܠ ܗܘ ܘܒܗܐ ܐܚܬܐ
ܦܠܐܠܐ. ܐܛܪܐ ܕܚܠܐ ܡܟܘܡܒ. ܘܐܦ ܗܘܐ ܛܒ ܙܘܦ. ܗܒܢܝ ܕܗܘܐ ܘܐܪܡܠܐ ܒܚܠܐ.
ܘܐܒܚܦ ܒ̄ ܢܘܩܠܐ. ܒܕܝ ܒܕܝ. ܘܡܚܘܠ ܒܦܪܡܐ ܕܟܬܐ ܘܐܬܚܦܚ ܒܗܘܝ.
ܐܘܡܝ[1] ܐܘܪܗܝ. ܡܢ ܐܘܪܗܝ ܘܐܪܡܠܐ ܒܡܠܬܐ ܕܦܢܪܐ. ܘܒܦܠ ܘܡܢ ܪܘܟܬܗ.
ܘܟܕ ܡܬܕܒܠ ܐܪܡܠܐ ܒܗ ܚܛܪܝ ܕܡܢܐ ܒܛܢܝܐ ܗ̄. ܘܒܚܡܫܝܘܗܝ ܒܚܛܪܐ
ܘܡܟܘܡ ܡܩܐ ܒ̄. ܘܡܢ ܡܚܘܒܝܘܗܝ ܒܦܬܐ ܚܡܪܐ ܘܦܚܬܗ ܡܕܒ. ܘܐܬܚܦܚ.
ܘܗܘܐ ܗܘ ܐܘܪܗܝ ܕܠܐ ܡܚܒܠܐ. ܐܚܪܢ ܡܢ[2] ܡܪܡܝ[3] ܡܚܒܡܝܐ.
ܘܐܬܪܝܘܗܝ ܒܐܘܪܗܝ ܐܦܬܪܝ ܢܘܩܠ ܒ̄. ܘܟܝ ܕܗܘ ܘܡܚܘܠ ܘܡܦܠ ܒܟܬܐ
ܛܪ ܒܠܛܘܡܣ. ܚܘܐ ܠܠܩܘܕܪܝܘܗܝ ܐܩܝ ܡܬ. ܘܐܘܪܗܝ ܠܐ ܡܚܒܠܐ ܡܦܛܐ
ܗ̄. ܡܒܫ ܗܘܐ ܐܦܪܛܡܘܛܐ ܐܪܐܚܬܐ ܕܚܘܠܛܘ ܛܩܠܐ ܘܙܘܬܐ. ܕܗܘܐ ܒܘܡܪܐ
ܐܩܝ ܒ̄. ܡܕܡ ܐܩܝ ܒ̄. ܕܗܘܐ ܡܐ ܒܛܢܝܐ ܒ̄. ܗܟܢܢ ܐܪܡܠܐ ܒܡܚܕܬܐ
ܘܕܗܘ ܒܡ ܐܘܡܐ ܡܦܪܢܝ. ܟܕ ܪܒܐ ܐܢܬ ܐܘܪܗܝ ܠܐ ܡܚܒܠܐ ܒܠܛܒܝܢ
ܘܕܠܦ ܒܡܦܡܐ. ܒ̄ ܢܩܡܝܢ ܟܕ ܚܙܐ ܐܢܬ ܡܬܕܒܛܝܢ ܐܘܡܬܠܗ ܘܒܬܠܐ. ܘܢܟܦ
ܘܡܡܒܚܬ ܒܗ ܐܝܟ ܚܠܐ ܦܘܡܡܐ. ܘܐܪܡܝܘܗܝ ܒܐܡܟܝܢ. ܘܐܟܛܢܝܘܗܝ ܐܝܟ
ܕܢܦܬ ܘܡܘܟܝܘܗܝ ܒܐܘܪ̈ܗ ܠܐܡܟܢܝܢ ܐܝܟ ܕܐܬܘܗܝ. ܘܦܡܝܪ ܒܟܘܚܝ
ܒܦܪܘܡܐܠܡܝܢ ܕܠܐ ܐܬܡܚ ܒܗ ܕܗܘܬܐ ܒܦܦܘ ܡܢܝܗ ܘܟܦܠܠ ܒܗ. ܘܡܡܟܡܝܘܗܝ
ܒܐܘܛܘܡܢܝܢ. ܗ̄ ܢܦܚܬ ܕܝܢ ܬܠܬ. ܘܡܟܘܡܝܘܗܝ ܕܢܚܡܝ ܒܐܬܘܬܐ. ܡܩܐ ܒ̄.

(1) B ܐܘܡܝ.
(2) B manque ܡܢ.
(3) A explique ce mot à la marge par ܗ̄ ܡܬܝܠܐ سندل.

ܘܐܦܪܘܣ ܕܠܐ ܢܣܚܦ ܠܥܦܪܐ. ܘܗܟܢܐ ܕܝܪܘܩܝ ܐܘܣܛܐܣ[1] ܥܡ ܚܙܪܐ. ܘܗܟܢܐ ܕܠܐܦ. ܘܐܦܣܘܗܝ ܘܟܕ ܠܛܩܠܐ. ܘܩܘܩܠܐ ܗܟܘܣ ܐܝܟ ܡܢ ܐܘܣܛܐ ܗܘܦܪܣܝܢ. ܘܐܘܣܛܐ ܐܝܟ ܠܦܝܣܛܐ ܘܗܕܐ ܐܝܟ ܐܝܟ ܕܡܢ[2] ܢܘܣܛܐ ܚܕ. ܘܗܟܘܣܝܬ ܠܗ ܕܟܕܘ ܕܘܟܝܬܐ. ܬܘܒ ܟ̄. ܗܟ ܘܗܘܝ ܘܗܟܘܣܝܬ ܗܟܘܣܛܐ ܀

ܘܡܢ ܐܝܟ ܕܩܠܐ ܐܠܦܝ ܠܡܦܪܫܘ ܘܡܦܣܩܘܬܐ ܠܗܘܢ ܗܝܟ ܠܦܝܣܛܐ ܠܟ ܡܬܕܪܟ. ܗܝܠܐ ܕܒܝܬ ܘܟܘܟܠܐ ܕܡܘܪܟܝܘ ܘܒܪܘܫܘܡܘܟܝ ܘܒܪܘܦܝܣܛܐ ܘܦܪܘܣܛܐ ܘܡܟܘܪܟܝܘ ܘܐܝܟ ܡܕܫܠܝ. ܘܡܢ̄ܐ ܡܠܦܢܐ ܘܐܦܪܘܣ ܕܠܐ ܡܣܟܠ ܘܫܠܐ ܡܢܟܪܐ ܘܟܪܐ ܕܟܘܟܒܐ ܘܟܪܐ ܕܐܠܟܘܪܝܢ. ܘܕܟܠܐ ܠܡܩܪܒ. ܘܐܘܣܛܐ ܡܦܪܣܝܢ. ܠܗܟܝܢ ܕܗܘ ܠܦܬܠܐ. ܘܕܟܪ ܐܦܠܐ ܕܐܬܘܗܝ ܡܟܠܐ ܟܪ ܢܘܟܪܘ ܕܦܪܘܢܘܣ. ܬ̄ ܚܡ ܐܘܣܛܐ ܕܠܐ ܢܦܪܘܫ ܐܝ ܠܦܝܣܬܐ ܠܗܘܢ ܘܡܢܟܪܐ ܠܐܘܩܠܐ ܘܟܡ. ܘܡܢܝܢ ܦܟܘܣ ܡܘܢ ܕܙܟܐ ܐܬܐ ܡܢ ܦܪܘܦܝܣܛܐ ܗܘܐ. ܘܐܝ ܦܣܝܣ ܕܠܛܐ ܦܟܪܘܦܝܣܛܐ. ܟܩܟܣ ܠܐܪܐ ܐܦܪ ܟܡ. ܘܐܝ ܐܦܪ ܠܛܐ ܟܢܘܪܐ ܢܟܬܐ. ܠܐܐܘܬ ܕܠܛܩܠܐ ܦܪܘ ܟܬܐ ܐܡܠܐ ܘܡܬܐܡܢ ܟܦܪܐ ܘܠܐ ܕܐܟܬܡܟܢ ܐܦܪ ܐܡܠܐ ܕܦܪܘܐ ܢܘܐܐ. ܘܐܝ ܐܦܪ ܐܡܠܐ ܕܢܘܐ ܡܟܬܟܘܟܠܐ. ܠܐܐܘܬ ܐܬܟܐ ܦܪ ܕܦܟܣܝܢ ܐܦܪ. ܐܝܟ̄ ܕܐܦܘܣܛܘܢ ܗܘ ܟܦܢ ܐܬܐ. ܦܢܡܟ ܟܡܢܪܐ ܟܠ ܟܠ ܟ̄ ܩ̈ܛܠܘܢ. ܘܡܟܟܠ ܟܡ ܕܟܠܐ ܐܝܟ ܟܡܕܪܝܢ ܐܦܪܝ. ܢܘܣܛܐ ܚܕ. ܟܢ ܡܟܟܣܝܬ ܕܠܐ ܟܐ. ܩܘܡܟܐ ܕܝ ܕܟܘܡܟܟܘܢ[3] ܡܬܪܘܡܢ ܢܟܡܬ ܟܡܪܐ ܕܦܣܪܐ. ܘܩܛܘܬ ܠܢܘܪܐ ܕܐܡܠܐ ܟܦܪܘܦܝܣܛܐ ܕܝ ܟܡ ܕܟܠܐ ܐܪܐܠ ܟܟܡܟܬܐ ܘܩܛܐ ܠܐܪ ܗܘ. ܟܡܪܐ ܕܦܣܪܐ. ܟܢ ܡܟܟܣܝܬ ܟܪ ܟܟܡܠܐ ܕܢܦܩ ܟܡܪܟܬܗ ܐܡܠܐ ܕܢܘܐ ܠܐܠܐ ܘܡܬܪܘܟ ܡܠܐ ܕܠܟ̈ܝ. ܘܩܛܐ ܟܟ̈ܬ ܐܦܟܡ ܟ̄. ܘܐܦܣܘܗܝ ܡܢ ܠܐܦ. ܘܪܘܣ ܠܐܘܪܘܣ ܐܦܬܪܘܢ. ܘܟܡ ܦܟܘܟ ܟܟܡܠܐ ܠܐܣܝܘܢ. ܘܟܕ ܐܝܟ ܟܘܟܠܐ ܕܪܟܠܐ ܟܗ ܠܐܟܡܟܠ ܟ̄ ܢܘܩܠܐ. ܟܢ ܡܟܘܣ ܐܬܐ ܟܡܟܬܪܐܐ. ܘܗܘܐ ܡܩܛܝ. ܘܟܬܪܝܢ ܐܦܝܣܘܢ. ܘܪܘܣ ܠܐܘܪܘܣ ܐܦܬܪܘܢ ܢܘܩܠܐ ܟ̄. ܘܗܘܝܢ ܐܝܟ ܕܐܬܐ ܟܡ ܡܢ ܟܠܟ ܀

(1) A ܐܘܣܛܐ. — (2) B a ici un blanc pour la place d'un mot, sans doute ܚܡܪܐ. — (3) A ܕܟܘܡܟܟܘܢ.

ܡܠܐܦܪܐ ܕܕ̈ ܕܐܣܛܘܡܢܛܣ. ܘܗܝܢ ܒܢ̈ܝܐ ܡܝܬ̈ܒܐ ܐܝܬܝܗܘܢ ܕܒܪܐ ܘܡܬܡܚܬܐ. ܗܢ
ܒܡܨܥܬܐ ܘܥܒܪ ܥܠ ܐܬܢܘܣ. ܛܘܦܐ ܘܡܚܣܘܢܐ. ܘܐܘܩܝ ܒܒܝܬ ܥܠ ܐܣܩܘܬܝܐ. ܐ̄
ܐܚܪ̈ܢܐ. ܘܗܟܢ ܒܫܒܝܥܝ. ܘܗܘ ܠܐܪܥܐ ܕܡܢܗ ܘܐܙܠ ܒܝ ܡܕܝܢܬܐ ܡܢ ܐܘܩܝܢܘܣ.
ܒܪܝܬܐ ܗܝ. ܗܢ ܠܐܬ̈ܪܐ ܕܝܬ̈ܒܐ ܘܐܪܥܐ ܒܥܒܪܗ ܐܝܟ ܛ̄ ܙܒܢ̈ܐ. ܘܗܟܢ ܒܫܬܝܬܝܐ
ܘܗܟܢ ܒܫܒܥܐ ܐ̄ ܫ̈ܥܝܢ. ܘܐܦܩ ܘܐܙܠ ܒܠܐܬܪ ܚܕܝܒ ܒܗ ܗܘܝ ܒܝܡܐ ܕܗܘܐ ܐܝܟ
ܒܗܘܐ ܘܦܢܝ. ܘܒܬܪܗ ܡܫܡܫܢ. ܒܝܬܐ ܒܫܠܝ ܢܛܘܦܐ. ܘܡܢܗ ܒܝܢܬܐ ܒܝ
ܩܕܡܐ ܡܢܬܐ ܫܘܩ̄ܪ. ܘܗܢ ܘܗܟܢ ܒܫܒܥܐ ܘܐܦܩ ܠܐܪܥܐ ܘܗܟܢ ܒܫܒܥܐ.
ܘܗܢ ܡܢ ܙܘܒܠ ܡܕܝܢܬܐ ܘܡܢ ܪܘܚܐ ܡܕܝܢܬܐ. ܘܡܢ ܡܕ̈ܝܢܬܐ ܕܡܚܠ. ܪܘܒܠ ܕܡܕܝܢܬܐ.
ܘܗܟܢ ܒܫܒܥܬܐ. ܘܗܟܢ ܒܬܠܬܐ. ܘܒܬܘܡ ܡܢܘܣ ܝ̄ ܐܚܪ̈ܢܐ. ܘܒܬܪ ܐ̄ ܫܥ̈ܬܐ
ܐܦܩ ܘܐܦܩ ܒܝ ܡܕܝܢܬܐ ܡܢ ܡܥܪܒܐ. ܘܗܘܐ ܢܘܗܪܐ ܐܘܩܝܢܘܣ ܫܘܩ̄ܪ. ܗܢ ܘܗܟܢ.
ܘܗܝ ܡܕܝܢܬܐ ܪܘܚܐ ܒܥܘܕܬܐ. ܘܗܢ ܐܪܥ ܕܒܪܐ. ܘܡܢ ܠܐܬ̈ܪܐ ܕܝܬ̈ܒܐ ܐܪܥܐ ܒܥܒܪܗ.
ܘܗܟܢ ܒܬܠܬܐ ܐ̄ ܫ̈ܥܝܢ ܘܐܦܩ ܘܐܙܠ. ܒܝܢ ܗܘܝ ܒܝ ܡܕܝܢܬܐ ܘܗܘܐ ܫܘܩܪܬܐ
ܗܘܐ. ܗܘܗ ܡܛܝܚܐ ܡܣܬܠܠ ܒܪܘܚܐ ܕܝܠܗ. ܐ̄ ܐܚܪ̈ܢܐ. ܐܟܡܐ ܕܐܡܪ ܐܣܛܘܡܛܝܣ.
ܘܡܠܐ ܕܢܦܠܬܗܘܢ ܒܗܝ ܒܘܫ̈ܢ ܐ̄ ܐܚܪ̈ܢܐ ܒܪܘܚܗ. ܒܡܨܥܬܐ ܕܐ̄ ܫ̈ܥܝܢ ܒܫܡܫܐ ܐܝܟ
ܕܠܦܬܗ. ܗܘ ܐܬ ܒܗ ܒܐܦܐ ܕܪܝܫ ܡܫܡܫܐ ܐܦ ܫܘܪܐ. ܡܠ ܕܝܥܡܪ ܢܦܫܗ ܡܢ
ܦܓܪܗ. ܗܢ ܡܢ ܗܘ ܒܫ̈ܡܐ. ܕܚܘܪ ܡܕܝܢܬܐ ܒܡܬܡܠܠ ܢܝܚܐ. ܘܡܢ ܡܕ̈ܝܢܬܐ ܕܡܚܠ
ܡܪ̈ܓܠܐ ܡܕܝܢܬܐ ܐܚܪܬܐ ܒܡܬܡܠܠܗ. ܘܗܟܢ ܐܝܟ ܒܡܪܥܐ ܚܝܠܐ ܠܐܣܝܘܬܝ ܐܟܣܢ
ܒܡܘܬܐ. ܘܒܡܘܡܬܐ ܕܡܪܥܐ ܗܡܘܪܝܘܢ ܒܡܡܟܟܐ ܒܠܘܫ̈ܐ[1]. ܘܡܘܡ ܒܡܪܥܐ
ܒܡܬܪܬܐ ܘܡܪܣ (sic) ܒܬܪܥܝ. ܐܘ ܛܒܝ ܘܡܠ ܕܡܛܐ ܐܚܟܡܗ ܠܐܪܥܐ ܕܡܬܪܢܝ
ܘܡܬܡܠܐ ܐܝܟ ܡ̈ܬܚ ܡܢܝ̈ܢ. ܚܕ ܥܠ ܗܢܘܢ ܡܢ̈ܝܢ ܡܡܫܡܫܢ ܒܡܘܡܢܐ
ܕܐܪܥܐ ܕܫ̈ܡܝܐ. ܕܠܐ ܡܬܦܠܐ ܕܢܡܛܘܢ ܫ̈ܡܝܐ ܥܠ ܦܡ̈ܝܐ ܕܢܒܥܘ ܘܢܬܡܘ.
ܠܐ ܡܬܩܪܝܢ ܡܬܚ̈ܠܐ ܒܗܘܪܐ ܕܠܐ ܗܡܢ ܕܒܗܘ ܕܐܪܥܐ ܕܡܬܪ̈ܝܐ[2] ܒ ܦܐܪܐ ܡܬܚܠܠ
ܒܟܝܢ ܕܛܡܢ ܒܗ. ܥܠ ܗܕܐ ܡܬܒܥܐ ܦܠܛܘܣ ܒܡܘܒܠܗ ܕܐܬܐܪ ܘܡܬܪܚ ܢܗܘܐ
ܕܒܗܠ ܕܗܘ ܦܘܒܠܝܗ. ܘܡܠ ܕܢܦܩ ܡܬܚܝܠܐ ܕܡ̈ܬܚ ܢܘܦ̈ܩܐ ܐܝܟ ܒܡܪܚܠ ܡܢ

[1] B ܒܠܘܫ. — [2] B ܕܡܬܪ̈ܝܐ ܘܐܬܐ.

ܢܦܠ ܒܡܨܥܬܐ[1] ܦܘܪܬܡܘܣ ܘܐܘܪܚܐ ܒܡܨܥܬܗ ܕܝܡܐ. ܘܗܘܐ ܠܐܘܪܚܐ ܕܐܟܣܢܝܐ.
ܝܘܡܐ ܚܕ ܘܦܠܓܗ. ܘܡܛܠ ܕܦܐܪ ܒܡܨܥܬܗ ܡܫܬܡܠܝܢܗ܀ ܗܕܐ ܗܝ ܐܒܣܢܕܪܝܢ
ܕܗܘܝܢܬܐ. ܕܒܗܘܢ ܦܠܓܗ̈ ܐܪܥܐ ܠܐܪܒܥ ܡܠܘܐܐ܀ ܡܢܗܘܢ ܐܝܬ ܒܗ ܕܒܗܘܢ ܡܛܠ ܐܪܐ
ܒܗ̇ ܕܦܘܪܬܡܘܣ ܐܬܡܠܝܬ܀ ܐܝܟܐ ܦܘܪܬܡܘܣ ܕܗܢܐ ܘܐܝܟ ܒܥܘܪܐ. ܘܒܗܘܢ ܒܝܫܐ
ܐܒܝܬܐ ܐ̄ ܗܘܝ ܐܦ ܢܡܘܬܐ ܒܝܢ. ܘܐܝܬܐ ܡܢ ܝܡܐ ܕܐܟܣܢܝܐ ܕܡܢ ܒܪܐ ܘܗܢܐ.
ܘܗܟ ܢܗܠ ܘܐܢܒܠ ܘܡܒܪܢܬܐ ܘܦܪܐܠܐ ܒܝ ܒܒܝܢ ܩܘܣܛܢܛܝܢܝ ܡܢ ܠܘܬ
ܡܢܗܘܢ ܗܘܠܗ. ܘܡܢ ܦܘܪܬܡܘܣ ܠܐܝܗܘܢ ܚܕܐ ܚܕܐ ܡܢܝܬܐ. ܘܡܢ ܡܢ ܝܡܐ
ܡܢܝܬܐ ܚܕܐ. ܘܒܗܘܢ ܕܗܘܝܢ ܐܝܟܐ ܒܝܬܪܘܢ ܘܡܥܡܐ ܘܗܡܝܢ. ܘܡܚܕܐ ܢܗܘܪ ܒܝܠܐ
ܘܡܚܝܠܐ ܘܗܢ. ܘܗܟ ܡܢܗ ܕܗܝ ܒܡܥܡܐ ܡܢܝܬܐ ܚܕܐ. ܘܡܢ ܚܕ ܡܢ ܗܠܝܢ
ܒܡܥܡܐ ܕܐܬܡܪܘ ܡܢܝܬܐ ܚܕܐ. ܘܗܐܡܐ ܒܝ ܠܐ ܒܒܝܢ ܩܘܣܛܢܛܝܢܝ. ܘܒܗܘܢ
ܒܝܬܪܘܢ ܘܡܥܡܐ ܘܗܡܝܢ. ܘܗܘܦ ܒܡܘܦܫܐ. ܗܘܠܐ ܒܪ ܒܫܩܠܬܗܘܢ ܒܡܥܠܐ.
ܒܒܠܝܢ ܡܢܗܘܢ ܡܢܗ ܘܡܢܗ. ܘܢܚܘ ܒܗܡ ܬ̈ܪܬܝ. ܘܗܟ ܡܢ ܗܠܝܢ ܒܡܥܡܐ. ܐܘ
ܚܕܐ. ܘܡܢ ܒܡܥܡܐ ܐܝܠܐ ܕܙܒܢܬ ܬ̈ܪܝ ܚܕܐ. ܘܗܘܝ ܘܡܚܒܝܢ ܐܝܟ܀
ܦܫ̈ ܦܪܐܠܐ ܗܝܕܝܢ ܕܗܘ ܦܘܠܐܝ. ܗܟ ܡܦܘܪܬܐ ܕܦܘܠܝ ܘܗܒܝܢ ܒܒܘܪܟܐ ܘܐܘܪܚܐ
ܒܗ̇ ܒܒܪܝܬܐ ܘܐܘܪܚܐ ܘܦܫ̈ ܒܡܪܒܥܐ. ܘܗܘܝ ܗܘ ܡܢܐ ܕܙܒܢܬ.
ܡܢ ܡܐܡܪܐ ܕ̄ܗ. ܕܦܠܛܘܡܝܘܣ ܩܠܝܡ̈ ܒܡܫܪܝܢ ܕܒܬܝܐ. ܗܕܐ ܕܝܢ ܡܢ ܟܠ ܐܪܥ
ܡܕܢܚܐ. ܒܝܬ ܒܡܥܡܐ ܢܘܩܕܐ ܕܐܡܪܝܢ ܡܢ ܬܝܡܢܐ. ܡܬܦܠܓܝܢ ܕܝܢ ܗܘ ܗܠܝܢ
ܚܕܟܐ. ܡܢ ܐܪܥ ܢܗܪ ܒܝܬ ܬܝܡܢܐ[2] ܐܣܝܐ. ܒܡܬܘܐ ܕܝܢ ܦܐܪ ܘܠܐ ܦܠܓܗ.
ܐܝܟ ܐܢܫܝܢ ܕܦܘܠܝܢ ܐܣܝܐ ܒܡܫܪܝܢ ܕܡܢ ܒܬܝܐ ܐܡܪ. ܘܦܪܐ ܒܡܘܟܠܐ ܕܒܬܝܐ
ܡܢ ܠܦܪܘ ܒܝܬ ܠܐܪܥ ܘܢܩܫܝ. ܡܟܠ ܕܙܒܢ ܐܟܠܐ. ܒܬܝܐ ܕܝܢ ܢܩܘܫܝܢ ܒܬܝܐ ܗ̄
ܢܘܡ̈ܐ ܘܡܠ ܕܒܗܝܢ ܕܐܒܘܗܝ ܒܒܪܝܐ ܕܐܪܥܐ ܘܡܕܝܢܬܐ. ܦܪܐ ܕܝܢ ܦܠܓܐ
ܣܡܗܘܢ (sic) ܒܝܬ ܬܝܡܢܐ ܗܟܢܐ ܕܦܣܩܝܢ ܠܛܘܪܐ. ܐܠܐ ܡܩܦܐ ܘܡܬܩܦܬܐ
ܘܡܬܚܐ ܘܡܘܪ̈ܐ ܘܐܒܪܐ ܘܡܫܬܟܚܐ ܘܡܢܝܐ[3] ܘܡܕܝܢܐ. ܢܗܘܘܢ ܠܗ ܐܪܐ ܒܥܠܡ
ܗܟܢܐ ܕܗܘܝ ܡܬܐܒܝܢ. ܘܡܛܠ ܕܙܒܢܬ ܡܡܫܟܬܗ܀

[1] A ܒܡܨܥܬܐ.
[2] B ܬܝܡܢܝ.
[3] B ܘܡܢܝܐ est à la place de ܘܡܘܪ̈ܐ *et vice versa*.

ܡܫܡܫܐ ܕܡܕܡ ܒܡܕܒܚܐ ܗܟܢ ܡܕܪܐ ܕܟܪܝܐ ܘܡܟܡܠܐ. ܘܡܟܢܗ ܡܛܟܫܐ ܢܚܫܠܐ
ܛܚܢ ܡܢ ܦܪܝܢ. ܘܡܫܚ ܟܠ ܠܦܐ ܕܦܘܚܠܐ. ܘܦܪܘܣ ܐܘܠܒ ܒܪܘܗ ܡܛܟܫܐ
ܒܡܕܒܚܐ. ܘܐܘܠܒ ܒܗܘ ܐܢܚܫܐ. ܘܥܒܕ ܐܝܟ ܡܟܠܬܐ. ܘܡܟܪܘܟ ܠܟܣܝܐ ܡܕܪܐ
ܘܢܐܬܐ ܡܛܟܫܐ ܘܡܕܒܚܐ ܕܒܪܘܗ. ܘܡܫܡܫ ܠܠܝܒܐ ܕܠܐ ܡܣܬܟܐ ܕܢܡܣܒܐ ܘܥܒܕ ܐܝܟ
ܠܒܚܫܐ. ܘܐܬܐ ܠܘܒ. ܕܟܠ ܡܕܪܐ ܕܐܬܐ ܒܪܗ ܡܢܐ. ܗܢܘܢ ܒܡܕܒܚܐ. ܘܦܪܘܣ
ܠܟܣܐ ܡܢܐ ܕܢܣܒܘܢ ܕܢܗܘܐ ܒܗܘܐ ܒܦܫ ܒܡܕܒܚܐ. ܘܠܝܒܐ ܕܒܪܘܗ ܕܠܐ ܡܣܬܟܐ.
ܡܛܠ ܕܒܟܢ ܐܘܣܝܐ ܒܗܘܐ ܘܠܒܫܐ ܕܢܘܪܐ ܐܝܟܢܐ. ܒܪܡ ܦܓܪܐ ܢܘܪܐ ܐܦܝܡ
ܡܛܠ. ܡܡܠܠ ܠܐܘܣܝܐ. ܘܐܢ ܡܣܒܠܐ ܦܫܛ. ܠܐ ܗܘܐ ܡܕܡ. ܗܘ ܦܫܝܛ ܒܠܐ.
ܡܕܝܠ ܒܡܫܢܝܢ ܕܟܢܝܐ. ܢܩܠܐ ܗܘܐ ܒܡܫܢܝܢ ܟܠ ܒܛܒܥܐ ܕܢܫܐ ܐܘܣܝܐ. ܐܘ ܟܠ
ܒܛܒܥܐ ܕܠܗ[1] ܦܠܛܘܬܐ. ܐܘܣܝܐ ܡܢ ܕܗܒܐ (*sic*). ܗܟܢ ܒܢܝܬܐ ܕܐܢܛܝܘܟܝܬܐ. ܣܥܡܝܢ
ܒܡܣܒܠܐ. ܐܘ ܒܢܝܬܐ ܕܬܪܬܐ. ܚܕܐ ܡܢ ܚ̄ ܕܡܣܒܠܐ ܗܘܐ. ܡܛܠ ܕܟܠ ܚܕܐ ܕܗܘܬ. ܒܟܠ
ܕܐܢܛܝܘܟܝܬܐ ܡܫܬܦܫܛܐ. ܗܘܝܘ ܡܬܚܫܒܐ ܡܢ ܦܠܛܘ. ܕܝܢ ܗܘ ܒܣܘܪܝܝܐ ܦܠܛܪܐ. ܐܝܟ
ܕܝܢ ܒܚܕ ܠܘ ܚܕ ܡܢ ܠܐܘܢܝܢ ܗܟܝܢ. ܗܟܢ ܗܘܝܘ ܡܕܡܝܐ ܕܒܢܬܐ. ܕܝܢ ܠܐ ܠܚܫܝܢ
ܘܕܠܐ ܐܝܟ ܡܢ ܟܠ ܡܕܡ ܕܒܛܝܢ ܒܗܘܢ. ܘܕܠܐ ܐܢܟܐ ܕܒܡܕܡܝܐ. ܗܟܢ ܕܠܐ. ܗܟܢ
ܒܡܕܡܝܐ ܒܡܫܡܫ ܐܝܟ ܡܫܬܟܚܐ ܘܕܗܘ ܒܡܫܒܠܐ ܐܟܕܢܐ. ܐܘ ܒܠܐ ܡܫܟܚܐ
ܘܗܘܝܐ ܡܘܬ ܒܡܫܢܝ ܡܫܘ. ܘܟܒ ܐܝܟ ܡܟܠܐ. ܘܐܢܩܐ ܢܣܒ ܟܠܗ ܗܘ ܡܕܡܝܐ ܘܡܕܡ
ܕܢܣܒ ܡܫܟܚܘܢ ܒܡܕܒܚܐ. ܘܕܦܠܘ ܒܠܐܝܟ ܗܘܢ ܒܡܘܠܐ. ܘܗܟܢ ܒܟܝܢ ܡܟܬܒܝܢ
ܡܕܡܝܐ. ܘܦܪܘܣ ܗܟ ܒܡܫܘܚܬܐ ܫܪܬܐ. ܐܘܩܝܢܘܣ ܟ̄. ܕܗܘ ܡܫܢܐ ܘܐܢܫܐ ܟܠ
ܡܕܡܝܐ ܒܡܕܒܚܐ. ܘܕܗܘ ܐܝܟ ܒܛܒܥܐ. ܒܝ ܦܠܚܝܢ ܡܕܡܝܐ ܒܟܒܪܝܬܐ. ܗܟܢ
ܕܗܘ. ܗܘܩ̈ ܢܘ ܐܘ ܐ̄. ܒܡܘܡ ܡܢܐ ܒ̄. ܚܕܐ ܕܦܩܕܐ. ܘܚܕܐ ܒܫܒܠܐ. ܘܟܒ ܠܝܒܐ
ܕܢܦܩ ܡܟܘܪܬܐ ܢܘܪ ܠܟܣܐ ܕܗܘܐ. ܗܟܢ ܒܠܝܬ ܣܡܡܢܝܢ. ܗ̄ ܣܠܐ ܣܘܪܐ ܡܫܡܫܐ.
ܘܪܘܫ ܒܟ̄ܗ ܘܪܘܫ ܡܢ ܙܪܥܗ ܕܡܘܢܐ. ܘܣܠܐ ܢܘܪܐ ܣܝܪܩ ܠܟܣ ܫ ܐܠܐ ܗܘܝ ܕܒܣܠܐ
ܒܢܫܐ ܘܦܓܪܐ. ܘܡܕܒܚܐ ܫ ܘܗܘܐ ܒܟܒ ܡܢܐ ܐܟܬܢܐ. ܗܟܢ ܡܟܘܪܣܘܣ ܗ̄
ܒܡܚܒܪܢܐ ܕܗܘ ܒܪܘܫ ܠܐܟܪܘܡ ܐܘܩ̈ ܗ̄. ܘܐܦ ܡܩܘܡܩܡܐ ܐܘܩ̈ ܟ̄. ܘܣܠܐ ܣܪܣܡܐ
ܡܫܡܫܐ. ܡܫܚܠ ܚܕܐ. ܘܐܪܡܐ ܒܡܕܪܐ ܫܪܬܐ ܘܐܒܒܝ ܒܟ̄ܗ ܐ̄ ܩ̈ܠܝܐ. ܘܗܟ ܡܫܠ ܡܢܐ

[1] A ajoute ici le signe de l'or; dans B ce signe se trouve à la marge.

ܕ̈ܐܡܝܢ ܒܫܘ̈ܩܐ. ܘܒܬܪܗ ܫܢܬܐ ܕܫ̄ܘ ܕܕܘܝܐ ܘܡܘ̈ܬܢܐ. ܗܘܐ ܙܪܝܡܝܢܐ[1] [ܐܘ] ܚܕܐ.
ܘܙܘܥ ܘܫܘܝ. ܘܐܪܥܐ ܒܡܕܝܢܬܐ ܟܠ ܫܘܩܐ. ܘܐܫܟ̈ܚ ܡܢ̈ܐ ܘܒܢܝܢ ܕܒܬ̈ܝܐ
ܕܡܠܬ. ܘܗܘܐ ܕܗܘܐ ܒܫܡܫܐ ܚܫܘܟܬܐ ܝ̈ܘܡܝܢ ܓ̄. ܘܟܠܟܠܐ ܒܫܡܫܐ ܡܢ ܛܠܠܐ.
ܘܗܘܐ ܕܗܘܐ ܒܝܘܡܬܐ ܕܠܐ ܡܬܚܙܐ ܘܟܠܗ ܝ̈ܘܡܝܢ ܓ̄. ܐܝܟܢܐ ܕܒܡܕܝܢܬܐ ܡܢ ܚܫܘܟܐ.
ܕܠܐ ܢܐܒܕ ܘܢܐܡܪ. ܘܡܢ ܒܫܢܝܢ ܘܫܢܝܢ؛ ܗܟܢ ܡܢ ܐܒܫܢܝܢ ܗܘܐ ܐܝܟ ܗ̄.
ܘܒܬܪܗ ܕܗܘܐ ܒܫܢܬܐ ܐܪܒܥ ܐܘ ܚܡܫܝܢ ܘܚܡܫܐ ܐܝܟ ܘ̄. ܘܚܫܘܟܐ ܚܕ ܡܘܫܚܬܐ
ܐܘ ܚܕܐ ܘܡܬܦܪܫ ܗܘܐ ܕܡܢ ܐܚܘܢܗܝ ܫܡܫܐ. ܐܪܝܬܐ ܗܘ. ܐܝܟ ܙ̄.
ܘܙܪܝܡܝܢܐ[2] ܚܕ ܦܓܥ ܕܐܘ. ܘܡܬܢܝܚܐ ܐܘ ܚܕܐ. ܣܟܘܡ[3] ܘܗܘܐ ܒܡܘܬܢܝܢ
ܡܘܬܢܐ ܒܡܕܝܢܬܐ. ܒܪ ܙܒܢܐ ܡܢ ܐܝܟ ܟܘܪܣܝܐ. ܘܗܘܐ ܝ̈ܘܡܝܢ ܙ̄. ܘܡܢܗ ܕܗܘܐ
ܐܝܟ ܕܚܕܐ ܘܐܢܫ ܚܕ ܐܟܡܢܐ ܛܠܐ. ܘܗܟܢ ܗܘܐ ܘܡܬܝܚܕܝܢ ܡܢ ܒܫܢܝܢ
ܕܒܢܝܐ. ܘܗܘܝ ܟܠ ܝܘܡܬܐ. ܘܟܠ ܕܝܘܡ ܗܘܐ. ܗܘܐ ܕܗܘܐ. ܡܛܠ ܕܝܢ ܒܫܢܝܢ
ܟܠ ܕܝܘܡܐ[4] ܘܐܦܢܘ. ܐܘ ܚܕܐ. ܘܡܢ ܟܠ ܝܘܡܐ ܕܠܐ ܦܘܫܩܐ ܐܘ ܚܕܐ.

ܒܫܢܝܢ ܕܒܬܪ ܕܗܘܐ ܡܢ ܫܘܐܠܐ: ܝܘܡܬܐ ܚܕܐ ܐܝܟ. ܘܚܫܘܟܐ ܦܘܫܩܬܐ[5]
ܝܘܡܬܐ ܝ̄. ܕܗܘܐ ܚܫܘܟܐ ܗܟܢ ܘܐܪܥܐ ܒܟܠܗ ܐܝܟ. ܘܐܪܥܐ ܟܠܗ ܡܬܚܙܝܐ
ܣܓܝܐܐ. ܚܕܐ ܡܢܗܘܢ. ܘܦܠܚܘ ܠܥܠܡܐ ܒܪ ܡܢܝ ܚܝܠܘܬܗ. ܘܐܪܥܐ ܐܝܟ ܕܡܢܐ
ܢܦܠܐ. ܘܗܘܐ ܠܐܠܗܐ. ܘܡܬܚܙܐ ܐܢܫܘܬܐ ܒܕܐ ܒܪ ܫܡܫܐ ܐܝܬ ܡܠܐ ܡܠܟܘܬܐ
ܕܫܡܝܐ. ܘܗܘܐ ܦܪܘܩ ܒܕܐ ܡܢ ܐܢܫܘܬܐ. ܘܟܠ ܕܦܪܫܐ ܐܦܝܢ ܘܦܬܘܪܐ
ܘܡܢܝ ܕܗܘܬ ܠܐܚܐ ܡܢ ܩܒܪܐ ܒܠܝܠܘܬܐ ܘܚܘܒܬܗܘܢ ܡܬܒܪܐ ܕܫܦܘܠܐ[6]. ܕܗܘ
ܡܟܘܠܠ ܒܟܠܐ. ܘܕܘܟܬܐ ܕܫܘܠܐ ܕܫܘܪܝܐ ܢܦܩܐ ܘܐܪܥܝܗܘܢ. ܒܡܕܝܢܬܐ ܕܐܬܚܙܝ.
ܘܗܘܐ ܒܡܕܝܢܬܐ ܘܡܬܚܙܝܐ ܒܠܝܠܐ ܕܦܠܓ ܒܡܕܝܢܬܐ. ܘܐܬܚܙܝ ܒܪ ܢܦܫ ܛܠܝܐ
ܡܢܗ. ܘܐܬܐ ܒܡܕܝܢܬܐ ܕܐܟܠܐ ܘܠܚܡܐ. ܘܗܘܐ ܒܡܕܝܢܬܐ ܦܠܓܗ. ܘܐܬܚܙܝ ܢܘܪܐ.

[1] *Sic*, lire ܙܪܘܦܐ ܕܝܡܝܢܐ, comparer ci-dessus, p. 10, note 7.

[2] *Sic*, comparer la note précédente.

[3] A ܚܟܘܡ.

[4] Ce qui suit se trouve dans B au feuillet 33, par suite d'une interversion des feuillets.

[5] Les deux manuscrits expliquent ce mot à la marge par ܣܘܪܝ « sori ».

[6] A ajoute à la marge, en renvoyant ici, un mot écrit en lettres hébraïques et syriaques grossières qu'on semble lire زرنيخ, mais qui doit être lu زراوند, mot qui traduit ܣܘܣܠܐ dans le lexique de Bar Bahloul.

ܘܐܦܘܡ ܒܗ̇ ܚܕ ܠܟܠ. ܘܦܬܝܠܐ ܗܘ̇ܝܐ ܐܝܟ ܬܐܦܠ. ܘܐܙܘܠ ܒܡܚܪܐ. ܘܐܙܘܠ ܒܒܪܬܗ̇
ܚܠܐ ܚܡܘܨܐ. ܘܐܙܘܠ ܙܪܢܝܟܐ[1] ܘܡܓܢܝܛܝܐ ܡܣܘܬܐ ܚܕ ܚܕ ܡܬܩܠܐ ܘܦܫܘܠܠ ܠܒ
ܡܬܬܙܝܥܐ ܐܝܟ ܚܠܐ. ܘܐܙܘܠ ܡܢ ܚܡܪܐ ܗܘܐ ܡܬܩܠܐ ܚܕ ܠܟܠ ܠܝܛܪܐ ܚܕܐ ܡܢ
ܗܘܢܐ ܘܕܘܟ ܠܗ ܥܡܪ ܢܘܪܐ ܕܠܐ ܢܦܘܩ ܘܬܬܚܡ ܘܬܬܢܢ ܀

ܡܥܕܢ ܐܣܪܬܐ ܕܕܗܒܐ. ܡܬܩܠܐ ܚܕ ܐܣܝܐ. ܘܡܓܢܝܛܝܐ ܚܘܪܬܐ ܬܠܬ ܗܘܝܢ ܗܘܠܐ.
ܘܦܠܘܣ ܐܝܟ ܟܡ ܫܒܪܐ ܒܗ ܒܟܠܡ ܫܒܪܐ. ܘܗ̇ܘܝܢ ܚܕ ܒܩܘܡܛܠܐ. ܘܫܩܘܠ ܐܝܟ
ܒܡܫܚܐ ܕܠܟܘܢ ܘܡܘܢ ܒܟܘܡܛܘܢ ܘܒܓܘܡܛܘܢ ܒܓܠܐ ܕܦܠܘܣ ܒܦܛܪܐ. ܘܫܩܘܠ
ܒܡܡܠܐ ܒܗ ܢܚܡ. ܘܐܬܐ ܒܒܘܪܐ ܕܒܪ̈ܐ ܐܫܩܝܘܗܝ. ܘܐܘܩܕ ܐܝܟ ܒܗ ܠܐ ܦܠܗ
ܠܝܠܐ. ܘܦܫܘܪ ܫܡܫ ܦܝܠܐ ܒܓܘ ܢܘܪܐ ܘܗ ܘܢܡܘܡܘܢ ܒܗ̇ ܐܡܣܛܐ ܠܟܠܚܠܐ. ܘܡܢ
ܗܟܝܠ ܘܐܬܐ ܙܪܢܝܟܐ[2] ܠܦܝܠܐ ܚܕܐ ܘܕܗܒ[3] ܗܡܢ. ܘܐܙܘܠ ܠܟܠܗܘܢ ܒܚܬܝܠܐ
ܘܚܘܫܡܘܢ. ܘܢܦܘܩ ܗܡܢ ܡܠܟܐ. ܘܢܛܠ ܡܩܘܢ. ܘܗܘ ܗܘ ܒܟܠܗ. ܘܐܙܘܠ
ܠܡܩܘܢ ܒܟܬܒܐ ܘܫܒܩ ܐܝܟ ܒܡܡܠܐ. ܒܗ ܦܠܛܝܢ. ܘܗܟ ܡܢ ܡܬܠܐ ܘܟܠܗܝܢ
ܕܪܘܟܐ ܘܦܠܛܝܢ ܡܬܩܠܐ ܚܕ. ܘܡܢ ܒܒܘܪܬܐ ܕܦܓܪܐ ܠܐܝܟ ܡܬܩܠܐ ܚܕ. ܘܐܙܘܠ
ܐܝܟ ܠܟܠܗܝܢ ܘܐܦܠܐ ܐܝܟ ܚܠܐ ܡܚܡܠܐ ܕܡܚܡܡ ܒܢܚܠܐ. ܘܦܠܘܣ ܐܝܟ ܒܗ̇
ܠܟܠܗܝܢ ܕܚܡܠܐ ܚܡܠܐ ܒ̄ ܡܘܡ̈ܝܢ ܒܥܡ̈ܪ ܚܫܟܬܐ. ܘܡܢ ܙܦܝܠܐ ܐܫܩܝܘܗܝ ܐܝܟ
ܕܚܠܐ ܗܡܢܗ ܒܩܘܡܛܐ ܐܣܪܬܐ ܘܡܘܟܠܘܗܝ ܐܝܟ ܦܡ̈ܪ ܘܫܚܩܝܘܗܝ ܒܚܡܪܐ
ܫܚܝܛܬܐ. ܘܡܘܢ ܒܓܠܐ ܘܦܛܪܐ. ܘܢܦܩ ܘܫܡܫ ܠܟܠ ܐܦܐܠܐ. ܘܡܝܒܪ
ܠܐܘܠܐܝܢ ܢܘܪܐ ܡܢܟܝܬܐ ܒܗ ܚܘܪ ܒܥܦܪܐ ܘܫܒܩ ܢܘܪܐ ܡܢ ܠܐܘܠܐܝܢ. ܘܡܟܘܡ
ܠܟܠ ܐܦܠܐ ܒܗ ܦܪܚܐ. ܘܦܬܘܚ ܘܫܒܩ ܦܝܠܐ. ܘܐܦܩ ܠܟܡܫܝܢ ܒܗ ܡܘܡܛܠܐ
ܐܝܟ ܕܟܠܐ. ܦܘܪܫ ܗܒ ܠܦܝܠܐ ܚܕܐ ܐܟܪܐ[4] ܕܟܠܐ ܕܢܚܠܐ ܐܬܗܘܢ ܘܫܡܫ ܒܟܘܦܠܐ
ܘܫܘܡ. ܘܟܠ ܕܦܠܘܣ ܟܡܘ ܗܒ ܠܟܗ ܡܢ ܒܡܫܝܢ ܡܬܩܠܐ ܚܕ ܒܗ ܒܟܡܒ ܒܟܦܝܠܐ
ܢܡܫܠ ܘܒܠܟܠ (*sic*) ܠܟܗ ܐܝܟ ܒܝܪܡܠ ܡܢܗ ܕܐܟܪܐ. ܐܘ ܫܡܫܢܗ (*sic*) ܒܟܢܝܠܐ
ܕܢܡܫ ܒܗ ܐܫܡܢ ܒܦܪܐ ܘܡܟܘܡ ܒܗ ܡܬܟܠܐ ܐܫܩܝܘܗܝ. ܘܕܘܟ ܠܗ ܒܡܚܡܠܐ.

[1] Sur ce mot voir ci-dessus, p. 10, note 7.

[2] Voir la note précédente.

[3] A manque ܘܕܗܒ.

[4] B ajoute à la marge ܚܙܝ ܐܝܢܐ ܐܟܪܐ. « Vois de quel plomb il s'agit. »

ܐܩܣܝܕܝܢ ܕܢܚܫܐ ܠܟܘܟܒܐ ܕܩܠܡܝܐ. ܙܪܢܝܩܐ ܣܘܡܩܐ ܚܕܐ. ܘܐܪܣܢܝܩܐ ܩܘܡܩܐ ܚܕܐ. ܦܠܘܣ ܒܪ ܡܣܡܐ ܐܝܬ ܡܢܐ ܕܒܬܪܐ. ܕܗܘ ܚܘܪܐ ܕܒܬܪܐ ܕܢܬܬܣܝܡ ܘܠܐ ܢܚܫܟ ܐܝܬ ܐ̄ ܡܘܩܕܝܢ ܒܗ ܦܘܚܡܐ. ܘܡܢ[1] ܐܡܣ ܠܐܠܒܝܢ̄ ܐܒܝܢܐ ܘܗܘܝܐ ܩܣܩܣܝܕܝܢ ܐܝܟ ܠܟܘܒܐ. ܚܕ ܒܗ ܗܘܐ ܩܣܩܣܝܕܝܢ. ܚܕ ܠܐ̄ ܢܚܫܐ ܕܚܠ ܕܡܕܒܚ ܘܗܘܐ ܗܠܡܐ ܚܘܪܐ ܘܡܣܬܒܟ ܣܓܝܐ ܀

ܚܘܡܚܐ ܕܗܠܡܐ ܕܒܗ ܚܕܐ ܡܢܘܢ. ܚܕܐ ܠܟܘܟܒܐ ܚܕ ܡܣܬܒܟ ܘܗܘܐ. ܡܠܚܐ ܦܢܩܘ ܕܟܘܟܒܐ ܚܣܘܡ ܕܢܬܬܠܝܛ ܐܟܚܕܐ ܒܪܡܐ ܕܡܬܒܟ ܚܕܐ ܘܠܐ ܡܬܬܣܝܟ. ܘܣܝܡ ܒܡܩܕܐ ܘܡܘܬ. ܘܡܢ ܐܘܪܬܐ. ܘܣܝܡ ܡܢܗ ܕܢܚܘܡ ܠܠ ܒܩܣܩܣܝܕܝܢ ܕܡܩܕܐ. ܘܣܝܡ ܠܠ ܢܦܫ ܒܦܩܕܘ ܘܬܘܐ ܡܘܡܐ ܚܕ ܘܐܡܪ ܘܦܬܚ. ܘܡܬܚܒܫܐ ܠܚܕܐ ܕܚܕܝ ܡܩܒܪܐ ܕܗܘ ܦܩܣܡܬܝܢ ܘܕܟܝܢ ܒܚܘܡܗ ܕܡܩܕܐ ܘܦܫܪ ܘܦܫܪ. ܬܘܪܐ ܕܒ̄ ܀ ܡܢ ܒܗܘ ܚܕܐ ܕܐܬܦܬܚ ܠܟܘܟܒܐ ܚܕܐ. ܘܡܚܬܡܝܢ ܦܢܩܘ ܕܟܘܟܒܐ ܘܡܠܚܐ ܠ̄ ܐܩ. ܚܣܘܡ ܒܚܝܠܬܐ ܘܬܡܠܟ ܚܕ ܡܘܬ ܐܝܟ ܗܘ ܡܩܕܐ. ܡܢ ܠܚܕܐ ܗܘܐ. ܒ̄. (sic) ܬܬܠܝܬ̄. ܗܘܐ ܚܕܐ ܕܐܬܦܬܚ ܠܟܘܟܒܐ ܚܕܐ. ܘܪܘܚܐ ܒ̄ ܠܟܘܟܒܐ. ܚܣܘܡ ܒܪܘܚܐ ܕܢܚܫܐ ܒܚܝܠܬܐ. ܘܣܝܡ ܦܢܩܘ ܒܡܩܕܐ. ܘܡܢ ܒܗ ܠܩܘܡܬܐ ܦܢܩܘ. ܘܦܬܚ ܐܪܥܐ ܗܘ ܦܢܩܘ ܐܣܪܐ ܕܪܘܚܐ ܠܠ ܡܢܗ. ܘܡܘܬ ܒܡܩܕܐ ܒܗܘܢ̄. ܘܦܫܘܪ ܐܝܟ ܡܩܕܐ. ܘܐܘܡܪ ܘܣܡ ܠܩܣܩܣܝܕܝܢ ܗܘܐ ܘܬܘܐ. ܕܘܟ ܐܦܪܘܕ. ܡܟܣܘܢ ܒܥܒ̈ ܡܠܚܐ ܘܣܝܡ ܚܠܐ ܣܘܡܩܐ ܕܢܚܫܐ ܘܡܢ ܠܡܩܕܐ(sic). ܘܪܘܡ ܘܐܪܥܐ ܚܠܐ ܠܟ̄. ܘܐܪܥܐ ܠܟ̄ ܢܚܫܐ ܕܕܡ. ܘܡܢ ܚܣܡܐ ܕܚܕܝ ܒܗ ܦܬ̈ܝܠܐ ܕܡܢܐ ܘܚܕܪ ܐܝܟ ܘܡܦܫܪ ܚܕܡܘܢ ܠܦܠܓܘܬ ܚܕ ܗܘܝܢ ܐܝܟ ܢܘܪܐ. ܘܦܫܘܪ ܐܝܟ ܚܠܐ ܕܐܝܬ ܒܗ ܢܚܫܐ ܘܡܩܕܐ. ܚܣܡ ܐܒܝܢ̈. ܒܗ ܗܘ[2] ܪܦܝܣ ܐܝܟ ܡܠ[3] ܀ ܟܣܣܝܢ ܕܒܬܪܐ ܀ ܐܬܐ ܒܬܪܐ ܘܡܚܘܡ ܒܡܢܐ ܘܐܘܣܝܡ ܢܘܪܐ ܠܟܘܪ̄ܐ. ܘܡܘܡܐ ܬܟܘܪ̄ܐ. ܘܡܠܐܢ̈ܐ ܠܟܘܪ̈ܢܝܢ. ܘܠܚܕ ܡܢܗܘܢ ܠܟܠ ܐܝܟ ܠܦܚܡܐ ܘܗܘܪܐ ܚܘܪ̄ ܠܟ. ܘܠܠ ܒܢܐ ܐܪܥܐ ܠܟܘܪ̄. ܚܕ ܚܕ ܒܟܣܐ[4].

[1] B ajoute ici ܪܘܦܩ.

[2] B manque ܗܘ.

[3] A explique ce mot dans un renvoi à la marge par مصطكى.

[4] Dans les manuscrits ܟܝܣܐ. Ce mot est expliqué dans A à la marge par صدر (?) écrit en lettres hébraïques; lire sans doute صُرَر « bourses ».

IMPRIMERIE NATIONALE.

ܘܐܦ ܒܒܘܩܝܬܐ. ܘܐܬܐ ܡܢ ܟܘܠ ܕܟܒܪܐ ܘܐܪܥܐ ܒܒܝܫܐ[1] ܕܐܬܐ ܒܗ ܡܢ ܒܝܬܐ ܢܘܪܐ. ܘܚܡܝܡ ܡܬܛܠܠܐ ܠܐܚܪܢܐ ܒܩܛܠܐ ܚܘܪ̈ ܡܢ ܐܘ ܟܠ. ܘܐܪܥܐ ܗܕܐ ܒܝܬܐ ܠܟܝܘܪܐ. ܚܝܪܐ ܒܒܫܘܠܐ. ܕܟܠܗܝܢ ܡܢܗܘܢ. ܘܐܡܥܛܪ ܐܝܟ ܟܠܠܐ. ܬ̈ܘܡܐ ܚܕ ܐܘ ܬܪ̈ܝܢ. ܘܐܚܪ ܕܢܟܠܝܢ ܗܘܐ ܐܝܟ ܟܬܒܐ[2] ܘܢܘܪܐ ܒܢܘܪܐ ܕܟܠܠܐ ܬ̈ܘܡܐ. ܘܐܚܪܢ ܟܕ ܐܟܠܝܢ. ܘܗܟܢ ܗܘ ܡܢ ܕܦܐܫ ܒܗܘܢ ܒܩܛܐ[3]. ܘܐܪܥܐ ܐܝܟ ܒܩܘܩܐ ܐܣܛܘܟܣܐ ܘܡܥܡܥܝܢ ܒܢܦܫܗ ܡܢ ܢܝܗܿ. ܘܐܪܥܐ ܟܠܗܘܢ ܡܬܟܘܢܐ ܟܝܡܝܐ ܗܕܐ ܘܡܬܟܘܢܝܢ ܗܕܐ ܓܒܠ ܒܗ ܡܩܕܡ ܡܘܟܠܐ ܘܦܟܘܣ ܠ̈ ܚܘܪ̈ ܒܡܥܒܕܐ. ܘܡܚܘܡ ܘܐܪܥܐ ܒܡܥܒܕܬܐ. ܘܗܕܐ ܗܘ ܡܥܡܘܪܐ. ܘܡܢ ܢܟܝܬ ܕܐܪܥܐ ܗܕܐ ܢܚܫܐ ܕܡܥܒܕ. ܐܪܥܐ ܗܕܐ ܗܕܐ ܟܝܡܝܐ ܫܐܪܐ ܡܬܬܠܐ ܘܡܬܟܝܢ.

ܐܚܪܬܐ ܠܐܘܢ ܕܟܒܠܐ ܗܘ ܒܟܠ ܒܗܐ ܕܪܟܐ ܐܬܐ ܘܒܗܕܐ ܒܢܘܪܐ ܒܡܥܒܕܬܐ. ܟܐܡܬ ܡܟܘܡ ܐܝܟ. ܘܦܪܘܩ ܢܘܪܐ ܡܢ ܡܘܡܬܐ ܘܡܟܩܠܐ ܘܚܡܝܡ ܚܝܢ ܚܕ ܒܫܩܠܐ. ܘܐܟܒ ܗܕܐ ܒܫܩܠܐ ܠܟܝܘܪܘܢ ܚܝܪܐ ܒܡܫܡܠܬܐ[4] ܕܐܬܐ ܒܢܗ ܚܠܐ ܕܢܬܒܪ ܢܒܥܕܘܢ. ܘܚܡܝܡ ܠܐܚܪܢܐ ܗܕܐ ܒܫܩܠܐ[5] ܡܡܟܟܬܐ ܕܡܡܟܟ ܗܕܐ ܡܕܡ ܕܡܫܡܠܬܐ ܗ̈ ܡܚܒܠܠܐ ܐܝܟ ܠܟܟܠܐ. ܡܫܡܠܪܢ ܕܝܢ ܒܟܦ ܡܘܡܝܢ. ܫܐܪ ܚܡܝܡ. ܟܫܐܪܢ ܒܠܗ ܒܡܟܐ ܠܟܘܢ ܚܝܪܐ ܒܒܫܘܠܐ. ܘܡܥܒܕ ܦܘܡܗ ܘܡܥܛܪ ܟܠܠܐ ܘܐܦܩ ܐܝܟ ܠܐܣܛܘܟܣܐ. ܘܟܕ ܢܟܠܝܢ ܚܡܝܡ ܒܒܚܡܝܡܬܐ ܘܗܘܐ ܦܘܡܗ. ܘܡܥܛܪ ܟܠܠܐ ܚܕ ܚܘܪ̈ܝܢ. ܟܕ ܡܬܡܥܝܢ. ܘܗܟܢ ܘܐܪܥܐ ܡܢ ܒܫܘܠܐ ܠܐܟܝܢ ܕܡܝܐ ܐܘ ܕܟܠܟܠܝܢ. ܘܢܕܥ ܠܗ. ܘܐܢܬ ܢܚܫܐ ܡܦܪܫܐ ܚܕܐ ܟܝܡܝܐ ܘܗܘ ܘܟܕ ܚܡܘ ܠܟܠܗ ܐܪܥܐ ܟܟܗ ܡܢ ܗܘ ܚܕ ܡܬܡܠܠ ܒܒܫܘܠ. ܕܗܟܐ ܕܢܚܫܐ ܕܠܐܐܟ ܡܘܫܚ. ܐܬܐ ܚܠܠ ܚܘܪܐ ܠܡܥܠ ܡܡܠܠ ܚܝܐ. ܘܐܪܥܐ ܠܗ̈ ܐܪ̈ ܒܡܥܒܕܬܐ ܚܒܪܬܐ. ܘܡܟܠܐ ܠܗ̈. ܘܡܟܝܢܐ ܡܥܒܕܬܐ ܠܗ̈. ܙܪܢܝܟܐ[6] ܒ̈. ܕܝܢ ܠܐܚܝܐ ܚܝܪܐ ܡܫܡܫܬܐ. ܚܠܝܘܗܝ ܡܟܘܪܐ ܕ̈. ܘܡܢ ܐܬܐ ܢܚܫܐ ܡܦܪܫܐ ܘܡܟܝܢ ܠܩܛܐ ܘܐܝܟ ܐܝܟ ܒܢܘܪܐ ܠܟܠܗ. ܘܕܟܝܢ ܒܗܘܢ ܐ̈ܬܠ ܒܗ ܗܘܐ ܕܟܠ. ܚܘܪ ܡܥܒܕܬܐ. ܐܬܐ ܡܥܒܕܬܐ ܘܐܦܠܘܣ ܡܟܝܢܐ ܕܟܢܐ.

(1) A ܒܒܝܫܐ.
(2) A ajoute à la marge ܒܒܫܘܠܬܐ.
(3) A ܕܡܛܩܐ.
(4) B ܡܫܡܠܬܐ.
(5) A ܒܫܩܠܐ.
(6) Sur ce mot, voir p. 10, note 7.

ܘܦܠܓܘ ܒܥܡܡܐ ܚܝܠܐ ܕܥܡܗܘܢ ܐܝ ܦܪܫܐ ܟ̄ ܡܘܡܢܝ. ܘܐܙܠ ܚܕ. ܡܢ ܕܝܢ ܕܚܠܬܗ ܕܐܠܡܢܕܪ[1] ܥܠܘܗܝ. ܢܦܩ ܘܐܙܠ ܐܝܟ ܦܠܝ ܠܡܕܝܢܬܐ ܢܨܝܒܝܢ. ܘܩܛܠ ܡܓܘܫܐ ܣܓܝܐ̈ܐ. ܘܗܘܐ ܠܐܣܘܠܝܗ ܘܐܦܩ ܗܘܢ ܚܕܚܕ̈ ܐܚܝ̈ܬܐ. ܗܕܝܢ ܕܦܩܕ ܗܘܐ ܐܝܟ ܡܢ̈ܐ ܐܝܬܝ ܠܐܠ ܣܘܪܝܐ. ܘܡܕܝܢܬܐ ܕܝܠܗ ܘܣܬܪ̈ܗ ܦܪܐܠ ܘܐܪܥܢܝܐ ܗܘܡܥܠ. ܘܓܫܪܐ ܗܘܡܥܠ. ܘܡܘܢܐ ܡܟܪܝܐ ܢܟܘܗܝ ܗܘܐ (sic). ܘܡܕܝܢܬܐ ܐܝܟ ܢܟܘܗܝ. ܕܗܘ ܘܐܙܠ ܠܠ ܐܪܡܘ. ܒܝ ܡܬܚܫܒܬܐ ܠܗ ܘܡܬܡܛܝܬܐ ܘܡܠ ܕܢܐܬܐ ܐܪܝܐ ܠܗܘܢ܀ ܡܢ ܬܠܬܐ ܕܐܬܬܐ ܠܠ ܠܒܢ̈ ܚܝܠܐ ܠܐܝܟ ܠܚܝܠܐ ܠܗܘܢܝܡ ܗܘܠܐ. ܠܒܢ ܦܛܠܐ ܕܚܝܠܐ ܘܐܚܝܡ ܐܝܟ ܠܥܘܪܐ ܘܡܢܘ ܚܝܠܐ ܘܡܠܟܐ ܕܡܛܠܝܢ[2] ܟ̄ ܡܘܩܕܝܢ ܐܦ ܟ̄. ܗܘܡ ܠܟܕ ܐ̄ ܐܚܝܢ. ܕ ܗܘܐ ܐܝܟ ܠܡ (sic). ܦܛܪܝܩ ܘܗܦܛܝܘܣ ܗܢܘܢ ܐܝܬܝܗ ܘܕܡܐ ܒܡܟܐ ܕܡܫܪܝܐ ܘܦܠܓ ܕܡܪܘܩܐ ܗܘܡ ܘܐܙܠܘ ܠܗܘ ܗܘܠܟܐ ܡܫܡܠܐ ܐܝܟ ܚܕ ܡܢ ܟ̄ ܕܡܫܡܗ ܕܦܛܪܝܩܝ. ܠܘܬܗ ܐܝܟ ܚܕܐ ܡܕܝܢܬܐ. ܘܢܦܩ ܘܐܦܩ ܘܛܪ ܦܛܪܝܩܝ. ܘܗܘ ܢܚܠ ܕܡܪܘܩ ܟ̄ ܡܬܩܠܐ. ܘܗܘܘܐ ܚܕ. ܘܗܘܡ ܐܝܟ. ܘܐܙܠ ܠܘܬܗܘܢ ܡܢ ܗ̇ܘ ܦܛܪܝܩ ܠܠ ܠܠ ܡܬܩܠܐ ܟ̄ ܡܬܚܐ. ܘܗܦܝܩ ܒܪܗܛܐ. ܦܛܪܝܩ ܕܡܫܠܡܢܐ. ܗܘ ܡܫܡܫܢܐ ܕ̄ ܠܡܛܪܐ. ܘܕܘܩ ܘܣܘܠܩ ܒܡܣܘܠܬܐ ܕܟܬܒܐ ܘܐܦܝܢ ܒܡܕ̈ܝܢܬܐ ܦܩܠܛܐ ܘܢܦܩ ܘܐܙܠ ܠܡܕܘ ܡܢ ܟܠܗ ܕܥܡܐ ܘܪܕܦܐ ܕܚܝܠܐ ܘܐܬܪܚܩ ܘܡܠܟܐ. ܡܢ ܠܠ ܚܕ ܡܫܘܗܝ ܟ̄ ܐܩܪ. ܘܚܡܘܪ ܐܝܟ.. ܘܐܦܩܠܐ ܐܝܟ ܚܠܐ[3] ܠܐܦܩܠܐ ܬܘܡ̈ܣ ܐ̄. ܘܢܦܩ ܠܡܩܪ ܘܛܘܐ ܒܠܘܪ ܠܐܘܪܐ ܬܘܡ̈ܣ ܐ̄. ܘܐܦܩ ܘܡܣܘܩ ܘܐܦܩܠܐ ܚܝܠܐ ܬܘܡ̈ܣ ܐ̄. ܘܡܚܝܢ ܒܢܒܬܗ ܘܐܪܡܝܗ ܒܡܕܪܐ. ܘܦܩܕ ܒܠܘܪܐ ܬܘܡ̈ܣ ܐ̄ ܒ ܡܪܝܫܬ ܠܟܘܠ ܦܠܐ. ܘܡܢ ܟܠ ܠܗܘܢ ܡܫܡܫܢܐ ܘܡܫܡܝܢ ܘܡܢ ܠܡܕܢ ܢܛܪܘܢ ܘܗܘܡ. ܗܘ ܠܗܘܡ ܡܫܡܫܢܐ܀

ܕܦܛܪܝܩܘܣ ܕܗܘܦܪܟܐ ܕܠܐ ܦܪܝܫܐ ܗܘܐ. ܕܟܕ ܠܗ ܡܬܩܪܝܐ ܒܩܛܠܐ ܕܬܢܝܢܐ܀ ܐܬܐ ܩܛܠܐ ܕܬܢܝܢܐ ܒܡܬܠܐ ܘܡܟܝܠܐ. ܚܕ ܡܘܕܝܐ ܠܟܡܝܠܐ ܐܘ ܠܚܕܘܬܐ. ܘܡܢ ܢܦܩ ܐܝܟ ܡܢ ܚܟܝܠܐ ܕܗܘܐ ܘܐܦܝܢ ܐܝܟ ܒܡܕܝܢܬܐ ܠܩܒܠܗ ܡܘܩܠ ܘܟ̄. ܘܢܦܩ ܐܝܟ ܘܐܙܠ ܒܡܕܪܐ. ܘܗܘܢ ܠܗܝܠܐ ܕܡܬܚܠܠ ܒܡ ܢܘܪܐ. ܘܢܦܩ ܒܡܕܪܐ ܚܘܪܬܐ ܒܚܕܘܬܗ

(1) B ܕܐܠܡܫ̈ܚܪ, lire ܕܐܠܡܢܕܪ.
(2) B ܕܡܛܠܝܢ (?)
(3) Dans B le feuillet 34 finit ici, et ce qui suit se trouve au feuillet 10.

ܗ̄ ܢܩܝ̈ܢ. ܘܫܚܘܩ ܥܠ ܠܘܚܐ ܕܙܓܘܓܝ̈ܬܐ. ܟܕ ܕܢܝܫܐ ܗܘܐ ܒܗ ܫܘܩܝ̈ ܘܗܘܝ̈ܢ ܐܝܟ ܟܘܚܠܐ. ܘܕܝܢ ܕܡܘܕܝܢܐ ܦܣܩܝ̈ܢ ܐܝܟ ܩܘܣܛܐ. ܘܡܢ ܫܘܩܝ̈. ܘܬܘܒ ܗ̄ ܢܘܩܝ̈ܢ ܡܩܡܚܬ ܒܚܡܪܐ. ܘܡܢ ܦܠܛܐ ܦܬܝܚܗ. ܘܐܢ ܒܥܝܬ ܠܐ ܫܘܪܘ ܠܓܠܝܬ. ܫܚܘܩ ܒܗ ܕܝܠܗ ܒܚܡܪܐ. ܘܩܕܐ ܥܠܡܘܠܐ. ܒܗ ܫܘܩܝ̈ ܘܐܫܬܝ[1] ܐܝܟ ܡܝܐ ܥܠܝ̈ܬܝܗ. ܘܐܘܫܐ ܒܒܝܬ ܩܝܡܬܐ ܘܫܒܘܩ ܘܐܬܚܡܪ. ܗܢܘ ܕܝܢ ܫܒܝܥܝܐ.

ܕܡܢ ܩܢܝܐ[2] ܡܬܬܝܒ ܘܦܪܙܠܐ ܕܩܠܝܗ ܢܩܝܢ ܀ ܐܝܬܐ ܩܢܝܐ ܩܠܐ ܘܐܪܒܥ ܐܝܟܢ. ܒܝ ܦܪܘܫ ܫܘܐ ܡܢ ܩܘܦܪܐ. ܘܩܕܝܪ ܡܢܗܘܢ ܪܦܝܬ ܒܚܪܡܠ ܕܩܢܝܐ ܘܟܪܘܒܐ ܘܪܦܝܬ ܒܡܫܚܬܐ[3] ܘܫܦܝܬ ܒܩܘܦܪܗ. ܘܒܬܪ ܕܝܢ (sic) ܩܘܦܪܐ ܪܦܝܬ ܢܘܫܐ ܕܩܢܝܐ ܕܡܝܢܩܐ. ܘܫܘܝܐ ܢܘܫܐ. ܘܩܘܡ ܒܡܫܚܬܐ[4]. ܘܐܬܚܡܪ ܒܟܠܠܐ ܕܕܐܫ ܒܓܘܡܠܐ ܒܓܒܝܢ̈ܘܗܝ. ܡ̄ ܡܘܩܝ̈ܢ. ܘܡܢ ܗܟܢ ܐܝܟ ܡܢ ܐܟܠܐ. ܘܬܘܒ ܗܘܢܝ̈ܘܗܝ ܘܐܫܩܝ ܠܐܝܬܝܐ. ܒܝ ܦܪܙܠܐ ܐܫܬܠܡܘܗܝ ܡܕܒܚܐ. ܘܠܐ ܐܟܣܝ ܢܘܪܐ ܡܢ ܐܫܬܠܡܘܗܝ. ܒܝ ܦܬܚܝܢ ܩܢܝܐ. ܘܐܪܦܐ ܦܐܪܝ. ܘܬܘܒ ܒܡܫܚܬܐ[5] ܘܐܫܩ ܗܘܩܠܐ. ܘܐܫܩ ܦܪܙܠܐ ܕܥܠܝܗܝ. ܘܩܫܘܩ ܠܗ. ܘܦܠܚ ܐܝܟ ܒܟܠ ܡܢܩܝ. ܫܦܐ ܡܕܒܚܬܐ ܡܢ ܩܢܝܐ ܘܫܦܐ ܡܢ ܦܪܙܠܐ. ܘܐܘܫܐ ܒܟܘܪܐ. ܘܩܫܘܩ ܩܘܠܝܬ ܠܗ. ܒܗܢ ܫܒܪܐ. ܘܗܟ ܐܝܟ ܡܢ ܟܘܪܐ ܘܐܘܫܐ ܒܡܫܚܬܐ[6]. ܘܒܬܪ ܩܘܡܘܗܝ ܘܩܘܒܠܗ. ܘܢܦܠ ܘܐܬܚܡܪܗ ܒܟܠܠܐ ܠܐ̄ ܝܘܡܝ̈ܢ. ܘܐܦܩ ܐܪܦܐ ܦܐܪ. ܘܫܚܩ ܒܚܡܪܐ ܕܢܫܒܐ. ܘܐܫܩ ܒܕܕܝܢ ܗܠܝܢ ܩܢܝܐ. ܒܝܬܐ ܕܟܠܗ ܩܢܝܐ ܕܢܫܒܝ. ܘܐܘܩܪ ܘܐܪܦܐ ܦܐܪ ܘܐܦܩܘܗܝ ܠܦܪܙܠܐ ܕܥܠܝܬܐ ܘܩܕܐ ܘܐܘܩܘܗܝ ܠܗ. ܐܝܟ ܩܘܠܠܐ. ܘܐܝܬܐ ܦܪܙܠܐ ܕܢܚܫܐ ܗܘܐ ܠܗ ܡܢ ܦܪܙܠܐ ܘܡܢ ܩܢܝܐ. ܘܢܟܘܠ ܒܩܢܝܐ ܘܦܪܙܠܐ ܓܢ ܚܕܪܐ. ܘܩܫܘܩ ܐܝܟ ܘܐܘܫܐ ܒܡܫܚܬܐ. ܘܩܘܡ ܩܘܡܘܗܝ ܘܐܬܚܡܪ ܒܟܠܠܐ ܒ̄ ܝܘܡܝ̈ܢ. ܘܐܘܩܪ ܘܦܠܚ ܒܡܫܚ̈ܬܐ. ܘܐܫܩܘܗܝ ܠܡܣܒܣܘܬܐ ܕܩܝܬܐ. ܘܐܘܩܪ ܡܢ ܢܘܪܐ ܘܐܪܦܐ ܦܐܪ. ܘܐܬܪܘܪ ܒܓܘܓ̈ܐ ܕܥܠܝܬܗ ܢܩܝܬܐ. ܘܗܟܢ ܩܢܝܐ ܕܫܟܡܗ. ܐܪܦܐ ܦܓܘܕܝܗ ܒܡܫܚ̈ܬܐ. ܘܩܘܡ ܩܘܡܘܗܝ ܓܘܩܫܝܢ ܐܘ ܒܡܟܢܫܐ. ܘܩܒܘܥ ܢܩܒܐ. ܘܐܝܬܐ ܩܕܐ ܕܦܫܝܐ.

(1) B ܘܐܫܬܝ?
(2) *Sic*, lire sans doute ܩܢܝܐ ܕܩܢ̈ܝܐ.
(3) A ܒܡܫܚܬܐ.
(4) A ܡܫܚܬܐ.
(5) A ܒܡܫܚܬܐ.
(6) A ܒܡܫܚܬܐ.

ܘܩܡܘ ܒܬܫܒܘܚܬܐ ܕܡܫܝܚܐ ܒܫܒܝܠܐ ܕܝܠܗ. ܘܒܬܪܗ ܒܫܒܝܠܐ ܗܘܘ ܝܘܡܐ ܘܢܦܩ ܘܦܓܥ ܒܪܘܚܢܐ ܕܚܙܐ ܠܗ ܩܕܝܫܐ. ܘܐܡܪ ܡܢ ܚܙܘܐ. ܘܫܠܡܘ ܚܕܝܐ. ܘܟܠܗܘܢ ܐܦܩ ܒܥܘܡܩܐ ܡܢ ܠܘܬܗ. ܘܢܦܩ ܠܝ ܡܛܠ ܡܠܐ. ܐܘ ܠܐ. ܣܓܝ ܒܥܘܡܩܐ ܐܦ ܒܚܙܘܐ ܕܪܘܚܐ. ܘܦܓܥ ܗܘ ܗܘܐ ܒ ܩܕܝܫܐ ܘܡܢ ܐܝܟ ܘܩܒܠ ܠܘܬܗ. ܘܐܬܐ ܒܡܫܝܚܐ ܕܫܡܥܘ[1] ܡܠܘܗܝ ܡܠܐ. ܘܟܕ ܗܘ ܡܢ ܕܬܫܒܘܚܬܐ ܡܢ ܒܢܝܐ ܘܡܠܟܐ ܒܥܡܡܐ ܠܗ ܩܕܝܫܐ ܒܗ ܢܦܫܐ. ܘܗܘܐ ܘܐܬܐ ܒܥܡܡܐ. ܘܡܛܠ ܗܢܐ. ܗܘܐ ܗܘ ܒܡܫܝܚܐ ܕܒܝܬܐ܀ ܐܬ ܐܬܘ̈ ܕܡܟܢܫܐ ܐܝܟ ܐܦܘܬܝ ܒܡܣܟܢܐ ܚܕܐ. ܘܐܬܚܙܝ ܗܘܝܘ ܕܐܬܘ ܡܢܥܘܪܝܢ. ܐܦ ܒ. ܕܗܘ ܡܢ ܒܗܝܢ ܚܕܪܐ ܠܘܬܗ. ܘܐܬܐ ܡܢܗ ܘܐܬܐ ܠܘܬ ܗܘ ܒܡܫܝܚܐ ܐܝܟ ܐܦܘܬܝ. ܘܡܠܟ ܒ ܩܕܝܫ. ܒܪܘܚܗ ܕܠܘܬܗ ܘܡܢ ܒܝܬ ܘܐܬܐ ܒܥܡܡܐ. ܘܗܘܐ ܘܫܠܡܘ ܢܦܫܐ. ܘܦܓܥ ܒܪܘܚܢ ܚܙܘܐ ܕܫܡܥܬܐ. ܩܕܝܫܐ ܒ. ܘܐܡܪ ܘܐܦܢ. ܘܐܬܐ ܡܠܐ ܩܕܝܫܐ ܕܦܫܛ ܡܢ ܩܕܝܫ. ܘܐܬܐ ܒܠܘܬܗܘܢ ܚܕܐ ܚܙܝܐ ܕܪܘܚܐ. ܘܐܬܐ ܐܝܟ ܒܥܡܡܐ. ܘܐܦ ܐܝܟ ܠܡܫܝܚܘܬܐ. ܘܠܐ ܕܫܡܥܘ ܐܬܐ ܠܘܬ ܐܦܘܬܝ ܗܘ ܒܡܫܝܚܬܐ. ܘܐܬܐ ܠܒܪܗ ܗܘܝ. ܘܦܓܥ ܠܘܬܗ ܒܗ ܚܕܪܐ. ܗܘܝܢ ܡܠܐ ܘܠܘܬ ܐܦܘܬܝ ܒܗ ܢܦܫܬܝܢ. ܘܐܦ ܒܫܘܒܚܐ ܗܘ ܕܠܘܬ ܥܠ ܚܙܐ ܕܪܘܚܐ. ܒܗ ܢܦܠ ܠܐܠܗܐ. ܒܪܘܚܐ ܒܥܡ ܐܦ ܠܗ ܩܕܡ. ܘܐܦܢ. ܘܗܘܐ ܡܢܗ ܒ ܡܠܘܗܝ. ܘܡܢ ܗܘ ܒܚܝܠܐ ܕܗܘ ܫܪܝܪܐܝܬ ܘܐܬܐ ܚܕܐ ܡܢܗܐ ܘܐܬܐ ܠܘܬܗ ܘܐܬܐ ܡܠܐ ܩܕܝܫܐ ܕܫܡܥܘܗܝ (*sic*) ܕܐܬܘ ܒܢܘ. ܠܘܬܗ. ܘܦܓܥ ܐܝܟ ܐܝܟ ܕܚܙܐ. ܠܗ ܩܕܝܫ. ܘܡܢ ܐܬܐ ܒܥܡܡܐ. ܘܐܬܐ ܒܡܫܝܚܐ ܗܘܐ ܕܐܬܐܡܪܬ ܠܒܝܬܐ (*sic*). ܘܗܘܐ ܒܥܡܡܐ ܘܫܡܥ ܥܠ ܐܦܝܐ ܘܐܬܐ ܒܗ ܡܠܐ ܒܪܘܚܐ ܒܡܫܝܚܐ. ܘܒܬܪ ܒܥܡܡܐ ܗܘܝܢ ܒܡܫܝܚܐ ܕܗܘ ܒܬܫܒܘܚ. ܘܐܬܪܘ ܕܠܐ ܢܦܠ ܒܗ ܡܢ ܢܦܫܗ. ܘܐܡܪܗ ܒܗ ܚܕܐ ܕܐܬܐ ܒܗ ܗܘܝܢ ܡܠܐ. ܘܐܬܐ ܕܠܐ ܬܫܒܘܚܬܐ. ܐܠܐ ܒܡܫܝܚܐ ܠܐܠܗܐ ܒ ܚܕܐ ܠܐܘܪܚܐ ܚܕ ܝܘܡ. ܘܡܢ ܐܦ ܒܥܡܡܐ ܡܢ ܡܠܐ. ܘܐܦܠ ܦܠܐ. ܘܐܡܪܗ ܠܘܬܗ. ܘܦܓܥ ܒܗ ܢܦܫܐ ܒܫܠܡܐ ܘܒܗ ܒܥܡܡܐ. ܘܒܗ ܢܦܫܐ ܐܡܪܗ ܒܥܡܡܐ ܐܝܟܢܐ ܘܡܫܝܚܐ ܘܫܠܡܘ ܢܦܫܐ. ܘܦܓܥ ܥܠ ܚܙܐ ܚܕܐ ܚܕ. ܘܐܡܪ ܘܦܓܥ. ܚܙܐ ܠܐܢܫ ܕܝܢ ܕܐܬܐܡܪܬ܀ ܘܗܘܝܢ ܒܝܬ ܒܥܡܡܐ.

(1) A ܕܫܡܥ.

ܐܘ ܐܟܕܐ ܘܡܬܦܪܫܝܢ. ܐܟܚܕܐ ܗܟܢ. ܘܡܢ ܗܘܦܟܗܘܢ ܒܚܘܠܛ ܐܟܚܕܐ. ܘܐܙܠܐ ܠܟܠܗ.
ܡܢ ܬܘܩܠܐ. ܒܟܠ ܐܘ ܦܝܟܝ ܬܬܐ ܬܡܢ. ܘܡܢ ܬܘܩܝܗ ܟܠ ܒܫܩܠܐ ܚܕܐ ܬܘܩܠܐ
ܡܚܝܕܐ ܒܡܬܠܐ ܐܟܕܐ ܙܪܝܩܐ ܕܕܡܝܐ[1] ܘܡܢ ܕܝܠܗ ܕܗܢܐ ܒܫܩܠܐ ܒܚܕܐ. ܘܡܪܝܢ
ܐܪܩܐ ܒܟܠܗܘܢ ܗܢ ܒܕܝܩܘܬܐ. ܕܐܝܟ ܦܝܠܘ ܒܫܡܫܝܢ[2]. ܒܫܡܫܝܢ ܐܚܪܢܐ[3]
ܐܠܐ ܐܪܩܝܬܝܢ ܕܗܒܐ. ܐܝܟ ܒܡܐ ܕܚܫܒܬ ܘܐܦܝܩܬܘܢ ܒܚܠܐ ܘܐܪܩܐ ܟܠ ܒܚܠܛܐ
ܘܐܪܩܝܬܝܢ ܓ̄ ܐܦܝ ܡܚܕܐ ܕܗܘܐ. ܘܦܝܘܩ ܒܬܪ ܚܠܐ ܠܚܡ. ܘܡܢ ܐܦܝܩܬܘܢ
ܘܫܩܘܢ ܠܥܕܝܢ ܘܐܪܩܘܢ ܒܕ ܦܬܚ ܠܗܝܢ. ܘܒܬܪܟܢ ܦܫܠܐ ܚܠܐ ܗܘ ܡܚܝܗ
ܘܐܪܩܐ ܒܟܠܗܘܢ ܚܠܐ ܐܚܪܢܐ ܘܡܚܝܐ. ܘܡܫܬܘܐ ܠܥܕܝܢ. ܘܐܦܩܐ ܒܬܪ ܦܬܚ
ܠܗܝܢ. ܘܦܬܚ ܚܠܐ ܟܠܗ. ܘܫܩܘܠܘܢ[4] ܒܚܠܐ ܡܚܝܗ. ܗܘܐ ܒܝܕ ܒܗܘ ܓ̄
ܐܦܝܢ ܚܠܐ. ܒܢ ܬܘܕ ܕܐܬܠܐ ܙܬܐ. ܘܡܢ ܒܫܩܠܘܢ. ܘܐܘܩܠ ܡܚܝܗ ܒܟܠܗܐ ܚܕܐ.
ܘܡܚܝܐ ܕܡܚܠܐ ܕ̄ ܐܦܝ. ܘܐܪܩܐ ܠܥܕܝܢ ܘܫܬܘܩܢ ܠܗܝܢ. ܘܡܢ ܐܫܩܘ ܠܠܬܚܬ.
ܐܩܠܐ ܕܢܕܚ. ܘܡܢ ܕܦܬܚܐ ܒܫܡܫܝܢ ܕܕܗܒܐ ܠܠܐܪܥܐ ܗ̈ܘܦ. ܐܘ ܗ̄. ܠܗܢ ܒܫܡܫܢ̈
ܕܦܠܛ ܠܗܘܢ. ܘܡܢ ܕܡܫܬܡܫ ܡܬܐ ܕܫܬܝܐ ܒܠܚܘܕ̈ ܐܫܩ ܐܢܘܢ. ܘܠܗܢ ܐܢܘܢ
ܚܕ ܒܚܕ. ܘܐܦܠܐ ܢܕܩ ܒܫܬܐ. ܘܟܠ ܒܠܗܢ ܡܬܐ. ܐܪܩܐ ܒܡܢܗ ܐܘ ܚܕܐ ܢܕܩܐ.
ܘܫܬܘܩ ܘܠܗܡܢܗ ܐܢܘܢ ܬ̈ܪ ܡܩ̈ܝܡܝܢ ܒܥܠܝܐ. ܘܟܠ ܐ̄ ܡܩ̈ܝܡܝܢ ܕܢܕܩ ܒܗܘܢ ܐܚܠܐ.
ܘܠܠܐܪܥܐ ܘܚܕ ܡܩܝܡܝܢ ܐܫܩ ܙܢܝ ܡܢ ܐܚܠܐ ܗܘ. ܘܙܩܠ ܢܟܬܐ ܗܘ ܒܫܘܪ̄ܗ ܒܕ
ܢܦܩ ܘܡܬܐ ܕܫܬܝܐ[5] ܐܪܩܐ ܟܠ ܠܗܢ ܒܫܡܫܝܢ ܕܕܝܩ ܫܩܡܢ. ܘܐܫܩ ܐܢܘܢ
ܠܐܪܚܝܐ. ܘܡܢ ܫܟܚܝܢ ܗܟ ܐܢܘܢ ܒܡܬܐ ܚܕ ܒܚܕ. ܘܐܦܩܠ ܡܢ ܒܫܡܫܝܢ
ܕܕܗܒܐ. ܘܡܢ ܒܫܡܫܝܢ ܕܐܝܟ ܗܘ ܕܡܪܝܡ. ܘܡܢ ܢܟܬܐ ܠܗܡܢ ܒܗ ܡܬܐ ܕܫܬܝܐ.
ܘܡܢ ܟܠ ܚܕܐ ܒܫܡܫܝܢ. ܚܕܐ ܐܘ. ܘܙܩܘ ܟܠ ܒܫܡܫܝܢ ܒܫܘܪܝܗ. ܘܡܢ ܙܩܢܝܢ
ܐܪܩܐ ܐܢܘܢ ܒܢܠܐ ܘܙܩܠ. ܘܗܘܘܢ ܐ̄ ܡܩ̈ܝܡܝܢ. ܘܡܢ ܐܫܩ ܐܢܘܢ. ܘܡܢ ܙܩܐ ܘܫܬܘܩ
ܒܡ ܡܬ̈ܪܐ. ܘܐܪܩܐ ܠܥܕܝܢ. ܘܐܦܩܐ ܐܢܘܢ ܡܢ ܡܬ̈ܐ ܗܟܢ ܕܠܒܫܡܫܝܢ ܗܘܘ
ܠܥܠܐ. ܒܡ ܒܚܕܐ. ܘܟܠ ܟܠ ܚܕܐ ܒܠܗܢܐ ܐܪܩܐ ܚܕܐ ܐܘ ܡܬ̈ܐ. ܘܦܠܓ ܐܢܘܢ

(1) A ܕܕܡܝܐ.

(2) Les manuscrits ont ܒܫܡܫܝܢ.

(3) Les manuscrits ajoutent à la marge le signe de l'or avec la glose ܚܠܝܐ ܗܘ ܗܢ dans A et ܗܘ ܚܠܝܐ ܗܢ dans B, c'est-à-dire « ceci est difficile ».

(4) A ܘܫܩܠܘܢ.

(5) A manque ܕܫܬܝܐ.

ܒܗܘܢ ܡܢܝܐ ܠܐܪܒܥܝܢ. ܐܬܩܛܠܘ ܡܢܗܘܢ (sic). ܐܝܟ ܕܐܡܝܪܝܢ ܒܗܘܢ ܒܐܪ̈ܒܥܝܢ ܝܘ̈ܡܝܢ.
ܟܠ ܝܘܡ ܡܢܝܬܐ ܡܢ ܡܢܝܐ܀ ܗܘܝ ܡܢ ܫܢܬ ܬܪ̈ ܘܫܬܝܢ ܡܢ ܟܠ ܦܪܘܣ. ܗ̈ܢܝ ܐܪ̈ܒܥܝܢ
ܝܘܡܝܐ ܗܢܘܢ ܐܝܟ. ܘܡܢ ܕܡܟܠܘ ܬܪ̈ ܫܩܠܝܢ ܡܟܠܘ ܘܛܒ܀ ܘܐܬܐ ܢܣܝܐ ܦܘܪܢܣܐ
ܘܡܢܝ. ܘܕܒܘܗܝ ܐܪ̈ܒܥܝܢ ܝܘ̈ܡܝܢ. ܘܡܢ ܐܪܥܐ ܡܢ ܗܘ ܡܢܬ̈ܐ܀ ܘܡܢ ܡܕܝܢܬܐ ܒܗܘ
ܒܢܝܐ ܐܪܥܐ ܒܒܘܗܝ ܚܕܐ ܘܐܬܪ ܡܢܟܠ. ܘܐܪܡܝܘ ܘܐܟܠܘܗܝ ܒܫܘܩܐ.
ܘܐܪܡܝܘ ܒܒܘܩܐ. ܘܡܢ ܕܫܒܩ. ܐܪܥܐ[1] ܡܢ ܗ̈ܘ ܡܢܬܝܢ. ܟܠ ܟܠ ܐܝܟ ܕܢܣܒܐ ܚܕ
ܕܡܢܐ. ܘܐܘܢ ܦܠܓ ܐܚܪܬܐ ܕܡ̈. ܘܐܪܥܐ ܦܨܚܐ ܕܚܕܐ. ܘܟܠܗܘܢ ܕܐܬܐ ܠܘܬܐ.
ܘܡܢ ܩܕܡ ܟܠ ܚܕܪܐ ܠܡܕܝܢܬܐ. ܘܗܘܐ. ܡܢܝܐ ܕܒܢܝܐ. ܗܘ ܒܢ̈ܬܐ ܒܥܠܐ ܕܒܢܝܬܐ.
ܘܐܡܪ. ܘܐܪܥܐ ܕܗܘܢܝܢ ܒܡܢܝܬܐ ܕܛܘܒܐ. ܘܗܢܘܢ (sic) ܒܒܢ̈ܝܢ ܐܝܬܝܐ. ܘܬܗܘܐ
ܒܐܟܠܐ ܠܛܒܐ ܕܗܘܦ̈ܟܘ ܒܒܝܬܐ ܒܡܕܝܢܬܐ ܕܒܢ̈ܝܢ. ܘܐܬܦܝ ܚ̈ܘ ܝܘ̈ܡܝܢ ܘܚܠܦ ܐܟܠܐ
ܟܠ ܗ̈ ܝܘ̈ܡܝܢ ܚܕ ܐܒܢܬܐ. ܘܐܬܒܥ ܠܐܡܟܢܐ. ܘܡܢ ܕܫܒܩܘ ܡܢܝܐ. ܗܘ ܡܢܗܘܢ
ܒܛܒܐ. ܘܐܪܥܐ ܡܟܠܐ ܕܒܢܝܐ ܒ̈ ܐܝܟ. ܘܡܛܘܦ ܛܒ. ܘܐܬܒܥ ܠܐܡܟܢܐ. ܗܘ
ܒܝܘܡ ܕ̄ ܐܒ̈ܢܝ ܒܡܢܝܐ ܕܒܢܝܐ. ܒ ܡܕܝܢܬܐ ܡܢ ܡܟܠܐ. ܚܕ ܐܒܢܬܐ ܐܝܬܝܐ. ܘܐܬܐ
ܡܢ ܒܡܢ̈ܝ ܕܐܪܥܢܗܘܢ ܒ̄ ܡܢܗܘܢ. ܘܡܢ ܒܡܕܝܢܬܐ ܚܕ ܡܢܝܬܐ. ܘܡܢ ܦܘܪܛܢܘܣ
ܘܡܢ ܡܛܠܗܝܢ ܚܕ ܚܕ ܡܢܝܬܐ. ܘܗܘܘ ܒܗܘ ܚܕܪܐ ܘܐܟܠܐ ܡܢ ܡܢܝܐ ܕܒܢܝܐ
ܕܐܡܟܢ. ܗܘ ܒܝܘܡ ܐ̄ ܝܘܡ̈. ܒ ܦܠܓܗ ܒܡܟܠܐ ܚܕ ܐܝܟ ܒܪܦܐ. ܘܚܕ ܦܛܝܪ
ܕܗܘܡܐ. ܘܚܕ ܒܢ̈ ܚܕܝ. ܒ ܡܟܠܢܬܐ ܡܢܝܐ ܕܒܢܝܐ ܕܪܦܬܐ. ܘܡܢܐ ܕܐܬܦܠܓ.
ܒܗܘ ܘܗܘܘ ܛܒ ܒܡܢܕܝ (sic)܀ ܘܗܘ ܡܟܠܐ ܡܦܘܡܢܬܐ. ܒ̄ ܡܢܝܢ. ܘܐܪܥܐ
ܒܛܠܐ. ܘܡܢܗ ܒ ܚܠܐ ܡܢ ܦܘܡܢܗ[2]. ܘܗܘ ܙܪܥܐ ܚܕ ܡܢܝܬܐ. ܘܐܪܥܐ
ܒܛܠܐ. ܘܦܠܐ ܒ ܚܠܐ ܡܢ ܡܒܘܥܬܗ. ܘܐܪܥܐ ܠܐܬܘܗܝ ܒܡܕܝܢܬܐ. ܘܕܘܗ ܛܒ.
ܒ ܕܐܦ ܐܢܬ ܚܠܐ ܚܘܪܐ ܡܟܠܐ ܡܟܠܐ. ܗܘ ܒܝܘܡ ܐ̄ ܝܘܡ̈ܝܢ. ܘܗܘ ܘܢܒܥܐ.
ܘܡܢ ܕܒܗ ܐܪܥܐ ܒܛܠܐ. ܘܡܟܠܘ ܡܟܠܐ ܛܒ܀ ܗܘ ܢܣܝܐ ܘܒܝܘܡ ܛܒ̈ܠܐ
ܬ̈ܡܝܢܐ ܘܐܚܪ ܐܝܟ ܒܚܘܪܐ. ܘܦܝܫ ܐܝܟ ܩ̈ܛܠܐ ܐܚܘܪ̈ܐ. ܘܐܬܐ ܒܚܝܠܐ ܢܗܘܪܐ
ܦܢܝܐ. ܒ̄ ܝܘܡ̈. ܘܗܘ ܘܡܢܘܗ ܐܝܟ ܘܐܦܝ ܒܡܢܝܐ ܛܒܠܬܐ. ܘܐܪܥܐ ܒܚܘܛܐ.
ܘܗܘܝ ܐܝܟ. ܘܡܢ ܕܒܥܬܐ ܛܒܘܢ ܟܠ ܗܢܐ. ܘܒܝܘܡ ܛ̈ܒܠܐ ܬ̈ܡܝܢܐ. ܘܐܟܠ

[1] A ܐܡܪ. — [2] A ܦܘܡܢܗ.

ܒܥܘܕܐ. ܘܒܬܘܣ ܠܗ̈ܝܢ ܒܗ ܗܘܐ ܐܝܟ ܢܘܪܐ. ܘܗܟܢ ܒܡܫ̈ܚܐ ܕܡܓܝܠܐ ܘܪܘܦܐ ܗܘܐ.
ܘܡܬܒܥ ܒܢܒܠܐ ܒܢܘܪܐ. ܘܡܚܝܕ ܐܝܟ ܦܬܘܪܐ. ܘܡܬܘܬ[1] ܐܝܟ ܠܗ̈ܝܢ. ܘܡܬܝܬ ܐܝܟ ܒܝܥ
ܦܬܘܪܐ ܕܡܬܝܒܫ. ܘܐܬܠܐ ܒܚܘܪܐ ܘܒܘܣ. ܒܗ ܗܘܝܢ ܢܘܪܐ. ܗܘܐ ܒܥܝܢ ܐ̄ ܐܒܠܝܢ.
ܘܗܟܢ ܢܦܠ ܐܝܟ ܡܬܚܠ ܐܒܘܪܐ ܘܗܝܡ ܒܚܘܠܬܐ. ܘܡܢ ܒܗܢܝܢ ܕܡܓܝܠܐ ܘܪܘܦܐ
ܗܝܡ ܡܟܠ ܘܐܦܢ ܘܒܬܘܣ. ܘܡܚܝܕ ܠܗܝܠܐ ܬܡܢܝܐ ܘܐܚܒ ܘܡܫܘܬ ܒܢܝܐ
ܕܐܪܣܢܝܩܘܢ. ܘܗܟܢ. ܗܘܐ ܒܥܝܢ ܒ̄ ܐܒܠܝܢ. ܘܗܟܢ ܘܡܚܝܕ ܠܗܝܠܐ ܬܡܢܝܐ ܘܐܝܟ ܒܗ
ܗܘܝܢ ܢܘܪܐ. ܘܐܚܒ ܘܪܒܘܥܐ ܒܢܒܠܐ ܕܗܘ ܐܦܝܪ. ܗܘܐ ܒܥܝܢ ܒ̄ ܐܒܠܝܢ ܐܪܒܥܝܢ.
ܘܡܬܚܠ ܐܒܘܪܐ ܘܐܪܡܐ ܒܚܘܠܬܐ. ܘܡܚܠܠ ܒܟܘܪܐ ܕܢܚܫܐ ܕܡܕܒܚ. ܐܪܡܐ ܐ̄
ܢܘܡܝܐ ܕܒܫܡ̈ܐ ܕܟܬܒܐ ܕܢܒܝܬܐ. ܗܘ[2] ܡܢܗ ܒ̄ ܡܢܩܝ. ܘܡܢ ܗܢܘܢ ܒܕܘܐ ܡܢܬܐ
ܚܕܐ. ܘܡܬܠ ܘܚܕ. ܫܘܪ ܡܫܬܚܠܦܐ. ܗܟܢ ܒܥܛܪܐ ܕܡܫܬܚܠܦܐ ܘܒܥܛܪܐ
ܕܡܓܝܠܐ. ܡܫܘܬ ܒܗܡ ܚܕܪܐ. ܘܗܝܡ ܒܚܠܬܐ ܕܦܬܪܐ. ܘܗܝܡ ܒܠܐܡܐ ܢܘܪܐ ܘܢܦܠ
ܒܝܠܬܐ. ܒ̄ ܡܟܠ. ܘܐܪܡ ܘܐܥܝܪ ܘܠܗܡ ܒܗ ܚܕ ܡܟܠ. ܗ̇ܘ ܒܥܒ̄ ܐܒܠܝܢ ܘܪ
ܒܗ ܫܘܪܐ.

ܕܐܝܟ ܡܬܚܠܦ ܦܪ ܡܫܬܚܠܦܐ ܗܟܢ ܡܢܘܬܐ ܒ̄. ܘܡܢܘܬ ܐܚܝܬܗ ܕܚܕ.
ܘܡܫܘܬ ܒܡܫܬܚܠܦܐ. ܘܐܪܡܐ ܒܟܘܪܐ ܢܚܫܐ ܐܝܟ ܠܘܬܗ. ܘܒܬܘܣ ܐܝܟ
ܒܟܘܡܐ ܘܐܪܡܐ ܒܟܘܪܐ ܠܐ ܢܦܚܐ. ܘܗܝܡ ܟܠ ܡܢ ܕܢܦܩ ܒܠܐ ܢܦܩܢ.
ܘܡܢܘ ܠܐܬ̈ܐ ܗܘܩܐ ܒܝ ܟܠ ܚܕ. ܘܗܝܡ ܒܠܐܡܐ. ܘܡܫܬܘܪ ܡܟܠ ܒ̄. ܘܐܪܡ
ܡܢܗ ܕܡܫܚܠܦܐ. ܗ̇ܘ ܦܪ ܡܫܬܚܠܦܐ. ܠܐܘܡ ܐܝܟ. ܐܬܐ ܒܪܬܐ ܕܝܘܡ ܘܡܫܘܪ
ܬܟܘܢ. ܘܐܝܟ ܡܬܚܫܒܝܢ ܡܢ ܫܡܗܝܢ. ܘܡܚܘܪ ܒܗܘܢ ܡܢܗܐ ܐܘ ܚܝܐ. ܐܘ ܒܠܦ
ܡܠܚܐ ܕܡܠܚܐ. ܘܐܠܐ ܡܫܝܐ. ܐܒܠܐ ܕܢܟܠܐ ܫܘܬܐ. ܘܐܢܐ ܡܠܘܢ ܕܒܩܐ. ܘܡܫܘܬ
ܡܫܝܢܘܢ. ܘܐܪܡܐ ܒܥܦܪܐ ܐܘ ܒܓܠܘܠܐ ܒܗ ܢܦܫ ܠܗ̈ܝܢ. ܘܐܪܡܐ ܒܠ ܐܝܟ[3]
ܘܡܚܘܬ ܟܠ ܢܘܪܐ ܕܢܦܩܐ ܡܢܗ ܢܘܡܐ. ܘܡܢ ܠܦܫܘܬܗ ܡܫܚܠܦܬ ܒܗ ܕܡܬܠܗܒܐ
ܘܠܐ ܫܥܝܢ ܐܘܫܦ ܒܗ ܒܟܡܠܐ. ܗ̇ܘ ܠܐܘܡ ܐܝܟ.

ܕܗܒ ܒܚܢܝ ܕܐܪܣܢܝܩܘܢ. ܗܟܢ ܐܪܣܢܝܩܘܢ ܒܥܛܪܐ ܘܪܘܦܐ ܘܡܫܘܬ. ܘܗܟܢ

(1) A ܘܡܬܘܬ. — (2) *Sic*, sans doute pour ܗܝܟ. — (3) B ܐܝܟ.

ܝܥܛܠ [1] ܚܕܐ ܟܘܠܝܬܐ ܘܡܣܘܟ ܒܡ ܚܡܪܐ ܟܝܠܐ ܕܗܘܐ ܡܫܬܠܬܐ ܐ̄ ܡܬܩܠܝܢ. ܘܢܚܡ
ܘܡܣܘܟ ܡܥܢ. ܘܐܪܡܝ ܒܟܘܪܐ ܘܢܦܚ ܘܡܘܩ ܘܐܘܦܝ ܐܝܟ ܩܕܡ. ܚܕܐ ܐܟܣܝܬܐ.
ܘܪܘܡ ܘܡܘܟ ܘܐܦܩ ܠܐܠܚܝܢ. ܓ̄ ܐܟܣܝܢ. ܐܝܟ ܕܐܦܩܬ ܒܩܕܡ. ܕܟ̄ܢ
ܦܘܪܡܛܘܣ. ܐܬܐ ܦܘܪܡܛܘܣ ܕܗܘܐ ܟܘܠܝܬܐ ܚܕܐ. ܘܡܥܢܝܐ ܡܪܘܪܬܐ ܒ̄ ܟܘܠܝܬܐ.
ܘܡܣܘܟ ܒܡ ܚܡܪܐ ܠܢܟ. ܟܕ ܐܬܦܫܛ ܒܟܘ ܟܠܐ ܚܘܪܐ ܕܥܡܘܩ ܡܚܒܠ ܘܐܪܡܝ
ܒܟܘܪܐ ܘܠܘܐ ܟܢܟ ܐܡܦܡ ܡܢ. ܐܝܟ ܕܟܕܘܐ ܒܩܕܡ ܘܟܠ ܕܐܠܚܟܡܐ (sic) ܐܪܡܝ
ܠܐܦܝ ܘܡܣܘܟ ܟܝܠܐ ܕܗܘܐ ܡܘܟܠ ܡܢ ܠܢܟ. ܘܚܙܝ ܗܘܡ ܐܣܪܝ ܦܬܠ ܢܒܟܗ
ܡܢܗ. ܘܐܦܝ ܒܡܬܐ ܒܡ ܢܥܡܐ ܐܘܟܡܘܬܗ ܘܡܫܪܝܬܐ. ܗܘܝ ܒܟܝܪ. ܓ̄ ܡܘܟܢܝܢ.
ܐܝܟ ܗܘܡ ܩܕܡ. ܘܡܫܟܚܝܐ ܗܘܝ ܦܟܘܣܘ. ܐܝܟ ܕܦܟܫܬ ܒܦܘܪܡܛܘܣ ܘܠܢ
ܟܦܠܢ. ܒܘܟܝ ܐܠܣܝܣ ܒܟܡܣܪܝ ܕܟܝ ܠܟܠ. ܕܗܘܐ ܟܝ ܡܬܐ ܕܒܬܪܐ.

ܟܕ ܐܬܬܐ ܠܐ ܡܫܟܠܐ ܕܗܘ ܐܘܪܘܣ ܐܦܬܪܝ. ܗܟ ܐܬܬܐ ܓ̄ ܡܦܩܝܢ. ܘܐܪܡܝ
ܒܟܬܡܝ ܘܦܣ ܪܘܬܗܘܢ ܒܡ ܦܩܝ. ܘܐܪܡܐ ܒܗܘܢ ܠܢ ܚܟܝܐ ܕܟܘܡܝ. ܟܘܠܝܬܐ
ܗ̄. ܒܡ ܗܣܦ ܘܟܣܦ ܒܣܘܠܝܬܐ ܘܡܒܘܟ ܡܟܠ ܕܢܒܥܬ ܘܡܣܘܟܡܝܘ[2] ܒܟܬܒܐ.
ܘܕܦܪܝ ܗܪܝ ܒܟܢ. ܘܡܬܐ ܢܩܦܐ ܕܣܠܬܘ ܠܢ. ܐܘܡܝ ܢܒܠܐ ܗܟ ܢܒܠܐ ܟ̄ܪ ܡܦܩܝܢ
ܐܠܚܡܘܢ. ܘܣܠܢܘܢ ܠܟܡܫܪܝܬܐ. ܟܘܠܝܬܐ ܠܝ. ܘܐܣܡܟܡܣ ܟܘܠܝܬܐ ܒ̄.
ܗܣܘܟ ܘܐܪܡܐ ܟܝܠܐ. ܘܐܟܣ ܒܟܗ ܢܘܡܐ. ܘܡܟܘܟ ܡܬܩܢ ܐ̄ ܘܡܣܘܟ ܒܟܬܒܐ.
ܘܐܠܦܪܐ ܗܕܝ. ܘܟܝܠܐ ܐܠܣܝܣ. ܟܘܚܠܐ ܕܩܠܩܛܝܣ. ܗܟ ܒܬܟܐ ܚܡܪܐ (sic) ܘܐܟܢ
ܘܦܪܘܡ ܕܗܘܐ ܟܘܪܬܐ. ܘܩܒܠܐ ܡܥܢ ܠܟ ܕܟܠ. ܘܡܟܘܡܬܐ ܢܟܗ ܒܠܝܚܬܐ.
ܘܟܪܘܟ ܒܟܬܒܐ. ܘܐܪܡܐ ܒܟܘܪܐ ܕܦܣܪܐ ܘܓܠܠ ܒܡ ܠܦܝ ܐܝܟ ܗܥܪܐ[3]. ܘܐܪܡܐ
ܠܠܝܬܐ ܘܦܪܘܡ ܘܗܣܡ ܠܐܒܟܡܐ ܒܘܪܐ. ܘܗܣܡ ܟܘܪܐ ܕܐܬܐ ܒܗ ܡܬܐ.
ܘܡܠܟܘܡ ܬܩ̄ܡ ܐ̄. ܒܡ ܡܟܬܩܝ ܘܐܦܩ. ܘܐܬܐ ܡܠܟܡܐ ܐܣܪܐ ܕܪܡܗܘ[4].......
ܘܡܘܟ ܠܝܠܐ ܕܦܐܡ ܒܡܚܟ ܢܘܪܐ. ܘܗܣܡ ܟܠ ܒܡܟܬܐ. ܘܗܘܐ ܒܗ ܢܘܪܐ
ܠܙܡܬܐ. ܒܡ ܦܟܡ ܡܢܗ ܡܒܝܡ ܗܘܡ ܘܠܢ. ܘܗܘܐ ܗܘ ܒܟܢܬܐ ܕܦܠܟܘܡܘ܀

[1] A explique ce mot à la marge par زروند écrit en lettres hébraïques grossières; les deux manuscrits ont ܝܥܠܐ au lieu de ܝܥܛܠ, comparer ci-dessus, p. 23, l. 18.

[2] B ܘܡܣܘܟܡܝܘ.

[3] A ܗܥܪܐ.

[4] B laisse ici un blanc pour un mot, peut-être ܕܟܡܘ.

IMPRIMERIE NATIONALE.

ܒܡܣܘܪܐ ܕܦܚܡܐ ܒܠܡܛܠܗ̇ ܕܢܘܪܐ ܠܗ̇. ܘܐܪܡܝ ܒܣܛܪܘܠܐ ܕܦܪܙܠܐ. ܘܗܟܢ ܢܗܘܐ ܒܪ
ܗܘܐ ܐܝܟ ܢܚܫܐ. ܘܟܠܗ ܢܗܘܐ ܓܒܗ ܘܐܦܠܐ ܟܠ ܕܡܣܝܐ. ܘܗܟܢ ܟܠ ܡܢܗܝܪܐ ܒܪ
ܦܠܓ. ܘܗܢܘ ܐܟܣܝܪ ܡܫܡܪܐ܀

ܠܘܩܒܠ ܐܟܣܝܪ ܕܣܘܡܩ܀ ܣܒ ܟܒܪܝܬܐ ܘܐܪܡܝ ܒܡܚܡܐ ܘܫܘܩ ܒܐܚܐ ܙܡܢܐ. ܘܫܒܘܩ
ܐܝܟ ܡܐܬܐ. ܘܗܟܢ ܒܗ ܢܗܘܐ ܒܪ ܦܘܟܣܝܢ ܡܘܬܐ ܘܠܐ ܒܣܘܬܐ. ܘܗܝܕܝܢ ܐܝܟ ܡܢܐ
ܣܓܝܐ. ܘܡܢ ܡܠܚܐ. ܘܐܡܝܐ ܕܐܝܟܢܐ܀ ܘܡܡܣܘܪܐ ܕܦܚܡܐ ܒܡܚܪܐ. ܗܘ ܡܣܡܘܢ
ܘܪܦܝܐ ܠܐܣܛܟ ܐܡܠܐ. ܣܒ[1] ܘܒܪ ܐܝܟ ܡܡܣܘܪܐ ܗܘ ܐܣܪܐܠ. ܘܦܪܐ. ܘܗܢܘ ܐܟܣܝܪ
ܕܣܘܡܩ. ܟܠܗ ܣܘܝܡܐ. ܣܒ ܗܟܢ ܡܬܩܠ ܕܟܣܦܐ. ܘܦܝܪ ܦܘܩܣܝܢ. ܒܦܪܙܠܐ
ܕܟܡܐ ܕܡܣܒ ܘܡܡܘܠ ܒܟܘܒܐ ܙܘܡܐ. ܘܡܣܡܣܣܬ ܒܗ ܕܙܘܡܐ ܒܥܘܕܐ. ܗܘܐ
ܘܕܪܐ ܕܡܠܟܘܬܗ. ܡܝܬܪ ܒܡܝ ܒܟܠ. ܘܕܗ ܕܒܝ ܡܠܐܬܐ ܒܡܠܐ ܐܟܙ ܒ̄ ܢܣܡ. ܣܒ
ܗܟܢ ܩܠܝܐ ܘܐܪܡܝ ܒܡܠܐܬܐ ܢܦܝܐ ܒܩܛܐ ܕܒܣܡܐ ܒܡܣܡܐ ܘܐܡܝܟ. ܘܐܬܐ ܩܘ̄
ܢܘܡܪ. ܘܐܡܝܟ ܩܘ̄ ܐܒܬܝ ܘܫܘܒ. ܘܦܩܘ ܕܕܒܬܝ ܘܢܘܬܝ. ܐܪܡܝ ܒܛܠܡܬܐ ܘܫܘܒ
ܒܡܣܡܐ. ܘܐܪܡܝ ܒܡܣܡܐ ܐܝܛܘܡܐ. ܘܒܬܪ ܒܗ ܣܡܡܐ ܕܒܢܫܡ ܒܗ. ܘܡܣܘܢ
ܡܘܡܐ ܠܗ̇. ܘܡܝܬܪ ܒܢܦܫ ܢܦܫܗ. ܘܗܟܢ ܢܗܘܐ ܒܝ ܪܦܪ ܒܪܘܡܗ. ܘܒܪܡܣܡܐ
ܡܘܢ ܠܐܬܘܬܐ. ܘܡܠ ܕܢܘܪ ܒܡܣܡܣܬ ܢܗܘܐ ܒܠܘܐ. ܘܡܠ ܕܦܠܐ ܦܝܫ ܒܛܠܡܬ (*sic*).
ܘܡܡܣܡܣܬ ܕܢܘܪ. ܠܐ ܕܝ ܐܝܬ ܒܗ ܡܝܬܪ ܕܐܘܒܪ ܡܟܠ. ܐܘܩܝܪ ܒܝ ܬܐܒܒ ܐܝܟ
ܐܒܬܐ ܡܝܬܪ. ܘܡܡܣܡܣܬ ܒܗ ܐܝܟ ܬܐܓܐ ܣܘܪܐ. ܣܒ ܡܢ ܡܠܚܐ ܘܗܟܝܢ ܡܬܝܪ
ܘܪܘܣ ܒܟܘܗܝ. ܘܐܬܐܬܐ. ܘܗܢܘ ܟܠܗ ܣܡܡܢܐ܀

ܠܘܩܒܠ ܦܪܙܠܐ ܘܢܚܫܐ ܡܫܡܪܐ. ܣܒ ܗܟܢ ܘܙܪܐ ܘܐܪܡܝ ܒܐܣܘܛܐ ܦܪܙܠܐ ܘܣܝܒܪ
ܟܠ ܢܘܪܐ ܘܗܟܢ ܒܗ ܢܗܘܐ ܙܒܥܬܐ. ܘܒܗܝ ܬܐܒܐ ܐܘ ܕܒܗܠܐ. ܘܣܠܩ ܘܠܐ ܢܗܘܐ ܬܐܒܐ
ܘܠܐ ܢܦܪܘܩ. ܘܗܟܢ ܡܬܚܘܝ ܒܠܘܐ ܒܪ ܢܣܒ ܘܢܣܩ ܒܝ ܒ̄ ܢܘܡܬܝ[2] ܐܘܐ.
ܗܝ ܐܬܗ ܙܪܐ ܙܒܠ܀

ܠܘܩܒܠ ܦܪܙܠܬܐ ܕܗܘ ܡܬܩܠ ܕܟܣܦܐ. ܣܒ ܦܪܙܠܬܐ ܡܬܩܠ ܒ̄. ܘܣܒ ܡܫܬܠܬܐ ܡܢ
ܟܠ ܕܐܬܘܢ ܐܪܒܥܐ ܕܝܢ. ܘܐܪܡܝ ܒܡܚܡܐ ܕܐܝܟܢ. ܘܡܣܘܡ ܣܡܡܐ ܣܒܐ.
ܘܡܡܣܡܬ ܒܗ ܕܢܪܣ ܐܝܟ ܢܗܘܐ. ܘܗܟܢ ܐܝܟ ܡܢܐ ܢܪܡܣܐ. ܘܡܡܚܡܐ ܠܟܠ

[1] A ܣܒܘ. — [2] A ܒܘܡܬܝ.

ܒܡܘܬܐ ܕܝܚܝܕܐ. ܘܒܡܘܬܐ ܠܗܡܘܢ ܒܪܠܠ ܕܫܢܝܐ ܩ̄ ܫܘܡ. ܘܐܦܩ ܘܐܙܠ
ܠܐܝܟܢܐ ܕܡܢܝ. ܘܐܦܩ ܡܬܝܠܬܗ. ܗܘܐ ܫܒܘܪ ܘܐܙܠܝܗܝ ܐ̄ ܐܒܝܬܐ. ܘܬܘܪ.
ܗܘܐ ܐܝܟ ܡܢܐ ܣܬܪܐ. ܘܒܝܬ ܦܬܝܫܐ ܀

ܬܘܒ ܐܢܫܐ ܕܗܘ ܥܡܗ ܒܬܪܐ ܐܬܐ ܡܪܐ ܕܐܠܗܐ. ܕܥܠܝܐ ܐܪܐܐ ܘܡܫܬܘܕܥ ܗܘܐ
ܙܒܢܐ ܓ̄ ܙܒܢܝܢ. ܘܡܢ ܒܬܪ ܒܗ ܡܫܚܐ ܕܐܠܗܐ. ܘܐܙܠ ܒܗ ܠܒܝܬܐ ܒܥܠܐ ܕܒܝܬܗ.
ܘܐܬܐ ܡܢܐ ܣܒܪܐ ܘܐܙܠ ܒܗ. ܘܒܣܪܐ ܗܘܐ ܒܛܝܒܐ. ܘܡܢ ܒܬܪ ܠܐܦܐ ܒܡܠܬܐ
ܕܣܒܪܬܐ. ܘܗܘܐ ܒܒܗܝܐ ܒܒܝܬܐ ܕܣܢܝܐ. ܘܗܘ ܢܘܪܐ ܕܡܬܒܥܝܐ ܙܒܝܢܬܗ.
ܡܬܠ ܟ̄. ܕܗ ܠܫܡܗ ܐܡܪ ܠܗ ܒܗܝܐ ܒܒܝܬ ܢܘܪܐ ܢܫܡܥܘܢ. ܒܥܠ ܕܡܫܡܫܢܐ
ܐܡܪ. ܘܣܠܩ ܕܠܐ ܢܬܢܠܐ. ܘܐܙܠܘܗܝ ܟ̄ ܡܘܬܝ ܕܦܠܐ. ܘܩܛܠܘܗܝ ܡܛܠ ܡܛܠ.
ܘܡܫܡܫܝܢ ܠܗ ܡܢܗ ܡܘܟܠܐ ܡܕܡ. ܘܐܬܐ ܐܒܪܗܡ ܐܘ ܠܐܘܪܐ. ܘܡܫܡ ܘܗܘ
ܒܗܡܫ ܠܗ. ܘܐܙܠ ܒܫܡܝܢ ܕܐܠܗܐ. ܘܫܡܥ ܒܥܡ̄ ܥܠ ܚܕܐ ܀ ܘܡܫܡܫܢܬܐ
ܒܗ ܕܣܘܪ[1] ܐܡܪ ܠܐܒܐ ܠܗ ܒܠܐܠܗܐ. ܘܚܙܐ ܡܢܐ ܦܐܡ ܠܗ ܡܢ ܡܟܠ ܕܒܣܪܐ.
ܓ̄ ܙܒܢܝܢ. ܘܗܘܐ ܒܬܪ ܗܟܢܐ ܒܗܡ ܠܐܣܬܠܐ. ܒܬܪ ܦܠܐ ܡܕܡ. ܗܢܘ ܐܢܫܐ
ܕܗܒܗܡ. ܬܘܒ ܐܒܪܐ ܗܘ ܡܢ ܐܒܪܐ ܕܢܘܡܝ. ܒܥܠ ܕܒܝܬܗ. ܘܐܙܠ ܒܠܘܬܐ
ܕܣܦܠ. ܘܕܗܘ ܡܫܠܛܗ ܠܥܠܡܗ. ܒܗ ܗܘܐ ܐܡܪ ܒܘܣܠܐ. ܘܐܙܠ ܒܒܫܡܗ. ܘܐܙܠ
ܒܟܘܒ ܡܢ ܡܢܐ ܕܟܠ. ܘܫܒܘܪ ܦܘܡܗ ܘܛܒܘܪ ܒܪܒܠܐ ܕܐܬܐ ܠܟܠܐ ܣܝ. ܘܐܦܩ
ܘܐܙܠ ܒܫܡܝܢ ܕܐܠܗܐ. ܘܡܟܝܠ ܒܪܘܚ. ܘܐܦܠ ܥܡܝ. ܘܡܫܠ ܡܛܠ ܡܛܠ
ܒܫܡܝܢ ܐܣܢܐ. ܘܫܒ ܘܐܙܠ ܒܟܘܒ ܡܬܐ ܕܟܠܐ. ܘܗܘܐ ܒܒܝܬ ܐ̄ ܐܒܝܬܐ
ܘܐܦܩ ܗܘܝܘ ܒܫܬܐ ܣܒܠ. ܒܗ ܡܬܕܠ ܐܡܪ ܣܒܒܐ ܘܢܦܩ ܒܫܡܫܐ. ܘܫܡܥ
ܒܫܡܫ. ܘܗܘܐ ܒܬܪ ܟܒܝܘܗܝ ܒܩܢܛܐ. ܬܘܒ ܡܢܝܫܢܐ. ܗܫܐ ܡܢ ܗܘܒܝܢ
ܡܛܠ ܕܐܦܝܣܗ. ܡܢ ܒܬܪ ܡܫܗܘܝ ܡܫܬܐ ܣܝܐ. ܘܡܢ ܒܗ ܣܒܪܬܐ ܡܣܝܬܐ
ܣܝܐ. ܘܫܟܡ ܐܦܣܪܐ ܠܟܘܪܝ ܕܐܠܗܐ. ܘܐܙܠ ܒܫܡܗܘܝ ܡܢ ܒܕܝܪܐ ܡܫܡܫܢܬܐ.
ܘܒܗܡ ܐܝܟ. ܘܐܙܠ ܐܝܟ ܒܡܣܝܐ. ܘܡܬܘܪ ܒܪܠܠ ܕܐܬܐ ܒܗ ܒܟܠܐ. ܘܒܪܘܦܐ
ܐܦܩ ܘܐܦܝ ܘܢܝܚ. ܗܘܐ ܒܬܪ ܒܗ ܟ̄ ܐܒܝܬܐ. ܘܢܘܪ ܐܡܪ ܠܐܒܐ. ܘܬܘܪ.

[1] A ܣܘܪܐ.

ܘܗܕܐ ܗܘ ܡܓܢܝܣܝܐ ܕܦܠܛ̈ܐ. ܘܗܟܢ: ܡܢ ܐܪܣܢܝܟܐ ܦܫܝܛܐ. ܝ̄ ܡܬܩܠܐ. ܘܙ̄ ܡܢ ܡ̈ܝܐ ܕܟܬܪܐ. ܘܚܕ ܡܓܢܝܣܝܐ ܕܡܣܟܪܐ. ܘܐܪܡܝܗ ܒܟܘܪ̈ܐ ܘܫܘܝܗ. ܘܫܚܘܩ ܥܠ ܨܝܪܐ ܕܢܚܫܐ. ܘܫܒܘܩ ܝܘܡܐ ܚܕ ܦܠܓܗ. ܘܗܕܐ ܠܗܘܐ ܠܟ ܐܠܐ. ܟܕ ܠܐ ܝܕܐ ܕܣܡܐ ܘܕܘܡܝܐ ܟܬܘܒܐ. ܘܦܛܪܐ ܘܕܘܡܝܐ ܟܠܗܘܢ. ܘܫܘܪ ܒܗ ܟܕ ܢܚܫܐ. ܘܐܦܝܬ ܒܟܘܪ̈ܐ. ܘܦܛܪ. ܗܟܢ ܡܢ ܗܘ ܡܬܦܠ ܒ̄. ܘܐܪܡܝܗ ܥܠ ܒܣܦܛܪܐ ܕܐܝܠܐ. ܘܫܘܩ ܡܬܬܪܝܫ. ܘܗܘܐ ܕܗܒܐ ܀

ܣܦܛܪܐ ܕܟܪܘܟܐ ܕܦܚܪ ܢܡܠܐ. ܗܟܢ ܡܕܘܐ ܒܣܦܛܪܐ ܚܘܪܐ. ܕܘܩ ܘܫܘܚܠ ܘܐܪܡܝܐ ܒܣܒܠܐ. ܘܒܬܪ ܒܗ ܐܘܪܐ ܕܦܪܡܐ ܒܡܪܓܢܗ. ܕܠܐ ܢܬܥܛܐ ܒܡܬ̈ܝܐ. ܘܫܘܪ ܦܘܪ ܨܝܪܐ ܒܦܪܡܐ. ܘܒܬܪ ܢܕܘܐ ܕܪܚܒܐ ܕܡܪܒܘܚܐ. ܘܫܘܪ ܡܫܡܫܐ. ܘܒܬܪ ܡܫܡܫܐ ܕܡ̈ܝܐ ܐܘܦ ܐܝܟ ܠܘܬ. ܘܐܬܪܘܪ ܕܠܐ ܠܐܫܬ ܡܬܚܘܡ. ܘܐܫܩ ܐܝܟ ܒ̄ ܐܒܝܬ̈ܐ. ܘܗܟܢ ܠܣܦܛܪܐ. ܘܚܕ ܒܗܠ ܡܬܩܠܐ ܗܘܐ. ܘܗܟܢ ܚܕܐ ܕܡܫܚܬܐ ܡܢ ܐܣܦܛܪܐ. ܘܒ̄ ܡܬܩ̈ܠܝܢ ܐܘܝ. ܦܟܘܣ ܐܝܟ ܕܠܓܒܝܢ ܠܗ. ܟܕ ܬܟܒܫ ܫܪܪܐ ܘܗܘܐ ܟܦܠܐ ܡܢ. ܬܘܒ ܗܟܢ ܘܐܪܡܝܗ ܒܟܘܪ̈ܐ. ܘܐܪܡܝܗ ܒܟܘܪ ܡܢ ܡ̈ܝܐ. ܘܫܚܘܩ ܦܘܠܢܗ ܕܟܘܪ̈ܐ ܒܣܦܛܪܐ. ܘܥܠ ܡܢܗ ܡܓܢܝܣܝܐ ܘܫܘܩ ܠܗ. ܘܫܒܩ ܒܥܠܐ ܡܢ̄ ܡܘܬܩܢ. ܘܟܠܐܦ ܡܫܡܫܐ ܒܗ ܐܝܟ ܒܝܢܐ. ܕܘܩ ܘܐܪܡܝܐ ܒܠܐܟܢ. ܘܗܟܢ ܢܬܠܦܪ. ܥܠ ܒ̄ ܕܡܫܚܢ. ܡܢ ܢܬܠܦܪ. ܘܫܘܪ ܘܐܫܩ ܒܠܐܟܢ. ܚܕܐ ܐܟܣܢܝܬܐ ܀ ܘܥܠ ܒܣܦܛܪܐ ܕܢܚܫܐ. ܐܪܡܝܐ ܐܝܟܐ ܚܕ ܡܢ ܗܕܐ ܒܡܫܚܢ ܀

ܕܟܪ ܐܢܚܐ ܕܡܬܕܪܟܐ ܐܝܟ ܕܐܡܝܪ ܐܬܐ ܐܢܚܐ ܘܦܝܬܢܘܢ ܘܐܪܡܝܘܢ ܒܟܘܪܐ ܒܡ̈ܝܐ ܡܪ̈ܝܪܐ. ܘܟܠܗܝ ܗܟܢ ܦܬܢܘܢ ܡܬܪܝܫ. ܘܒܬܪ ܒܗ ܐܝܟ ܡܪܝܪ. ܘܐܫܩ ܡܢ ܡ̈ܝܐ ܘܡܬܩܘܡܘܢ ܒܦܪܚܐ ܕܝܡܐ. ܒ̄ ܐܒܝܬ̈ܐ. ܘܦܬܪ ܘܕܘܩ ܒܬܪ ܫܒܥܠܐ. ܟܕ ܗܘܐ ܐܝܟ ܟܦܪܐ. ܘܦܬܪ ܡܬܪܝܫ. ܘܥܒܕ ܒܗ ܠܩܪܘܛܐ[1]. ܘܐܘܩܕ ܒܢ ܢܘܪܐ. ܘܐܬܐ ܟܕ ܟܡܘܟܐ[2] ܘܩܒܪܝܬܐ[3] ܘܙܗܘܡܐ[4] ܚܕ ܚܕ ܡܬܩܠܐ. ܘܥܒܕ ܒܗ ܘܐܓܪܢ ܒܗ ܢܘܪܐ. ܘܐܫܩܝܘܗܝ ܬܘܒ ܘܐܘܩܕ ܕܢܬܦܪܚ. ܘܗܟܢ ܐܟܪܐ ܦܬܪ ܠܐܟܪܐ. ܘܐܪܡܝܐ

(1) A explique ce mot à la marge par قروثا.

(2) A explique ce mot à la marge par زرنيخ écrit en lettres hébraïques grossières.

(3) A explique ce mot à la marge par كبريتا.

(4) A explique ce mot à la marge par ديما. B a ܩܣܡܐ au lieu de ܙܗܘܡܐ.

ܒܟܘܪܐ ܥܠ ܓܘܡܪܐ ܘܢܦܘܚ. ܕܕܚܠܐ ܘܡܫܚܐ ܕܐܘܫܩܐ ܒܦܪܙܠܐ ܘܐܘܩܕ ܘܕܩܘܩ. ܘܐܪܡܝܘܗܝ ܒܒܘܛܐ ܢܦܩ ܘܡܚܘܪ ܕܟܝܐ ܀

ܕܗܘ ܡܟܪ̄ܝ ܘܡܫܠܛ ܡܬܢܝ. ܐܢܬ ܟܣܦܐ ܡܟܪ̄ܝ ܠܟܘܟܒܐ ܟܕ ܕܡܐ ܕܝܢ ܗܟܢܐ. ܘܐܢܬ ܒܟܘܪܐ ܒܕܘܟܬܐ ܒܕܘܟ ܠܟܣܝܕܘܬܐ ܕܡܝ̈ܐ. ܐܘ ܒܕܘܟ ܕܢܫܒܐ. ܟܕ ܕܡܐ ܒ̄ ܐܘܩ̈ ܘܡܬܘܙܢܐ ܡܘܠܚܐ ܗ̄ ܡܬܩܠ. ܚܕܐ ܐܘܩ[1]. ܘܡܫܚܐ ܦܘܠܝܢܘ ܕܢܚܫܬܐ[2] ܩܦܪܝܣܝܢ. ܘܢܬܚܘܪ ܒܟܠܠ ܕܪ̈ܡܝܐ. ܙ̄ ܙܘܕܢܝܢ. ܟܕ ܡܬܚܠܦܐ ܐܝܟ ܡܢܝܢܐ. ܘܗܟܢܐ ܕܐܬܒܪܐ. ܗܕܐ ܘܐܪܡܐ ܒܟܘܪܐ ܒܡܫܚܬܐ ܡܝ̈ܐ ܚܝ̈ܐ ܡܬܚܠܦ ܘܠܐ ܓܘܢܐ ܚܫܬܐ[3] ܡܢ ܚܘܠܛܢܗܝܢ. ܘܗܟܢ ܕܬܬܩܦ ܡܫܚܐ ܥܠ ܡܝ̈ܐ ܕܕܗܒ ܘܐܪܡܐ ܒܟܠܝܐ ܕܟܘܟܒܐ. ܗܢ ܙܒܢܐ ܒ̄ ܐܚܕܝܢ. ܘܗܢ ܡܬܪܬܐ ܘܢܦܩ. ܘܬܗܘܐ ܘܐܪܡܐ ܡܬܡܠܠ ܥܠ ܟܣܦܐ ܕܐܪܟܣ ܕܡܬܡܨ. ܘܗܟܢ ܗܘܐ ܫܠܡܐ ܚܘܪܐ. ܠܡܝ̈ܐ ܕܝܢ ܕܡܬܪܬܐ ܩܪ̈ܐ ܒܡܝ̈ܐ ܘܡܫܚܐ[4] ܕܡܕܢ ܀

ܗܢܝ ܡܪܩܫܝܬܐ[5] ܕܗܝ ܦܘܪܝܛܝܣ. ܕܗܟܢܐ ܘܪܘܚܢܐ ܡܢ ܒܣܘܪܐ ܕܐܬܐ ܒܗ ܘܐܪܡܐ ܒܡܝܚܐ ܕܟܘܟܒܐ ܘܐܪܡܐ ܒܟܠܗ ܠܡܝ̈ܐ ܕܢܘܪܐ. ܘܢܦܩ ܐܝܟ ܡܢ ܙܦܪܐ ܒܦܪܐ. ܟܕ ܦܪܐ ܘܡܬܚܠܦܐ. ܘܫܒܩ ܒܟܘܪ. ܟܕ ܦܝܚ ܐܝܟ ܢܦܚܐ ܘܫܒܩ ܡܢܗ[6] ܚܕ ܥܠ ܗ̄. ܐܝܟ ܐܘ ܢܚܐ ܘܫܡܝ. ܘܗܘܐ ܫܠܡܐ ܚܘܪܐ ܀

ܠܘܩܒܠ ܡܝ̈ܐ ܕܢܗܘܘܢ ܕܢܦܩ ܥܠ ܟܘܠܗܘܢ ܡܪ̈ܐ ܀ ܐܬܐ ܟܣܦܐ ܕܒܘܪܟ ܕܦܢܝܬܐ ܚܕܐ ܟܣܦܐ. ܘܐܪܡܐ ܒܡܚܪܐ ܒܟܠ ܡܝ̈ܐ ܒܪܡܫܐ ܠܟܠܗܬܐ. ܘܐܪܡܐ ܡܫܚܐ ܕܡܚܘܗܝ ܒܟܡܐ. ܘܒܢܐ ܚܕ ܒܟܪ. ܘܐܪܡܐ ܥܠ ܡܝ̈ܐ ܕܟܠܝܐ ܢܗܪܘܪ[7] ܚܕܐ ܐܘܩ. ܘܫܒܩ ܒܟܪ. ܟܕ ܢܦܩ. ܘܐܬܐ ܟܣܦܐ ܕܫܠܡܐ ܚܘܪܐ. ܘܗܘ ܒܟܘܪܐ ܘܒܟܘܪ ܘܫܒܩ ܥܠ ܥܠ[8] ܠܩܘܒܠ ܡܪ̈ܐ ܘܡܬܚܠܦܝܢ ܀

(1) Les manuscrits ont à la marge le signe de l'argent et au-dessous ܘܗ = n° 5.

(2) *Sic*, lire ܕܢܚܫܬܐ.

(3) *Sic*, lire ܢܚܫܬܐ.

(4) *Sic*. Ces signes qui se trouvent dans les deux manuscrits semblent indiquer une interversion des mots.

(5) Dans A ܡܪܩܝܬܐ, mais le ܫ a été ajouté de seconde main. Les manuscrits ont à la marge le signe de la pyrite, puis le signe de l'argent et au-dessous ܘܘ = n° 6.

(6) La confusion des genres dans cet article semble occasionnée par les genres différents de ܡܪܩܫܝܬܐ et de ܦܘܪܝܛܝܣ.

(7) B ܢܗܪܘ.

(8) B ܥܠܘܗܝ.

ܕܗܘܐ ܐܪܥܐ ܕܢܗܘܐ ܐܝܟ ܣܗܪܐ[1]. ܐܬܐ ܢܘܗܪܐ ܕܫܡܫܐ. ܘܠܐ ܡܬܚܙܝܐ ܡܕܡ. ܘܗܘܐ ܠܗ
ܡܣܘܠ. ܘܡܬܚܫܚ (*sic*) ܒܐܐܪ ܕܫܡܝܐ. ܘܗܘܐ ܠܐܐܪ. ܘܢܗܘܐ ܒܓܘܫܡܗ ܒܐܐܪ
ܒܐܘܪܐ ܫܟܝܢܐ ܐܝܟ ܕܗܘܐ ܕܗܘܐ ܕܢܦܩ ܡܢ ܐܪܥܐ. ܘܐܬܐ ܐܪܥܐ ܘܫܡܫܗ ܘܥܒܕ
ܒܐܐܪ. ܐܠܐ ܢܗܘܐ ܒܗܘܐ ܡܢܗܝܢ ܘܡܠܘܫ ܡܢ ܦܘܡ ܡܩܡ. ܘܟܕ ܢܦܐܠ ܒܗ ܐܪܥܐ
ܒܡܫܝܚ. ܒܥܠܡܐ ܘܡܘܬ ܒܫܘܒܚܗ ܕܗܘܐ ܒܠܐܝܠ. ܘܡܫܬ. ܘܡܬܚܙܪ ܠܗ ܢܦܪܐ
ܒܗܕܪܐ[2] ܘܡܬܗܕܪ ܒܢܘܗܪܐ ܒܗܘܢ ܒܗܘܐ. ܘܡܬܩܦ ܐܝܡܡܐ ܠܠܝܐ[3] ܘܟܕ ܐܦܩ ܒܐܐܪ.
ܘܡܬܚܫܚ ܢܘܗܪܐ ܕܕܫܡܫ ܒܗ[4] ܡܢܘܪ ܡܡܠܐ (*sic*). ܐܟܚܕܐ ܘܐܬܐܬܐ ܡܘܪܬܐ. ܒܝܘܡ
ܡܠܗ ܕܕܫܡܫ ܒܗ. ܘܐܬܐ ܢܦܫܐ ܐܝܢܐ ܠܐ ܡܬܒܥܐ. ܘܐܪܥܐ ܒܡܝܐ ܒܝܡܐ ܠܥܘܠܡܗ
ܘܡܬܚܫܚ (*sic*) ܡܢܐ. ܘܡܬܩܦܢ ܡܢܐ ܒܡܢ̈. ܟ ܡܩܡ. ܘܪܕܐ ܠܚܡܝܐ ܡܢ ܡܝܐ. ܘܐܪܥܐ
ܒܗܘܢ ܐܘ ܚܕܐ ܡܚܠ[5] ܘܡܬܚܠܐ ܢܦܫܐ ܘܪܘܚ[6]. ܘܡܬܒܘܡ ܡܩܡ ܟ. ܘܐܬܦܫܠ
ܡܢ ܐܘܦ ܠܡܛܪܐ ܘܦܫܪ ܘܐܪܥܐ ܒܗܘܠܡ ܡܢ̈ܐ ܐ ܐܟܠܢ ܘܢܦܩ ܒܝܕܘܬܐ ܣܗܪܐ[7]
ܘܡܬܚܫܚ܀ ܘܟܠ ܕܡܬܦܪܫܐ ܐܘܦ[8]. ܘܪܦܫܐ ܒܡܢ̈ܐ ܗܘܟܝܢ. ܟܕܝܢ ܠܟܝ ܕܒܪܐ ܕܦܫܪܐ
ܘܐܪܥܐ ܒܗ ܗܘܟܝܢ ܡܢ̈ܐ ܕܦܩܕܐ ܘܕܡܛܐ (*sic*) ܕܝܗܘܪܗ (*sic*). ܘܡܩܠܐ ܠܡܦܪܫܐ ܒܡܬܦܫܬܐ
ܕܗܘܐ ܗܘܢܐ ܘܟܠܒܐ ܘܦܫܪ ܐܘܦ ܘܐܪܥܐ ܒܟܠܡܐ ܕܢܦܩ ܒܡܢ̈ܐ. ܘܠܐ ܢܦܘܪ
ܠܫܡܫ ܘܢܘܩܦ ܐܢܝ܀[9] ܡܢ̈ܐ ܕܝ ܦܠܓ ܐܢܘ ܡܥܢ ܡܢܬܡ. ܘܕܪܘܚܐ ܒܗܘܢ
ܐܟܚܕܐ ܠܐ ܠܐܘܦ ܠܐܪܥܐ ܒܗܘܢ܀ ܘܟܕ ܦܠܐܓ ܡܢ̈ܐ. ܐܪܥܐ ܒܗܘܢ ܐܘܦ ܕܡܬܦܫܪ ܐ
ܐܟܠܝܢ ܐܝܟ ܡܠܐܟܝܢ܀ ܘܡܛܠ ܡܢ ܗܘ ܐܘܦ ܕܟܠ. ܐܬܐ ܠܝ ܘܐܬܐ ܚܝ ܣܗܪܐ ܒܢܝܐ.
ܘܐܬܐ ܚܝ ܢܚܫܐ[10] ܘܦܫܪ ܘܐܪܥܐ ܒܢܝܠܝ. ܘܟܕ ܐܝܟ ܕܐܡܪܬ[11]. ܒܡܠܐ ܕܗܘܐ.

(1) B explique à la marge ce mot figuré par le signe de l'argent, par قمر, c'est-à-dire la lune ou l'argent.

(2) *Sic*, lire ܒܗܘܪܐ.

(3) Ces deux mots sont figurés par les signes du jour et de la nuit, expliqués à la marge dans les manuscrits, par ܐܝܡܡܐ ܠܠܝܐ en lettres hébraïques grossières dans A, et par يوم وليلة dans B.

(4) A n'a pas ce qui suit jusqu'à ܘܐܪܥܐ ܒܡܝܐ.

(5) A explique ce mot à la marge par ميعة ام شب écrit en lettres hébraïques, c'est-à-dire « styrax ou alun ».

(6) A ܘܪܘܚ.

(7) B a, au-dessus de ce mot figuré par le signe de l'argent, القمر « la lune ».

(8) B a au-dessus de ce mot المشترى « Jupiter ».

(9) A n'a pas ce qui suit jusqu'à ومن فلانى.

(10) B a, au-dessus de ce mot figuré par le signe du cuivre, النحاس « le cuivre ».

(11) B ܕܐܡܪܬ.

ܡܢ ܡܛܠܠܐ ܚܣܐ ܦܘܪܢܐ ܕܢܚܫܐ ܘܗ̄ ܕܗܘܐ ܘܗ̄ ܫܐܡܐ ܘܟܘܗ̄ ܡܟܝܠ ܐܪܡܠܬܐ.
ܘܡܘܩ ܐܝܟ ܘܫܒܘܩ ܒܒܘܛܐ ܘܫܘܦ. ܘܐܪܡܐ ܥܠ ܡ̈ܝܐ ܕܩܣܝܪܬܐ. ܘܢܦܫ ܕܗܘܐ
ܬܚܬ. ܡ̈ܝܐ ܚܘܪ̈ܐ ܕܒܥ̈ܐ ܡܢ ܒܚܛܪܐ ܕܡ̈ܝܐ ܚܘܪ̈ܐ ܕܒܥ̈ܐ. ܘܐܪܡܐ ܒܒܣܬܐ ܒܒܚܛܪܐ
ܕܥܠܝܪ[1] ܘܪ̈ܝܚܬܐ ܘܐܪܡܐ ܒܟܣܐ ܘܚܬܘܡ ܦܘܡܗ ܒܛܝܢܐ. ܘܛܡܘܪ ܒܙܒܠܐ ܒܝ
ܡܫܬܐܢܝܢ ܘܐܣܩ ܡ̈ܝܐ ܠܐܬܪܐ. ܘܐܪܡܐ ܒܩܘܩܐ. ܗ̄ ܕܢܚܫ ܒܫܡܫܐ. ܗ̄ ܕܝܠܐ
ܐܬܝܠ. ܬܝܘܢ ܐܦܪܘܢ. ܐܘܟܝܬ ܒܟܒܪܝܬܐ ܕܠܐ ܡܬܘܩܕܐ܀ ܡܢ ܟܒܪܝܬܐ ܚܕܐ ܠܬܪܘܬܐ
ܘܐܦܝܢ. ܣܘܡ ܚܒܠܐ ܘܫܚܩ ܥܡ ܡܘܪ̈. ܘܬܗܘܐ ܒܚܘܡܐ ܝܘܡܐ ܚܕ. ܘܡܣܘܡ
ܡܢܪܫ ܚܒܠܐ. ܘܬܗܘܐ ܒܗ ܒܒܘܛܐ. ܥܡ ܐܚܢ̈ܝ. ܘܐܫܦ ܒܐܝܕܝܟ. ܗܝ ܗܘ ܕܟܕ
ܬܝܘܢ. ܗܘܐ ܒܟܒܪܝܬܐ ܕܠܐ ܡܬܘܩܕܐ. ܘܕܒܘܩ. ܡܫܚܐ ܕܒܥ̈ܐ ܡܢ ܡܘܩܕܬܐ ܒܡܚܐ
ܕܙܝܬܐ. ܘܐܪܡܐ ܒܒܥ̈ܐ. ܘܡܠܐ ܟܠ ܡܬܘܡܪܐ ܐܪܡܐ ܒ̄ ܐܘ̈ܬܐ ܡܬܘܩܕܝܢ ܡܘܩܕ̈ܢܬܐ
ܕܒܘܒܝܬܐ ܙܥܘܪܬܐ. ܒܝ ܕܡܫܐ. ܘܛܡܘܪ ܒܒܝ̈ܬܗ. ܘܬܚܘܡ ܒܝܬ ܥܡ ܩܘܡ. ܘܢܫܘܐ
ܒܒܝܫܐ ܗܘ ܕܐܡܪ ܒܟܪ̈ܝܬܐ ܘܐܬܚܠܛ܀ ܘܐܦ ܙܒܠܐ ܒܟܪܝܬܐ ܒܥܡܠܐ ܐܝܟ ܕܗܘܐ. ܡܢ
ܡܢܗ ܡܢܝܬܐ. ܘܡܢ ܬܪܝܢ ܐܘ ܡܢ ܦܠܓܗ ܡܢܝܬܐ. ܘܫܚܘܩ. ܘܥܒܕ ܒܒܥ̈ܐ ܒܥܡ.
ܒܝ ܡܥܠܝܬܐ. ܡܫܡܠܝܐ ܕܐܢܫ. ܐܬܐ ܡܢܐ ܡܚܠܐ ܘܐܪܡܐ ܒܗ ܡܒܫܠܐ ܕܝܡܚܐ.
ܘܡܣܬܪܩܐ ܡܘܩܕܬܐ ܚܕܐ ܚܕܐ ܡܢܝܬܐ. ܘܐܪܡܐ ܒܒܝܬܗ ܐܝܟ ܠܐܦ ܡܢܝܬܐ. ܘܒܫܡܐ
ܒܡܪܐ ܒܫܚܢܐ ܕܒܟܐ ܒܗ ܒܘܠܐ. ܘܡܘܩ ܬܚܬ ܒܚܒܠܐ ܘܬܚܘܡܐ. ܘܫܒܘܩ ܥܠ
ܢܚܫ ܢܚܫܐ. ܒܝ ܚܫܚ ܟܠܗ ܘܕܟܐ ܒܩܝܡܐ. ܘܬܩܘܡ ܦܐܬ ܘܐܦܫ ܘܪܘܚ
ܘܡܘܩ ܘܐܚܘܕ ܐܝܟ ܩܝܡܐ. ܘܚܒܝܫ ܗܘܐ ܒܗ ܗܘܐ ܐܝܟ ܬܪܢܓܐ ܚܘܪܐ܀

ܕܕܝܡܘܩܪܝܛܘܣ ܡܛܠ ܚܝ̈ܠܐ ܠܐܘܣܝܐ ܐܩܠ. ܡܢ ܐܝܟ ܕܐܡܪ ܡܩܠܒܪܝܘܣ
ܗܘܡܘܟܝܐ. ܕܝܢ ܐܣܟܝܡܐ. ܕܒܡܬܠܐ ܒܗ ܢܘܪܐ. ܗܘ ܕܝܢ ܐܪܣܢܝܩܘܢ[2] ܘܣܢܕܪܟܐ.
ܘܐܣܛܝܡܝܢ ܒܝܢܬܐ ܘܡܬܚܠܛܝܢ ܘܡܬܚܫܚܝܢ ܒܗ ܗܢܝܢ ܕܡܬܒܠܝܢ ܒܗ ܢܘܪܐ.
ܡܛܠ ܕܗܟܢܐ ܒܠܗ ܒܟ̈ܪܐ ܕܠܐ ܡܬܘܩܕܐ. ܐܝܟ ܡܩܠܒܪܝܘܣ ܕܐܡܪ ܐܣܟܝܡܐ.
ܒܟܪܝܬܐ ܕܐܡܪ ܦܠܛܘܣ ܒܟܬܒ. ܗܘܐ ܗܘ ܚܝ̈ܠܐ ܠܐܘܣܝܐ ܐܩܠ. ܘܐܡܪ[3]. ܐܪܡܐ

[1] B ܕܥܡܘܪ.

[2] Ce mot est expliqué dans les manuscrits par ܙܪܢܝܟ à la marge.

[3] A ajoute ܐܣܟܝܡܐ à la marge. Ce mot est au-dessous des deux lettres ܟܗ, sans doute un numéro d'ordre.

ܡܓܢܛܝܣܐ ܘܐܩܕܪܐ. ܗ̄ ܡܣܬܟܪܓܗ ܡܢ ܕܪܐܙ. ܡܬܠ ܐܪܟܫ[1]. ܩܕܪܐ ܠܗ ܒܪܛܘܠ
ܐܘ ܡܬܠ. ܒܝ ܡܓܢܣܝ ܒܡܣܗ ܐܟܘܐܗ[2] ܐܘܝ ܘܡܢܛܘܒܐ. ܗ̄ ܘܡܢܝܒܕܐ ܒܢܝܠܐ.
ܘܡܢܒܪ ܐܪܡܫ ܒܟܘܪܐ ܘܩܘܫ ܒܟܗ̄ ܒܪܐܡܗ. ܘܡܟܠ ܘܐܟܕܪ ܐܪܡܠ ܒܟܗܘܢ ܐܘܝ
ܘܡܢ ܐܪܡܫܘܢ ܘܐܠܦܒܫ ܘܐܠܒܢܘܢ ܒܡܢ ܡܓܢܛܝܣܐ ܘܐܠܒܢܘܪܐ. ܘܡܢܘܪ ܐܘ ܩܠܥܝܐ.
ܘܗܘ ܡܘܡܢ. ܩܪܐܠܐ ܘܡܢܥ ܐܠܐܡܥ. ܘܐܩܕܪ. ܘܐܘܝ ܘܡܢ ܐܪܡܫܘܢ ܘܐܠܒܢܘܪ
ܘܐܠܦܒܫ. ܐܢ ܬܡܕܪܐ ܡܬܠ ܐܘܗ ܘܚܠ. ܟܕܒ ܠܗ ܠܐ ܡܢܝܪܙ. ܘܝܟܘܢ ܐܘ ܩܠܥܝܐ
ܡܫܪܐ. ܦܠܐ ܘܐܢ ܠܐ ܝܟܘܢ ܠܗ. ܒܝ[3] ܩܡܬܠ ܡܢ ܩܪܐܠܐ ܬܡܣܠܐ ܘܡܢܥ ܐܠܒܢܘܪ.
ܡܬܠ ܗܝ ܐܕܐ ܐܟܡܝܗ ܒܡܪܟܐ ܘܐܠܒܢܘܪܐ ܘܐܠܦܒܫܗ. ܒܢܝܡܠ ܡܢܝܒܘܪܐ. ܘܩܪܐܠܐ
ܡܢܕܒܠ. ܘܡܟܫܛܢ ܐܢܝܠ[4] ܐܘܫ ܒܟܒ (*sic*) ܘܠܐ ܝܢܙܠ. ܘܡܟܢܬܘܢܫ[5] ܩܠܝ. ܗ̄
ܐܟܪܐ ܠܐ ܡܬܐܩܒܠ. ܘܐܩܕܪ ܡܬܠ ܐܘܝ. ܐܢ ܝܓܝܠ ܘܡܓܢܝܣܝ ܒܡܢ ܩܪܐܠܐ ܡܢܕܝ ܠܗ.
ܘܒܢܝܡܠ ܡܢܝܒܘܪ ܠܗ. ܘܠܐܝܒܠ [ܒܟܒ] ܘܠܐ ܝܢܙܠ. ܘܩܠܝ ܘܠܐ ܬܐܡܒ. ܡܪܡܪ. ܠܗ ܒܝ
ܠܗ ܒܘܟܪܐ ܘܡܣܬܟܪܓܗ ܐܩܕܪ. ܡܢ ܝܘܡܠܐܘܙ[6]. ܡܢ ܝܘܡܠܐܘܙ[7] ܘܘܡ. ܘܡܢܒܪ ܒܟܬܒ
ܓܪܟܠ. ܘܡܢܒܪ ܒܓܝܠܐ ܐܓܡܟܠ ܘܡܟܫܛܐܐ ܘܝܟܘܢ ܡܬܠ. ܘܐܠܐܣܡܫ. ܢܐܟܠ ܘܟܟܒ
ܩܠܥܝܐ ܡܢ ܡܣܬܟܪܓܗ ܘܘܙܢ ܘܡܣܘܫ ܒܢܝܠܐ ܘܝܘܡܠܐܘܙ[8]. ܐ̄ ܝ̈ܘܡ. ܘܝܓܝܒ ܘܐܡܫ
ܡܬܠ ܘܟܗ. ܘܡܟܠ ܐܘܝ ܒܡܟܢܟܒܠ ܘܡܟܝܪ ܩܘܡܢܗ. ܡܬܠ ܘܟܪܘܫܠ ܐܘܝ.
ܡܟܘܪ ܟܝܘܡܝ ܐ̄ ܝ̈ܘܡ. ܘܡܢ ܐܩܡ ܒܓܦܠܗ ܒܡܪܟܠ. ܘܐܓܥܠ ܒܡܬܠ ܘܡܟܢܘ
ܡܢܗ. ܒܝ ܟܡܢܒ. ܘܝܓܝܒ ܘܝܟܘܢ ܒܝ ܝܟܘܢ ܐܘ ܝܘܡܪܐ[9] ܣܘܕܐܐ ܘܠܐ ܟܪܘܫ ܒܝܢ
ܝܘܙܐ. ܗܢ ܡܢܗ ܐ̄ ܡܬܠ̈ ܘܡܘܩܪܝܘܢ ܘܡܢ ܘܡܢܘܐ. ܘܬܟ ܗܘ ܬܟ ܀

ܡܬܠ ܐܩܡܠ ܘܡܟܢܝܡ. ܡܢ ܩܓܝܠ ܐܘ ܠܘܠܐܐ ܘܡܢܐ ܡܓܢܛܝܣܐ. ܘܐܘܠܐܟ ܡܪܟܠ
ܒܓܘܗ. ܘܡܢܒܪ ܡܢܙ ܡܪܟܠ ܒܪܡܢܗ ܒܪܡܢ ܡܓܢܛܝܣܐ ܢܣܠܐ. ܘܡܓܘܪ ܘܡܟܫ ܀

(1) B a au-dessus de ce mot الحديد « le fer ».

(2) Le mot ܐܟܘܐܗ est répété deux fois.

(3) *Sic*, lire ܒܝ.

(4) Les mots ܡܟܫܛܢ ܐܢܝܠ sont au-dessus du signe de l'étain précédé des lettres ܡܟ et suivi de ܡܫܐ.

(5) Le mot ܡܬܢܘܢܫ est représenté par le signe du plomb, au-dessus duquel est écrit à tort ܨܚܝܡ, *sahim*, qui est un des noms du fer.

(6) B ܝܘܡܪܐ.

(7) B ܝܡܪܐ.

(8) B ܝܘܡܪܐ.

(9) Ce qui suit se trouve dans B au verso du feuillet 32, dont le coin gauche du sommet a été lacéré et forme une lacune de quelques mots.

ܒܘܟܬ ܐܢܘܢ. ܗܟܢ ܢܟܬ ܒܬܟܠ ܐܘܐ. ܘܡܠܚ ܡܣܡܡܠ ܘ̈ ܐܘܐ. ܙܘܙ ܘܐܫܩܠ ܚܣܠܐ. ܘܓܒܠܗ ܒܗ ܒܕ ܢܒܠܗ ܚܒܠܗ ܒܓܡܠ. ܘܐܚܬܐ ܐܢܘܢ ܢܒܠ ܘܓܒܠܗ ܒܗܘܢ ܢܒܠܐ. ܘܗ̇ܘܝܘ ܢܓܡܠ. ܗܕܝܢ ܐܡܣܝܟܘܢ ܕܗܘ ܠܓܘ ܐܬܐ ܡܚܡܠ ܕܐܓܡܐ ܐܚܘܬܐ. ܘܡܢ ܒܗ ܒ̄ ܡܬܠ ܘܡܠܝܚܐ. ܘܡܢ ܡܥܕܘܢ. ܘܐܘܡܠ ܒܚܡܠܬܘܡܠ ܕܣܪܦܠ. ܘܐܗܘܕ ܠܓܒ. ܘܠܡܥܘܕ ܒܟܠܐ ܐܓܡܠ ܕܐܘܡܢ ܕܗܘܩ. ܐ̄ ܡܘܡ[1]. ܘܣܟܦ ܐܚܠܐ. ܗ̄ ܗܕܡܡܠ ܣܒܐܐ ܠܐܘܒ ܡܘܡ ܐ̄. ܘܟܠܬܘ ܡܢ ܡܘܡ ܦܠܣ. ܘܡܥܡܣܠܝ ܠܐܘܟܠ. ܐܘܡܠ ܒܡܙܒܠ. ܘܐܗܡ ܡܬܝܘܢ. ܘܐܘܡܠ ܠܗ ܐܡܣܝܟܘܢ ܘܡܥܠܬܐ ܘܗܘܐ ܡܬܐ ܘܡܢ ܐܘܡܠ ܒܚܦܠܬܐ ܕܦܙܐܠܐ. ܘܡܚܒܡ ܠܗ ܢܘܙܐ. ܘܦܠܓ ܗ̇ܘܢܘ ܢܓܡܠ. ܠܐܘܡ ܐܣܕܡ ܕܒܝܢ ܟܠܦܠ ܠܐܠܡܣܠܓܕܡܥ ܗܟܢ ܗ̇ܘ ܟܠܦ ܐܡܣܝܟܘܢ. ܘܡܚܒܡ ܒܡܘܡܠ ܡܠܓܝܠܐ. ܘܒܡܠ ܘܡܘܢ ܦܘܡܢܘ. ܘܡܚܒܡ ܟܠܐܘܢ ܠܒܘܪܬܐ. ܣܒ ܒܟܕ ܐܡܥܡ. ܘܐܦܡ ܘܐܘܡܠ ܒܟܗ ܐܡܣܡܥ ܠܓܒܠ ܒ݁ܝ. ܠܓܠܦ ܠܗܠܗ ܡܢܗ ܡܕܝܡ ܕܒܕܘ ܐܣܘ ܢܒܒܠ. ܘܐܘܡܠ ܒܟܗ ܢܒܠܐ ܐܣܕܢܠ. ܒܕ ܦܕܥ ܒܡܠܗ ܢܒܒܠ ܠܗܠܓܙܐ. ܘܗܟ ܒܓܠܦ. ܘܒܕ ܢܗܡܕ ܢܒܠܐ ܐܘܡܦ. ܘܡܥܘܡܠܗ ܒܓܠܦ ܠܗܠܗ. ܗ̇ܘܒܡ ܒܝܒ ܟܠ ܡܘܡ. ܒܕ ܠܐ ܠܓܠܦ ܡܕܝܡ ܐܣܕܡ. ܘܗܟ ܒܒܒܡܠ ܘܡܚܡܡ ܒܚܡܥܗ ܕܠܒܘܢ. ܘܠܐܚ ܒܡܡ ܡ̄ ܡܘܡ. ܘܒܡ ܐܡܢܘܢ ܒܩܡܠ ܕܩܡܠ ܘܡܚܕ. ܘܠܗܘܐ ܒܚܕܘܐ ܙܡܥܬܐ ܕܠܐ ܢܠܡܦ܀ ܣܠܡ ܗ̇ܘܢܘ ܗܘ ܠܗ. ܘܠܗ ܐܙܐ ܠܓܡܠ. ܡܚܡܘܐ ܣܡܠܗ ܢܘܙܐ. ܢܗܡ ܒܟܠܗ ܠܚܘܡ܀ ܗ̇ܘܢܘ ܙܟܘܒܠ ܕܒܕ ܡܡܣܠܓ ܒܗܡ ܡܘܡܕܝ. ܗ̇ܘܬܝ ܡܚܠܝܘ ܟܠܦܠ ܡܥܬܐܐ ܡܥܩܡܣܠܬܐ܀ ܘܡܘܡܕܝ ܗ̇ܘܐ ܠܕܒܕ ܡܕܝܡ ܗ̇ܘ ܠܐܙܟܠ܀

ܠܐܘܡ ܡܘܡܕܝ. ܐܬܐ ܗܡܥܬܐ ܕܓܠܐܢ. ܒ̄ ܐܘܐ. ܘܡܚܝܒ ܐܡܠܐܘ ܢܘܡܠܐܙ ܘܙܦܠ ܗ̄ ܗ̄ ܐܘܐ. ܣܠܓܘܢ ܝ̄ ܐܘܐ. ܘܠܚܗܥ ܣܒ ܐܘܐ. ܕܘܡ ܒܗܡ ܣܒܬܐ. ܘܡܚܒܡ ܒܚܡܥܗ. ܘܡܚܘܙ ܦܘܡܢܘ ܐܣܘ ܕܢܒܠܗ. ܘܠܡܥܘܕ ܒܟܠܐ ܡ̄ ܡܘܡ. ܘܐܗܡ ܒܚܘܘܡܠ[2] ܕܡܠܐ ܡܬܐ. ܒܦܙܟܠ ܒܕܝܡ ܐܗܒܦ. ܘܠܓܙ. ܘܗܟ ܒܝܢ ܡܬܐ ܕܗܘܐܐ ܒ̄ (*sic*). ܘܡܢ ܒܟܡܠ ܕܐܡܣܝܟܘܢ ܣܒܐ ܡܢܠܬܐ. ܘܡܢ ܒܟܗ ܟܠܦܠ ܣܒܐ ܡܢܠܬܐ. ܘܦܟܘܣ ܒܗܡ ܣܒܬܐ. ܘܡܚܡ ܒܡܥܬܐ. ܘܒܡܠ ܦܘܡܢܘ. ܘܐܬܐ ܒܘܐܘܡܠ ܘܡܟܕ ܡܬܐ ܘܡܚܒܡ ܗܡܥܬܐ ܒܗ. ܘܡܚܝܒ ܒܗ ܢܘܙܐ ܗܘܡܠ. ܣܒ ܒܟܕ ܐܡܥܡ. ܘܐܦܙ ܘܐܦܡ. ܘܡܥܡܣܠܝ ܒܗ ܐܣܘ ܣܠܓܘܢ.

(1) Dans les manuscrits ܡܘܡ ܐ̄.

(2) Dans B ce qui suit se trouve au recto du feuillet 32 dont le coin supérieur à droite manque et présente une lacune.

ܐܢܬ ܡܢܗ ܚܕ ܡܬܩܠܐ. ܠܘܬ ܟܠܗܝܢ ܙܘܥ ܕܡܬܟܢܫ. ܘܗܘܐ ܗܟܢܐ ܦܪܫܢܐ. ܐܡܪ ܐܦܘܡܪܛܘܣ. ܐܬ ܠܐܦܣܝܡܘܢ ܢܚܫܐ ܘܦܪܙܠܐ. ܢܦܫܗ ܚܝܠܐ ܕܦܚܡܐ ܡܢܗ ܒ ܡܬܦܩܕ ܘܡܬܥܒܕܢ. ܘܦܪܙܠܐ ܚܕܐ. ܘܐܦ ܠܐ ܡܬܦܩܕܝܢ ܡܫܬܚܠܦܢܘܬܐ ܕܡܥܒܪ ܗܘܐ ܐܦܣܝܡܘܢ[1]. ܗܢ ܚܝܠܐ ܗܘܐ. ܘܟܠܗ ܒܡܫܚܐ ܕܦܘܪܫܢܐ. ܘܡܢ ܟܠܗ. ܢܦܫ ܒܪܙܠܐ ܘܕܠܐ ܢܚܫܝܢ. ܘܗܟܢ ܟܠܗܘܢ. ܚܝܠܐ ܕܐܠܦܩܝܬ ܒܗܢ ܦܘܪܫܢܝܢ[2]. ܘܗܘܐ ܗܢ܆ ܚܝܠܐ ܕܐܠܗܝܬܐ. ܐܬܝܢ ܢܘܚܐ ܕܐܠܦܩܝܬܐ ܒܨܘܪܬܐ ܐܝܟ ܚܝܠܐ ܕܗܒܝܬܐ. ܘܐܦ ܗܘܐ ܚܝܠܐ[3] ܡܬܦܪܫܐ܆ ܐܝܟ ܕܢ ܐܦܩܬ ܚܕ ܚܕ܆ ܟܠܗ ܗܢ ܕܐܝܟ ܐܝܟ ܡܫܡܫܢܐ܆ ܡܕܡ ܩܘܡܝܢܬܐ. ܡܬܥܒܕܢ ܐܘܟܝܢ ܠܡܬܚܪܝܢ. ܡܟܘܢ ܒܡܫܚܐ ܠܟܘܠܐ ܩܢܘܡܐ ܒܗ ܒܡܫܪܝܢ ܕܟܠܗ ܒܗ ܦܚܡܐ. ܘܐܢܬ ܠܘܬ ܩܝܘܐ ܘܗܘܐ ܩܪܡ܆ ܗܘܘ ܕܝܢ ܕܦܚܡ ܚܝܠܐ ܕܐܠܒܝܪܐ. ܐܘ ܒܩܢܫܝܢ. ܨܘܪܬܐ ܕܐܠܒܝܪܐ. ܕܗܒ ܐܢܘܢ ܐܝܬܝܗ. ܚܝܠܐ ܡܬܠܡܐ ܦܪܡ ܒ̄ ܐܪܐ. ܕܥܠܐ ܕܐܬܝܐ. ܗ̄ ܦܠܠܓܝܢ ܕܐܠܬܘ ܕܡ ܐܦܩܝܢ ܒ̄ ܐܪܐ. ܗܘܢ ܐܦܠܐܘ. ܐܢܬ ܠܘܬ ܦܢܝ ܡܕܘܠ ܠܟܢ ܠܗܘ. ܕܗܘ ܒܡܬܠܓܐ ܨܘܪܬܐ ܒܪܟܐ ܘܗܘܐ ܦܢܝܟܢܗ ܕܦܢܝ ܡܬܡܟܘ. ܕܐܟܒ ܨܘܪܬܐ ܦܘܪ̄. ܡܟܢܗ ܒܡ ܢܛܪܝܢ ܘܕܟܐ ܘܗܘܐ ܢܩܦܬܐ. ܦܘܪܛܘܣ ܕܐܝܟܐ ܦܘܪ̄. ܕܗܘ ܘܢܟܘܬ ܒܡ ܢܛܪܝܢ ܘܕܟܐ ܘܛܘܐ. ܟܪܢ ܢܦܫܝܢ ܐܢܬ ܠܟܘܢ ܨܘܪܬܐ ܘܦܟܠܗ ܨܘܪܬܗ. ܗܘܐ ܓܪ ܐܣܛܘܐ ܐܬ ܒܗ ܒܟܘܐ ܐܢܫ. ܒܡ ܒܟܡ ܡܬܦܪܩܐ. ܦܬܪܢ ܗܘܝܢ ܕܐܝܟ ܗܠ ܕܟܘܐ ܗܘ. ܘܐܦ ܨܘܪܬܐ ܗܘ ܕܟܘܐ ܗܘ܂[4] ܘܐܦܢܝ ܕܦܘܪܟܢܘܬܗ ܐܬܝܢ ܘܐܝܟܠ[5] ܕܟܠܗ. ܒ ܐܝܟ ܕܐܝܟܐ ܒܟܦܢܝܢ. ܛܘܐ ܒܝܘܪܐ ܢܩܦܬܐ ܕܦܪܟܘܚܐ. ܐܘ ܕܐܝܒܘܪܐ ܒ (*sic*) ܦܘܪ̄ ܡܟܦܪܐ. ܡܕܝܢ ܒܐܬܝܪܐ ܒܟܪܘܬܐ ܛܘܐ ܕܠܐ ܝܐܦܕ܆ ܢܟܝ ܗܘܝ ܩܦܕ܆

ܕܝܗܐ ܗܟܢܐ ܡܚܪ ܐܝܟ ܕܗܘܠܐ ܘܡܢ ܡܬܕܘܠܐ ܢܦܠܐ ܠܘܬ ܒܡܪ̄[6] ܗܢ ܗܘܐ ܕܟܠܐ ܘܗܘܐ. ܘܐܢܬ ܒܝܘܪܐ ܕܠܐ ܡܕܒܚܐ. ܒ ܗܢܘܢ ܒܟܘܠܐ ܘܢܩܦܬܐ ܒ̄ ܐܟܝܢ. ܐܘ ܐܢܫܘܢ ܒܩܝܢܗ ܒ ܡܦܩܕ ܒ̄ ܐܟܝܢ܆ ܘܐܘܟ ܗܘܟܝܢܘܢ. ܘܗܘܒ ܠܗ ܦܟܢܠܐ

(1) A ܐܦܣܝܡܐ.

(2) A explique ce mot à la marge par طلة écrit en lettres hébraïques grossières.

(3) A manque ܚܝܠܐ.

(4) Ce qui suit manque dans B qui a ici une lacune de plusieurs feuillets.

(5) *Sic*, lire ܘܐܝܟ.

(6) Suit le signe de l'argent.

ܡܛܠ ܠܗܘܢ ܡܣܝܡܬܐ ܡܢܛܩܬܐ. ܘܡܢ ܡܕܢܚܐ ܢܣܒܐ. ܘܗܘܝܢ ܚܝܪ ܡܢܗ ܒ̄ ܐܦܝ̈ܢ.
ܦܝܫ ܘܐܝܬܝܗܘܢ ܡܕܢܚܐ ܘܠܗܘ̈ܢ. ܘܠܘܬ ܡܥܪܒ. ܘܐܙܠܐ ܒܡܡܫܚܐ ܕܡܠܘ̈ܫܐ. ܘܗ̇ܘܐ ܡܫܐܠܬܐ
ܡܢܕܪܐ ܐܝܟ ܕܐܡܪܢ. ܐܠܐ ܕܐܡܪܢ. ܗܟܢ ܚܒܝܠ ܘܐܝܟ ܡܢܐ. ܘܡܛܠ ܚܕ ܡܢ ܬܪܝܢ ܠܗܘܢ.
ܒ ܡܬܚܫܒ ܚܒܝܠ. ܘܠܐ ܐܝܬ ܡܬܚܙܝܐ. ܘܡܢܬ ܒܡܢܝܢܐ ܘܡܢܘ ܦܘܡܗ ܕܛܘܪܣܐ
ܚܕܡܠܐ ܕܡܢ ܘܡܢܘܢ ܕܝܠܗ. ܘܡܢܬ ܠܗ ܐܠܐ. ܘܡܬܚܙܐ ܡܢ ܦܠܓ ܒܪܘܫܐ.
ܘܡܢܘܢ ܒܝܘܡܐ ܦܠܓ ܒܪܫܐ ܒܪܘܚܐ. ܘܡܛܠ ܘܗܢ ܗܘܝܢ ܕܒܝܘܡܐ ܕܦܢܝܐ.
ܘܡܢܝܢ ܡܢܗ ܡܢܬܐ ܚܕ. ܠܐ ܐܝܬ ܚܕ ܡܢܘܬܐ ܕܚܝܐ. ܘܗܘܐ ܡܢܝܢ ܠܗܢܐ. ܐܝܟܢܐ
ܕܡܠܘܫܐ ܗܢ ܐܬܚܙܝ ܕܗܘܝܢ ܡܬܩܠܐ ܝܒ. ܘܡܢܘܢ ܟ̄ ܐܬܐ. ܘܡܢ ܒܡܠܐ ܡܬܚܫܒܐ
ܡܢ ܐܬܐ. ܘܐܝܟ ܬ̄ ܐܬܐ. ܘܡܛܪ ܐܬܐ ܗ̄. ܘܡܛܠ ܕܗܘܝܢ ܒܦܠܓ ܐܝܟܢܐ. ܕܗܘ
ܡܢܐ. ܘܡܛܠ ܒܡܢܝܢ. ܘܡܢܝܢ ܒܡܢܝܢܐ. ܘܡܢܘܢ ܒܗܢܐ ܐܝܟ ܒܥܝܪܐ. ܘܗܟܢ
ܘܡܢܝܢܐ ܐܝܟܢܐ. ܕܗܘ ܡܢܐ ܒܦܠܓ ܒܟܠܗ. ܘܡܢܘܢ ܒܦܠܓ ܒܪܫܐ ܦܠܐ. ܘܗܟܢ
ܡܢܗ ܕܕܒܝܢ ܒܥܠܡܐ ܕܝܘܡܐ. ܘܡܛܠ ܠܗ ܡܢ ܢܦܫܐ. ܚܕ. ܘܗܘܐ ܗܟܢܐ ܡܠܘܫܐ.
ܐܝܟܢܐ ܕܕܗܘܝܢ ܗܢ ܡܢ ܡܢܛܩܬܐ ܕܡܛܠܐ ܗܘܢܐ ܐܬܐ ܟ̄. ܘܐܝܟ ܝ̄. ܘܐܢܝܢܐ
ܗܘܝܢ ܠ̄. ܘܡܬܚܫܒܬܐ ܒܪܫܗ (sic) ܡ̄. ܘܐܢܝܢܐ ܒܦܠܓ ܗ̄. ܘܡܛܠ ܕܗܘܝܢ ܒܗܢ
ܚܝܪܐ ܒܦܠܓ ܐܝܟܢܐ ܕܡܠܘܫܐ. ܒܗ ܗܘܐ ܡܬܚܫܒܐ. ܘܡܢܝܢ ܒܠܗܘܢ. ܘܐܙܠܐ ܒܟܠܗ
ܦܠܓ ܕܡܢܝܢܐ ܒܗ. ܘܡܢܘܢ ܕܟܠܗ ܒܗܘܢ. ܘܡܛܠ ܘܡܬܚܫܒ ܒܥܠܡ ܐܝܟܠ ܘܡܬܐ. ܒ̄
ܒܕܟ̈ܝ. ܘܒܐܦܝܬܐ ܒܢܘܗ ܒܡܫܘܪ ܢܦܫܐ. ܒܗ ܗܘܐ ܒܗܘܢ ܒܗܘܢ (sic) ܕܢܦܫܐ ܐܝܟ
ܕܗܘܐ. ܘܐܝܬܝܗܘܢ ܘܡܢ ܡܢܘܢ ܠܗ ܢܘܪܐ ܒܝ ܢܦܫ ܠܗܘܢ. ܘܠܐ ܦܠܓ ܒܗ
ܬܡܢܝܐ. ܘܗܟܢ ܐܒܪܐ ܦܠܓ ܘܕܘܠ. ܘܐܙܠܐ ܡܢ ܒܡܫܬܪܝܢ ܚܕ ܠܗ ܗ̄ ܕܐܒܪܐ.
ܘܢܦܫ ܕܗܘܐ. ܐܝܟܢܐ ܕܕܗܘܐ. ܗܢ ܡܘܬܐ ܕܢܦܫܐ ܠܓܪܐ ܦܪܘ ܡܫܡܫܐ ܡܢܛܩܬܐ
ܚܕܐ. ܘܡܢܗ ܡܢܗܝ ܐܝܟ. ܡܢܘܢ ܠܗܘܢ ܘܡܛܠ ܒ ܦܠܓܐ. ܘܡܢܝܢ ܒܦܠܓܘܬܐ.
ܘܗܟܢ ܐܝܬܝܢ ܘܡܫܡܫܐ ܘܡܢܘܢ ܒܓܘܡܐ ܕܦܠܓܐ ܘܐܝܬܝܢ ܘܡܬܚܫܒܐ. ܘܐܬܕܪܘ
ܒܡܬܚܫܒܐ ܕܠܐ ܢܕܪܘܢ ܒܪܘܚܐ. ܘܐܢܘܢ ܘܐܝܟ ܢܘܪܐ ܐܝܟ ܡܢܗܘܢ. ܒܟܠ ܢܦܫܗ
ܒܡܫܡܫܐ ܡܢܗ. ܘܐܦܢ ܘܐܢܘܢ ܘܡܢܘܢ ܒܗܢܘܢ ܒܗ ܦܠܓܗ. ܘܡܢܗ ܐܝܟ ܡܢܗ
ܘܐܢܘܢ. ܘܠܘܬ ܡܢܘܢ ܠܡܢܘܢ ܒܗ ܚܝܪܐ ܘܐܢܘܢ. ܒܝ ܠܐ ܢܦܫܗ ܡܢܗ
ܒܡܫܡܫܐ ܗܘ. ܘܡܢܝܢ ܡܬܚܫܒ ܘܗܘܐ ܡܛܠ ܐܝܟ ܕܡܠ. ܘܗܟܢ ܒܟܠܦܠ ܗܘܐ

ܫܩܘܠ ܡܢܗ ܒ̄ ܡܬܩܠܐ ܘܫܘܦ ܒܡܬܩܐ. ܘܒܬܪܗ ܒܕܘܩ ܠܦܠܓܗ. ܘܟܕ ܬܬܦܚ
ܫܩܘܠ ܡܢܗ ܠܦܠܓܐ ܘܐܘܣܦ ܐܣܛܘܡܘܢ ܘܟܒܪܝܬܐ. ܠ ܡܬܩܠ. ܘܫܚܩ. ܘܟܕ ܗ̇ܘ̇ ܒܫܡܫܐ
ܡܬܦܠܐ ܚܕ ܡܢܗ ܐܘ ܬܪܝܢ. ܘܠܝܬ ܐܚܪܢ. ܫܘܚܠܦܐ ܘܬܩܢ ܚܕܐ ܚܕܐ ܚܒܪܬܐ
ܒܫܡܫܐ. ܘܗ̇ܘ̇ ܕܗܘܐ ܠܦܠܐ. ܘܐܬܐ ܠܗ ܕܗܘܐ. ܒܚܒܠ ܬ̈ܩܠܐ ܠ. ܫܘܦ ܕܕܗܒܐ ܪ.
ܫܘܦ ܕܟܣܦܐ ܗ̄ ܬܩܠܐ. ܫܘܦ ܕܢܚܫܐ ܝ̄ ܬܩܠܐ. ܙܪܢܝܟܐ ܒ̄ ܬܩܠܐ. ܐܪܣܢܝܩܘܢ ܕܗܒܝܐ
ܚܕ ܬܩܠܐ. ܟܘܠܐ[1] ܚܕ ܬܩܠܐ. ܘܐܫܟܐ ܝ̄. ܒܘܪܩܐ ܝ̄. ܐܪܒܥ ܕܗܒܢܝܬܐ ܚܕ. ܢܚܫܐ
ܩܠܝܐ ܕܩܦܣ. ܚܒܘܫ ܟܠܗܘܢ ܡܫܩܠܐ ܒܚܕ ܟܐܢܐ. ܘܫܒܘܩ ܒܗ ܩܘܫܐ ܝܘܡܐ
ܚܙܘܬܐ. ܘܐܪܡܐ ܒܥܘܪܐ. ܘܗܠܝܢ ܡܢܗܘܢ ܗܘܝܢ ܐܣܛܢܐ. ܟܠܗܘܢ ܒܗ ܦܬܚܝܢ ܒܢܚܠܐ
ܘܟܠܝܬ ܐܣܛܘܡܘ. ܘܟܠ ܕܟܡܐ ܘܐܬܚܙܝ ܡܫܪܐ. ܗܟܢܐ ܘܡܬܡܠܝܢ ܐܠܦ ܠܘܚܡܬܐ
ܦܫܪ ܀

ܐܣܪܐ ܕܕܗܒܐ. ܫܩܘܠ ܕܕܗܒܐ ܬܩܠܐ ܒ̄. ܒܟܒܪ ܫܒܩܬܐ. ܢܚܫܐ ܩܒܪܣܝܐ[2] ܬܩܠܐ ܒ̄. ܐܬܠܐ
ܘܛܘܪܦܐ ܒܥܒ̈ܝ ܡܚܝܠܐ. ܘܫܩܘܠ ܒܥܠܐ ܬܩܠܐ ܒ̄. ܘܕܘܟ ܒܢܚܫܬܐ ܒܗ ܗܘܐ ܐܝܟ
ܡܠܦܠܐ. ܘܫܩܘܠ ܢܚܫܐ ܒ̄ ܬܩܠܐ ܥܡ ܟܣܦܐ ܘܫܚܘܩ ܐܝܟ. ܘܗܘܐ ܕܗܒܐ. ܐܣܪܝ
ܢܚܫܐ ܩܘܦܪܐ ܟ̄ ܬܩܠܐ. ܕܗܒܐ ܚܕ. ܫܚܘܩ ܘܐܪܡܐ ܒܟܘܪܐ. ܐܪܣܢܝܩܘܢ ܘܐܘܣܦ ܚܕܐ
ܘܗ̇ܘ̇ܐ ܡܬܦܬܟܠܐ. ܕܘܚܕܐ ܒܚܠܠ ܐܝܟ ܡܘܚܬܐ. ܘܟܕ ܗܘ ܐܪܡܐ ܠܗ ܡܢܗ. ܘܗܘܐ
ܠܡܦܬܚܘ. ܘܐܪܡܐ ܒܗ ܕܗܒܐ ܐܟܘܬܗ ܘܫܘܦ. ܗܘܐ ܡܢܗ. ܢܚܫܐ ܩܘܦܪܐ ܚܕ
ܘܦܠܦܠ. ܘܡܠܚܐ ܗܢܕܝܐ ܘܡܠܚܐ ܕܐܘܪܡܝ ܗ̄ ܬܩܠܐ. ܘܡܪܓܢܐ ܘܦܫܝܛܐ ܚܕ ܬܩܠܐ.
ܘܦܠܘܚ. ܘܕܘܟ ܟܠܗܘܢ ܒܡܠܬܐ ܕܟܘܬܐ ܘܟܠܒ ܡܬܩܠܐ. ܘܫܚܘܩ ܒܚܘܙܐ ܒܩܛܝܢܬܐ.
ܘܗ̇ܘ̇ܐ ܡܢܗ ܦܠܓܐ. ܒܟܠ ܚܕ ܡܬܩܠ ܕܕܗܒܐ ܬܩܠܐ ܒ̄ ܘܗ̇ܘ̇ܐ ܡܫܪ ܀

ܠܡܒܠܒ ܕܕܗܒܐ ܒܟܕ ܐܝܟܐ ܡܫܚܐ ܒܚܕ ܟܡܐ. ܗ̄ ܒܬ̈ܡܐ. ܘܢܚܫܐ ܡܠܦܠܐ. ܝ̄ ܒܬ̈ܡܐ.
ܡܬܟܪܟ ܝ̄ ܒܬ̈ܡܐ. ܫܘܦ ܒܫܘܦܗ ܘܟܒܪ ܒܫܡܫܐ. ܘܢܚܘܐ ܚܕܐ ܐܘ ܕܐܝܟܐ
ܫܡܝܐ. ܘܫܘܦ ܕܩܠܐ ܚܕ ܡܢܐ. ܫܘܦ (sic) ܒܫܡܫܐ ܠܐܣܛܘܡܘܢ. ܘܠܟܠ ܡܢܗ.
ܘܟܘܠ ܘܫܚܩ ܒܒܢ̈ܝܐ ܘܗ̇ܘ̇ܐ ܬܠܐ. ܐܝܟ ܒܗ ܕܝܢ ܠܐܝܟܐ ܡܘܕܪܐ ܕܐܝܟ ܗܢܐ[3]. ܒܗܘ
ܐܠܡܝܣ ܒܡܘܪܕܝܘ ܐܝܟܐ. ܐܣܪܝ ܕܕܗܒܐ ܚܕ (sic) ܡܟܬܒ ܘܐܘܒܪܐ ܘܡܘܡܣܢܝܢ ܗܘܐ.

(1) A la marge ܣܪܝܢܝ. — (2) *Sic*, lire ܩܘܦܪܐ. — (3) Ici est figuré le signe de l'étain reproduit ci-dessus, p. 2, l. penult.

ܕܗܘ ܢܗܘܘܢ ܘܐܙܠ ܒܚܫܒܐ[1]. ܘܢܦܠ ܡ̈ܢܘܬܐ ܡ̄ܢ ܒ̄ (sic). ܘܡܬܟܢܫܐ ܐܦܝܣܝܢ. ܡܢ
ܗܘ ܐܙܠ ܥܠ ܡܪܘܗܝ ܘܥܠ ܐܦܪܘܩ. ܘܗܢܐ ܕܗܘܐ ܘܡܨܥܝܐ. ܐܫܬܝ ܕܗܘܐ ܗܘ ܐܝܟܐ
ܘܐܡܝܢ ܘܡܬܚܪܟܬܐ ܕܪܗܛܐ ܘܡܚܠܝ. ܣܚܘܬ ܚܡܐ ܣܓܝܐ. ܘܚܡܝܡ ܡܗܢ̈ܝܢ ܬܢܢܐ.
ܐܫܬܟܚ ܠܗܘ ܗܢܘܢ ܗܘܡܢܐ ܣܩܘܪܐ. ܘܡܦ̈ܠܐ ܕܪ̈ܘܚܐ. ܘܐܦܪ̈ܝ ܘܦܘܠܐ ܘܪ̈ܓܙܐ
ܗܘܦܬܪܐ ܘܡܛܪܐ ܘܒܪܕܐ ܦܠܚܐ. ܘܥܘܪܥܠܐ. ܘܓܘܡܪܐ ܘܡܥܠܝܬܐ ܕܐܪܐ
ܘܦܚܠܬܐ[2]. ܘܡܒܠܐ. ܒܗܘܢ ܗܠܝܢ ܕܗܘ ܦܫܛ ܘܐܙܠ ܒܚܫܘܢ ܡܢ̈ܝܐ ܒܠܝ̈ܬܐ
ܚܕܐ. ܘܗܢܘܢ ܒܡܕܝܢܬܐ ܥܠ ܚܘܡܐ ܕܒܪܐ ܡܢ ܝܒܫ ܒܝܡܐ ܘܡܝܐ ܕܦܫܪ ܗܘ ܢܣܒܐ
ܘܐܬܐܣ ܒܢܘܪܐ ܡܢ ܪܐܫ. ܗܘ ܡܢ ܐܘܪܐ ܘܒܘܒܝܗܘܢ ܒܗ. ܘܠܐܝܢ ܒܗܘܢ ܗܟܢܐ܀
ܕܐܡܝܢ ܡܫܬܚܠܦ ܐܝܟ ܒܟܠܗ ܕܗܘܐ ܘܫܐܦܐ ܗܘ ܐܝܟ ܒܡܬܐ ܚܕܐ. ܘܕܘܟܬܐ
ܕܒܦܢ̈ܝܐ ܐܦ ܝ̄. ܘܢܦܠ ܡܘܐ ܕܡܢܝ ܐܦ ܝ̄. ܘܐܠܝܢܐ ܗܘܡ̄ ܐܦ ܒ̄. ܘܡܒܠܥ
ܐܬܐ ܝ̄. ܘܪܘܚܐ ܕܡܥܠܐ ܐܦ ܒ̄. ܗܘܝܬܐ ܕܐܝܢܐ ܐܘ̄ ܒ̄. ܗܘܬܐ ܐܘ ܚܕܐ. ܡܢܝܢܐ
ܕܡܠܬܐ ܒ̄ ܡܫܬܐ ܒܗ ܗܡܢ. ܘܢܦܠܐ ܘ̄ ܡܫܬܐ. ܘܐܙܠ ܒܡܕܐ ܘܗܘܢ ܗܘܡܢܘ
ܒܠܡܝ ܘܢܝܒ. ܘܡܢܘܙ ܙܒܢܐ ܢܘܚܠ. ܘܢܦܘܩ ܒܡܕܐ ܢ̈ܘܡ̄ ܒ̄. ܡܢ
ܡܕܝܢܬܐ ܒܗ ܗܘ ܢܘܡ̄. ܘܗܘ ܘܗܢܝ ܒܗܡ̄ ܘܐܝܟ ܒܢ ܗܘܐ ܐܝܟ ܒܒܝܬܐ.
ܘܦܪܝܢ ܡܢ ܙܟܝ ܦܠܚܘ ܗܘ. ܘܗܝ ܒܗܘܢ ܐܙܠ ܥܠ ܗ̄ ܒܠܝ̈ܬܐ ܦܢܘܪ ܣܘܐܐ
ܘܡܥܡܕܝܢ ܒܗ ܒܗܡ̄܀ ܘܠܝ ܒܗܘܙܐ ܕܒܢܬ ܒܒܗܢ̈. ܠܐ ܐܬܐ ܒܒܝܗ ܐܐܢܝܐ
ܘܦܘܐܐ. ܐܠܐ ܐܚܪܐ ܕܢܦܘܩ ܐܦ ܒ̄. ܘܡܙ̈ܥܬܐ ܕܡܫܬܢܝܢ. ܝ̄ ܐܦ. ܘܐܙܠ ܥܠ ܗ̄
ܒܠܝ̈ܬܐ ܐܦܪܘܩ. ܘܗܘܐ ܫܐܦܐ܀

ܬܢܝܐ ܕܐܝܟܢ ܥܠ ܦܣܪܐ. ܗܘ ܐܝܟܢ ܐܬܠܐ. ܘܥܒܕ ܒܡܬ̈ܐ ܚܕ ܚܒܠܐ. ܘܐܬܐ ܐܝܟܢ
ܠܗ ܕܢܒܝܬ. ܘܕܘܗ ܘܡܢܝ ܡܬܒܥܠ ܒܡܬ̈ܐ ܕܗܘ ܕܗܘܬܐ. ܘܬܗܘܐ ܥܠ ܡܠܐ̈ܬܐ
ܕܦܣܪܐ ܕܠܐ ܡܬܢܙܚ. ܘܐܦܠ ܠܐܠܝ ܗܘܩܐ ܘܡܬܘܪ. ܒܝ ܡܬܢܒܝ ܬܢܝܐ ܒܦܣܪܐ.
ܡܛܠ ܐܝܟܢ ܐܬܝܗ ܥܠܐ. ܗܟܢܘܘܗܝ ܡܙܩܐ ܗܒܝ ܐܝܢ. ܒܓܢܒܬܐ. ܘܐܐܝܢܚܐ.
ܘܗܒܪܡܚܐ. ܦܝܠ ܒܢ ܒܝ ܡܡܚܠܐ ܦܝܡ ܕܒܗܘܚܠܐ. ܐܝܟ ܕܒܚܐ ܡܬܢܒܝܐ ܘܠܐ
ܡܬܢܙܪ. ܒܗܘ ܕܒܚܝ ܘܡܬܒܚܝ. ܣܥܢܗ ܕܝܢ ܘܡܬܢܬܘ. ܘܐܦ ܒܐܣܘܪܐ.

[1] A ܒܚܫܒ̈ܐ; dans B la lacune continue, voir p. 42, note 4. — [2] A explique à la marge ce mot par حلبة écrit en lettres hébraïques.

ܒܡܘܣܟܐ ܡܩܠܩܠܢܘܬܐ ܕܚܬܝܬܐ. ܟܠܗܝܢ ܓܒ̈ܝܢ ܡܬܩܪܝܢ ܗܠܝܢ ܐܝܟܢ. ܘܟܠܗܝܢ ܕܝܢ
ܐܢܘܢ. ܘܩܫܘܪܐ ܕܢܚܫܐ. ܘܩܠܝ̈ ܩܝܣܐ. ܘܚܠܘܦܐ ܕܢܚܫܐ. ܘܡܠܚܐ ܚܘܪܐ. ܘܟܒܪܝܬ
ܡܢ ܚܘܪܐ. ܘܟܒܪܝܬܐ. ܘܐܪܣܢܝܟܐ ܘܩܢܒܪܐ. ܘܩܛ̈ܪܐ ܕܡܠܚܐ. ܘܩܛ̈ܪܐ ܡܪܩܫܝܬܐ ܕܟܒܪܝܬܐ.
ܘܐܪܐܐ ܚܒܠܐ. ܘܩܛ̈ܪܐ ܚܡܐ. ܘܩܛ̈ܪܐ ܢܘܪܐ. ܘܩܛ̈ܪܐ ܠܚܘܝ̈. ܘܐܦܪܘܣܛܝܩܘܢ. ܘܪܘܚܬܐ
ܕܡܠܚܐ. ܘܪܘܚܬܐ ܕܢܘܪܐ. ܘܪܘܚܬܐ ܕܟܠ ܐܪ̈ܓܢ ܘܕܟܠ ܚܝ̈ܘܢ. ܡܛܠܬܐ ܕܝܢ ܕܟܠܗܠ
ܦܫܪܐ. ܘܩܛ̈ܪ ܢܘܪܐ ܘܚܒܠ (sic). ܘܕܝܠܐ ܐܠܟܝܡܝܐ. ܘܗܘ ܕܡܬܩܪܐ ܗܘ ܟܠܟܠܢܝ. ܘܟܠ
ܕܩܛ̈ܪ. ܘܩܛ̈ܪ ܚܡܝ. ܗܘ ܕܡܬܐܡܪ ܚܡܝ ܘܦܪܘܣܘܦܘܠܝ ܕܢܚܫ ܒܫܘܡܠܝܬܐ
ܘܟܠܡܠܝܬܐ. ܡܬܡܪܐ ܕܝܢ ܐܦ ܟܪܝܬܐ ܕܟܠ ܚܝ̈ܘܢ ܘܦܓܪ̈ܐ. ܘܢܟܠܐ ܕܟܠ ܚܝ̈ܘܢ.
ܘܢܟܠܐ ܘܪܘܚܬܐ ܕܟܠ ܐܝܠܢ̈. ܘܕܟܘܡܝ ܚܡܪܐ. ܘܚܒܘܫܝ ܟܠ ܦܘܣܡܝܢ ܘܟܠ
ܦܣܛܪܘܢ. ܚܢܟܠܐ ܐܡܪ ܕܢܘܗܘܢ ܡܬܐܡܪܝܢ. ܐܦ ܓ̈ܢܝܐ ܕܟܪ ܐܠܗ̈ܐ. ܘܟܠ ܡܕܡ
ܕܫ̈ܐ ܘܐܪܐ. ܘܕܡܦܫܘܛ. ܘܟܢܝܐ ܘܫܪ̈ܐ ܠܗܘܢ ܕܟܪܝܬܐ ܘܐܠܗܐ. ܘܟܠܗܝܢ
ܡܬܐܡܪ̈ܢ ܟܪ̈ܢ ܕܐܠܗܐ ܟܪ ܟܪ ܟܦܠ. ܡܬܡܚܝܢ ܠܗ ܐܠܗܐ ܒܫܡܫܐ ܕܡܐܬܐ.
ܘܚܝ ܗܘܐ ܗܟܢܐ ܘܦܬ̈ܓܡ ܡܬܗܘܘܢ (sic). ܟܕ ܠܗ ܡܢ ܚܕ ܐܝܟܐ. ܐܠܐ ܡܢ ܦܬ̈ܓ ܗܘ.
ܕܚܕ ܡܢ ܚܕ ܡܬܩܠ[1]. ܐܡܪܝܢ ܠܡܠܟܐ. ܕܫܘ̈ ܐܝܟ. ܐܠܐ ܐܝܟܐ. ܐܘ ܕܡܢ ܐܝܟܐ ܠܫܘܡ
ܠܐ ܐܘܕܥܘ ܠܟ ܠܗܘ ܐܠܐ ܦܠܓܗ ܠܚܡܪ. ܒܩܪ̈ܒܐ ܒ̈ ܕܡܢܗ. ܒܫܘܡܪ ܘܚܘܪܐ. ܘܟܠ
ܫܘܡܪ ܐܡܪ. ܗܟ ܐܝܟ ܕܡܢ ܦܠܓܪܝܦܐ. ܕܗܘ ܠܚܘܕܗ ܡܬܢܕܐ ܠܐܦܪܘܣ. ܘܟܠܟܪ
ܠܗ ܕܠܐ ܠܟ. ܘܡܫܡܫܝܢ ܠܝ ܐܝܠܝܢ ܠܗܘ ܕܗܘܝܘ ܡܢܐ ܡܬܟܠܐ ܕܟܪ̈ܢ. ܐܘ ܕܡܢ
ܟܪ̈ܢ. ܠܫܘܡ ܐܪܐܐ ܚܒܠܐ ܐܠܗܐ. ܐܠܐ ܕܟܒܪܝܬܐ ܕܩܝܣܐ ܐܦܪ. ܗܟ ܐܝܟ ܕܡܢ
ܦܪܝܦܐ. ܐܘ ܐܪܣܢܝܩܘܢ ܘܩܢܒܪܐ. ܘܡܠܚܐ ܕܐܣܛܪܛܐ. ܘܗܘܝܢ ܡܬܦܫܩܝܢ ܠܗ. ܟܕ
ܡܬܡܨܝ ܠܐܬܪܘܗܝ ܐܪܐܐ ܚܕ ܕܟܠܟܘܡܪܢܝ. ܐܠܗܝܢ ܗܘ ܕܗܘܝܢ ܗܘ. ܘܟܠܐܚܝܕ
ܠܟ ܒܦܠܓܪܝܦܐ. ܐܠܐ ܐܡܪܬ ܐܝܟܘ ܕܗܘ ܕܡܢ ܦܠܚܪܝܡ ܐܡܪ ܕܡܬܢܕܐ ܠܐܦܪܘܣ. ܘ̈
ܟܕ ܫܘܪܐ. ܟܕ ܟܕ ܠܗ ܕܠܐ ܠܟ. ܟܕ ܡܬܟܠܐ ܗܘܐ ܟܕ ܟܠܟܕ ܫܘܪܐ ܕܠܐܡܪ
ܗܟ ܐܝܟ ܕܡܢ ܐܪܣܢܝܩܘܢ ܘܕܡܠܚܐ ܕܐܣܛܪܛܐ. ܗܟܢܐ ܐܡܪܝܢ. ܐܠܐ ܕܝܢ. ܕܦܘܠܘ ܐܪܐܐ
ܕܟܐܪܐܐ. ܟܘܦ ܕܝ̈ ܡܢ ܗܕܐ ܐܝܟ. ܘܡܢ ܟܕܒܪܐ ܟܕܒܝܢ ܘܦܬܓܡܐ ܗܘܠܐ ܘܦܘܠܘܛܐ.
ܠܝ ܠܐܦܠܛܘܢ ܐܝܟ ܕܐܡܪ ܐܝܠ. ܐܡܪ ܟܕܟܢ ܫܘܡܪ. ܗܟ ܐܝܟ ܘܐܦܠܛܘܢ ܒܓܘܡܘܫܝܡ

(1) *Sic*, lire ܐܝܣܐ.

ܕܡܘܣܝܩܝܐ ܘܦܘܝܛܝܩܐ܀ ܘܒܟܠܗܝܢ ܗ̈ܠܝܢ ܐܡܪ. ܐܝܟܢ ܐܝܟ ܚܕܐ. ܡܕܝܢ ܗܘ ܗܘ ܐܝܟ
ܕܗܘܝܐ. ܗܘ ܕܡܬܐܡܪ ܚܕ ܡܢܐ. ܒܪ ܡܢܗ̇ ܡܬܚܫܒܢܐ ܐܝܬܘ̄. ܡܛܠܗܕܐ ܕܒܢܝ̈ܐ
ܡܬܒܢܝܢ ܒܗܘܢ ܗܘ. ܘܡܬܩܪܐ ܕܐܦ ܡܢܗ̇. ܟܠ ܕܝܢ ܡܟܬܒܢܘܬܐ ܗܝ ܕ ܒܫܘܪܝܗ̇
ܫܘܪܐ. ܐܠܐ ܘܒܬܪܟܢ ܠܗܘܢ. ܐܝܟ ܕܒܫܡܠܝܐ. ܡܬܬܣܝܡ. ܐܘ ܒܐܪܒܥܝܬܐ. ܐܘ
ܒܡܫܪܝܬܐ. ܐܘ ܒܫܒܝܐ. ܐܘ ܡܘܣܝܩܝܐ ܐܘ ܒܡܝܠܐ ܐܝܬܝܩܝܢ[1]. ܒܪ ܗܠܝܢ ܐܡܪ
ܦܠܓܘ̈ ܕܗܕܐ ܒܗܘܢ. ܒܗܠܝܢ ܕܡܬܐܡܪܢ. ܘܠܗ ܡܟܝܠ ܐܝܟ ܕܡܢܗܘܢ ܡܬܬܐܡܪܢ
ܒܗܠܝܢ. ܐܠܐ ܘܟܠ ܐܝܟ ܕܡܢܗܘܢ ܗܘܐ. ܒܟܬܒܝܗ ܦܘܝܛܝܩܐ ܘܡܟܡܠ ܘܟܬܒ. ܐܝܟ
ܕܡܠܐ ܒܡܫܡܠܝܐ. ܚܝܠ ܓܘܢܐ. ܠܗ ܒܪܘܚܐ ܡܫܬܥܐ. ܘܠܐ ܒܐܝܟܢܐ. ܘܟܠܗܝܢ
ܕܡܬܐܡܪܢ ܒܟܬܒܝܗ. ܘܒܗ ܗܘܝܐ ܓܢܒܐ ܗܘ. ܕܐܝܟ ܡܢ ܐܠܗ̄ܐ ܒܡܢܝܢܐ ܘܠܐ ܒܟܬܒ. ܐܦ
ܟܠܗܘܢ ܘܡܫܘܕܥܘ̈ ܘܡܢܟܠ ܘܡܛܘܠ. ܐܠܐ ܠܗ ܕܝܢ ܦܘܪܥ. ܕܡܬܐܡܪܝܢ ܕܦܘܝܛܝܩܐ
ܒܬ̈ܪܐ. ܗܘܢܐ. ܒܐܦܝܩܘܣ. ܘܒܡܘܣܝܩܝ ܐܝܬܝܩܝܘܢ. ܘܐܪܝܬܡܝܩܐ. ܐܝܟ ܕܒܫܘܪ
ܟܠܗ. ܒܗܘܐ ܕܝܢ ܒܒܫܪ̈ܐ ܕܢܦܫܐ. ܘܪܘܚܐ ܘܒܐܪ̈ܝܬܐ ܕܢܦܫܬܢܐ ܐܘ ܢܦܫܢܝܬܐ.
ܒܟܬܒܐ ܦܪܘܣ ܐܘܪܓܐ܀ ܐܡܪܘ ܒܐܪ̈ܐ ܕܡܢ ܫܘܪܐ ܘܒܐܪܐ ܦܪܐܟܣܝܣ ܗܘ܀ ܠܗܘܢ
ܒܢܘ ܒܐܝܟ ܕܡܢ ܡܬܒܢܝܢ. ܐܝܟ ܕܪ̈ܘܚܐ ܡܫܬܘܬܦ̄ܐ. ܘܒܬܪܗ ܒܟܠܗ ܡ̈ܢܐ
ܢܣܒܐ. ܘܡ̈ܢܐ ܐܦܪܘܣ. ܘܒܬܪܗ ܐܘܣ. ܡ̈ܢܐ ܢܗܪܐ. ܘܡܬܪܐܐ ܕܐܢܫܐ.

ܐܡܪ ܦܪܘܩܠܘܣ܀ ܕܠܗܘܢ ܒܩܪܝܬܐ ܐܝܟ ܐܠܗ̄ܐ. ܘܐܡܪ ܐܬܐ. ܐܦ ܕܠܗܘܢ ܐܝܟ
ܠܟܠ ܘܐܦܠܐ. ܗܘܐ ܒܗ ܕܡܘܣܝܩܝܐ. ܗܘ ܕܡܬܐܡܪ. ܘܐܠܗ̄ܐ ܐܪܐ ܒܒܝܬܐ. ܡܕܝܢ ܠܐ
ܪܦܐ ܕܟܠܗ ܠܗܘܢ ܟܠ ܐܝܟ ܕܡܬܪܢ. ܐܠܐ ܐܝܟܐ ܕܒܫܘܢܝ ܠܐܝܟܐ ܕܗܘ ܠܗܘܢ.
ܘܗܠܝܢ ܫܦܩܝܢ܀ ܦܠ̈ܓܐ ܫܒ ܡܕܡ̈ܐ ܕܒܗܘܢ ܘܐܪܒܥܐ ܒܗ ܡܬܬܢܝܢ. ܘܡܫܘܚ
ܒܟܬܒܐ ܕܒܡܘܣܝܩܐ ܠܗܘܢ ܕܡܢ ܒܗܘܢ. ܒܪ ܗܘܐ ܐܝܟ܀ ܦܠ̈ܓܐ ܐܪܒܥܐ ܚܝܠܐ ܘܡܫܘܚ
ܒܗܘܢ. ܐܣܛܪ̈ܐ ܒܡܬܐܡܪ ܟܬܒܝܢ ܒܡܫܬܐ. ܐܝܟ ܕܒܝܬܐ ܒܠܚܘܕ ܡܫܝܚ ܠܗ.
ܘܒܡܫܘܚܬܐ ܗ̈. ܘܗܠܝܢ ܡܬܚܫܒܝܢ ܗܘ̈ ܐܝܟ ܒܪ ܬܠܬܐ. ܫܘܫܠܬܐ ܕܪ̈ܘܚܐ
ܡܬܐܡܪ. ܐܣܛܪ̈ܐ ܡܫܬܠܡܢ ܒܟܠܗܘܢ ܐܝܟ ܦܣ̈ܐ ܟܬܒܝܢ ܕܡܢ ܒܗܦܟܬܐ ܘܒܪ̈ܝܢ
ܒܠܚ̈ܐ. ܘܡܟܬܒܢ ܒܟܬ̈ܒܐ ܒܟܬܒ̈ܐ. ܘܡܫܘܚ ܘܡܬܚܫܒܢܘܬܐ. ܕܗܘ ܒܪܒܝܥܝܬܐ
ܡܫܘܚܬܐ. ܘܡܬܐ ܕܐܣܛܪ̈ܐ ܠܗܘܢ ܘܡܢ ܕܟܬܒܘ ܠܗ ܕܟܬܪܐ ܕܒܠܚܘܕܝܬܐ ܐܣܛܪ̈ܐ.

[1] A ajoute à la marge ܡܘܣܝܩܝܢ ܘܗ̄.

ܘܡܢ ܙܪܥܝܢ. ܐܣܛܘܟܣܐ ܒܥܣܪܝܢ ܒܟܪܝܟ ܒܐܝܕܝ ܡܢ ܟܬܒܐ ܕܦܫܝܛܘܬܐ ܐܘ ܡܬܡܫܚܬܐ
ܘܬܘܒ ܟܠ ܗܝܘܠܐ. ܘܙܪܥܝܢ. ܘܥܠܝܢ ܠܐܣܛܘܟܣܐ. ܕܐܝܟ ܗܘ ܕܟܬܒ. ܘܡܫܪܝܐ ܡܠܟܗܘܢ.
ܗܢܘ ܒܟܪܝܟ ܘܡܬܒܟܪܝܟ ܗܦܟܐ. ܚܫܘܟ ܒܗ ܢܒܠܐ. ܘܦܫܛ ܒܦܫܛܐ ܐܦܪܘܕ. ܘܒܬܒܢ
ܐܝܟ ܕܐܡܪܢ. ܘܗܘܐ ܐܝܟ. ܘܐܬܚܫܒ ܒܒܪܝܬܐ ܕܝܠܗܘܢ ܒܗ ܗܦܝܟܘܬܐ ܗܦܘܟ ܘܗܦܝܟܘܬܐ
ܗܦܟܐ ܕܝܢ ܚܫܘܟ ܒܢܗܝܪܐ ܐܝܟ ܗܒܠܐ. ܘܦܫܛ ܐܝܟ ܕܐܡܪܢ. ܘܦܫܛ ܒܡܬܒܟܪܝܟ
ܘܐܬܚܫܒ[1]. ܗܢܘ ܐܪܥܐ ܕܗܒܠܐ ܚܫܘܟ ܒܢܘܗܪܐ ܐܝܟ ܗܒܠܐ. ܘܦܫܛ ܐܝܟ ܒܣܪܐ
ܘܦܫܛ ܘܗܘܐ ܒܗ. ܗܢܘ ܐܪܥܐ ܘܡܝܐ ܐܬܪܚܩܘ ܚܫܘܟ ܛܘܒ ܒܡܝ̈ܐ. ܒܝ
ܦܬܚ ܒܥܝܢܝ ܐܝܟ ܀ ܕܝܢ ܕܒܥܝܢܝ ܐܝܟ ܕܗܘܝܢ ܗܠܝܢ ܡܢ ܢܘܪܐ. ܡܝ̈ܐ ܡܪ̈ܝܪܐ
ܡܬܦܫܝܢ ܀ ܢܦܩܝܢ ܐܝܟ ܐܪܥܝܢ ܒܒܗܬܐ ܒܗ ܢܒܠܐ ܕܒܠ ܒܢܘܪܐ. ܘܡܒܗܘܢ ܚܫܘܟܐ
ܚܝ. ܐܘ ܐܬܝܬ ܡܢܗ. ܒܝܢ ܐܬܐ ܒܗ. ܐܘ ܢܦܩܝܢ. ܘܗܘ ܐܬܐ ܒܗ ܀ ܐܣܛܘܝܢ
ܐܪܥܝܢ ܒܡܝ̈ܐ ܐܘ ܢܗܘܐ ܒܒܪܝܬܐ. ܐܦ (sic) ܗܘ ܐܘ ܢܬܚܫܒ. ܒܡܬܚܫܒܐ ܗܘ ܀
ܐܘ ܙܐ ܗܘ ܐܝܟ ܐܦܝܢ ܗܘܝܢ. ܐܪܥܝܢ ܒܢܒܠܐ ܕܐܬܐ ܒܗ ܢܦܫܗ ܒܠܚܘܕܝܗ.
ܘܡܚܘܬ ܬܘܒ ܐ ܘܡܢܘܪ. ܟܠ ܗܢܘ ܒܟܪܝܟ. ܢܦܩܝܢ ܦܛܡܛܡܐ ܕܐܦܛܡܐ ܚܘܪܐ
ܘܗܘܡܬܐ. ܘܡܬܡܛܡܛܐ ܕܠܐ ܢܗܘܐ ܡܫܚܢ ܡܒܪܝܢ. ܒܡܗܘܪܐ ܕܐܡܒܪ ܒܗ
ܕܐܬܟܘܐ (sic). ܟܠ ܟܠ ܕܡܬܡܚܣ ܒܐܝܕܐ. ܡܝ̈ܐ ܚܘܪ̈ܐ ܘܒܥܒܪܬܐ. ܢܒܟܒܐ
ܕܐܘܬܐ. ܐܘ ܕܐܬܐ. ܐܘ ܕܒܘܟܘ. ܐܘ ܕܟܬܐ. ܐܘ ܕܐܘܪܬܐ. ܐܘ ܕܡܫܟܪܐ. ܡܝ̈ܐ ܢܒܟܒܐ
ܕܗܟܢ. ܛܝܦܐ ܕܦܪܕܐ. ܛܝܦܐ ܕܕܦܫܝܪܢ. ܡܝ̈ܐ ܙܘܦܐ. ܕܟܠ ܚܘܪܐ. ܗܟܢܐ ܕܡܒܠܐ.
ܡܛܠ ܕܡܫܚܐ ܕܚܘܪܐ. ܡܟܢܐ. ܡܝ̈ܐ ܕܫܥܐ. ܐܡܝܢܐ. ܫܠܐ ܚܒܪܐ. ܐܘ ܫܠܐ ܕܐܛܪܘܦܐ.
ܡܡܘܟܐ ܘܡܪܝܚ. ܘܗܟܢܐ. ܘܦܐܪܐ ܘܟܬܪܘܢ ܡܬܚܫܒܐ ܕܐܬܐܢܐ ܚܘܪܬܐ
ܘܦܫܝܛܬܐ. ܘܒܐܦܐ ܡܟܠܬܐ ܘܐܪܥܐ ܕܦܪܘܙܐ. ܘܡܟܘܢ ܒܐܦ̈ܐ ܚܘܪ̈ܬܐ ܕܡܫܬܐܬܝܢ
ܒܡܝ̈ܐ ܘܡܫܬܐܘܝܢ ܘܡܬܚܠܛܝܢ ܗܘܐ ܕܐܣܝ̈ܢ ܒܫܪܪܐ. ܡܫܒܚ ܒܗ ܕܒܪܝܬܐ ܡܢ
ܒܪܝܬܐ ܡܬܒܟܝܢ. ܘܬܦܫܛܐ ܡܢ ܬܦܫܛܐ ܒܢ̈ܝ ܕܒܝܬܗܘܢ. ܘܦܫܝܛܝܢ[2]
ܡܬܦܫܛܝܢ ܒܒܘܟܘܢ ܚܘܪܐ ܕܒܕܠ. ܡܟܘܡ ܚܘܪܐ. ܘܒܗܝܢ ܘܡܬܒܝܢ ܕܣܡܝܢ.
ܚܫܘܟ ܗܝ ܠܘܩܝ ܕܡܬܦܫܪ. ܘܟܬܪ ܕܡܬܦܫܐ. ܒܗ ܒܝ ܒܗ ܐܪܥܝܢ. ܠܘܩ
ܡܫܒܚ ܕܐܡܪ ܕܐܪܥܝܢ ܒܡܪܐ ܕܡܫܐ. ܘܡܢ ܐܝܟ ܘܦܫܝܛ. ܘܚܫܘܟܐ ܠܝ ܗܘܐ ܕܠܐ

[1] Ici cesse la lacune de B qui a ce qui suit au feuillet 28 recto. — [2] A ܘܦܫܝܛ.

ܠܟܠ. ܐܦ ܠܐ ܗܘܐ ܒܫܡܫ ܐܠܐ ܒܟܠ. ܡܛܠ ܕܡܕܡ ܕܐܦܠܐ ܡܢܗܘܢ ܡܬܚܙܐ ܘܐܟܣܘܪ
ܒܡܫܘܚܬܗ. ܠܐ ܗܘܐ ܒܡܫܚ ܐܝܟ ܢܦܫܬܐ ܠܐ ܒܠܝܬܐ܀

ܐܘܟܝܬ ܡܐܢ̈ܐ ܫܘ̈ܡܗܐ ܕܒܪ̈ܢܐ. ܘܡܐܢ̈ܐ ܫܘ̈ܡܗܐ. ܡܬܩܪܝܢ ܡܫܬܠܡܝܢ ܕܐܬܚܘܝܘܢ܀ ܫܡܫ
ܗܘܠܐ. ܡܠܐ ܘܐܫܩܘܦܝܬܐ ܕܟܣ̈ܦܐ ܘܡܪ̈ܩܝܬܐ ܡܢܗܝܢ. ܕܟܒܪܝܬܐ ܘܕܗܒܐ. ܡܐܢ̈ܐ ܕܢܚܫܐ.
ܡܐܢ̈ܐ ܕܐܣܛܘܡܘܡܐ. ܘܕܟܬܡܐ. ܘܕܡܓܢܝܛܐ ܕܒܪܙܠܐ. ܘܕܙܪܢܝܟܐ. ܘܕܩܢܒܪܐ. ܘܕܐܪܣܢܝܩܐ. ܘܕܟܒܪ̈ܝܬܐ
ܘܕܢܟܬܐ ܕܣܡܐܐ. ܘܕܟܚܠܐ. ܢܚܫܐ ܕܩܒܪܣ. ܩܘܪܡܐ ܡܫܝܚܝܐ. ܟܦܪܐ ܕܫܡܫܘܠܐ.
ܣܪܓܐ. ܘܩܝܢܐ. ܗܘܠܐ ܕܐܝܣܛܘܪܘܣ ܐܪܣܢܝܩܬܐ. ܙܐܦ ܫܝܛܝܩܘܢ. ܡܢܗ ܒܠܩܐ.
ܗܘܠܐ ܕܐܦܪܘܕ. ܡܣܒܪܐ. ܟܘܪܐ ܕܬܢܘܪܐ. ܕܡܘܬܐ ܗܒܘܒܬܐ ܕܡܚܒܬܐ. ܘܟܣܘܪܐ
ܘܡܫܡܘܫܬܐ. ܒܬܪܘܬܐ ܕܡܢ ܡܣܝܒܐ ܡܚܫܚ ܦܠܠܗ. ܟܕ ܚܙܝܬ ܠܗܘܢ ܐܘܟܝܬܘܗ.
ܕܒܪ ܒܩܘܪܛܝܣ. ܟܕ ܗܘܐ ܐܝܟ ܦܘܬܐܡܐ (*sic*) ܕܕܗܒܐ ܕܠܐ ܢܦܨܝܢ܀ ܘܟܕ ܐܫܟܚܢܝ.
ܒܩܕܡܝܐ ܘܦܘܬܡܐ. ܡܐܢ̈ܐ ܕܢܚܫܐ. ܘܡܐܢ̈ܐ ܡܓܢܝܐ. ܘܡܐܢ̈ܐ ܙܪܦܐ. ܘܡܐܢ̈ܐ ܟܬܡܐ. ܘܡܐܢ̈ܐ
ܐܙܠ. ܐܘܦ ܡܢ ܐܣܛܘܡܘܡܐ. ܘܚܕܘܬܐ. ܘܡܫܬܚܠܦ ܡܢܗܘܢ. ܘܚܠܐ ܘܐܣܬܒܚܬܐ ܕܐܝܟ
ܗܟܢ. ܚܕܐ ܕܝܢ ܒܪܒܪܐ ܘܫܘܡܐ. ܒܟܠܗܘܢ ܡܬܚܫܒ ܕܢܦܠܘܢ ܠܗ. ܘܫܘܚܠܦܐ
ܡܫܡܫ ܗܘ܀

ܡܐܢ̈ܐ ܡܫܩܠܬܐ ܕܒܪ̈ܝܬܐ ܕܒܟܠܗܘܢ ܡܬܚܫܒܢ ܒܟܠ ܡܢܗܘܢ ܒ̄. ܘܒܪ̈ܝܬܐ ܚܕ. ܐܘܟܝܬ
ܩܕܪܐ ܘܐܪܡܝ ܒܗ ܡܝ̈ܐ. ܟܕ ܬܪܬܝܢ ܕܝܢ ܟܠܗ. ܘܡܫܚܐ ܘܡܠܚܐ. ܘܫܚܩ ܟܕ ܚܡܝܡ
ܬܪܬܝܢ. ܘܟܕ ܡܪܬܚܐ ܚܠܒܐ ܬܢܐ. ܘܩܛܪ ܠܗ ܩܪܐ ܐܘܟܝܬ ܐܡܪܐ ܨܒܝܢܐ. ܐܦ
ܫܩܘܠ ܠܗ ܡܢܐ ܫܩܝܠܐ ܐܪܡܐ ܒܗ ܘܫܚܩ ܚܠܒܝܢ. ܘܫܚܩܐ. ܘܫܚܘܩ
ܘܡܫܚܩ ܕܢܦܠ ܐܝܟ ܚܡܪܐ ܟܠܗ. ܘܐܪܡܐ ܡܢܐ ܡܚܡܝܐ ܘܡܠܚܐ ܘܦܚܡܐ. ܘܐܘܟ
ܚܒܘܫ ܘܫܚܘܩ ܦܠܙ. ܘܐܡܪܝ ܫܩܠܐ ܕܡܢ ܩܕܪܐ. ܘܐܪܡܐ ܒܡܝ̈ܐ ܘܦܚܡܐ ܒܗ
ܟܕܡܘܬܐ. ܘܫܚܩ. ܘܡܫܚܩ ܒܡܝ̈ܐ ܕܢܦܠܘܢ ܐܝܟ ܕܡܐ. ܐܘܟܝܬ ܚܠܒܐ. ܕܘܟ
ܒܚܠܒܐ ܒܨܠܘܬܐ ܘܐܪܡܝܘܗܝ ܠܫܩܪܐ ܕܩܠܐ. ܘܐܪܡܐ ܒܒܗܘܢ ܡܚܡܐ. ܟܕ
ܡܬܨܡܐ ܡܪܬܚܐ. ܘܟܕ ܪܬܚܘ. ܘܡܫܚܩܘܗܝ ܠܫܩܪܝܐ ܡܚܠܐ. ܘܐܪܡܝܘܗܝ
ܒܡܝܐ ܪܬܚܐ. ܘܐܪܡܐ ܒܒܗܘܢ ܡܫܩܪܐ ܚܕܐ. ܕܗܘ ܡܨܝܥܐ ܐܘ ܒܡܝܐ. ܘܫܚܘܩܘܗܝ
ܠܚܡܪ. ܟܕ ܦܫܡܐ. ܘܐܪܡܝܘܗܝ ܠܫܩܪܐ ܟܕ ܚܡܝܡ ܡܫܡܫ. ܘܐܪܡܐ ܒܒܗ

IMPRIMERIE NATIONALE.

ܡ̈ܝܐ. ܘܬܫܪܐ[1] ܢܦܩ ܡܢܗ. ܘܐܢܬ ܒܡܘܢܝ ܡ̈ܝܐ ܕܠܐ ܐܬܫܐ ܘܢܬܒܘܠ ܚܕ ܚܘܪܐ
ܘܡܬܦܪܫܢ ܘܡܬܢܟܣܢ ܒܗܘܢ ܕܡܐ ܀

ܣ̈ܡܐ ܕܐܡܝܪ ܒܟܬܒܐ ܚܠܐ ܡܬܐ. ܬܠܬ ܣܘܡܩܐ ܘܡܘܪܩܐ ܕܡܠܟܝܢ ܥ. ܚܡܪܐ
ܕܡܠܟܝܢ ܓ. ܘܪܘܩܐ[2] ܕܡܠܟܝܢ ܚ. ܐܩܡܐ ܕܡܠܟ (sic). ܕܐܬܚܙܝ ܕܟܘܪܗ (sic) ܙܘܦܬ
ܡܪܩܝ ܕܡܠܟ (sic). ܩܠܝܐ ܕܐܣܛܘܪܘܣ ܕܡܠܟ ܓ. ܡܠܚܐ ܚܢܙܝܪܝܐ ܡܘܩܕܬܐ. ܕܪܥܝܐ
ܠܟܠܗܝܢ ܕܡܠܟ ܡ. ܚܡܪܐ ܕܡܠܟ ܟ. ܡܬܒܫܠܝܢ ܒܚ̈ܠܐ ܕܟܘܪ̈ܐ ܕܡܥܘܬܐ ܒܟܠ.
ܐܝܟ ܕܐܡܪ ܒܟܬܒܐ ܕܟܠ ܐܬܘܬܐ. ܘܠܐ ܒܟܠ ܡܬܒܫܠܝܢ. ܐܢܬ ܒܟܠ. ܘܡܢ ܐܘܡܢܐ
ܒܥ̈ܩܪܐ ܘܕܥܘܠ ܘܕܒܫ. ܘܒܘܟ ܕܚܫܘܟܝܢ ܘܐܬܢܣܒ. ܟܠ ܡ̈ܢܐ ܡܬܥܒܕܝܢ. ܒܟܬܒܐ
ܕܟܠ ܬܘܒܠܐ ܐܬܢܣܒ. ܘܒܒܥܝܪ ܐܘܒ ܡܬܒܫܠܝܢ. ܒܒܣܝܡ ܡ̈ܢܐ ܡܬܦܫܐ ܕܒܪܟܐ
ܕܒܪܐ. ܘܦܦܝ[3] ܘܡܥܒܕܬܐ ܘܡܢܥܐ ܕܒܗܬܐ. ܒܗܝ ܐܡܘܪܐ. ܘܒܟܠ ܡܪܘܩܐ ܘܐܟܠܐ
ܕܒܟܠ. ܘܟܠ ܕܐܢܬ ܒܗ ܒܟܠ ܕܡܢ ܒܗ. ܘܒܗܘܢ ܟܠ ܥ̈ܩܪܐ ܡܬܦܫܬܐ ܕܒܪܟܬܐ
ܕܒܝ ܒܟܐ. ܘܟܠ ܡ̈ܢܐ ܒܟܬܒܐ ܡܪܡܢܐ. ܗܢܘܢ ܕܒܟܝܢ ܒܟܬܒܐ ܚܡܪܐ. ܗ ܦܝ ܐܡܝ.
ܡܟܢ ܀

ܕܥܘܕ ܒܟܘܢ ܡܥܒܕܐ ܕܝܘ[4] ܡܩܒܥܬܐ. ܗ ܡܥܫܢܝܬܐ ܀ ܡܬܘܬ ܡܠܘܝ
ܠܟܠ ܟܠܡܐ ܘܡܝܬ ܕܐܠܐ ܐܬܬܐ ܟܘܠܐ ܒܪܟܐ ܒܣܡܗ. ܘܐܒܥܝ ܡ̈ܝܐ ܒܒܚܠܐ
ܕ. ܘܒܟܠ ܦܝ ܕܐܠܐ. ܘܡܝܬ ܠܟܠܐ[5] ܒܒܗܘܢ. ܘܒܠܐ ܒܟܠܝ[6] ܘܡܘܢ ܘܡܚܘܡ
ܒܘܟܬܐ ܕܚܣܝܐ ܒܡܠܬܐ. ܘܢܗܘܐ ܟܘܠܐ ܒܪܟܐ ܒܟܘܠܗܘܢ ܠܟܠܗܝܢ ܒܥܒܠܐ. ܘܦܠܛ
ܬܘܡ ܡܢ. ܘܐܝ ܙܥ ܒܗ ܒܠܘܝ. ܘܐܠܐ ܐܘܒ ܦܝܩܐ. ܒܗ ܗܘܐ ܒܗ ܒܟܠܐ. ܘܙܐܒ
ܒܟܠܝ ܕܐܠܐ. ܘܦܝ ܐܦܩ ܘܡܢܥ ܘܙܘܡ ܒܒܪܩܬܐ ܕܒܠܐܠܐ. ܘܣܘܟ. ܘܟܘܡ ܒܕܐܠܐ
ܘܟܒ ܒܟܘܠܐ[7] ܘܬܫܪܐ ܀

ܐܘܡܢܐ ܐܚܪܢܐ ܕܐܡܥܒܕܐ. ܡܢ ܐܒܪܐ ܡܟܠ ܕܪܚܝܩ ܘܟܝܦ ܐܝܟ ܡܟܘܪܐ ܕܒܚܝܠܐ.
ܘܟܒ ܒܗܘܢ ܕܦܟܠ. ܘܡܝܬ ܒܗܘܢ ܚܘܠܐ ܚܕ. ܘܐܠܒ ܒܒܪܩܐ ܕܐܠܐ ܐܬܬܐ

(1) Ce qui suit se trouve dans B au feuillet 16.

(2) B ܙܘܡܐ.

(3) *Sic*, lire ܘܦܦܝ.

(4) A ܕܗܘܐ.

(5) A ܠܟܠܐ.

(6) *Sic*, lire ܟܘܠܐ.

(7) B ܒܟܘܠܐ.

ܠܟܠ ܡܢ ܚܠܠ ܐܝܐ. ܘܡܠܚܐ ܚܪܝܦܐ ܘܡܫܚܘܗ ܬܘܩ̈ܠ ܒ̄. ܘܐܦܝܣ ܡܠܘܗܝ ܠܐܣܦܝܕܐ
ܘܫܚܘܩ ܟܠ ܙܪܢܝܟܐ ܘܡܣܘܡ. ܘܐܪܡܐ ܡܟܠܠ ܡܢ̈ ܡܟܠܐ. ܘܡܚܝ ܡܢ̈ܚܐ. ܘܢܗܘܐ
ܚܘܠܠܐ. ܕܢܗܘܐ ܐܝܟ ܐܣܦܝܓ ܐܟܣܐܠ ܐܣܦܐܠ ܀
ܐܘܦ ܩܣܝܛܪܘܢ. ܚܘܕ ܩܠܩܢܬܝܢ ܕܥܠܝܐ ܕܟܠܗܝ. ܗ̄ ܕܢܚܫܐ ܘܦܠܓܘܗܝ.
ܠܐܣܦܐ ܟܠܝܐ ܕܐܢܫ ܘܐܦܪܘܪ. ܦܝ ܡܚܘܬܐ ܟܟܝܪ ܠܡܫܢ. ܐܡܟ ܕܢܦܠܐ
ܗܘܠܝܬ. ܘܫܘܛ ܢܘܐ ܠܠܗܝܢ. ܘܐܘܟ ܚܣܘܡ ܘܐܘܟ ܦܠܐ. ܟܕ ܗܘܐ ܩܣܝܛܪܘܢ
ܟܘܢܝܗ. ܘܡܢ ܐܠܒܝܣ. ܚܟܒ ܩܣܝܛܪܘܢ. ܗܟ ܩܣܦܝܕܐ ܘܦܠܐ ܟܠ ܠܚܡܐ. ܟܕ
ܗܘܐ ܩܣܝܛܪܘܢ. ܘܗܟ ܘܫܟܘܠ ܟܘ ܠܟܣܝܛܪܘܢ ܟܕ ܡܠܚܘܢܐ ܗܘܝ. ܚܠܬܪ
ܕܢܬܘܐ ܐܝܬ ܟܘ ܚܠܠ ܡܠܚܘܬ. ܗܘܝ ܫܟܘܠ ܠܐܣܦܝܕܐ. ܘܐܪܡܐ ܠܐܬܘܘܢ
ܟܠܬܐܝ ܩܢܘܬܐ[1]. ܦܝ ܡܚܘܬܐ[2]. ܘܦܫܛ ܟܘܝ ܡܢ ܟܠ ܓܘܢܝ. ܘܡܢ ܗܘ
ܡܠܚܘܢ ܠܐܘܢ ܩܬܢܝܐ. ܡܟܢܫܗ ܡܢ ܩܣܦܝܕܐ ܚܣܝܠܐ ܚܘܪܐ. ܘܡܢ
ܠܟܣܝܛܪܘܢ ܡܬܩܢ ܒ̄. ܗܘܐ ܐܘܟ ܩܣܝܛܪܘܢ ܕܟܠܐ ܗܘܝ. ܗܟ ܩܠܩܢܬܝܢ
ܩܠܩܢܬܝܢ ܗ̄ ܩܣܦܝܕܐ. ܘܟܘܦ ܚܠܐ ܘܐܪܡܐ ܟܡܘܠܬܐ ܘܟܠܐ ܘܡܘܗ ܠܡܠܚܢ.
ܘܟܡ ܘܠܘܐ ܠܐܘܢ ܡܬܩܢܐ ܢܘܩ̈ ܝ̄. ܘܡܣܘܡ ܘܠܚܝ ܀ ܩܣܝܛܪܘܢ ܐܟܣܝܠܐ.
ܩܠܩܢܬܝܢ ܩܘ̄ ܕܬܟܡܦ. ܡܟܡܠܐܘܦ[3] ܝ̄. ܩܣܡ ܟܡܢܘܪܐ[4] ܐܝܟ ܚܢܝܐ. ܘܠܘܐ
ܢܘܡܐ ܚܕ. ܘܕܘܦ ܘܡܚܝ ܟܟܠܬܐ ܚܕ ܡܟܘܗ. ܐܘܟ ܩܣܝܛܪܘܢ. ܟܘܦ ܩܣܦܝܕܐ
ܚܢܠܐ ܐܘܦܠܐ. ܘܐܪܡܐ ܟܡܢܘܪܐ ܘܟܘܠܐ ܘܡܘܗ ܠܡܠܚܢ ܘܠܘܐ ܠܐܘܢ ܩܘܡܢ̈ܐ ܝ̄
ܬܘܩ̈. ܘܫܟܦ. ܘܠܝ. ܡܟܡܠܐ ܕܐܪܣܝܢܝܩܘܢ ܠܐܠܚܡ. ܗܟ ܐܪܣܢܝܟܐ ܙܪܢܝܟܐ[5]
ܘܡܣܘܡ. ܘܐܝܬܐ ܟ̄ ܡܬܩܠ. ܘܐܪܡܐ ܚܕ ܘܟܦ ܐܣܝܡ ܠܟܠ ܡܟܘܗ. ܘܡܘܗ ܡܬܩܠ
ܘܩܒܪ ܟܡܢܘܪܐ ܕܐܝܬ ܟܘ ܢܘܡܐ ܚܕܐ. ܘܢܫܘܪ ܠܐܝܬܗ ܡܢ ܢܘܪܐ. ܘܟܠ ܕܦܫܪ.
ܢܗܘܐ ܟܟܠ ܟܠܝܬܐ ܘܡܘܗ ܘܢܫܘܪ. ܝ̄ ܐܟܢܝ. ܘܡܢ ܐܠܒܝܣ ܀
ܟܠܬܐܘܪܢܘܢ ܕܗܘ ܡܟܘܪܐ ܗܘܐ ܗܘܝ. ܗܟ ܠܠܗܝܢ ܘܫܠܝܡܘܢ ܐܝܟ ܠܝܩܬܐ ܘܟܦܝܢ

[1] *Sic*, sans doute pour ܩܢܘܪ̈ܐ; comparer l'arabe قارورة.

[2] A ܡܚܘܬܐ.

[3] Ce mot est expliqué à la marge dans les deux manuscrits par الى موضا.

[4] *Sic*, sans doute pour ܟܡܢܘܪܐ; comparer la note 1 ci-dessus et ci-après, p. 59, l. 16.

[5] *Sic*, peut-être pour ܙܪܢܝܟܐ, c'est-à-dire arsenic lamelleux.

ܛܩܣܐ ܐܚܪܢܐ. ܢܣܒ ܩܕܘܪ ܩܝܡܘܠܝܐ ܟܠ ܡܫܘܚ ܐܢܫܐ. ܚܕ ܚܕ ܩܕܡܝܐ. ܘܦܫܘܪ
ܐܣܝܬ ܩܕܡܝܐ ܗܟܢ. ܟܕ ܦܫܪܝܢ ܟܠܗܘܢ ܟܕ ܚܡܐ ܐܝܟ ܦܪܙܠܐ ܘܟܕ ܟܠܐ. ܘܡܣܒܟ
ܟܠ ܒܝܬ (*sic*) ܕܡܝܪܐ ܛܒ. ܘܐܡܣܝ ܡܟܘܠܐ ܥܠܘ ܐܒܪܐ. ܘܟܣܐ ܐܒܪܐ. ܘܡܟܘܢ
ܙܡܢܐ ܟܠܠ ܚܕ. ܘܐܬܟܣ ܀

ܗܢܘ ܥܠܝ ܟܘܟܒܐ. ܐܪܥܐ ܟܐܒܐ ܕܟܠܗ ܟܘ ܟܡܐ. ܘܐܪܥܐ ܟܟܘ. ܟܟܪ̈ܬܐ
ܕܡܣܟܐ ܟܡ ܦܠܐ. ܘܐܘܡܝ ܐܝܟ ܕܟܬܒܐ. ܐܡܟܐ ܕܟܐ ܕܗܘܐ ܥܠܝ ܡܡܫܪܝ. ܢܣܒ
ܩܥܩܥ ܕܛܒ ܗܘ. ܐܝܟܢ ܕܝ ܕܩܒܠ ܢܐܡܪ ܗܘܐ ܐܝܟ ܥܠܬܐ. ܐܬܕܪ ܕܠܐ ܢܣܘܪ ܠܐܩܢܝ
ܘܢܐܡܪܝ ܀

ܠܘܡ ܐܘܟܪܐ. ܐܬܐ ܢܘܡܪܐ ܕܢܣܟܐ. ܘܐܬܐ ܡܟܘܢܣܐ ܕܡܪܕ (*sic*) ܟܩܠܐ. ܘܪܘܡ
ܡܢ[1] ܡܟܘܢܣܐ ܕܦܪܬ ܟܡܬܐ. ܪܘܡ ܟܝܘܢ ܕܢܘܡܪܐ ܗܢ ܕܢܣܟܐ. ܘܟܘܡ ܟܠܘܡܪܐ.
ܟܠܠ ܡܢ ܣܪܩܐ ܕܐܬܐ ܟܢ ܦܠܐ[2] ܠܡܣܩܐ. ܘܗܘܐ ܐܘܟܪܐ. ܘܟܠ ܝ̈ ܢܘܡܝ ܟܪܘܝ ܘܛܪ
ܟܠܝ. ܐܣܪܝ̈ ܣܟܘܪ ܟܘܡܟܐ ܥܠܪܟܐ ܘܐܟܟ. ܘܡܣܒܟ ܟܢ ܟܘܪܬܐ ܕܟ̈ܣܟܐ. ܘܪܘܡ
ܟܟܘܢ ܡܢܐ ܦܟܠܠ. ܘܡܟܘܡ ܝ̈ ܢܘܡܝ ܕܢܣܟܘܢ. ܘܛܡܪܘܪ ܟܘܢ ܢܣܟܐ. ܘܟܠ
ܝ̈ ܢܘܡܝ ܐܘ ܦܠܪ ܐܩܡ ܘܡܣܒܟ ܟܡ̈ܪ. ܘܡܘ. ܘܛܪ. ܘܐܘܟ ܟܟܒ ܗܟܢ.
ܣܛܠ ܣܘܪ ܟܬܘܪܛܪܝ[3] ܕܢܘܐ ܟܟܒ ܥܠܡܐ[4]. ܡܟ ܟܛܦܪܐ ܝ̈ ܕܘܡ ܘܣܘܟ.
ܘܐܪܥܐ ܡܟܣܐ ܕܦܘܐ ܟܛܦܪܐ ܝ̈. ܘܡܢܐ ܕܢܟܐ. ܘܟܡܟܠ ܟܒ ܦܪܦܪ. ܘܐܣܡܝ
ܟܡܢܐ ܣܟܠܐ. ܘܟܒ ܣܘܪ ܛܒ. ܢܟܡ ܘܛܪ ܀

ܦܘܦܪ ܦܪܐܠܐ ܗܢܘܡܐ[5] ܕܗܘ ܦܘܟܒ. ܡܟ ܡܘܦܪܐܐ ܕܦܘܟܒ. ܘܡܣܒܟ ܟܟܘܛܠ.
ܘܐܪܥܐ ܟܟܘ ܟܟܪ̈ܝ ܘܐܘܣܟܐ. ܘܦܪ ܟܡܪܟܘܢܐ. ܘܗܘܢ ܦܟܐ ܡܡܪ ܀

ܠܘܡ ܡܢܟܪܢܡ ܕܗܘ ܐܝܟܦܪ. ܐܬܐ ܐܝܟ ܛܪܥܐ. ܡܪܬܐ ܚܕܐ. ܘܡܟܪ̈ ܥܠܦܢ
ܝ̈ ܡܢܩܝ. ܘܡܣܘܡ ܟܡܕܪܬܐ ܕܥܠܦܐ ܡܣܐ ܛܒ. ܘܡܟ ܡܫܐ ܟܟܡܠܐ ܕܠܐ ܢܣܘܐ
ܟܘ ܟܡܟܝ[6]. ܘܡܘܢ ܛܒ ܟܛܡܝ ܟܘܪܡܐ[7] ܕܡܟܢ ܟܡܟܪܐ. ܘܠܝ ܙܟܝܬ ܡܘܟ

(1) A ܟܠܠ au lieu de ܡܢ.

(2) A ܦܠܐ ܡܢ̈.

(3) Les manuscrits expliquent à la marge ce mot par ܛܠܦܛ.

(4) Signe de l'argent précédé de ܕ.

(5) Les manuscrits expliquent à la marge ce mot par ܟܡܟܒ, voir p. 6, l. 9.

(6) *Sic*, comparer ܟܘܠܐ ci-dessus, p. 39, l. 16.

(7) A ܟܘܪܡܐ.

ܦܢܝܢ ܒܓܠܐ ܘܡܩܡ ܠܩܢܘܡܗ. ܘܥܒܕ ܒܗܘܢ. ܘܡܦܩ ܒܗܘܢ ܠܡܥܠܐ. ܘܡܥܒܕ
ܒܓܠܝ ܠܗ. ܘܥܒܕ ܟܠ ܡܕܡ ܕܚܙܝ. ܒܝܘܡ ܒܪܩܐ. ܐܘ ܒܐܝܠ ܕܐܝܠ (sic).
ܐܝܟܢܐ ܗܘܐ.

ܡܢ ܒܬܪ ܐܠܗܐ ܒܪܝܐ ܡܟܠ ܕܐܝܬ ܘܕܡܥܠܠ ܕܐܬܝ. ܘܡܢ ܠܗ. ܘܐܢܫܐ ܒܒܝܬܐ
ܕܚܝܠܐ ܘܗܘܝܐ ܒܟܘܢܗ ܢܛܠ ܡܠܐ ܕܐܝܟ ܡܬܢܚܡܝܢ. ܘܗܦܟ ܒܩܒܪ ܒܝ ܡܫܝܚܝܢ.
ܘܐܢܫܐ ܒܟܘܢܗ ܒܦܓܪܐ ܚܝܐ ܕܢܦܫ. ܘܥܒܕ ܒܩܒܪܐ. ܒܝ ܡܫܝܚܝܢ ܒܬܪܗ. ܘܡܢ
ܡܢ ܟܠ ܚܘܪܐ. ܒܝ ܐܢܫܐ ܡܟܠ. ܘܡܢ ܡܢ ܘܒܢܝ ܐܘܠܐ ܕܡܫܝܚܐ ܩ. ܘܒܗܝ
ܒܗ ܕܡܫܝܚܐ ܗܢܐ.

ܢܫܡ ܕܡܫܝܚܐ. ܡܢ ܐܝܟܢ ܕܒܬܪ ܡܢ ܐܘܪܚܐ ܘܒܢ ܡܢܗܘܢ. ܘܒܢ ܡܬܚܢ
ܕܡܠܟܐ ܘܥܒܕܐ ܘܒܢܝ. ܘܗܘ ܠܗ ܘܡܢܝ ܒܡܢܝܢܐ ܕܦܓܪܐ. ܘܐܡܪ ܢܝܫܐ
ܒܥܕܢܐ ܘܢܘܚ. ܘܐܡܪ ܡܢܗܘܢ ܡܢܝܢܐ ܚܝܐ. ܘܒܢܝ ܡܪܢܝܗܝ[1] ܡܢܝܢܐ ܩ.
ܘܥܒܕ ܒܒܪܐ ܢܦܫܐ. ܘܡܢ ܐܝܬܐ ܡܚܕܐ. ܘܥܡܕ ܒܟܘܢܗ ܒܡܠܬܐ. ܘܐܢܫܐ
ܢܝܫܐ ܒܗ ܠܐܝܬܘܗܝ. ܘܡܛܠ ܐܢܫܐ. ܘܒܪܐ ܒܝܗ ܡܪܐ ܙܪܐ ܕܡܢܟ ܢܦܫܗ ܐܝܟ
ܡܕܡܐ. ܘܗܘ ܡܬܚܙܐ ܒܝ ܡܢܐܬܐ. ܒܙܪܐ ܘܡܬܚܫܚ ܒܬܪܝܢ. ܒܗܘܢ ܡܠܘܐܐ ܠܐ
ܗܢܘܢ ܠܟܠܗܘܢ ܐܢܫܝܢ. ܐܘ ܙܒܢܐ ܕܐܬܒܥܝ ܒܩܠܐ. ܒܓܘܠܐ ܡܢܝܢܐ ܗܘ. ܒܟܠ
ܡ ܐܩ ܠܓܘܢ ܐܘܟܝ ܗ ܐܩ ܢܦܫܐ ܡܢܝܢܐ. ܘܡܬܦܢܝܢܐ[2] ܒܟܠ ܡ. ܗ ܡܢܝܢܐ.
ܘܗܘܐ ܦܪܨܘܦ. ܘܠܐܘܦܐ ܗ ܡܢܝܢܐ ܕܕܘܪܐ. ܐܘ ܡܢܝܢܐ ܗܟܢܐ ܒܟܠ ܡ ܠܓܘܢ.
ܗ ܐܩ ܢܦܠ ܐܦܠܘܢܐ. ܐܘ ܚܘܪܐ. ܗ ܐܩ ܡܫܝܚܐ. ܒܡܫܝܚܐ ܐܢܫܝܬܐ.
ܡܢ ܦܪܚܐ ܕܐܬܐ ܡܫܝܚܐ. ܘܡܢܗܘܢ ܠܓܠܐ ܩܢܘܡܐ. ܘܐܬܐ[ܐ] ܢܦܫܐ ܚܘܪܐ ܡܫܝܚܐ.
ܘܐܡܪ ܠܓܠܐ ܒܚܘܪܐ ܡܢ ܐܟܠܬܐ. ܒܝ ܠܥܠܡܐ ܒܗܘܢ ܒܗܘ ܢܦܫܐ. ܘܡܢܗܘܢ ܒܝ
ܢܘܪܐ ܐܝܟ ܐܚܝܕܐ. ܘܗܢܘܢ ܐܬܐ ܒܢܝ ܘܡܢܗ ܠܓܠܐ ܢܦܫܗ ܡܢܐ ܕܡܢܝܢܐ.
ܘܡܛܘ ܐܝܟ ܒܢܘܢ. ܘܗܘܝ ܠܗ ܒܝ ܗܘܢܝ ܐܝܟ ܚܘܪܐ. ܘܐܬܐ ܐܢܫܐ ܡܫܝܚܐ
ܕܡܢܗ. ܒܟܠ ܒܓܠܐ ܐܢܫܐ. ܐܩ ܪ. ܘܡܬܚܙܝܢ ܡܢܝܐ. ܘܗܘ ܡܫܝܚܐ ܕܡܠܐ.
ܗ ܗܘܢܝܢ. ܒܓܠܐ ܕܐܢܫܐ. ܐܩ ܩ. ܘܡܠܐ ܕܦܪܐ ܐܢܫܐ ܡܢܝܢܗ ܒܟܠܗ ܘܡܢܗ.

(1) B ܡܢܝܢܐ. — (2) B ajoute ܡܠܐ ܒܟܠ.

ܘܟܠ ܕܐܬܒܚܬܗ ܠܐܩܡܘܗܝ. ܢܦܠ. ܘܗܘܐ ܗܘ ܡܚܡܨ ܕܐܬܚܡܨ. ܕܥܘܪܐ[1] ܗܟܢ ܡܚܡܨ
ܐܪܣܢܝܩܐ. ܡܬܩܠܐ ܡ̈ܐ. ܘܫܘܦܪܢܝܩܘܢ ܐܩ̈ ܕ̈. ܘܫܘܪܐ ܐܩ̈ ܗ̈. ܘܕܗܒܐ ܕܗܘ
ܦܘܠܝܛܝܩܘܢ ܐܩ̈ ܕ̈. ܗܘܝܘ ܡܢܗܘܢ ܕܝ ܙܒܢܬ ܠܚܝܘܗܝ ܡܠ ܕܐܬܝܕܥܘ ܒܐܘܪܚܐ. ܘܟܠ
ܕܐܬܚܫܒܘ ܒܪܘܪ ܠܚܝܘܗܝ ܡܚܠܐ. ܕܢܚ ܡܢܝ ܡܢܗܝ. ܘܗܘܝܘ ܐܟܚܕܐ ܘܚ̈. ܐܣܛܝܟ.
ܣܡܠ ܡܬܩܠܐ ܘ̈ ܡܢܗܘܢ. ܘܫܘܚܠܦܐ ܣܓܝ. ܡܢܝܢܐ ܕܗܘܒܐ ܒ̈. ܗܘܝܘ
ܘܡܬܚܫܒܐ ܦܝܪܐ ܝܗܘܐ. ܘܐܘܪܚܐ ܗܘ ܡܠܘܐ ܒ̈ ܡܢܗܘܢ. ܘܦܫܪ ܠܗܒ. ܐܣܛܝܟ
ܣܡܠ ܣܘܐܐ. ܐܩ̈ ܩܘ̈. ܗܘܝܘ ܘܐܘܪܚܐ ܠܟܠ ܐܢܫܐ ܡܟܠܠ ܡܟܠܠ ܩܘ̈. ܟܕ ܡܬܚܫܒ
ܘܢܛܪ. ܘܐܘܪܚܐ ܠܥܠܝܗ. ܘܟܕ ܐܘܪܚܐ ܒܚܘܪܐ ܘܗܘܝ. ܘܐܘܪܚܐ ܠܟܠ ܡܠܘܐ ܐܩ̈ ܩܘ̈.
ܘܡܬܦܪܫܝܢ ܒܣܒܒܐ ܕܢܝܐ ܘܪܥܐ ܡܓܝܐ ܕܒܟܝ ܐܝܟ ܕܒܥܠܐ. ܕܡܬܟܒܪ ܫܘܪܐ ܠܐ
ܡܫܟܪܐ ܗܟܢ ܠܐܒܠܐ. ܒܟܘܠ ܕܗܘ ܣܦܪ ܐܘܠܝܢ. ܘܡܫܝܠ ܕܒܪܐ ܗ̈ ܒܡܘܡܐ. ܘܐܬܐ
ܒܢܝܐ ܘܡܟܫܠ ܐܩ̈ ܟ̈. ܘܢܬܐ ܣܘܐܐ ܐܩ̈ ܟ̈. ܘܫܡܗ ܒܟܘܠ. ܘܡܫܡܫܢ ܒܗܘܢ (*sic*).
ܘܫܘܚ ܦܝܣ ܟܕ ܙܐܝܣ ܠܗܒ ܠܗܒ. ܘܦܫܪ. ܫܢܝ ܡܓܝܐ ܘܪܥܐ ܣܓܝ ܣܓܝ ܐܘܝ. ܚܣܝܪܐ
ܡܬܩܠܐ ܒ̈ ܒܝܘܡܝܢ. ܘܡܣܘܡ ܐܣܝܪܐ. ܘܐܘܪܚܐ ܒܚܘܪܝ. ܘܡܬܦܪܫ ܒܗ ܦܬܠܐ ܕܡܪ.
ܘܐܘܪܚܐ ܒܢܟܬ ܦܬܠܐ ܡܢ ܣܒܒܐ (*sic*). ܘܫܡܗ ܒܢܒܬ ܒܘܫܪܐ ܘܦܘܫ. ܘܟܕ
ܡܫܠܡܐ. ܗܢܐ ܡܢܝܢ ܕܥܠܬܐ ❖

ܕܡܢ ܐܪܒܥ ܘܐܟܪܐ. ܦܫܪ ܚܕ ܚܕ ܡܢܗܘܢ ܒܡܬܚܐ ܕܒܟܝܢܐ (*sic*). ܘܗܘܝ ܙܒܢܐ
ܡܟܠܠ ܡܟܠܠ ܡܢܐ. ܘܟܝܢܗ ܒܐܬܚܫܠܬܐ. ܗܢܘ ܕܡܢ ܠܐܩܡܘܗܝ. ܢܦܫܝ ܐܪܒܥܐ
ܐܪܒܥܘܢ ܒܐܘܪܚܬܐ ܕܟܢܐ. ܐܘ ܟܠ ܡܬܚܫܒܐ ܕܦܪܝܫ ܟܠ ܠܐܪܒܥܐ (*sic*). ܘܐܝ ܢܣ
ܡܢ (*sic*). ܒܢܝܐ ܐܝܬ ܒܗ. ܠܘܟ ܦܫܪ ܠܐܪܒܥܐ. ܘܐܘܪܚܐ ܠܟܠܗܘܢ ܢܣܝܒܝܢ ܘܡܟܠ
ܒܟܠ ܕܡܬܦܠܓ. ܘܐܝ ܡܫܪ ܚܒܪܐ. ܐܝܟ ܡܫܡܫ ܕܐܝܬܘܗܝ ܗܢܐ.

ܠܘܬ ܐܣܟܪ. ܗ̈ ܠܐܡܪ. ܢܣܝܒܝܢ ܗܘܝ ܒܢܝܬܐ. ܘܡܚܠܐ ܗܟܢܐ. ܒܢܘܪ
ܕܫܪܟܠܐ ܗܟܢܐ. ܘܡܣܘܡ ܘܫܡܗ ܒܡܝܪܐ. ܘܐܘܪܚܐ ܠܟܠܗܘܢ ܢܒܠܐ ܕܡܟܠܐ ܒܗ.
ܘܡܬܚܙܐ ܐܣܘܠܘܘܢ. ܘܟܕ ܠܗܘ ܦܟܝ ܢܒܠܐ. ܐܣܬ ܘܫܡܗ ܒܟܠܝ ܟܕ ܣܢܝܢ.
ܘܗܘܐ ܠܐܡܪ ܠܗܘܠܐ ܕܢܦܫ ܠܟܠܐܝܢ. ܡܢ̈ ܢܘܠܐܕ. ܗܟܢ ܢܘܦܝܪ ܒܟܠܐ ܕܙܒܢܬ.
ܘܡܣܘܡ ܡܫܪ. ܘܗܟܢ ܟܠܗܐ ܡܢܝܐ ܕܚܝ ܦܘܡܗ. ܘܐܡܝܢ ܠܗܒ ܒܡܢ̈ܐ. ܘܟܕ

[1] A ܥܘܪ̈ܐ.

ܒܡ̈ܝܐ ܘܡܠܚܐ. ܘܐܪܡܝܗ ܒܗ ܒܣܘܡܒܪ ܕܒ ܕܩܝܩ. ܘܫܛܘܪ ܒܟܘܪܗ ܘܛܪ. ܘܡܢ
ܦ̈ܐܪܐ ܕܚܝܛܐ. ܐܘ ܡܫ̈ܚܐ ܕܙܝܬܐ. ܘܟܡܐ ܕܡ̈ܝܐ ܕܒ ܡܫܬܛܝܢ ܛܪ. ܘܐܣܟ ܕܒܫ
ܢܘܪܐ. ܘܟܕ ܢܦܩ ܛܘܒܪ ܒܗ ܒܟܘܬܐ ܕܐܝܟ ܒܗ ܢܘܗܪܐ. ܘܟܕܡܐ ܒܫܝܪܐ ܒܟܒܫܐ
ܘܡܠܬܐ. ܢܘܚܐ ܘܡܠܟܐ. ܘܟܕ ܫܟܝܢܘܗܝ ܒܪ ܚܝܪܐ ܘܗܘܝܐ ܡܬܐ. ܘܐܪܡܝܗ ܒܫܡܫܐ. ܘܫܒܘܩ
ܦܘܡܗ ܒܠܘܬܗ ܘܦܪܡܝܗ ܛܪ. ܕܠܐ ܢܦܘܩ. ܒܬܪܟܢ ܡ̈ܝܐ ܚܣܘܦ ܠܐܘܟܝܐ ܐܝܟ
ܕܐܡܪܢ ܡܢ ܠܥܠ܀

ܕܘܒܪ ܙܝܬܐ ܕܐܬܐ ܠܡܫܬܪܝܐ ܗܟ ܣܡܐ̈ ܕܐܪܥܐ. ܠܣܛܪܐ ܚܕܐ. ܒܐܣܛܝܪܘܟ
ܠܣܛܪܐ ܚܕܐ. ܢܛܪܘܢ ܠܐܠܟܣܢܕܪܝܐ ܫܘܡܠܐ ܠܣܛܪܐ ܚܕܐ. ܡܫܚܘܠܐ ܠܣܛܪܐ
ܚܕܐ. ܕܟ ܡܠܟܝܢ ܐܟܚܕܐ ܒܡܕܢܚܐ. ܘܢܘܟܠ ܘܛܪ. ܘܡܢ ܙܝܬܐ ܚܪܝܦܐ ܕܠܐ
ܢܟܠ[1]. ܡܫܬܛܚ ܐܣܩܘܡܐ ܐܝܟ. ܘܐܪܡܝܗ ܒܠܩܘܩܝܬܐ ܕܢܘܚܐ. ܘܐܚܝܕ ܠܗ̇ ܒܟܒ
ܐܡܝܢ. ܘܟܠ ܝܘܡ ܒܫܘܒܐ ܒܗ ܐܒܬܐ. ܘܡܘܡܠ ܙܒܢܐ ܝ ܡܢܘܦ ܥܒܕ.
ܘܡܠܐ ܘܛܪ. ܘܡܢ ܒ ܐܘܩܝ[2] ܬܘܚܐ. ܘܐܪܡܝܗ ܒܚܕ ܡܫܚܐ ܕܙܝܬܐ ܘܐܦܝܟ
ܠܣܛܪܐ ܚܕܐ. ܘܐܪܡܝܗ ܒܗ ܙܝܬܐ ܡܫܬܛܚ ܒ. ܘܡܟܘܢ ܕܝܘܡܝܢ ܝ ܬܘܡܝ. ܘܗܝ ܚܝܪܐ
ܒܐܦܘܠܘܡܘܢ. ܘܠܐܪܢܐ ܡܐܬܐ ܕܐܘܩܝ ܐܪܡܐ ܠܟܠܗ. ܡܘܦܢܬܐ ܕܟܣܦܬܐ. ܕܠܐ
ܡܬܚܪ ܒܥܕܢ ܟܡܐ ܕܐܝܢܟ ܐܘ ܒܠܝ. ܕܡ ܗܘ ܐܪܡܐ ܠܣܛܪܐ ܚܕܐ. ܘܠܝܬ ܛܡܡܐ.
ܘܐܪܡܝܗ ܙܝܬܐ ܡܫܬܛܚܐ. ܡܫܬܛܚ ܒܟܢ. ܘܟܕܡܐ ܘܡܘܢ. ܝ ܬܘܡܝ. ܒܪ ܡܫܚܢܬܐ. ܘܠܝ
ܠܡܟܘܢ ܐܝܟ ܐܝܟ ܥܒܕ. ܗܠܐ ܡܬܡܪܐ....[3] ܡܛܡܗ. ܕܐܝܟ ܕܒ ܗܝ ܒܟܘܡܒܪ
ܐܪܡܐ ܘܕܘܟ. ܦܘܡܦܘܠܝܟ ܡܒܪ. ܗܟ ܐܪܡܝܢ ܒܐܦܘܠܘܢ. ܘܕܘܟ ܘܫܒܘܩ
ܡܢܗ ܠܣܛܪܐ ܒ. ܘܐܪܡܝܗ ܒܐܘܩܝ ܘܟܕ ܙܝܬܐ ܕܚܕܬ. ܡܫܬܛܚ ܝ. ܘܫܚܘܢ
ܒܫܡܫܐ. ܘܫܒܘܩ ܟܠܗ ܝܘܡ. ܒܠ ܬܘܡܝ. ܘܡܢ ܗܟ ܕܒ ܙܝܬܐ ܘܐܪܡܝܗ ܒܡܕܢܚܐ. ܘܦܟܘܣ
ܒܠܘܪܘܗ ܐܦܢܘܢ ܬܘܡܝ ܝ. ܘܛܪܘ ܒܫܡܫ ܕܐܠܦ. ܘܐܪܡܝܘܗܝ ܒܡܐܢܐ ܢܘܚܐ
ܕܦܚܪܐ. ܘܛܘܐ ܒܢܘܪܐ ܢܦܝܚܬܐ. ܘܐܪܡܝܗ ܒܗ ܒܡܐܢܐ ܡܦܝܚܐ ܠܡܦܬܚܘܢ. ܘܛܫܝܘܗܝ
ܒܟܕ ܐܡܝܢ ܚܕ. ܠܐܘܟ ܐܪܡܝܘܗܝ ܠܢܘܪܘܗ ܕܠܐ ܢܟܠ. ܘܦܟܘܣ ܢܘܚܐ ܚܕ.

[1] A ܢܟܠ.

[2] *Sic*, lire ܒ ܩܝܛܐ ܕܐܘܩܝ.

[3] Les manuscrits ont ici un signe inconnu qui ressemble à celui de l'or répété deux fois. Il a de l'analogie avec le signe de la chrysocolle, p. 2, l. 8.

ܘܐܘܦ ܗܘܐ ܡܬܩܠ ܐ̄. ܟܕ ܪܥܝܬ ܡܥܝܐ ܕܫܡܫ. ܘܐܘܦ ܦܠܘܣ ܟܝܢܠܐ ܘܢܚܫܐ
ܩܘܦܪܝܐ ܚܠܘܐ. ܐܢ ܫܘܚܠܦ ܐܢܬܐ ܟܡ ܡܕܘܢ ܠܐܟܘܢ ܫܘܠܬ. ܘܗܘܝܢ ܦܠܘܣ
ܟܝܢܠܐ. ܘܡܢ ܢܚܫܐ ܩܘܦܪܝܐ. ܘܗܘܝܢ ܐܠܡܣ. ܩܘܡܩܡܡ ܕܟ ܟܡܠܝܬܐ ܟ̄
ܡܒܪܢܚܡܡ. ܕܘܡ ܘܣܘܠܐ. ܘܐܡܝܢ ܫܥܝܐ ܐܚܡܝܢ. ܬܘܡܪ ܐ̄. ܐܡܘܕ ܡܢܬܠ
ܕܛܥܡ ܡܢ ܠܠܠܐ. ܘܡܢ ܚܠܪ ܐ̄ ܬܘܡܪ. ܡܚܡ ܚܡܪ. ܘܐܪܥܐ ܚܡܪܝܬܐ. ܘܦܠܘܣ
ܟܝܢܠܐ ܣܕܝܩܐ ܬܘܡܪ ܐ̄. ܟܕ ܡܫܘܡ ܪܥܝܬ ܡܢ ܢܠܐ. ܘܡܢ ܡܚܡ. ܘܛܪܐ ܚܡܡܣܐ
ܡܐܡܝܢ ܚܠܘܐ ܪܥܝܬܐ. ܟܕ ܠܗܡ ܡܥܒܝܐ. ܘܡܢ ܐܪܡܣܘܢ ܚܡܪܝܬܐ. ܘܕܘܡ
ܟܠܘܙܘܡ ܐܦܕܪܘܢ ܚܡܕ ܐܡܥܪ ܣܒ. ܘܗܟ ܠܘܟ ܘܓܥܠܐ ܚܥܒܝܐ ܡܠܐܡܝܢ.
ܟܘ ܚܠܐ ܕܐܪܫܝܡܘܢ. ܘܐܪܥܐ ܟܕܪܢ. ܡܕܘܢ ܠܐܟܘܢ ܟܡܘܢ. ܘܕܘܡ ܚܡܪܡܚܐ
ܟܡ ܢܠܐ. ܘܡܚܒ ܟܘܚܠ ܕܕܚܠ. ܘܢܚܫܐ ܩܘܦܪܝܐ ܚܠܘܐ. ܐܢ ܫܘܚܠ. ܘܠܗ ܀

ܗܘ ܡܚܒ ܕܝ̄ ܩܘܩ ܕܝ̄. ܗܟ ܐܡܝ ܡܙܐ ܡܥܒܝ. ܗ̄ ܢܠܘܙܐ ܘܣܘܠܐ. ܘܦܠܘܣ
ܚܡܫ ܢܚܠ ܚܡܕ ܐܡܥܪ ܐ̄ ܠܗܕ. ܟܕ ܫܘܪ ܐܡܝ ܩܡܩܡܡܠܡ. ܘܢܚܡ ܘܐܪܥܐ
ܟܕܘܩܘܠܘܡܥܘܢ ܘܦܠܘܣ. ܘܡܢ ܡܚܡ ܚܡܪ. ܘܐܘܦ ܐܪܥܐ ܡܥܢܘ ܟܠܗ ܗܘܡܐ ܚܡܐ
ܕܫܡܫ ܕܓܡܠ. ܘܡܢ ܐܪܥܐ ܚܠܐ ܪܟܝܒܐ ܚܥܒܝܐ ܡܠܐܡܝܢ. ܐܡܝ ܕܡܪܝܢܒ
ܐܡܝܒ. ܘܛܘܐ ܚܠܘܐ ܪܥܝܬܐ. ܘܗܟ ܘܦܠܘܣ ܟܠܒܝܣ ܟܡ ܟܕܘܩܘܠܘܡܥܘܢ
ܚܡܪ. ܚܡܘܢܐ ܡܕܘܢܠܐܟܘܢ. ܘܢܚܫܐ ܠܘܟ ܩܘܦܪܝܐ. ܩܘܩ ܕܕ̄. ܕܘܟܕ ܟܠܦܠ
ܩܘܠܝܡܡ. ܗܟ ܩܘܠܝܡܡ ܘܕܘܡ ܘܣܘܠܐ ܘܣܠܠܐ ܚܡܫ ܢܚܠ. ܬܘܡܪ ܟ̄. ܟܕ
ܡܫܘܡ ܡܚܣܡܬ ܠܐܒܝܪ ܚܡܬܐ. ܗ̄ ܐܚܬܝ. ܕܐܓܘܡ ܡܓܝܣܘ. ܐܡܝ ܕܠܐܒܘܕܘ. ܘܡܚܒ
ܐܘܚܡܘܚܡܠ. ܘܐܪܐܡ ܣܒܐ ܐܚܝ. ܘܡܚܡܠܐ ܦܥܕܘ. ܐܡܝ ܕܠܐܦܥܕܘ ܐܡܝܒ. ܘܐܪܥܐ
ܚܡܪܝܬܐ. ܘܗܟ ܕܡܣܡܘܐ ܟܠܦܠ ܕܣܘܪܐ. ܘܐܪܥܐ ܠܐܚܡܘܚܡܠ. ܘܢܠܬ ܕܠܐ ܡܡܢܒܚܠ
ܟܘ ܐܚܡܘܚܡܠ. ܘܡܢ ܗܟ ܘܐܪܥܐ ܟܚܡܝܡܡ ܕܠܟܘܢ. ܘܐܪܥܐ ܚܠܚܘܘ
ܟܕܘܩܘܠܘܡܥܘܢ ܐܡܝ ܕܠܐܡܥܣܘ. ܘܡܚܘܡ ܚܡܕ ܐܡܥܪ ܣܒ. ܘܡܠ ܕܢܚܡ ܣܚܘܠ
ܟܘ ܡܓܝܣܐ ܕܗܘܐ. ܘܡܚܘܙܢܘܢ ܐܡܝ ܕܢܚܠܐ. ܘܛܘܐ ܚܠܘܐ ܚܡܕ ܐܡܥܪ ܣܒ.
ܘܣܚܘܠ ܚܡܘܢ ܟܕܘܢܠܐܟܘܢ. ܘܚܡܫ ܩܘܦܪܝܐ. ܘܠܗ. ܗ̄ ܡܚܡܫܡ ܠܛܠܝܬܐ.
ܩܘܩ ܕܗ̄ ܡܢ̈ ܙܪܩܐ ܩܘܪܩܡܠ. ܗܘܐ ܗܘܡ. ܙܪܩܐ ܩܘܪܩܡܠ ܟܡܠܝܬܐ ܣܒܐ ܕܘܡ

(1) A ܠܗ.

ܘܫܘܦ. ܘܐܪܡܐ ܒܩܪܘܣܛܐܠܘܣܝܢ. ܘܕܘܩ ܥܠܝܗܝܢ ܡܘܫܚܐ ܚܕ. ܘܫܚܘܩ ܢܚܫܬ.
ܘܡܐ ܕܦܠܛ ܡܢ ܟܠܗ. ܚܡܘܪ. ܘܟܬܘܫ. ܘܣܝܡ ܐܝܟ ܡܢܝ ܙܘܓܐ. ܦܘܦ ܙܘ. ܕܘܟܬܐ
ܡܢܡܘܣ[1]. ܗܟܢ ܡܢܡܘܣ ܒܩܛܪܐ. ܐܟܚܕ ܒܠܘܙܘܣ ܐܦܛܪܘܢ. ܘܐܪܡܐ ܒܠܝܒܝܢ
ܘܕܘܩ ܒܡܢܝ ܐܝܟ. ܘܐܪܡܐ ܒܡܐܬܐ ܕܚܠܐ. ܘܫܘܦ ܘܩܛܘܪ ܒܫܡܫܐ ܐܝܡܡܐ ܝ̄.
ܒܡܥܢܐ ܕܝܗܝܒܐ. ܟܠܗ ܡܢ ܐܢܫ ܐܘ ܒܒܪ. ܘܡܬܒܫܠ ܗܘܐ ܩܘܩܒܐ. ܗܘܢ
ܡܢܒܪܐ[2]. ܛܪ. ܦܘܦ ܙܐ̄. ܗܟܢ ܐܝܟ ܒܩܛܪܐ ܒ̄. ܘܕܘܩ ܘܫܘܦ ܘܐܪܡܐ ܒܡܥܢܬܐ.
ܘܦܟܘܢ ܒܟܢ ܐܝܡܡܐ ܝ̄. ܒܫܡܫܐ. ܒܩܛܐ ܠܒܣܬܐ. ܐܬܚܙܝ ܕܝܢ ܡܢܝ ܡܠܚܐ.
ܗܦܘ ܩܛܐ ܠܒܣܬܐ. ܗ̄. ܡܢܝ ܢܟܬܐ. ܢܟܬܐ ܡܢܝܬܐ ܚܕܐ. ܘܡܬܩܠܐ ܕܡܢܝܐ ܕܢܚܫܐ.
ܐܘ ܕܐܪܢܐ[3]. ܐܘ ܕܓܡܘܛܐ. ܐܘ ܚܠܐ ܚܡܪܐ. ܘܡܬܒܫܠ ܛܒ. ܕܗܘܐ ܐܝܟ ܦܣܝܦܣܛܐ.
ܐܘ ܕܚܡܪ ܡܕܝܢ. ܘܟܕ ܘܐܪܡܐ ܒܡܥܢܬܐ ܘܦܟܘܢ ܒܩܪܘܣܛܐܠܘܣܝܢ ܒܟܢ ܐܝܡܡܐ
ܝ̄. ܒܫܡܫܐ. ܒܪ ܕܢܬܒܫܠ ܒܩܪܘܣܛܐܠܘܣܝܢ. ܘܐܪܡܐ ܒܠܝܒܝ̈. ܘܚܡܘܪ ܛܒ[4].
ܒܐܒܟ ܓܒܠ ܕܢܘܫܛܐ. ܗܐ ܐܬܚܙܝ ܗܘ ܐܘܡܢܘ ܗܘܝ܀

ܐܣܘܢܡܐ ܕܟܡܝܐܬܐ. ܗܟܢܐ ܕܟܡܝܐܬܐ ܒܟܛܪܐ ܚܕܐ. ܡܓܒܠ ܕܚܡܪܐ ܘܕܘܝܐ
ܒܩܛܪܐ ܒ̄. ܣܚܦ ܒܡܢܝ ܙܘܓܐ ܒܩܡܢ. ܗ̄ ܒܐܒܟ ܕܐܦܪܝܩܘ. ܟܠܗ ܚܕ ܡܘܫܚܐ. ܘܟܕ
ܐܪܡܐ ܡܢܐ ܡܢ ܕܐܦܪܝܩܘ. ܒܡܐ ܕܡܫܟܚ ܕܒܟܠܗ. ܘܢܟܝܒ ܘܕܘܩ. ܘܣܝܒ
ܒܠܘܙܘܣ ܕܠܐ ܡܬܒܟܠܐ. ܘܟܕ ܒܡܥܢܐ ܕܕܚܠܐ ܛܒ. ܒܪ ܢܦܫܗ ܒܗ ܒܡܥܢܐ (*sic*)
ܕܠܒܝ̈. ܗܘ ܐܘܡܘܣ ܒܩܡܘܢ. ܘܗܟܢ ܡܪܘܢܘܐܠܒܘܢ ܘܫܡܐ ܘܒܪܘܪ. ܒܡܠܟܝܢܐ
ܕܡܥܢܬܐ. ܒܪ[5] ܡܕܝܢܐ ܦܟܝܫܘܬܗ. ܘܟܕ ܒܩܛܪܐ ܛܒ. ܗܪܐ ܗܘ ܡܟܬܫܢܫ
ܕܦܪܐ ܡܪܓܠܝܬܐ. ܕܟܠܗ ܢܚܫܐ.

ܐܣܘܢܡܐ ܗ̄ ܕܡܟܐ ܒܡܢܝܐ[6]. ܠܒܝ̈ ܕܟܡܝܐ ܡܢܝܐܬܐ ܚܕܐ[7] ܣܚܦܘܢ ܠܐܟܡܝܐܬܐ
ܡܢܝܐܬܐ ܚܕܐ. ܕܗܘ ܐܟܚܕܐ ܘܫܘܦ ܘܐܪܡܐ ܒܡܥܢܬܐ. ܘܐܪܡܐ ܠܟܠܗܘܢ ܡܢ ܚܠܐ
ܒܩܘܣܛܘܣܐ. ܘܟܕ ܛܒ܀

(1) A explique ce mot à la marge par ܡܢܡܝܐ.

(2) B ܡܢܒܪܐ.

(3) A ܕܐܪ̈ܢܐ.

(4) A ܗܦܘ.

(5) Dans B ce qui suit se trouve au feuillet 35 verso.

(6) A ܒܡܢܝܬܐ.

(7) Dans A ce qui suit jusqu'à ܕܗܘ manque.

ܠܐܘܡ ܗܟܢ ܕܐܬܠܦܘ ܡܢ ܟܠܐ. ܒܛܘܪܝܘܢ. ܗܒ ܒܛܘܪܝܘܢ ܒܠܝܛܪܐ
ܒ̄. ܕܗܒ ܘܣܘܟܐ ܘܐܪܥܐ ܡܟܝܠܐ ܕܗܘܐ ܒܠܝܛܪܐ ܒ̄. ܘܡܢ ܚܬܐ. ܘܒܥܒܕ ܒܢ
ܡܡܠܚܐ ܕܚܡܝܪ. ܘܐܡܢ ܒܡܝܐ ܚܡܝܡܐ. ܠ ܣܘܪ ܠܗ. ܡܢ ܘܠܗ. ܗ̄ܒ̄ ܒܡܠܚܐ
ܐܠܟܣܝܪܘܢ. ܒܠܝܛܪܐ ܚܕܐ. ܘܒܛܘܪܝܘܢ ܒ̄ ܒܠܝܛܪܐ. ܘܒܥܘܠ ܒܡܠܝܛܪܘܢ.
ܘܐܪܥܐ ܒܒܘܣܝ ܘܗܘܡ. ܒܥܠ ܕܡܥܡܝܬ ܐܠܣܣ ܒܡܣܘܪܐ. ܙܒܢܬ ܘܟܒܕܐ ܡܣܘܚ
ܡܚܘܪܝ. ܗܣܘܪܐ ܐܟܝ ܕ̄. ܐܡܝ ܒܠܝܛܪܐ ܚܕܐ. ܒܕ ܕܡܒܠܐ ܒܡ ܒܪܘܣܘܡܘܡܝ. ܗ̄
ܒܠܘܡ ܐܦܪܘܕ ܘܡܒܕ ܡܣܘܚ ܡܚܘܪܝ. ܩܕܡ ܩܕܡܝܬܐ ܘܕܐܬܬܐܡ. ܐܦܪܘܕ ܡܒܝܪܐ.
ܚܡܠܐ ܩܕܡ ܘܕܐܠܦܐ (sic) ܡܟܕܟܐ. ܕܚܟܡ ܘܕܡܒܢ ܟܒܕܐ ܒܩܘܡܛܐ. ܩܕܡ ܟܒܕܐ
ܟܡ ܢܘܣܘܠܐ ܒܕ ܡܠܟܢܝ ܒܣܡܡܐ ܒܘܡܩܐ. ܗܟܢ ܡܠܐ ܕܐܬܟܪܗ. ܘܦܠܘܣ
ܒܠܘܪܘܣ ܐܦܛܪܘܢ. ܐܘ ܒܠܒܡܕܝܢ. ܒܟܒ ܐܣܡܡ ܚܕ. ܘܐܬܒܢܫ ܢܘܣܘܠܐ
ܗܘܡܡܬܐ. ܚܡܠܐ. ܚܡܠܐ ܕܐܠܝܪܘܢ ܡܢܬܐ ܚܕܐ. ܘܕܐܬܟܪ ܡܢܬܐ ܚܕܐ. ܐܟܣܝܐ ܕܗܒ
ܘܦܠܘܣ ܘܐܪܥܐ ܒܗܘܛܝܢܐ. ܘܠܗܘܐ ܒܠܘܪܐ ܙܒܢܬܐ. ܡܡܘܠܐ ܕܝܢ ܒܡܗ ܘܡܢ ܗܘ
ܕܐܬܟܪ ܒܡܗ ܒܒܟܠܐ ܕܡܡܟܐ. ܡܢܬܐ ܚܕܐ ܘܟܠܬ ܕܡܛܠܘܐ. ܠܣܘܪ. ܡܠܘ
ܐܦܪܘܕ. ܗܒ ܟܠܗ ܡܘܦܪܣܢ ܡܘܡܣܢ ܒܠܝܛܪܐ ܚܕܐ. ܕܗܒ ܘܣܘܟܐ. ܘܦܠܘܣ
ܒܡܢ ܡܚܐ. ܐܡܝ ܕܠܐ ܢܗܘܐ ܐܠܐ ܒܗ ܒܘܡܩܐ ܐܟܣܝܐ[1] ܕܗܘ ܐܪܣܢ. ܐܠܐ ܕܢܗܘܐ ܐܣܝ
ܗܘܣܬܐ. ܘܗܒ ܡܢ ܐܦܪܘܕ ܕܐܬܠܦܬ ܡܢ ܗܢ ܕܟܒ ܐܪܣܢ. ܒ̄ ܡܢܝܢ. ܘܡܢ
ܐܦܪܘܕ ܕܐܬܠܦܬ ܒ̄ ܡܢܝܢ. ܘܕܗܒ ܒܡܒܕܬܐ. ܒܒܡܗܘܐܘܡܝܢ[2] ܒܕ ܡܠܚܣܝܢ.
ܘܗܒ ܘܠܗܘܐ ܒ̄ ܒܡܗ ܐܣܡܡ ܗܘܢ. ܒܕ ܙܡܢܬ ܒܫܠܝܡܘܬܐ[3] ܙܘܒܣܛܐ[4].
ܘܦܣܩܬ ܠܠܐ ܡܡܣܘܢ ܕܐܬܢܘܢ. ܒܕ ܙܐܠܣ. ܘܡܢ ܐܠܡܪܒ ܒܗ. ܢܕܪܐ ܕܝܢ
ܠܐ ܐܬܡܪܒ ܒܗ. ܘܡܢ ܗܟ ܘܗܘܡ ܘܒܡܒܗ ܐܪܘܣܘܠܐ. ܘܡܫܡܫܢܬ ܡܒܝܡ
ܙܒܢܬ ✧

ܘܡܪ ܢܘܣܘܠܐ ܘܦܠܘܣܘ. ܒܠܒܝܢ (sic) ܗ̄ ܕܐܬܟܠܐ ܒܠܪܘܣܘܡܝ. ܗܢ ܕܐܬܟܪܗ
ܦܘܡܦܘܠܝܣ ܩܕܡܝܬܐ. ܐܡܪ ܐܢܐ ܕܝܢ ܗܘ ܕܐܬܐܡܪ. ܗܘ ܕܝܢ ܕܒܡܦܘܠܝܣ ܕܒ̄.

[1] A ܐܣܟܝܐ.
[2] *Sic* dans les manuscrits, comparer, p. 11, l. 4; p. 56, l. 13 et 22; p. 57, l. 1 et 10.
[3] Comparer ci-dessus l. 12.
[4] Dans B ce qui suit se trouve au feuillet 35 recto.

ܘܐܬܐ ܣܝܪܘܡ ܡܪܟܒܐ. ܗܘ ܕܝܢ ܕܩܘܡܘܣܝܣ ܕܙ̈. ܕܐܬܐܘܢ ܦܘܪܛܝܣܦ
ܕܐܬܪܐ. ܗܘ ܕܝܢ ܕܙ̈ ܣܘܡܘܣܝܣ ܐܬܝܢ ܡܢܐ ܠܟܣܦܐ ܕܟܕ ܐܬܝ ܕܐܬܪܟܢܘ ܟܕ
ܕܩܘܣܛܘܢܛܝܢܘܣ. ܒܝܘܡܝ ܟܕ ܢܦܠ ܒܗ ܗܘܝ ܐܣܛܐ. ܕܐܬܦܪܣܘ ܐܬܝܟܢܘ. ܠ̈
ܟܬܒ ܐܣܛܡ. ܦܬܪܝ ܒܘܟܪܢܐ ܠܟܣܦܐ. ܕܐܬܐܘܢ ܐܘܪܟܝܢܝ ܕܣܡ (*sic*)
ܟܕܬܪܛܘ ܟܡ ܢܘܪܐ. ܡܟܝܠ ܡܬܡܪܐ ܕܟܝܪܐ[1].

ܕܟܝܪ ܐܠܐܩܣܝܪ. ܘܗܘ ܐܠܐܩܣܝܪ ܘܐܣܪܘܗ ܒܪܐܝܢ ܐܪܦܪ. ܣܐܡ
ܐܦܐܐ. ܐܝܟ ܐܠܫܘܗ ܒܢܚܪܝ ܘܡܠܚ ܣܐܡ ܡܟܝܪ ܘܡܟܘܝ ܐܢܟܠܐܙ. ܐܝܟ
ܐܠܫܘܗ ܣܐܡ ܢܝܘܒ ܟܢܘ ܐܠܬܐܢܝ. ܦܐܢܗ ܝܪܦܥ ܒܘܩܬܗ. ܘܝܪܡܝ ܒܗ
ܐܠܝܘܒ. ܐܝܟ ܐܠܫܘܗ ܦܝ ܒܘܐ. ܘܝܛܝܪ ܘܐܫܘܐ ܦܝ ܢܐܪ ܐܠܠܗ. ܘܝܓܝ ܘܝܟܠܗ.
ܘܐܟܬܪܗ ܐܫܩܪ ܒܐܒܠܐܙ. ܦܐܫܘܩܗ ܘܐܣܪܗ (*sic*) ܦܝ ܐܢܐ ܢܚܫ ܒܢܫܐ
ܐܠܥܠܝܗ[2].

ܕܘܟܠ ܕܚܡܠܐ ܕܟܐܠܐ ܠܟܒܪܐ. ܡܟܠ ܙܘܓܐ ܡܟܚܠܐ ܒܘܪܩ ܘܚܡܠܐ ܕܢܘܪܐ ܬܐܪܟܐ ܒܠܒܢ̈
ܘܟܠ ܕܡܠܚܐ[3] ܘܡܚܝ ܒܠܚܘܕ ܕܚܒܝܠܐ ܘܠܐ ܦܫܝܠܐ܀ ܠܟܡ ܘܡܬܕܪܫܝܢ. ܡܟܦ
ܠܟܦ ܘܣܝܡ ܚܕ ܠܟܠ ܡܢ ܚܕ. ܒܟܘܬܐ ܣܦܠܐ ܣܦܠܐ. ܘܡܢ ܒܟܪ̈ ܘܠܚܝܪ. ܘܦܫܪ
ܘܣܦܘܪ ܕܦܝܠܐ (*sic*). ܘܚܝܪ ܡܢܗ ܠܟܠ ܢܚܫܐ ܘܚܡܘܪ. ܕܠܐ ܬܬܚܪܟ܀ ܘܣܟܘܟ (*sic*)
ܠܟܡ ܒܟܢܝܐ ܘܣܝܡ ܒܡܕܘܪܗ ܘܡܟܠܗ ܟܪܟܝ (*sic*) ܘܡܟܟܠܐ ܚܘܪܐ ܘܕܘܟܬܐ. ܘܣܘܪܐ
ܕܟܢܬܐ ܘܚܠܐ. ܡܢ ܠܟܠ ܚܕ ܒ̈ ܐܘܪܐ. ܘܚܘܐ ܠܟܡ ܒ̈ ܐܘ̈. ܘܣܝܡ ܒܟܠܠܐ ܡ̄ ܝܘ̈ܡ̈. ܘܡܟܬܪܐ
ܘܗܘܐ ܡܬܠ ܚܘܪ̈ܐ ܐܝܟ ܣܘܪܐ܀ ܢܚܬ ܐܡܠܐ ܠܟܠ ܚܠܐ ܡ̄ ܝܘ̈ܡ̈. ܘܡܚܝܒ ܡܢ ܡܟܠܐ ܗܘܐ
ܠܟܠ ܣܐܡܠܐ. ܘܡܢ ܠܟܡ. ܘܐܡܪ܀ ܒ̈ ܝܘ̈ܡ̈ ܡܢܝܢ ܕܣܡܝ. ܣܡ ܠܟܠ ܒܢ ܗܘܚܠܐ
ܗܘܐ ܠܟܘܡܐ. ܘܟܠܗ ܡܢ ܒܡܟܠܐ ܕܐܬܐ ܠܟܠ ܡܢܗ. ܡܟܠܐ ܕܙܒܝܬܐ ܘܐܬܪܘܪ ܕܠܐ ܢܚܘܐ
ܒܗ ܡܕܡ ܕܡܠܚܘܢ. ܘܐܬܚܫܒ ܒܗ ܐܝܟ ܟܒܪܐ. ܟܕ ܡܫܟܚܬ ܐܬܐ ܘܦܫܝܠܐ ܐܬܐ.

(1) B place ici les dix premières des figures d'ustensiles de chimie qui se trouvent à la fin du texte syriaque de A. L'article arabe qui suit est écrit dans B en travers de la page au-dessous des figures, et se trouve au feuillet 35 verso.

(2) Ici finit le feuillet 35 recto de B. Ce qui suit se trouve dans B au verso du feuillet 30 après les deux dernières des figures d'ustensiles de chimie qui se trouvent à la fin du texte syriaque de A.

(3) Dans B ܕܡܠܚܐ manque.

ܘܬܚܠܛ ܐܢܬ ܘܬܣܘܟ ܐܢܬ. ܘܬܒܫܠ ܐܢܬ. ܒ ܡܬܘܠ ܕܝܢ ܗܘܐ ܡܬܟܠܐ. ܘܫܚܠܐ ❖
ܙܘܢ ܚܡܫܐ ܢܚܠܐ. ܗܢ ܚܡܫܐ ܡܢܬܐ ܚܕܐ ܘܐܚܪܐ ܡܬܘܬܐ ܬ̈. ܘܢܦܫܐ ܒܗܡ
ܚܬܝܪܐ ܒ ܡܚܝ ܐܚܪܐ ܘܗܘܐ ❖
ܡܐܢܐ ܩܝܡ[1]

[1] Ces derniers mots se trouvent seulement dans A, qui donne ici plusieurs figures d'ustensiles de chimie, placées dans B à un autre endroit, voir les notes 1 et 2 de la page précédente.

TRAITÉ

D'ALCHIMIE SYRIAQUE ET ARABE.

II. TEXTE ARABE.

ܩܐܠ[1] ܐܠܚܟܝܡ ܝܢܒܓܝ ܐܢ ܬܥܪܦ ܐܠܓܘܗܪ ܐܠܐܓܣܕ. ܩܒܠ ܐܢ ܬܣܬܥܡܠܗܐ
ܟܠܗܐ ܠܟ ܐܘܠܐ ܡܢ ܐܠܟܠ. ܟܠܗ ܡܢ ܐܠܐܓܣܕ ܒܢܐܪ ܦܐܢܗ. ܠܐ ܝܨܠܚ ܥܢܕܗܐ.
ܐܢ ܠܐ ܝܟܘܢܗܐ ܥܠܝܗ. ܠܐ ܬܡܠܗ[2] ܘܠܐ ܬܟܬܪ. ܦܝܟܘܢ ܐܣܟܪܗܐ ܦܝܗܐ ܦܝܚܠܠܗܐ ܡܢ
ܐܠܢܐܪ. ܘܟܠ ܢܘܥ ܐܢܐ ܩܠܬ ܦܐܟܬܒ ܗܘ. ܘܐܠܓܘܗܪܗ ܝܘܓܕ[3]. ܝܢܡ ܙܢܗ ܢܨܦ
ܕܪܗܡ. ܝܢܡ ܒܥܕ ܙܠܟ ܝ̈ ܐܝܐܡ. ܢܨܦ ܩܕܚ ܐܠܩܢܝܢܐ. ܘܩܕܪ ܗܘ ܩܕܚ ܐܠܩܒܛܠ
ܐܠܣܡܡܣ. ܣܕ ܐܠܩܢܝܢܗ. ܦܝ ܩܐܪܘܙܝܗ[4] ܘܛܝܢܗܐ ܐܠܝ ܡܣܕܘܕܐ. ܘܢܨܒ ܡܢ
ܐܠܩܢܝܢܗ ܥܠܝ ܢܐܪ. ܘܗܝ ܡܢ ܐܠܩܛܪ[5] ܐܠܐܒܪܝܩ ܩܕܪ ܢܨܦ ܩܕܪ ܥܠܝ ܢܐܪ ܠܝܢܗ
ܦܝ ܐܠܩܐܪܘܪܗ[6]. ܘܕܥܗ ܥܠܝ ܢܐܪ ܠܝܢܗ. ܘܐܕܝܡܗ[7] ܦܝ ܐܠܠܝܠܝܢ. ܘܐܥܠܡ
ܐܠܢܐܪ ܠܝܢܗ. ܚܬܝ ܝܘܡ ܝܬܦܩܐ ܦܝ ܐܠܢܐܪ. ܘܢܚܢ ܢܨܦܐ ܡܟܬܘܒ ܦܝ ܦܝܗ
ܐܠܥܪܘܐ. ܘܐܟܬܒ ܠܟ ܡܩܕܐܪ ܐܠܢܐܪ. ܐܢ ܟܐܢ ܢ̈ ܦܐܠܛܠ. ܘܐܢ ܟܐܢ
ܥܫܪ ܝ̈. ܘܐܢ ܟܐܢ ܬܠܬ ܟ̈. ܦܝܡܟܠ. ܦܐܢܐ ܐܥܛܝ ܐܠܘܗܒ ܘܪܝܚܗ ܟܠܗ.
ܦܐܢܗ ܐܠܓܘܗܪ ܐܠܐܥܠܝ ܡܢܩܘܥ. ܘܐܢ ܟܢܬ ܡܩܕܗ ܦܐܥܡܠܗ. ܘܐܢ ܟܢܬ
ܬܥܡܠܗ ܟܚܠ. ܐܢܬ ܐܠܓܘܗܪ ܒܓܠܘܢ ܘܐܟܬܒ ܦܝ ܐܠܩܪܛܐܣ. ܘܐܬܪܟ
ܟܠܗ. ܦܐܢ ܠܐܢ ܘܐܢܚܠ. ܦܐܥܡܠܗ ܘܐܟܬܒ ܐܢܬ ܡܣܬܥܡܠ ܡܢܩܐܠ.
ܡܥܢܝ ܦܐܥܠܡܗ. ܘܗܘ ܗܘ ܐܠܩܪܐܢ. ܣܕ ܐܠܩܢܝܢܐ. ܩܕ ܙܢܗ ܙܝܢܗ ܐܘ ܙܠܐܢܗ.

[1] Ce qui suit se trouve dans B au feuillet 3o recto.

[2] A ܬܡܠܠ.

[3] B ܟܕ ܝܘܓܕ.

[4] *Sic*, lire قارورة.

[5] A ܩܛܛ.

[6] *Sic*, lire القارورة.

[7] A ܘܐܕܝܡܗ; lire ܘܐܕܡܗ.

ܘܚܣܘ ܠܩܘܦܝ ܠܟܘܪܣ ܣܡܐ ܡܚܠ ܡܢܗܠܐ ܠܬܚܬܠܐ. ܘܠܐܦܝ ܒܗ ܠܐܪܡ.
ܘܡܚܩܦ ܚܠܡܗ ܘܪܦ ܠܒܗܘܒ. ܘܡܥܡܣ[1] ܠܠܩܡܘܪ ܣܡܐ ܡܣܠܐ. ܘܐܠܬܒ ܒܗ.
ܣܒ ܐܠܐܩܡܝ ܗܘܟܕܗܘܪ ܕܐܠܐ ܐܐܟܠ ܚܠܒ ܠܬܐܪ. ܣܠܐ ܠܟܪܘܦ ܗܘܒ ܡܠ ܠܐܦܝܟܠܐ.
ܘܡܠ ܣܡܥܠܦ ܐܠܐܠܐܪܝ. ܘܡܟܕܠܐ ܦܢ ܐܒܝܢ. ܘܡܒ ܡܢܗܠܐ ܠܬܢܘܦ ܡܟܘܦܠܒܗ
ܡܥܡܣܘܡܗ ܘܐܠܐܪܗ ܡܚܡܘܡ. ܦܠܝܗ ܡܥܡܢ ܡܢܗܠܐ ܠܬܝܢ. ܘܡܠܠܡܟܒ ܡܣܠܐ[2]
ܠܡܥܠܐܡܗ. ܐܚܝܢ[3] ܡܚܗ. ܘܟܢܪܐ. ܣܠܐ ܠܬܠܐܠܝ[4] ܐܡܣܡ ܠܬܠܐܠܝ ܒܠܚܡ.
ܘܒ ܒܪܦܡ ܦܪܝ. ܘܐܡܚܡܪܗ[5] ܦܢ ܡܒܢ ܒܡܥܡ. ܘܐܒܠܐܪ ܠܬܠܐܠܝ ܚܠܚܡܗ.
ܘܐܦܪܗ ܚܠܡܗ ܦܒܡܦ ܐܚܪܝ ܒܪܦܡ. ܟܦܠܗ. ܘܡܟܪܢ ܡܠܐ. ܐܦܠܠܐ ܡܠ ܐܠܡܗ
ܒܗ[6] ܆ ܐܠܟܒ ܠܬܠܐܡܒܦ. ܒ ܟܠܗ ܐܢܒܦ ܟܠܗ ܡܒܠܝܢ ܟܠܗ ܐܠܝ. ܘܐܡܣܡ
ܠܟܡܥܢ ܒܠܚܡ. ܣܡܐ ܡܗܘܒ ܠܬܠܐܡܒܦ ܒܡ ܠܬܠܐܦܪ. ܐܡ ܐܟܚܠܗ ܦܢ ܐܠܐܠܐ.
ܘܡܚܡ ܠܬܘܦܠܐ. ܘܐܪܦܚܗ ܚܠܢ ܠܬܠܐܪ. ܩ ܦܠܐܚܠܐ. ܘܡܣܗ ܒܡ ܠܬܠܐܪ ܒܡܒܢܪ.
ܘܐܟ ܪܟܒ ܡܢܗܠ ܒܢܗ. ܘܐܟ ܦܟܒܗ ܒܢܪ ܡܢܗܠ. ܐܡܠ ܕܡܗ ܘܐܟܒܗ ܚܠܢ[7] ܠܬܠܐܪ
ܡܪܐܐܠܐ. ܠܬܢ ܡܣܡ ܡܟܒ ܡܢܗܠ. ܐܠܟܒ ܠܬܢܥܠܐܪ. ܢܥܠܐܪ ܟܠܗ. ܘܡܚܠܝܢ ܟܠܗ.
ܘܐܡܣܡܘܡ ܒܠܚܡ. ܘܐܟܚܠܘܡ ܦܢ ܐܠܐܠܐ[8]. ܘܪܚܘܡ ܚܠܢ ܠܬܠܐܪ ܡܒ ܦܠܚܗ.
ܘܡܟܒ ܕܠܐܦ. ܣܠܐ ܠܬܠܐܡܒܦ ܟܠܗ ܐܢܒܦ ܟܠܗ ܢܥܠܐܪ. ܘܡܥܡܣ ܡܚܠ ܒܠܚܡ.
ܘܡܟܠܠܐ ܦܢ ܒܡܦܗ. ܘܡܥܒ ܪܐܡܘܐ ܒܝܟ. ܘܡܟܠܠܐ ܢܚܠܐܒܗ ܡܚܢܪ ܦܢ ܡܒܪ.
ܘܐܪܦ ܠܬܒܦܗ ܦܢ ܠܬܢܚܠܒܗ. ܘܐܦܘ ܐܪܦ ܠܬܡܒܪ ܡܠܡܥܒܗ[9] ܦܠܚܡܟܦܢ.
ܘܐܡܒܘܐ ܦܘܡ ܡܒܪ ܐܒܪܗ ܡܥܠܚܡܗ ܡܠܐ. ܐܡ ܡܣܚܡ ܠܬܘܦܠܐ ܘܡܘܦ ܚܠܢ ܠܬܠܐܪ.
ܘܡܘܦܒ ܐܣܠܐܗܘܐ ܡܘܡ ܐܡ ܡܘܥܡ ܘܡܢ ܒܡ ܠܬܠܠܐ. ܘܡܟܪܢ ܠܬܦܠܘܦܗ. ܐܠܐܚܢܠ
ܠܬܢܥܠܐܪ ܟܠܗ ܢܥܠܐܪ. ܟܠܗ ܡܚܡ ܐܚܦ. ܘܐܡܣܡܘܡ ܘܐܟܥܢܗܘܡ ܘܐܚܡܒܢܗܘܡ
ܡܪܟܗ. ܘܐܟܚܠܘܡ ܦܢ ܐܢ ܐܠܐ ܚܠܐ. ܘܐܘܦܠܗ ܦܢ ܐܠܐܠܐ. ܦܠܐܪܢܡ ܒܚܠܡ. ܘܦܘܡ

(1) A ܘܡܥܡܣ.
(2) A ܣܠܐ.
(3) B manque ܠܡܥܠܐܡܗ. ܐܚܝܢ.
(4) Ici finit dans B le recto du feuillet 30. Au verso de ce feuillet se trouvent les deux dernières figures d'ustensiles de chimie et la fin du texte syriaque, voir ci-dessus. p. 59, note 2. Ce qui suit se trouve dans B au verso du feuillet 25.
(5) B ܘܐܡܚܡܟܦܗ.
(6) A manque ܐܠܡܗ ܒܗ.
(7) A ܠܬܢ.
(8) A ܐܠܐܠܐ.
(9) B ܡܠܘܡܚܗ.

ܐܠܟܘܟܒ ܡܠܟܗ. ܘܗܘ ܐܠܟܘܟܒ. ܐܠܡܪܝܟ. ܐܡ ܐܠܟܘܟܒ ܐܡ ܐܠܟܘܟܒ. ܘܐܠܬܐܠܬܗܡ
ܟܠ ܝܘܡ ܐܕܡ. ܗ̄ ܣܐܥܐܬ. ܘܕܠܟ ܒܥܕ ܐܨܠܐܚܗ. ܫܗܪ[1] ܐܠܐܪܒܥܝܢ ܟܡܐ
ܐܠܐܝܢ. ܫܗܪ ܡܢ ܫܗܘܪ ܐܠܦܪܣ ܘܗܡ ܐܠܣܢܐܬ. ܡܟܐܬܝܗ ܡܐܝܗ ܐܠܫܡܣ
ܗ̄ ܕܩܐܝܩ. ܟܐܢ ܐܠܟܘܟܒ. ܒ ܡܢܗ ܡܠ ܐܪܒܥ. ܘܐܫܡܣܗ ܟܡܐ[2] ܐܠܫܡܣ
ܝܘܡ. ܘܕܟܪ ܒܝܢ ܐܠܫܡܣ ܣܐܥܗ ܡܣܐܝ. ܘܒܥܕ ܐܢܗ ܐܫܡܣ ܡܟܐܢ ܘܟܐܢ
ܐܠܟܘܟܒ ܡܢܗ. ܘܐܠܐܢܗ ܦܝ ܐܠܫܡܣ ܐ̄ ܐܝܐܡ ܟܡܐ ܟܐܢܬ ܟܐܢܗ. ܘܕܠܟ ܒܥܕ
ܐܠܣܐܥܗ ܘܡܢ ܐܠܣܒܬ. ܙܚ̈ܠ ܐܠܬܐܠܬ. ܟܐܢ ܕܐܝܡ ܘܟܐܢ ܙܚܠ ܐܠܟܘܟܒ.
ܘܟܐܢ ܡܠܟ ܐܠܟܘܟܒ. ܐܠܟܐܝܢ[3] ܦܝ ܦܠܟ ܡܣܡܘܒ. ܘܡܢ ܐܠܟܐܝܢ ܡܢ
ܘܟܐܢ ܡܣܐ. ܘܒܥܕܗ ܣܐܥܗ ܙܚܠ ܐܠܫܡܣ. ܐܡ ܣܐܥܗ ܦܝ ܡܣܐ. ܘܐܫܡܣ
ܦܝܗ ܒܥܕ ܟܠ ܡܣܐ ܐܠܫܡܣ. ܘܐܘܠ ܐܣܡܗ ܣܐܥܗ ܡܣܐܝ ܒܥܕ ܟܐܢܬ. ܐܡ
ܣܐܥܗ ܦܝ ܐܠܫܡܣ. ܐܡ ܐܘܠܗ ܦܝ ܡܣܐ ܡܣܐ. ܘܐܙܝܕ ܟܠ ܦܝ. ܘܐܘܠ ܐܣܡܗ
ܣܐܥܗ ܡܟܐܢ ܐܟܝ. ܘܗܘ ܗܝ ܙܚ̈ܠ ܐܠܬܐܠܬ. ܘܟܐܢ ܟܐܢܗ ܕܡܫܬܪܝ ܟܬܝܪܗ
ܘܟܬܝܪܗ ܐܠܐܝܐܡ ܐܢܐܬ ܐ̄. ܐ ܦܝܗܐ ܐܪܒܥ ܡܣܐܝܪ ܕܪܓ. ܒ̄ ܘܐܪܒܥ ܦܝܗ ܟܡܐ
ܘܟܡܐ ܐܫܡܣ ܟܐܢܗ ܐܠܟܘܟܒ[4]. ܓ̄ ܘܡܢܗ ܡܟܐܬܝܗ ܘܠܟܐܢܬ ܐܫܡܣ ܟܐܢܗ
ܐܠܐܫܡܣ ܘܐܠܙܚܠ. ܕ̄ ܘܐܠܝ ܐܫܡܣ ܡܟܐܢ. ܗ̄ ܘܐܠܟܘܟܒ ܐܠܝ ܐܪܒܥ.
ܘ̄ ܘܐܠܫܡܣ ܐܠܝ ܐܫܡܣ ܗܘܗ ܐܠܟܐܢ ܗܘܗ ܐܠܫܡܣܝܢ. ܘܡܢܗ ܦܝ ܟܐܢ
ܐܠܫܡܣ. ܐ̄ ܘܐܠܟܘܟܒ ܐܠܝ ܡܫܬܪܝ ܐܠܫܡܣ ܘܡܢܗ ܡܫܬܪܝ ܐܠܐܫܡܣ[5] ܐܠܫܡܣ.
ܦܐܢ ܟܐܢ ܐܠܫܡܣ ܐܫܡܣܗ. ܙܚ̈ܠ ܐܠܫܡܣ. ܐܠܫܡܣ ܐܫܡܣ ܐܠܐܫܡܣ
ܘܐܫܡܣ ܐܠܐܢܗܐܪ ܡܢ ܐܫܡܣܗ. ܘܗܘ ܐܝܐܡ ܐ̄. ܐ ܦܝܗܐ ܐܠܐܫܡܣ ܐܠܫܡܣ. ܒ̄
ܐܠܐܫܡܣ ܐܠܫܡܣ. ܓ̄ ܐܠܫܡܣ. ܕ̄ ܐܠܫܡܣ ܐܠܟܘܟܒ ܘܐܠܫܡܣ ܘܐܠܫܡܣܝܢ.
ܗ̄ ܐܠܫܡܣ ܐܠܫܡܣ ܟܐܢܗ ܣܐܥܗ[6]. ܘ̄ ܐܠܐܪܒܥ ܐܠܫܡܣ. ܐ̄ ܐܠܐܫܡܣ ܐܠܐܫܡܣ. ܙܚ̈ܠ
ܐܠܟܘܟܒ ܐܠܟܘܟܒ ܐܫܡܣ ܐܠܐܫܡܣ ܟܐܢ. ܘܗܘ ܐܝܐܡ ܐ̄. ܐ ܦܝܗܐ ܟܘܟܒ
ܐܠܫܡܣ. ܘܗܘ ܡܢܗ ܟܐܢ ܣܐܥܗ. ܓ̄ ܐܠܫܡܣ ܘܗܘ ܐܫܡܣ ܡܢ ܟܘܟܒ ܐܠܫܡܣ.

[1] A ܫܗܪ.
[2] *Sic*, lire ܟܡܐ.
[3] Ce qui suit se trouve dans B au feuillet 25 recto.
[4] *Sic*, dans les deux manuscrits ici et ailleurs.
[5] *Sic*, lire احكار ou احكار B.
[6] *Sic*, dans les deux manuscrits.

ܟ̄ ܒܘܪܩ ܠܓܒܠ. ܗܘܐ ܐܨܠ ܡܢܗ ܠܡܥܕܢ. ܕ̄ ܘܠܡܥܕܢ ܠܟܐܠ. ܐܠܗܝ ܦܝ ܐܪܘܠ ܠܣܘܩܠܝ. ܗ̄ ܒܘܪܩ ܠܬܘܐܒܝ. ܗܘܐ[1] ܡܛܪܝ ܠܟܝ ܠܣܥܛܪܘ. ܗܘܐ ܐܠܒܘܪ ܠܒܘܐܪܘ. ܘ̄ ܒܘܪܩ ܠܓܪܐܝ ܐܨܠ. ܙ̄ ܐܠܟܐܒܪܝ. ܗܘܐ ܒܘܪܩ ܡܒܥܠܠ. ܙܥ̈ܘܪ ܐܠܥܠܐܡ ܡܟ[2]. ܐ̄ ܡܠܚ ܠܛܡܒ ܗܘܐ ܡܠܚ ܠܛܒܐܠܡ. ܟ̄ܒ[3] ܡܠܚ ܠܐܥܒܪ ܐܘܕ ܒܡܟܢܘ ܠܓܒܠ. ܟ̄ ܡܠܚ ܠܛܒܪܐܪ. ܡܠܚ ܙܥܘܪ ܟܘ ܐܡܣܡܘ. ܕ̄ ܡܠܚ ܐܢܕܪܐܢܝ ܢܘܟܝ. ܡܛܠ ܒܟܐܪ ܐܨܠ ܪܐܩ ܟܘ ܡܥ. ܗ̄ ܘܐܣܥܪ ܡܣܡܘ ܟܘ ܡܛܠ ܒܟܐܪ. ܘ̄ ܘܡܠܚ ܢܫܝ ܡܛܐܠܝ ܙܟܝ. ܟܘ ܪܐܣܗ ܒܪܐܝܫܐ ܠܐܢܫܝ. ܐ̄ ܘܡܠܚ ܗܢܝ ܐܗܘܕ ܠܛܒܪܐܪ ܟܘ ܐܘܠ ܡܣܡܘ. ܚ̄ ܘܡܠܚ ܙܡܢ ܡܢܛܘܩ. ܐܠܐ ܐܢܗ ܐܨܠܝ ܙܟܝ. ܟܘ ܪܐܣܗ ܒܐܟܢܝ[4] ܠܡܣܡܣܘܡ. ܛ̄ ܘܡܠܚ ܠܡܠܚܝ. ܝ̄ ܘܡܠܚ ܠܬܘܠܐܪ[5]. ܝ̄ܐ ܘܡܠܚ ܠܩܘܪܘ. ܝ̄ܒ ܘܡܠܚ ܠܒܘܠܠ[6]. ܦܨܘܠ ܐܠܐܟܣܝܪ ܐܠܐܒܝ ܙܓܐܓ. ܐܠܐܟܣܝܪ[7] ܠܡܣܡܣܘܡ[8]. ܡܢ ܠܡܥܕܢ ܐܠܐܒܝܨ ܠܥܪܐܩܝ. ܝܘܟܕ ܙܓܐܓ. ܐܡ ܡܛܪ ܠܬܐܠܝ ܘܐܠܬܐܠܝܐܙ. ܘܐܟܠܝܗ ܒܥܠܐ ܠܡܥܒ ܠܡܣܪܩܐ. ܘܐܣܒܟܗ ܦܝ ܠܡܣܠܐܡܠܐ[9]. ܦܬܨܪ ܡܣܡܝܡܡ. ܐܠܐܟܣܝܪ ܠܡܥܕܢܝ[10] ܝܘܟܕ ܠܬܐܠܝ ܦܝ ܠܟܠܐ. ܙܓܐܓ ܘܐܛܪܚ ܦܝܗ ܒܪܐܘܬ ܠܢܚܐܣ. ܘܐܛܒܟܗ ܝܘܡ ܘܠܝܠܗ. ܙܓܐܓ ܘܐܠܒܟܗ ܦܝ ܡܬܠ ܢܚܐܣ. ܘܐܛܠܐܠ ܦܝ ܓ̄ ܡܪܐܬ. ܝܨܝܪ ܙܥܦܪܢ ܢܥܐܪܪ. ܘܐܛܒܟܗ ܝܘܡ ܘܠܝܠܗ[11]. ܐܟܪ ܠܡܥܕܢܝ ܝܘܟܕ ܐܠܬܐܠܝ ܙܓܐܓ ܘܐܛܠܐܠ ܦܝܗ ܡܬܠܗ ܐܚܡܪ ܠܟܒܪܝܬ. ܘܐܛܒܟܗ ܒܥܕ ܙܓܐܓ. ܦܝܨܝܪ ܐܣܥܪ. ܘܝܨܒܓ ܦܝ ܟܠܝ ܐܠܐܨܢܐܦ ܒܡܐܡ ܠܦܨܗ. ܐܟܪ ܠܡܥܕܢܝ ܐܠܐܒܝܨ ܐܠܐ ܐܠܐܪܩ ܙܓܐܓ ܘܐܛܠܐܠ ܦܝܗ ܡܬܠ ܐܠܬܐܠܝ ܐܝܨܐ[12]. ܘܐܠܩܝܗ ܐܠܐܡ ܝܘܡ ܘܠܝܠܗ. ܙܓܐܓ ܘܐܣܒܟܗ. ܙܪܥ ܐܠܡܥܕܢܝ[13] ܝܘܟܕ ܐܠܬܐܠܝ ܦܝ ܠܟܠܐ ܙܓܐܓ.

(1) A ܘܘ.

(2) A manque ܡ̄ܟ.

(3) Ce qui suit se trouve dans B au feuillet 27 verso.

(4) B ܠܒܟܢܝ.

(5) Ce mot est effacé et illisible dans A.

(6) Les deux derniers mots sont effacés dans A.

(7) Mot effacé dans A.

(8) Dans A à la marge زاج ابيض.

(9) Dans A à la marge جامات.

(10) Dans A à la marge زاج اخضر.

(11) B manque l'article suivant.

(12) A ܐܝܨܠܐ.

(13) Dans A à la marge زاج اصفر. Comp. قلقطار dans Dozy, *Suppl.*

ܘܐܠܟܠܠ ܦܝܗ ܡܬܠ ܢܝܪ ܐܠܬܐܠܝ ܥܠ ܐܠܪܨܐܨ ܐܠܡܥܠܘܡ ܘܐܠܟܒܪܝܬ. ܐܠܐܚܡܪ ܐܠܡܫܘܝ[1] ܡܥܡܠ ܐܠܟܝܡܝܐܐ ܥܠ ܐܠܬܐܠܝ ܐܠܡܬܘܠ. ܘܝܫܒܗ ܫܒܗ ܫܥܪ. ܘܗܕܐ ܗܘ ܐܠܐܟܣܝܪ ܐܠܟܠܝ ܐܒܝܐܕ ܐܠܡܣܟܐܠ. ܘܗܘ ܐܦܨܠ ܡܢ ܐܠܡܥܕܢܝܗ. ܐܣܬܘܦܐ ܟܠܗ ܐܠܫܐܪܚ[2].

ܐܒܚܪ ܐܠܡܥܕܢܝܗ. ܒܐܗ ܢܒܬ ܐܠܡܥܕܢ ܐܠܐܨܠܝ. ܘܒܕܪܗ ܕܪܗܡ ܐ̄ ܐܟܐܐ. ܘܪܒ ܒܢܗܡ ܫܒܗ ܐܠܛܘܐܘܝܣ ܒܥܪܗ[3]. ܘܐܡܪܗ[4] ܒܗ ܫܒܗ ܢܒܬ. ܘܒܪܒܗ ܘܓܡܝܥܗ ܘܐܝܐܒܥܗ. ܐܡܪ ܒܪ ܡܢ ܢܒܬ ܐܠܡܥܕܢ ܐܠܐܨܠܝ. ܘܢܛܪܘܢ ܘܒܪܘܙܗ ܕܪܗܡ. ܘܢܒܬ ܐܒܪܐܣ. ܘܢܒܬ ܐܠܒܘܠܐ. ܘܢܛܐܪܘܢ. ܡܢ ܟܠ ܘܐܚܕ ܒܐܗ. ܘܐܫܒܗܡ ܒܒܥܝ ܒܡܪ. ܒܡܥܕܪ ܥܠ ܢܒܬ ܐܟܐܐܒܐ. ܘܒܪܒܗ ܘܐܠܩܝܗ ܦܝ ܐܠܡܥܡܥ ܡ̄ ܝܘܡ. ܫܒܗ ܢܥܡ ܝܨܡܥܗ ܘܕܪܗ ܝܐܒܗ. ܘܐܫܒܗ ܒܡܠܠ[5]. ܢܒܬ ܐܠܡܥܕ. ܒܪ ܡܢ ܐܠܡܥܕܢ ܐܠܐܨܠܝ ܐܠܡܛܝܒ ܐܠܪܓܥ ܥܠ ܡܢܗ. ܦܐܫܒܗܡ ܘܪܒ ܒܢܗ ܐ̄ ܡܪܐܐ ܡܬܒܗ ܥܠ. ܘܐܐܪܒܗ ܐ̄ ܐܐܡܪ. ܘܐܠܩܝܗ ܦܝ ܛܝܢ. ܘܐܛܒܟܗ ܫܒܗ ܢܪܒܥ ܐܠܝ ܐܠܪܒܥ. ܘܕܒܗ ܢܥܡܝ. ܘܙܘܢܗ ܝ̄ ܡܪܐܐܐ. ܘܐܠܩܝܗ ܦܝ ܒܐܐܝ ܙܢܐܦ ܒܪܦ[6]. ܘܒܟܗ ܒܒܢ ܒܐܡܐܐ. ܦܥܠ ܐܒܕ ܒܒܢ ܐܠܒܐܐܝ. ܐܫܒܗܡ ܘܙܢܗ ܐܠܟܝܠ. ܘܥܠ ܡܛܪ ܦܝ ܐܠܛܐܡܐܐ. ܐܫܬܪܗ ܡܢ ܐܠܛܒܐܪ ܫܒܗ ܢܘܒ ܒܡܥܗ. ܐܡܪ. ܐܫܬܡܪ ܦܝ ܐܪܒܥܗ ܘܐܠܩܝܗ ܦܝ ܡܘܐܙܝܢ ܡܛܒܝܢ ܒܛܝܢ ܐܠܣܒܥܗ. ܘܐܫܬܘܐܦ ܙܐܒܘܐ ܘܪܦܘܐ[7] ܒܒܢ ܙܢܐܦ ܣܐܪ. ܫܒܗ ܢܥܡܝ ܡܬܠ ܐܠܛܒܐܪ. ܢܒܬ ܐܠܙܢܐܦ. ܐܒܟܠ ܙܢܐܦ ܐܠܒܗܐܢ ܐܠܛܝܒ ܡܢ ܐܠܡܫܡܫ ܦܝ ܫܡܣ. ܘܕܒܪܗ ܡܬܠ ܢܒܬ ܐܠܡܥܕ. ܦܒܪܝ ܢܒܬ ܐܨܠܝ. ܢܒܬ ܐܠܒܘܠܐ. ܐܟܠܠ ܡ̄ ܐܙܛܠܠ ܡܢܗ ܦܝ ܡܪܐܒܗ. ܘܐܠܩܝܗ[8] ܦܝ ܐܠܡܥܡܥ. ܡ̄ ܝܘܡ. ܦܝ ܐܡܪ ܐܠܫܡܣ.

[1] Dans A à la marge زاج احمر.

[2] Ce qui suit se trouve dans B au feuillet 27 recto.

[3] *Sic*, lire يعره.

[4] A ajoute à la marge ܘܐܛܒܟܗ.

[5] A ajoute à cet endroit au bas de la page du feuillet 60 recto : ܐܒܚܪ ܐܡܪ. ܒܪ ܒܐܗ ܡܢ ܢܒܬ ܐܠܡܥܕܢ ܐܠܐܨܠܝ. ܘ̄ܪ ܐܟܐܐ ܘܢܛܪܘܢ ܘܛܒܪܘ ܒܒܥܝ ܒܡܪܗ ܐܘ ܛܘܐܘܝܣ ܒܥܪܗ ܐܘ̄ ܡܪܐܐ ܘܒܪܒܗ ܘܓܡܥܗ ܘܠܩܝܗ ܦܝ ܐܠܡܥܡܥ ܫܒܗ ܢܥܡܝ. ܬܡ.

[6] B manque ܒܪܦ; comp. خَزَف.

[7] Lire ܘܪܦܘܐ; dans A ܘܐܙܪܦܘܐ à la marge.

[8] B ܘܐܠܩܝܗܐ.

ܐܘ ܡܢ ܐܝܟܢܐ. ܠܟܠܗܘܢ ܒܗ ܙܢܐ ܚܕ ܗܘܐ. ܘܗܠܝܢ ܡܢ ܟܪܝ ܠܐܠܡܐ. ܟܬܒ̈ܐ ܦܝܠܣܘܦܐ܀
ܐܘ ܕܒܬܪܗ ܡܬܠ ܠܟܠܗܘܢ ܡܬܢܐ ܐܪܒܥ. ܐܢܝ. ܗܠܝܢ ܡܢ ܚܡܫܐ ܡܝܢܐ. ܚܡܘܪ
ܘܡܬܝܢܐ. ܘܐܚܪܢܐ ܦܝ ܟܠ ܙܘܓ ܡܢ ܠܥܠܡܐ. ܙ ܐܘܐܡ[1] ܡܝܢܐ[2] ܠܟܠܗܘܢ.
ܘܐܦܫܗ ܒܗ ܙܢܐ ܚܕ ܗܘܐ. ܦܚܙܝ ܦܝ ܝܒ ܐܣܐܡ ܡܬܠ[3] ܠܟܠܗܘܢ. ܟܠܗ
ܡܕܝܢܬܐ ܐܠܠܠܠ. ܐܠܠܠܠ ܢܘܚܐ. ܢܘܢ ܠܡܪܘܡܐ ܐܠܟܘܟܒܐ ܘܢܘܢ ܠܡܪܟܒ
ܠܐܠܡܐܣܝ܀ ܘܐܠܠܠܠ ܠܡܪܘܡܐ[4] ܡܙܘܦܘ. ܘܗܘ. ܐ ܠܟܘܙ. ܒ ܘܠܡܫܬܐܠܐ.
ܝܒ ܘܟܘܟܒ ܕܢܚܘܟ. ܓ ܘܠܡܣܡܣ. ܕ ܘܠܟܘܪܘܡܐ. ܗ ܘܠܡܠܐܡܐ. ܐ ܘܠܡܠܐܡ.
ܝܐ ܘܠܡܣܡܣ[5]. ܘܗܘ ܡܣܟܘܪܐ ܚܕ ܠܟܘܠܐ. ܠܟܘܟܒ ܕܢܚܘܟ. ܗܘ ܟܘܪܘܡܐ
ܦܘܡ ܟܘܪܘܡܐ. ܦܝ ܐܫܦܠ ܠܦܘܠܐܣܘ ܐܡܒ ܐܡ ܐܠܐܣܝ. ܐܡ ܝܒ. ܐܝܟܠ
ܦܝܗܐ ܡܢ ܐܢܝ ܐܫܬܬܠܗ. ܡܣܝܡ ܠܟܠܟܬܝܗܝ ܘܠܟܠܗ. ܐܡܟܡ ܠܟܦܝܡ
ܢܘܠ ܠܟܘܪܘܡܐ ܒܡܠ ܐܝܪ. ܘܐܢܫܝ ܟܠܝܢ ܡܬܠ ܠܟܠܗܘܢ ܘܠܟܪܐܪ.
ܘܠܐܠܗܐ. ܡܣܢܘܡ. ܘܠܟܫܢ ܦܝ ܠܟܘܒ. ܐܝ ܡܟܡ ܠܡܫܬܐܠܐ ܡܟܫܢ ܙܝܢܝ.
ܘܐܬܢܘ ܒܗ ܘܗܘ ܒܗܡ ܠܟܠܗ. ܘܐܢܟܘܟܬܗ ܘܗܘ ܐܡܒ[6] ܠܟܦܝܪ. ܘܠܟܡܒ
ܠܟܝ ܦܝ ܡܘܡܢ ܠܟܠܗ. ܡܟܢܘܬ ܡܢܟܘܬ ܒܡܫܘܙ. ܘܡܟܡ ܠܟܘܙ[7] ܟܠܗ
ܡܘܢܝܡ. ܘܡܫܐܠ ܡܬܠܡܒ ܡܘܢܝܡ ܒܗ ܕܐܠܠ ܠܟܘܙ. ܘܐܟܡ ܠܟܘܪܘܡܐ ܡܢ
ܕܐܢܘܐ ܠܟܦܝܡ. ܟܠܝܗ ܠܟܡܢܝ ܘܠܟܪܐܪ ܘܠܦܘܠܐܕ. ܘܡܟܡ ܠܟܡܢܝ ܟܘܙܘܗ
ܡܫܢܘܡܗ. ܟܢܟܘܐ ܟܟܡ ܐܫܟܢ. ܐܘ ܡܬܠ ܢܓܗ ܟܟܡ ܐܝܦܢ. ܘܫܘܐ ܦܝ ܙܢܗ
ܟܐܠܫܡ ܡܫܒܘܕܗ ܡܠܫܠܗ ܠܐܚܡܗ ܦܝ ܐܢܘܙ ܚܐܪ ܟܝܐ ܫܘܡ. ܘܐܟܢܟܘܗ ܐܕܐ
ܟܢܕ. ܘܐܦܫܡܗ ܘܐܠܟܡܗ ܟܡܠ ܘܡܠܫ. ܘܓܦܦܗ ܘܚܒܗ ܠܟܫ ܠܟܓܙܘ. ܡܬܠ
ܐܠܘܠ. ܐܦܠܠ ܕܐܠܟܝ ܝܒ ܡܢܐܠ. ܘܟܒܡܠ ܠܓܡܟܗ ܠܟܦܠ ܘܠܟܡܟܫ ܘܐܠܓܦܦܗ.
ܐܠܓܝܠܗ ܦܒܦܗ ܟܠܟܢܘܡ ܡܠܐܘܐ ܠܟܠܗ. ܘܐܢܠܟܗ ܦܝ ܟܘܟ ܕܢܚܘܟ. ܐܦܠܠ
ܟܗ ܕܐܠܟܝ ܐ ܡܢܐܠ. ܦܐܢܗ ܫܠܠ ܢܦܢܗ ܡܬܠ ܠܟܫܝܒ ܠܟܓܘܝܫ. ܐܠܐ ܐܢܗ

(1) A manque ܐܘܐܡ.

(2) Ce qui suit se trouve dans. B au feuillet 26 verso.

(3) B ܡܟܡ au lieu de ܡܬܠ; A a ܐܡܟܡ écrit au-dessus de ܡܬܠ.

(4) B ܠܡܪܘܡ.

(5) Dans B l'ordre de ces numéros est interverti.

(6) A ܐܡܦ.

(7) *Sic*, lire ܟܘܙܘܗ.

ܬܦܬܬ. ܘܠܐ ܐܢܗܐ ܚܠܗܘ. ܦܝܩܘܠ ܐܠܝ ܐܨܠܝ ܥܠܡܝ ܘܡܥܐܕܢ ܟܬܐ. ܡܢܗܡ
ܬܬܠܘܗ. ܐܢܓܡܘ ܟܬܝ ܐܠܐܘܠܝ ܦܝ ܐܘܠ ܡܟܡܢ. ܦܝ ܟܠ ܡܕܝܢܗ ܐܩܠܝܠ ܕܐܟܡ ܐܡܪܐܗ[1]
ܣܬܐ ܡܟܠܝ ܘܡܟܢ. ܘܐܡܠܝܗܘ ܟܡܬܠܟܘ ܟܝܡܒ ܐܘܡܐ. ܦܐܢܗ ܡܩܘܡ ܟܬܝ ܐܠܟܐܪ
ܡܥܠܡ ܐܠܩܪܢ ܘܡܫܬܪܩ ܟܗ ܪܡܠ. ܐܕܐ ܟܬܝܒ ܐܣܘܐܒ ܐܠܟܬܒܐܪ ܀ ܘܐܠܐܬܐ
ܠܐܘܟܢ ܐܠܟܝܡܝܢ. ܘܗܝ. ܐ̄ ܐܠܟܒܪܝܬ ܘܐܠܐ ܐܠܐܚܡܪ. ܒ̄ ܘܐܠܐܒܝܨ. ܓ̄ ܘܐܠܨܠܐܒܗ.
ܕ̄ ܘܐܠܟܒܪܝܬ ܘܐܠܐܒܝܨ ܐܠܡܫܥܠ. ܗ̄ ܘܐܠܐܬܐܠ. ܘ̄ ܘܐܠܡܓܢܛܝܣ. ܙ̄ ܘܐܠܐܣܪܐܒ. ܚ̄
ܘܐܠܡܠܐܚ. ܛ̄ ܘܐܠܢܘܫܐܕܪ. ܝ̄ ܘܐܠܙܓܐܓ. ܝܐ̄ ܘܐܠܟܒܪܝܬ. ܝܒ̄ ܘܐܠܐܐܠܡ. ܝܓ̄
ܘܐܠܡܓܢܝܣܝܐ. ܝܕ̄ ܘܐܠܐܦܝ ܢܚܫܝܗ. ܝܗ̄ ܘܐܠܙܪܢܝܟ. ܝܘ̄ ܘܐܠܐܘܟܪܗ ܀ ܦܐܡܠ ܐܠܟܒܪܝܬ
ܘܐܠܐܒܝܨ ܘܐܠܐ ܐܠܐܚܡܪ. ܘܐܠܡܠܐܟܘ ܐܠܡܩܛܪ ܐܠܐܡܣܠ. ܘܐܠܟܡܪ ܦܡܘܐ. ܐܢ
ܐܟܢ ܐܠܟܒܪܝܬ ܡܟܫܝܗ ܟܬܝܗܘ ܠܐ ܡܦ ܦܝ ܐܥܡܟܘܐ. ܘܠܐ ܢܟܬܒܗ ܦܝ
ܟܦܘܐ ܀ ܘܐܠܐܒܝܨ ܡܘܢܝܡ ܟܬܝܗ. ܘܐܢ ܐܟܢ ܡܢܩܪܡܗ[2] ܦܝ ܐܠܟܬܠ ܐܠܟܝ
ܟܝܡܘܐ. ܘܡܟܢ ܟܢ ܐܠܩܘܡ ܡܡܡܡ ܦܝܗ[3] ܡܠ ܢܓܫ. ܘܡܐܕܪ ܦܝ ܐܠܟܒܪ
ܡܫܐ[4] ܢܩܪܐ. ܘܐܢܒܪ ܐܢ ܢܓܒ ܐܠܟܒܪܝܬ ܡܠ ܟܐܪܕ. ܘܐܫܬܘܐܡ ܐܠܟܒܪܝܬ ܣܬܐ
ܠܐ ܐܐܢܪܝܢ. ܘܠܐ ܢܓܒ ܐܫܟܬܗ ܐܩܠܠ ܐܠܟܒܪ. ܟܟܢ ܠܐ ܐܢܟܫܪ ܀ ܘܢܓܒܐܟܒ
ܟܡܪܟܘ ܡܟܝܢܗ ܡܟܟܡܗ ܦܝ ܐܠܡܫܬܐܘܡܒ ܟܬܝ ܡܟܐܠܢ ܡܢ ܓܢܢ. ܘܐܘܡܒ
ܐܣܬܘܐ ܟܠܐܪ ܟܢܗ. ܘܡܫܐ ܢܡܫ ܐܠܡܫܬܐܘܡܒ. ܘܟܒ[5] ܡܓܪ ܗܝܒܝ. ܐܡܟܡܝ
ܟܢ ܐܠܩܘܡܒ. ܣܬܐ ܡܘܪܐ ܘܢܡܓܝ ܐܠܡܓܪ ܀ ܘܢܟܠܠ ܐܠܟܒܪܝܬ ܦܝ ܡܒܪ ܦܡܘܐ
ܪܡܠܕ ܡܢܟܘܠ. ܘܡܘܡܒ ܐܣܬܘܐ. ܘܗܘ ܐܣܡܝ ܐܠܐܘܟܢܪ ܀ ܘܢܓܠܠ ܐܩܠܠ
ܐܠܟܒܪ ܡܫܬܘܡܒܐ ܟܢܗ. ܘܢܓܠܠ ܟܟܡܘܐ ܪܡܠܕ. ܘܡܢܓܒ ܟܟܡܘܐ ܐܠܟܒܪܝܬ.
ܘܐܡܠ ܟܠܐܒ ܐܠܟܒܪܝܬ ܘܡܘܟܘܐ ܪܡܠܕ ܡܢܟܘܠ. ܐܢ ܐܘܡܒ. ܘܢܓܒ ܐܢ
ܐܫܬܘܐܡ ܡܢ ܓܢܦ ܐܠܐܠܟܘ ܘܐܘܡ ܐܠܡܠܐܟܘ[6]. ܣܬܐ ܠܐ ܢܒܠܠ ܐܠܒܠܝ. ܘܠܐ
ܐܫܒܗܐ ܐܠܐܢܠܐܣ ܀ ܘܐܠܐܒܝܨ ܕ̄ ܠܟܠܐܦ. ܐ̄ ܐܒܝܨ ܘܐܫܒ ܐܠܐܠܟܘܟܒ ܢܓܒ
ܐܠܡܩܛܪ ܐܠܡܫܘܐܕ ܐܠܐܟܠܐܦ[7]. ܘܐܢܓܠܕ ܐܠܡܠܐܪ. ܒ̄ ܘܐܒܝܨ ܟܡܫ ܟܘܐܫܒ

(1) *Sic*, pour امرأة. Dans B ce qui suit se trouve au feuillet 26 recto.

(2) *Sic*.

(3) A manque ܡܡܡܡ ܦܝܗ.

(4) A ܗܝܐ dans le texte et ܡܫܐ à la marge.

(5) *Sic*.

(6) A ܐܠܡܠ ܟܟܘ.

(7) *Sic*, lire ܘܐܠܐܟܠܐܦ.

ܐܠܐܕܘܝܗ ܥܢ ܬܫܡܝܥ ܐܠܐܪܒܥ ܘܐܠܐܕܗܢ ܘܐܠܐܪܘܐܚ. ܝ̄ܓ ܐܒܢܝ[1] ܗܕܗ ܐܕܘܝܐ
ܘܐܫܒܗܗ. ܬܨܠܚ ܠܬܫܡܝܥ ܐܠܐܣܪܒ[2]. ܗܝ ܐܟܣܝܪ ܐܠܐܟܚܠ. ܝ̄ ܐܒܢܝ ܗܕܗ
ܐܠܐܕܘܝܗ ܬܨܠܚ ܠܬܫܡܝܥ ܐܠܟܠ ܘܠܬܟܠܝܣܗ܀ ܘܠܬܫܘܝܗ ܘܐܠܐܒܝܥ[3] ܐܠܐܟܚܠ.
ܝ̄ܗ (sic) ܬܨܠܚ ܠܬܕܒܝܪ ܐܠܐܪܘܐܚ ܘܐܠܐܓܣܐܕ ܐܠܡܫܘܝܗ. ܘܗܘ ܐܒܢܝ ܥܠܝ ܥܠܝܗ
ܡܢ ܓܝܪ ܢܐܪ. ܘܬܓܥܠ ܦܝ ܐܠܥܠܝܗ ܡܠ ܢܨܦ ܫܝܐܥܗ. ܘܬܣܝ ܐܠܬܫܡܝܥ ܥܠܝ
ܐܠܐܚܠ ܐܠܡܐܝܗ. ܘܝܟܘܢ ܐܠܐܒܝܥ ܥܠܝܗܐ. ܘܬܨܝܪ ܐܠܟܠ. ܥܠܝ ܡܠ ܝܬܒܩܝ ܦܝ
ܢܨܦ ܗܝܐ ܡܠ. ܘܡܠ ܐܬܒܥ ܓܝܪ ܐܠܢܐܪ. ܘܗܘ ܐܠܢܫܐܕܪ ܐܠܡܚܠܘܠ ܐܠܡܫܘܝܗܐ
ܥܠܝܗ܀ ܘܐܠܐܟܚܠ ܡܢ ܡܫܘܝܗ ܢܥܡ ܥܠܝ ܐܠܬܫܡܝܥ. ܘܬܓܥܠ ܐܠܐܚܡܠ
ܐܠܡܫܘܝܗ ܘܐܠܥܠܝܗ ܦܝ ܡܫܐܘܢܗ ܡܫܘܝܗ. ܘܬܓܥܠ ܐܣܦܠܗܐ ܡܥܡܠ ܡܚܟܡ܀
ܐܘ ܬܥܐܠܓܗ ܡܥܐܠܓܬܗ. ܐܘ ܬܟܠܣ ܢܐܪ. ܘܝܟܘܢ ܢܟܝ ܠܐ ܝܓܠܒܗ ܘܠܐ ܝܚܪܩ
ܐܠܡܟܠܣ. ܦܝܟܘܢ. ܐܠܐܟܠ̄. ܘܐܠܐܟܠ ܢܟܝ[4] ܡܢ ܟܠܝ. ܐܘ ܡܢ ܚܓܪ. ܐܘ ܡܢ
ܥܪܒܝ. ܐܘ ܡܢ ܛܝܢ ܐܠܚܐܠܘܢ. ܐܘ ܡܢ ܢܚܣ. ܘܐܠܟܠ ܚܐܠܨ ܢܚܣܐ ܥܠ ܐܠܐܟܘܢ
ܟܘܢ ܐܠܢܚܣܗ. ܛܝܢ ܐܠܢܚܣܗ. ܦܝ ܛܝܢ ܢܐ ܐܣܦܪ ܐܘ ܐܒܝܛ ܐܠܚܢܐܛ[5] ܐܠܢܦܣ
ܡܢ ܐܠܢܝܪܐܢ. ܘܐܚܟܡܗ[6] ܦܝ ܡܘܗ ܛܝܒ ܘܙܢ ܥܫܪܗ ܡܠ ܐܥܫܪܐܪ ܢܚܠ
ܡܚܠܠ ܘܢܨܠ ܡܢ ܓܝܪ ܥܫܒ ܕܠܝܠ. ܐܡ ܐܠܐܪܗ ܢܪܦ. ܐܡ ܪܫܗ ܥܥܫܪܗ
ܦܝܗ ܐܠܚܘܐܠ. ܐܡ ܐܒܢܗ ܢܓܐܠܐ ܪܫܚ ܘܪܫܗ ܐܠܐܣܘ ܠܠܟܘܐܪܫ. ܐܡ
ܐܒܢܗ ܥܫܪܗ ܡܪܐ ܫܝܫܡ. ܐܡ ܥܠܗ ܥܠܐ ܦܝ ܢܡܨ ܫܗ ܫܝܠܥܗ ܐܠܥܐ
ܐܠܡܫܥܠܝܢ ܡܢ ܐܠܢܪܫܡ. ܫܘܡ ܘܟܠܗ. ܘܐܓܢܗ ܒܐܠܟܚܠ[7]. ܘܟܠܥܪܗ ܫܘܡ
ܘܟܠܗ. ܘܐܒܥܠ ܐܟܠ ܢܨܦ ܓܪܐܠ ܐܡ ܥܫܪܗ ܡܪܐ ܫܝܫܡ. ܘܐܪܫܗ
ܠܠܟܘܐܪܫ ܒܐܟܡ. ܘܐܟܠܗ ܡܢ ܐܠܢܝܪ ܡܫܟܗ. ܘܐܓܥܠܗ ܟܟܠ ܪܐܣ ܡܢ
ܐܠܢܝܪ. ܘܝ ܝ̄ ܪܐܘܡ ܡܟܢ ܐܠܢܝܐܡ. ܘܐܠܐܐ ܪܐܣ ܡܪܫܘܫ ܡܫܟܘܫܠ
ܥܫܪܗ ܡܪܐ ܫܝܫܡ. ܘܟܠ ܡܢ ܡܪܐ ܐܠܐܕܘܐܟ ܡܫܝܐ. ܐܓܥܠ ܥܠܐ ܢܨܦ ܟܠܗ.
ܘܐܟܠܗ ܐܠܟܠ ܘܪܟܒܗ ܓܒܐ. ܘܝܛܝ ܟܗ. ܗܕܐ ܗܘ ܐܟܣܝܪ ܛܝܢ ܐܠܢܚܣܗ.

(1) Ce qui suit se trouve dans B au feuillet 20.

(2) *Sic*, lire ܐܠܐܣܪܒ̈.

(3) A ܘܐܠܐܒܝܥ.

(4) B ܗܐܟܝ.

(5) A ܐܠܚܢܐܛ.

(6) B ܘܐܚܟܡܗ.

(7) A ܒܐܚܡ.

ܐܠܐܠܗܝ ܐܠܐܠܗ. ܟܡ ܩܪ ܥܢܕ ܗܘܠܐ ܐܠܡܘܪܟܝܢ. ܠܗܡܟܢܐ ܙܪܐܕ. ܘܟܢܝܬܗ ܐ
ܡܬܓܠܝ. ܦܠܡܟܢܐ ܥܢܕ ܗܢ ܡܥܠܡܗ. ܘܐܪܐ ܣܘܠܬܗ ܡܥܪܐ ܡܟܪܘ ܘܣܪܩ
ܙܡܐܢ ܡܢܬܗܠ. ܐܡ ܐܢܩܫܐ ܘܐܢܬܩܠ ܥܢܕ ܐܠܙܡܐܢ ܟܐܠܡ ܐܠܡܥܪ ܠܗܢܐ.
ܘܐܠܐܢܫ ܡܕܢ. ܐܡ ܐܢܩܫܐ ܘܐܪܬܩܠ ܡܢܗ ܒܡܥܫܪܝ ܘܒܠܐ ܐܠܒܠܝ. ܘܐܪܬܩܐ
ܐܠܣܗ. ܘܐܬܗܠ ܥܢܕ ܠܢܥܗ ܒܥܕ ܣܪܩ ܙܒܠ ܘܐܠܐܣ ܡܢܗ ܡܘܠܝ ܐܒܥܕ ܡܢܗ
ܐܠܡܓܕܠ ܘܐܠܐܢܫ. ܐܡ ܒܥ ܩܪ ܐܠܐܠܗ ܥܢܕ ܡܢܗ. ܘܠܡܢܗ ܠܗܢܐ ܡܥܠܡܗ ܐܬ݂
ܡܢ ܟܠ ܒܠܕ. ܘܐܬܗܠ ܐܠܡܥܪ ܐܒܣܗ ܒܥܕ ܐܠܝܗ ܐܣܡ ܐܠܠܐܢܗ ܒܡܒܠܗܘ.
ܣܒܝ. ܠܐ ܝܒܩ ܡܠ ܥܢܕ ܐܠܠܐܢܗ ܘܗܝ ܐܠܢܐܪ. ܦܠܡܣܬܢܩ ܘܐܫܬܗܪ. ܘܢܥܒ
ܠܠܡܗ ܐܠܡܟܬܘܒ. ܘܟܬܒ ܐܠܥܗܕ ܗܐܫܒܬܗ[1] ܟܒ ܒܡܢܬܐ ܐܠܡܓܕܠ. ܦܘܪܥ
ܦܬܩܠܐ. ܝܘܦܢܝܠ. ܗܘܐ ܦ̄ܐ ܡܬܝܢܝܡ ܣܢܐ ܡܥܠܡܗ. ܟ̄ܪ ܐܩܝ. ܐܘܝ ܐ̄ ܐܬܐܐ ܦܠܓܠܐ.
ܡܥܡܠ. ܐܘܝ ܣܢܐ ܒܡܠܟܐ. [2] ܐܥܠܡܬܝܡ ܦܢܝܠ ܐܬܐܡܝ ܒܡܠܟܐ ܡܥܠܐ
ܒܡܥܠ. ܣܒ ܝܡܢܐ ܗܘܡ ܣܒܥܡܠ. ܝ̄ ܡܬܠܗ. ܟܠܡܫ ܒܥܡܠ ܝܒܠ ܝܝܡܢܐ ܣܒ
ܡܬܠܗ. ܝ̄ ܫܗܪܐ ܗ̄ ܝܡܢܐ. ܣܢܐ ܒܡܠܟܐ ܣܢܐ ܒܡܠܟܐ. ܡܟ̄ ܐܘܝ ܣܒ ܝܢܥܡܘܢ.
ܣܣ̄ ܡܬܠܗ ܝ̄ ܝܢܥܡܘܢ. ܣܗ̄ ܝܡܢܐ ܣܒ ܝܡܢܐ. ܟܒ̄ ܡܬܠܗ. ܠܗܡܥܠܗ ܣܒ
ܝܒܠ. ܝ̄ ܡܬܠܗ ܒܥܠܐ. ܡܣܒܡܣܒܥܐ. ܣܢܐ ܐܣܘܝ ܡܣܒܡܣܒܥܐ. ܦܒܠܝܗ
ܝܡܥܠܗ ܝܘܡܢܝܠ. ܒܡܠܟܐ ܘܝܘܡܢܝܠ ܝܡܘܝܦܠܐ. ܐܢܒ ܡܩܠܗ ܠ̄ ܘܡܢܬܠ. ܐܢܣܐ
ܡܩܠܗ ܡܟ̄[3]

ܪܩܗ ܒܥܕܠܟ ܐܠܡܥܢܝ ܡܥܡܥ.. ܐܠܐܒ ܒܥܢܝ ܝܐܐܘܡ ܒܥܠܐܟ ܘܒܥܢܗ ܝܐܐܘܡ
ܟܐܙܝ ܘܒܥܢܝ ܝܐܐܘܡ ܐܝܠܐܙ ܘܐܠܥܠܡ ܝܘܡ ܐܠܝ ܡܒܢܝܢ. ܓܡܠܗ ٤٠ ܝܘܡ ܘܘܠ
ܐܠܥܠܡ ܟܠ ܒܥܢܝ ܐܡ ܐܒܥܢܝ ܗܘܐ ܐܠܣܘܐܢܝ ܒܗܪܐ ܐܠܥܠܡ ܐܡ ܐܠܗܒܥܗ ܗܢ ܬܐܪ
ܒܥܢܗ ܣܒܝ. ܐܒܥܠ ܡܢܗܐ ܡܢ ܐܠܥܠ ܐܠܡܒܥܘܢܟܐܗ ܘܣܒܗ ܐܡ ܪܩܝ ܝܐܟܝ ܐܠܥܠ

(1) *Sic*, lire peut-être كما نذكره « comme nous le rappellerons ».

(2) *Sic*, le chiffre en blanc.

(3) Ici suivent dans A trois pages et demie laissées en blanc par le copiste qui avait trouvé cette lacune dans son original (à savoir, moitié de 64 verso, 65 recto et verso, et 66 recto). Mais la demi-page de 64 verso et la page de 65 recto ont été remplies par une main postérieure par ce qui suit ci-après. La lacune existe de même dans B, qui n'a pas l'addition suivante; mais il n'y a pas de blanc indiquant la lacune.

ܘܣܒܘ ܡܢ ܡܠܚ̈ܐ ܕܪ̈ܓܡܗ ܘܣܒܘܗܝ ܐܝܟ ܟܕ ܗܘ ܕܙܘܓ ܒܙܪܢܝܬ ܠܟܣܦܐ ܘܠܚܝܡܪܐ
ܒܠܠܐܬ ܕܐܘܪܐ ܐܚܪܢ ܣܓܝ. ܡܚܡܢ ܡܢܗ ܠܫܡܫܐ ܐܝܟ ܟܕ ܡܠܝܬܐ ܠܡܫܚܐ
ܘܣܘܩ ܠܡܬܟܝܢܘܬܐ ܗܢܐ ܐܝܟ ܐܠܟܝܡܝܐ ܗܢ ܕܐܙ ܒܢܝܢ ܡܢܝܢܐ ܒܐܪܟܢܗ ܣܓܝ. ܠܐ
ܡܚܡܢ ܡܢ ܠܟܠܐ. ܘܟܕ ܡܢ ܠܟܠ ܗܘ ܒܡܫܡܫܘ ܕܐܘܪܐ ܐܝܟ ܕܟܢܐ ܡܢ ܠܟܠܐ ܐܝܟ ܟܕ
ܠܡܬܟܝܢܘܬܐ ܣܓܝ. ܡܚܙܐ ܐܝܟ ܟܕ ܕܐܝܟ ܟܕ ܗܘ ܐܙܠܘܗ ܕܐܘܪܐ ܐܝܬܝܐ ܘܐܝܟܢܐ
ܡܢ ܕܐܝܟ ܠܟܠ ܡܢܗ ܠܐܝܠܝܢ ܠܚܒܝܒܘ ܐܝܟ ܣܘܩ ܠܡܬܟܝܢܘܬܐ ܗܢܐ ܘܐܟܡܢܐ
ܒܒܝܬܗ ܡܢܗ ܠܓܘܐܗ ܘܡܢ ܗܢܘܢܐ ܓܝܪ ܠܡܫܚܬܐ ܐܝܟ ܡܚܡܢܐ ܗܢ ܠܣܓܝ
ܐܝܟ ܕܐܬܡܢܐ ܕܟܠܐ ܠܟܝܡܐ ܓܦܫܗ ܒܢܟܗ ܐܝܟ ܐܚܪܢܐ ܡܢ ܠܟܝܡܢܐ
ܘܣܓܝܐ ܗܢ ܒܕܘܡܬܐ ܘܗܘܟ ܠܚܢܐ ܣܓܝ. ܣܓܝܐ ܩܠܝ ܠܐܠܟܝܡ ܡܕܝܢ ܘܡܟܝܠ
ܠܟܡܫܐ ܡܫܡܫܝܢ ܐܪܒܥ ܗܢ ܒܠܐܙ ܓܦܠܐ ܠܟܝܡ ܬܡ [1] ܀

ܦܨܠ : ܦܝ ܡܥܪܦܗ ܐܠܐܫܝܐ ܐܠܬܝ ܝܚܬܐܓ ܐܠܝܗܐ ܐܠܚܟܝܡ : ܡܢܗܐ ܐܠܙ
ܐܠܙܝܒܩ : ܐܪܒܥܗ ܪܛܠ ܘܢܨܦ : ܘܐܠܢܚܐܣ ܐܠܐܚܡܪ ܡܢ ܐܠܚܕܝܕ ܘܐܠܐܪܣܢܝܟ :
ܘܐܠܟܒܪܝܬ ܡܢ ܐܠܐܪܒܥ ܘܐܠܡܥܕܢܝܗ : ܒܟܠ ܡܟܐܠ (sic) ܒܡܩܕܐܪ ܡܥܬܕܠ
ܐܠܐܡܬܙܐܓ. ܙܐܪ ܐܪܒܥܝܢ ܡܬܩܐܠ. ܘܙܐܪ ܐܝܡܐܢ : ܘܐܠܢܘܫܐܕܪ ܐܠܐܒܝܕ. ܩܠܝ ܐܠܐܒܝܨ
ܢܨܦ ܐܪܛܐܠ. ܐܠܡܐ ܒܥܕܗ ܠܟܠ ܘܐܚܕ ܐܠܡܥܕܢ ܒܐܠܗ. ܦܪܐ ܛܒܟܗ ܘܐܠܛܒܟܗ.
ܘܡܬܚܕܗ ܐܪܒܥ ܕܐܢܩ. ܘܗܘ ܐܠܡܥܕܗ : ܘܐܢܬ ܬܕܟܪ ܠܐܠܡܚܠܘܠ ܐܢ ܫܝ ܫܝܐܠ.
ܘܐܠܫܝܐܠ ܐܛܠܒ ܫܝܐܠ. ܒܐܠܡܥܕܢ. ܐܢܗ ܐܕܐ ܟܐܢ ܒܥܕ ܐܠܠܘܢ ܡܒܝܗ. ܙܐܪ ܫܡܣܗ
ܫܝܐܠܗ : ܘܟܫܦ ܐܠܟܡܕ ܫܝ ܢܨܠ ܘܐܠܐܟܕ : ܘܐܠܡܟܫܘܦ ܫܝ ܠܐܝܫܡ :
ܘܐܠܛܐܒ ܕܟܐܒ : ܘܐܟܠ ܠܒܕܢܗ. ܐܕܐ ܟܐܢܬ ܕܟܢܐ ܛܒܘܪ ܡܫܝܐ ܟܢܐ ܡܢ
ܐܠܫܝܐܠ : ܘܐܠܕܝ ܡܟܢ ܡܢ ܐܠܡܚܠܐ. ܫܝ ܫܝܐܠ. ܦܗܘ ܐܠܡܠܐܙܡ. ܐܢܗ ܐܕܐ
ܟܐܢ. ܛܒܪ ܡܢܗ ܟܠܐܒ ܦܠܟܗ : ܘܕܠܟ ܠܒܢ ܡܢ ܐܠܡܚܠܐܠ ܐܕܐ ܟܐܢ
ܘܟܢ. ܛܒܪ ܫܝܐܠ ܀ ܘܗܕܗ ܗܝ ܐܫܝܐܠ ܐܠܡܠܟܝܗ ܘܡܐܟܒܪܝܬ. ܘܗܝ ܐ : ܐܠܙܐܒܩ
ܘܐܠܛܠܩ : ܐܠܙܝܒܩ : ܐܠܢܘܫܐܕܪ : ܐܠܟܒܪܝܬ ܐܠܐܚܡܪ : ܐܠܟܒܪܝܬ ܐܠܐܨܦܪ : ܘܐܠܙܪܢܝܟ

[1] La suite du manuscrit reprend ici après la lacune mentionnée dans la note précédente.

ܗܟܕܐ ܗ̇ܘ ܐܝܨܐ. ܘܗܘ ܐܫܪܐ. ܘܗܘ ܟܬܐ؛ ܠܐܢܗ ܐܕܐ ܐܒܥܕ ܗܘܗ ܐܠܟܘܟܒ
ܟܕܐ. ܐܢܗ ܦܝ ܐܠܬܐܢܝ ܠܗ ܡܠܟ ܐܠܫܡܣ. ܐܝܨܐ ܐܠܒܪܓ ܡܢܝܪܐ ܥܠܝܗ..
ܘܗܟܕܐ ܗܘ ܐܠܩܝܐܣ ܦܝ ܐܠܩܡܪ ܗܟܕܐ ܐܠܟܠ ܐܝܨܐ. ܘܗܕܗ ܐܠܟܘܟܒ ܐܠܡܬܚܝܪܗ
ܐܠܣܒܥܗ. ܐܩܒܠܘܐ ܠܠܟܘܟܒ. ܘܐܕܒܪ ܥܠ ܐܘܩܐܬ ܐܠܟܘܟܒ ܘܗܟܕܐ ܠܠܟܘܟܒ.
ܘܐܠܟܘܟܒ ܡܢܗܐ ܠܠܟܘܟܒ. ܘܐܠܟܘܟܒ ܠܐ ܝܬܒܬ ܘܠܐ ܝܛܝܪ[1]. ܘܗܟܕܐ ܟܘܟܒ
ܐܠܩܡܪ. ܘܐܠܫܡܐܠ. ܦܝ ܡܢܙܠܗ ܐܠܚܡܠ ܘܐܠܬܘܪ ܘܐܠܓܘܙܐ ܐܟܬܪ ܡܢ ܓܝܪܗ
ܐܠܡܬܚܝܪܗ ܦܝ ܐܠܫܡܐܠ. ܐܥܢܝ ܐܠܫܡܐܠ. ܘܗܝ ܐܠܝܡܝܢ؛ ܘܐܠܐܩܒܐܠ؛
ܘܐܠܟܘܟܒ. ܘܐܠܫܡܐܠ؛ ܐܩܒܐܠ ܐܠܟܘܟܒ. ܠܐ ܝܟܢ ܦܝܗ ܟܠܝܟܘܢ ܐܠܟܠ. ܘܟܠܗ
ܐܠܟܘܟܒ ܐܠܬܠܐܬܗ ܦܝܗܐ ܐܠܩܡܪ ܘܗܢܐ. ܦܐܕܐ ܟܐܢ ܛܠܘܥܗ ܡܢ ܐܠܫܡܣ
ܓܗܬܐ. ܘܐܟܬܪܗܐ ܐܢ ܐܠܫܡܣ ܐܠܬܝ ܐܡܐܡܗ ܐܠܫܡܐܠܝܗ. ܗܘ ܦܝܡܐ ܐܝܨܐ
ܦܝ ܕܠܟ ܐܠܒܪܓ. ܘܐܢܬܝ ܟܠ ܡܢܙܠ ܡܢܗܡ ܒܐܠܩܡܪ. ܘܡܥܢܝ ܕܠܟ ܟܠܗ
ܐܠܐܩܠܝܡܐ. ܦܝ ܫܡܐܠܗ ܐܠܡܥܡܘܪܗ ܡܥܪܘܦܐ. ܘܟܡܥܪܦܗ ܐܠܟܠܗ؛ ܐܟܬܪ ܡܢ
ܐܠܚܡܠ ܐ̄؛ ܘܐܠܬܘܪ ܐ̄؛ ܘܐܠܓܘܙܐ ܐ̄؛ ܘܐܠܐܩܠܝܡ ܐܠܡܥܡܘܪܗ ܐ̄؛ ܘܟܠ ܗܕܗ ܐܕܠܗ
ܦܝ ܐܕܟܪ ܐܠܩܡܪ. ܦܝ ܗܕܐ ܐܠܒܪܓ ܘܡܥܢܐ. ܐܠܚܡܠ. ܘܐܠܬܘܪ. ܘܐܠܓܘܙܐ. ܐܝܨܐ
ܐܠܩܡܪ[2]. ܐܕܐ ܟܐܢ ܛܠܘܥܗ ܐܠܫܡܣ؛ ܘܗܘ ܥܠ ܐܝܨܐ ܓܗܬܗ ܐܠܫܡܐܠ ܐܕܐ
ܟܐܢ ܛܠܘܥܗ[3] ܐܟܬܪ؛ ܘܐܠܐ ܐܥܢܝ ܡܢ ܕܠܟ. ܣܠܡ ܠܐ ܝܥܟܣ ܡܥܢܐ ܗܢܐ.
ܘܐܥܢܝ ܐܩܠܝܡ ܐܠܚܡܠ. ܘܐܠܬܘܪ. ܘܐܠܓܘܙܐ. ܓܝܪ ܐܩܠܝܡܗܐ ܐܠܡܥܡܘܪܗ.
ܐܠܬܝ ܗܟܕܐ ܟܐܢ ܐܠܫܡܣ. ܟܡܐ ܩܠܢܐ. ܘܡܢ ܡܥܢܝ ܗܢܐ. ܣܠܡ ܠܐ
ܝܛܝܪ ܗܢ. ܐܠܐ ܟܠ ܗܢ ܡܢ ܦܝ ܡܘܨܥܗ. ܘܠܐ ܝܟܘܢ ܟܠܗ ܗܢ ܡܢ ܓܗܬܗ.

ܓܡܠܗ ܐܠܟܠܗ ܠܐܠܥܐܠܡ؛ ܢܣܒܗ ܐܩܠܝܡ ܐܠܚܡܠ ܐܠܡܥܡܘܪܗ ܡܢ̄ ܗܕܐ ܡܥܢܐ. ܐ̄
ܐܠܫܪܛܝܢ. ܒ̄ ܘܐܠܟܘܟܒܗ ܐܠܡܢܝܪܗ. ܓ̄ ܘܐܠܫܡܫܡ. ܕ̄ ܘܐܠܐܟ ܐܠܓܡܝܠ. ܗ̄
ܘܐܠܗܩܥܗ. ܘ̄ ܘܐܠܗܢܥܗ. ܙ̄ ܘܐܠܕܪܐܥ. ܚ̄ ܘܐܠܢܬܪܗ. ܛ̄ ܘܐܠܛܪܦ. ܝ̄
ܘܐܠܓܒܗܗ. ܝܐ̄ ܘܐܠܙܒܪܗ ܐܠܫܡܐܠܝܗ. ܝܒ̄ ܘܐܠܨܪܦܗ ܐܠܥܐܠܝܗ. ܝܓ̄ ܘܐܠܥܘܐ.
ܝܕ̄ ܘܐܠܣܡܐܟ. ܝܗ̄ ܘܐܠܓܦܪ. ܝܘ̄ ܘܐܠܙܒܐܢܐ. ܝܙ̄ ܘܐܠܐܟܠܝܠ.
ܝܚ̄ ܘܐܠܩܠܒ. ܝܛ̄ ܘܐܠܫܘܠܗ. ܟ̄ ܘܐܠܢܥܐܝܡ؛ ܟܐ̄ ܘܐܠܒܠܕܗ. ܐܫܥܠ

[1] A ܝܛܝܪ. — [2] B ܓܘܐܒ. — [3] B ܛܠܘܥ. — [4] *Sic*, lire sans doute الصاخد.

ܠܥܦܪܐ ܕܟܠ ܦܓܪܐ. ܐ ܠܫܡܫܐ. ܒ ܕܠܣܗܪܐ[1]. ܓ ܕܠܟܘܟܒܐ. ܕ ܘܠܬܠܬܐ. ܗ
ܘܬܪܝܢ ܠܥܦܪܐ. ܘ ܡܢܝܢ ܠܣܝܡܐ. ܙ ܕܐܠܗܐ ܐܠܗܝܢ. ܚ ܘܠܟܠܟܝܢ. ܛ
ܘܠܫܡܫܐ. ܝ ܘܠܣܗܪܐ ܐܠܗܝܢ. ܝܐ ܘܠܟܠܒܐ. ܝܒ ܘܠܟܘܟܒܐ. ܝܓ ܘܠܟܠܬܐ. ܝܕ
ܘܠܡܪܝܚ. ܝܗ ܠܫܡܫܐ. ܝܘ ܘܠܣܗܪܐ. ܝܙ ܘܠܟܘܟܒܐ. ܐܣܡܐ ܕܟܘܟܒܐ ܐܪܒܥܐ:
ܐ ܠܫܡܫܐ. ܒ ܠܣܗܪܐ. ܓ ܠܟܘܟܒܐ. ܕ ܘܠܟܘܟܒܐ. ܗ ܘܠܟܘܟܒܐ. ܘ ܘܠܟܠܒܐ. ܐ
ܘܟܠܒܐ. ܒ ܘܟܠܒܐ. ܓ ܘܠܣܗܪܐ. ܕ ܘܠܟܘܟܒܐ[2]. ܗ ܘܠܟܘܟܒܐ. ܘ
ܘܠܟܘܟܒܐ[3] ܐܠܗ. ܙ ܘܣܗܪܐ. ܚ ܘܠܟܘܟܒܐ ܐܠܟܘܟܒܐ. ܛ ܘܠܟܘܟܒܐ ܠܟܘܟܒܐ.
ܝ ܘܠܟܘܟܒܐ. ܝܐ ܐܠܟܘܟܒܐ. ܝܒ ܠܟܘܟܒܐ[4]. ܐܣܡܐ ܕܟܘܟܒܐ. ܟܠܗܘܢ. ܐ
ܠܟܘܟܒܐ. ܒ ܘܠܟܘܟܒܐ. ܓ ܘܠܟܘܟܒܐ. ܕ ܘܐܠܟܘܟܒܐ. ܗ ܘܐܠܟܘܟܒܐ. ܘ ܘܐܠܟܘܟܒܐ.
ܙ ܘܠܟܘܟܒܐ. ܚ ܘܠܟܘܟܒܐ ܠܟܘܟܒܐ. ܛ ܘܟܘܟܒܐ ܐܠܟܘܟܒܐ. ܝ ܘܟܘܟܒܐ. ܝܐ
ܘܐܠܟܘܟܒܐ. ܝܒ ܘܠܟܘܟܒܐ. ܝܓ ܘܠܟܘܟܒܐ. ܝܕ ܘܐܟܘܟܒܐ. ܐܣܡܐ ܕܟܘܟܒܐ ܠܟܘܟܒܐ[5].
ܐܘܠ. ܐ ܠܟܘܟܒܐ. ܒ ܐܠܟܘܟܒܐ ܠܟܘܟܒܐ. ܓ ܠܟܘܟܒܐ. ܕ ܠܟܘܟܒܐ. ܗ ܠܟܘܟܒܐ.
ܐܠܟܘܟܒܐ. ܘ ܠܟܘܟܒܐ. ܙ ܠܟܘܟܒܐ. ܚ ܠܟܘܟܒܐ. ܛ ܡܟܘܟܒܐ. ܝ ܐܠܟܘܟܒܐ. ܝܐ ܐܠܟܘܟܒܐ.
ܝܒ ܘܐܠܟܘܟܒܐ. ܝܓ ܘܟܘܟܒܐ[6]. ܝܕ ܘܠܟܘܟܒܐ. ܝܗ ܘܐܟܘܟܒܐ. ܝܘ ܘܠܟܘܟܒܐ.
ܝܙ ܘܟܘܟܒܐ. ܡܢ ܟܘܟܒܐ ܚܕ. ܘܟܘܟܒܐ ܟܘܟܒܐ ܟܘܟܒܐ. ܐܣܡܐ ܕܟܘܟܒܐ ܐܠܟܘܟܒܐ.
ܐܠܟܘܟܒܐ. ܐܠܟܘܟܒܐ. ܘܟܘܟܒܐ. ܘܐܠܟܘܟܒܐ. ܘܐܠܟܘܟܒܐ. ܘܐܟܘܟܒܐ. ܠܟܘܟܒܐ ܐܠܟܘܟܒܐ. ܟܘܟܒܐ
ܐܠܟܘܟܒܐ[7] ܘܐܠܟܘܟܒܐ. ܘܟܘܟܒܐ ܐܠܟܘܟܒܐ ܘܠܟܘܟܒܐ. ܠܟܘܟܒܐ. ܟܘܟܒܐ ܠܟܘܟܒܐ.
ܠܟܘܟܒܐ ܠܟܘܟܒܐ[8]. ܟܘܟܒܐ. ܠܟܘܟܒܐ. ܟܘܟܒܐ. ܘܐܠܟܘܟܒܐ ܠܟܘܟܒܐ. ܘܠܟܘܟܒܐ
ܠܟܘܟܒܐ. ܘܠܟܘܟܒܐ. ܘܠܟܘܟܒܐ ܘܠܟܘܟܒܐ. ܐܣܡܐ ܕܟܘܟܒܐ. ܘܟܘܟܒܐ.
ܠܟܘܟܒܐ[9]. ܘܟܘܟܒܐ. ܘܟܘܟܒܐ ܐܠܟܘܟܒܐ. ܘܠܟܘܟܒܐ[10]. ܘܐܠܟܘܟܒܐ. ܘܠܟܘܟܒܐ. ܘܠܟܘܟܒܐ.
ܘܠܟܘܟܒܐ. ܘܟܘܟܒܐ ܠܟܘܟܒܐ. ܘܠܟܘܟܒܐ. ܘܟܘܟܒܐ ܠܟܘܟܒܐ. ܘܟܘܟܒܐ ܠܟܘܟܒܐ. ܘܟܘܟܒܐ
ܠܟܘܟܒܐ. ܘܠܟܘܟܒܐ. ܘܟܘܟܒܐ ܠܟܘܟܒܐ. ܘܟܘܟܒܐ ܠܟܘܟܒܐ. ܘܠܟܘܟܒܐ. ܘܟܘܟܒܐ

(1) B ܘܠܟܘܟܒܐ.
(2) B ܘܠܟܘܟܒܐ.
(3) B à la marge مل.
(4) *Sic*, comparez le persan شابُرَن et شبورگان, dans le lexique de Bar Bahloul, col. 222, l. 25, شابرقان.
(5) A ܠܟܘܟܒܐ.
(6) B ܘܟܘܟܒܐ.
(7) B ܐܠܟܘܟܒܐ.
(8) B ܠܟܘܟܒܐ.
(9) Comp. ci-dessus p. 6, l. 12.
(10) B ܘܠܟܘܟܒܐ.

ܐܠܟܚܠ. ܘܡܣܢ ܐܠܐܚܘܐܠ. ܘܪܘܙ ܐܠܐܒܪܐܙ. ܘܦܪܝ ܐܠܓܢ. ܘܥܪܒ ܐܠܒܣܐ.
ܘܐܠܩܦܦ. ܘܐܠܩܪܡܣ. ܘܐܠܐܪܡܢ. ܘܐܠܟܪܡ. ܘܐܠܩܡܥܡܪ. ܘܐܠܟܪܐܙ. ܘܐܠܟܟܒ
ܐܠܐܚܡ. ܘܐܠܟܚܠ ܐܠܐܨܦܗܐܢܝ. ܘܐܠܟܪܡܣ ܐܠܐܨܦܪ. ܘܐܠܓܪܡܝ ܐܠܐܨܦܪ. ܘܡܠܚ ܐܠܩܠܝ.
ܘܐܠܟܪܐܘܝܐ[1]. ܘܐܘܡܠ. ܘܐܠܟܐܡܘܝ. ܘܡܠܚ ܡܪܘܡ ܐܠܟܒܪܝܬ. ܘܩܪ ܡܟܫܘܦ[2].
ܘܡܠܚ ܐܠܩܠܝ. ܘܩܪܘܥܡܥܢܝ. ܘܙܢܓܪ ܐܠܚܕܝܕ. ܘܡܠܚ ܥܡܢܝ. ܘܟܦ ܡܪܝܡ.
ܘܚܡܐܠ ܐܠܡܥܡܝ. ܘܡܪܐܪܗ ܐܠܐܣܘܐܕ. ܘܟܒܕ ܐܠܐܣܘܐܕ. ܘܕܡܗ. ܘܣܢܒܢܕ ܐܠ
ܐܩܪ[3]. ܘܟܐܡܘܢ. ܘܟܡܟܪܗ. ܘܟܒܐܠ ܐܠܓܐܡܣ. ܘܟܒܪܝܬ ܐܠܒܚܪ. ܐܠܐܚܡܠ
ܬܟܬܦ ܐܠܓܘܐܠ ܘܐܡܘܝ ܐܠܡܥܕܢܝܐ. ܐܠܒܝ ܡܥܢܝ ܐܠܟܐܘܪ. ܘܚܡܐܠ ܐܠܦܪܬ
ܟܠܗܐ. ܘܐܡܘܐܠ ܐܠܩܘܝܥܡܐ. ܘܐܡܘܐܠ ܐܠܟܐܪܢܝ. ܘܐܡܘܐܠ ܐܠܡܥܢܒܪܝܐ. ܐܘ
ܡܥܒܐܠ. ܐܘ ܒܝܠ ܐܠܓܡܡ. ܘܐܡܘܐܠ ܒܟܒܪܝܬ ܟܐܡܢ ܘܡܐܟ. ܘܐܡܘܐܠ ܥܡܝ.
ܘܡܠܚ ܐܠܐܒܝ. ܘܟܠ (*sic*). ܘܒܠ ܐܠܟܚܠ ܐܡܓܠ. ܐܠܐܪܡܢ ܐܠܡܥܕܢܝܗ. ܦܡܝ ܐ
ܐܠܡܥܝ. ܬ ܘܐܠܫܥܐܪ. ܘܐܠܟܐܪܢܝ ܐܠܐܣܦܪ ܘܐܠܟܐܪܢܝ ܐܠܐܙܪܩ. ܘܐܠܟܒܪܝܬ
ܐܠܐܙܪܩ. ܘܐܠܐܣܦܪ ܘܐܠܐܚܡܪ: ܐܡܐ ܐܠܟܐܡܥ ܦܝ ܓܡܝܥ ܡܐ ܟܘ ܐܘܥܦܐ ܡܢ
ܐܠܟܚܠ: ܐܡܐ ܓܡܝܥܗ ܦܝ ܐܠܟܚܠ ܘܐܟܕ ܗܘ. ܠܐܢܗ ܐܘܟܘܐ. ܘܡܢܗ ܐܠܡܥܕܢ
ܘܐܠܡܘܬ. ܘܐܡܐ ܓܡܝܥܗ ܦܝ ܐܠܐܪܘܐܚ. ܠܐܢܗ ܡܓܪ ܡܢ ܐܠܢܐܪ ܘܠܐ ܬܡܣܟ ܒܘܐ.
ܦܝܟܘܢ ܡܢܗ ܩܘܐ. ܘܒܐܠܟܠ ܐܠܟܚܠ ܝܗܝ ܐܠܟܠ ܬܪܘܒ ܐܠܢܐܪ. ܘܠܐ ܬܗܪܒ
ܡܢܗܐ: ܘܐܠܐܪܘܐܚ ܬܗܪܒ ܡܢ ܐܠܢܐܪ. ܘܠܐ ܝܒܩܝ ܟܘܐ ܒܥܕܗܐ: ܘܐܥܬܡܐܕ ܗܕܗ
ܐܠܐܥܡܐܠ ܐܠܟܚܠ. ܠܐܢܗܐ ܒܡܥܢܐ. ܘܐܠܐܪܘܐܚ ܓܡܥܗ. ܦܐܢ ܐܠܟܚܠ ܬܓܝܒ
ܟܠ ܐܠܟܘܐ. ܘܐܠܐܪܘܐܚ ܟܠ ܟܡܥܝܢܐ ܬܗܪܒ. ܦܪܥܡܪ ܟܘܢܗܐ ܗܕܗ ܐܠܐܥܡܐܠ. ܟܡܠ
ܦܝܗܐ ܡܢ ܐܠܡܥܐܢܝ ܘܐܠܐܣܘܐܠ ܐܠܒܝ ܐܘܓܒܬ ܟܘܢܗܐ[4] ܓܠܝ. ܐܥܡܐܠ ܐܠܟܬܐܒ.
ܐܠܟܐܡܠ. ܘܐܠܟܡܝܪ. ܘܐܠܐܡܝ ܐܠܟܒܝܪ. ܘܐܠܡܥܕܢ ܐܠܓܐܪܝ. ܘܐܠܐܩܪܘܣ. ܘܐܠܓܡܥ
ܐܠܥܐܪܗ. ܘܐܠܓܢܝ ܐܠܟܒܪܝܬ. ܘܐܠܟܒܕ ܐܠܐܪܡܢ. ܘܐܠܡܥܓܘܢ. ܘܕܗܢ[5] ܐܠܡܥܟܦ.
ܘܡܠܚ ܐܠܓܐܡܐܠ. ܘܡܥܡܝ ܐܠܐܡܠ. ܘܐܠܟܐܪܘܐܡ. ܘܡܥܡܝ ܬܪܐܡ[6]. ܠܐܢܗ ܐܕܐ ܐܣܠ

(1) A ܘܐܠܟܪܐܘܝ.

(2) *Sic*, lire مكشوف.

(3) *Sic*, lire جسد « corps » ou حجر « pierre ».

(4) *Sic*, dans les deux manuscrits.

(5) A ajoute à la marge [illegible], voir ci-dessus, p. 4, l. 1.

(6) Ce qui suit manque dans B.

ܦܝ ܦܡ ܐܠܐܢܒܝܩ ܒܒ ܠܒܝܢܗ. ܘܗܘ ܦܝ ܦܡ ܐܠܟܝܣܗ ܡܢ ܒܥܕܗ. ܐܣܡܐ
ܐܠܐܓܣܐܕ. ܐܠܐܣܪܒ. ܘܐܠܩܠܥܝ. ܘܐܠܐܢܟ. ܘܐܠܚܕܝܕ. ܐܠܚܐܪܨܝܢܝ.
ܘܢܚܐܣ. ܘܐܠܐܣܪܒ. ܘܐܠܪܨܨ. ܘܐܚܓܐܪ ܣܐܝܪ ܐܠܒܘܪܩ. ܘܡܥܕܢ ܐܠܙܓܐܓ.
ܘܐܠܫܒ. ܘܡܠܚ ܐܠܩܠܝ. ܘܐܠܟܒܪܝܬ ܐܠܐܨܦܪ. ܘܡܥܕܢ ܐܠܙܪܢܝܟ. ܘܐܠܡܓܢܝܣܝܐ.
ܘܐܠܬܢܟܐܪ. ܘܡܪܩܫܝܬܐ. ܘܐܠܡܠܚ ܐܠܐܢܕܪܐܢܝ. ܘܐܠܛܠܩ. ܘܐܠܐܚܓܐܪ ܐܠܐܪܡܢܝܗ.
ܘܐܠܐܟܣܝܪ. ܘܐܠܙܢܓܐܪ. ܘܙܒܕ ܐܠܒܚܪ ܘܐܠܐܣܪܒ. ܐܣܡܐ ܐܠܥܩܩܝܪ. ܐܠܥܦܨ.
ܐܠܫܒܪܡ. ܐܠܬܪܒܕ ܐܠܐܒܝܨ. ܐܘ ܐܠܥܩܪܩܪܚܐ. ܘܐܠܡܩܠܢܝܐ.
ܐܠܐܒܝܨ. ܘܐܠܩܪܦܗ. ܘܐܠܙܥܦܪܐܢ. ܘܐܠܩܪܢܦܠ. ܘܕܪܐܓ ܐܠܒܚܪ. ܘܡܨܛܟܝ. ܘܩܨܒ ܐܠܙܪܝܪܗ.
ܘܐܠܡܥܪ. ܘܐܠܡܐܠܐ. ܘܐܠܚܢܛܠ ܐܠܪܘܡܝ. ܘܐܠܟܡܘܢ. ܘܐܠܙܒܝܒ ܐܠܐܣܘܕ. ܘܐܠܚܝܐܬ
ܐܠܡܪܡܪ. ܘܐܠܛܐܠܩ. ܘܩܫܪ ܡܪܘܐܢ. ܘܢܒܬ ܐܠܩܠܝ. ܙܪܒܘܓ[1] ܐܠܒܐܠܐܣ ܘܢܒ
ܐܠܒܝܛ ܐܠܚܐܡܗ. ܐܠܚܝܐܬ ܐܠܡܥܕܢ. ܘܐܠܙܝܬ. ܘܐܠܟܠܝܐ. ܘܐܠܡܠܚ. ܘܐܠܡܪܩܫܝܬܐ.
ܘܐܠܙܒܕ. ܘܡܡܨܠ ܠܡܐܢܥܗ ܡܢ ܐܟܠܝ ܐܠܙܝܬ. ܐܠܕܗܢ ܘܐܠܚܡܨ ܘܐܠܟܪܐܘܝܐ
ܐܠܡܐܚܙܢ. ܘܡܥܪ[2] ܐܠܐܣܘܕ ܐܠܒܐܠܝ ܡܢ ܡܥܐܕܢ ܐܠܡܚܠܝ. ܘܐܠܡܪܙܐܢ.
ܘܐܠܐܣܡ ܐܠܐܚܡܪ. ܐܣܡܐ ܐܠܡܐܕܝ ܐܠܙܝܬ ܘܐܠܡܫܡܫܗ ܐܠܐܪܒܥܗ. ܘܐܣܡܐ
ܐܠܐܡܙܝܓ ܚܡܣܗ ܐܠܐܪ. ܐܠܐܡܙܝܓܝ. ܘܐܣܡܐ ܐܠܙܘܡܠܝܫ[3] ܐܠܣܡܐܘܝ. ܘܐܣܡܐ
ܐܠܒܘܪܩ. ܡܝܙ ܐܠܒܐܠܣ. ܘܐܣܡܐ ܐܠܐܡܠܐܚ ܗ̄ ܡܘܙܘܢܐ. ܡܢܗ ܐܠܥܠܝܐ.
ܘܡܢܣܘܒܐ. ܘܙܠܐ ܐܠܥܘܪ. ܘܐܣܡܐ ܐܠܡܠܚ. ܐܠܩܠܝ ܘܫܘܒ ܐܠܡܠܚ. ܘܐܣܡܐ
ܐܠܩܠܝ ܫܘܒ ܐܠܐܘܠ. ܘܐܣܡܐ ܐܠܙܝܬ. ܡܢܗܐ ܐܠܒܚܪ. ܘܐܠܡܠܚ ܐܠܐܒܝܨ.
ܘܐܣܡܐ ܐܠܡܥܕܢ ܐܣܪ ܐܠܙܘܒ. ܘܡܝܙ ܒܐܒ ܐܠܡܙܝܓܗ. ܙܗ̄ ܐܠܐܚܓܐܪ ܐܠܡܥܕܢܗ
ܠܐܚܓܐܪ. ܒܥܨ ܬܥܡܝ. ܚܓܐܪܗ ܒܥܐ ܐܙܘܐܚ ܘܫܝܐ ܬܗܒ. ܘܐܚܓܐܪ ܠܐ ܐܙܘܐܚ
ܫܝܐ ܘܠܐ ܬܗܒ. ܦܐܠܐܚܓܐܪ ܐܠܬܝ ܫܝܐ ܐܙܘܐܚ. ܐ̄ ܐܚܓܐܪ. ܘܗܝ ܐ
ܐܠܡܪܩܫܝܬܐ. ܒ̄ ܘܐܠܡܓܢܝܣܝܐ. ܓ̄ ܘܐܠܬܘܬܝܐ. ܕ̄ ܘܐܠܫܐܕܢܓ. ܗ̄ ܘܐܠܡܓܢܛܝܣ.
ܗ̄ ܘܐܠܟܐܠܝ. ܐ̄ ܘܐܠܥܩܝܩ: ܘܗܕܗ ܐܠܐܚܓܐܪ ܠܐ ܐ̄. ܟܠ ܘܐܚܕ ܡܢܗܐ ܝܩܘܡ[4] ܒܒܥܕ
ܡܚܒܗ ܠܟܠ. ܘܐܓܠܐܣ: ܘܟܠܗ ܝܓܕܪ ܒܗ ܘܕܗ: ܘܐܠܐܚܓܐܪ ܐܠܬܝ ܠܐ ܙܘܚ

[1] *Sic.* — [2] Dans A à la marge ܘܡܥܪܝ. — [3] Comp. ci-dessus, p. 7, note 5. —
[4] *Sic* pour يقوم.

ܦܝܗܐ . ܗܘ ܐܣܡ ܫܡܣܘ . ܐ̄ ܐܠܢܛܚ . ܒ̄ ܘܐܠܒܛܝܢ . ܓ̄ ܘܐܠܬܪܝܐ . ܕ̄ ܘܐܠܕܒܪܐܢ .
ܗ̄ ܘܐܠܗܩܥܗ . ܘ̄ ܘܐܠܗܢܥܗ . ܙ̄ ܘܐܠܕܪܐܥ ؛ ܘܗܐܕܗ ܐܣܡܐ ܣܒܥܗ[1] ܐܢܘܐ ܬܕܟܠ ܦܝ
ܐܠܨܝܦ . ܘܗܝ ܣܒܥܗ ؛ ܐ̄ ܐܠܢܬܪܗ . ܒ̄ ܘܐܠܛܪܦ . ܓ̄ ܘܐܠܓܒܗܗ . ܕ̄
ܘܐܠܙܒܪܗ . ܗ̄ ܘܐܠܨܪܦܗ . ܘ̄ ܘܐܠܥܘܐ . ܙ̄ ܘܐܠܣܡܐܟ ؛
ܘܗܝ ܟܬܐ ܘܐܚܕ . ܘܗܘ ܬܕܟܠ ܡܥ ܐܠܙܒܪܗ ❖ ܘܐܠܓܦܪ . ܘܐܠܙܒܐܢܐ .
ܘܐܠܐܟܠܝܠ . ܘܐܠܩܠܒ . ܘܐܠܫܘܠܗ . ܘܗܝ ܐܠܢܥܐܝܡ . ܘܗܝ ܐܠܒܠܕܗ . ܘܗܝ
ܣܥܕܗ[2] . ܐܢܘܐ ܬܕܟܠ ܦܝ ܐܠܟܪܝܦ ܘܗܝ ܐܠܐܫܬܐ ܐܠܬܝ ܬܥܡܪ ܐܠܕܢܝܐ . ܐܠܐܫܬܐ
ܐܠܬܝ ܡܢܗܐ . ܐܢ ܟܠ ܘܐܚܕ ܡܢܗܐ ܫܗܪ ܐܝܐܡ ؛ ܦܝܗ ؛ ܐܠܡܪܒܥܢܝܗ . ܐ̄ . ܐ̄ .
ܐܠܓܘܙܐ . ܒ̄ ܘܐܠܣܪܛܐܢ . ܓ̄ ܘܐܠܐܣܕ . ܕ̄ ܘܐܠܣܢܒܠܗ . ܗ̄ ܘܐܠܡܝܙܐܢ . ܘ̄
ܘܐܠܥܩܪܒ . ܙ̄ ܘܐܠܩܘܣ . ܦܐܢ ܐܠܓܘܙܐ . ܦܐܢܗ ܪܒܝܥ . ܟܢ ܣܥܕ . ܐܕܐ
ܢܟܬܗ ܟܠ ܐܠܩܡܪ ܦܝ ܟܢ ܡܢܙܠܗ . ܟܢ ܐܠܓܘܙܐ ܐܠܐܣܕ . ܘܗܘ
ܐܠܒܚܪ ܟܠܗ ܐܠܩܡܪ . ܘܐܢ ܣܥܕܗ ܡܢ ܐܠܓܘܙܐ ܐܠܐܣܕ . ܚܬܝ ܐܢܗܐ
ܬܥܡܪ . ܐܢܗܐ . ܘܗܘ ܬܕܟܠ ܐܘܠ ܐܠܓܘܙܐ . ܘܡܢܗܐ ܐܥܬܕܠ ܗܘܐܗ .
ܒ̄ . ܐܠܣܪܛܐܢ . ܦܗܘ ܟܬܐ . ܘܐܠܐܙܝܢ ܐܟܝܪ . ܐܢܗܐ ܗܘܝ . ܗܘܗ . ܐܢܗܐ
ܠܗ ܚܪ ܐܠܪܝܚ ܐܟܝܪ . ܘܗܘ ܬܕܟܠ ܐܘܠ ܐܠܣܪܛܐܢ . ܓ̄ ܗܘܐܐ ܐܠܐܙܝܢ
ܡܥܬܕܠ ܐܠܚܪܐܪܗ . ܟܡܐ ܪܒܝܥ ܬܥܡܪ ܕܢܝܐ . ܘܗܘ ܐܕܐ ܢܟܬܗ ܪܒܝܥ ܦܝ
ܐܠܐܫܬܐ ܐܠܟܪܝܦ . ܕ̄ ܘܗܐܪܒ ܐܠܣܢܒܠܗ . ܐܢܗܐ ܡܥܬܕܠܗ ܟܢܐ ܐܥܬܕܠ
ܡܝܙܐܢܗ . ܚܬܝ ܐܢ ܐܥܬܕܠ ܐܠܓܘܙܐ ܘܐܠܣܪܛܐܢ . ܘܐܠܡܪܒܥܢܝܗ ܟܬܐ ܚܪܡ
ܫܗܪ ܟܠܗ ܐܟܝܪ . ܘܚܪܡ ܡܢ ܡܣܬܚܠ . ܘܐܚܕ ܡܢܓܘܐ ܦܝ ܐܠܐܬܢ . ܘܐܚܕ
ܐܠܥܐܠܡ ܘܐܚܕܗ . ܘܐܠܟܝ ܡܢܗܐ ܓܡܝܥܗ ܦܝ ܡܢܙܠܗ . ܘܐܠܡܪܒܥܢܝܗ ܐܝܐܡ . ܐ̄
ܐܝܐܡ . ܐ̄ ܗܘܐܐ ܐܟܝܪ ܗܘܗ . ܒ̄ ܘܗܘܐܗ ܪܒܝܥ ܐܕܟܠ[3] ܐܠܐܠܝܠ . ܓ̄
ܘܚܪܗ ܫܬܐܗ . ܕ̄ ܘܦܝܗ ܗܘܐܝ . ܗ̄ ܘܡܢܗܐ ܐܠܠܝܠ . ܘ̄ ܘܡܢܬܗ ܗܘܝܗ .
ܘܟܬܐ ܬܕܟܠ ܐܘܠ ܐܠܩܡܪ . ܐ̄ ܘܐܠܡܢܬܗ ܬܕܟܠ ܐܠܪܒܝܥ . ܘܐܠܟܠܐܬܠ ܙ̄
ܐܝܐܡ . ܐ̄ ܐܠܓܘܙܐ ܐܠܚܡܠ . ܒ̄ ܘܐܠܓܘܙܐ ܐܠܬܘܪ . ܓ̄ ܘܐܠܡܣܬܥܕܝܢ .

[1] *Sic*, lire سبعة.

[2] *Sic*, lire sans doute ܣܥܕܗ.

[3] Après la lacune indiquée plus haut. B reprend ici la suite au feuillet 23.

ܙ̄ ܘܐܠܡܢܝܘܢ . ܚ̄ ܘܠܣܢܕܪܐܟܝܢ . ܛ̄ ܘܩܘܒܪܝܘܢ ܩܠܩܢܬܐ . ܘܐܝܟ ܡܢܝܢܗ ܠܬܪܥܣܪ . ܐ̄
ܘܣܦܪܐ ܕܝܠܗ ܕܢܘܫܐ ܕܐܬܪܟܢܘ . ܘܕܡܝܐ ܠܚܕܐ ܕܝܠܗ ܠܚܘܫܒܢܐ ܕܝܘܩܢܐ .
ܘܠܡܪܩܫܝܬܐ . ܐ ܐܣܝܡ . ܐ̄ ܡܪܩܫܝܬܐ ܕܐܣܝܡ . ܒ̄ ܘܡܪܩܫܝܬܐ ܕܕܗܒ .
ܕ̄ ܘܠܩܕܡܝܐ . ܗ̄ ܘܠܩܠܩܢܬܐ . ܘ̄ ܘܠܢܚܫܐ . ܙ̄ ܘܠܐܣܪܒ . ܚ̄ ܘܠܐܣܦܝܕܝܓ . ܘܟܠ ܗܠܝܢ
ܕܝܢ ܕܝܠܗ ܠܡܪܩܫܝܬܐ ܕܐܣܝܡ . ܕܐܝܟ ܕܐܡܪ[1] ܐܪܣܛܘܛܠܝܣ ܕܝܠܗ
ܠܐܣܦܝܕܝܓ . ܘܠܩܕܡܝܐ ܕܐܬܘܒ . ܐ̄ ܐܣܪܒ ܕܗܘ ܐܢܘܢ ܕܗܘܝܢ ܠܐܣܦܝܕܝܓ . ܒ̄
ܘܠܩܠܩܢܬܐ ܕܡܪܩܫܝܬܐ . ܘܠܟܠܗܘܢ ܐ̄ ܐܣܝܡ . ܐ̄ ܐܠܐܣܪܒ . ܒ̄ ܘܐܠܐܣܦܝܕܝܓ . ܓ̄ ܘܐܠܐܣܟܪܒ .
ܕ̄ ܘܠܩܠܩܢܬܐ . ܗ̄ ܘܠܟܘܟܒܝܐ . ܘ̄ ܘܠܩܠܩܕܝܣ . ܙ̄ ܘܣܘܪܝܩܘܢ . ܘܟܠܗܘܢ ܕܝܠܗ
ܕܗܒ ܕܡܪܩܫܝܬܐ . ܘܠܩܠܩܢܬܐ ܐ̄ ܐܣܝܡ . ܐ̄ ܡܢ ܕܗܒܐ . ܒ̄ ܘܡܢ ܕܐܣܝܡܐ . ܓ̄
ܘܡܢ ܐܪܓܝܪܘܣ . ܕ̄ ܘܡܢ ܢܚܫܐ ܩܘܦܪܝܘܢ . ܗ̄ ܘܡܢ ܩܣܛܝܪܘܢ . ܘ̄ ܘܡܢ ܐܣܪܒ .
ܐ̄ ܘܡܢ ܐܣܦܝܕܝܓ . ܡܢ ܘܠܐܣܛܘܡܘܢ ܠܟܘܟܒܐ ܕܐܝܬܝܗܘܢ ܐܝܟ ܐ̄ . ܐ ܡܢ ܩܠܩܢܬܐ .
ܒ̄ ܘܡܢ ܩܘܦܪܐ . ܓ̄ ܘܡܢ ܩܕܡܝܐ . ܕ̄ ܘܡܢ ܩܠܩܝܣ . ܗ̄ ܘܡܢ ܩܠܩܢܬܐ
ܕܐܣܝܡ . ܘܡܢ ܕܐܣܝܡܐ . ܘ̄ ܘܡܢ ܕܡܪܩܫܝܬܐ . ܙ̄ ܘܡܢ ܕܐܣܦܝܕܝܓ . ܘܠܐܣܛܘܡܘܢ ܕܝܠܗ
ܕܝܠܗ ܠܚܘܫܒܢܐ . ܘܐܝܟ ܐܠܐܣܪܒ . ܘܠܩܘܦܪܐ ܕܐܣܝܡܐ . ܐܝܟܢܐ ܕܐܝܬ ܒܗ
ܘܟܠ ܐܠܐܣܦܝܕܝܓ ܘܐܠܐܣܪܒ . ܘܗܟܢܐ ܗܘ ܕܝܠܗ . ܘܠܩܠܩܢܬܐ . ܐ̄ . ܐ ܡܢ ܩܘܦܪܐ .
ܐܠܐܣܝܡ ܕܩܘܦܪܐ . ܒ̄ ܘܡܢ ܢܚܫܐ . ܓ̄ ܘܐܠܐܣܪܒ ܕܡܪܩܫܝܬܐ . ܕ̄ ܘܠܩܠܩܢܬܐ . ܗ̄ ܘܩܘܦܪܝܘܢ .
ܘ̄ ܘܐܠܐܣܪܒ . ܙ̄ ܘܐܠܐܣܝܡ ܕܐܣܦܝܕܝܓ . ܘܠܩܘܦܪܘܢ ܐ̄ . ܐ ܩܘܦܪܐ ܐܣܝܡ . ܒ̄ ܘܩܘܦܪܐ
ܕܗܒܐ . ܓ̄ ܘܩܘܦܪܐ ܐܪܓܝ . ܕ̄ ܘܐܣܦܝܕܝܓ . ܗ̄[2] ܘܠܩܘܦܪܐܠܐ ܕܝܠܗ ܐܠܐܣܪܒ ܕܝܠܗ ܀
ܘܡܢ ܐܝܟ ܠܟܠܗܘܢ . ܘܠ ܡܢܗܘܢ ܡܢ ܐܠܐܣܪܒ . ܘܐܠܐܣܦܝܕܝܓ ܘܐܠܐܣܝܡܐ ܕܝܠܗ ܐܝܟܢܐ
ܠܕܗܒ . ܘܟܠ ܡܢ ܕܝܠܗ ܐܝܟܢܐ ܠܩܠܩܢܬܐ . ܘܡܢ ܕܐܝܬ . ܙܘܓܐ ܟܠ ܡܢ ܕܝܠܗ
ܙܘܓܐ ܠܡܪܩܫܝܬܐ ܡܢ ܐܠܐܣܪܒ ܘܐܠܐܣܦܝܕܝܓ ܘܐܠܐܣܝܡܐ ܀ ܡܢ ܐܠܐܣܪܒ . ܠܕܗܒ
ܘܠܐܣܝܡ . ܘܠܢܚܫܐ ܀ ܘܡܢ ܐܠܐܣܦܝܕܝܓ . ܠܩܠܩܢܬܐ . ܘܠܩܘܦܪܝܬܐ . ܘܠܩܣܛܝܪܘܢ .
ܘܠܩܠܩܢܬܐ ܀ ܘܡܢ ܐܠܐܣܝܡܐ . ܠܡܪܩܫܝܬܐ ܕܐܣܝܡܐ . ܘܠܩܘܦܪܝܬܐ ܕܕܗܒܢܝܬܐ .
ܘܡܪܩܫܝܬܐ ܐܠܐܣܝܡ . ܘܠܩܠܩܢܬܐ . ܘܐܪܓܝܪ ܠܩܠܩܢܬܐ . ܘܠܩܣܛܝܪܘܢ . ܘܠܩܠܩܢܬܐ .
ܘܠܩܘܦܪܐ . ܘܠܩܣܛܝܪܘܢ . ܘܠܩܠܩܢܬܐ ܕܝܠܗ . ܘܠܩܘܦܪܐ . ܕܝܠܗ ܕܝܠܗ ܠܚܘܫܒܢܐ

(1) A ܪܡܙ. — (2) Ici les deux manuscrits ont un blanc d'une demi-ligne.

ܘܐܠܣܦܪܗ ܒܨܦܪܐ؛ ܐܠܨܦܪܐܘܝܗ. ܘܐܠܫܡܐܠܝ. ܘܐܠܫܪܩܝ. ܘܐܠܕܐܟܪ.
ܘܐܥܬܕܐܠ ܐܠܪܒܝܥ. ܘܗܘ ܒܝܬ ܠܡܪܝܟ ܐܫܪܐܦ ܐܠܫܡܣ. ܘܡܢܗ ܚܠܦ ܡܢ ܗܘܐ
ܦܗܘ ܚܪ. ܘܐܠܐܣܕ ܗܘ ܚܪ ܝܒܣ. ܡܬܠ ܚܪܐܪܗ ܢܐܪ ܐܠܫܡܣ ܡܥ ܐܠܚܡܠ
ܘܐܠܩܘܣ ܘܐܠܐܣܕ؛ ܡܥ ܐܠܚܡܠ؛ ܦܗܕܗ ܢܐܪܝܗ؛ ܘܡܥ ܐܠܩܘܣ؛ ܐܠܪܒܝܥ
ܘܐܢܣܚܡ ܢܐܪܝܗ؛ ܘܡܥ ܐܠܐܣܕ؛ ܐܠܦܢܣܚܡ ܘܐܠܫܡܐܠܝܗ. ܘܐܠܫܡܐܠܝ؛ ܘܗܘ
ܐܠܬܐܢܝ ܠܡܪܝܟ ܐܠܫܡܐܠ ܘܐܠܣܦܪܗ؛ ܘܐܠܡܥܪܘܦܝ ܘܐܠܐܦܬܝ
ܘܐܠܐܦܪܐܠ. ܘܐܠܐܡܬܟܠ ܘܐܠܬܡܐܠ. ܘܐܠܬܠܬ ܘܐܠܬܓܘܦ ܘܐܠܡܬܩܠ. ܘܐܠܡܫܒܠ.
ܘܐܠܐܡܠܐܣ ܒܝܬܐ. ܡܠ ܡܪܝܟ ܐܠܬܘܐܡ ܒܚܪܡܠ. ܐܠܚܡܐܠ. ܘܐܠܚܡܣܘܣ
ܘܐܠܫܡܐܠܝ ܘܐܠܬܢܝ ܐܠܐܣܕ. ܘܐܠܡܥ ܘܐܠܬܠܐܬ. ܘܐܠܡܬܩ ܐܠܡܫܬܩܐܠ ܡܢܗܘ.
ܘܗܘ ܩܠ ܡܪܝܟ ܐܠܡܫܬܪܝ ܘܐܠܡܫܬܪܝ[1]. ܒܪܓ ܐܠܐܣܕ ܘܐܠܡܪܝܟ. ܐܠܐܠܐ ܐ̄.
ܘܐܠܡܪܝܟ ܐ̄؛ ܐܠܫܡܣ. ܘܐܠܐܡܒܐܣ. ܘܐܠܫܡܣܐ. ܘܐܠܓܠܐܡܘ. ܦܐܠܫܡܣ ܒܝܢ ܒܪܓܝܢ.
ܒܪܓ ܘܐܟܠܝ. ܘܐܠܫܡܣܐ[2] ܒܐܣܢܡ ܘܐܡܒܐܣ[3]. ܘܗܘ ܐܠܐܣܢܡ ܐܠܫܡܫ.
ܘܐܠܫܡܣܐ ܒܝܢ ܒܪܓܝܢ. ܒܪܓ ܢܚܡܣ ܘܒܪܓ ܐܡܒܐܣ ܐܠܐܣܢܡ ܐܠܫܡܫ.
ܘܐܠܫܡܫ ܐܠܫܡܠ ܐܠܪܒ ܐܫܡ ܐܠܐܣܕ ܦܝܗ. ܒܒܒ[4] ܐܠܐ ܒܝܢ ܢܚܠܫܡܘܐ؛
ܘܐܠܡܫܪ ܘܐܠܫܡܐܠ. ܗܘ ܐܠܡܘܣܡ ܘܡܡܒܐܪ ܒܐܢܘܐ؛ ܘܡܫܪܩܗ ܐܠܡܓܪܒ؛
ܘܐܠܡܘܣܡ؛ ܘܐܠܫܡܐܠ؛ ܦܐܠܡܓܪܒ ܒܝܢ ܒܪܓܝܢ. ܐܓܪܒ ܐܠܚܡܠ. ܘܐܓܪܒ
ܐܠܩܘܣ؛ ܘܐܠܡܘܣܡ ܒܝܢ ܒܪܓܝܢ ܐܡܘܣܡ ܒܒܠܐܕ ܐܠܬܪܟܝܗ. ܘܐܡܘܣܡ ܒܒܠܐܕ
ܐܠܐܣܢܡܗ؛ ܘܐܠܫܡܐܠ ܒܝܢ ܒܪܓܝܢ. ܡܫܠܦ ܘܓܢ ܡܫܠܦ؛ ܐܠܫܡܐܠ ܐܠܫܡܫ؛
ܘܡܫܦ ܫܡܣܗ. ܘܐܠܓܡܣܝ ܒܝܢ. ܦܪܟ ܒܫܡܣܬ ܐܠܐܣܕ ܦܐܠܐܡܝ ܐܠܫܡܣ
ܡܫܡܐܠܡܫܬ ܐܠܐܡܒܐܠܐ. ܦܐܫܡܬ ܐܠܫܢܒ. ܦܝ ܦܐܠܡ ܐܠܫܡܫ ܘܐܠܡܒܐܬܐ. ܘܠܐ
ܡܫܡ ܦܝܗܐ ܒܝܢ. ܐܝܠܝ ܒܐܠܐ ܐܡ ܦܒܠܐܪ. ܘܡܒܬܕܐ ܓܢܘܒܐ ܒܡܫܒܐܪ ܐܠܐܫܘܡܘ؛
ܐܘ ܒܠܝ ܐܠܒܐ ܡܓܒ. ܡܫܡ ܢܣܒ ܐܠܫܡܒܢܗ. ܐܘ ܒܠܝ ܐܡܫܡܘ ܡܓܦܘܐ. ܐܕܐ
ܐܒܢܐ ܐܠܡܫܘܡܘ ܐܘ ܐܠܡܓܒ. ܓܝܪ ܐܠܫܡܣ ܒܓܝܪ ܐܠܣܥܘܕܗ؛ ܘܗܘ ܐܢ ܐܠܐܒ
ܒܗ ܓܝܪ ܚܐ. ܦ̄ܝ ܐܓܕܐ ܒܢ ܐܠܡܒ. ܐܝܦ ܐܠܫܡܣܝܢ ܘܐܒܠܝ ܒܐܠܓܡܠܡ

(1) A ܐܠܡܫܬܪܝ ܘܐܠܡܫܬܪܝ. — (2) B ܘܐܠܫܡܣܐ. — (3) B ܘܒܐܡܒܐܣ. — (4) Ce qui suit manque dans B.

ܐܠܟܒܪ. ܘܗ̄ܝ ܐܟܠܐ. ܘܗ̄ܝ ܡܢܛܩܗ. ܘܗ̄ܝ ܐܟܠܐ ܥܠܝ. ܡܥܢܝ ܐܠܬܥܦܝܢ. ܘܝܪܝ ܟܠܗ
ܡܐ ܝܟܒܪܗ[1] ܘܐܠܬܝܗ ܡܢܗ ܘܟܠܗ. ܐܢ ܟܐܢ ܦܝܗ ܡܐ ܬܪܝ. ܐܢ ܥܠܝ ܐܟܬܪ ܐܢ
ܩܠܝܠ. ܟܐܢ ܡܬܦܪܩܗ ܡܥܐܕܢ ܟܬܝܪܗ. ܚܬܝ ܠܐ ܝܢܟܫܦ ܦܝ ܐܠܟܠܐܡ ܐܠܡܥܢܝ
ܘܐܠܐܟܣܝܪ. ܐܠܐܢ ܐܠܡܥܢܝ ܟܘܢܗ ܙܐܝܕ ܐܘ ܐܩܠ ܐܘ ܐܟܬܪ. ܘܡܢܗܐ ܪܐܣܗܐ
ܘܡܢܗܐ ܘܣܛܗܐ ܘܐܟܪܗ. ܘܡܢܗܐ ܡܦܬܪܩ ܐܠܒܪܘܐ. ܦܝ ܐܬܨܐܠ ܦܝܗ ܐܠܟܝܐ.
ܘܡܢܗܐ ܡܢܗܐ ܘܗܝ ܐܠܟܝܡܝܐ ܚܬܝ ܐܬܨܠ. ܘܡܢܗܐ ܚܐܡܠ ܐܠܟܝܡܝܐ ܟܘܢܗ
ܐܙܝ ܐܟܬܪ. ܚܬܝ ܐܢܐ ܙܟܪܬ ܟܠ ܐܠܡܥܢܝ. ܘܟܠ ܚܪܦܗܐ ܦܝܗܐ. ܘܡܢܗܐ
ܐܠܟܐܡܠ ܠܐ ܝܢܟܫܦ ܐܠܡܥܢܝ. ܘܠܐ ܝܬܟܠܡ ܐܠܟܠ ܟܠܝܗܐ. ܦܝ ܐܠܐܟܣܝܪ
ܐܢܐ ܥܠܝ ܡܬܦܪܩ ܟܠ ܪܐܣ ܐܠܡܥܢܝ. ܚܬܝ ܐܠܟܐܪ ܡܢ ܐܠܒܪܐ ܐܠܟܐܠܠ[2] ܦܝܡܢ
ܘܝܘܪܝ ܟܠܗ. ܘܡܐ ܥܠܝ ܡܢ ܐܠܡܥܢܝ ܟܬܝܪ ܐܟܣܝܪ. ܐܟܬܪ ܟܐܠܡܥܐܕܢ ܘܐܠܐܟܣܝܪ
ܟܢܝܪ. ܦܐܢ ܐܠܡܥܢܝ ܟܠ ܡܐ ܘܪܩܐ. ܘܡܢܗܐ ܐܠܡܠܚ ܡܢܗ ܝܕܝܡ ܟܟܠܗܐ
ܘܝܬܠܟ ܐܟܬܪ ܦܝܗܐ. ܦܐܢܐ ܥܠܝ ܐܟܬܪ ܟܘܠܐܕ. ܘܐܠܐܟܣܝܪ ܡܬܠ ܐܠܡܥܕܢܝܗ
ܡܢܗ ܦܝܗ. ܟܬܝܪ ܐܢܗ ܠܐ ܝܡܢ ܟܠ ܟܐܠܐܠ. ܦܡܐ ܥܠܝ ܟܐܠܡܥܢܝ ܐܟܣܝܪ. ܦܝܟܘܢ
ܐܠܐܟܣܝܪ ܘܐܠܕܗܒ. ܘܡܐ ܥܠܝ ܟܐܠܡܥܕܢ. ܦܝܟܘܢ ܐܠܢܚܐܣ ܘܐܠܪܨܐܨ. ܘܐܠܚܕܝܕ.
ܘܐܠܐܡܪܐܣ ܡܢܗ ܐܫܟܐܠܗܐ ܡܬܠ ܐܫܟܐܠ ܐܠܡܥܢܝ. ܟܬܝܪ ܟܐܠܡܘܬ. ܟܡܐ ܐܢ
ܐܠܡܥܢܝ. ܘܡܢܗܐ ܐܠܡܠܚ ܐܠܡܥܕܢܝ ܝܟܘܢ ܟܠ ܐܠܡܥܐܕܢ. ܡܬܠ ܐܠܡܥܢܝ
ܘܐܠܡܠܚ. ܘܡܢܗܐ ܐܠܡܠܚ ܐܠܡܥܕܢܝ ܡܠܘܚ. ܘܐܠܡܥܕܢܝܗ ܟܬܝܪ ܡܠܘܚ.
ܘܐܠܐܡܪܐܣ ܬܟܘܢ ܐܠܡܥܕܢܝܗ ܘܐܠܡܠܚ. ܘܐܠܟܝܡܝܐ ܐܟܬܪ ܟܘܟܒܐ. ܟܘܢܗ ܙܐܝܕ.
ܘܡܢܗܐ ܐܙܝܕ. ܘܡܢܗܐ ܟܠܐ ܙܐܝܕ ܝܩܘܡ[3]. ܘܐܢ ܟܐܢ ܐܟܬܪ ܐܢ ܐܟܘܢ ܟܐܢ
ܙܐܝܕ. ܘܡܢܗܐ ܐܠܟܘܡ ܐܟܬܪ ܡܬܠܗ ܡܢܗ ܐܘ ܟܬܝܪ. ܘܐܠܟܝܡܝܐ ܝܟܘܢ ܟܬܝܪܐ
ܐܠܐܘܡܗ ܐܠܡܥܕܢܝܗ ܟܠܗ ܐܟܬܪ. ܘܐܠܐܘܡܗ ܐܠܡܥܕܢܝܗ ܘܡܢܗܐ ܙܝܐܕܗ ܝܟܘܢ
ܟܬܝܪܗ. ܚܬܝ ܦܝ ܐܠܡܘܐܢ. ܘܡܢܗܐ ܡܢܗ ܙܐܝܕ. ܘܐܠܟܝܡ ܝܬܟܠܡ[4] ܐܠܟܝܡܝܐ ܡܢ
ܐܠܐܢܗ ܡܢ ܟܠܗܐ. ܘܐܠܐ ܝܟܘܢ ܐܠܡܥܕܢ. ܘܡܢܗܐ ܙܐܝܕ ܐܠܡܥܕܢܝܗ. ܐܠܡܥܕܢܝܗ
ܟܬܝܪ ܡܐ ܝܟܘܢ ܟܠܗܐ. ܘܐܠܟܠ ܘܡܐ ܐܠܡܥܢܝ ܘܐܠܡܥܕܢ. ܘܡܐ ܟܠܝ ܗܙܐ

[1] *Sic*, lire يغره.
[2] *Sic*, lire peut-être الْمُخَلَّل.
[3] Lire sans doute حافّة دائرة.
[4] Lire يحتاج.

ܗܟܫܝܗ. ܠܟܢ ܛܐܪܗ ܡܬܘܣܛܗ. ܘܡܢܗ ܡܢܒܪ ܐܠܒܚܪ ܡܚܝܛܗ. ܗܘ ܫܪܩܝ ܐܠܒܚܪ ܘܡܓܪܐܗ ܡܬܠ ܐܠܓܢܘܒ. ܘܡܢܗ ܡܢܒܪܐܗ ܡܢ ܐܠܒܚܪ ܚܒܫܝܐ. ܘܐܡܐ. ܠܐ ܐܟܬܪ. ܘܝܩܠ ܟܠ ܛܐܪ ܐܠܒܚܪ ܟܬܝܪ ܡܬܝܢ. ܡܢ ܟܡܐܠܗ ܟܠ ܫܝܝ ܛܐܪ ܐܠܡܐܫܝܗ ܡܢܐܠ ܘܓܘܕܗ. ܘܐܕܐ ܪܟܒܘܗ ܟܠ ܛܐܪ ܐܠܒܚܪ. ܦܝܗ ܐܠܡܘܓ ܫܝܘܪ ܠܐܛܝܢ ܘܓܘܕ. ܘܐܝܩܠ ܐܠܒܚܪ ܡܢ ܛܐܪ ܐܠܛܝܢ ܟܬܝܪ. ܛܐܪ ܗܪܡܘܣܐ[1] ܐܠܟܦ ܐܘ ܬܥܠܐܗ. ܐܘ ܪܟܠܝ ܐܠܐܐܠܡ. ܘܐܠܐܪܟܘܐ ܡܢ ܐܠܡܘܓܐ ܐܠܚܝ ܐܠܡܘܓܐ. ܘܡܬܟܘܐ ܪܟܒܠ ܥܠܝ ܡܢ ܐܠܒܚܪ ܟܬܝܪ[2]. ܘܪܟܒܠ ܥܠܝ ܐܟܬܪ. ܐܠܐ ܐܢ ܗܟܫܝܗ ܟܠ ܡܠ ܘܥܩܠ. ܘܪܟܒܠ ܥܠܝܗ ܐܠܐܥܠܐܡ ܟܠ ܦܝܗ. ܠܐ ܡܢܗ ܦܝܗܐ ܕܗܝ ܘܠܐ ܠܐ ܘܠܐ ܡܠ. ܐܠܐ ܐܢ ܗܟܫܝܗܐ ܟܠ ܡܠ ܘܥܩܠ. ܐܠܐܟܝܪ ܐܠܡܫܐܗܘܪ. ܐܠܐܟܝܪ ܡܢܗ ܟܡܒܪ ܐܠܟܝܪܦ. ܘܟܡܒܪ ܐܠܟܐܠܝ. ܘܟܡܒܪ ܐܠܓܒܐܪ[3]. ܘܥܩܠܐܗ ܐܢ ܝܛܝܩ[4] ܐܠܒܚܪ ܟܬܝܪ ܐܠܡܚܡܠ. ܘܝܩܠ ܟܐܢ ܛܘܦ ܡܢ ܛܝܢ ܕܐܫܟܘܐ. ܘܡܢܗ ܟܪܛܘܐ ܐܪܟܡܝ. ܫܝܢ ܐܐܠܟܗ ܟܠ ܐܠܡܫܐܗܘܪ. ܘܐܠܡܫܐܗܘܪ ܡܢܗ ܡܫܘܪ ܟܠܗ ܟܐܬ ܛܘܐܠ ܘܟܪܬܐ ܡܟܪ ܦܝ ܡܟܪ. ܘܡܢܗ ܛܐܥܐܢ ܦܝ ܓܐܠܝܢܗ ܐܠܝܩܠ ܐܠܓܒܐܠ. ܘܕܟܘܠ ܐܠܡܘܐ. ܘܡܢܗ ܟܢ ܐܫܩܠ ܐܠܒܚܪ[5] ܘܐܠܡܫܐܗܘܪ ܡܟܪ. ܘܡܢܗ ܛܘܦ ܐܠܒܚܪ ܦܝ ܐܠܐܐܘܐ. ܘܐܢ ܟܐܢܬ ܐܠܒܚܪ ܐܟܠܝ. ܡܢܗ ܟܘܐ ܗܫܝܗ ܡܫܟܘܟܗ ܘܐܫܟܗ ܟܪܛܘܐ ܐܪܫ ܐܪܐܫ. ܘܡܢܗ ܟܘܐ ܡܫܟܘܟܗ ܐܟܠܝ. ܐܐܟܝ ܐܠܟܝ (?) ܡܟܘܐ. ܘܐܢ ܟܐܢܬ ܓܪܐܙ. ܟܠܬ ܟܘܐ. ܘܐܟܒܪܘܐ ܠܠܡܫܪܟܗ ܘܐܠܟܫܡܠ[6]. ܡܫܝ ܦܝ ܐܠܐܡ. ܘܐܟܬܪܘܐ ̈ܐ ܐܠܐܡ. ܐܠܫܐܠܫ ܐܠܟܫ ܡܢܗ ܕܪܘܡ ܟܠ ܦܝ ܦܪܗ ܡܟܢܗ ܕܗܝ. ܟܠܝ ܐܠܟܗ. ܦܡܦ ܕܘܟܬܐ ܐܠܕܗܝ ܐܠܡܫܟܡ. ܟܘܕܐ ܐܠܟܠܝ. ܡܢ ܐܠܕܗܝ ܐܠܐܣܘܕ ܡܠ ܗܢܐ ܘܐܫܟܝܗ. ܘܐܠܓܝܢܗ ܡܬܠ ܫܪܩܝܗ ܐܫܪܝܩ[7]. ܦܐܕܐ ܕܐܟܝܢ ܐܟܪܝܗ ܘܐܫܡܗ ܦܝ ܐܠܐܘܐܢ. ܦܐܫܗ ܫܪܫܡܫ. ܦܐܛܦ ܐܠܫܗ ܡܬܟܗ ܐܚܡ. ܘܐܫܡܗ ܟܠ ܙܐܝܓܝܢ. ܠܠܟܚܠ ܘܐܠܟܚܠ.

(1) Au-dessous de ce mot est écrit ܐܚܠ.

(2) Dans A à la marge بحيم.

(3) *Sic*, comp. غثار dans Dozy, *Suppl. aux dict. arabes*, II, p. 216.

(4) *Sic*, lire يُطَيِّقْ.

(5) Ici B reprend avec le feuillet 24 recto après la lacune indiquée précédemment.

(6) *Sic*, dans les deux manuscrits.

(7) Les deux manuscrits ajoutent à la marge سريقون.

ܒܥܕ ܬܫܘܝܗ. ܘܬܟܠܤܗ ܘܬܣܚܩܗ ܦܝ ܒܪܢܝܗ. ܘܐܓܥܠܗ ܐܓܙܐ. ܘܟܕ ܡܢܗ ܢܨܦ
ܐܘܩܝܗ ܡܒܪܕܗ ܐܪܒܥ. ܘܐܣܚܩܗ. ܘܐܥܓܢ ܒܐܠܒܘܠ ܘܐܠܡܠܚ. ܘܐܣܚܩ
ܐܠܣܚܩ ܒܥܕ ܢܕܐܘܗ. ܬܡ ܐܪܦܥ ܠܐܬܪܒܗ ܐܝܕܝ ܒܠܣܦܝܢ. ܬܡ ܐܠܩܝܗ ܦܝ ܩܕܪ
ܒܪܡܐܕ ܚܐܪ ܡܓܛܝܗ. ܐܘ ܙܒܠ ܐܘ ܒܪܢܝܗ. ܘܐܫܘܝ ܢܐܪ ܐܠܐܬܠ ܘܐܠܐܬܪܗ ܚܡܝܕ.
ܬܡ ܥܠܝܗ ܦܝ ܢܐܪ ܡܢܠ ܐܘ ܫܥܐܪܗ ܐܘ ܙܒܠ ܐܠܐܬܡ. ܘܐܟܘܢ ܢܐܪ ܡܥܬܕܠܗ[1]. ܣܒܥ
ܐܝܐܡ. ܘܐܠܐܘܠܗ ܥܠܝ ܡܐܓ ܓܥܠܬܗ ܐܪܒܥ ܘܐܣܚܩ ܓܝܕ ܬܫܘܝܗ. ܘܐܢ ܟܐܢ
ܡܐܝܝ ܦܝ ܐܘܠ ܢܐܪ. ܚܬܝ ܟܠ ܐܠܐܝܡ. ܘܣܚܩ ܡܢܗ ܦܝ ܟܠ ܢܐܪ ܣܒܥܐ
ܘܓܥܠܗ. ܘܐܕܐ ܐܟܐܠ ܟܐܢ[2] ܐܫܕ ܠܗ. ܐܥܠܡ ܢܐܪ ܐܠܐܬܠ ܘܐܫܕ. ܘܠܐ ܬܥܓܠ.
ܦܐܢ ܟܐܢ ܡܢ ܟܠܝ ܐܥܕܗ. ܘܐܢ ܠܐ ܬܥܕܗ ܟܠ ܡܪܐܬܗ. ܘܐܫܘܝ ܡܢܗ ܐܠܐܘܠ
ܘܩܕܗ ܟܠܗ. ܘܡܐܕ ܐܦܥܠ ܟܕܠܟ ܡܥܗ. ܟܠ ܝܘܡ ܡܐܝܝ ܡܢܗ ܘܙܢܐ.
ܦܐܢ ܢܥܠܡ ܒܟܠ[3] ܢܥܡ. ܘܗܕܐ ܗܘ ܐܠܒܘܠ ܐܠܡܥܟܘܣ ܡܥܕܐ ܐܠܬܐܥܠ.
ܐܠܬܡܐܡ ܐܠܐܣܥܕ. ܟܕܗ ܢܫܐܕܪ ܙܡܗ ܓܝܕ. ܘܡܢܗ ܐܠܝ ܐܪܒܥ. ܐܬܥܟܣܘܡ
ܡܕܩܘܩ. ܘܐܓܥܠܗܡ ܦܝ ܐܠܐܘܠ ܦܝܡ. ܠܐ ܝܪܝ[4] ܐܠܐܘܠ ܐܠܟܐܠܝ. ܘܐܠܐܟܣܝܪ.
ܐܠܐ ܐܠܟܠܗ. ܘܟܢ ܐܠܡܩܕܪ ܡܢܗ ܐܠܐܟܠ. ܐܕܐ ܟܐܢ ܙܐܝܕ. ܘܐܦܬܚܗ ܡܥ ܓܝܕ ܚܐܪ.
ܦܐܢ ܐܠܢܫܐܕܪ ܡܢܗ ܦܝ ܟܐܢ ܘܪܩܗ ܡܩܕܪܗ. ܡܢ ܙܓܝܓ. ܘܒܥܕ ܐܠܟܐܠܝ
ܐܦܥܠ ܐܣܥܕ ܓܝܕܐ. ܦܐܢܝ ܐܠܟܐܠܝ ܡܥ ܐܠܚܡܝܪ ܘܐܟܠܗ ܒܐܠܢܫܐܕܪ. ܐܠܝ
ܡܥܩܘܕ ܡܢܗ. ܘܐܩܕ[5] ܚܡܝܪ ܐܘܠܐ. ܐܦܥܠ ܕܠܟ ܡܪܐܬ ܐܘ ܗ̄. ܘܟܠ
ܡܪܗ. ܐܟܠܗ ܡܢ ܐܠܪܐܚ ܐܠܝ. ܦܐܢ ܐܠܢܫܐܕܪ ܝܪܝ ܐܪܒܥ ܡܢܗ ܐܠܪܩܗ ܣܟܢ.
ܡܥܪܦ ܡܢ ܐܚܕ ܣܩܪܗ ܡܥ ܐܠܟܐܠܝ. ܦܐܓܥܠܗ ܦܐܢܗ ܐܠܢܫܐܕܪ ܐܠܐܣܥܕ ܘܐܢ
ܢܫܐܕܪ ܙܐܝܕ ܦܝ ܐܠܬܕܒܝܪ. ܘܐܚܕ ܡܓܝܢ ܒܥܕܗ. ܦܐܕܐ ܙܐܕ ܟܠ ܗܕܐ ܐܠܥܡܠ.
ܦܐܟܬܡ ܒܥܕܗ ܒܥܡ ܢܨܦ ܐܠܒܘܠ ܐܠܥܐ ܗܘܝ. ܘܐܣܥܕܗܡ ܒܥܡ ܡܝܣܡ.
ܐܠܬܥܡܝܢ. ܡܢ ܐܠܟܦܪܣܬܢܝܢ ܡܥܩܘܕ ܒܥܕ ܙܐܝܕ. ܘܐܟܬܡܗܡ ܒܥܡ ܡܝܣܡ.
ܐܠܬܥܠܐܣ[6] ܦܠܝܢ. ܘܡܢܗ ܡܪܦܥܐ ܦܝ ܙܓܐܓ ܐܠܐܡܝܐܣ. ܘܐܣܒܟܗ ܐܠܩܪܠ

(1) *Sic*, lire معتدلة.
(2) Lire غلام.
(3) *Sic* pour ܒܠܒܘܠ.
(4) A ܠܐܝܪܝ.
(5) A ܘܐܩܕ.
(6) A ܐܠܬܥܠܐܣ.

ܠܠܫܡܣ. ܘܐܟܠܝܠ ܐܠܫܡܣ ܟܠܗ ܢܐܪ ܚܡܪ ܦܝܗ ܣܟܘܢܗ. ܘܐܢܗ ܢܐܪܝܗ. ܦܐܢ ܐܢܗ
ܐܠܟܠܐܪ ܟܐܢ[1] ܡܬܒ ܐܠܝ ܐܠܫܡܣ ܐܠܦܘܠܐܣ. ܐܟܬܝܗ ܡܢ ܐܠܢܐܪ. ܘܐܢ ܟܐܢ.
ܐܪܝܬܗ ܟܠܗ ܙܐܡܗ. ܘܢܘܪܗ ܟܠܗ ܐܠܢܐܪ ܦܝ ܐܠܩܡܪ ܘ ܐܠܫܡܣ. ܐܩܠܠ ܐܠܟܘ ܚܐܠ.
ܠܐܢܗ ܡܢ ܐܠܟܡܣ ܡܬܝܗ ܘܐܚܝܗ ܘܢܐܪ ܡܡܫܣ ܦܝ ܐܫܩܠ ܐܠܩܡܪ. ܘܡܟܬܝ
ܐܠܝ ܗܘܐ ܐܠܚܝܒ ܦܝ ܡܢ ܩܪܘܗ ܘܦܝ ܟܠ ܩܪܘܗ ܩܪܝܒ[2] ܦܝ ܐܠܢܐܪ ܟܠܗ ܡܠ ܐܡܪܗ.
ܦܗܘܐ ܗܘ ܐܠܬܡܩܝܣ ܘܟܠ ܐܡܩܝܣ ܐܡܩܪܗ. ܗܘܐ ܗܘ܀ ܐܠܟܠܟܝܡ ܘܩܘܡ ܟܝܡ
ܐܠܡܢܠܐ ܚܡܝ ܐܠܐܡܒܐܣ. ܡܢ ܩܟܣ ܐܠܩܟܟܡ ܘܟܐܠܝ ܐܠܟܚܝܠ. ܘܚܒܠܟܘ ܗܘܢܠ
ܐܠܩܡܪ. ܘܐܘܐܝܣ ܐܠܚܝܠ ܐܢ ܐܢܐ ܡܢ ܢܐܡܗܐ ܘܡܩܡܣ ܟܝܡ ܐܠܐܚܝܠ. ܐܠܚܡܝܡ
ܐܠܡܟܣ. ܝܡ ܐܠܩܟܣ. ܝܟܬܗܐ ܦܝ ܟܗܐ ܡܠܟܝܡ. ܘܐܝܟܬܗܐ ܐܠܝ ܢܐܪ ܐܠܟܠܟܠܝ ܐܘ
ܟܪܗܐ. ܢܐܪ ܠܐ ܐܡܣܝܟ[3] ܝ ܐܡܐܡ. ܦܐܢܗ ܚܟܝܡ ܡܟܠܡ ܡܬܠ ܐܠܝܚܡ.
ܦܐܢܗܡܗ. ܘܢܣܡ ܐܟܝܡ ܗܢ. ܐܘܠܐ ܡܢ ܐܠܩܟܣ ܡܟܠܠ ܦܝ ܫܟܪܝܗ ܘܐܝܟܝܗ
ܦܝ ܟܐܠܝ ܐܠܟܚܝܠ ܚܐܠ ܡܟܡܣ ܡܬܠ ܐܠܩܪܘܡ. ܘܟܝܡ ܝܟܦ ܘܐܝܟܠ ܐܠܢܐܪ܀
ܘܐܢܐ ܦܝܪܐ ܐܠܬܡܩܝܣ ܐܝܟܠ ܐܠܚܝܠ. ܐܠܚܝܠ ܡܢ ܐܠܩܡܩܡܣ. ܝܡܝܗ ܢܐܟܡ.
ܘܐܝܟܗ ܟܡܩܠܠ ܡܪ ܟܝܪ ܟܐܢ. ܟܡ ܐܟܡܣ ܐܠܐܟܐܪܦ ܘܐܡܒܗܐ ܟܟܝܠ ܡܪ
ܘܐܡܚܟܪܐ. ܘܐܐܟܝ ܡܪܢܝܗ ܐܐܡܟܘܐ ܡܢ ܐܫܩܠ. ܡܡܒܪ ܡܠ ܚܝܠ ܐܠܟܚܝܠ
ܦܗܘܐ. ܘܟܠܩ ܐܠܟܚܝܠ ܦܗܘܐ. ܘܐܟܡ ܐܠܡܪܢܝܗ ܡܟܟܡܟܗ[4] ܟܠܗ ܝܟܘܗܐ.
ܘܐܣܟܢܗܐ ܡܒܝܣ ܡܒܐܪ ܟܟܪ ܘܐܦܣ. ܘܐܟܡ ܐܠܩܡܩܠ ܡܬܟܠܡܗ ܟܠܡܗ ܦܝ
ܘܡܝܟܗ. ܘܐܡܣ ܐܠܡܪܢܝܗ ܦܘܩ ܐܠܫܡܣ ܐܠܝܟܝܗ. ܐܡ ܐܟܠܠ ܦܘܩܗܐ ܐܟܠ
ܢܝܟ ܟܢܪ. ܘܐܐܢܟܗ ܟܘܪܦܐ. ܝܟܪ ܐܠܟܐܠܠ ܐܡܐܡ. ܦܡܝܣܠ. ܘܡܟܝܪ ܡܢ
ܐܠܩܡܩܠ. ܡܠ ܐܣܟܪ. ܦܐܡܪܝܗ ܘܐܟܠܟܗ[5]܀ ܘܟܘܡ ܐܠܚܝܠ ܦܝ ܡܟܝ ܣܘܡ.
ܐܘ ܐܟܢܪ܀ ܗܘܐ ܐܠܩܡܠ. ܐܢܐ ܐܣܩܡܐ ܝܪܘܡ. ܘܡܟܪܐ ܟܟܡܗ ܡܟܪܗ. ܙܝܟ ܟܐܢܗ
ܘܟܐܟܡܗ܀ ܦܐܟܠܠ ܐܠܩܡܠ ܦܝ ܡܪܟܗ ܘܐܟܡܒܗ. ܐܠܟܡܒ ܐܐܟܒ ܐܠܟܡܟܠ
ܐܠܡܣܟܘܠ. ܐܟܟܗ ܦܝ ܡܪܟܘܟܪ ܡܟܝܣܝܗ. ܘܐܐܪܟܒ ܟܠܗ ܢܐܡܗܐ ܡܒܝܣ

(1) B ܚܒܝ.
(2) *Sic*, lire ܝܪܕ.
(3) A ܐܡܣܝܟ.
(4) Ce qui suit se trouve dans B au verso du feuillet 29.
(5) B ܘܐܟܠܗ.

IMPRIMERIE NATIONALE.

ܡܚܟܘܟ ܐܠܐܣܦܠ. ܘܡܥܗܢ ܡܬܠ ܙܐܪܥ ܐܠܟܒܪܝܬ ܦܝ ܐܠܡܪܟܢ. ܡܩܕܐܪ ܬܠܬܗ.
ܘܡܥܗܢ ܡܥܗܢܝܢ. ܘܬܛܝܢ ܐܠܥܘܪܐܠ ܒܛܝܢ ܐܠܐܚܡܪ. ܘܬܓܥܠ ܐܠܡܪܟܢ ܦܝ ܩܕܪ
ܦܪܘܐ ܙܝܐܕ ܡܢܟܘܣ. ܘܡܥܗܢ ܐܠܙܓܐܓ ܬܚܬ ܐܠܡܪܟܢ ܡܩܕܐܪ ܐܨܒܥ. ܘܬܩܒܒܗ
ܕܐܝܪ. ܐܠܝ ܐܢ ܝܒܩܝ ܡܢ ܐܠܡܪܟܢ ܫܒܪܐ. ܘܐܘܩܕ ܬܚܬܗ ܢܐܪ ܡܬܠ ܐܠܥܕܝܠ ܒܠܝܢ.
ܘܠܐ ܝܥܛܝ ܛܒܥܐ. ܒܥܕ ܝܘܡ ܐܕܐ ܬܚܠ ܡܢܗ ܟܠ ܐܠܟܒܪܝܬ. ܬܓܥܠ ܦܝܗ ܩܦܗ
ܐܠܩܕܪ. ܐܠܐܚܡܪ. ܘܠܐ ܬܡܣܟ ܐܠܢܐܪ ܠܐ ܒܠܝܢ ܘܠܐ ܒܫܕܗ. ܘܬܪܟܗ ܚܬܝ ܝܒܪܕ ܐܠܩܕܪ.
ܐܠܡܣܚܘܩܗ ܡܢܒܠ ܡܢܒܠ. ܘܬܠܩܝ ܥܠܝܗܐ ܒܛܝܢ ܡܥܗܢ. ܐܠܝ ܐܢ ܝܢܥܩܕ
ܐܠܕܘܐ ⁘ ܘܬܚܠܠܗ. ܐܢ ܝܬܠܛ ܐܠܚܕܝܕ ܡܢ ܐܠܟܒܪܝܬ. ܘܠܐ ܝܢܩܨ ܩܘܬ ܥܢܐ ܘܐܕܐ
ܬܩܛܥ ܐܠܚܠܘܠܗ. ܐܠܩܝ ܐܠܢܐܪ. ܘܐܬܪܟܗ ܡܚܬܪܩܐ. ܬܡ ܐܟܪܓܗ. ܦܬܓܕܗ
ܐܨܦܪ ܫܒܗ ܛܝܢ ܐܠܙܪܢܝܟ. ܢܥܡܠ ܡܢܗ ܐܠܐܩܪܐܨ ܐܠܫܡܣܝܗ. ܦܐܢܗ ܝܟܘܢ
ܡܢܗ. ܦܐܢܗ ܝܥܡܠ ܐܠܥܫܪܝܢ. ܦܐܠܩܡܗ ܥܠܝ ܙܐܢܒܩ. ܘܐܪܦܥܗ ܦܝ ܩܢܝܢܗ
ܡܐܪܩܝ. ܘܐܟܬܡ ܥܠܝܗ ⁘ ܦܐܕܐ ܐܪܕܬ ܐܢ ܬܥܡܠܗ. ܟܕ ܡܢ ܐܠܕܘܐ ܡܩܕܐܪ ܡܬܩܐܠ.
ܘܐܠܩܗ ܦܝ ܙܝܒܩ ܡܕܒܪ ܡܥܩܘܕ ܒܥܕ ܐܠܕܘܐ. ܘܬܣܒܟ ܡܬܠ ܐܠܥܕܝܠ ܒܠܝܢ.
ܘܪܘܒ ܐܠܫܡܣ. ܦܐܕܐ ܪܐܝܬܗ ܩܕ ܨܐܪ. ܐܠܫܡܣ ܐܠܩܝ ܐܠܥܡܠܝܗ ܦܝ ܐܠܟܐܪܘܗ
ܦܐܢܗ ܐܠܚܪ. ܘܐܥܡܠ ܡܥܟܠ. ܝܘܡ ܘܐܚܕ ܐܠܕܘܐ ܟܕ. ܘܐܟܪܓܗ[1] ܡܥܟܘܣ
ܝܢܦܥ ⁘ ܐܢ ܫܐ ܐܠܠܗ. ܨܢܥܗ ܠܠܥܠܐܓ ܘܠܠܡܠܚ ܡܢܙܠܗ ܝܘܡ ܘܐܚܕ. ܐܡ
ܨܢܥܗ ܦܝ ܐܠܟܝܟܝ. ܦܝ ܚܡܐܡ ܐܠܘܐܝ. ܐܡ ܚܠ ܒܝܥܗ ܣܚܩܗ ܐܠܐܠܢܝ
ܐܠܡܒܬܪ ܩܕܪ ܡܐ ܝܟܦܝܗ. ܘܐܣܩܗ ܡܢ ܐܠܟܠ. ܦܐܢܗ ܝܨܠܚ. ܘܝܩܛܥ.
ܘܬܛܪܚ ܦܝ ܩܐܪܘܪܗ ܙܓܐܓ. ܘܬܬܪܟ ܡܢ ܙܝܬ ܘܬܥܠܩ ܦܝ ܙܠ ܥܒܪ. ܦܝ
ܫܡܣ ܐܠܐܝܠ. ܦܝ ܐܒܐܠ ܐܠܫܒܐܬ ܡܩܕܐܠ ܥܫܪ ܠܠ ܝܘܡ ܡܪܗ. ܦܐܢܗ ܝܢܚܠ ܦܝ
ܥܫܪ ܝܘܡ. ܘܬܛܪܚܗ ܐܘ ܪܛܠ ܘܐܟܬܪ. ܪܛܠ ܒܥܣܠ ܢܚܠ ܘܐܠܐܣܦܠ. ܐܬܡܠ.
ܙܝ ܒܥܕ ܐܠܩܐܪ. ܒܥܕ ܐܠܥܣܠ ܐܠܚܐܠܨ. ܘܬܓܥܠܗ ܠܠܥܠܐܓ ܘܠܠܡܠܚ.
ܝܥܡܠ ܦܝ ܐܠܟܝܟܝ. ܘܐܝܙܐ ܐܢ ܝܢܚܠ ܐܠܩܐܪ[2]. ܐܡ ܐܠܩܠ ܦܝ ܐܠܐ ܐܠܠܗ.
ܡܐܪܘܪܗ ܐܘ ܓܢܙܘܐ. ܘܚܠ ܒܝܥܗ ܣܚܩܗ ܐܠܐܠܢܝ. ܐܠܡܒܬܪ ܐܠܡܥܩܘܕ ܘܐܬܪܟܗ
ܝܘܡ ܘܠܝܠܗ ܦܝ ܐܠܟܝܟܝ. ܐܡ ܪܦܥܗ ܡܢ ܥܠ ܐܠܫܡܣ ܐܠܐܘܠ. ܘܚܠ ܒܥܕܗ

[1] Ce qui suit se trouve dans B au recto du feuillet 29. — [2] A ܐܠܩܐܪ.

ܡܢ ܐܠܣܡܐܘܬ ܠܠܐܒ. ܘܐܠܐܒܢ ܝܘܡ ܘܚܕܗ ܘܪܘܚܗ. ܠܐ ܐܠܐܠܗ ܐܠܐ ܐܠܠܗ ܘܐܠܚܩ ܦܝ
ܒܩܝܡܬ ܐܠܐܡ. ܐܘ ܦܟܪܗ. ܘܪܩܕ ܒܥܗ ܐܠܟܠ. ܦܐܢ ܐܠܥܒܕ ܡܬܠ ܐܠܡܣܝܚ.
ܦܠܝܟܢ ܦܝ ܟܐܡ. ܘܝܟܘܢ ܠܠܟܠ ܟܝ. ܣܐܠ ܝܘܢ ܐܠܣܡܐܘܬ. ܘܠܐ ܝܟܢ
ܟܘ ܥܡܠܗ ܐܡ ܐܟܬܝܗ ܦܝ ܐܠܟܐܡ ܘܠܐ ܐܡܟܢܗ ܟܢܝܪ ܘܐܥܛܝ ܟܠܡܗ ܡܢ
ܐܠܟܬܐܒ ܘܠܐܟܬܐܒ. ܘܐܠܐܒܢ ܣܐܠ ܥܝܢ[1]. ܐܡ ܟܝ ܡܥܢܗ ܐܢܬ ܡܬܐܡܠ. ܘܡܢ
ܐܠܥܡܠ ܐܠܡܥܪܒ ܠܠܡܥܢܝ ܐܠܐܝܕܐܝܢ ܘܐܠܡܬܟܠܡܝܢ ܩ ܡܬܐܡܠ. ܘܐܡܟܢ
ܕܠܟ ܥܠܝܗ ܟܬܝܪ. ܒܥܠ ܐܠܥܠܡ ܐܠܡܥܪܒ. ܣܐܠ ܝܘܢܐ ܒܡܐܐܡ ܐܠܡܣܝܚ.
ܘܝܣܬܪܗ ܦܝ ܟܐܡ ܐܡܟܢܗ ܐܠܝܗ. ܡܢ ܟܬܪ ܐܠ ܐܢܬ ܚܝܪ ܟܠܡܬܗ. ܐܡ ܟܝܦ
ܟܢܬܗ. ܘܐܠܐܡܟܢ ܒܡܥܪܦܬ ܦܠܐܢ. ܘܟܝܦ ܐܠܝ ܐܠܟܐܡ ܘܝܣܬܪܗ. ܦܐܢܗ ܝܘܢܐ
ܟܐܦܠ ܠܐܟܢ. ܐܡ ܐܠܐܒܢ ܦܝ ܥܠܡܬ ܡܠܟ. ܒܡܥܪܦܬ ܐܣܐܡ ܦܝ ܐܠܟܘܢ.
ܘܒܡܥܪܦ ܝܘܡ ܦܝ ܐܠܥܠܡ. ܐܡ ܝܥܢܝ ܠܠܡܥܢܝ ܐܠܟܝ ܝܥܝ ܟܠܡܬ ܐܠܟܝܢܘܢܗ[2].
ܣܐܠ ܡܥܠܡܗ ܘܡܥܢܝ. ܘܐܕܐ ܐܟܬܐܬ ܐܢ ܐܟܠܡ ܟܗ ܐܘܠ ܟܬܐܒ. ܐܐܢܝ ܗܟܢܗ
ܘܐܡܬܚܢܬ ܘܐܐܢܝ ܐܠܬܠܐܡܝܕ. ܘܐܚܕܬܗ ܒܥܠ. ܐܡܪܢܝ ܘܡܬܚܢܬ ܐܐ: ܐܘܠ
ܟܠܟܘܢܬ ܒܥܠܡ ܘܝܠܐ ܝܚܬܠ ܟܝ ܡܥܬܩܝܢ. ܘܗܡ ܐܣܡ ܘܐܘܠ ܟܘܢ ܒܚܕܘܕ
ܘܗܘܡܥܠܝܡ ܘܝܠܬܐܐ. ܘܗܝܡ ܐܣܡ ܒܥܡܪ. ܟܝ ܝܘܡ. ܘܡܢ ܟܝܒ ܝܪܟܢܗ. ܪܬܗ
ܐܠܟܝܡ ܐܚܕ ܟܠܗ. ܟܝ ܐܠܟܠܡܠ. ܘܐܠܡܬܐܠ. ܘܐܠܬܐܠܐܝ ܘܝܡ ܐܠܐܟܘܢ.
ܐܪܒ ܐܠܟܝܘܢ ܘܐܣܡ ܐܠܬܐܟܝܢ ܘܐܠܡܬܗܡ ܦܝ ܐܠܟܝܘܢ. ܣܐܠ ܐܝܣܐܠ
ܡܬܗܡ. ܦܐܝܢ ܝܘܡ ܘܐܚܕ. ܐܡ ܐܝܟܢܗ ܦܝ ܡܟܢ. ܘܡܢ ܟܠܗ ܦܐܗܢ ܟܢܗܗ
ܐܡܗܢ ܝܗܡܗ. ܡܣܬܝܪ. ܗܢ ܐܗܡ. ܣܐܠ ܡܢܐܠܗ ܦܝ ܐܠܟܝܡ ܘܡܬܝܗ ܦܝܗ.
ܘܠܐ ܡܟܬܝܪ ܟܠܗ ܐܗܡܗ. ܐܡ ܐܠܟܠ ܐܠܟܝ ܐܠܡܥܢܝ ܦܝ ܗܘܗ ܐܠܟܢܝܗ. ܘܠܐ
ܝܪܠ ܟܠܗ ܐܠܟܐܠܝ. ܐܡ ܝܟܝܠ ܐܠܐܠܐ ܟܡܢ. ܘܢܩܦ ܝܪܩ ܝܘܡ. ܦܡܢܝ ܐܣܩܢ
ܡܬܝܪܝ. ܘܐܠܟܝܡ ܣܡ ܐܡܟܢܗ ܦܝܗ ܝܟܘܢ ܗܐܟܐ. ܘܡܬܟܢ ܐܠܡܥܬܝܪܝ ܟܐܡܢ
ܦܝ ܝܘܡ ܪܐܒܥ ܗܐܟܐ ܐܠܟܢܝܣ. ܐܡ ܐܝܟܢܗ. ܪܟܝܒܗ ܡܝܬܪܟܢܗ[3] ܐܠܬܐܠܡܘܐ
ܘܐܠܟܢܗܘܪ. ܡܬܐܠܟܝܢ ܪܝܝ ܐܠܟܝܘܢ ܘܡܬܐܠܟܢ ܝܘܡ ܐܠܐܟܘܢ. ܘܝܪܩ
ܡܬܐܠܟ ܝܘܡ ܐܠܟܠܡܠ. ܘܝܪܩ ܡܬܐܠܟ ܡܬܐܠ ܐܠܐܡܪ. ܡܡܢܡܐ ܘܡܬܝܐ

(1) Lire يجل. — (2) Ce qui suit se trouve dans B au feuillet 31. — (3) Lire تجربة.

ܒܥܒܕ̈ܢܐ ܕܟܣܦܐ. ܘܣܥܘܕ ܠܟܣܦܐ ܡܢ ܒܘܪܩܐ. ܘܐܕܪ ܣܥܘܕ. ܐܝܟܢܐ ܕܟܣܦܐ
ܠܡܣܥܕܗ[1] ܒܠܚܘܕ ܐܠܐ ܐܘܟܡܗ ܡܢ̈ܗ ܘܐܘܣ. ܦܐܝܢ ܣܥܘܕ܀ ܒܐܝܕ ܠܡܫܠ
ܡܫ̈ܪܐ. ܟܕ ܐܢܫ ܐܠܐ ܐܠܗܝܢ ܐܠܐ ܠܡܥܕܢ ܠܟܣܦܐ ܒܦܠܐ[2] ܠܚܘܪ. ܘܐܝ ܕܐܝܬ.
ܐܫܬܦܐ ܠܟܠ. ܘܐܬܚܘܐ ܘܐܬܚܘܐ. ܐܝܟ ܟܕ ܠܚܘܕܐ ܐܠܗܝܢ ܠܐܠܗܐ ܘܫܠܡ.
ܘܬܐܪ ܠܚܘܕܐ ܕܐܘܟܡ. ܐܫܬܦܘܬܐ ܟܕ. ܘܐܬܚܘܝ ܘܐܬܟܠܝ ܡܢ ܠܐܠܗܐ.
ܐܝܟ ܟܕ ܐܝܟ ܢܘܦ ܠܐܝܟܢܐ ܐܝܟ ܐܝܟ ܟܡ ܣܓܝܐܬܐ ܐܝܟܢܐ. ܕܡܢܗ ܒܟܕ ܐܝ
ܐܣܝܐ ܠܟܣܦܐ ܡܢ ܠܐܠܗܐ. ܘܐܬܬܫܝܡ ܟܠ ܠܟܠܗܝܢ ܐܘ ܡܢ ܠܟܠܗܝܢ.
ܦܠܐܦܐ ܘܐܬܢܣܒ[3]. ܦܐܫܬܦܐ ܠܟܡ. ܘܐܬܟܠܝ ܡܢ ܐܠܐܠܗܐ ܠܐܠܗܐ
ܟܠܗ. ܐܝܟ ܠܐܠܗܐ. ܘܠܚܘܕܐ ܘܠܫܡܫܐ. ܘܠܟܠ ܠܐܝܟܢܐ ܡܢ
ܒܥܒܕܐ ܟܠܗ ܘܐܝܟܢܐ. ܘܟܠ ܠܐܝܟܢܐ ܐܝܟܢܐ. ܘܟܠ ܐܝܟ ܠܐܝܟܢܐ ܦܐܝ
ܡܟܠ ܡܢܐܝܟ. ܘܐܝܟ ܟܠ ܕܐܝܟ ܠܥܒܕܐ ܡܢ ܡܢܐܝܟ. ܘܡܟܠ ܡܢܟܠ
ܕܐܝܟ ܠܥܒܕܐ ܡܢ ܠܟܣܦܐ. ܘܐܝܟ ܠܐܝܟܢܐ ܘܣܥܘܕܐ. ܘܐܬܪ ܠܥܒܕܐ
ܡܢ ܠܐܠܗܐ ܠܟ ܐܝܟܢܐ. ܘܡܟܠ ܟܠܐ ܐܝܟ ܢܦܫ ܟܠܗ ܡܢ ܠܟܣܦܐ. ܘܡܟܠ
ܟܕ ܐܝܟܠ ܠܚܘܕܐ ܘܐܠܐܠܗ ܟܕ. ܘܐܘܟ ܟܠܗܘܢ ܘܐܝܟ ܡܢܟܠ ܘܟܠܗܘܢ.
ܘܐܬܪܗ ܡܢ. ܘܐܬܦܐ ܟܕ. ܦܐܝܟ ܠܟܣܦܐ ܡܢܟܠ ܡܢ ܕܐܝܟ ܠܟܠܐܝܟ
ܠܣܥܘܕ ܟܕ. ܟܕܗ ܠܐܝܟܢܐ ܐܠܐܝܟܢܐ. ܟܕ ܐܣܝܐ ܘܐܝܟ. ܦܐܝܟ ܡܢܗ ܡܠ
ܡܢܐ ܡܢ ܠܥܒܕܐ ܘܠܟܣܦܐ[4]. ܐܝܟܐ ܣܘܐܕ ܠܐ[5] ܗܟ ܡܬܟܠܝܐ ܠܐ ܟܠܐܝܟܢܐ.
ܘܐܝܟ ܘܐܝܟ. ܘܡܢܐ ܐܝܟ ܢܝܟܐ. ܘܡܠ ܟܠܗܘܢ. ܘܐܬܐ ܡܢܐ ܘܠܐ ܡܢܐ[6]
ܘܐܬܪܐ ܟܠܐ ܘܦܠܐ ܡܢܗ ܐ ܐܝܟ. ܟܠܐ[7] ܘܐܝܟ. ܦܐ ܦܐܝܟ ܡܢܗ ܐܝܟ
ܢܘܪܐ. ܘܐܝܟ ܟܕܡܐ ܘܡܬܟܠܝܐ ܐܝܟ ܟܠܐ ܡܢܐ ܐܝܟ. ܘܐܬܐ ܠܘܪܐ
ܘܐܬܐ ܐܝܟ. ܘܐܝܟܠ ܐܬܐ ܐ. ܕܡܢ ܟܠ ܠܐܝܟ. ܘܐܬܐ ܟܠܗ ܡܢ ܠܐܝܟܢܐ.
ܘܐܬܐ ܟܪܝܟ ܡܢܟܠ ܡܟܠ ܠܐ ܐܝܟܐ. ܘܡܢܐ ܡܢܟܐܕ. ܘܡܢ ܦܐܦܐ
ܦܐܦܐܐ ܘܟܠܐ ܘܐܝܟ ܐܝܟ ܟܕ ܕܐܦܐܝܟ ܡܢ ܡܟܠܐܐ ܒܡܟܠܐܐ ܘܠܐ ܠܐܝܟ.

[1] B ܠܡܣܥܕܗ.

[2] B ܒܦܠܐ.

[3] A ܘܐܬܢܣܒ.

[4] *Sic*, lire sans doute والقطايط.

[5] *Sic*, ܠܐ signifie sans doute 31 et représente un numéro d'ordre.

[6] A ܘܐܬܡܢܐ.

[7] *Sic* pour ܟܠܐ.

ܟܬܒܘܗ. ܡܪܩܘܣ ܐܒܢ ܙܒܕܝ ܘܐܟܬܒ ܠܠܡܣܝܚܝܝܢ ܒܠܣܢ ܐܠܪܘܡܝܐ ܘܒܠܣܢ ܐܠܪܘܡ
ܘܠܠܪܘܡ. ܘܐܣܡܗ[1] ܡܠܟܐ ܘܡܫܝܚܝܝܢ. ܘܐܟܬܒ ܡܢ ܒܥܕ ܟܬܒܐ ܕܠܐ ܝܐܡܢ[2]
ܡܫܝܚܐ. ܘܒܠܣܢ ܐܠܪܘܡܝܐ ܘܐܠܥܒܪܢܝܬܐ. ܡ̄ ܐܟܬܒ ܡܠܟ ܡܟܬܘܒܐ. ܘܡܢ ܡܥܓܙܐ
ܕܒܥܕ ܡܢ ܟܬܒܗ. ܗܘ ܡܢܗܐ ܕܫܐܡܠ ܐܘ ܕܕܘܟܐ. ܘܐܬܝܟ ܢܣܡܗ ܒܢܘܡܝܢ
ܘܐܬܡܘܡ ܒܠܝܟܘܢ. ܕܐܬ ܒܐܠܡ. ܗܘ ܕܟܢܘ ܟܬܒܐܐ[3] ܢܘܐ ܕܐܠܐܝܡܢ. ܘܡܘܬ
ܡܠܟܐ ܐܒܢ ܙܟܝܐ ܘܐܢ ܟܬܒ ܟܢܘ ܡܙܡܘܪܐ. ܐܟܬܒܘܢܗ ܟܠܗ ܡܢܐܠ ܡ̄ ܐܟܬܒ
ܘܡܢ ܟܠܗܐ. ܘܐܘܠ ܟܬܒܐ ܫܡܥܘܢ. ܘܦܛܪ[4] ܢܟܬܒ ܟܢܫܐ ܕܟܠܐ ܘܣܒܥ. ܐܣܡܗ.
ܗܘ ܡܢܘܫܠܡܘܢ ܒܐܘܠ. ܘܐܘܠ ܟܬܐܒ ܕܫܟܪܐ ܡܢ ܣܦܪ. ܘܡܫܝܚܝܬܐ ܒܢܘܐܠ.
ܐܣܡܗ ܗܘ ܡܠ ܕܙܟܝܐ. ܙܟܝ ܘܟܬܒܐ ܘܟܬܒ ܗܘܐ. ܕܘܡ ܟܬܒ. ܘܟܬܒܗ ܘܗܒܡ
ܟܡܒܐ. ܘܐܘܠ ܟܬܒܘܢ ܢܠܐ ܐܡܟܐ ܕܟܣܒܗ ܒܢܐܪܢ. ܘܐܫܒܗܘܢ ܕܣܒܥܢ.
ܘܐܘܠ ܟܠ ܕܘܡܐ ܕܟܡܒܐ. ܘܟܡܐ ܟܣܠܐ ܕܢܦܫܗ ܒܢܐܪܢ. ܘܟܡܐ ܟܡܒܐ
ܟܡܒܐ ܣܟܢܘ. ܘܡܘܢ ܟܬܪܐ. ܘܟܬܒܘ ܡܒܐ. ܘܡܢ. ܘܗܒܡ ܟܠ ܢܘܐ ܟ̄
ܣܘܡ. ܘܣܒ ܟܬܒ. ܘܠܐ ܐܫܡܘܗ ܢܘܢܘ. ܟܬܘܒܐ ܢܘܐ ܢܟܬܒܐ. ܘܡܢ ܡܙܟܡܬܐ.
ܘܡܢ ܢܫܡܫܬܐ. ܘܟܒ ܦܠܐ. ܡܘܬ[5] ܡܒܡ ܕܡܫܦܛܐ. ܐܣܡܗ ܕܘܡ ܐܣܡ. ܘܐܘܠ
ܟܬܫܡܫܬܐ ܟܡ ܡܬܐ ܐܠܬܪܝܟ. ܘܢܟܬܒ ܡܬܐ ܡܢ ܙܦܢ ܟܪܦܢ. ܘܟܬܒܢ ܕ̄ ܐܘ ܗ̄ ܣܘܡ
ܟܒ ܦܢܢܡ. ܘܢܟܠ ܐܣܡ ܟܡܬܐ ܣܘܐ. ܘܟܠ ܟܣܘܐ ܕܟܬܟܐ. ܟܣܟܡܐ. ܟܒ ܡܬܡܟܡ
ܙܟܬܡܘ ܟܡܢܐ ܣܘܐ. ܘܐܘܢܟ ܘܐܠܟܢ. ܘܟܒ ܢܟܡ ܡܘܬ ܟܠܟܬܐ ܕܣܠܡܢܐ. ܘܟܒ
ܡܫܡܩܡ ܟܬܘܠ ܟܠ ܣܒܐ ܡܟܘܡ ܟܬܡܘܐ ܘܐܘܠ ܟܬܐ ܕܟܬܡ. ܘܡܟܬܘܡ ܟ̄
ܡܬܡ. ܘܡܬܘܠ ܟܬܐ ܘܬܘܐ ܟܒ ܠܐ ܙܟܡ. ܘܟܒ ܢܩܫܡܢ ܐܘܠ ܟܡܣܠܐ ܕܣܠܬܐ.
ܘܢܘܩ ܐܡܘ ܟܡܟܐܙܐ. ܐܣܡܗ ܗܘ ܠܟܘ ܐܘܠܬܐ. ܡܫܩܠܐ ܬ̄. ܘܙܘܠ ܗ̄. ܘܟܡܠܐ
ܣܒ. ܕܘܡ ܐܢܗ ܘܦܛܠ ܟܢܟܬܠ ܕܣܟܪܐ ܣܒ ܟܬܡܐ. ܘܟܬܒ ܟܒ ܗܘܡ ܐܡܘ ܟܣܡܐ
ܡܡܐ ܡܟܬܒܠ[6]. ܘܡܒܢ ܠܐܬܢܘܟܬܐ ܐܘܟܩܬܐ ܕܟܬܠܝ ܘܡܟܬܘܡ[7]. ܟ̄ ܡܟܬܡ.
ܘܡܬܘܠ ܘܬܘܐ ܟܒ ܠܐ ܙܟܡ. ܘܡܟܬܘܡ ܟܬܡܐ. ܘܟܡ ܢܟܡܐ ܠܐܘܟ ܦܣܡ ܟܠ

(1) *Sic*, peut-être pour قاشم.

(2) A ܐܝܡܐ.

(3) Ce qui suit se trouve dans B au feuillet 36 recto.

(4) *Sic*, sans doute pour ܦܛܪ.

(5) A ܡܘܬ.

(6) *Sic*, dans les deux manuscrits.

(7) A manque ܘܡܟܬܘܡ.

ܢܘܪܐ. ܘܙܪܐ ܘܐܦܢ ܡܢ ܢܫܬܡܫ. ܘܡܘܬ. ܘܡܘܬ ܒܗܘܢ ܓܒܪܐ ܣܘܡܩܐ ܗܘ
ܕܡܣܩܢܐ ܢܗܘܐ. ܗ̄ ܡܫܪܐ. ܘܕܡܐ ܕܟܠܐ. ܘܐܡܪܝ ܘܡܢ ܒܗܘܢ ܘܢܗܘܢ. ܡ̈ܢܐ
ܦܪܘܡܬܘܢ ܕܗܘ ܠܟܘܢ. ܐܢ ܡܬܐܡܪ ܒܪܘܚܐ ܕܡܣܩܢܐ ܐܘܐܢ. ܚܙܐ ܗܘܐ ܐܝܟ
ܓܡܠܐ. ܠܡܕܪ ܕܝܠܟܐ ܗܘ ܚܡܬܐ ܘܚܒܝܫ ܡܬܥܒܕܐ ܘܪܫܝܡ ܟܠܗܘܢ ܕܟܝܡ ܀
ܡܛܠ ܐܘܣܛܘܢ. ܕܐܝܟ ܗܘܐ ܐܡܪܝܢܢ ܡܢ ܦܘܫܟܐܢ. ܗ̄ ܦܘܣܛܐܢ.
ܕܗܘ ܡܥܒܕܐ. ܡܢ ܡܢܗ ܡܢܬܐ. ܘܡܢ ܐܠ̈ܘܗܝ ܠܐܬܪ ܡܢܟܝ ܒܡܠܬܐ ܒܝܢ ܚܙܪܐ
ܘܓܡܠܐ. ܚܠܒ ܡܥܡܡ ܒܝ ܡܢ ܢܚܫ ܠܟܝܘܢ ܚܠܗ. ܘܡܢ ܢܚܫ ܠܬܘܬܝܐ ܐܠܐܣܦܪ
ܚܠܗ. ܘܡܢ ܠܟܝܢܐ ܐܠܐܣܦܪ ܠܡܣܛܘܠܐ ܡܛܠ ܠܟܘܡܡܝ̈ ܐܡܪܐܢ. ܠܟܘܡܐ
ܒܫܘܡܗ. ܘܐܝܟ ܡܠ ܓܘܡܬܐ ܚܕܐ. ܢܫܠ ܘܐܒܘܗ. ܘܟܠܗܘܢ ܘܐܡܪ ܒܟܠ ܡܠܘܗ.
ܡܢܗ ܡܥܡܡ. ܠܟܡܡ ܠܟܝܘܢ ܒܗܘܐ ܠܟܠܒ ܠܐܝܟ ܡܢ ܠܟܝܘܢ ܡܠ ܡܢܬ
ܙܠܐܝܣ ܢܐܠܗ. ܘܐܠܟܘܡܐ ܠܡܣܛܘܡܣܛܐ ܠܟܝܘܢܗ ܠܟ ܠܐܝܟ. ܘܐܡܘܢܗ ܗܘ
ܒܪܝܗ ܡܠܟܗ ܡܢܡܗ ܢܘܡ ܚܠ (*sic*) ܢܬܐ ܢܫܡܥ ܗܘ ܓܒܪ. ܐܦܠܐ ܕܠܟܘܢ
ܡܪܐܐ ܢܬܐ ܠܐܪܐ ܠܟܙܠܝܣ ܠܐܦܬܐ. ܐܘܣܡܘܢ ܗܘܢ ܓܒܪ. ܘܐܡܘܢ ܡܠ
ܗܘܫܬܐ ܗܘ ܠܐܪܐܘܢ ܗܘ ܠܐܪ ܚܝܗ. ܘܐܬܟܪܗ ܠܟܝܗ ܡܛܠ ܠܬܐܟܪܐ ܐܠܐܣܦܪ.
ܐܟܠܗ. ܗܕܐ ܗܘ ܠܟܝܘܢ ܠܡܢܟܡ ܀ ܘܠܡܣܛܘܡܣܛܐ ܠܠܬܐ ܠܐܠܟܝ ܒܗܘܐ
ܠܟܙܠܝܣ ܗܘ ܠܡܣܛܘܡܣܛܐ ܠܟܝܘܢܗ ܠܠܬܐ ܘܪܦܐ. ܐܘܣܡܘܐ ܓܒܪ. ܒܡܠܐ
ܠܟܡܢ ܘܠܟܠܐܪ. ܗܘ ܐܢ ܠܐܝܟ ܡܢ ܠܟܡܢ ܚܠܗ. ܘܡܢ ܠܟܠܐܪ ܚܠܗ. ܘܪܡܘܢ
ܓܒܪ. ܘܪܒ ܒܫܘܡܗܝ̈ ܡܪܐܐ ܡܠ. ܘܠܟܡܘܢ ܒܟܢ ܠܟܠܐܪ ܢܬܐ ܡܒܗܘܢ ܢܘܦ
ܠܟܡܐ. ܠܐܝܟ ܙܦܘܗ ܘܪܘܡܗ. ܘܐܦܬܟܡܗ. ܠܟܡܡ ܠܬܘܬܝܐ. ܒܝ ܡܢ ܠܬܘܬܝܐ
ܠܟܪܝܗ. ܐܘ ܡܢ ܠܡܣܛܘܡܣܗ ܡܠ ܡܢܬ. ܘܪܡܘܐ ܓܒܪ. ܘܐܟܘܐ ܘܐܠܦ ܠܟܣܘܐ
ܡܟܘܐ ܕܗܘ. ܐܢ ܕܗܘ ܚܠܝ. ܘܐܡܘܐ ܗܘ ܡܪܙ ܒܠܦ ܢܬܐ ܠܐܣܬܪܘܢ ܘܐܡܘܪ.
ܐܝܟ ܠܟܡܗ ܘܠܦ ܠܟܣܘܐ ܡܟܘܐ ܡܠܟܐ ܡܢܐ. ܘܐܣܒܗ. ܘܐܘܣܡܗ ܓܒܪ.
ܘܐܡܘܗ ܒܠܪ ܗܘܡܗ ܢܘܡ ܘܟܢܗ. ܘܐܬܟܪܗ ܘܠܟܡܗ ܠܟܠܐ ܡܪܐܪ. ܢܬܐ
ܡܒܢ ܠܟܡܐ. ܠܐܝܟ ܓܡܘܐ ܘܐܠܦܣ ܟܡܘܐ ܡܟܘܐ ܡܠܟܐ. ܘܪܘܗ ܠܟܢ ܠܟܠܐܪ.
ܐܦܠܐ ܕܠܟܘܢ ܢܬܐ ܠܐܘܐ ܒܠܗܘܢ. ܡܛܠ ܠܟܝܘܢ. ܐܟܠܗܐ. ܗܘܐ ܠܬܟܡܘܡ.
ܐܣܬܪܘܐ ܒܝ ܡܢ ܠܟܐܠܝ̈ ܐܟܐ. ܘܡܢ ܠܡܟܪܝܬܐ ܐܠܐܙܪܩ ܚܠܗ. ܘܪܡܘܡ ܓܒܪ.

ܘܡܬܩܕܡ ܒܟܠܐܪ ܐܠܟܗܢܘܬ. ܘܝܩܘܠ ܡܬܠ ܐܙܪ. ܦܫܡܫ ܒܘܐ ܐܠܨܠܘܐܬ
ܐܠܡܟܬܘܒܗ. ܘܐܠܡܙܡܘܪ. ܠܐܟܠ ܕܠܟ ܣܪܐ ܠܐܢܗ ܐܣܒܪܗ ܦܝ ܡܟܐܢ ܒܐܣܪܗ.
ܐܪܒܥܐ. ܘܗܝ ܐܠܨܠܘܐܬ ܐܠܡܟܬܘܒܗ ܐܠܡܩܕܣܗ. ܘܐܟܬܪܗܐ ܡܢ ܟܬܒ ܐܠܩܘܪܒܢ
ܘܒܥܕ ܕܠܟ. ܝܓܣܠ ܐܠܟܐܗܢ ܐܠܐܣܩܦ ܐܠܡܩܕܣܗ. ܝܪܝ ܐܠܟܐܗܢ ܐܠܐܣܩܦ
ܐܠܡܩܕܣܗ. ܒܝܢ ܐܠܟܐܗܢ ܐܠܡܬܩܕܡ ܦܝ ܐܠܐܠܐܠܗ. ܒܥܕ ܕܠܟ. ܡܠ ܚܡܕ.
ܐܣܡܗ ܒܥܕ ܐܠܬܐܠܝ ܘܐܠܬܒܪܝܟ. ܐܠܝ ܐܟܪ ܒܗ ܐܠܨܠܘܐܬ ܐܠܡܟܬܘܒܗ
ܥܢ ܝܡܝܢܗ. ܝ̄ ܐܡܐܡ ܘܐܡܪ. ܘܝܩܘܠܗ ܘܝܪܥܕܗ ܦܝ ܐܠܐܠܐܠ ܐܠܝܗ. ܘܐܣܬܗ ܥܢ
ܐܠܡܬܩܕܡ ܘܐܣܡܗ ܒܟܠܡܗ ܝ̄ ܐܡܐܡ. ܘܝܪܥܕܗ. ܠܐ ܐܠܐܠܐ ܐܠܦܟܠܐ ܘܐܠܚܘ ܣܪܐ
ܡܬܠ ܐܣܡܗ. ܦܠܬܡܗ. ܦܐܢܗ ܐܠܟܐܗܢ ܐܠܐܣܩܦ܀ ܘܐܠܦܡ ܥܢܗ ܘܥܢ ܐܠܡܬܐܙܪ
ܐܠܐܣܩܦ ܒܟܬܐܠܝ ܥܘܪܐ. ܐܬܐ ܗܘܐ. ܘܡܬܡܘܬܠ ܥܢ ܡܝܢܢ. ܡܬܐܙ ܒܐܣܪܗ.
ܣܪܐ ܝܩܘܠ ܥܘܪܐ ܐܘܠܐ. ܘܣܬܘܡ ܦܝ ܐܠܟܪܣܝ ܥܢܗ ܒܥܕ ܕܡܠܐ. ܘܥܢܠܐ
ܡܢ ܝ̄ ܐܥܠܝܢ ܥܢ ܗ̄ ܐܥܠܝܢ. ܘܝܩܘܠ ܐܠܟܠܐܡ ܦܝ ܟܠܐ̄ ܐܡܐܡ ܡܬܐ̈ܗ ܦܐܢܗ
ܥܢܠܐ ܐܣܡܗ ܡܬܡ܀ ܘܐܕܐ ܐܣܡܗ ܐܠܟܪܘܡ ܘܝܬܩܕܡܗ ܦܝ ܐܠܟܠܡܐ. ܝܪܝ
ܬܐܘܪܗ ܘܬܐܬܝܗ ܝܪܝ ܐܙܪ ܕܗܢ ܠܐ ܝܬܟܠܡ ܥܢܗ. ܐܠܐ ܦܝ ܐܠܟܬܒ܀
ܦܐܬܝ ܥܢܗ ܘܥܢ ܐܠܩܘܪܒܢ ܐܠܡܩܕܣ. ܘܐܠܨܠܘܐܬ ܐܠܡܟܬܘܒܗ ܥܘܪܐ.
ܘܣܬܘ ܘܐܬܡܗ ܒܥܕ ܠܐܝܡ ܕܡܪ ܐܠܥܠܐ ܘܐܠܟܡܪ. ܘܐܠܟܐܣ ܘܐܢܝ ܥܢ ܡܠܐܝܗ
ܡܡܪ ܝܬܡ ܕܗܒ. ܘܝܬܡ ܐܠܟܠܐܡ ܐܠܒܘܐ ܥܢ ܐܠܟܐܣ ܦܝ ܥܘܡܬܗ ܐܠܩܘܪܒܢ. ܗܘܕܐ
ܗܘ ܐܠܟܠ ܐܠܐܥܘܐܕ. ܥܠܝ ܗܟܐܢ ܕܗܒ ܡܬܟܐܢ ܥܠܗ. ܘܝܝܢ ܡܠܬܟܢ ܥܠܗ.
ܘܢܐܠܐ ܡܬܟܐܢ ܥܠܗ. ܘܐܗܣܬܘܡ ܒܟܠܐ ܐܠܟܡܬܝ. ܝ̄ ܐܡܐܡ. ܘܝܬܡ ܦܝ
ܐܠܟܠܐ ܝܪܝ ܐܠܟܐܢܝܢ. ܐܬܐ ܗܘܐ ܡܬܡܘܡܢ ܦܝ ܐܠܐܠܐ ܝ̄ ܡܬܐܙ ܣܪܐ ܡܬܠ
ܐܠܡܬܐܙܪ ܐܙܪ ܬܐܡܢ[1] ܐܠܟܣܝ. ܕܐܒ ܥܢܗ ܥܠܗ. ܦܝ̄ ܐܬܐ ܠܐܠܡܬܡܘܬ. ܕܡ
ܐܡܘܐ ܥܢ ܐܠܐܬܠܐܠ. ܝ̄ ܐܡܐܡ ܘܝܩܘܠܗ ܥܢ ܬܐܙ ܥܢܗ. ܕܡ ܐܬܟܬܐ ܦܝ ܬܐܘܪܗ
ܥܢܙܗ. ܘܐܠܟܐܣ ܥܢܗ ܡܬܠܐ ܘܐܢܗ ܝ̄ ܡܬܐܠ ܡܢ ܐܠܟܐܗܢ ܐܠܐܣܩܦ
ܐܠܡܩܕܣܗ ܘܐܙܦܥܗ ܣܪܐ ܥܢܠܐ ܘܐܬܡܗ. ܘܐܠܥܠܐ ܘܐܠܟܡܪ ܥܘܪܐ ܐܘܠܐ.
ܕܡ ܐܠܟܐܣ ܥܢܗ ܘܐܢܝ ܥܢ ܬ̄ ܡܡܪ ܝܬܝܗܐ ܗܡܬܡ. ܘܐܠܬܡܡ ܐܠܩܘܪܒܢ. ܗܘ

[1] Sic, lire كَنَّعَ.

ܟܘܪܝܐ ܕܩܠܡܝܣܝܬܐ ܠܒܘܪܩܐ. ܙܦܬ ܣܘܢܝ ܠܩܠܩܢܬܐ. ܗܘܘ ܠܝ ܠܐܒ ܒܬܪܬܗ
ܠܣܘܢܝ ܠܩܘܠܝܢ ܘܐܚܪܝܢ ܗܝ ܗܕܐ ܕܦܫܐ ܐܪܒܥ ܐܘܩܝܢ. ܬܘܒ ܐܚܪܢܐ ܡܢ ܙܪܘ
ܡܪܬܟܐ ܡܛܪܢܐ ܡܝܦܩܐ ܘܐܚܪܝܢ ܣܘܡ ܘܡܫܝܚܐ. ܬܘܒ ܐܦܪܘܓ ܘܕܘܒܫܐ.
ܘܐܦܣܩܗ. ܬܘܒ ܐܚܪܢܐ ܡܢ ܐܝܠ ܐܝܠܝ. ܘܪܒ ܒܠܒܗ ܠܟ(1) ܡܥܡܪ ܡܟܝܠ ܐܪܒܥ
ܡܬܐܐ. ܘܐܬܐܪܒܗ ܡܢ ܠܩܝܣܝܣ. ܐܘ ܡܢ ܩܘܠܩܠ ܣܡܐ ܡܣܝܢ ܩܛܠܐ. ܬܘܒ ܙܦܬ
ܩܛܠܐ ܐܠܐܣܡܢ ܘܐܬܩܠܣܘܢܐ ܠܟ ܐܦܠܝ. ܐܦܠܐ ܕܐܚܪ ܣܡܐ ܡܢܣܠܐ ܠܟܗ ܡܢ
ܩܛܠܐ. ܘܐ ܕܡܝ ܩܛܠܐ ܘܐܬܐܪܒܗ ܡܢ ܐܝܠ ܘܐܝܢܝ. ܘܐܬܐܪܒܗ ܡܢ ܠܩܝܣܝܣ ܣܡܐ
ܡܬܪ ܩܛܠܐ ܘܡܟܡܢ ܙܝܓܝ ܠܣܘܢܝ. ܐܠܟܡܢ ܠܩܠܝܣܐܘܢ. ܐܣܪܘ ܠܩܠܝܣܐܘܢ
ܠܟܒܪܝܬܐ. ܣܡܐ ܣܪܝ ܐܦܘܕ ܡܣܝܬܪܘ ܡܡܣܘܢ. ܘܐܬܡܠܟܗ ܒܟܐ ܢܡܝܩ. ܬܘܒ
ܒܦܣܘ. ܘܡܣܝܗ ܥܠ ܩܛܠܝ. ܘܪܩܐܪ ܠܟܣܝܦܐ ܐܡܬܐܪ. ܘܐܚܪܝܢ ܡܣܝܢ ܘܡܪܩܢ.
ܥܠ ܩܛܠܝ ܠܪܩܢܘ. ܠܐܠܐܡ ܥܠ. ܐܘܡܢܘ ܐܠܝ. ܘܡܪܩ ܐܘܡܢܘ ܒܪܝܬܐ ܐܪܩܢ.
ܘܕܡܘܡ ܒܡܢ. ܘܐܬܪܒܘܡܥܠ ܠܐܪܩܢܘ ܢܛܪ ܒܡܢ ܗܘ ܡܪܩ ܪܘܠ ܒܡܥܠ ܩܠܣܠ.
ܘܡܛܪ ܣܡܐ ܬܘܒ ܠܟ ܘܬܘܒܠܬܘ(2) ܡܢܘ. ܬܘܒ ܐܡܡܢ ܕܗܘܝܐ ܩܛܠܐ. ܩܠܝܣܐܘܢ
ܠܒܢ ܐܣܪܘܬܗ ܡܘܡܠ ܘܐܚܪܝܢ ܠܟܠܩܠ. ܐܦܠܐ ܕܐܚܪ ܣܡܐ ܬܬܠܝܐ ܒܘܣܘ
ܡܢ ܠܪܩܢܘ܀ ܗܘܝܐ ܗܘ̇ ܐܠܟܡܢ ܩܠܝܣܐܘܢ. ܒܠܒ ܡܟܡܢ. ܒܬܪܬܗ ܠܣܘܢܝ
ܥܠ ܡܢܬܐ. ܠܝܟܘܡ ܒܡܬܟܝܐ ܐܚܕ. ܠܝܠܐܡ ܒܡܢ ܘܐܬܡܠܟܗ ܠܟܠܩܠ ܘܡܩܦܐ
ܘܐܦܣܩ ܡܬܘܐ ܡܟܠ ܪܩܢܐ ܒܪܝܬܐ ܐܪܩܢ. ܘܐܚܪܝܢܐ ܡܢ ܩܠܝܪ ܒܡܠ ܐܡܢܘܡ.
ܣܡܐ ܐܦܢܝ ܡܣܝܢܘ ܙܦܬ ܐܠܐܦܘܕ ܦܘܐܠ܀ ܗܘܝܐ ܗܘ ܐܝܟܢ ܠܣܘܢܝ܀ ܬܘܒ ܡܛܪ
ܠܣܘܢܝ ܣܡܐ ܡܛܪ ܐܘܩܝܢ܀ ܘܐܡܛܪ ܩܠܝܪܝܢ ܣܡܐ ܡܛܪ ܠܟܘܡܣ. ܬܘܒ
ܐܝܟܢ ܒܡ ܠܩܠܝܡ ܠܟܣܡܘܢ. ܘܐܬܐܪܒܗ ܡܘܡܢ ܣܘܪܐ. ܘܐܚܟܡ ܐܣܘ ܐܪܐ
ܐܘܩܝܬܐ ܠܒܪܘܡ ܡܡܩܡܬܘ ܡܢ ܗܘܝܐ ܩܛܠܐ. ܡܢ ܛܠܝܘ ܘܠܛܠܝܘ ܐܘܩܝܢ.
ܬܘܒ ܐܠܐܣܡܢ ܘܩܠܝܪܝܢ ܒ ܡܢ ܒܬܪܬܗ ܠܣܘܢܝ ܘܐܬܩܠܣܘܢ ܒܗ. ܘܡܬܟܝܘ
ܢܛܪ ܘܐܦܣܩܘܐ ܒܡ ܘܐܚܪܝܢܐ ܡܢ ܢܘܪ ܒܠܘ. ܬܘܒ ܐܦܪܘܓ ܘܐܪܩܝܘ ܡܣܟܡ
ܟܘܪܝܐ. ܦܠܛܘ ܡܣܝܢ ܥܠ ܐܘܩܝܢ ܡܪܝ ܠܣܘܢܝܘ. ܡܢ ܐܪܒܥ ܐܘܩܝܢ. ܘܡܐܬܢ
ܡܢ ܗ̄ ܐܘܩܝܢ܀ ܘܒܠܟܘ ܩܠܝܪܝܢ ܗܘܐ ܠܪܒܝܥܝܐ ܦܠܣܘܐ ܐܝܣܠܐ ܡܛܠ

(1) A manque ܠܗ. — (2) A ܘܬܘܒܠܬܘ.

ܠܠܣܒܝܟ ܡܥ ܕܗܒ. ܦܬܠܩܝ ܥܠܐ ܐܣܒܗ ܡܣܘܐ ܟܟܢ ܘܐܣܒܗ ܡܢ ܢܐܪ ܙܠܟܠܝܗ. ܘܐܢ
ܟܐܢ ܗܢ ܡܣܘܐ ܡܥ ܐܠܩܝ ܡܥ ܐܣܦܪ. ܦܐܕܐ ܩܠܝ ܟܟܢ ܡܥ ܡܟܚܠܗ. ܐܠܟܚܠ
ܟܠܝܗ ܢܩܝܗ. ܘܐܪܦܥܗ ܢܩܝ. ܘܐܣܩܗ ܐܝܦܪ ܐܠܕܗܒ. ܘܠܟܠ ܐܠܐܣܦܪ
ܚܬܝ ܢܦܪ ܡܢܗܐ ܘܐܢܗ. ܬܡ ܐܪܦܥܗ ܡܟܟܢ ܟܘܪܩܐ. ܦܐܢܗ ܢܐܟܠ ܦܝܗ ܟ̄
ܐܫܟܠ ܘܐܠܘܐܢ. ܡܥ ܐܣܦܪ ܢܩܝ. ܦܐܠܩܝܗ ܠܠܟܦܪܗ ܦܝ ܢܐܪ ܙܠܟܠܝܗ. ܬܡ ܪܕ
ܩܠܝܗ ܟܠܗ ܘܩܠܝܗ. ܐܦܥܠ ܕܠܟ ܡܪܐܪ[1] ܚܬܝ ܢܩܠܝ ܟܠܗ ܡܥ ܐܣܦܪ. ܦܠܝ
ܟܐܢ ܟܗ ܐܦܥܠ ܐܩܘܝ ܢܩܦܪ ܡܢܗ ܐܠܟܒܪܝܬ ܘܟܡ ܢܩܠܝ ܟܠܗ. ܦܪܕ ܩܠܝܗ
ܟܠܗ. ܘܪܟܒ ܟܟܢ ܐܠܟܦܪܗ ܦܝܗ. ܘܠܟܠܝܗܐ ܦܝ ܦܪܕ ܙܓܐܓ. ܘܐܘܩܕ ܬܚܬܗܐ
ܦܬܡ ܚܬܝ ܢܚܡܝ ܟܠܗ ܘܪܩܐ ܦܝ ܐܠܟܘܐܒ[2] ܐܠܡܬܝܩܢܗ. ܘܐܠܩܝ ܡܢܗ
ܘܐܚܕ ܟܟܢ ܡܥܐ ܦܪܕ ܡܬܩܐܠ ܕܗܒ. ܬܨܝܪ ܕܗܒ ܟܝ ܬܟܘܢ ܕܗܒ. ܟܬܐܒ ܚܒܝܒ
ܡܪܐܬ. ܦܐܕܐ ܟܡܠ ܐܚܕܬܗ ܘܐܣܩܝܬܗ ܟܠܗ ܐܡܗܐ. ܘܠܟܠܝܗ ܠܠܟܝܡܝܐ
ܐܠܐܪܩ. ܘܐܣܩܝܗ ܟܠܗ. ܐܦܥܠ ܕܠܟ ܟ̄ ܡܪܐܪ. ܚܬܝ ܢܚܡܪ ܡܥܠ ܐܠܟܝܡܝܐ.
ܘܐܣܩܗ ܘܐܣܩܝܗ ܡܢ ܗܕܐ ܐܠܟܠ ܐܠܚܡܪ ܘܪܩܬܗ ܟܠܗ ܕܠܟ. ܟ̄ ܐܝܐܡ.
ܐܣܩܝܗ[3] ܠܠܟܪܐܪ. ܘܐܣܩܝܗ ܥܠܝܗ. ܪܩܗ ܐܠܟܠ ܗܕܐ ܗܘ. ܟܝ ܡܥ ܟܬܝܒ
ܟܠ. ܘܐܠܩܝ ܦܝܗ ܢܚܐܣ. ܦܐܕܐ ܐܣܘܕ. ܐܠܩܝ ܦܝܗ ܢܚܐܣ ܡܟܠܣ. ܦܐܕܐ
ܐܣܘܕ ܦܝܗ ܦܐܠܩܝ ܦܝܗ ܟܟܢܗ ܪܩܗ ܠܟܐ ܗܟܐ. ܦܐܕܐ ܐܣܘܕ ܐܠܟܝܡܝܐ
ܪܐܟܒܗ ܦܝ ܡܟܟܢ. ܬܡ ܗܟܐ ܟܗ ܕܐܝܡ. ܬܡ ܐܠܟܝ ܡܢܗ ܘܐܚܕ ܟܟܢ ܬ̄ ܡܬܩܐܠ
ܐܪܩ ܡܟܠܣ. ܬܨܝܪ ܡܬܩܐܠ. ܟܝ ܟܙܐܪܗ ܐܠܡܬܩܐܠ ܟܠܗ. ܘܠܬܐܪ[4] ܟ̄ ܠܟܐܐ.
ܡܟܪܘܗ ܪܩܗ ܟܠܗ. ܘܐܪܝܗ ܐܣܦܪ ܟܠܗ. ܘܢܚܐܣ ܡܟܣܪ ܟܠܗ. ܘܕܪܘ[5] ܢܪܩ
ܟܠܗ. ܐܣܩܗ ܐܠܟܝܡܝܐ ܠܠܟܠ ܟ̄ ܐܝܐܡ. ܘܐܣܩܝܗ ܟܠܗ. ܘܐܣܩܗ ܘܪܐܟܒܗ
ܦܝ ܐܠܐܠܐܠ ܟ̄ ܡܪܐܪ. ܬܐܪ ܐܠܐܟܢ ܐܠܐܣܦܠ. ܦܠܝ ܐܠܟܠܐܣ ܘܐܠܟܒܪܝܬ
ܘܐܠܐܪܝܚ ܢܩܝ. ܘܐܟܠ ܐܠܦܠܩܠ ܘܐܠܟܠܐܣ. ܐܦܥܠ ܡܟܠܣ. ܟܝ ܡܥ ܐܠܐܪܟܝ
ܟܠܗ. ܘܡܥ ܐܠܟܝܪ ܐܦܥܠ ܟܠܗ. ܘܡܬܩܐܠ ܢܪܩ ܐܠܟܝܡܝܐ ܢܚܐܣ ܘܐܣܩܗ ܐܠܟܝܡܝܐ

[1] B ܡܪܐܪܐ.

[2] *Sic*, lire الابواب.

[3] A ajoute à la marge ܟܠܗܐ.

[4] *Sic*, plus bas ܠܠܟܠܐܣ.

[5] B ajoute ici au bas de la page, mais d'une main postérieure : ܕܪܘ ܢܪܩ ܟܠܗ ܐܠܣܒܝܟ ܐܠ ܐܚܕܐܢ ܠܠܟܠܐܣ ܘܐܠܟܒܪܝܬ ܐܠܐܪܝܚ ܘܐܟܠ ܡܟܠܣ.

ܘܪܓܠܗ ܡܢ ܡܐܙܘܙܐ. ܘܐܪܩܝܢܐ ܡܢ ܟܠ ܙܗܒ ܐ̄ ܐܣܛܐܪܝܢ ܘܐܠܦܐ. ܣܚܘ ܡܫܚܐ
ܠܡ ܐܟܚܕܗ. ܘܐܬܠܐ ܡܢܗ ܘܠ ܢܟܠܬܐ ܟܠ ܡܫܡܠܐ ܦܝܠܘ ܟܝܡ ܪܘܟ. ܡܐܠܐ
ܟܘܠܝ ܘܠܚܟܝܡܬܐ ܠܟܝܢ ܟܘ ܠܫܡܫ ܐܠܐܪܣܢܝܩܘܢ܀ ܐܠܐ ܐܪܦܝ ܐ̄ ܐܟܠܐ. ܘܟܟܢܬܗ
ܐܪܦܝ ܟܠܗ. ܐܫܬܡܫܘܡ ܘܡܬܪܓܡܘܡ ܠܟܝܟܠܐ ܘܙܪ. ܘܗܘ ܕܘܗ ܪܥܛܬܗ. ܐܠܟܝܦܡ
ܐܠܡܫܬܗ. ܠܟܠܐ ܐܠܐܪܣܢܝܩܘܢ ܡܢ ܡܬܪܓܡ ܡܢܟܠܐ ܟܠ ܡܫܡ ܐܟܠܝ ܘܠܟܠܐ ܦܘܡ
ܐܠܡܫܡ ܡܬܪܓܡ ܟܟܝ. ܘܢܟܘܡ ܐܠܬܚܡܫ ܟܠ ܡܢܝܠܐ ܡܟܠܡ ܡܢ ܐܠܟܝ ܘܟܢܫܗ
ܘܟܢܡ ܐܠܟܠܐ ܐܙܢ ܐܪܐܢ. ܘܬܗܢ ܙܐܡ ܐܠܟܝ ܘܐܪܩܢܗ ܡܢ ܐܠܟܠܐ ܐܠܟܙܗܒ.
ܣܚܘ ܡܫܚܐ. ܘܐܟܚܕܗ ܘܐܬܠܐ ܡܢܗ ܘܐܣܝ ܟܠ ܐ̄ ܡܬܩܢ ܣܬܡܝ. ܟܠܟ
ܪܘܟ ܟܝ ܐܟܘܡ ܡܫܟܘܠܐ ܐܣܦܝ ܐ̄ ܐܟܠܐ. ܘܬܟܡ ܐܠܟܪܘܟ ܐܠܐܣܦܝ ܟܠܗ.
ܐܟܡܫ ܟܢܫܘܡ ܟܡܐܙܘܙܐ ܘܐܪܩܢܗ ܡܢ ܟܠ ܙܗܒ. ܣܚܘ ܡܫܚܐ. ܘܐܟܚܕܗ.
ܘܐܬܠܐ ܡܢܗ ܪܘܡܐ. ܟܠ ܐ̄ ܡܬܩܢ ܡܪܟܝ. ܘܐܡܠܝܗ ܟܪܘܟ ܘܐܪܝܢ ܡܟܡܫܬܝ.
ܠܡܬܢ ܐܠܡܢܩܫܬܐ ܟܠܗ ܡܢܩܫܬܐ. ܘܟܠܗ ܢܠܐܪܙ. ܐܫܬܡܫܘܡ ܘܐܬܢܬܪܘܡ.
ܘܐܟܢܝ ܐܠܟܠܐܡ ܡܢ ܐܠܡܬܟܗ ܘܟܣܠܗ ܡܢ ܐܠܟܘܐ. ܠܡ ܐܡܬܢܗ. ܘܐܦܫܠܐ
ܪܐܠܟܝ ܐܦܬܐܙ. ܟܠܟ ܪܘܟ ܡܢܩܫܬܐ ܪܘܟܢܗ ܘܐܙܐܦܬܗ ܘܡܬܐܟܝ. ܘܐܬܢܝ ܐܣܦܝ.
ܘܡܟܐ ܠܐܟܢ. ܡܥ ܟܠ ܘܐܣܝ ܟܠܗ. ܘܟܟܢܬܗ ܐܪܦܝ ܓ̄ ܐܟܠܐ. ܘܐܠܐ ܐܪܦܝ ܟܠܘܡܝ.
ܘܟܘܙܗ ܟܠܗ. ܘܐܝܟܠܐܙ ܟܠܗ. ܐܫܡܫ ܐܠܬܚܡܫ ܟܟܝ. ܘܪܘܟܗ ܘܐܠܬܚܟܡܗ ܟܘܙܗ
ܣܚܘ ܚܘܟ ܟܟܝ. ܡܟܢܝ ܐܫܘܪ ܦܠܟܠܟܗ. ܠܡ ܪܘܟ ܐܠܫܬܗܢܗ. ܘܐܬܠܡܫ
ܐܠܡܫܡܠܐ ܡܢܐܠܝ. ܘܐܘܝ ܟܡܫܬܟܗ ܪܘܟ. ܦܡܟܢܝ ܣܬܡܝ. ܟܘܐܟ[1] ܪܘܟܢ
ܐܠܟܪܝܢܗ ܐܠܣܘܐܕܗ. ܡܥܟܢ[2] ܐܠܐܟܫܢ. ܐܠܬܡܡ ܟܣܒܐܘ ܘܬܠܦܫܬܗ. ܠܐܢܗ
ܡܥܡܪ ܘܡܬܝܢ ܐܠܐܟܡܐܪ ܐܠܬܐܢܘ ܐܠܬܚܡܫܗ. ܘܐܠܡܟܢܟܠܐ ܡܢܗ܀ ܘܐܠܬܐܢܠܦ
ܟܦܠܗ ܘܡܢܥܬܗ. ܠܐܢܗ ܡܢ ܐܠܐܟܡܐܪ ܐܠܡܢܟܗ ܐܠܡܬܟܠܟܗ. ܪܟܢ
ܐܠܟܠܡܢ ܐܠܣܘܐܕܗ. ܘܗܘ ܐܠܟܠܐ ܡܢܗܐ ܟܡܟܠܐ ܐܠܣܟܡܟܠ ܐܟܫܢܘܡ
ܘܐܠܣܢܐ ܐܠܐܙܘܐ ܘܡܟܢܐ ܙܟܢܐܐ܀ ܘܗܘ ܒ̄ ܐܣܟܐܙ܀ ܐ̄ ܐܠܡܟܢ. ܒ̄ ܘܐܠܡܫܦ.
ܓ̄ ܘܐܠܪܨܠܝ. ܕ̄ ܘܐܠܡܬܐܙܐܠܐ. ܗ̄ ܘܐܠܪܡ. ܘ̄ ܘܐܠܠܚܡ. ܐ̄ ܘܐܠܚܫܝ. ܚ̄ ܘܐܠܚܘܠܐ. ܛ̄
ܘܐܠܙܪܦ. ܝ̄ ܘܐܠܡܥܘܡ܀ ܘܐܠܟܫܐ ܐܠܡܟܢ. ܠܡ ܐܠܪܨܠܝ. ܘܐܠܚܫܝ. ܘܐܠܡܫܦ.

[1] *Sic*, voir la note a ci-dessus, p. 89. — [2] *Sic*, lire يشاكل ou يُشْبِه.

ܘܐܠܒܪܡ. ܘܐܠܡܕܐܪ. ܘܐܠܚܡܠ. ܘܐܠܦܪܘܩ. ܐܡܐ ܐܠܠܝܠ. ܐܡܐ ܐܠܥܫܪ܆ ܘܣܢ ܢܙܠ
ܠܗ ܡܚܠ ܐܚܡܕ ܐܠܚܡܐܡܕ ܒܟܬܗ. ܟܘܟܒ ܐ̄[1] ܐܚܠ ܐܠܕܪܘܠܝܗ ܐܠܝܫܠܠ
ܟܘܟܒ ܐܠܟܪܘܚܗ. ܐ̄ ܐܠܚܡܠ. ܒ̄ ܐܠܚܘܪ. ܓ̄ ܐܠܚܡܘܪ. ܕ̄ ܐܠܥܘܪ. ܗ̄ ܐܠܐܣܕ. ܘ̄
ܣܒܠ. ܐ̄ ܥܫܪ܆ ܘܣܢܝܢ ܡܚܡܘ ܐܠܐܚܡܕ[2] ܐܠܡܦܪܘܩ. ܘܐܠܬܝ ܡܢܗ ܐܣܡܠ ܐܠܠܗ
ܡܢ ܡܘܠܗܐ. ܐܠܫܡܣ ܐܠܡܫܗܘ. ܘܟܢ[3] ܐܠܡܫܪܩ ܘܐܠܡܫ ܟܠܡܐ ܡܢܐܠ ܢܪܩܐ
ܙܪܐܠܡܫ. ܘܐܟܬܪܗ ܘܐܫܡܥܗ ܘܫܡܫܗ ܡܠ ܐܠܟܡܐܠܐܪ ܘܐܠܟܘܟܒܐܬ ܣܒܥܗ.
ܘܐܫܡܗ ܟܬܒܗ[4] ܡܢ ܬܐܪ ܟܬܒܗ. ܐܡܐ ܐܫܡܣܘܐ[5] ܘܐܫܡܣܘܐ. ܐܫܠܠ ܘܐܠܬܝ ܐ̄ ܐܗ̄ ܬ̄
ܐܡܕܐܪ. ܦܡܢܗܐ ܡܢܠ ܐܠܟܪܡ. ܦܐܠܟܬܗ. ܦܠ ܐܠܟܡܐܠܐܪ ܘܐܠܟܘܟܒܐܬ. ܟܠܗ
ܢܚܐܪܝ. ܘܟܟܒܐܬ ܐܪܒܥ ܢܪܩ ܟܠܗ. ܘܪܩ ܟܬܒܗܡ ܢ̄ ܐܟܐܐ ܡܠ. ܘܐܠܟܡܣ ܘܐܠܬܝ ܟܠܐܪ
ܟܬܒܗ ܣܒܥ ܡܢܗܐ ܡܢ ܐܠܡܠ ܟܠܗ. ܘܐܫܡܣ ܟܡܡܗ ܚܣܠܗܡ. ܐܠܫܡܫ
ܐܠܟܠܝ. ܡܢ ܐܠܝ ܟܘܐܪ ܟܢ ܡܫܡܫ ܟܡܐܠ ܐܚܝܐ. ܡܫܡܫܗ. ܐܣܡܫܘܐ
ܡܠܐܪ ܟܪܐ. ܘܐܠܟܡܣܗ ܟܡܠ ܐܠܡܫ. ܦܐܣܘܐ ܐܠܫܡܐ. ܘܐܫܡܣܘܐ ܡܢ
ܡܟܬܒܐ ܡܚܠ. ܘܐܫܡܫܗ ܟܐܠܝ ܐܠܟܡܢܝ ܣܘܪ ܐܠܐܡܪ. ܐܡܐ ܟܫܡܫܗ ܘܐܠܟܬܗ ܡܢ
ܟܘܐ ܟܐܦ ܡܠܗܡ ܡܢ ܬܐܪ ܣܘܡ ܘܟܬܗ. ܐܡܐ ܐܠܟܡܬܗ ܟܪ. ܘܡܢ ܟܠܡܗ ܐܠܫܡܫ
ܘܟܐܠܝ ܐܠܟܡܢܝ ܘܐܠܫܡܫ ܐܫܠܠ ܘܐܠܬܝ ܗ̄ ܐܡܕܐܪ. ܐܡܐ ܐ̄. ܦܡܫܢܝ ܟܪܐ. ܦܐܠܟܡܫܗ
ܟܫܡܫܗ ܡܢ ܬܐܪ ܟܬܒܗ. ܘܐܫܡܬ ܟܡܟܬܗ. ܟܠܟ ܡܡܢܪ[6]. ܟܢ ܐܣܘ. ܡܫܡܫܢܐ.
ܢܡܣܗ. ܘܡܢܠ ܐܠܡܫܝܫܡܠ ܣܟܗ ܘܟܫܡܗ. ܘܟܢ ܡܟܠܐ ܐܠܟܘܐܒ ܐܡܟܗ ܡܢ ܡܪܐ.
ܘܐܪܝ ܘܐܣܪܗ. ܘܐܡܟܬ ܡܟ ܟܢ ܘܐܪܣܗ. ܘܐܪܝ ܡܪܠܟܡ ܟܡܠܗ ܘܐܡܫܗ. ܘܟܢ
ܡܢ ܐܠܡܫܝܫܡܠ ܟܠܗ. ܘܡܢ ܡܟܠ ܐܠܟܬܟ ܟܠܗ. ܘܡܟ ܟܠܐܡ. ܘܡܪܠܟܡ ܢܪܩ
ܟܠܗ. ܘܪܘܟ ܐܠܡܫܡܫܢ. ܘܐܠܟܡܗ ܡܢܠ ܡܟܠ. ܣܒܠ ܡܟܡܢ ܦܪܗ. ܐܟܪ[7].
ܟܢ ܐܡܢܝ ܟܢ. ܘܐܠܟܡܘ ܟܢ ܡܢ ܪܘܢ ܐܠܡܫܟܠ. ܘܫܡܫܗ ܡܢ ܟܘܐܡܗ ܟܚܡܪܬܗ.
ܐܘܡܢ ܡܟܢܗ. ܘܣܟܗ. ܘܐܠܟܡܗ ܡܟ ܡܫܡܟ ܡܪܣܘܡ ܟܐܪ. ܘܡܟܘܢ ܐܠܡܟܒܘܪ.

(1) B ܐܠܡܫܟܬܗ.

(2) A manque ܐܠܐܚܡܕ.

(3) A ܘܟܢ.

(4) *Sic* pour ليلة.

(5) B ܐܫܡܣܘܐ, mais à la marge ܐ̄ ܘܐܫܡܣܘܐ.

(6) Les deux manuscrits ont à la marge ܐܠܡܫܡܫܗ qui semble se rapporter à ce mot.

(7) Les deux manuscrits ajoutent à la marge ܐܦܪܝܠ.

ܐܡܪ̄[1] ܟܕ ܐܝܟ ܢܦܫ ܘܪܕܗ ܙ̄ ܡܪܐܪܐ. ܘܦܫ ܠܠܡܪܗ. ܐܓܥܠ ܡܢܗ ܐܦܠ ܪܘܡܚ. ܘܫܡܣ ܐܠܓܣܕ. ܗܘ ܕܗܒ ܐܠܓܣܕ. ܘܒܥܕ ܕܐܠܟ ܟܕ ܓܙܐ ܐܠܡܓܢܝܣܝܐ ܡܣܚܘܩܗ ܚܟܡܗ. ܘܫܠ ܥܠܝܗ ܠܠܙܝܐܒܩ. ܘܫܝܐܚ ܡܓܢܝܣܝܐ. ܘܐܓܥܠܗ ܫܐܡ ܡܕܘܪܐ. ܘܣܣܡ. ܐܢܥܠ ܢܥܠ ܘܪܩܐ[2] ܘܗܠܐ ܘܡܦܪܐ ܕܟܢܘܢ ܐܢܥܠ ܕܕܘܒܠ. ܟܕ ܡܢ ܐܠܟܝܡܝܐ ܐܠܐܟܗ ܥܠܝ ܓܥܠ ܓܪܪ ܫܒܐ ܡܠ ܫܡܫ. ܘܡܗܡܐ ܒܩܝ ܓܙܐܠ. ܦܠܓܡܗ ܠܠܕܐܒܩ ܘܐܠܚܠ ܢܓܫ. ܘܓܫܗ ܦܝ ܐܠܕܐܓ ܓܝܕ. ܘܐܓܥܠ ܡܢܗ ܦܝ ܠܠܡܪܗ ܢܓܫܐ. ܘܦܚ ܐܠܐܒܝܫ ܘܫܒܚ ܐܠܓܘܝܠ. ܘܐܘܩܕ ܥܠܝܗ ܦܫܡ. ܦܡܫܪ ܡܠ ܐܒܝܫ. ܐܢ ܫܐܪ ܐܠܡܠ ܥܠܝ ܫܡܫ ܐܠܢܐܪ. ܦܐܓܥܠ ܕܐܢܗ ܡܢ ܐܒܝܫ ܐܠܡܠ. ܐܘܩܕ ܠܠܢܦܛ. ܫܠܝܗ ܫܒܐܪ ܐܠܕܗܒ. ܐܘܩܕ ܫܠܝܗ ܠܐ ܡܫܢܐܪ ܡܢ. ܘܐܒܝܫ ܐܠܫܡܘܕ. ܘܐܠܚܡܪ ܐܠܡܪܟܗ. ܘܐܓܥܠ ܡܠ ܡܢܗܐ. ܦܠܓܡܗ ܐܫܡܕ ܦܐܠܡܓܢܝܣܝܐ. ܦܐܢܦܥܗ. ܘܐܫܒܟ ܠܠܡܐ ܡܢ ܐܢܐ. ܘܐܠܒܐܩܝ[3]. ܐܢ ܟܕ ܡܢ ܐܠܙܐܒܩ ܡܠ ܫܡܫ. ܘܐܓܥܠܗ ܦܝ ܐܠܡܪܘ. ܘܐܕܘܪܗ ܒܐܠܡܫܐܟܝܢ ܐܠܟܝܡܝܐ. ܘܐܢܐܠ ܐܠܡܠ ܘܐܠܓܘܝ. ܘܐܠܡܠܠ. ܠܠܘܐܚܕ ܥܫܪܗ. ܐܢ ܕܪܪ ܐܠܡܥܪܢܗ ܟܕܐܟ. ܘܐܢܐܠ ܡܢܗ ܡܢܗ ܥܠܝ ܥܫܪܗ. ܘܟܕܐܟ ܐܠܡܪܩܫܝܬܐ. ܕܪܘܐ ܘܐܢܐܠܗ. ܦܐܕܐ ܦܪܓܬ ܐܠܐܪܘܚ ܘܐܠܓܣܕ. ܦܐܫܒܟ ܐܠܐܐܐܦܐܠ[4] ܘܐܫܡܘܗܐ ܦܪܐ. ܐܓܥܠ ܠܠ ܐܦܠ ܡܢܗܐ ܦܝ ܩܕܪ ܕܪܦ ܡܣܝܢܗ. ܘܐܐܪܟܗܐ ܦܝ ܐܠܢܐܪ ܐܠܫܡܘܣܗ ܢܘܡ ܘܠܝܠܗ. ܐܢ ܐܒܪܝܗ ܘܐܫܡܘܗ. ܘܪܘܗ ܐܠܝ ܐܠܫܡܪ. ܐܦܠܠ ܕܐܠܟ ܫܠܝ ܡܪܬ. ܘܟܠܠܝܗ ܗܘ ܫܠܝ ܡܪܪ ܐܦܠ ܐܠܟܝܡܝܐ ܐܠܝ ܗܘ ܐܠܫܡܐܠ. ܐܠܝ ܗܘ ܐܠܓܣܕܗ. ܘܗܘ ܐܠܙܐܒܩ ܐܠܝ ܗܘ ܐܠܫܡܣ. ܘܗܘ ܐܠܡܥܪܢܗ ܐܒܝܫ ܦܝܗ ܐܝܓܐܕܗ. ܘܗܘ ܐܠܡܪܩܫܝܬܐ ܡܢܐܠ ܐܠܓܣܕ. ܦܐܕܐ ܥܠܓܬ ܐܠܐܘܐܢܗ ܟܕܐܟ. ܐܓܥܠ ܠܟܠ ܦܝ ܡܪܗ ܘܪܩ ܥܫܪܗ ܐܠܡܠ ܐܠܐܒܝܫ ܐܠܝ ܥܫܪ ܡܠܐ ܠܟܠܐ. ܘܐܘܩܕ ܠܟܠܐ ܕܪܦ ܥܫܪܝܢ ܡܪܪܗ. ܘܐܠܒܐܩܝ. ܐܢ ܟܕ ܐܠܟܝܡܝܐ ܦܝ ܐܠܡܪܘ. ܦܠܓܡܗ ܐܠܐܟܪ. ܦܗܘ ܐܠܡܓܢܝܣܝܐ ܐܠܟܐܡܠ. ܐܬ̄ܡ ܐܠܒܐܒ[5] ܀ ܐܢ

---

[1] Les deux manuscrits ajoutent à la marge وقشيلا.

[2] *Sic*, lire ܘܪܩܐ.

[3] Les deux manuscrits ajoutent à la marge ܐܠܡܥܐܠܓܗ ܬ̄ ܐܠܡܥܐܠܓܗ ܝ̄ ܐܠܡܥܐܠܓܗ̄.

[4] *Sic*, lire الاثقال. Les manuscrits ajoutent à la marge ܐܠܡܥܐܠܓܗ̄.

[5] A la marge ܐܠܡܥܐܠܓܗ ܬ̄.

ܒ ܐܠܐܗܘܐܠ ܘܐܚܨܢ ܟܬܝܪܐ ܦܝ ܡܕܬܗ. ܘܐܚܬܠ ܐܠܡܕܝܢܗ ܦܝ ܚܪ ܗܘܐ ܡܚܠ.
ܘܐܘܡܝ ܟܬܝܪܐ ܚܕܗܡ. ܘܡܢ ܓܡܠܗ ܟܠ ܕܐܟ ܐܠܡܕܝܢܗ ܡܝܣ. ܘܐܣܬܡܪ
ܐܠܡܪܨ ܒܐܠܢܐܣ. ܘܐܟܠ ܒܠܐܙ[1] ܓܡܝܥ. ܘܐܠܐܪܙ ܟܠ ܐܠܚܒܙ ܣܢܗ ܡܟܬܝܪ ܡܟܐܠ
ܐܠܩܡܚ: ܦܐܚܢܝ ܐܠܡܕܝܢܗ ܐܝܐ ܒܕܝܐ ܘܐܩܐܡ ܙܐܗܘܐ ܘܪܒ ܗܡܘܐ ܡܥ ܐܠܢܐܣ
ܐܠܐܚܢܝ. ܡܬܠ ܘܠܝ ܐܠܚܒܙ ܒ̄ ܡܪܐܬ. ܐܡܪ ܙܡܢ ܐܠܡܪܨ ܟܠ ܐܠܡܕܝܢܗ ܘܐܙܩܐܡܘܐ
ܦܝ ܐܠܒܠܕ ܐܗܠܗܡ. ܘܐܚܢܐܗ ܦܐܝܕܗ ܐܗܠ ܡܨܪ ܐܠܡܣܝܚܝܗ. ܘܩܥ ܗܘ ܦܝ
ܡܠܙܘܙܗ ܘܐܚܕܐܗ. ܘܪܒ ܐܡܪܐ ܡܥ ܐܠܢܐܣ ܦܝ ܐܠܡܕܝܢܗ ܡܗܡܠܘ ܐܘܠܐ. ܘܐܩܐܡܘܐ ܐ̄
ܐܝܐܡ. ܣܢܗ ܡܣܥܕ ܐܠܢܐܣ܀ ܐܡܪ[2] ܘܩܥ ܘܡܢ ܟܬܝܪ ܡܠ ܐܚܕ ܐܚܢܝ. ܠܐ ܬܐܠܐ
ܐܗܠ ܘܐܠܝ. ܣܢܗ ܡܚܢܝ ܐܠܢܐܣ ܐܚܢܝ ܘܠܐ ܡܣܥܕ. ܟܡ ܡܚܨܝ ܟܚܠ ܐܝܨܐܗ.
ܣܠܣ ܐܚܢܝ ܐܠܡܕܝܢܗ ܘܪܩܥ ܡܠ ܗܡܘܐ ܡܥ ܐܠܢܐܣ. ܘܐܚܢܝ ܐܠܢܐܩܠ ܦܐܝܕܗ
ܐܚܢܝ. ܠܚܟܗ ܦܝ ܡܠܙܘܙܗ ܘܐܚܬܠ ܐܠܡܠܙܘܙܗ ܦܝ ܡܪ ܗܘܐ ܙܡܠܝ. ܘܡܥ ܙܐܗ
ܐܠܡܠܙܘܙܗ ܘܐܘܡܝ ܟܬܝܪܐ ܡܥ ܐܠܢܐܣ ܐܠܝ ܐܠܢܐܣ. ܘܐܟܠ ܡܚܒܙ. ܘܐܚܢܝܗ
ܦܐܝܕ ܐܠܥܣܟܪ. ܘܐܠܒܛܪܟ ܦܘܗ ܐܠܬܠܬ ܐܠܡܠܟܝܗ ܘܐܠܐܡܪ ܐܠܓܐܠܝܫ܀ ܐܡܪ ܒ
ܡܥ ܐܚܕ ܐܠܫܗܪ ܘܐܚܕ ܐܠܓܪܒ ܐܠܝ ܗܘܝ. ܘܪܐܓܘܗ ܦܝ ܐܠܡܐܠܟ ܐܠܝܗܝ ܐ̄
ܡܪܐܬ. ܣܢܗ ܬܐܠܬܐ ܒܐܠܡܘܐ. ܐܡܪ ܐܩܣܡܘܐ ܒܐܠܢܐܣ ܐܠܐܚܢܝ. ܐܠܡܠܟܝܢ ܒ̄
ܐܝܐܡ ܘܪܐܓܘܗ ܒܡ ܦܪܝܫ ܐܠܝܗܝ. ܐܘ ܦܝ ܡܠܙܘܙܗ ܒܚܙܗ. ܦܐܠܗ ܘܪܒ ܦܝ
ܪܙܘܐ ܒܐܠܗ ܐܠܥܒܕܗ ܪܐܩ ܣܥܡ. ܘܒܟܡܗ ܦܝ ܝ ܟܠ ܒܥܠ ܘܪܩܠ ܘܐܙܩܐܡܘܐ ܦܝ
ܐܠܒܠܕ ܐܠܒܛܚ[3] ܝ̄ܓ ܝܘܡ. ܦܣܠ ܘܐܠܒܦ ܦܝܗ ܡܬܠ ܝܪܩܗ ܡܥ ܐܠܢܐܛܪ
ܐܠܓܐܠܝܫ[4] ܘܙܝܗ ܐܠܝ ܐܠܒܪܟ ܦܡܟܡ ܘܐܚܢܝܗ. ܦܗܘ ܐܠܢܐܣ ܐܠܢܐܣ ܐܠܣܠܛܐܢ
ܐܠܡܡܐܠܟ. ܐܠܒܪ ܣܠܟ ܬܡܝ. ܐܚܕܐܗ܀ ܐܡܪ ܒ ܡܥ ܐܠܡܥܣܟܪ ܐܠܒܪ
ܒܐܠܬܐܐ. ܐܚܢ ܐܠܐܫܓܐܠ[5] ܐܠܕܟܘܪ. ܟܐܗ[6]. ܘܡܥ ܐܠܐܡܪ ܐܠܓܐܠܝܫ ܟܐܗ.
ܦܐܠܒܩܘܡ ܦܝ ܐܠܒܠܕ ܡܕܬܗ ܐܘ ܡܠܙܘܙܗ ܐܠܝܗܝ. ܘܪܒ ܟܬܝܪܗ ܡܥ ܐܠܢܐܣ
ܐܠܡܡܐܠܟ ܡܟܬܗ. ܘܐܙܩܐܡܘܐ ܝ̄ܓ ܝܘܡ. ܘܐܚܢܝܗ. ܘܣܡܥ ܒܗ ܒܐܘܩܗ ܐܠܒܝܘܬ
ܐܠܣܥܕ. ܡܬܠ ܘܐܠܗ ܡܕܐܘܠ. ܐܡܪ ܐܩܣܡܘܐ ܐܘ ܐܩܣܡܘܐ ܒܪܩܡ ܐܠܒܠܕ

(1) A ܒܠܐ.
(2) A la marge ܥܠܝܗܡ ܐ̄.
(3) A ܐܠܒܛܚ.
(4) Sic, lire ܐܠܓܐܠܝܫ.
(5) Sic, lire الاشغال.
(6) A la marge ܐܠܐܡܝܪ ܗ̄.

ܠܟܘܪܐ ܟܕ ܐܝܬܘܗܝ ܡܬܪܝܡ. ܘܐܫܦܝܘܗܝ[1] ܣܓܝ ܐܝܟ ܚܕ. ܐܦ ܐܫܦܝܘܗܝ ܡܢ ܟܠܗ
ܐܠܐܣܦܪ ܠܟܘܪܝ ܕܝܢ ܐܝܟ ܐܢܘܢ ܐܘܠܐ ܠܟܠܗܝܢ. ܗܟܢܐ ܡܢܗ ܠܓܘܫܡܐ ܒ̄ ܡܬܐ.
ܘܐܫܦܝܘܗܝ ܒܟܘܪܐ ܡܕܡ ܕܡܝܐ ܕܢܘܪܐ. ܐܫܦܝܘܗܝ ܘܐܫܦܝܘܗܝ ܡܫܚܐ ܡܫܚܐ. ܣܓܝ
ܡܢܟ ܕܠܐ ܗܘ ܡ̄ ܡܘܠ ܐܘ ܐܟܬܪ. ܐܦ ܕܗܒܐ ܡ̄ ܡܘܠ ܐܘ ܐܟܬܪ. ܫܟܘܢ ܢܛܝܠܐ
ܥܠ ܐܣܦܪ ܚܡܝܡ ܠܐ ܬܫܠ ܒܗ. ܐܟܘܬ ܗܘ ܥܠ ܗܘܐ. ܡܛܠ ܕܗܘ ܐܣܦܪ.
ܘܐܢ ܬܒܥܐ ܗܘܐ ܠܟܘܪܐ ܗܢܘ ܕܗܘ ܐܣܦܪ܀ ܫܘܟܠܗ ܠܟܠܢܐ ܠܒܪܢܫܐ.
ܫܚܘܩ ܗܘ ܡ̄ ܡܘܠ. ܡܕܡ ܠܟܘܪܐ ܕܟܝܢܐ ܫܘܟܠܗ ܘܐܦܠܗ ܗܘ ܟܠܐ
ܠܟܠ. ܗܘ ܠܫܚܩܐ ܐ̄ ܐܝܟ ܣܓܝ ܡܬܬܐ ܒܟܘܪܐ. ܐܦ ܐܫܦܝܘܗܝ ܘܐܬܡܠܐ ܗܘ
ܡܟܬܒܐ ܠܟܠ܀ ܢܗܘ ܠܚܡܝܡܘܬܐ ܡܢ ܗܘܐ. ܟܕ ܩ̄ ܡܬܬܐ. ܡܛܠ ܗܟܢܐ
ܐܟܘܬ ܠܐܟܠ ܗܘ ܠܟܠܗܝܢ܀ ܘܐܢ ܗܘܐ. ܠܟܠ ܡܢܗ ܕܗܘܐ ܟܕ ܩ̄ ܕܗܘܐ ܢܣܒ
ܐܣܦܪ. ܡܛܠ ܐܟܘܬ ܚܡܝܡ. ܐܬܒܥܐ[2] ܘܐܬܟܬܒ܀ ܘܐܢ ܠܟܘܪܐ ܟܕ ܩ̄
ܕܗܘܐ ܗܟܢ ܚܡܝܡ. ܡܛܠ ܕܒܥܐ ܐܟܘܬ ܐܬܒܥܐ ܒܟܠܗܝܢ ܕܗܘܐ. ܘܐܝܬ ܡܢܗ
ܗܘܐ܀ ܘܐܦ ܐܠܐܣܦܪ ܡܢܟ ܗܘ ܟܢܫܗ. ܟܡܐ ܫܟܝܚܐ ܡܫܝܚܐ. ܣܓܝ
ܠܟܘܪܐ. ܟܕ ܡܬܒܥܐ ܐܢܐ. ܐܫܦܝ ܕܟܠܐ ܘܫܡܥ ܟܠܫܢܝܢ ܘܡܫܬܡܥ܀ ܟܠܗ ܐܟܘܬ
ܟܠܗ ܐܢܝ ܐܪܥܐ. ܟܠܗ ܡܟܝܠ. ܐܫܦܝ ܠܟܠܝ ܘܠܡܫܚܐ ܚܕ. ܘܐܫܬܐ ܢܗܘܐ ܟܕ
ܠܓܘܠܐ ܘܐܟܪܙ ܟܕܗܘ ܠܟܘܪܐ ܡܬܬܐ. ܘܡܢ ܐܢܫܐ ܡܢ ܠܟܪܝܗ. ܘܠܟܠ
ܗܘܡܐ ܠܟܘܪܐ ܐܠܐܣܦܪ ܡܢ ܠܟܠܝ ܘܠܡܫܚܐ. ܘܐܦ ܠܫܘܐ ܥܠ ܠܡܫܚܐ. ܫܘܟܠܗ
ܢܗܘܐ ܘܡܢܗ. ܘܠܐ ܐܟܬܪ ܡܢ ܠܡܫܚܐ ܘܐܫܦܝܘܗܝ ܠܟܠܗܘܢ ܣܓܝ ܠܐ ܐܬܐ ܠܟܘܪܐ
ܐܬܪ[3]. ܢܗܘܐ ܘܐܝܬܘܗܝ ܗܘ ܐܬܬܐ ܠܟܘܪܐ ܐܘ ܠܓܘܠܐ[4]. ܘܡܢܗ ܢܗܘܐ ܠܟܠ
ܠܟܠܐ. ܐܦܐ ܥܠ ܠܟܘܪܐ ܕܠܐ ܘܐܢ ܥܠ ܐܬܬܐ ܐܘ ܐܟܬܪ. ܗܟܢܐ ܕܠܐ. ܐܝܟ
ܠܟܘܪܐ ܕܐܝܬ ܗܘܐ. ܘܠܟܠܝ ܘܠܡܫܚܐ ܡܢ ܟܡܐ. ܐܦ ܠܟܘܪܐ ܠܟܠ ܟܡܐ
ܟܕ ܥܠ ܟܡܐ. ܘܐܫܦܝܘܗܝ ܘܐܝܬܘܗܝ ܐܬܬܐ. ܐܫܬܐ ܕܠܐ ܒ̄ ܡܬܬܐ ܐܘ ܐܟܬܪ.
ܣܓܝ ܐܬܐ ܡܢ ܐܬܬܐ ܡܢܐ ܠܟܘܪܐ ܘܟܠܗܘܢ. ܫܟܠܗܘܢ. ܘܟܠ ܡܬܬܐ ܐܬܬܐ.
ܐܦ ܐܟܠܗ ܟܕ ܐܫܦܝܘܗܝ. ܐܦ ܟܕ ܡܢ ܗܘܐ ܠܟܘܪܐ ܟܠܗ. ܘܡܢ ܠܟܠܝ ܠܡܫܚܐ

[1] A [illegible].
[2] A [illegible], ici et plus bas.
[3] *Sic*, lire sans doute أَثَرًا من الزيبق.
[4] B [illegible].

ܠܗ. ܘܡܢ ܐܠܐܡܘܪ ܐܠܬܝ ܠܗ. ܦܠܝܣ ܡܢ ܐܠܕܪܐܪ ܘܐܠܐܡܘܪ ܐܠܬܝ ܗܝ ܡܢ̈ܩܘܨܗ ܡܢܗ. ܟܠܗ ܬܐܬܝ ܒܢܘܗ. ܘܐܦܬܟܪܘܗ ܒܟܠ ܥܩܠܗ. ܘܐܠܐܡܪ ܒܟܬܝܪܐ ܐܠܐܡܘܪ. ܐܠܡܥܪܘܦ. ܘܐܦܬܟܪ ܐܠܡܠܐܝܟܗ ܡܢ ܚܘܠܗ ܐܬܐ ܒܟܠܐܡܗ ܐܠܝ ܐܠܣܡܐ. ܘܐܠܐܪܨ. ܘܡܢܩܘܬ ܡܢ ܩܕܝܡ. ܦܐܢܗ ܩܕܘܣ. ܘܝܥܠܡ ܐܠܐܡܘܪ ܐܠܡܥܪܘܦ ܗܘ ܡܠܟ ܐܠܡܠܘܟ ܐܠܥܙܝܙ. ܦܐܟܬܒܗ ܘܐܕܦܢܗ ܡܥܟ. ܦܐܢܗ ܩܕܝܡ ܦܝ ܓ̄ ܐܥܡܐܠܗ. ܡܠ ܡܠܟ ܐܠܕܗܘܪ. ܐܥܡܐܠܗ: ܗܘܘ ܐܠܐܡܘܪ ܐܠܡܚܦܘܠ: ܘܗܕܐ ܐܠܟܠ ܡܢܝ ܡܢܗ ܐܠܚܠܐܨ ܘܐܠܐܝܡܢ ܦܝܢܐ. ܟܠܝܘܡ ܡܢ ܐܝܡܐܢܗ. ܘܡܩܕܣ ܐܠܡܠܐܝܟܗ ܘܟܠ ܐܠܚܝܐܗ: ܘܗܘ ܡܠܟ ܐܠܡܠܘܟ. ܘܐܠܥܙܗ. ܘܐܠܡܓܕ. ܘܐܠܣܒܚ ܘܐܠܕܪܐܪ. ܘܐܠܐܢܘܐܪ. ܡܠܟ ܐܠܩܕܝܣܝܢ ܘܐܠܡܣܒܚܝܢ. ܘܐܠܐܪܒܐܒ. ܘܐܠܡܣܬܚܩܝܢ. ܦܝܢܐ: ܘܗܘ ܡܩܕܣ ܒܟܠ ܐܝܡ. ܘܡܕܒܪ ܐܠܟܠ ܡܠܟ ܐܠܠܗ. ܘܗܘ ܗܘ ܐܠܟܠ ܐܠܡܠܐܝܟܗ ܠܐ ܝܚܨܪܘܗ[1]: ܘܠܐ ܝܣܬܛܝܥ ܐܚܕ. ܦܣܘܦ ܡܫܒܗ ܥܢ ܡܣܐܠ ܘܢܘܩܦ ܐܚܕ. ܘܝ ܒܝ ܗܘ ܟܒܝܪ ܐܢ ܙܐܠ ܘܟܬܝܪ. ܘܟܠ ܡܣܐܠ ܒܟܬܝܪ. ܡܬܐܠܐ ܒܥܠܐ ܣܘܐܐ. ܐܘ ܒܥܩܠ ܕܗܝܠ[2] ܡܘܡܢ ܝ̄. ܡܬܡܐܠܐ ܘܡܢ ܡܬܕܒܪ ܘܡܬܡܠܟ ܘܗܘܐ ܒܡܩܕܘܪ. ܡܩܒܘܠ ܕܝܢܐ. ܩܕܝܪ ܡܬܠ ܘܡܠܐ. ܘܠܝܣ ܒܡܣܐܠ. ܘܐܪܝܡܘܗ ܒܡܬܠ ܘܡܠܐ. ܟܒܝܪ ܗܘ ܐܟܒܪܐ. ܟܝ ܗܘܐ ܐܢܝ ܥܠܝܗ. ܐܣܪܝܝ ܟܠܝܣ ܙܐܘܒܠܐ ܕܝܢܐ. ܘܐܪܝܢܐ ܒܥܩܠ ܕܣܘܐ ܕܒܝܬܠ. ܘܐܪܝܢܐ ܒܗ ܡܬܠ ܘܐܟܪܝܡܘܗ. ܘܕܝ ܒܟܣܝܬܐ ܒܡܬܠ ܕܣܘܐ ܕܒܝܬܠ ܘܡܥܝܢ ܘܟܒܝܪܐ ܗܘܡ ܝ̄ ܐܟܒܪܬܐ. ܘܗܘܐ ܒܣܘܐ ܕܒܝܬܠ ܡܢ ܡܥܢܝ ܘܡܥܝܢܘܗ. ܘܒܡܠ ܡܘܐܠܐ. ܗܙܐܠܝ ܒܝܟܬܐ ܕܝܢܐ ܘܡܕܒܪ. ܡܩܒܘܠ ܘܡܟܢ. ܦܥܢܝܢ ܒܐܠܐܒܠ ܘܦܢܐܠܐ. ܘܐܪܝܢܐ ܒܟܠܗ ܐܠܬܐ ܘܡܟܢܬܐ ܘܡܩܪܐ. ܟܝܢ ܒܗ ܗܘܡ ܝ̄ ܐܟܒܪ. ܘܦܟܝ ܒܟܠܐ. ܒܡܐ ܕܐܡܝ. ܦܡܢ ܒܕܪܐܪ ܒܟܠ ܦܢܐܠܐ. ܘܡܢ ܡܩܕܡܬܗ ܡܢ ܢܘܐ. ܘܗܘܐ ܐܒܢܗ ܒܟܠܝ ܒܝܪܐܐ ܕܒܐܠܐܠ ܕܗܘܐܠ ܡܥܝܢܬܐ ܒܐܠܬܐ. ܘܡܢܝ ܒܕܪܐܪ ܡܩܕܐ. ܟܝܢ ܒܗ ܗܘܡ ܐܟܒܪܬܐ ܒ ܟܒܝ ܐܡܝ ܒܐܦܠ. ܐܣܪܝ. ܡܣܘܡܣܘܝ ܒܣܕܘܠܐ ܡܪܐ ܡܟܠܐ ܒܝܢ ܦܐܡܝ. ܘܡܢ

[1] Les deux manuscrits ajoutent ici l'alinéa suivant encadré de rouge dans A et rayé dans B, comme en dehors du texte : ܐܠܐ ܕܗܘܐ ܒܢܥܡܬܗ. ܡܢ ܒܕܐܝܬ ܥܠܡܗ ܘܡܟܠܡ ܐܡܪ ܒܟܠܝ (*sic*, peut-être pour ܐܦܠܝ) ܣܝ. ܘܐܠܝܣ ܒܢܘܡ ܘܐܦܬܟܪܘܡ ܒܟܠ ܥܩܠܗ ܒܥܡܐ ܠܟܠܐ ܘܐܠܡܠܐܝܟܗ ܣܠܝ ܡܢ ܡܠܟ ܐܠܐܡܪ.

[2] *Sic*, dans les deux manuscrits.

ܕܡܫܚܘܢ ܒܣܠܐ ܘܡܓܠܐ ܒܪ ܦܥܠ. ܘܐܬܐܒܢܘܢ ܠܓܘܪܐ ܕܐܪܒܠ. ܘܡܢ ܡܫܚܘܢܝܬܘܢ
ܒܢܓܪܐ. ܘܐܪܡܐ ܥܠܗ̄ ܡܬܩܠ ܡܬܩܠܐ ܣܓܝܐܐ. ܘܡܢ ܦܪܫ ܚܕ ܡܢ ܐܪܙܐ[1]. ܘܐܪܡܐ ܥܠܗ̄
ܡܢܝܢ ܘܡܚܫܠ ܠܗ. ܠܝܬ ܐܬܩܢܬܐ ܓܒ ܚܡܫ. ܐܣܘܪ. ܐܪܡܐ ܥܠܗ̄ ܣܝܦ ܡܬܩܠܐ
ܓܒܪܡܫܬܐ ܣܘܐܪܐ. ܡܬܠ ܣܘܪܐܐ. ܘܡܫܡܫܬܐ ܡܚܘܪܐ ܡܬܠ ܩܘܡܩܘܡܐ.
ܘܐܪܡܐ ܥܠܗ̄ ܙܪܢܝܟ ܡܬܩܠ ܡܫܩܠܐ ܡܬܠ ܣܘܪܐܐ. ܘܡܬܠ ܩܘܡܩܘܡܘ. ܙܪܢܝܟ ܐܘܡܫܠ
ܡܫܩܠܐ. ܐܣܘܪ ܩܘܡ ܒܥܠܘܗܝ ܒܪܙܐܐ. ܘܡܬܘܢ ܒܦܠܛ ܡܢ ܦܫܬܐ. ܘܡܢ
ܡܫܘܠ ܕܒܢܬܐ ܘܩܒܪ ܥܠ ܢܘܪܐ ܓܒ ܦܡܐ[2]. ܘܡܢ ܐܪܡܐ ܒܗ ܙܪܢܝܟ ܕܐܡܒܩ.
ܓܘܢܗ ܕܒܚܪܝ̈ ܘܡܥܡܪ ܘܡܫܘܡܡܘܢ ܒܪ ܦܠܛ ܒܡܚܪܐ. ܘܡܠܟ ܓܒ. ܗܘ ܐܡܘܪ. ܒܪ
̈ ܕܐܘܡܪ ܢܡܪܗ ܕܠܟ. ܘܡܠܝ̈ܢ ܕܐܘܡܪ ܢܣܠܩ ܐܫܪܪ. ܘܠܓܠܠܗ ܦܢܐ ܒܘܕܡܗ.
ܘܪܘܒܗ ܘܐܡܩܝ ܦܢ ܠܩܠܩܠܦ. ܘܢܣ ܡܒܢܝ ܡܢ ܠܩܠܩܠܦ ܢܒܘܢ ܦܒ ܡܒܪܟ
ܢܒܪ ܡܠܝ[3] ܦܢ ܒܪܡܗ ܦܢ ܠܩܛܠ. ܘܐܡܢ ܠܩܕܘܡ ܦܢܘ. ܦܒܢܝ ܫܘܐܪܗ ܒܠܢ
ܠܡܗ. ܦܪܘܡܗ ܐܘܐܐ. ܒ ܒܡܣܡܢ ܕܐܘܡ ܫܘܐܪ. ܘܢܠܝ ܒܠܡܗ ܡ̄ܒ ܕܐܘܡ ܢܡܪ̈
ܕܠܟ. ܘܪܘܒܗ ܦܢ ܒܘܕܡܗ. ܘܐܡܩܒܗ ܦܢ ܠܩܠܩܠܦ ܀ ܦ̄ܪܘܡܗ ܒ ܡܠܟܢ ܐܒܢܠ
ܢܡܢ. ܘܡܘܦ ܠܩܛܦܪ ܐܒܢܠ ܡܠ ܗܢܐ. ܘܪܘܒܗ. ܘܡܒܘܢ ܦܒ ܐܕܒܐ ܐܠܐܠܝ ܘܠܩܠܐܘܪܗ
ܦܢ ܠܗܠܡܗ ܦܢܘܐ ܦܢܦ ܫܦܝ̈. ܢܠܢ ܠܐܡܒܢ ܠܩܡܒܢ[4] ܡܢ ܠܩܠܗܠܝܘ. ܠܡܪ ܕܘܒܗ
ܦܢ ܡܝ̈ܪܩܘ ܢܡܢ ܡܢ ܠܩܛܦܪ. ܘܐܡܩܒܗ ܦܢ ܠܩܠܩܠܦ. ܘܐܡܕܪ ܗܒ ܢܡܒܢܢ
ܦܢ ܒܪܡܗ. ܘܢܣ ܡܒܢܝ ܡܢ ܠܩܠܩܠܦ ܢܠܗܘ ܦܢܘ. ܡܒܢܝ ܦܪܘܡܗ ܒܠܡܗ.
ܠܐܪܒ ܕܦܝ̈ܠܓܐ ܕܐܣܘܪ ܢܫܠ ܗܒ ܡܬܐ ܕܡܣܡܣ ܐܪܙܠ. ܘܐܣܪ ܒܢܫܠ ܐܢܘ
ܢܘܪܐ. ܘܕܒܫܘܢ ܒܘܒܝ ܡܬܐ ܕܡܣܡܣ ܐܪܙܠ ܐܬܩܢܬܐ. ܒܪ ܣܘܪ ܘܠܐ ܡܬܡܣܝܢ
ܠܘܒ. ܡܥܩܠܐ ܕܢܫܠ. ܢܚܦ ܢܠܐ. ܘܢܘܣ. ܦ̈ܒ[5] ܘܡܓܠܐ. ܘܐܣܪ ܠܚܩܠܐ ܘܠܗܡܘܡ
ܐܬܩܢܬܐ. ܒܪ ܗܘܐ. ܐܢܘ ܕܒܢܡ. ܡܡܘܒܠ ܕܡܢܒܠ ܒܡܥܡܣܠ. ܡܡܘܠ ܡܠܢܫܠ
ܒܡܥܡܬܐ. ܘܡܗܡܢ ܒܠܢܬܐ. ܘܠܗܘܢ ܒܡܙܐ ܡܠܗܢܬܐ. ܘܢܘܐ ܠܠܐ ܐܡܢ ܒܡܫܠ
ܡܠܗܡ ܐܪܠܐ. ܘܠܗܘܐ ܒܠܘܪ ܐܒܠܐ ܢܒ ܠܠܝܠ. ܘܐܘܡܘ ܒܘܡܒܐ ܐ̄ ܐܬܩܢܬܐ ܘܢܓܡܪ ܒܢܒ

[1] *Sic*, pour ܙܪܙܐ.

[2] A manque ce qui suit jusqu'à ܘܡܫܘܡܡܘܢ.

[3] *Sic*, pour ܡܠܢ = μέλαν.

[4] A la marge ܠܩܡܒܢ.

[5] A *sic*; B manque ܦ̈ܒ.

[illegible]

(1) A [illegible]. — (2) A [illegible]. — (3) A [illegible].

ܘܐܠܝ ܡܪܘܢ. ܘܩܘܩܢܝ ܩܒܪܘ. ܘܐܣܦܝܓܐ. ܘܡܠܚ ܐܢܕܪܐܢܝ ܘܩܠܩܢܬܐ. ܟܡܐ
ܕ̄ ܕܐܠܘܢ. ܡܢ̄ ܕܐܠܘܢ ܐܩܡܩܡܠ ܠܟܘܩ. ܘܗ̄ ܡܠܝܘ. ܡܢ̄ ܡܢܩܡܫܬܐ ܕܘܟܝܘ.
ܡܢ̄ ܩܕܡܝܬ ܐܪܥܐ. ܘܗ̄ ܢܚܫܐ. ܘܟ̄ ܐܣܦܝܓܐ. ܘܕܘܢ ܕܘܣܝܢ. ܘܕܘܢ ܠܐܘܪ.
ܘܡܣܩ ܠܟܘܟܒ ܘܣܢܝ ܗܘ ܡܢܝ ܐܩܘܐܝ. ܘܣܘܩܒ ܠܐܫܬܐ ܣܬܐ ܣܢܩܝ
ܕܠܝܘ. ܘܡܪܫ ܠܟܐ ܗܘ ܠܩܡܝ ܡܬܠ ܠܟܠܐ. ܠܡ ܐܬܪܝ ܩܢܘ ܠܟܩܢ ܠܟܒ.
ܠܟܐ. ܘܐܬܟܡ ܐܘܩ ܠܩܡܝ. ܘܐܬܐܩܘ ܫܠܟܘ ܟܒܪܘ ܣܬܐ ܡܟܐ. ܠܡ ܐܣܠܟܘ
ܘܐܩܢܝܘ. ܩܬܟܒܪܘ ܐܣܩܐ ܐܟܢܫ ܡܢ ܟܠܗ ܩܢܘ ܠܟܐ ܕܐܟܬܘ ܘܟܠܝܘ. ܘܐܝ ܟܡ
ܡܟܝ ܗܘ ܐܘܠ ܡܢܐܘ. ܟܒܪܘ ܠܐܝܟܐ. ܐܣܒ ܐܟܠܐܘ. ܡܢ ܠܗܡ ܠܟܝܠܐ. ܘܐܠܝ
ܐܪܥܐ. ܡ̄ ܡ̄ ܕܐܠܘܢ. ܘܡܠܚ. ܘܐܣܦܝܓܐ. ܗ̄ ܗ̄. ܘܢܚܫܐ: ܘܐܩܡܟܐ. ܕ̄ ܕ̄. ܡܢ̄ ܡܠܝܘ.
ܘܐ̄ ܗܡ. ܘܕܘܢ ܘܣܪܩ ܐܣܦܝܓܐ. ܘܕܐܩ ܩܕܡܝܬ ܐܪܥܐ. ܘܕܐܣܩ ܐܐܣܝܢ ܐܣܩܐ.
ܐܩܘܡܘܐ ܘܐܟܠܬܐ ܟܡܣܟܐ[1]. ܠܡ ܠܟܠܬܐ[2] ܗܘ ܡܢܝ ܐܩܘܐܝ ܐܘ ܟܒܪܘ ܡܢ
ܠܟܪܦ. ܘܐܘܩܒ ܟܫܢܘ. ܐܘ ܐܬܐܩܘ ܟܫ ܠܐܐ ܩܣܡ ܣܬܐ ܣܢܩܝ ܕܠܝܘ ܘܣܩܐ.
ܠܡ ܐܬܪܝ ܠܩܡܩܘܕ. ܘܩܡܝ ܢܪܩ ܩܡܩܡ ܘܢܪܩ ܡܡܐ. ܘܐܬܐܩܘ ܟܣܩܐ ܟܒܪ.
ܘܐܩܢܝܘ ܩܠܝܘ ܣܩܐ ܟܠܗܝܘ ܘܟܠܝܘ. ܠܟܡ ܠܟܘܩ ܠܩܡܩܢܝ ܡܢ ܟܠܘ
ܕܘܟ. ܡܠܘ ܩܬܘ. ܕܘܟܡ ܘܐܟܡܠ ܡܠ ܗܡܐ. ܘܐܟܠܟܘ. ܠܡ ܡܢ ܘܐܝ ܕܐܘܢ
ܟܣܠ. ܘܕܘܢ ܠܐܠܐ. ܘܕܐܣܩ ܡܠܚ ܟܢܫ. ܡܢ̄ ܕܐܠܘܢ ܠܗܡ ܠܟܝܠܐ. ܕܩܘܡ
ܘܠܟܘܡ ܠܐܫܬܐ ܠܩܡܩܘܕ ܡܢ ܠܩܡܩܢܝ. ܘܩܘܡܘ. ܡܠܬܘ ܟܒܪ. ܡܠܬܘ ܘܐܘܩ
ܐܠܐܠ. ܘܐܘܩܒ ܠܐܫܬܐ ܟܣܩܐ ܐܩܡܠ ܐܠܐܠ. ܘܐܡܝ ܠܟܘܡܘܕ ܘܐܬܐܩܘ ܡܟܐ.
ܘܐܩܢܝܘ ܘܐܢܝܘ ܡܢ ܠܟܐ. ܘܐܬܟܘ[3] ܠܟܠܬܐ ܘܐܠܟܡܟܘ ܠܠܩܡܠ ܟܡܒ.
ܘܐܟܠܟܘ. ܠܡ ܡܢ ܘܐܝ ܗ̄ ܕܐܠܘܢ ܠܗܡ ܠܟܝܠܐ. ܘܕܘܡܡ ܘܣܪܩ ܡܠܚ ܟܢܫ.
ܘܕܘܢ ܢܚܫܐ. ܘܕܘܢ ܐܣܦܝܓܐ. ܘܐܣܦܝܓܐ. ܘܡܟܡܢ. ܘܐܠܝ ܐܪܥܐ.
ܕܐܘܢ ܘܠܟܘܡܢ[4] ܬ. ܟܠܟܘܢ ܕ̄ ܡܢܩܐ ܡܟܐ. ܘܡ̄ ܡܢܩܐ ܬܠܐ. ܘܐܟܠ
ܠܟܝܠ ܩܠܐ[5] ܕܐܬܐܟܠ ܐܣܝ ܓܒܕܐ ܕܚܐ. ܘܐܘܟܠ ܟܡܣܢܐ. ܓܒ ܡܢܐܬܩܠ ܐܣܝ

(1) A ܟܡܣܟܐ.
(2) A ܠܟܠܐ.
(3) A ܘܐܬܟܘ.
(4) Ici finit B au bas du recto du feuillet 43 dont le verso est effacé.
(5) Sic, lire ܩܠܐ.

ܐܣܘܢܬܐ. ܘܦܝ ܚܝܢ ܕܪܟܒܗ ܡܢ ܡܩܠܐ ܘܡܫܠܐ ܘܡܬܡܫܝܠܐ ܘܣܠܗ. ܐܡܪ ܕܐܠܟܗܐ
ܢܘܚ. ܘܦܝ ܠܐܟܪܐ ܚܘܡ ܚܟܬܒܐ ܝܚܘܕ ܚܟܘܡ ܣܘܠ ܡܬܠܐ. ܘܐܡܪ ܚܪܡܥܠ
ܘܡܪܚܠ. ܘܐܓܠ ܚܟܣܥܕܘܙܐܠ[1]. ܘܐܓܡ ܐܒܘ ܡܚܠܠ ܡܚܠܠ܆ ܙܠܐܠ ܚܘܙܡܠ. ܘܦܟܠ
ܕܙܠܐܠ ܚܟܙܐ ܕܫܠܐ. ܘܦܚܟ ܐܡܪ ܡܪܡܫܬܐ. ܕܒܐܠܠ ܠܐܒܗ ܘܢܥܒܡ ܡܟܠ. ܘܐܙܡܠ
ܚܚܘܣܪܢܠ ܓܒ ܗܘܐ. ܘܠܝ ܢܟܫܡ ܚܗ ܣܘܙܐ ܐܙܓܠ ܚܟ̄ܗ ܡܟܝܣܡܠ ܢܡܚܬܠܝܬܐ.
ܘܠܝ ܢܟܫܡ ܚܗ ܐܦܙܐ[2]. ܐܙܡܠ ܚܟ̄ܗ ܐܙܚܠ ܡܟܩܠܐ ܙܐܥܟܡ ܡܥܒܐ܆ ܪܘܚܠ ܕܡܘܙܡܠ
ܐܙܡܠ ܚܟܠܙܐ ܕܚܒܝܒܐܠ ܚܚܘܣܪܢܠ. ܘܐܘܡܒ ܚܟܢܗ ܡܢ ܪܦܙ ܟܗ̄ ܡܟܢܝ. ܘܐܙܓܠ
ܚܟܢܗ ܦܟܠ ܕܚܟܠܙܐ ܕܡܚܘܙܪܠ. ܘܙ̄ ܡܟܩܠܐ ܙܐܥܟܡ ܡܥܒܐ. ܘܗܘܐ ܘܡܚܝܒ
ܪܚܝܒ܆ ܪܘܚܠ ܐܘܚܡܠ ܚܟܠܙܐ ܚܘܙܡܠ ܘܦܟܠ ܕܚܡܟܙܐ ܚܟܙܐ ܕܫܠܐ.
ܡܟܥܒܬܐ ܕܡܬܢ ܦܙܐܠܐ. ܘܐܙܡܠ ܠܐܘܚ ܚܚܘܣܪܢܠ ܡܢ ܪܦܙ ܟܗ̄ ܡܟܢܝ. ܓܒ ܠܐܦܡ ܐܡܪ
ܡܟܠܝ. ܘܡܚܒ ܚܟܚܒܝܒܐܠ ܐܡܪ ܕܡܙܡܠ ܪܚܠܐܘ ܪܚܠܐ܆ ܪܘܚܠ ܕܡܘܡܥܡܠ ܕܡܟܡܙܐ
ܠܗܘܚ. ܐ̄ ܡܟܩܠܐ ܡܬܢ ܦܙܐܠܐ. ܘܙ̄ ܡܟܩܠܐ ܙܐܥܟܡ ܒܥܒܐ. ܘܐܙܡܠ ܚܠܠ ܡܥܘܣܬܐ
ܕܐܡܒܠܐ ܐܡܪ ܚܒܐ. ܘܗܘܐ ܡܘܡܥܡܠ ܠܗܘܚܡܠ[3]. ܢܟܘܡ ܕܚܒܝܒܡ ܣܘܡܥܬܐ ܡܒܐܘܢ
ܒܢܡܘܠܬܗܘܡ ܘܡܥܒܓܐ ܗܘ܆ ܚܣܘܡܥܬܐ ܢܟܘܡ ܗܘܐ ܗܘ ܒܢܡܘܠܬܐ ܚܚܒܝܒܐܠ܆
ܐܚܡܢܡ ܕܚܟܒܐ ܚܙܐܘܡܠ ܐܥܚܚܡܠ ܡܥܚܚܠ܆ ܡܒܐ ܐܘܡ ܚܡܠܠ. ܘܐܢܡ ܐܘܢܩܐܠܡ
ܚܠܐܘ. ܘܐܘܡܒ ܚܠܠ ܐܘܚܡܠ ܓܒ ܦܠܡܣ ܚܣܢܗ. ܘܐܙܡܠ ܚܟ̄ܗ ܚܣܒܘܙܐ. ܘܐܙܓܡ
ܚܟܗܘܡ ܠܐܘܚ ܟܦܢ ܠܗܚ. ܓܒ ܦܠܡܣ ܚܣܗܘܡ. ܘܙܚܘ ܚܣܘܙܐ ܦܚܡܠܠ. ܓܒ
ܢܘܚ ܚܘܘܪܚܠ ܗܘܠ. ܐܡܪ ܒܢܡܚܘܐܠ ܕܐܠܣܠܠܗ ܕܡܒܙܐ. ܘܟܐܙ ܦܚܡܠܠ. ܓܒ ܟܟܠܐ
ܒܢܡܚܘܐܠ[4] ܗ̄ ܡܥܒܪܠ. ܘܐܘܡܒ ܠܐܣܘܠ̄ܘ ܙܚܚܐܠܗ ܓܒ ܡܠܝܢ ܚܟ̄ܗ ܡܥܡܒܚܠ.
ܡܟܙܘܦܣܘ ܦܚܒܠܠ ܦܚܒܠܠ ܓܒ ܦܢܘܦܠ ܢܟܗ ܐܚܙܐ ܗܘܐ ܡܥܒܪܠ. ܘܠܐܘܚ ܐܘܦܓܣܘ
ܚܣܘܙܐ. ܕܠܐܡܒ ܦܢܠܐܗ ܘܠܐ ܢܥܒܡ ܚܗ ܦܢܣܬܘܣܬܐ ܕܦܢܚܢܘܡ. ܘܐܘܡܒ ܚܟ̄ܗ
ܡܢ ܠܗܚ. ܓܒ ܗܘܐ ܐܡܪ ܡܐܡܠ ܕܚܠ. ܘܐܚܣܬܗ ܠܐܡ ܡܢ ܕܐܠ̄ܬܗ. ܚܣܘܦܣܬܗ
ܕܡܘܡܠ. ܘܐܓܡ ܘܡܥܣܘܡ ܚܦܠܝ. ܘܢܣܘܠܠ ܚܡܣܘܠܬܐ. ܘܠܐܘܚ ܐܘܦܡ ܚܣܘܙܐ ܓܒ[5]

[1] *Sic*, comparer ܡܟܢܒܚܝܒ, page suivante, l. 9.

[2] *Sic*, sans doute pour ܐܦܙܐ.

[3] *Sic*, peut-être pour ܠܗܘܚܡܠ.

[4] On lit encadrés les mots suivants : ܓܒ ܦܢܘܦܠ ܢܟܗ ܐܚܙܐ ܗܘܐ ܡܥܒܪܠ.

[5] Le mot ܗܘܐ a été omis ici par un copiste.

ܢܚܫܐ ܚܕܐ. ܘܐܦܝܬ. ܘܐܪܡܝܬ ܡܢܗ ܚܕܐ ܐܘ ܬܠܬ ܟܠܦܝܪܐ ܕܠܝܬܪܓܝܐ ܐܪܥܐ ܗܘܐ܀
ܐܣܦܝܕܝܢ ܕܪܢܐ ܚܒܘܪܐ ܢܘܚܪܐ. ܘܟܘܪܐ ܩܘܩܠܝܬܐ. ܣܡܝܡ ܐܘܩܝܡܐܣ
ܩܘܪܘܩܘܣ ܚܕܐ ܐܘ ܬܪܬܝܢ. ܘܫܚܩܝܗ ܩܠ ܠܟܠܠܐ ܕܡܥܪܝܢ ܩܠ ܐܠܐܘܬܐ. ܘܣܡܝܗ
ܒܢܘܪܐ ܠܐܝܟܐ ܐܝܟ ܕܐܒܕܝܢ ܠܘܬ ܡܢ ܟܠܠܐ. ܟܕ ܢܦܩܝܢ ܐܝܟ ܟܘܟܒܐ ܕܙܘܗܪܐ. ܘܟܕ
ܢܦܩܝܢ. ܗܒ ܡܠܚܐ ܕܫܬܐ ܘܐܪܡܝܬ ܠܟܘܠܗ. ܘܟܕ ܢܚܬ ܐܢܘܢ. ܘ ܢܦܩܘܢ ܐܦܩ.
ܠܘܬ ܐܪܥܐ ܠܟܠ ܚܕ ܡܠܚܐ ܐܣܝܐ ܬܟܠܐ. ܘܟܕ ܠܐܣܝܘܢ ܐܝܟ ܓܒܝܠܐ ܘܐܘܫܛ ܠܗ
ܦܟܝܐ ܕܡܠܚܐ ܐܣܝܐ. ܟܕ ܗܘܐ ܐܝܟ ܡܠܚܠܚܝܢ[1]. ܘܐܫܩܝܘܗܝ ܠܠܠ ܩܘܠܐ ܦܘܪܐ܀
ܘܗܟ ܦܟܝܐ ܕܟܠܦܝܪܐ ܩܘܪܝܐ. ܘܐܪܡܝܬ ܠܟܘܣܝܬܐ. ܟܕ ܠܐܬܐ ܐܬܝ ܘܦܟܝܗ ܬܟܠܐ.
ܘܢܣܒ ܟܘܪܐ. ܘܕܟܝ ܠܟܘܪܐ. ܘܫܚܘܩ ܡܢ ܐܝܟ ܟܪܟܐ. ܟܕ ܡܐܢܬܡܝܣ[2] ܘܐܘܩܕ
ܠܗ ܠܒܘܪ ܡܢ ܪܟܝܐ ܟܘܪܐ. ܟܕ ܢܬܐ ܠܐܦܘܬܐ. ܘܐܫܩܝܘܗܝ ܘܬܠܠ ܡܢ ܩܠܦܐ
ܫܒܩܝܗܝ܀ ܘܗܟ ܡܢ ܠܘܓܝܬܐ ܣܘܪܝܬܐ ܐܦܝܬܐ ܠܟܠܦܪܐ. ܘܡܢ ܗܕܐ ܐܢܫ ܐܘܝ.
ܘܐܪܡܝܬ ܠܟܘܣܝܬܐ. ܘܐܪܡܝ ܬ ܐܘ ܡܢ ܐܣܦܝܕܝܢ ܡܠܒܠܒ ܡܬܩܘܠܐ. ܘܗܘܐ
ܢܘܚܬܐ ܡܥܣܪܐ܀ ܘܐܢ ܠܐܪܡܝ ܡܢ ܡܠܚ ܕܐܒܕܝܢ ܠܘܬ ܗܘ ܟܕ ܗܘ ܒܐܬܪܗ. ܠܠ ܗܘ
ܟܕ ܗܘ ܒܐܬܪܗ ܡܘܪܬܐ. ܗܘܠ ܦܘܛܠܡܝܬܐ ܕܡܨܪܝܐ. ܘܟܠܗ ܙܟܘ܀ ܗܟ ܡܢܝܬܐ
ܩܠܠ. ܘܡܢܝܬܐ ܡܟܒܠܐ. ܘܬܪܐ ܩܘܡܐ ܠ ܡܘܡܪ. ܟܕ ܡܩܫܛܦܝܢ. ܘܐܫܩܝܘܗܝ
ܘܐܠܦܝ. ܘܐܘܫܛ ܠܗ ܡܢܝܬܐ. ܩܠܡܐ ܐܝܟ ܐܝܟܐ ܕܐܝܟ ܢܩܠܝܪܐ. ܘܐܘܟ ܬܩܠܐ.
ܠ ܐܩܘܡܐ ܚܡ ܚܡܫܐܘܗܝ. ܘܐܦܩ. ܘܐܪܡܝܬ ܠܩܘܦܣܘܣܐ ܠܟܘܪܐ ܕܥܦܪܐ. ܘܬܪܝܢ
ܘܗܒܝܢ ܒܢܒܝܒܝܗ ܕܟܘܪ ܠܠܘܓܝܐ. ܩܘܡܐ ܚܕ ܩܦܪ. ܐܝܟ ܡܢܐ ܣܘܪܐ. ܘܐܚܡ ܠܟܠܡܘܢ
ܟܟܘܪܐ ܘܡܟܒ ܠܗ ܡܢ ܗܟܡ ܡܢܐ ܬ ܠ ܐܦܝܬܐ ܟܕ ܚܡܫ. ܟܕܡ ܩܒܠܬ
ܒܣܠܬ ܠܟܬܪ ܕܡ ܐܪܒܥ ܟܒܝܠܬ ܘܡܫܩܝ ܟܠܡܠܟ ܟܠܠܐ ܘܐܠܒܝܫ ܐܝܟ ܕܟܕܢܐ
ܙܠܐ܀ ܟܕܡ ܙܟܐ ܠܟܘܠܗ ܟܒܠܐ. ܘܟܦܝܪܬܐ ܐܦܝܬܐ ܠܟܘܫܒܘܢܐ܀ ܐܪܡ ܕܣܝܠܐ ܟܘܪ
ܠܟܠ ܘ ܐܘܬܠ. ܠܟܠ ܡܠܘܦܩܫܠ. ܚܕ ܠܠܠ ܡܢ ܚܕ. ܬܘܡܝܬܐ. ܠܐܣܬܐܠ ܟܟܘܡܠ
ܟܘܪܐ. ܘܡܟܪܟܐ. ܢܣܒܬ ܡܢ ܐܦܝ ܬܠܬܐ ܡܟܪܟܐ ܦܘܣܩܘܣܩܣܩܠ. ܡܢ ܟܪܟܐ
ܘܟܠܗ ܟܡܟܪܬܐ. ܟܣܒܝܢ ܟܘ ܢܘܪܐ ܟܡܟܬܝܬܐ ܠܟܘܪܝܬܐ[3] ܓܡܣܡܘ ܘܡܓܡܣܘ

(1) Mot corrompu, peut-être doit-on lire ܡܟܠܟܠܐ ou ܠܡܟܐ.

(2) *Sic*, comp. p. 99, l. 3.

(3) *Sic*, lire ܠܟܘܪܝܬܐ.

ܠܡܕܝܢܬܐ. ܘܟܠ ܡܕܝܢܐ ܥܠܝܗܐ ܣܘܪ ܡܢ ܟܠ ܓܘܐܢܒܗܐ ܘܠܟܠ ܡܕܝܢܬܐ ܬܠܬ
ܟܒܪܐ. ܘܠܗܐ ܦܬܚܬܐ. ܘܟܠܗܐ ܡܢܝܪܐ ܐܘܠܐ. ܘܐܠܡܕܢ ܟܠܗܡ ܢܘܪ. ܘܟܠܡܐ
ܢܘܪ ܟܒܝܪܐ[1] ܘܠܐ ܝܙܝܕ ܟܕܐ. ܘܠܐܢ ܐܫܡܣ ܠܐܬܟܘܢ ܦܝܗܐ ܐܠܐ ܟܘܢ ܢܟܟܠܐ
ܕܢܘܪܗܐ ܕܠܟܘܟܒܐ. ܘܢܘܪܗܡ ܝܐܬܝ ܡܢ ܐܠܬܘܢܐ ܦܝܗ ܟܠܐܢ ܡܢ ܩܒܠܗܐ. ܘܗܘܝ
ܠܟܘܟܒܐ ܕܟܠ ܙܘܐܝܗܐ؛ ܘܠܟܘܟܒܐ ܕܐܠܒܪܐ ܕܟܠܙ ܐܠܗ̄ ܗܝ. ܐܘܠܗܐ ܕܣܡܥܬܐ
ܘܐܟܠܬܗ ܘܕܪܝܟ ܢܘܐܪ ܐܠܗ. ܟܘ ܟܠܘܐܪ ܗܝ ܐܟܒܪ ܕܣܡܥܬܐ ܘܟܠܒ ܕܕܩܝܩ
ܟܘܡ. ܐܢܟܠ ܐܘܠܐ. ܠܐܢ ܦܟܪܗܐ ܠܟܘܟܒܐ ܚܝ ܟܠܐܡ ܚܝ. ܘܠܟܠܗܐ ܢܘܪ ܟܢܘܪ
ܘܢܘܪ ܢܟܡܣ. ܘܦܠܝܚ ܙܡܠ ܟܡܝܟܬܐ ܕܙܝܢܗ ܟܝܟܡܣ ܟܗ ܢܘܪ ܟܡܫܐ ܠܐܘܠܐ
ܡܘܠܐ ܟܢܦܟܠ ܗܘܬܐ. ܘܟܟܠ ܦܠܝܚ ܙܡܠ ܐܟܘܪ ܢܟܠ ܟܟܠܐ ܗ̄ ܠܝܢܐ. ܘܢܗܐ
ܢܡܝܕ ܡܢ ܠܟܘܟܒܗ؛ ܐܡܐ ܕܟܒܪܐ ܕܝܪܬܐ. ܡܢ ܟܟܠ ܢܟܠ ܢܝܐ ܦܟܪܐ ܐܟܘܙܐ
ܦܝܬܬܐ. ܐܡܐ ܕܟܘܡܠ ܕܟܒܝܪܐ ܘܗܟܝ ܟܐܘܠܐ ܙܟܠ ܟܟܠ. ܘܢܝܐ ܐܠܗ ܟܗ
ܐܟܠ ܕܦܬܪܐ ܕܝܘܡ ܗܘ ܘܟܘܡܬܐ. ܟܗ ܡܢ ܟܗ ܟܐܘܠܐ ܙܟܠ. ܟܗ ܡܢ ܟܗ ܟܢܘܠܐ
ܕܢܟܠܐ. ܘܢܝܐ ܟܗ ܠܐܟܠ ܟܡܥܠܗ ܠܐܩܠ ܟܕܙ. ܢܟܠ ܡܟܢܙ ܦܘܡܠ ܟܡܟܕܝܡ
ܠܟܘܟܒܐ. ܘܢܝܐ ܟܝܟܗ ܐܘܠܐ ܐܣܬܐ ܙܝܦ ܐܙܟܠ ܟܡܙܡܝܢܐ. ܐܡܐ ܕܟܡܟܠܠ
ܕܟܘܙܡܠ ܘܪܝܠܐ. ܐܡܐ ܕܦܝܡܪ ܐܡܝܕ ܟܡܝܢܘܡܬܐ ܕܟܒܝܪܐ. ܘܗܘܢ ܠܐܘܡܪ ܟܘܙ
ܣܒܥܗܐ ܟܡ ܗܝ[2] ܐܣܡܐܝܗܐ. ܘܗܡ ܐܡܝ ܠܡܫܬܪܝ ܟܟܘܬܐ؛ ܠܠܝܩܐ ܢܡܙܡܠܐ. ܐ̄
ܙܚܠ. ܟܠܫܘ[3]. ܒ̄ ܡܫܬܪܝ ܢܫܒܝܐ. ܓ̄ ܡܪܝܟ. ܘܡܝ ܥܣܒܙܐ. ܘܕ̄ ܫܡܫ. ܘܡܝ
ܕܫܡܫ. ܐ̄[4] ܘܟܒ ܢܝܪܐ ܟܠܟܘܝ ܟܠܫܝܢܐ[5]. ܐܠܩܡܪ. ܘܐ̄ ܕܠܐ ܘܟܝܪ؛ ܘܟܠ ܡܢ
ܟܘܟܒ. ܟܘܙܡܠ ܡܢ ܡܟܠ. ܢܡܠܝܙ ܡܢ ܡܘܣܕܐ. ܙܚܠ ܡܢ ܟܠܩܘ. ܘܟܠܙܘܪ ܡܢ
ܕܡܟܗ ܠܘܟ ܗܘܐ. ܐܡܝ ܡܢ ܟܠܦܗ ܦܘܡܕܡܟܠܐ. ܠܐܬܠܝ ܟܠܩܘ ܦܣܝ[6]. ܡܢ
ܟܘܠܠܟܡܘ. ܠܐܬܠܝ ܟܠܩܘ ܦܘܙܠܝܗ ܐ̈ܠܡܟܠܐ ܡܩܝܣ؛ ܙܘܟܬ ܐܠܟܠܙܘܕ. ܟܡܡܡܝ
ܟܠܘ ܡܟܢܙ. ܘܟܠܘ ܟܠܦܘܙ؛ ܟܠܙ ܐܠܟܡܘܘܡܘ. ܡ̄ ܟܠܙܘܕ. ܘܕܙܘܡܪ ܘܡܪܟ ܟܟܢܙܐ.
ܘܕܙܘܡܝ ܘܡܪܟ ܦܣܪ. ܘܟܡܢܝ ܐܠܟܠܗܠܐ ܟܠܐܙ ܘܐܡܝ ܟܘܐ؛ ܟܠܐܙ ܐܠܟܠܗܠܐ. ܡ̄

(1) *Sic*, peut-être pour ܟܒܝܪܐ.

(2) *Sic*, pour ܗܝ.

(3) Ce mot paraît être l'arabe الشاب répondant au syriaque ܙܗܠܐ.

(4) *Sic*, il doit y avoir un mot omis ici.

(5) *Sic*, lire sans doute ܟܠܫܝܢܐ.

(6) Comparer le persan شُك et l'arabe شَكّ.

ܒܠܙܘܪ. ܘܙܐܪ ܡܬܩܠܐ. ܘܙܐܪ ܩܝܛܐ. ܘܚܪܝܦ ܠܐܚܡ[1]܀ ܒܠܙ ܐܠܩܪܐܡܝܣ. ܘܡܠܙ ܐܠܩܠܝܡܐ. ܓ̄ ܒܠܙܘܪ. ܘܟ̄ ܩܝܛܐ. ܘܟ̄ ܡܬܩܠܐ. ܘܚܪܝܦ ܡܢܗܘܢ ܐܠܒܡܩܡܩܘ܀ ܒܠܙ ܐܠܢܥܐܒ[2]. ܡ̄ܐ ܒܠܙܘܪ. ܘܝ̄ ܐܠܐܪܙ ܩܝܛܐ. ܘܝ̄ ܐܠܐܪܙ ܡܬܩܠܐ܀ ܒܠܙ ܐܠܩܐܙ. ܓ̄ ܒܠܙܘܪ. ܘܝ̄ ܩܝܛܐ. ܘܙܐܪ ܘܚܪܦ ܡܬܩܠܐ܀ ܒܠܙ ܠܗ ܐܠܩܡܚ. ܓ̄ ܒܠܙܘܪ. ܘܚܪܦ ܠܗ ܩܝܛܐ. ܘܝ̄ ܐܠܕܐ ܡܬܩܠܐ܀ ܘܡܙܘܢ ܐܠܢܚܬ ܐܠܩܙܝܢܬ. ܒܠܗܐܢܪ. ܡܢ. ܢܡ ܐܠܒܪܩܘܙ. ܐܝܠܐܙ. ܡܠܢ[3]. ܘܐܠܐܕܐ ܠܠܟܡܙܐܡܘ܀ ܓ̄ ܡܬܩܠ. ܐܡܘܝ. ܘܟ̄ ܐܠܗܕܐ[4]. ܐܘ ܕܢܡܚܡ. ܘܢܕܐ ܙܐܡܚܬ. ܐܘ ܕܢܡܚܡ. ܘܟ̄ ܒܠܘܢ. ܘ[5] ܢܥܠܙܪ. ܡܕܥܠܬ ܐܡܘܝ ܘܒܠܘܢ ܐܢܒܬ. ܘܡܢ ܐܙܘܠ ܠܐܣܬܝܢܬܐ ܠܐܣܬܢܣܬܐ (*sic*). ܘܡܢ ܙܐܦ ܢܩܢ ܒܗܘܡܠܐ. ܡܥܘܟܢܘܢ ܒܟܡܣܠ ܐܙܚܢܠܐ. ܘܕܢܚ ܩ̄ܦ ܢܟܗܢ. ܘܐܙܘܠ ܟ̄ ܢܥܠܙܪ. ܘܩ̄ ܙܐܡܚܬ. ܘܩ̄ ܡܢ ܣܟܒܐ ܡܡܠܠ ܕܦܢܡ ܙܡܒܪ܀ ܘܣܟܒܢܐ ܡܢ ܢܟܒܢܡ ܢܟܐܡܒܪ ܒܡ ܢܥܠܙܪ. ܡܥܢ܀ ܐܠܢܚܠ[6]. ܦܢܡܠܠ ܗܠܐܡܠ. ܘܩ̄ ܡܚܢܘ. ܘܟ̄ ܡܟܠ ܟܒܠܠ. ܘܐܠܒܢܡ ܟܗܠܐܡܠ ܘܡܟܠܠܝ. ܐܠܐ ܐܣܡ ܟܡܥܢܬܐܠ. ܘܢܝܘܪ ܟܢܘܡ ܡܢ̈ ܢܥܠܙܪ. ܠܠ ܐܠܙ ܠܟܒܙܘ. ܘܡܢ ܐܢܒܬ ܐܠܢܐܠܡ[7]. ܦܩܡܠ ܩܩܡܠ. ܘܐܡܪ ܠܗܦ ܒܡ ܗܘܐ܀ ܟܡ̄ (*sic*) ܡܬܩܠ ܐܡܘܝ. ܫ̄ ܡܬܩܠ ܒܠܠ. ܘܐܠܟܡܚ ܚܪܒܢܬ (*sic*)܀ ܐܡܘܝ. ܘܢܥܠ ܡܢܒܐ ܘܘܬܐܠ ܕܗܠܐܡܠ ܘܡܘܩܠ ܕܩܐܠܐ. ܗܢܡ ܒܚܘܕܡܠ. ܘܐܡܚܘ ܐܡܪ ܢܒܟܐ. ܘܢܘܙܐ ܗܘ ܗܡܘܐ܀ ܘܡܬܩܠܬܐ ܐܡܪ ܪܚܒܠ. ܘܡܟܢܠ ܡܢܟܐ. ܘܡܣܒܢܐ ܟ̄ ܡܬܩܠ. ܘܗܘܡܢ ܒܐܡܘܝ ܡܒܡ̄ ܒܡ ܦܘܕܗ܀ ܘܐܙܘܡܠ ܐܝ ܪܚܠ (*sic*)܀

NOTES ADDITIONNELLES DE A.

Sur le recto de la première page, avant le texte syriaque qui commence au verso :

ܒܘܩܢܘ. ܘܡܚܘ...ܘ ܕܢ ܐܠܟܐܠܚܡ. ܘܡܢܚܠ ܕܗܐܡܠ[8]. ܘܐܠ... ܢܒܚܒܠ ܕܟܠܘܠܟܐ. ܗܘܟܡ ܩܢ..ܒܡ...ܒܡܠ ܒܢܘܙܐ ܙܘܡܬܐ[ܐ] ..... [ܕ]ܐܘܚܠ ܐܪܗܝܒܢ

(1) *Sic*, lire ܒܠܚܡ = ناعِم.

(2) Lire ܐܠܢܩܐܒ = النُّقاب.

(3) Un nombre effacé, peut-être ܡ̄ܢ.

(4) Mot effacé et douteux.

(5) Nombre effacé, peut-être ܩ̄.

(6) *Sic*, lire الجَام.

(7) Lire الحَام.

(8) *Sic*, lire ܕܗܐܒܠ.

ܘܐܟܪܐܡ (?) ܘܐܟܘܢܘܐ (?) ܐܠܐܪܟܢ ܗܘܘ ܡܠܐ ܐܠܣܒܥ.. ܘܐܠܡܣܝܚܝܗ ܐܠܟܠ
ܦܨܝܚܘܐ (?) ܠܐܟܗ ܗܘܐ. ܘܦܨܝܚܘܐ ܚܣܢ ܟܗ (*sic*) ܠܐܟܪܡ. ܘܦܨܝܚܘܐ (?) ܡܩܠܗ
ܪܚܡܗ ܣܝܡܝܡ ܘܗܘܐ ܘܟܕ. ܘܦܨܝܚܘܐ (?) ܡܥܕܢ ܢܥܡܬܗ (*sic*) ܐܢܗܐ ܗܣܘܐ ܚܣܢ
ܠܟܠܗ ܘܗܘ ܠܟܘܢܘܐ ܀ ܐܠܟܠ[1] ܢܘܟܠ ܐܪܒܥ ܘܐܟܪܢ ܡܢܐܐ ܟܗ ܡܢ ܡܟܐܢ ܐܠܟܪܙܗ
ܘܗܘ ܘܟܐܠܩܗ ܀ ܐܠܡܟܝܫܝܗ ܗܘ ܐܠܟܐܢ ܐܠܐܟܪ ܀ ܐܠܡܟܝܫ ܐܠܟܐܢ ܐܠܐܟܪܙ ܀
ܐܠܡܟܝܫܝܐܬ ܗܘ ܐܠܟܐܢ ܐܠܐܪܒܥ ܀ ܐܠܦܨܘܠ ܗܘ ܐܠܟܐܢ ܐܠܐܣܥܕ ܀

A la marge, à la fin du manuscrit syriaque, feuillet 55 v° (écriture moderne et mauvaise), bas de la page :

ܡܢ ܐܠܗ ܐܘܟܠܐ ܐܘܟܝܗ ܘܐܣܟܗ. ܐܘ ܐܘܠܐ. ܐܘ ܐܟܪ: ܘܗܢ ܟܠܐܡܗ ܟܬܒ ܡܟܝܒ
ܐܠܟܬܐܒ ܟܠ ܡܟܘܢ ܟܟܐܬܒܐ ܐܟܪ ܡܟܬܘܒܐ ܒܟܪܐ ܡܩܠܗ(?)ܐܠܟܘܬܒ ܐܠܟܬܐܒ
ܘܟܬܒܗ ܟܟܗ ܘܣܡܘܢ ܐܠܟܬܐܒ. ܦܣܡܝܗ ܡܢ ܐܪܟ ܡܢ ܐܠܐܘܠܐ: ܘܐܟܠܐ ܦܟܚܘ
ܐܠܟܐܢ : ܘܐܟܠ ܡܢ ܐܠܟܬܒܗ ܘܡܥܠ ܡܩܠܗ. — ܐܟܗ ܐܠܟܬܒ (?) ܐܠܡܟܬܒ
ܢܘܟܒ ܘܡܣܢܗ ܢܐܟܡ ܘܝܟܬܒ ܘܡܢܗ ..... ܗܢ .....

Marge du haut du feuillet 56 r° :

ܡܢ ܐܠܟܐܢ ܐܟܒ ܡܩܠܗ ܗܢ ܐܠܐܟܪ ܟܬܒ ܠܐܘܗ ܐܠܟܬܐܒ ܘܟܬܒܘ ܡܩܠܗ ܘܗܘ
ܐܠܡܟܬܒ ܐܠܟܠܐܡ.

Marge du bord :

ܗܢ ܗܘܐ ܠܐܟܪ ܘܗܘ ܐܠܟܬܒܗ ܘܗܘ ܐܠܟܐܢ ܘܐܟܠ ܐܟܬܠ ܣܐܪܗ.

Marge du feuillet 56 v°, côté :

ܢܘܟܒ ܪܐܣ ܐܠܟܬܒܝ ܘܟܬ ܡܢ ܟܬܒܗ (?) ܡܢ ܐܘܐܪܗ ܦܐܟܒ ܘܡܟܬ ܟܬܒܘܐܠܐ
ܐܘܐܪܗ ܟܠ ܘܡܩܠܗ ܟܟܬܒܗ ܣܝܡ ܦܘܐܠܐܠܐ ܣܟܐ ܡܟܬ ܘܐܪܗ ܘܗܘ ܢܐܟܡ
ܦܟܬܒ ܗܘ ܐܠܟܬܒܝ .....

En haut :

عمل ورق ذهب (?) للنتس

[1] Écrit en lettres hébraïques grossières.

Autre marge, en bas :

ܗܘܕ ܡܚܨܪܗ ܛܪܐܒ ܐܠܦܫܐܝ ܐܝ ܡܠ ܟܠܝ ܘܡܫܡܣ ܒܐܟܡ ܘܡܣܚܘܩ ܟܐ
ܡܣܐܠܐ ♃ (*sic*) ܘܡܫܡܣ ܘܡܣܚܘܩ ܣܚܩܐ ܢܥܡܐ ..... ܘܐܠܣܚܩ ܦܝܟܘܢ
ܐܠܕܗܒ ܦܝ ....

Sur le côté :

ܐܪܩܝ (?) ܐܠܦܚܝܐ ܐܠܦܡܕܐ ܡܫܐܝ.

Marge supérieure du feuillet 57 :

عمل ماء ذهب للكتابة

Sur le côté :

ܗܘܒ ܕܗܒ ܘܐܙܝܪ[1] ܘܬܦܪܗ ܘܡܥܦܨ ܟܒܐ ܘܡܫܝ ܛܫܘܐܐ ܘܬܦܨ ܐܠܡ ܬܘܢ ܦܝ
ܟܘܐ ܡܙܢܟ ܐܠܠܐܙ ܘܬܦܝ ܦܘܩ ܐܠܟܠ[2] ܐܠܡ ܬܦܝ ܐܠܛܚܝܢ ܘܣܪܩ ܦܝ ܡܣܩܐ
ܣܘܐܘ ܘܡܟܪܙ ܘܡܟܪ ܣܚܩ ܡܥܘܡ ܐܠܟܠ ܡܟܠܡ ܐܠܕܗܒ ܟܠܐܙ ܡܟܚܘܡ ܦܢܙܟ ܡܠ
ܐܠܡܩܨܝ ܘܣܚܩ

Autre marge de côté :

ܗܘܒ ܟܬܟܠܝ ܐܠܦܡܐܙ ܟܐܠܨ ܦܝܟܢ[3] ܘܐܠܕܗܒ ܘܡܫܡܣ (?) ܐܣܠ[4] ܘܐܘܠܐ[5]

....

(1) *Sic*, comparer تارنك.

(2) Renvoi en bas de la page : ܐܠܦܡܒ ܐܝܐ ܐܠܝ (*sic*) ܦܘܟܡܙܐ ܐܠܟܠ ܐܠܐܡܚܡ ܦܝܟܘܢ ܐܠܕܗܒ ܘܟܐܙ ܐܠܡ ܡܪܐܬ.

(3) *Sic*, pour (?) خلاص فيُحَلّ.

(4) A la marge : عل تيل.

(5) Suivent trois lignes en partie illisibles et inintelligibles.

TRAITÉ
D'ALCHIMIE SYRIAQUE ET ARABE.

I. TRADUCTION DU TEXTE SYRIAQUE.

[PRÉLIMINAIRES.]

[I. AVIS.]

AU NOM DU SEIGNEUR TOUT-PUISSANT!

Il faut que tu saches quelle est l'espèce qui blanchit; quelle est celle qui rougit; celle qui noircit; celle qui bleuit; celle qui brûle; celle qui sépare; celle qui rassemble. Lorsque tu sauras cela, garde-toi des accidents suivants, lesquels t'empêcheraient de réussir. Sois pur (du contact) d'une femme ou d'un mort, et de toute hallucination et pollution nocturne. Si tu travailles lorsqu'une de ces choses te sera arrivée, ton œuvre ne réussira pas. Mais purifie-toi de tout défaut spirituel et corporel [1], et fais vœu de bonne volonté. Alors tu peux t'approcher pour dissoudre les corps et changer les natures célestes. Connais [2] l'agent qui nettoie par sa projection; celui qui attendrit et celui qui durcit; celui qui n'agit qu'à la surface et celui qui pénètre dans la profondeur; celui qui attire en haut et celui qui attire en bas; celui qui résiste (au feu) et celui qui rend (les corps) résistants. Le sel nettoie à l'intérieur et à l'extérieur. (Il y a des corps qui) blanchissent à l'extérieur et qui blanchissent à l'intérieur; qui attirent à l'extérieur et qui

[1] Cf. *Les mœurs du Philosophe, Coll. des Alch. grecs*, trad., p. 36. — Zosime, p. 235.

[2] *Coll. des Alch. grecs*, trad., Démocrite, p. 50 et 51. Tout ce qui suit dans le syriaque est traduit ou imité de ce passage de l'auteur grec.

IMPRIMERIE NATIONALE.

attirent à l'intérieur. Si l'on se sert de ces choses, on doit les soumettre en tout aux démonstrations naturelles. Une goutte de pourpre peut gâter beaucoup de choses; et un peu de soufre [θεῖον] détruit de nombreuses plantes[1]. Une seule chose s'empare de toute nature, produit la couleur rouge et la couleur blanche[2]. On ne la rencontre nulle part, et cependant elle (est si vulgaire qu'elle) se trouve dans le fumier[3].

Gloire au Dispensateur de toutes choses!

II. INDICATIONS DES SIGNES
(QUI DÉSIGNENT) LES MATIÈRES DANS LES TRAITÉS (SUIVANTS).

[En tête des manuscrits alchimiques syriaques, de même qu'en tête des manuscrits alchimiques grecs, on trouve la liste des principaux mots techniques employés dans le cours de l'ouvrage, avec les signes et notations qui les représentent. Cette liste renferme les mêmes mots que celle des manuscrits grecs; les signes syriaques répondent également aux signes grecs, et même il est ordinairement facile d'apercevoir la dérivation directe de leurs formes. Mais l'ordre en est différent, plusieurs listes distinctes paraissant avoir été mêlées dans le texte syriaque, comme il est arrivé d'ailleurs dans le manuscrit grec 2327. (Voir la discussion de ce point, *Introd. à la Chimie des anciens*, etc., p. 96.) Ajoutons enfin cette circonstance très importante, que les signes syriaques répondent de préférence à ceux de la plus vieille liste grecque, celle du manuscrit de Saint-Marc.

La collation méthodique des signes alchimiques syriaques avec les signes grecs est indispensable pour établir l'intelligence exacte du texte syriaque et sa correspondance avec les textes alchimiques grecs. C'est pourquoi, afin de manifester cette correspondance des noms et des signes, nous allons inscrire en note, pour chacun d'eux, les passages parallèles de la *Collection des Alchimistes grecs* et surtout ceux de l'*Introduction à la Chimie des anciens*, où nous avons donné la photogravure de toutes les listes de signes des manuscrits grecs. Les comparaisons seront ainsi facilitées. Les signes grecs sont souvent reproduits en syriaque dans la direction horizontale, au lieu d'être verticaux, et plus généralement ce sont les mêmes signes, avec une conversion d'un quart de circonférence.]

(1) Ce passage est traduit de Démocrite (l'alchimiste), avec un contresens. Cet auteur dit (*Coll. des Alch. grecs*, trad., p. 51) : « Une goutte d'huile suffit à faire disparaître une grande quantité de pourpre et un peu de soufre peut brûler beaucoup d'espèces ». (Voir aussi, *Même collection*, p. 157, n° 4.) — Le mot *plantes* doit être entendu dans un sens symbolique, comme applicable à certains minéraux. (*Introd. à la Chimie des anciens*, p. 286.)

(2) C'est-à-dire qu'une même teinture change les métaux en or (couleur jaune ou rouge) et en argent (couleur blanche). C'était là une doctrine courante chez les alchimistes. (Voir aussi *Coll. des Alch. grecs*, trad., p. 37, note 4; p. 53; p. 136, n° 20; p. 157; p. 168; p. 247, etc.)

(3) Ces antithèses sont fréquentes chez les alchimistes. (*Coll. des Alch. grecs*, trad., Zosime, p. 122, l. 11; p. 130; p. 37, n° 3 et note 6.) — Le mot *fumier* lui-même semble une allusion à l'emploi de la chaleur douce de cette matière pour chauffer les bains-marie et appareils. (Voir *Coll. des Alch. grecs*, p. 22, 143, 424, et *passim*.)

 [χελι]δόνιον, chélidoine[1].

 huile de raifort[2].

 le ciel[3].

 électrum (ἤλεκτρον)[4].

 le vinaigre[5].

 la terre[6].

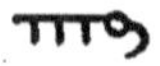 limaille d'argent[7].

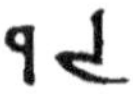 le sel[8].

 le jour[9].

 magnésie (μαγνησία), c'est-à-dire litharge(?), cadmie[10].

 talc[11].

 la nuit[12].

 arsenic[13].

 couleur rouge, sanguine, rubrique: *siricon* (σίρικον)[14].

 les étoiles.

 la chaux (ἄσϐεσῖος)[15].

[1] Ce mot a pour synonyme ἐλύδριον. (Voir plus loin, p. 6.) Les signes grec et syriaque sont dissemblables; le dernier rappelle toutefois le signe de l'or.

[2] *Introd. à la Chimie des anciens*, p. 108, l. 2, et p. 112, l. 20. Signe différent.

[3] *Ibid.*, p. 116, l. 1; p. 118, l. 10. C'est le même signe, en syriaque et en grec, dessiné un peu autrement.

[4] *Ibid.*, p. 104, l. 5; p. 116, l. 12. Le signe complexe de l'électrum, signe de l'or et de l'argent réunis (χρυσήλεκτρον), est déjà dénaturé dans la seconde transcription grecque; on peut y rattacher le dessin syriaque.

[5] *Ibid.*, p. 110, l. 2; p. 114, l. 9 et 25. Le signe syriaque est différent.

[6] *Ibid.*, p. 110, l. 12; p. 118, l. 10. Signe identique.

[7] *Ibid.*, p. 104, l. 10. Le signe syriaque est formé, comme le signe grec, par l'association du signe de l'argent (un peu altéré) et du signe générique de la limaille, placé à gauche en syriaque.

[8] *Ibid.*, p. 108, l. 15; p. 112, l. 22; p. 116, l. 22; p. 120, l. 18. Ces deux derniers signes grecs ont quelque analogie avec le signe syriaque. Tous semblent représenter une abréviation du nom du sel.

[9] *Ibid.*, p. 108, l. 8; p. 112, l. 27. Le signe est le même en grec et en syriaque; mais il est au singulier, c'est-à-dire unique, en syriaque; tandis qu'il est répété, c'est-à-dire au pluriel, en grec.

[10] *Introd.*, p. 108, l. 13; p. 112, l. 22. Le signe syriaque est l'initiale du mot grec, soit M couché.

[11] Le signe grec de la comaris. *Introd.*, p. 110, l. 11), n'a pas d'analogie avec le signe syriaque; à moins que l'on ne voie dans ce dernier le signe de l'argent, pareil à sa figuration donnée plus haut pour l'électrum. Le signe de la comaris (talc ou sélénite, pierre de lune) dérive en effet de celui de la lune, c'est-à-dire de l'argent.

[12] *Introd.*, p. 108, l. 9; p. 112, l. 27. Ce signe est celui du jour renversé, de même qu'en grec. Il est unique (singulier) en syriaque, au lieu d'être redoublé (pluriel) comme en grec.

[13] *Ibid.*, p. 108, l. 16; p. 114, l. 7; p. 116, l. 17. De même, p. 120, l. 21. Les deux derniers signes grecs, en forme de spirale, sont évidemment l'origine du signe syriaque.

[14] *Ibid.*, p. 108, l. 17; p. 114, l. 20; p. 116, l. 6; p. 118, l. 12 et 20. Aucun de ces signes grecs, sauf peut-être celui de la page 116, ne ressemble au signe syriaque.

[15] *Ibid.*, p. 108, l. 25; p. 112, l. 24; p. 114, l. 7. Peu de ressemblance, sauf la double boucle des deux premiers signes grecs.

 pierre de Samos (Σάμιος λίθος).

 chrysocolle (χρυσόκολλα)[1].

 limaille de cuivre[2].

 chalcite, minerai de cuivre pyriteux (χαλκῖτις)[3].

 ocre (ὤχρα)[4].

 le verre[5].

 alun lamelleux[6].

 laccha ou orcanette (λαχάς, écrit : λιχα)[7].

 ἄγχουσα[8], c'est-à-dire, orcanette; guimauve; mauve.

 colle, soudure.

 étain (κασσίτερος)[9].

 cuivre (χαλκός) blanc, laiton ou cuivre brûlé (?)[10].

 sel[11].

(1) *Introd.*, p. 104, l. 6; p. 112, l. 6. Le signe syriaque dérive du signe grec, rendu plus cursif.

(2) *Ibid.*, p. 104, l. 16; p. 112, l. 10. Le signe syriaque résulte de la jonction du signe du cuivre avec celui de la limaille, précisément comme en grec; les deux signes élémentaires étant d'ailleurs analogues dans les deux langues. On a déjà signalé cette jonction plus haut, à l'occasion de la limaille d'argent.

(3) *Ibid.*, p. 108, l. 2; p. 112, l. 25. Les signes sont dissemblables.

(4) *Ibid.*, p. 108, l. 15; p. 114, l. 19. Le signe syriaque semble une imitation graphique du signe grec, qui est une simple abréviation littérale.

(5) *Ibid.*, p. 108, l. 29; p. 114, l. 24. Le signe syriaque dérive immédiatement du signe grec.

(6) *Ibid.*, p. 108, l. 6; p. 112, l. 21. Signe identique.

(7) *Ibid.*, p. 108, l. 22; p. 114, l. 22. Le signe syriaque paraît être une imitation imparfaite du premier signe grec.

(8) *Ibid.*, p. 108, l. 18; p. 114, l. 20. Le signe syriaque est le même que le signe grec (le premier surtout), mais plus allongé.

(9) *Introd.*, p. 104, l. 7; p. 112, l. 12 et 15; p. 120, l. 5. Le signe syriaque ici figuré répond au signe ancien de l'étain, signe d'Hermès, lequel est couché, au lieu d'être vertical. — Quant au signe de Jupiter affecté plus tard à l'étain (*Introduction à la Chimie des anciens*, etc., p. 94), on trouve un peu plus loin un second signe syriaque de l'étain correspondant, dans la suite de la liste présente. Cette liste représente donc les mêmes phases historiques que la liste grecque, dont elle dérive.

(10) C'est le signe du cuivre proprement dit en grec : seulement il est vertical en grec, tandis qu'il est disposé horizontalement en syriaque. (*Introd.*, p. 104, l. 6; p. 112, l. 12; p. 114, l. 17; p. 118, l. 6; p. 120, l. 6.) — Le lexique de Bar Bahloul donne également les équivalents : cuivre brûlé et cuivre blanc; comparer aussi plus bas sous le signe du cuivre brûlé.

(11) Voir page précédente, note 8. Le signe actuel est tout différent; mais il existe en grec. À proprement parler, c'est celui des eaux marines (*Introd. à la Chimie des anciens*, etc., p. 108, l. 5; p. 112, l. 26; p. 116, l. 7), signe égyptien adopté par les Grecs. Le signe des eaux marines représente sans doute ici les eaux salées, c'est-à-dire les sels dissous.

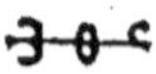 étain (*κασσίτερος*[1], *κλαυδίανον*?)[2].

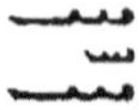 eaux marines[3].

ΚΡΟΤΙΝΟΝ[4]. Sans signe.

 feuilles de cuivre[5].

 le soleil (et l'or)[6].

 cuivre brûlé[7], cuivre blanc calciné, *chalcitis* (écrit *χαλκιδος*).

 fer (suit une abréviation : ΑΡ, *ἄρης*)[8].

 feuille de fer[9] (*fer* en abrégé).

 sandaraque dorée (*σανδαράχη*) [écrit *σανδαραχις*][10].

Κρόνος, le plomb.

 limaille de fer[11].

 soufre marin (?), soufre qui n'a pas été soumis à l'action du feu; soufre apyre, [*atope*] *θεῖον ἄπυρον*[12].

Ζεύς, étain (*κασσίτερος*); ou électrum (*ἤλεκτρον*)[13].

(1) C'est le second signe de l'étain signalé page précédente, note 9; il est couché, au lieu d'être vertical comme en grec. (*Introd.*, p. 112, l. 12.)

(2) *Ibid.*, p. 244.

(3) *Ibid.*, p. 108, l. 5; p. 112, l. 26; p. 120, l. 8. C'est le même signe, surtout pour le troisième exemple. (Voir la note 11 de la page précédente.)

(4) Ce mot est placé sous le mot *κασσίτερος* dans le manuscrit A, et au-dessus, dans le manuscrit B; il en forme la suite. D'après le lexique de Bar Bahloul : *crotinon*, selon les alchimistes, signifie le plomb blanc ou étain.

(5) *Introd.*, p. 104, l. 17; p. 112, l. 10. Même signe en syriaque qu'en grec, mais disposé horizontalement au lieu d'être vertical.

(6) *Ibid.*, p. 104, l. 1; p. 112, l. 4. Le signe est le même, mais retourné.

(7) *Χαλκὸς κεκαυμένος*. (*Introd.*, p. 104, l. 18; p. 112, l. 11.) Le signe est le même, mais disposé horizontalement.

(8) Ce signe du fer ne répond pas à la flèche inclinée de la liste grecque. (*Introd.*, p. 104, l. 20.) Peut-être pourrait-on le rapprocher du signe de la page 114, l. 1 et 17; p. 120, l. 22.

(9) *Introd.*, p. 104, l. 24; p. 114, l. 2. Le signe syriaque dérive évidemment des signes grecs.

(10) *Introd.*, p. 108, l. 19; p. 114, l. 7 et 19; p. 120, l. 22. Les signes grecs diffèrent notablement entre eux, quoiqu'ils aient probablement une origine graphique commune. A la page 114, l. 19, on lit un double signe grec qui veut dire sandaraque dorée; c'est la seconde partie de cette notation qui constitue le signe syriaque.

(11) *Ibid.*, p. 104, l. 23; p. 114, l. 1. Même signe. La partie gauche du signe, qui a le sens générique de limaille, représente l'abréviation de la portion correspondante des signes relatifs à l'argent (p. 3, note 7) et au cuivre (p. 4, note 2); à moins que le signe syriaque ne soit celui de la feuille de fer, traduit à tort par limaille.

(12) *Ibid.*, p. 104, l. 24 et 25; p. 114, l. 9; p. 118, l. 10; p. 120, l. 7 et 8. C'est le même signe couché.

(13) Le nom de Jupiter est donné ici à la fois pour les deux métaux, auxquels il a été successivement assigné. (*Introd. à la Chimie des anciens*, etc., p. 82.) — Voir également les deux signes de l'étain rappelés plus haut, p. 4, note 9, et p. 5, note 1. — Ceci montre l'antiquité de la liste des signes transcrite en syriaque et en atteste la filiation grecque.

 rouille de fer[1].

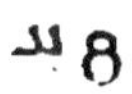 vitriol noir des cordonniers (*χαλκάνθη*), c'est-à-dire couperose[2].

Ἰός, poudre d'or[3].

 feuilles d'étain[4].

 (électrum, *ἤλεκτρον*)[5], minerai ou paillettes d'or.

Terre dorée, *σῶρι*, sanguine ou rubrique[6].

Sarôsch[7], le cuivre.

 limaille d'étain[8].

 safran de Cilicie[9].

Sahim, le fer[10].

 étain brûlé[11].

 bleu (*κύανον*)[12].

Κιννάβαρις, cinabre.

 le plomb, Saturne.

 Elydrion, électrum ou chélidoine. — *Ἐλύδριον χαλκοειδές*[13]? (écrit : *cnodis*), soufre marin.

(1) *Introd.*, etc. Même signe couché, p. 104, l. 25 ; p. 114, l. 2.

(2) *Ibid.*, p. 108, l. 1 ; p. 112, l. 25. Le signe est autre.

(3) *Ἰός*, chez les Grecs, désigne surtout les oxydes métalliques, et ce mot est accompagné par le nom du métal oxydé.

(4) *Introd.*, p. 104, l. 17 ; p. 112, l. 16. La composition du signe syriaque est semblable à celle du signe grec, le symbole de la feuille étant le même. Mais le symbole syriaque du métal se rapporte à l'argent et non à l'étain.

(5) Ce signe pourrait signifier la feuille d'un métal ; mais la partie droite du dessin ne répond à aucun métal connu. Le signe n'est pas non plus celui du sori. (*Introd.*, p. 108, l. 21 ; p. 114, l. 21.)

(6) On a traduit ici par rubrique ; mais il y a peut-être dans le texte cinabre. En effet, il convient de se rappeler que le mot *cinabre* a été employé fréquemment chez les Grecs, comme synonyme de minium et même d'oxyde de fer rouge, sanguine et plus généralement rubrique. (Voir *Introd. à la Chimie des anciens*, p. 261.)

(7) Sarôsch, nom d'un génie ou d'un ange persan. (Voir Vullers, *Lex. pers.*, t. II, p. 292.)

(8) *Introd. à la Chimie des anciens*, p. 104, l. 16 ; p. 112, l. 16. Le signe générique de limaille est bien indiqué à gauche en syriaque ; mais celui de l'étain est mal écrit.

(9) *Introd.*, p. 108, l. 14 ; p. 114, l. 8 et 18 ; p. 116, l. 25 ; p. 118, l. 17. Les signes grecs sont multiples ; c'est celui de la page 114, l. 8, qui est reproduit en syriaque. Il s'agit ici du sens mystique du mot *safran*. (Voir *Introd.*, etc., p. 287.) Ce mot a été appliqué à différents minéraux de couleur jaune.

(10) *Ibid.*, p. 104, l. 21 ; 5 ; p. 114, l. 1 ; p. 120, l. 22. — Pas de signe propre ici en syriaque. Mais le signe du fer existe, p. 5 et 6, associé à celui de la feuille et à celui de la rouille. — Sahim (ou Sahoum, dans le manuscrit d'alchimie de Cambridge et dans Bar Bahloul) signifie, d'après Bar Bahloul, « le fer des alchimistes ».

(11) *Ibid.*, p. 104, l. 18 ; p. 112, l. 17. C'est le même signe.

(12) *Ibid.*, p. 108, l. 28 ; p. 114, l. 24. Même signe.

(13) *Ibid.*, p. 108, l. 4 ; p. 112, l. 25. Même signe modifié. *Χαλκοειδές* se rapporterait au laiton, assimilé à l'électrum, qui est parfois écrit *ἐλύδριον*. Mais *ἐλύδριον* signifie aussi chélidoine, au sens direct ou mystique. Selon Bar Séroschwaï, dans le lexique de Bar Bahloul, col. 168, l. 10, *soris* (var. *cnoris*) est le soufre marin. Ce nom de soufre marin a peut-être été

Πυρίτης (pyrite), marcassite.

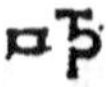 feuilles de plomb[1].

 huile de ricin[2].

Σανδαράχη, sandaraque.

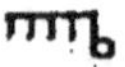 rouille de plomb[3].

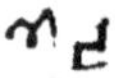 miel.

Θεῖον ἄπυρον, soufre apyre.

 plomb brûlé[4].

Lzpn' (?) = (λευκά?), vinaigre salé (saumure), c'est-à-dire vinaigre blanc filtré[5].

Ἀσϐέστιον, chaux.

 molybdochalque, plomb-cuivre[6], mercure.

 eau saline.

Musîdîn (c'est-à-dire μίσυ), vitriol noir des cordonniers[7], rubrique[8].

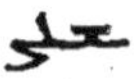 le mercure[9].

 l'argent[10].

Χαλκίτης, couperose bleue, minerai pyriteux de cuivre.

 mercure rouge[11].

 coupellation (ὄϐρυζον)[12].

donné au soufre en raison de son origine et de son transport par mer en Syrie. — Dioscoride (l. V, ch. CXXIII) parle en effet du soufre de Mélos et de Lipari.

(1) Les feuilles de plomb manquent parmi les signes des alchimistes grecs. Mais la notation indiquée ici rentre bien dans le même système général.

(2) *Introd.*, etc., p. 108, l. 4, 2e col.; p. 112, l. 20. Le signe syriaque est le même que le signe grec de la page 108, retourné d'un quart de circonférence.

(3) Ce signe répond à la limaille de plomb et non à la rouille; il y a eu confusion dans la transcription du copiste.

(4) *Introd.*, p. 104, l. 13; p. 112, l. 15. C'est le même signe qu'en grec, mais couché.

(5) Le blanc de l'œuf délayé avec l'eau de soufre est le vinaigre. (*Coll. des Alch. grecs*, trad., Nomenclature de l'œuf, p. 22.)

(6) *Introd.*, p. 104, l. 11; p. 112, l. 13; p. 114, l. 22. Le signe syriaque est confus dans le manuscrit A. Mais, dans le manuscrit B, c'est nettement la somme du signe du cuivre, à droite, et du signe du plomb, à gauche.

(7) Χάλκανθος? (*Introd.*, p. 108, l. 1; p. 112, l. 25.) S'agit-il en syriaque du liquide provenant de la décomposition des pyrites? (*Ibid.*, p. 241.)

(8) Dans le texte, on lit peut-être cinabre. (Voir p. 6, note 6, et p. 8, notes 1 et 4.) Rappelons la confusion qui existait chez les anciens entre le cinabre (sulfure de mercure), le vermillon, le minium (oxyde de plomb), et la sanguine et autres oxydes de fer rouges; tous corps jouant le rôle de matière colorante rouge ou rubrique dans certaines préparations. (*Introd. à la Chimie des anciens*, p. 244, 261, 266.)

(9) *Ibid.*, p. 104, l. 19; p. 112, l. 5; p. 116, l. 15; p. 120, l. 6. Il semble que le signe syriaque actuel ne dérive pas de celui de l'argent retourné, mais du signe plus moderne du mercure (p. 120); il est bien confus.

(10) *Ibid.*, p. 104, l. 2 et 8; p. 112, l. 4; p. 120, l. 22. Le signe syriaque est le même que le signe des Grecs, retourné d'un quart de circonférence.

(11) Le mot « mercure rouge » désigne ici l'oxyde ou le sulfure de mercure, opposé au « mercure blanc », indiqué plus bas, mot qui s'applique aux chlorures de mercure et autres sels blancs de ce métal, entrevus par les alchimistes.

(12) *Introd.*, p. 108, l. 30; p. 114, l. 24. Le signe syriaque est le même que le signe grec, écrit horizontalement au lieu d'être vertical.

XAKTPON (ἤλεκτρον), électrum; minerai d'or des polisseurs.

 vermillon[1], terre scellée (de Lemnos)[2], c'est-à-dire hématite.

 natron[3], νίτρον, ἀφρονίτρον; écume de natron.

Σῶρι, Sori, rubrique[4], terre dorée, hématite[5].

 mercure blanc[6].

Le soleil, l'or.

Ἅλας, le sel ammoniac, celui qui est employé pour le lapis-lazuli[7].

Ἀρμενιακόν. Arsenicon ou chaux arsenicale; c'est une pâte d'arsenic dont on se sert pour épiler et qui vient de l'Arménie.

La lune, l'argent.

(1) Ce mot peut répondre également au cinabre, au minium, à la sanguine, à l'hématite, à la terre de Lemnos, à la sinopis du Pont, etc. (*Introd.*, etc., p. 261.)

Rappelons le signe du cinabre, p. 108, l. 13; p. 114, l. 18; et surtout, p. 116, l. 13; le signe grec est circulaire; le signe syriaque serait quadrangulaire. Mais il vaut mieux l'assimiler au signe de la sinopis, p. 108, l. 26; p. 112, l. 24, deuxième signe surtout. (Comparer Bar Bahloul, *Lex. syr.*, col. 967, 7; col. 1073, 9.)

(2) Comparer ἡ λημνία γῆ, ἣν σφραγῖδα καλοῦσιν αἰγός, de Dioscoride. (Voir Dioscoride, *Mat. méd.*, l. V, ch. CXIII, t. I, p. 778.) On mettait sur le sceau le signe d'une chèvre. Dioscoride prétend même qu'on mélangeait le minéral avec le sang de cet animal. Peut-être est-ce un conte, dû à l'analogie de couleur, attestée également par les noms d'hématite et de sanguine.

(3) *Introd.*, etc., p. 108, l. 5; p. 112, l. 20; p. 118, l. 11; p. 120, l. 7. C'est le signe grec.

(4) Dans le texte, on lit cinabre (?). Sur les sens multiples de ces mots, voir p. 6, note 6. Le sori a été souvent confondu avec le séricon ou siricum, non seulement à cause de la ressemblance des mots, mais à cause de celle des produits, le sori étant un sel de fer basique, c'est-à-dire mêlé de peroxyde de fer rougeâtre, corps qui est à proprement parler le séricon ou rubrique. Dans la nature, on passe d'un minéral à l'autre par des transformations insensibles. La confusion de ces mots est fréquente dans les textes alchimiques latins, qui sont donnés comme traduits de l'arabe. Le *misy* y est également confondu parfois avec le *minium* (au génitif *minii*).

(5) C'est-à-dire oxyde de fer rouge, sanguine, rouge d'Angleterre. (Voir la note précédente, la note 1 et la note 6 de la page 6.) — Dans les manuscrits, le mot *hématite* est placé à la fin de l'article suivant.

(6) *Introd.*, p. 114, l. 15. Λευκὴ αἰθάλη. (Voir ce qui a été dit plus haut pour le mercure rouge, ξανθὴ αἰθάλη de la *Collection des Alchimistes grecs, Lexique*, texte, p. 11.) — Le signe du manuscrit B est assez différent, et congénère de celui du mercure rouge.

(7) On l'employait pour fabriquer certain azur. Le texte dit : celui qui ressemble au lapis-lazuli. Il s'agit en réalité d'un bleu vitrifié, bleu d'Alexandrie, à base de cuivre, décrit par Vitruve (l. VII, ch. VII). Le mot *sel ammoniac*, du texte syriaque, ne doit pas être entendu dans le sens moderne de chlorhydrate d'ammoniaque, mais dans le sens de natron ou carbonate de soude, comme dans Dioscoride et dans Pline. (*Introd. à la Chimie des anciens*, p. 45, note 2.) — Il règne sur ces mots une confusion qui ne pourrait être dissipée que

cinabre (1) (*κιννάβαρις*); minium et la tortue de mer.

Ἑρμῆς, le mercure.

(2) (3) (*πυρίτης*), pyrite, marcassite.

[Ἀ]φροδίτη, cuivre.

Χρυσόκολλα, chrysocolle, soudure d'or.

Ἄρης, le fer.

Vermillon de Lemnos (ἡ λημνία γῆ de Dioscoride), terre scellée. — Vermillon de Sinope, terre d'Arménie, c'est-à-dire terre scellée (?) (μίλτος Σινωπική de Dioscoride) (4).

Ἀφρονίτρον, c'est le nitre d'Afrique pour les gâteaux; ἀφρὸς de νίτρον, écume de nitre, pareille à la farine.

Γύψος, plâtre blanc.

Ἰός, rouille (de cuivre). — *Iron* (5), se trouve dans les fours où l'on fond le cuivre à Chypre, comme le διφρυγές.

Κίσσηρις, pierre ponce.

. . . . ., beurre de cuscute et de datte?

. . ας, sel ammoniac (grec et syriaque).

[SIGNES ET NOTATIONS PROPRES DU MANUSCRIT B.]

[Le manuscrit B contient une liste de signes et de noms de minéraux et végétaux, similaire à celle du manuscrit A, mais disposée dans un ordre différent. Une première liste est formée de mots grecs suivis de leur traduction, sans aucune répartition méthodique; une seconde liste comprend les mots accompagnés de leurs signes. Puis viennent, comme dans A, les signes des planètes, etc. On se bornera à donner les variantes de deux premières listes.

Soit d'abord celle des signes.

si l'on venait à découvrir quelque échantillon des matières connues des anciens, joint à sa dénomination; par exemple, dans ces nécessaires d'oculistes dont on connaît quelques exemples.

(1) Le signe ne ressemble guère au signe grec du cinabre. — Mais ce dernier se trouve trois lignes plus bas, au-dessus de celui de la pyrite.

(2) A côté de ce double signe supérieur, on lit dans le manuscrit B : cinabre, wasi=misy? Le cercle avec point central est en effet le signe du cinabre. (*Introd.*, etc., p. 108, l. 13; p. 114, l. 18; p. 116, l. 13.) A sa droite se trouve un second signe, qui pourrait être celui de l'arsenic, ou second mercure tiré du réalgar, substance appelée aussi cinabre. (*Introduction à la Chimie des anciens*, p. 239.)

(3) Le signe inférieur seul s'applique à la pyrite. C'est toujours le signe grec couché. (*Introd.*, p. 108, l. 10; p. 112, l. 22; p. 120, l. 10.)

(4) Voir la note 2 de la page 8.

(5) Bar Bahloul écrit 'irin. (*Lexicon syr.*, col. 118, 11; col. 148, 1; col. 1027, 16.)

[Le manuscrit A renferme 63 signes; le manuscrit B n'en contient que 49, parmi lesquels 2 ne se trouvent pas dans A. Nous donnons ici seulement ces deux nouveaux signes, ainsi qu'une vingtaine de mots grecs qui manquent dans A.]

 rouille de cuivre[1].

 chrysocolle, soudure d'or[2].

Λιθάργυρος, litharge.

Θεῖον, soufre.

Χαλκῖτις, calcand, vitriol[3]; lorsqu'il vieillit, il se réduit en poudre[4].

Σανδαράκη, arsenic ou safran rouge, que l'auteur a appelé plus haut épilatoire[5]; safran.

Στυπτηρία, alun lamelleux de pierre; il y en a un autre qui est rond[6].

.....?[7] séricon.

.....? (mot écrit ϖσαος), rhubarbe; c'est la rhubarbe rouge[8].

Ὑδράργυρος, mercure.

Χάλκανθος, fleur de cuivre.

Χαλκὸς [κε]καυμένος, cuivre brûlé[9].

Ψιμύθιον, céruse qui s'obtient en dissolvant le plomb au moyen du vinaigre. S'il y a un excès de plomb, il se forme du séricon[10].

Ἀλόη, aloès.

Ἀμμωνιακόν, suc de férule, (gomme) ammoniaque, (appelée aussi) sandaraque[11].

(1) C'est le signe normal.

(2) Ce signe dérive du signe grec. (*Introd.*, etc., p. 104, l. 6; p. 112, l. 6.)

(3) Le mot syriaque répond au latin *vitriolum*=verre, ce qui mérite d'être noté. Le mot *vitriolum*, dans le sens moderne de vitriol, était déjà usité au VIIIe siècle, et probablement dès l'antiquité. (Voir le volume sur la *Transmission de la science antique*, p. 114.)

(4) Observation qui s'applique en effet à l'altération lente du sulfate de fer, s'oxydant à l'air.

(5) Voir p. 8, seconde colonne.

(6) *Introd. à la Chimie des anciens*, p. 106, l. 6 et 7, signes de ces deux aluns; voir aussi p. 237. L'alun lamelleux paraît répondre à notre alun de roche.

(7) Mot effacé et douteux, qu'on semble pouvoir lire *συνοδοχος*.

(8) Voir p. 13, note 3, sur les sens figurés du mot traduit ici par rhubarbe.

(9) Dioscor., *Mat. méd.*, l. III, ch. LXXXVIII, t. I, p. 439.

(10) C'est-à-dire un sel basique rouge.

(11) *Introd. à la Chimie des anciens*, etc., p. 238, au bas. On voit que le mot sandaraque, qui signifie en grec sulfure d'arsenic rouge, était appliqué dès lors à une résine, comme aujourd'hui. C'est d'ailleurs le sens ordinaire de l'arabe *sandarous* (sandaraque), qui indique une gomme analogue à l'ambre. (Voir Ibn Beïthar, trad. du Dr Leclerc, t. II, p. 297, n° 1238, t. XXV des *Notices et extraits*.) Le Dr Leclerc ajoute que c'est le produit du thuya; suivant d'autres, elle provient d'une espèce de genévrier. (Dozy, *Supplément aux dictionnaires arabes*, t. I, p. 693.)

Διφρυγές, vient de Chypre.

Κυανός, c'est le bleu des peintres.

Ma'nin (?) [1], encre des écrivains.

Ζύμη, levain, ferment.

Ἄλυσσον, sert à ceux qui ont été mordus par un chien enragé [2].

Σκωρία, scorie de fer et de tous les corps.

Τίτανος, chaux.

Ἀριστολοχία, aristoloche.

III. SIGNES DES SEPT PLANÈTES.

 le soleil [3], le feu, dans le septième signe du zodiaque.

 la lune [4], les eaux, dans le dixième signe.

 Ζεύς (c'est-à-dire Jupiter), étain [5], Bêl, dans le cinquième signe, l'air.

 Bilati (le cuivre rouge), c'est-à-dire Vénus (Ἀφροδίτη); le cuivre blanc, Sarosch; la terre, le cuivre rouge, dans le huitième signe d'Astera (Vénus [6]).

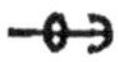 le fer, Ἄρης (c'est-à-dire Mars); Sahim; al Mirrikh [7]; al-Djalmid [8]; le feu, dans le sixième signe; σίδηρωμα, l'acier.

 Κρόνος (c'est-à-dire Saturne), le plomb noir (suivent les noms du plomb en arabe); la terre, dans le quatrième signe de Camosch [9].

(1) Faut-il lire μέλαν?

(2) Dioscor., *Mat. méd.*, l. III, ch. xcv, t. I, p. 444.

(3) Signe de l'or chez les alchimistes grecs. Seulement il est couché, c'est-à-dire incliné d'un quart de cercle dans le signe syriaque; observation qui s'applique aussi à tous les signes suivants.

(4) Signe grec de l'argent.

(5) C'est le signe grec de l'étain, à partir du VIIe siècle de notre ère. (Voir p. 4, note 9, et p. 5, note 13.) Auparavant c'était le signe de l'électrum. (*Introd. à la Chimie des anciens*, etc., p. 82.) La liste planétaire du manuscrit actuel serait donc de date relativement récente.

(6) Comparer sur cet article Bar Bahloul, *Lex. syr.*, col. 244-245 et col. 267, 3.

(7) Nom de la planète Mars en arabe.

(8) Mot arabe exprimant la dureté du fer: le dur, ou plutôt le compact.

(9) Camosch, dieu des Moabites, identifié avec Κρόνος dans le lexique de Bar Bahloul, *Lex. syr.*, col. 901, 1.

Ἑρμῆς, le mercure; le divisé[1]; l'air et l'eau, dans le neuvième signe de Nébo[2].

IV. LES DOUZE SIGNES DU ZODIAQUE.

1. le feu, le Bélier, la pyrite ou marcassite, sept genres.

2. la terre, le Taureau, la magnésie, sept genres.

3. l'air, les Gémeaux, l'arsenic rouge et la cire, deux genres.

4. l'eau, le Cancer, tous les coquillages, les tortues, les poissons, les écrevisses.

5. le feu, le Lion, le talc de toutes les pierres; celui de Ma'aden, c'est-à-dire de la Mecque, car celui du Hedjaz est bon pour les perles (? mot écrit *lou*[3]) et celui de la mer (aussi) pour les perles (? mot écrit *loul*).

6. la poussière (farine), l'Épi (ou la Vierge), la céruse et le séricon (σήρικον, couleur rouge)[4].

la chaux.

7. l'air, la Balance, l'alun lamelleux, cinq genres, et l'alun rond, deux genres.

le verre.

8. l'eau, le Scorpion, le soufre, trois genres.

le sable.

l'alcali.

9. le feu, le Sagittaire, les perles.

le savon.

[1] Sans doute en raison de son caractère liquide et mobile, par opposition avec le fer, appelé plus haut «le compact». Ces épithètes sont en arabe.

[2] Nébo, dieu babylonien, identifié avec Mercure.

[3] Sur la fabrication des perles artificielles au moyen du talc ou comaris, *Coll. des Alch. grecs*, p. 334, et surtout p. 341 et 342.

[4] Le séricon désigne ici le minium, ou oxyde de plomb rouge, lequel peut être préparé en calcinant la céruse, dans certaines conditions. — Ailleurs le mot séricon s'applique à l'oxyde de fer rouge. (Voir plus haut, p. 8, note 4.)

10.  la terre, le Chevreau, tous les natrons (*νίτρον*) et le borax, sept genres.

11.  espèce de ver ou de lézard (= les Poissons?).

12. 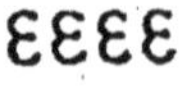 l'air, le Verseau, tous les sels, sept et quatre genres.

 sel ammoniac.

(V. NOTATIONS, NOUVELLE LISTE.)

 l'eau, le poisson, toute espèce de colle ou soudure.

 le minium.

 le cuivre brûlé(?).

 le talc.

 le natron[1].

 le safran.

 le myrobolan.

 la malachite.

 Cadmie (*καδμεία* écrit *calimia*[2]).

 le vitriol.

(VI. NOMS GRECS DE MATIÈRES MÉDICALES ET PLANTES.)

Βάλσαμον, le baume.
Δρῦς, le chêne.
Ῥοῦς, le sumac[3] ou le rouge.
Βαλαύστιον, la grenade d'Égypte.
Κέδρος, le cèdre.
Σαρκοκόλλα, espèce de résine[4].
Goulnâr (mot persan), fleur de grenadier.
Κεδρία, résine de cèdre ou sarcocolle.
Βατράχιον, pâte d'arsenic(?)[5].
Cnidos (lire *κηκίδος*, de *κηκίς*), noix de galle.
Σμύρνα, myrrhe.
Βδέλλιον, bdellium.
Κόλλα, glu.

(1) Voir la note 3 de la page 8.

(2) Cette variante mérite attention, car elle est probablement l'origine du mot moderne «calamine», minerai de zinc. (*Introd. à la Chimie des anciens*, p. 239.)

(3) Dioscor., *Mat. méd.*, l. I, ch. CXLVII, t. I, p. 138 de l'édit. Sprengel. Dans la *Coll. des Alch. grecs*, trad., p. 72, ce mot a été traduit par rhubarbe. En réalité, il s'agit d'un produit minéral rouge, ou rubrique, appelé aussi minium à la page 70 de cette *Collection* et synonyme de sinopis, ou rouge de Sinope. (*Introduction à la Chimie des anciens*, p. 261.)

(4) Dioscor., *Mat. méd.*, l. III, ch. LXXXIX, t. I, p. 410. — Bar Bahloul, *Lex. syr.*, col. 122 en bas; col. 700, l. 14.

(5) Ce mot est employé comme synonyme de chrysocolle, dans le sens de notre malachite (carbonate de cuivre basique), substance employée pour la soudure de l'or. (*Coll. des Alch. grecs*, trad., p. 69.) S'agit-il ici d'un arséniite de cuivre, vert comme la malachite? (Voir Bar Bahloul, *Lex. syr.*, col. 350, l. 6; col. 382, l. 1.)

Χολή, bile.
Γεντιανή, gentiane ou bois de nard[1].
Κρόκος, safran.
Γλαύκιον, glaucium.
Κῶνος? (écrit *canion*), résine.
Ὕδωρ (écrit *hydros*=ὑδραῖος?), sueur.
Ἄνθος, fleur.
Ὄξος, vinaigre.
Ἀλκυόνια (ἀλκυόνιον), écume de mer[2].
Ζύμη, levain.
Πίσσα, poix.
Νίτρον, natron d'Égypte.
Ἰσάτις, isatis.
Πισσέλαιον, huile de pin (poix).
Σπόγγος, éponge.
Οὖρον, urine.
Ἅλς, tous les sels et le sel ammoniac.

VII. DES TERRES AU NOMBRE DE SEPT[3].

1. La terre de Lemnos[4] possède beaucoup de variétés. C'est d'elle que viennent le rouge[5] des polisseurs et le rouge sous cachet, appelé λίμνη, le vermillon des fabricants, le jaune.

2. Ἄσφαλτος, asphalte[6], bitume de la mer de Sodome (mer Morte).

3. Terre de l'île de Samos[7], qui est la terre σαμία, étoile de terre. C'est la craie[8]. (/)

4. Terre cimolienne, κιμωλία[9], vient des sept corps (métaux), des minerais d'or, d'argent et de fer, et sort des mines, c'est-à-dire des fouilles de tous ces corps.

[1] Dans le lexique de Bar Bahloul, col. 457, l. 10; et col. 504, l. 13, explique avec plus d'exactitude ce mot par *remède du serpent*, au lieu de bois de nard.

[2] Dioscor., *Mat. méd.*, l. V, ch. CXXXV.

[3] Cette liste doit être rapprochée du texte de Dioscoride, *Mat. méd.*, l. V, ch. CXIII, CLXXI, etc., t. I, p. 778, 822 et suiv. de l'édition Sprengel. La rédaction est différente.

[4] *Introduction à la Chimie des anciens*, p. 261, 267. — Dioscor., *Mat. méd.*, l. V, ch. CXIII.

[5] Sanguine ou rubrique. (*Introd.*, etc., p. 252, 261.) La terre de Lemnos était vendue sous un cachet à figure de chèvre. (Voir ce volume, p. 8, note 2.)

[6] Dioscor., *Mat. méd.*, l. I, ch. XCIX, t. I, p. 100.

[7] *Introd. à la Chimie des anciens*, p. 267. — Dioscor., *Mat. méd.*, l. V, ch. CLXXI.

[8] Les anciens désignaient, sous le nom de *creta*, des minéraux très divers, susceptibles d'être réduits en une poudre, blanche d'ordinaire, tels que notre craie (carbonate de chaux), certains sulfates terreux insolubles et certains silicates.

[9] Terre cimolienne. (*Introd. à la Chimie des anciens*, p. 267. — Dioscor., *Mat. méd.*, l. V, ch. CLXXV.)

5. Terre ampelitis, ἀμπελῖτις[1], c'est-à-dire couleur de safran[2]. Elle est comme le bitume, dont on enduit les vignes contre les vers.

6. Terre d'Arménie[3], qui est très jaune; c'est l'arsenic doré. Elle ressemble à la terre de Lemnos, ...

7. . . . . . mais est noire comme du bitume (*sic*)[4].

VIII. [LES DOUZE PIERRES][5].

De ces sept terres proviennent douze pierres, et on dit treize, mais c'est douze[6].

Maintenant nous allons parler de ces pierres et sept des amulettes qui procurent du secours à celui qui les porte[7]; chacune d'elles, suivant la puissance que leur a donnée le Créateur.

Ensuite nous parlerons des dix-neuf pierres qui concernent la philosophie et cette science alchimique; ces pierres qui, lorsqu'elles sont broyées, se digèrent et font du chyle.

1. Αἱματίτης, hématite, c'est-à-dire pierre de sang, qui produit un liquide (χυλός) rouge comme du sang[8].

2. Γαλακτίτης, galactite[9], pierre laiteuse qui produit un liquide blanc comme du lait.

[1] Schiste bitumineux. (*Introd.*, etc., p. 267.) — La mention de cette terre, employée pour préserver la vigne contre les insectes, existe dans Dioscoride, l. V, ch. CLXXX. Elle s'est conservée, même de nos jours, dans l'île de Rhodes. (*Comptes rendus de l'Académie des sciences*, séance du 1er juin 1892.)

[2] Lire avec le lexique de Bar Bahloul, col. 484, l. 23, *terre de vigne*, au lieu de couleur de safran.

[3] *L'armenium* de Pline est notre azurite, carbonate de cuivre bleu. (*Introd. à la Chimie des anciens*, p. 243, 262.) On ne doit donc pas l'assimiler à la terre d'Arménie; mais celle-ci est déjà signalée plus haut, p. 8.

[4] Les derniers mots formaient évidemment la fin de l'article 7, dont le début a été sauté par un copiste. Ce dernier article traitait sans doute de l'ἀσβόλη, ou du μέλαν, minéraux qui, dans Dioscoride, viennent après ἀμπελῖτις γῆ. (*Mat. méd.*, l. V, ch. CLXXXI.)

[5] On doit rapprocher également cette liste de celle de Dioscoride, qui comprend à peu près toutes ces pierres; mais avec une rédaction différente et plus développée.

[6] La liste suivante en comprend en réalité quinze; mais il y a eu sans doute des additions faites à la liste primitive.

[7] C'est le seul passage des listes où il soit question des propriétés mystiques des pierres, propriétés qui ont joué un si grand rôle dans l'antiquité et au moyen âge.

[8] Dioscor., *Mat. méd.*, l. V, ch. CXLIII. Le mot *chyle* doit être entendu ici dans le sens d'un liquide, ou jus destiné à la teinture.

[9] Dioscor., *Mat. méd.*, l. V, ch. CXLIX.

3. Μελιτίτης, terre de miel[1], qui produit un liquide semblable au miel par son goût.

4. Μόροχθος[2] (écrit *morochason*), λευκογραφίς (écrit *sygraphis*). On frotte les toiles avec cette pierre.

5. Ἴασπις, jaspe vert[3]. Cette pierre vient d'Éthiopie et elle possède une force puissante.

6. Ἰουδαϊκός, pierre judaïque, naît en Palestine de Syrie. Elle est blanche et belle, et elle a des raies circulaires qu'on dirait faites au tour[4].

7. Πυρίτης, pyrite, pierre dorée[5] de Tripoli, appelée aussi pierre argentée.

Ce sont là les sept pierres correspondant aux sept planètes; leurs natures sont réalisées en Égypte[6].

8. Une autre pierre est appelée phrygienne (λίθος Φρύγιος)[7].

9. Ἀγήρατος (pierre), qui ne vieillit pas; sert aux cordonniers[8].

10. [Γαγάτης λίθος selon Dioscoride], gagates, pierre noire. Lorsqu'on l'approche du feu, elle émet une odeur analogue à celle du bitume marin. On l'appelle en Judée pierre de Saint-Jean; on la trouve en quantité[9] dans ce pays; elle se rencontre aussi en Lycie, dans le fleuve appelé Gagas[10].

(1) Dioscor., *Mat. méd.*, l. V, ch. CL.

(2) *Ibid.*, l. V, ch. CLI.

(3) *Ibid.*, l. V, ch. CLIX.

(4) *Ibid.*, l. V, ch. CLIV, t. I, p. 816. Le texte syriaque est traduit du grec.

(5) = χαλκοειδής d'après Dioscoride, *Mat. méd.*, l. V, ch. CXLII, t. I, p. 809.

(6) On remarquera ces relations astrologiques, où intervient le nombre sept : sept métaux, sept terres, sept pierres correspondant aux sept planètes. De même douze pierres, répondant aux douze signes du zodiaque. Les alchimistes sont remplis de rapprochements de ce genre. Citons seulement la liste des planètes, avec les métaux et minéraux qui leur sont consacrés (*Coll. des Alch. grecs*, trad., p. 25, et texte grec, p. 24, n. 1), et le manuscrit astrologique grec 2419 de Paris (*Introd. à la Chimie des anciens*, p. 206) : on y trouve, au f. 46, d'après Albumazar, la liste des planètes avec les minéraux et les animaux subordonnés, et la liste des plantes qui répondent aux douze signes du zodiaque (f. 265), d'après Hermès. Ces imaginations ont joué un grand rôle au moyen âge et subsistent, même de nos jours, en Orient.

(7) Dioscor., *Mat. méd.*, l. V, ch. CXL.

(8) Comp. Galien, édit. Kuhn, t. XII, p. 201.

(9) Le mot syriaque peut aussi se traduire par : « elle est très estimée dans ce pays ».

(10) Dioscor., l. V, ch. CXLV, t. I, p. 812.

11. (Pierre de Thrace.) Voici[1] ce que dit Dioscoride : lorsqu'elle brûle au feu, elle chasse les reptiles, et lorsqu'on verse dessus de l'eau, elle s'enflamme; mais l'huile l'éteint. Les bergers la recueillent près d'un fleuve de Thrace appelé **Πόντος**.

[12]. **Σμύρις**, pierre de Schamira noire[2].

[13]. **Ὄνυξ ἀλαβαστρίτης**, talc qui est à la surface de la terre[3].

[14]. **Ἀ]φροσέληνον**, sélénite, qui est à l'intérieur de la terre; c'est l'écume d'argent; pierre de talc[4].

[15]. **Ἀμίαντος**[5], se trouve dans les rivières et les gués des fleuves; elle est comme un nerf de bœuf, blanche et friable comme le plâtre; c'est aussi un talc, mais elle ne sert pas.

IX. (LES DIX-NEUF PIERRES TINCTORIALES[6].)

Des pierres qui s'allient à plusieurs corps et qui sont de dix-neuf espèces et natures; elles sont tinctoriales par leur nature.

1. Pierre d'écarlate qui vient du foie et du cœur; cinabre qui blanchit et rougit les sept corps (métaux); soufre[7]. (Voir ci-après le n° 19.)

2. Pierre du violet, couleur de terre.

3. La pierre pyrite (**πυρίτης**) s'allie aux sept corps (métaux).

4. La pierre d'aimant (**μαγνήτης**[8]) attire le fer et tout corps qui s'unit à elle.

[1] Mot écrit : *nikodros;* comp. Dioscor., **Θρακίας λίθος**, *Mat. méd.*, l. V, ch. CXLVI, t. I, p. 813. Il ne parle pas des reptiles, mais le reste de la phrase lui est emprunté.

[2] Dioscor., *Mat. méd.*, l. V, ch. CLXV, t. I, p. 820.

[3] Dioscor., *Mat. méd.*, l. V, ch. CLII, t. I, p. 815.

[4] Dioscor., *Mat. méd.*, l. V, ch. CLVIII, t. I, p. 817, Περὶ σεληνίτου λίθου.

[5] Dioscor., *Mat. méd.*, l. V, ch. CLV.

[6] Nouvelle liste qui reproduit un certain nombre des substances indiquées dans les listes précédentes. Toutes ces listes, d'origine distincte, ont été mises bout à bout par le copiste. Le nombre 19 résulte de l'addition de 12+7. (Voir p. 15, l. 9.)

[7] C'est-à-dire réalgar, sulfure rouge d'arsenic.

[8] Dioscor., *Mat. méd.*, l. V, ch. CXLVII.

IMPRIMERIE NATIONALE.

5. La pierre de Magnésie (μαγνησία), des verriers[1], joue le rôle tinctorial dans toutes les teintures (c'est-à-dire vis-à-vis des sept corps).

6. Pierre de savon.

7. Αἱματίτης, hématite[2], qui est le *claudion* (?).

8. Pierre pyrite (πυρίτης); géodique (γεώδης)[3]; ferrugineuse? (*sritis* pour σιδηρῖτις?).

9. Pierre mercurielle, antimoine (collyre), sept (espèces?).

10. Pierre d'émeraude (béryl) teinte; joyau, chaton, rose, rubis.

11. Pierre d'amiante; elle est excellente, pénètre tous les corps et produit des merveilles nombreuses et indescriptibles.

12. Pierre de fer (Arès, Mars?).

13. Pierre calcaire, pierre de montagne.

14. Pierre de feu, silex.

15. Κρύσταλλος, cristal; teint, devient l'émeraude et prend diverses couleurs.

16. L'ambre jaune (ἤλεκτρον) attire la menue paille de toute céréale[4].

17. Pierre.....?

18. Pierre noire des meules et celle qui est polie.

19. La première pierre écarlate vraie (voir n° 1), ou cinabre; celle qui vient d'Arménie; et l'arsenic qui blanchit et qui rougit les corps; sept arsenics et céruses.

[1] Cf. *Introd. à la Chimie des anciens*, p. 256; *magnésie noire*. — [2] Dioscor., *Mat. méd.*, l. V, ch. CXLIII. — [3] *Ibid.*, l. V, ch. CLXVIII. — [4] Étant électrisé par le frottement.

DOCTRINE DE DÉMOCRITE LE PHILOSOPHE.

(LIVRE PREMIER. — CHRYSOPÉE.)

PREMIÈRE PARTIE DU CHAPITRE PREMIER.

SUR LA PRÉPARATION DE L'OR[1].

1. Prends du mercure et fixe-le avec le corps de la magnésie, ou avec de l'antimoine d'Italie (sulfuré), ou avec du soufre marin, c'est-à-dire du soufre rouge[2], ou avec de la sélénite[3], ou avec de la pierre calcaire cuite, ou avec de l'alun, ou avec de l'arsenic, ou comme tu l'entendras. Si le composé est blanc, distille-le sur du cuivre et tu obtiendras du cuivre sans ombre[4], blanc (et brillant). S'il est rouge, distille le mercure sur de l'électrum[5] et tu obtiendras de l'or; en opérant sur l'or, tu auras du corail d'or[6]. L'arsenic rouge[7] produira le même effet, ainsi que la sandaraque traitée convenablement, l'alliage d'or[8] et le cinabre tout à fait transformé. Le mercure seul produit le cuivre sans ombre. La nature triomphe de la nature.

2. Traite la pyrite d'argent (*πυρίτης ἀργυρίτης*), que l'on appelle sidérite (*σιδηρῖτις*), selon l'usage, de façon à la rendre fluide. Elle doit être rendue fluide au moyen de la litharge grise, ou de la litharge blanche, ou bien au

(1) Chrysopée, *Coll. des Alch. grecs*, trad., p. 46. Le texte grec répond au texte syriaque, qui en est la traduction; sauf certaines variantes, indiquant pour l'origine de ce dernier une version un peu différente de celle qui nous est parvenue en grec.

(2) Sulfure d'arsenic.

(3) Ἀφροσέληνον.

(4) Ἀσκίαστον.

(5) Le syriaque dit *caroun*, c'est-à-dire *κρόνος* «plomb».

(6) Χρυσοκόραλλον, écrit *χλυσσουκλουρον*.

(7) Le grec dit ξανθὸν; mais le rouge et le jaune sont pris continuellement l'un pour l'autre par les alchimistes, surtout quand il s'agit de la couleur de l'or. Cette remarque s'applique à tout ce qui suit.

(8) *Introd. à la Chimie des anciens*, p. 13, 1°.

moyen de l'antimoine italique. Traite-la avec de la litharge de Coptos, non pas avec la litharge ordinaire — ne l'oublie pas — ou bien avec celle qui vient de Samos[1]. Fais chauffer ou projette sur le corps (métallique) que tu voudras; il prend la couleur rouge et il est teint. La nature jouit de la nature.

3. Préparation de la pyrite (πυρίτης[2]). — Exécute le traitement suivant :

Elle doit être lavée avec du vinaigre et avec du sel[3], ou avec de l'urine, ou bien avec du vinaigre et du miel, ou avec de l'eau de mer. Mêle à l'eau, avec laquelle tu veux la laver, du soufre apyre (θεῖον ἄπυρον), ou de l'alun lamelleux jaune, ou de l'ocre attique, comme il te semblera bon. Ajoutes-y de l'argent et tu trouveras de l'or. La nature domine la nature[4].

4. Traite l'androdamas[5], en le faisant bouillir dans du vin pur, ou dans de l'eau de mer, ou dans de l'urine, ou dans de la saumure, choses capables d'en amortir la force naturelle. Ensuite broie-le avec de l'antimoine (sulfuré). Ajoute de l'eau de mer, ou de l'urine, ou de la saumure. Lave jusqu'à ce que la couleur noire de l'antimoine ait disparu; après, dessèche-le et fais bouillir, jusqu'à ce que la matière rougisse. Fais bouillir avec de l'eau de soufre[6]; projette sur l'argent, il formera de l'or. Si tu ajoutes du soufre apyre (θεῖον ἄπυρον), tu auras la liqueur d'or[7].

5. Prends du plomb[8] blanc, j'entends celui qu'on tire de la céruse (ψιμύθιον) ou de la scorie d'argent[9], et le corps de la magnésie. Il deviendra blanc avec de l'eau de mer. On le broiera, après l'avoir exposé au soleil et à la rosée[10]. Il deviendra alors comme de la céruse (ψιμύθιον). Fais-le fondre et jette dessus de la fleur de cuivre[11], ou du cuivre brûlé. Projette

(1) Coptos est dans le texte grec; mais ce texte ne parle pas de Samos.

(2) C'est la suite, dans la Chrysopée de Démocrite. (*Coll. des Alchimistes grecs*, trad., p. 47.)

(3) De la saumure, dans le grec.

(4) Trois paragraphes du texte grec sont ici sautés.

(5) Pyrite arsenicale. (Voir *Coll. des Alch. grecs*, trad., p. 48, note 6.)

(6) Le grec dit : du soufre natif. — En syriaque, *tine* corrompu du grec θεῖα.

(7) Χρυσοζώμιον, mot écrit ici : χρυσοδιμον.

(8) Le grec porte : de la terre blanche.

(9) Ἐλκύσματος, écrit : αλκοσομν.

(10) Le grec dit : à la rosée et au soleil; le manuscrit syriaque B : au soleil et à l'ombre; le manuscrit syriaque A : au ciel et à l'ombre.

(11) Oxyde de cuivre carbonaté, ou vert-de-gris impur.

alors du cuivre et du bleu [1], jusqu'à ce qu'il s'amollisse et devienne brillant. On obtient ainsi facilement la substance que l'on appelle de deux noms, je veux dire le molybdochalque [2]. Vérifie s'il est sans ombre (de teinte claire et brillante). S'il ne devient pas encore tel, et s'il n'y a pas eu de faute commise et que tu te sois bien appliqué [3], broie-le avec ce qui l'accompagne, et fais cuire jusqu'à ce qu'il rougisse. Projette-le sur tout ce que tu voudras. La nature triomphe de la nature.

6. Avec du soufre apyre (*θεῖον ἄπυρον*), mélange de la couperose (*χάλκανθον*) et du sori (écrit *σεριος*). Le sori ressemble à la couperose et se trouve avec le misy [4]. Mets ces choses dans un vase et fais cuire pendant trois jours, jusqu'à ce que la matière rougisse (jaunisse). Ensuite projette sur le molybdochalque (?) et cela formera de l'or.

7. Prends de la chrysocolle de Macédoine, celle qui ressemble à la rouille de cuivre [5]. Broie-la avec de l'urine de génisse, jusqu'à ce qu'elle soit transformée, car la nature est cachée à l'intérieur. Une fois transformée, fais-la bouillir avec de l'alun, du misy et du soufre apyre; de cette manière la matière rougira. Après cela, projette et fais chauffer, et tu trouveras ce que tu désires [6].

8. Prends de notre plomb, celui qui est peu fusible [7], et comme fondant(?), du natron rouge et de l'alun. Fais fondre sur un feu de paille et projette sur la pyrite. Prends d'autre part la fleur [8] de safran, de carthame, d'œchomène (basilic?) et de chélidoine, le marc de safran et l'aris-

(1) Κονιν pour *κυανόν*.

(2) Hermès et Saturne dans le texte syriaque; ce qui signifierait le mercure et le plomb.

(3) Il y a ici des différences considérables avec le texte grec, que le traducteur syriaque a mal compris. (Voir *Coll. des Alch. grecs*, trad., p. 49.) On y lit ceci : «Assurez-vous que le produit est d'une teinte claire. S'il n'en est pas ainsi, ne vous en prenez pas au cuivre, mais plutôt à vous-même, vu que vous n'aurez pas fait une bonne opération».

(4) Sur le *sori* et le *misy*, *Introd.*, etc., p. 242; et p. 14, note 5; p. 15, note 1. La note marginale du texte syriaque explique misy par cinabre(?). Voir ce volume, p. 8, note 4.

(5) Il s'agit de la malachite, ou d'un sous-sel de cuivre analogue. (*Introd. à la Chimie des anciens*, p. 243.)

(6) Il y a ici quatre paragraphes du texte grec sautés.

(7) *Ἀρρευστον*.

(8) Σοτος? pour *ἄνθος*, dans le texte grec.

toloche. Broie avec du vinaigre fort, fais-en une liqueur[1]. Projettes-y le plomb; qu'il reste une heure; puis retire-le et tu trouveras ce que tu désires. Qu'il y ait dans la liqueur du soufre apyre, afin qu'elle soit efficace.

9. Comme elle triomphe de la nature, cette (science) multiple, que j'avais transmise à Mar.....[2], lorsque les prêtres vinrent me conjurer de leur livrer la puissance de ce livre. Car multiple est la matière (ὕλη) du rouge (jaune) et du blanc (c'est-à-dire de l'or et de l'argent). Ne vous étonnez donc pas; abstenez-vous de l'erreur : il n'y a qu'une nature qui triomphe du Tout[3].

[1] *Ζύμη*, au lieu de *ζωμόν* dans le grec. Peut-être la leçon syriaque répond-elle à une version grecque antique. Il faudrait alors traduire par *levain*, au lieu de *liqueur*.

[2] Il doit y avoir ici un mot omis; ou bien le passage est corrompu.

[3] Cette conclusion semble le résumé du dernier paragraphe de la Chrysopée; mais elle répond à un passage antérieur. (*Collection des Alchimistes grecs*, trad., p. 45; voir aussi p. 61.)

(LIVRE IIE. — ARGYROPÉE[1].)

Ensuite, du même auteur :

1. Vois la puissance des teintures qui produisent de l'argent; ce sont les suivantes :

Le mercure tiré de l'arsenic (*ἀρσενικόν*), ou de la sandaraque (*σανδαράχη*[2]), ou préparé comme tu le jugeras à propos, fixe-le suivant l'usage et projette-le dans de la liqueur, en ajoutant de l'alun (*σΊυπΊηρία*), et il blanchira. On réalise cette opération avec la magnésie blanchie, l'arsenic transformé, la cadmie (*καδμεία*), la sandaraque apyre et l'antimoine sulfuré (*ἀλάβασΊρος*) devenu blanc[3], ou la céruse (*ψιμύθιον*) cuite avec du soufre. Si l'on fait chauffer le fer avec de la magnésie, il s'amollit[4]. La nature charme la nature.

2. Prends la matière blanche qui est décrite ci-dessus et fais-la cuire dans l'huile; après cela, reprends-la et grille-la avec de l'alun (*σΊυπΊηρία*). Qu'il y en ait une partie et trois parties d'alun. Fais chauffer dans un fourneau, et elle blanchira; et mêle avec l'alun. Quand le mélange sera devenu blanc, il teindra en blanc tout ce que tu voudras. La nature triomphe de la nature[5].

[1] L'Argyropée de Démocrite, ou fabrication de l'asem (argent sans titre), *Coll. des Alch. grecs*, trad., p. 53, commence ici. Le texte syriaque est assez éloigné du grec, quoiqu'il en suive le sens général.

[2] C'est-à-dire l'arsenic métallique sublimé. (*Introd. à la Chimie des anciens*, etc., p. 239 et 282.) — Cet article répond au n° 20, p. 53, de la *Coll. des Alch. grecs*, trad.

[3] C'est-à-dire le sulfure d'antimoine changé en oxyde par le grillage. Ce mot n'est pas dans le texte grec, qui parle simplement de la pyrite. (Voir, sur l'alabastron, *Coll. des Alch. grecs*, trad., p. 121; *Introd. à la Chimie des anciens*, p. 238, et le passage de Stéphanus, cité p. 294.)

[4] La phrase du texte syriaque est formée par la réunion et l'abréviation de deux lignes du texte grec, lesquelles sont fort claires. (*Coll. des Alch. grecs*, trad., p. 54, n° 20.)

[5] Cet article répond au n° 21 de la *Coll. des Alch. grecs*, trad., p. 54.

3. Prends de la magnésie blanche, blanchie avec de l'eau et du sel, de l'alun et de l'eau de mer, ou du jus de citron, ou bien avec du soufre. La fumée du soufre (*θεῖον*), étant blanche, blanchit tous les corps. Quelques-uns disent qu'en y mêlant de la lie[1], le produit devient très blanc. Fais cet amalgame (*μάλαγμα*). Prends du cuivre, quatre onces; projettes-y (une once d'étain), en agitant jusqu'à ce que la matière fonde; ajoutes-y de la magnésie, qui détermine l'association. Elle enlève au métal sa rouille. La nature domine la nature.

4. *Préparation de l'argent.* — L'eau dans laquelle ces matières ont été bouillies teint en blanc et en rouge[2].

5. Prends du safran de Cilicie; ajoutes-y de l'eau et de l'alun, fais-en une liqueur[3] et infuses-y de l'étain qui deviendra blanc. Ensuite ajoute en proportion égale de la sandaraque, de l'arsenic, du soufre apyre, ou ce que tu jugeras à propos. Broie jusqu'à ce que la matière soit réduite en farine et sers-t'en. Enduis-en les feuilles de métal, mets-les dans l'eau, pour qu'elles cuisent et qu'elles deviennent blanches. Opère à la façon d'un artisan. Le safran de Cilicie blanchit avec l'eau de mer et rougit (jaunit) avec le vin. La nature charme la nature[4].

6. Voici qu'on a reçu toutes les préparations (*σκευάσεις*) de l'or et de l'argent. Rien ne manque ici, si ce n'est la vapeur (*αἰθάλη*) du mercure et la vaporisation de l'eau. Les choses que je viens d'énoncer, je vous les livrerai sans aucune jalousie dans un autre livre[5].

[1] *Σφέκλης* dans le grec; dans le manuscrit *σπκλις*. Le traducteur syriaque a d'ailleurs supprimé la fumée des cobathia, indiquée dans le grec. (*Coll. des Alch. grecs*, trad., p. 54, n° 22.) Littér. en syriaque : «Des sots disent : dans cette fumée qui teint, mêle de la lie à parties égales, pour qu'elle devienne bien blanche».

[2] Cette phrase remplace deux articles de Démocrite, les nos 23 et 24. (*Coll. des Alch. grecs*, trad., p. 55.)

[3] *Ζωμόν*, dans le texte grec; *ζύμη* dans le syriaque. L'un de ces mots signifie liqueur, l'autre levain ou ferment. La note marginale du texte confirme le sens de levain, pour le syriaque. (Voir p. 22, note 1.)

[4] Cet article répond au n° 25 (*Coll. des Alchimistes grecs*, trad., p. 56); mais les trois articles suivants de Démocrite manquent en syriaque.

[5] C'est la finale du petit ouvrage de Démocrite. (*Coll. des Alch. grecs*, trad., p. 57.)

(APPENDICE AU LIVRE IIE[1].)

I. DÉMOCRITE AUX PHILOSOPHES. SALUT!

(SUR LA PIERRE PHILOSOPHALE.)

1. Pendant qu'il ajoute de nouvelles richesses à celles des teintures, il apporte une chose merveilleuse; attendu que cette chose non seulement opère sans feu, mais elle seule produit toutes les teintures et toutes les pierres. Elle vous est livrée parfaite, sans aucune jalousie.

2. Voici que vous avez une pierre[2] qui n'est pas une pierre, pierre sans valeur, et très précieuse, supérieure à tout; son nom est unique, et elle reçoit beaucoup de noms, je ne dis pas absolument parlant, mais selon la nature qui est en elle.

3. On peut dire : Prends (des corps) qui fuient le feu et qui blanchissent, c'est-à-dire du mercure blanc, et l'on ne ment pas. Il[3] dit cela à cause du mercure, car ce corps fuit le feu. C'est la vapeur du cinabre[4]; elle seule blanchit le cuivre.

4. Cette pierre a beaucoup de noms. Fais-la cuire jusqu'à ce qu'elle blanchisse, et jette-la dans du lait d'ânesse[5], ou dans du lait de chèvre. Dans ce lait, mets d'abord de la chaux de marbre, ou de la lie[6]; fais attention qu'il n'y ait pas trop de chaux. Mets dans un autre vase des cendres de chou, comme tu le jugeras bon; filtre l'eau des deux vases et abreuves-en

[1] Sous ce titre j'ai réuni dix articles particuliers, qui suivent dans le texte syriaque; articles hors cadre en quelque sorte, par rapport au plan général du traité. Mais ils sont tirés également de la *Coll. des Alch. grecs*, ou similaires.

[2] Pierre philosophale. Le passage est traduit du grec. (Voir *Coll. des Alch. grecs*, trad., p. 130, n° 6.)

[3] C'est-à-dire Démocrite, qui est donné comme l'auteur de la phrase précédente.

[4] Écrit *κελεβρις*.

[5] Ce texte répond à un autre passage de Démocrite, *Coll. des Alch. grecs*, trad., p. 130. (Voir aussi p. 20, 72 et 73.)

[6] Mot écrit ici et plus bas *ασφκλις* au lieu de *σφέκλης*.

IMPRIMERIE NATIONALE.

la pierre. Mets celle-ci sur un feu doux pendant un jour. Sépares-en l'eau et tu trouveras (celle-ci?) noire. Prends la pierre (philosophale) et travaille avec ce que tu voudras. C'est la matière dont la transformation modifie les couleurs.

II. (LA COMARIS.)

5. Voici pour vous la comaris (*κώμαρις* ou *κόμαρο*) de la Scythie, qui est un pays. Celle qui vient de Scythie[1] est puissante et tue les hommes; elle tue facilement. C'est pourquoi on en cache la puissance. Ajoutes-y de la chaux, après l'avoir mêlée avec de la lie, et broie le mélange frais. Quand il est mou et aqueux, tu peux enduire avec toute pierre que tu voudras[2]; frotte-la et ce sera une perle[3]. La comaris délayée prête sa beauté aux pierres.

III. (PURIFICATION DU MERCURE.)

6. Le mercure[4], quand il est impur, se lave de la manière suivante :

Mets-le au sein du vinaigre additionné de natron (*νίτρου*), dans un vase de verre; laisse-le sept jours, et il blanchira.

IV. (RECETTE POUR DORER LE FER.)

7. Diogène[5] dit :

Si l'on jette de la sandaraque sur le feu et qu'on fasse passer du fer au-dessus d'elle, celui-ci prend la couleur de l'or[6].

(1) Le mot *comaris* a des sens multiples chez les alchimistes grecs. Dans le lexique (*Coll. des Alch. grecs*, trad.), il signifie, à la page 5, l'aphroselinon ou talc; à la page 9, l'ios; à la page 10, l'arsenic.

Le passage de l'auteur syriaque doit être commenté par les pages 341-342 de la *Coll. des Alch. grecs*, trad., où l'emploi de la comaris est décrit d'après Démocrite.

(2) Il s'agit ici de la teinture des pierres précieuses artificielles. (*Coll. des Alch. grecs*, trad., p. 334, 336, 341 et 342.)

(3) *Coll. des Alch. grecs*, trad., p. 342, n° 20, *μερίτης* dans le syriaque pour *μαργαρίτης*.

(4) Cet article et les deux suivants ne forment pas suite avec l'article de Démocrite; ils doivent être regardés comme des additions du compilateur.

(5) Ce nom est mentionné dans la vieille liste d'auteurs du manuscrit de Saint-Marc. (*Introduction à la Chimie des anciens*, p. 110, 111.) Il a été porté d'ailleurs par un philosophe de l'école naturaliste, cité par Olympiodore. (*Collection des Alchimistes grecs*, traduction, p. 89, 22.) Quelque alchimiste avait-il aussi ce nom?

(6) Formation d'une couche superficielle d'arséniosulfure.

V. (PRÉPARATION DU MINIUM.)

8. Il dit ensuite :

Si l'on jette dans l'huile[1] du siricon (couleur rouge) et qu'on transvase, on trouve du minium.

VI. EXPLICATION DES RACINES (C'EST-À-DIRE DES MOTS).

Le sel de montagne, il l'appelle cappadocien[2].

Ἕλκυσμα, c'est (la scorie de) plomb qui est rejetée par l'argent en fusion[3].

Κολιν est le τυροκολιν (=κόλλα est la χρυσόκολλα, c'est-à-dire soudure d'or).

On appelle terre d'Égypte la terre blanche.

..... (mot écrit δπουσκιν).....

Lames (πέταλα).

Eau de safran, χυλός : le safran en est la fleur.

Ασφατον ou αφλατον (=ἄσφαλτος), c'est le bitume de Judée.

Ἄσφαλτος, c'est la poix marine.

Κιμωλία, terre de Cimole : ce sont les coloquintes de terre (*sic*)[4].

VIII. TEINTURE DORÉE (DE LA LAINE).

Terre cimolienne, une partie, et bitume, une partie. Broie ensemble, teins la laine, ou le vêtement que tu voudras; laisse jusqu'au matin, et ensuite lave : la laine sera (jaune) comme de l'or.

IX. (TEINTURE DES MÉTAUX.)

1. Le vieux philosophe (?)[5] dit, à propos de la pyrite cuivreuse (χαλκιτάριν) qui attaque l'étain et le plomb : Il convient de prendre le sublimé

[1] Huile de natron probablement, c'est-à-dire sel alcalin fondu.

[2] Variété de sel gemme chez les Grecs. (*Introd. à la Chimie des anciens*, p. 14, 266.)

[3] Autrement dit scorie d'argent. (*Introd. à la Chimie des anciens*, p. 266.)

[4] L'auteur syriaque a sans doute décomposé le mot κιμωλία, en les deux mots suivants γῆ et μῆλα.

[5] Le manuscrit A dit le vieux κολος; le manuscrit B ακολος. Le manuscrit alchimique syriaque de Cambridge parle à plusieurs reprises du vieillard ακολς (*sic*). Ce nom ne se trouve pas ailleurs.

des trois soufres [1], de les mélanger ensemble et d'en verser une partie sur l'étain ou sur le plomb, et les métaux seront teints [2]. Il convient de s'en servir comme précédemment.

3. Soufres (θεῖα) qui s'unissent entre eux; ils sont au nombre de trois: l'arsenic (ἀρσενικόν, orpiment), le soufre apyre (θεῖον ἄπυρον), et la sandaraque (σανδαράχη, réalgar). Lorsqu'on les fait cuire ensemble, ils s'unissent entre eux. Quand tu les auras fait cuire et qu'ils auront été chauffés, tu les trouveras modifiés [3].

4. Il dit : Tu mettras un peu de cinabre (κιννάβαρις) dans un vase d'argile, tu placeras sur le feu pendant trois heures. Tu trouveras du cinabre sublimé.

5. Il dit : Le soufre apyre (θεῖον ἄπυρον) saisit le fugitif (le mercure) [4].

6. On a demandé pourquoi nous projetons de l'urine et non du vinaigre. Il a répondu que le vinaigre brûlerait les corps, tandis que l'urine les nettoie [5].

7. Il a dit encore : Il convient que les trois soufres soient changés en vapeur (αἰθάλη); projettes-en une partie sur l'argent.

8. Comment le cuivre devient blanc comme de l'argent.

Nettoie le cuivre convenablement et prends du mercure et de la céruse; frotte avec cela fortement et la couleur (du cuivre) deviendra pareille à celle de l'argent.

9. Comment (l'étain) ayant un cri perd cette propriété.

Quand il est en fusion, projettes-y du..... (mot corrompu), un tiers; puis verse-le sur cette terre. Fonds, et, lorsqu'il sera fondu [6], projettes-y...

(1) Soufre ordinaire, orpiment, réalgar.

(2) C'est là, ce semble, un procédé de teinture superficielle, le mercure attaquant la surface du métal. (Cf. *Introd. à la Chimie des anciens*, Papyrus de Leyde, p. 43, n° 75, et les procédés de Démocrite expliqués à la page 71.)

(3) Mot à mot : cachés. Le mot *cachés* est au singulier.

(4) En le changeant en sulfure.

(5) Le vinaigre, au contact de l'air, attaque le cuivre et le plomb, en formant du verdet et de la céruse (par transformation consécutive).

(6) Ceci semble une répétition de la phrase précédente.

un tiers(?); lorsque les produits se seront unis, verse-les sur la terre précédente. Quand le produit sera froid, fais-en ce que tu voudras.

X. (TEINTURE DES VERRES.)

1. (Ceci est du cristal pour la) production de l'émeraude.

Prends de la céruse, une partie, et du verre que tu voudras, deux parties; fais fondre l'un avec l'autre dans un creuset, puis coule le mélange. Au cristal (*κρύσταλλος*) (ainsi obtenu) ajoute de l'urine d'âne[1], et après quarante jours tu trouveras de l'émeraude.

En second lieu, ajoute de la rubrique (?) (écrit *αυρικον*), avec de l'alun et de la résine. Broie-les et mets en œuvre le cristal et un peu d'eau bouillante[2].

2. Comment on amollit le cristal (*κρύσταλλος*[3]).

Place-le dans de l'alun, additionné de vinaigre, pendant vingt jours. Égoutte et mets-le (ensuite?) dans le suc (*χυλός*) de la plante appelée *anagallis*[4] (*ἀναγαλλίς*), dont la tige est noire, et dans du suc (*χυλός*) de joubarbe[5], d'euphorbe[6]; ajoute ensuite du lait virginal[7]; mélange ces choses ensemble; fais cuire sur un feu doux.

3. Voici comment devront être cuites les perles[8].

Pour celles-ci on prendra du lait de femme.

[1] C'est là un nom symbolique, exprimant un sel de cuivre; à moins que l'auteur n'ait oublié d'indiquer ce sel de cuivre dans sa recette. (Voir *Coll. des Alch. grecs*, trad., p. 343, n° 22.) La préparation est celle d'un cristal ou verre à base de plomb.

[2] Cette seconde phrase semble répondre à un procédé pour teindre superficiellement le verre en rouge.

[3] Voir *Coll. des Alch. grecs*, trad., p. 345, 346, 347. On y lit des recettes analogues, destinées à préparer le verre, par attaque superficielle ou par enduit surajouté, de façon qu'il puisse recevoir les teintures ou vernis.

[4] Ce mot ne doit pas être traduit par le sens moderne de mouron. (Voir Dioscoride, *Mat. méd.*, l. II, ch. CCIX, t. I, p. 327.)

[5] *Sempervivum*, traduction de *ἀείζωον*.

[6] Vulg. *lait de chacal*, le *τιθύμαλος* de Dioscoride.

[7] Le *lait virginal* est une dénomination symbolique, souvent usitée chez les alchimistes. Ce serait en particulier le nom que les chimistes donnent au mercure, suivant le lexique de Bar Bahloul. (Cf. *Coll. des Alch. grecs*, trad., p. 20, n° 11.) On doit d'ailleurs entendre par là un chlorure de mercure, plutôt que le mercure métallique. (Voir *Coll. des Alch. grecs*, trad., p. 350, n° 3.)

[8] *Coll. des Alch. grecs*, trad., p. 355,

4. Comment se préparent toutes les pierres, et comment elles reçoivent toutes les couleurs.

Projette-les dans de l'urine grasse et place-les sur des charbons ardents. Aussitôt elles seront modifiées et elles prendront ensuite toutes les couleurs[1].

n° 12, etc. Le lait de femme semble un mot symbolique, destiné à faire contraste avec le lait virginal.

[1] C'est là, ce semble, un procédé pour nettoyer ou décaper la surface du cristal et pour déterminer ensuite à sa surface la fixation de la matière colorante. (Voir *Coll. des Alch. grecs*, trad., p. 347, n° 37.)

LIVRE IIIe DE DÉMOCRITE[1].

I. (PRÉPARATION DU CINABRE.)

Prends du mercure[2] (?) et mets-le dans une marmite d'argile; dispose du soufre apyre au-dessous et au-dessus du mercure. Couvre avec un couvercle d'argile et enduis le vase avec un lut capable de résister au feu[3]. Lorsque le lut sera sec, fais chauffer dans un four de verrier, trois jours et trois nuits. Après cela, prends la marmite, et tu y trouveras une substance rouge.

Prends celle-ci, travaille-la, broie-la dans de l'eau de mer, et expose au soleil pendant trois jours, en laissant sécher. Ensuite achève de dessécher, réduis en poudre, expose au soleil avec de l'urine d'enfant à la mamelle, pendant seize jours et autant de nuits. Fais sécher et mets dans un vase de verre. Garde le produit à ta disposition. Ceci est notre cinabre.

II. PRÉPARATION DU CUIVRE BRÛLÉ[4].

Prends du cuivre de Chypre[5], mets-le dans une marmite d'argile, place de l'arsenic (sulfuré) en dessus et en dessous du cuivre, puis ferme la marmite avec un couvercle d'argile, et enduis-la d'un lut capable de résis-

(1) Série de préparations qui semblent avoir été mises à la suite des deux livres de Démocrite (*Chrysopée* et *Argyropée*).

(2) Écrit *ἀρης αγριχον*. Ce mot, au sens littéral, voudrait dire *rubrique* ou *sanguine*, comme si le copiste avait confondu la sanguine et le cinabre, ainsi qu'il est souvent arrivé chez les auteurs anciens. Mais le sens général de cette préparation ne paraît pas douteux si on la compare avec celle du cinabre, décrite dans la *Coll. des Alch. grecs*, trad., p. 39, n° 1, et p. 367.

(3) Écrit *πουμαχην = πυρίμαχος*. La fin de la préparation a quelque analogie avec le n° 2 de la page 367 de la *Coll. des Alch. grecs*, trad.

(4) *Χαλκὸς κεκαυμένος*, écrit *κοχλκιον*, suivi des deux lettres *si*, que l'on trouve en tête de plusieurs articles dans ces manuscrits, ainsi que dans le manuscrit de Cambridge. C'est peut-être l'abréviation du mot *σειρά*, *chaîne*, ou de quelque autre mot analogue, dans le sens de *suite*.

Le cuivre brûlé était fort en honneur chez les anciens. (*Introd. à la Chimie des anciens*, p. 233.) On le trouve fréquemment employé par les alchimistes grecs et latins.

(5) Bilati (Vénus), *κύπριον*.

ter au feu; sèche-la et place-la dans un four de verrier, où le feu flambe pendant trois jours. Puis retire la marmite et tu trouveras une substance jaune[1].

Prends cette substance, réduis-la en poudre, expose-la au soleil pendant trois jours; dessèche-la et mets-la dans un vase de verre. Garde à ta disposition. Ceci est la malachite dorée ou chrysocolle (βατράχιον χρυσοάνθιον).

III. (POUR L'ASEM[2].)

Prends du mercure, mets-le dans une fiole, fixe-le en lui donnant la couleur rouge au moyen de la vapeur du soufre; mets-le avec de l'urine non corrompue[3]. Verse le tout dans un vase de verre, et fais attention. Ceci est appelé l'amalgame fusible (χλιροπιγις[4]).

IV. AUTRE PRÉPARATION. — SOUFRE INCOMBUSTIBLE.

Le soufre incombustible[5] s'obtient ainsi :

Prends du soufre, réduis-le en poudre et passe dans un tamis propre; jette-le dans un mortier et ajoutes-y du miel en quantité suffisante. Mets le tout dans une marmite sur le feu et fais chauffer. Lorsque le miel sera bouillant, saupoudre par-dessus peu à peu avec du soufre, et tourne sans cesse, afin de mélanger. Il faut cinq livres de soufre et cinq setiers de miel. Tourne

(1) Protoxyde de cuivre impur. Dioscoride préparait le cuivre brûlé avec le soufre. (*Mat. méd.*, l. V, ch. LXXXVII, t. I, p. 719.) Démocrite a indiqué aussi la pyrite, avec le concours du sulfure d'arsenic. (*Coll. des Alch. grecs*, trad., p. 154, *Sur la diversité du cuivre brûlé*; voir aussi *Chimie de Moïse*, p. 296.)

(2) Asem = semâ ou asèmon, «argent sans titre» en grec. (*Introd. à la Chimie des anciens*, p. 62.)

(3) Οὖρον αφθαρον pour ἄφθαρτον. Ingrédient souvent employé par les alchimistes grecs. Ces mots sont d'ailleurs employés à la place de ceux qui signifient urine d'un enfant impubère. (*Introd. à la Chimie des anciens*, p. 46, note 3.)

(4) Ce mot paraît être le même que χλιαροπαγές, qui désigne un amalgame fusible, dans les recettes placées à la suite de la lettre d'Isis à Horus. (*Coll. des Alch. grecs*, texte, p. 31, l. 3 et 4.) Mais la recette précédente ne s'accorde pas avec cette interprétation. Il doit manquer quelque chose dans le texte syriaque.

(5) *Coll. des Alch. grecs*, trad., p. 373. (Voir Démocrite, *Même recueil*, p. 47, 6.) Le mot *incombustible* présente deux sens différents, mais connexes, chez les alchimistes grecs. Tantôt il s'agit, comme ici et à la page 373 de la traduction de la *Coll. des Alch. grecs*, du soufre ou d'une pyrite, mêlée intimement avec une solution aqueuse de miel, ou de sel qui l'empêche de brûler; tantôt du résidu d'une combustion ou d'un grillage, tel que celui d'une pyrite. (*Coll. des Alch. grecs*, trad., p. 211, *Chapitre de Zosime à Théodore*, n° 14.)

précaution pour que le soufre fonde avec le miel, pendant que tu agiteras, (en opérant pendant) deux jours sur un feu doux. Place ensuite dans un vase de verre, en y mêlant du beurre et de l'huile nouvelle (*καινόν*).

Souffle le feu sur un point, de manière qu'il y ait une place où il pétille. Puis ferme l'ouverture (du fourneau, ou du vase?) avec soin et fais chauffer sur un feu doux pendant trois jours, là où l'on place les objets dont le travail n'est pas achevé. Retire ensuite le produit, fais-le sécher, et mets-le dans un mortier; broie avec de l'urine non corrompue, pendant trois jours. Mets dans un vase de verre, et garde le produit.

V. AUTRE PRÉPARATION.

Prends de la pyrite et fais-la chauffer; éteins avec de l'oxymel[1], trois fois; (après) la quatrième fois, lave énergiquement dans de l'eau douce, jusqu'à ce que la matière saline soit éliminée et que tu voies la masse pure et dorée. Alors mets-la dans un vase de verre avec du miel, (de façon) qu'il s'y incorpore. Ferme l'ouverture avec soin; fais chauffer sur le feu avec de l'urine non corrompue, pendant deux jours. Quand le produit aura été séché, mets-le dans un vase de verre, et garde-le avec soin.

VI. AUTRE PRÉPARATION.

Prends la cadmie des mines[2] (*καδμεία μεταλλική*); réduis-la en poudre et passe dans un tamis propre. Ensuite broie-la dans de l'eau de mer, pendant plusieurs jours, jusqu'à ce que tu la voies devenir blanche. Mêles-y du soufre incombustible pyriteux[3], à parties égales. Broie au soleil avec de l'urine non corrompue, pendant deux jours. Fais sécher[4] et garde le tout à ta disposition. Ceci teint toutes sortes de corps.

VII. AUTRE PRÉPARATION (LIQUEUR DE CHYPRE).

Prends de la chalcite de Chypre, une partie; de l'alun, une partie, et

(1) Miel vinaigré.

(2) *Introd. à la Chimie des anciens*, p. 239. Il s'agit d'un minerai naturel de laiton, et non de la cadmie artificielle, mélange de divers oxydes métalliques.

(3) *Θεῖον ἄκαυστον πυρίτης*. C'est là le produit de Démocrite signalé plus haut. (*Collection des Alchimistes grecs*, traduction, p. 47, n° 6.)

(4) Le texte dit : laisse-le brûler.

IMPRIMERIE NATIONALE.

de la fleur de sel, une partie. Broie avec de la liqueur de safran, une livre; amène le tout en consistance de miel (μέλιτος πάχος); mets dans un vase de verre, et garde. Ceci est la liqueur de Chypre (ζώμος κύπριος).

VIII. PRÉPARATION DU VINAIGRE.

Vinaigre, vingt setiers; natron d'Alexandrie, cinq livres; πόλιον, cinq livres. Il y a deux espèces de πόλιον pour la teinture. C'est une plante qu'on appelle ainsi; elle est très astringente. [D'autres écrivent παχλα[1], (c'est-à-dire) sédiment de vinaigre brûlé. Ce produit est aussi très astringent.] Broie ces choses, et projette-les dans du vinaigre. Remue deux jours, de temps en temps. Passe dans un morceau de toile, et mets en œuvre.

IX. PRÉPARATION DE L'URINE.

Prends de l'urine et mets-la dans un vase d'argile; fais chauffer, enlève l'écume. Lorsque la liqueur sera claire, jette dedans du natron en petits morceaux, cinq livres. Agite avec un bâton et laisse reposer deux heures. Puis prends la liqueur, passe-la dans un linge propre, rejette le sédiment et sers-toi de la liqueur. Ceci est l'urine incorruptible.

X. AUTRE PRÉPARATION (CHÉLIDOINE).

Prends du safran (κρόκος) de Cilicie et fais-le macérer dans de l'urine non corrompue pendant trois jours. Ensuite broie, passe et clarifie dans un linge. Garde dans un vase de verre; il doit y avoir du safran[2], six onces; et de l'urine non corrompue, cinq setiers.

XI. (PRATIQUE DU MÉLANGE DES COULEURS.)

Écoute maintenant la pratique (πραγματεία) mystérieuse du mélange des couleurs et des teintures : soudure des prêtres[3], trois onces; cadmie, trois onces; or, deux livres. Ces choses, mets-les dans un mortier; broie avec de

[1] En syriaque, ο et κ se confondent facilement. (Voir p. 24.)

[2] Le texte dit : de la chélidoine (ἐλύδριον).

[3] Chrysocolle, ou soudure des orfèvres modifiée. (*Introd. à la Chimie des anciens*, p. 243.) — Voir plus loin, liv. X, XXIX, p. 103.

la liqueur de Chypre[1] dans un mortier (ἴγδη), en y ajoutant de l'urine non corrompue. Broie au soleil pendant deux jours, jusqu'à ce que tu voies s'allier les substances (οὐσίαι) et les natures. Sèche et tu trouveras un produit semblable à du sable rouge. Mets-le dans un cylindre (αὐλίδιον) et fais-le digérer, ainsi que tu as appris.

Enduis avec soin le cylindre, et couvre ce creuset avec un lut résistant au feu[2], de telle façon que tu n'y aperçoives plus aucune fissure par laquelle les matières puissent sortir ou entrer. Mets-le dans un récipient à digestion spontanée[3] (écrit αυτομριν). Laisse-le fondre dans le fourneau pendant trois heures. Veille à ce que les charbons ne manquent pas, et laisse les substances (οὐσίαι) s'allier ensemble. Fais chauffer et retire.

Réduis le métal[4] en feuilles; enduis les feuilles avec la liqueur de Chypre, puis mets-les dans la poêle et fais-les chauffer comme (d'habitude?), pendant environ un jour. Tu les trouveras en état, le deuxième jour. Prends et verse, tu trouveras du rouge.

XII. VOICI LES ESPÈCES QUI SERVENT AUX TEINTURES ET À LA COLORATION EN ROUGE.

Prends ce qui suit pour une préparation. Tu traiteras avec du cinabre et du molybdochalque blanc (?)[5], de la chrysocolle, de l'amalgame fusible (χλιροπιγις), de la pyrite, de la chélidoine (κλαυδίανον)[6], du soufre incombustible, de la cadmie minérale, de l'urine non corrompue, du vinaigre préparé, du suc de safran, du suc de chélidoine, de la soudure des prêtres, de la liqueur de Chypre. Ces choses, broie-les convenablement et traite de façon que le plomb prenne la teinte de l'or, à l'aide de la liqueur de Chypre; de telle sorte qu'on ne le distingue plus après le traitement. Avec cette liqueur, travaille ce que tu voudras, suivant les règles de la pratique (πραγματεία).

(1) Voir plus haut, p. 33, VII.

(2) *προμακιν = πυρίμαχος.*

(3) Αὐτοματάρειον, dans Olympiodore. (*Coll. des Alch. grecs*, texte, p. 91, l. 10.) Ce devait être quelque appareil analogue à ceux des figures de notre alchimie syriaque. (Voir plus loin le présent volume; voir aussi *Coll. des Alch. grecs*, trad., p. 346.)

(4) C'est une nouvelle préparation?

(5) Deux mots écrits : λκοχλκον μθρκιον, c'est-à-dire λευκὸν χαλκομολυβδόν? molybdochalque blanc; ou λευκὸν φάρμακον. (*Coll. des Alch. grecs*, trad., p. 49, 188, 193, 407 et *passim*, et encore p. 34.)

(6) Voir ce volume, p. 44.

Si tu apprends que tu dois chauffer l'amalgame fusible (*χλιροπιγις*), il (Démocrite?) entend que c'est avec du fumier de bœuf. Mais s'il dit : Chauffe sur un feu doux, il entend que c'est dans un four de verrier, dans la partie supérieure où l'on place l'objet travaillé qui n'est pas encore achevé par la fusion ignée. S'il dit : Là où l'on allume le feu, il entend le fourneau inférieur, où l'on fait le travail.

[L'auteur expose la préparation du] soufre incombustible (*θεῖον ἄκαυστον*). Opère ainsi : tu places la marmite sur un trépied et tu fais cuire avec du miel, comme nous avons dit précédemment, pendant un jour, en agitant sans cesse.

Le corps du molybdochalque blanc? (*λκοχλκον μθρκιον*)[1], tu l'enfermeras dans une marmite d'argile et tu feras chauffer sur un feu ardent.

La pyrite, mets-la avec du miel dans une fiole, et fais chauffer par l'intermédiaire de l'air, de cette façon : on place la fiole dans une marmite d'argile, en couvrant celle-ci d'un couvercle troué au milieu, de manière que le vase de verre soit suspendu et se balance. Fais chauffer trois jours et trois nuits, puis retire la fiole et broie le produit avec de l'urine non corrompue. Sèche-le, puis pétris avec de l'huile de ricin (*κίκινον*); mets le tout en consistance de miel. Tu opéreras pendant trois jours, en faisant chauffer avec un feu de sciure de bois, et tu obtiendras le soufre incombustible[2]. Ensuite lave-le et broie avec de l'urine non corrompue, pendant deux jours. et alors tu auras le produit indiqué ci-dessus.

[1] Voir plus haut. — [2] Voir p. 32.

LIVRE IVE D'HIPPOCRATE[1].

(DE DÉMOCRITE.)

I. (LA RÈGLE DE L'ARGENT.)

1. Les natures connues sont mâles ou femelles.

Prends la femelle[2] et fais-la monter dans l'alambic (appareil à vapeur, αἰθάλη[3]) qui distille et blanchit. Reverse le supérieur sur l'inférieur (cohobe) sept fois, et mets à part.

Prends la terre (restée au fond de l'alambic) et lave-la jusqu'à ce que sa noirceur soit purifiée[4]. Opère de cette manière : prends de l'urine d'enfant et jettes-en sur le produit environ deux doigts. Place dans un vase et mets-le dans du fumier pendant sept jours[5]. Puis retire-le, fais monter dans l'alambic (αἰθάλη), et traite-le ainsi jusqu'à ce que le produit soit entièrement désagrégé; puis garde ce produit.

Après cela, place le mâle[6] dans notre alambic[7] pour distiller, et pousse le feu jusqu'à ce que monte un produit rouge[8]. Prends et mets de côté.

Retire la terre (c'est-à-dire le résidu) et mets-la de côté.

Prends de la teinture, une partie; de l'esprit, une partie, et de l'eau alcaline, un quart; place le tout dans un vase et mets ce vase dans du fumier; agite chaque jour trois fois. Après sept jours, retire et fais monter, jusqu'à ce que le produit soit purifié de son huile et que sa couleur soit d'un rouge noirâtre. Prends et garde. Ceci est appelé l'esprit saisissant.

(1) Écrit εἰποχρτης. La lecture de ce nom ne paraît pas douteuse dans le texte. Cependant le nom d'Hippocrate est étrange, aucun alchimiste de ce nom n'ayant été signalé. Il convient de lire quand même : « Démocrite », en raison de la mention du livre IV, faisant suite au livre III, p. 31, et précédant le livre V, donné plus loin, p. 42.

(2) La femelle est le mercure; tandis que l'arsenic, en raison de son nom grec, s'appelle le mâle.

(3) Mot à mot : qui *attire*.

(4) Voir Olympiodore, dans la *Coll. des Alch. grecs*, trad., p. 99, 101, 107, 113.

(5) Voir des préparations analogues, mais aussi obscures, *Coll. des Alch. grecs*, trad., p. 143; p. 290, n° 16, et p. 297, n° 17 (*Chimie de Moïse*); p. 303 et 322 (*Travail des quatre éléments*); p. 424 (*Blemmidès*), etc.

(6) Arsenic, c'est-à-dire sulfure d'arsenic.

(7) Mot à mot : qui *attire*.

(8) Sulfure arsenical.

2. Prends la terre du mâle, jette dessus de l'urine d'enfant, laisse dans le fumier pendant sept jours. Retire, fais monter; agis ainsi jusqu'à ce que le produit soit purifié et devienne rouge[1]. Ceci est la cendre purifiée sept fois dans son propre esprit[2].

3. Comme le dit Démocrite[3], quand tu auras nettoyé le corps sept fois dans son esprit, pendant un certain nombre de fois sept jours, au soleil, comme je te l'ai enseigné; voici que tu auras une pierre qui teindra l'or et l'argent, quand son âme sera séparée de son corps.

Prends de ce corps que tu as blanchi, une partie, selon le poids connu; de son eau clarifiée, une autre partie, selon son poids. Place-les dans un alambic neuf, tous deux ensemble, par parties égales. Adapte avec soin un récipient à l'ouverture de l'alambic et lute les joints avec de la cire. Enduis-le ensuite avec de la boue. Lorsqu'il sera sec, introduis-le dans la terre d'Égypte[4], et laisse en place pendant quarante-deux jours.

Tous les sept jours, tu changeras les lis (*sic*) de la terre des Hittites (?), car il n'est pas possible que les Hittites (?) dorment sur des fleurs qui ont été chauffées et desséchées. Les amis ne doivent pas s'unir dans un feu dont l'éclat n'est pas beau; car alors la terre d'Égypte, pendant le refroidissement, corromprait tout ce qui est caché en elle. C'est pourquoi le Philosophe (?) fait briller dans sa doctrine, qui est droite et médiatrice (?), l'éclat du feu de tes travaux.

Quand le nombre de quarante-deux jours sera complet, retire l'alambic du fumier, et laisse refroidir pendant deux jours. Ouvre ensuite vivement son orifice, prends ce qui est à l'intérieur, mets-le dans un récipient de fer, et dépose celui-ci sur un feu couvert de cendres. Fixe doucement; que la chaleur du feu ne fasse pas sortir de vapeur; que le feu soit modéré. Agite avec une baguette de fer, jusqu'à ce que le produit durcisse comme de la pierre. Ce sera là un ingrédient de la teinture.

De ce produit projette une partie sur cent parties d'étain, et cela formera

[1] Même observation qu'à la note précédente.

[2] Cette préparation est décrite avec l'obscurité intentionnelle des alchimistes du moyen âge. Il s'agit sans doute de composés mercuriels et arsenicaux, qui blanchissent et jaunissent le cuivre, durcissent l'étain et le rendent semblable à l'argent, etc., ainsi que l'indiquent les dernières lignes de l'article. Mais il est inutile d'y chercher aujourd'hui un sens chimique plus précis. De même pour les pages suivantes.

[3] Hippocrate dans le texte.

[4] Voir p. 27, VI.

de l'argent brillant. Si tu le projettes sur du cuivre, ce sera d'excellent électrum[1].

Telle est la règle de l'argent, la meilleure de toutes les règles, celle qui montre son efficacité, quoiqu'elle n'entre pas dans le travail (ordinaire).

II. (LA RÈGLE DE LA CHAUX.)

Comprends que je place devant toi la règle de la chaux, (c'est-à-dire) de cette terre de plomb que tu as blanchie[2]. Lorsque tu voudras que la chaux monte au degré supérieur[3], prends la terre que tu as blanchie, place-la dans un vase d'argile, lute-le avec le lut des philosophes[4] qui est fait de. . . . . (mot corrompu) et de vinaigre. Sèche le vase que tu as ainsi enduit, et introduis-le avec précaution dans le fourneau de calcination.

Fais un feu modéré pendant un jour, deux et trois. Alors active le feu pendant sept jours, nuit et jour. Chauffe le four de calcination qui renferme les terres.

Alors laisse refroidir deux jours et une nuit. Ouvre et retire le vase. Extrais la chaux de l'intérieur, place-la dans un vase de verre neuf et poli; ferme l'ouverture; pour en opérer la dissolution, verse de l'urine et encore de l'urine(?)[5].

Ceci est la chaux des philosophes, c'est-à-dire le cuivre blanc qui affranchit de la pauvreté[6].

III. (LA GRANDE DISSOLUTION[7].)

Prends de ceci une partie, et de son eau, une partie également, sans plus. Introduis le tout dans le vase à dissolution; lutes-en l'ouverture sui-

[1] Cf. *Coll. des Alch. grecs*, trad., Démocrite, p. 48, n° 8, et *passim*.

[2] Voir les articles de la *Collection des Alchimistes grecs*, trad., p. 268 et suivantes. Le mot *chaux* était appliqué dès lors aux chaux métalliques, c'est-à-dire à nos oxydes modernes.

[3] C'est-à-dire se sublime lentement; il s'agit ici des cadmies, oxydes métalliques sublimés qui renfermaient du cuivre, du zinc, du plomb, de l'antimoine, etc. (*Introd. à la Chimie des anciens*, p. 239.)

[4] *Lutum sapientiæ* des Latins.

[5] La phrase syriaque a deux sens, celui indiqué dans le texte, ou bien : (ferme) «avec une étoffe de soie; mets en once pour once».

[6] *Coll. des Alch. grecs*, trad., p. 63, 73, 205, 226, 273, etc.

[7] Voir le grand traitement d'Hermès. (*Même coll.*, p. 79.)

vant l'habitude. Place-le dans la terre d'Égypte, où il restera quatre-vingts jours, en changeant la terre tous les sept jours.

Ceci est la grande dissolution, au-dessus de laquelle il n'y a rien. Ainsi le mystère caché a été révélé[1].

IV. PRÉPARATION DE LA MAGNÉSIE[2].

Prends de la magnésie autant que tu voudras, et opère avec de l'urine non corrompue pendant quarante jours, en changeant l'urine chaque jour. Verse (ou fonds) aussitôt la matière dans le récipient à digestion spontanée. Puis opère avec de l'eau salée pendant trois jours, et lave jusqu'à ce que le produit devienne doux. Aussitôt fonds avec du natron et de l'huile, à trois reprises.

V. BLANCHIMENT DE LA PYRITE.

Prends, broie la pyrite et lave dans de l'eau et du sel, sept fois, en faisant sécher chaque fois. Tu feras griller, et lorsque la noirceur sera partie, ajoute de l'arsenic blanchi, une partie pour quatre parties de pyrite; mets dans la liqueur, pour amollir le corps métallique, et enterre dans le fumier, jusqu'à ce que ce corps blanchisse.

VI. JAUNISSEMENT (ROUGISSEMENT) DE LA PYRITE.

Après que nous avons blanchi la pyrite avec l'eau de soufre dans laquelle se trouve une quantité égale de pyrite magnétique (?) (écrit *μκνθος*); sèche au soleil la pyrite. Mets dans un vase de terre; fais chauffer dans un four de verrier pendant un jour. Opère ainsi. Quand le vase sera refroidi, tu trouveras de la rubrique (mot à mot du cinabre[3], *κιννάϐαρις*).

[1] *Coll. des Alch. grecs*, trad., p. 9, 20, 100, 123, 282, 283, etc.

[2] Sur les sens multiples de ce mot chez les alchimistes grecs, *Introd. à la Chimie des anciens*, etc., p. 255.

[3] Ce mot est employé dans un sens générique pour une matière rouge quelconque. (*Introd. à la Chimie des anciens*, p. 244.) Il s'agit cette fois du peroxyde de fer, ou colcotar. (Voir le même sens, *Coll. des Alch. grecs*, trad., p. 39, 3, dans un passage où il s'agit également de la magnésie du verrier et du fer indien.)

Ceci est l'élixir de la terre dorée[1], que tous les philosophes ont connu dans le mystère révélé.

Je te fais savoir que toute parole mystérieuse a été dite sur la pyrite.

Apporte la pyrite mâle, fais chauffer sur le feu et teins sept fois avec du vinaigre. Traite de même la (pyrite) femelle. Prends aussi la magnésie du verrier qui a subi le traitement, et mets-la à part.

Prends du cuivre, de l'étain, du soufre, du fer, réduits par broyage en consistance de céruse; prends de chacun d'eux une partie égale, et des deux pyrites[2], de chacune, une partie, et de la magnésie, une partie. Pétris toutes ces espèces avec du natron et de l'huile. Fonds et blanchis aussitôt avec du vinaigre et du sel; mets à part.

Prends de ce corps, une partie, et de chacun de ceux dont il a été parlé, une partie, ainsi que de l'argent travaillé en consistance de céruse (ψιμύθιον). Pétris avec du natron et de l'huile; fonds et lime avec une lime. Agis de cette manière pour chacun des cinq corps, pris séparément, et mêle-les les uns aux autres.

Prends de cet élixir une once, et du corps (métallique) que tu voudras, une livre (?); coule et tu trouveras.

VII. FUSION DU FER INDIEN[3] QUI EST L'ACIER.

Prends de la scorie (σποδός) d'acier et mets dans un creuset. Projette dessus du soufre et de l'arsenic (sulfuré). Fais fondre sur des charbons, et coule quand tu voudras.

(1) Voir ci-dessus, p. 6.

(2) Pyrite blanche et pyrite magnétique?

(3) Le fer indien préoccupait beaucoup les alchimistes, à cause de ses propriétés exceptionnelles pour la fabrication des armes. (*Coll. des Alch. grecs*, trad., p. 40 et 332.) Mais la recette donnée dans le texte présent est peu intelligible. C'est sans doute l'indication sommaire d'un tour de main, employé pendant la préparation.

IMPRIMERIE NATIONALE.

LIVRE V^E^ DU PHILOSOPHE.
(DE DÉMOCRITE.)

I. ÉLIXIR DES ŒUFS. (ÉPOQUE DE LA PRÉPARATION.)

On le prépare depuis le commencement jusqu'à la fin de la lune, pendant les jours qui sont indiqués ci-dessous. Ce travail doit se faire depuis le commencement d'avril jusqu'au mois de novembre. Pendant l'hiver, l'élixir est froid et ne monte pas (à la distillation).

II. AUTRE ÉPOQUE POUR UN AUTRE TRAVAIL DE L'ÉLIXIR DES ŒUFS.

Il dit :

Commence le travail des œufs[1] depuis octobre jusqu'à mars et avril, parce qu'alors le fumier est bouillant. Les œufs doivent être des œufs de cinq jours.

Si tu veux travailler d'après l'opération de l'arsenic et du soufre, commence entre les premiers jours de juin et le mois d'octobre, parce que le soleil de midi est ardent (à cette époque).

Nota. (Ἄλλο ?). Les bouteilles, les fioles, les cornues, les marmites, les alambics, les récipients, les flacons et le reste devront être en abondance chez toi, car ils cassent souvent; tu en auras (en provision) pour changer à volonté.

III. DISTILLATION DANS L'ALAMBIC.

1. Prends une marmite de terre cuite au feu et appropriée; remplis-la

[1] Le mot *œuf* doit être entendu tantôt dans le sens propre, tantôt dans un sens figuré. En effet, ce mot est pris par les alchimistes dans un sens mystique pour toutes sortes de produits manipulés. (*Collection des Alchimistes grecs*, trad., p. 143, 333, 393, etc. *Sur l'œuf philosophique*, p. 18 et 21.) Les *Commentaires du Chrétien* et de l'*Anonyme* roulent sur ce symbolisme. Il apparaît déjà dans Olympiodore. (*Coll. des Alch. grecs*, trad., p. 87, 88, 104, 110.) Pétésis l'employait. (*Ibid.*, p. 341, 268, etc.) Ces idées remontent aux vieux mythes égyptiens et babyloniens. (*Origines de l'Alchimie*, p. 15 et 51).

de cendres tamisées, à plus de moitié de la hauteur[1]; place sur un trépied de travail.

Installe alors la chaudière (de l'alambic) au milieu de la cendre; adapte au-dessus le récipient et dispose le tout comme dans une cenule. Allume le feu sous la marmite; la cendre s'échauffera, ainsi que la chaudière qui est dedans.

Tu vaporiseras ainsi l'espèce sur laquelle tu opères, sans danger qu'elle brûle, et tu feras selon la règle.

2. Second mode d'opération[2] :

Sur une marmite dans laquelle il y a de l'eau, on pose la chaudière et on chauffe par-dessous l'eau, de manière qu'elle bouille, que sa vapeur monte, et échauffe la chaudière et l'espèce qui est dedans, sans danger de l'altérer.

En effet, tout l'art est dans la cuisson et le règlement du feu. Si le feu est trop fort, si peu que ce soit, la préparation sera endommagée; mais, s'il est trop faible, rien ne montera. Maintenant, fais attention.

IV. PREMIÈREMENT : ÉLIXIR D'ŒUFS[3].

Cet élixir se verse (comme il suit) : sur une livre de cuivre une once, ou bien sur une livre des neuf idoles (figurines que l'on veut dorer?) une once pareillement.

Prends des œufs de poule[4], cinquante en nombre, ou des œufs d'oie[5], à raison de un pour trois du nombre précédent, attendu qu'un seul œuf d'oie vaut trois œufs de poule; ceci a été trouvé par les philosophes, et cela suffit. Tu as le choix entre les deux.

Prends alors le jaune des œufs, qui ne doivent pas être brouillés. Nettoie-les de tout ce qui se trouve autour. Enlève le germe[6] qui se trouve dans le jaune. Nettoie de cette manière : place le jaune dans la paume de la main gauche et nettoie-le avec un petit couteau, ou avec une éponge;

[1] Premier procédé : on chauffe au bain de cendres.

[2] Second procédé : on chauffe au bain-marie proprement dit.

[3] Comparer la formule de Blemmidès. (*Coll. des Alch. grecs*, trad., p. 424.)

[4] Cette préparation rappelle celle qui est décrite par un commentateur de Zosime (*Coll. des Alch. grecs*, trad., p. 143), ainsi que les écrits du *Chrétien* et de l'*Anonyme*, auteurs dont le premier cite même le syrien Sergius. (Voir cette *Collection*, p. 379.)

[5] *Collection des Alch. grecs*, trad., p. 414, n° 8.

[6] Ou peut-être la terre; les deux mots syriaques ne différant que par une lettre.

pique avec une aiguille à sac; incline un peu ta main et fais écouler tout le jaune. Ce qui s'écoulera, recueille-le dans un mortier; ce qui restera dans ta main, jette-le. Fais de même pour tous les jaunes.

Ensuite prends du safran nouveau[1], trois onces. Broie bien et projette sur les jaunes, dans un mortier. Broie-les à l'ombre, jusqu'à ce que les jaunes aient absorbé le safran; broie ainsi pendant quinze ou sept jours, deux heures par jour, une heure le matin et une heure au coucher du soleil.

Lorsque tu verras que le produit trituré commence à s'épaissir sous le pilon, prends dans ta main de la saumure, c'est-à-dire du vinaigre blanc filtré; verse-la dessus, et opère dès le commencement du jour; que le vinaigre soit très fort.

Sois pur en âme et en corps, et prie avant de préparer l'eau divine[2].

Prendre de la chélidoine, appelée en arabe racine de curcuma[3], six onces; et aussi du safran, trois onces; du vinaigre fort filtré, un setier. Place dans une marmite neuve et fais agir l'ardeur du feu sept fois. Ensuite clarifie l'eau, qui ressemble au safran.

Le quinzième jour après le broiement des jaunes, prends de l'alun lamelleux, une once. Broie, passe et jette dans un mortier sur les jaunes. Fais-leur absorber ces eaux dorées, que tu as préparées en chauffant. Broie ainsi à un soleil très fort, pendant trente jours. Pendant la nuit, couvre le mortier pour le garantir contre la rosée. Broie ainsi avec soin, sans te lasser, et, après trente jours, retire le mortier du soleil, pour que le produit ne sèche ni ne brûle. Extrais-en l'élixir et mets-le à part.

Prends de cet élixir, six onces, et de la teinture, qui est du soufre jaune, ou de la sandaraque (orpiment) ayant subi le traitement, trois onces; de la couperose[4] de Chypre, une once, et de la chélidoine (*χλαυδίανον*, écrit *χλαυδιος*) préparée avec l'arsenic rouge[5], trois onces; de l'alun lamelleux cru (*sic*), une demi-once, et de la couperose (*χλκδις*)[6], une once. Mélange et

(1) Matière minérale jaune orange. (*Introd. à la Chimie des anciens*, p. 287.)

(2) Voir l'avis du début du présent volume, p. 1.

(3) Matière colorante jaune clair. — Voir Ibn Beïthar, éditeur Leclerc, t. III, p. 167, n° 1917 (t. XXVI des *Notices et extraits*).

(4) Littéralement : du vitriol noir vivant.

(5) C'est-à-dire un oxysulfure jaune d'arsenic, obtenu par un premier grillage ou oxydation du réalgar.

(6) Bar Bahloul dit : « *χλκδις* ou *μίλτος* chez les chimistes, c'est la fleur de cuivre. Gabriel a dit, d'après Dioscoride et d'autres, le calcidis en grec *χάλκανθον*, et d'après Galien. J'ai vu que le calcidis, dans quelques cas, devenait le colcotar »; et il dit : « J'en avais rapporté de Chypre et tout l'extérieur, d'un

broie tous ces corps, par parties égales, au soleil, en y ajoutant du jus de safran. Broie pendant trois jours; dessèche et broie finement, de façon à réduire en poudre. Veille soigneusement sur ce bon élixir.

Prends un zouz[1], enduis-le avec l'élixir des œufs et pose sur des charbons ardents; quand le zouz sera chaud, il sera doré[2].

L'élixir se verse (comme il suit) : sur une livre de cuivre, une once; ou sur une livre des neuf idoles, une once[3].

V. ÉLIXIR QUI TRANSFORME L'ARGENT EN OR.

Une livre de mercure; deux livres de couperose de Perse[4]. Broie bien la couperose, et jette dessus le mercure; ajoute du sel dulcifié, un setier; travaille dans un bassin, jusqu'à ce que tout soit bien incorporé.

Mets dans une marmite neuve et ajuste l'alambic[5]; chauffe par en dessous, jusqu'à ce que tu entendes le bruit du sel décrépité. Retire alors le feu.

Lorsque le vase sera refroidi, enlève-le et ouvre-le. Le produit qui aura monté de la chaudière dans le récipient, recueille-le et pétris-le avec du jus d'aristoloche ronde, de coloquinte (litt. : vigne de serpent), et d'ellébore blanche.

Mets-le dans une fiole de verre. Enduis l'orifice et le ventre de celle-ci au moyen de la boue gâchée avec du crin, et abandonne jusqu'à ce que le lut soit bien sec; puis apporte un tas de fumier de bœuf; place la fiole au milieu, allume le feu et qu'elle demeure là une nuit. La matière durcira et sera comme de la pierre.

Jette dans une marmite, verse dessus du vinaigre acide; ajoute de l'alun

côté, est devenu du colcotar après vingt ans, tandis que son intérieur n'avait pas cessé d'être du calcidis et je le conserve ainsi jusqu'à présent ». — On voit qu'il s'agit d'un minerai de cuivre ferrugineux, que l'action de l'air transforme à la surface en peroxyde de fer, ou en sel basique de fer.

(1) Pièce de monnaie de la valeur d'une drachme.

(2) C'est une recette pour teindre en or un métal blanc, recette d'orfèvre et de fauxmonnayeur. (Voir Papyrus de Leyde, n° 20, *Introduction à la Chimie des anciens*, etc., p. 33. Voir aussi les recettes des alchimistes latins, données dans les manuscrits 6514 et 7156 (f. 66 v°) de la Bibliothèque nationale de Paris. — *Transmission de la science antique au moyen âge*, p. 85.)

(3) Voir plus haut, p. 43, IV, la phrase qui est répétée ici.

(4) Les manuscrits donnent en marge le *sori* comme l'équivalent de ce mot. (Voir *Introd. à la Chimie des anciens*, p. 242.)

(5) Αἰθάλη : ce mot est expliqué dans le lexique de Bar Bahloul, col. 331, l. 6, par l'alambic. (Voir plus haut, p. 37.)

lamelleux et du soufre blanchi, de chacun un poids d'une drachme (un mithqal). Fais cuire, jusqu'à ce que le produit devienne mou comme du mastic.

Projette de cet élixir un mithqal pour une livre d'argent, et tu verras apparaître un or brillant, qui ne s'éclipsera jamais. Ceci a été expérimenté et est véritable[1].

VI. AUTRE ÉLIXIR D'OR.

Un mithqal de mercure, puis du soufre jaune, même quantité. Travaille-les ensemble, jusqu'à ce qu'ils s'absorbent réciproquement et qu'ils forment une masse homogène.

Place-les dans une fiole de verre; enduis l'orifice et le corps du flacon au moyen de la boue gâchée avec du crin. Expose au soleil, jusqu'à ce qu'il soit sec.

Prends du fumier de chèvre, trois corbeilles; fais-le brûler, jusqu'à ce qu'il ne produise plus de fumée. Alors mets la fiole au milieu de ce feu : il y restera un jour et une nuit[2]. Ensuite retire-le.

Prends de l'alun lamelleux, une livre; broie bien et jette dessus de l'eau; agite-le; qu'il reste un peu en repos; clarifie l'eau et rejette le résidu.

Verse cette eau dans une bouteille; place-la au soleil, jusqu'à ce qu'elle épaississe. Prends de cette eau d'alun épaissie, un mithqal, et du soufre travaillé avec le mercure, un mithqal. Mets le tout dans un bassin; fais absorber par le sublimé, obtenu dans le vase supérieur; travaille le tout dans un bassin de marbre dur, pendant deux jours, à un soleil ardent.

Lorsque l'élixir sera fluide comme du miel, mets-le dans une autre fiole, lutée comme la première. Place la fiole dans une marmite vide et lute celle-ci avec de la boue et du crin.

Quand la marmite sera sèche[3], place-la sur un trépied et allume au-dessous un feu modéré, jusqu'à ce que le couvercle blanchisse. Retire alors le feu de dessous le trépied, et laisse le vase refroidir sur le trépied.

Ouvre et enlève la fiole; retires-en l'élixir, qui est devenu rouge comme du sang.

[1] Procédé pour teindre à l'aide d'un vernis couleur d'or. (*Introd. à la Chimie des anciens*, etc., p. 56, 60, 71.)

[2] *Ibid.*, p. 108, l. 10; p. 114-115, l. 27 et l. 1.

[3] Le texte porte «clarifiée», par suite de quelque confusion du copiste.

Prends alors une livre de plomb pur [1], mets-le dans un creuset et fais-le fondre, et quand il aura un bel œil [2], projette dessus un mithqal de l'élixir, façonné en boulette avec une feuille d'or mince et arrondie(?). (Tu peux aussi) faire fondre doucement (le plomb), pendant qu'il fixe l'élixir liquide [3], et laisser jusqu'à ce que l'élixir soit absorbé. Alors brillera pour toi un or éclatant.

VII. ÉLIXIR DU CUIVRE POUR LE TRAVAIL DE L'ARGENT.

Alun lamelleux, une partie; arsenic rouge, une partie. Travaille en abreuvant avec de l'eau d'œufs, qui est le blanc d'œuf filtré. Tu ne te relâcheras pas de ton travail pendant sept jours.

Ensuite fais monter dans l'alambic (*αἰθάλη*), à trois reprises, et l'élixir sera comme de la glace.

Projette de cet élixir une partie sur dix de cuivre pur, et tu auras de l'argent blanc [4]. La vérité de ceci a été éprouvée.

VIII. CALCUL DU MERCURE [5] D'APRÈS LA RÈGLE.

Mercure, une livre; couperose, de même; sel, une demi-livre. Broie à sec ensemble, jusqu'à ce que le mercure soit absorbé et ne soit plus reconnaissable.

Mets dans une marmite (*κακκάβη*); lute-la et sèche avec soin. Laisse le produit desséché avec l'élixir dans la marmite, et place-le dans le récipient à digestion spontanée [6].

(1) B ajoute à la marge : «Vois de quel plomb il s'agit». Est-ce le plomb blanc, c'est-à-dire l'étain?

(2) Expression de métier, qui est encore employée aujourd'hui en orfèvrerie. Elle se trouve déjà dans le Papyrus de Leyde, *καὶ γένηται ἱλαρός* (*Introd. à la Chimie des anciens*, p. 32) et dans la *Mappæ clavicula*, n° 26; *Transmission de la science antique au moyen âge*, p. 42, *Donec hilare fiat*. Cela signifie : «quand le métal aura une belle teinte».

(3) Le texte offre ici deux sens, comme à la page 39, II, note 5. On peut traduire également : «(tu peux) mettre dans une étoffe de soie fine, liée avec de la soie et laisser», etc. Cette opération ne serait compréhensible que s'il s'agissait d'un simple vernis doré.

(4) C'est-à-dire du cuivre blanchi par l'arsenic. (*Coll. des Alch. grecs*, trad., p. 81, et *passim*.)

(5) Le signe est celui de l'argent; mais dans la préparation il s'agit du mercure.

(6) Voir plus haut, p. 40, IV. Il semble qu'il s'agit d'une sublimation, telle que celle du chlorure de mercure; le produit se condensant à la partie supérieure du vase.

Fais chauffer pendant un jour, puis laisse refroidir.

Ouvre et tu trouveras le mercure devenu comme de la céruse[1] et adhérent au couvercle de la marmite. Essuie-le et recueille-le.

IX. DEUXIÈME OPÉRATION DE FIXATION (DU MERCURE).

Prends mercure fixé, une livre; de la couperose, la moitié d'une livre; du sel, trois onces. Broie à sec, et fais chauffer pendant un jour, comme ci-dessus[2].

X. (AUTRE.)

Prends du mercure, trois quarterons (1/4 de sicle); du mercure fixé, une livre; de l'alun, deux livres. Broie l'alun lamelleux à sec. Mets-en la moitié dans une marmite et pratique dans le milieu une cavité. Alors place l'autre moitié de l'alun par-dessus; lute la marmite avec soin; chauffe comme la première fois et calcine. Prends cette céruse (*ψιμύθιον* et garde-la[3].

XI. TRAITEMENT DU CUIVRE.

Décape-le dans de l'eau salée, et mets-le dans du vinaigre acide de vin et de l'écorce de..... (*κερασία*?). Pile celle-ci et jette le vinaigre dessus; ajoute du gingembre (??) en poudre.

Dispose le cuivre travaillé en lames minces et roule-les, puis chauffe fortement, jusqu'à ce qu'elles soient rouges de feu.

Plonge-les dans le vinaigre, au sein duquel il y a du gingembre (??) et du..... (*κερασία*?), à dix reprises, jusqu'à ce que le cuivre devienne mou comme du mastic.

XII. ÉLIXIR D'ŒUFS.

Prends des œufs et fais cuire dans de l'eau. Mets le blanc à part, la moelle (le jaune?) à part, et les coquilles à part. Fais de celles-ci de la chaux selon la règle. Garde la fleur à part.

(1) Il s'agit sans doute, je le répète, d'une préparation de protochlorure de mercure. — (2) Variante de la recette précédente. — (3) Préparation d'un sulfate de mercure?

Place chaque matière à part dans un sac et suspends les sacs au milieu d'un bocal(?); prends la chaux que tu as préparée et jette-la dans le sac où il y a de la composition blanche (c'est-à-dire des blancs d'œufs).

Place du feu[1] sous les sacs, pendant dix-neuf ou vingt et un jours.

Mets chaque matière à part dans une fiole à col étroit, et plonge-la dans du fumier, pendant onze ou treize jours. Lorsque les produits monteront (à la distillation), enduis les fioles et fais chauffer sur un feu de fumier, pendant trois jours. Fais monter dans l'alambic (*αἰθάλη*).

Prends ce qui reste dans ces sacs et mets ce résidu dans une amphore d'Antioche[2], que tu placeras dans le récipient à digestion spontanée.

Place au-dessus un poids de charbon égal à trente livres, et visite l'opération toutes les heures, jusqu'à ce que les charbons soient consumés. Travaille neuf jours au soleil; broie et mets dans une fiole. Ceci est la scorie (*σκωρία*)[3].

Lorsque tu voudras la projeter sur le cuivre qui a été traité, emploie, pour chaque livre d'argent (que tu veux obtenir), un mithqal et demi (de la scorie).

XIII. AUTRE (ÉLIXIR) D'ŒUFS.

Prends des œufs autant que tu voudras[4], cuis-les sur le feu dans de l'eau, de cette manière. Cuis-les, puis sépare les blancs des jaunes et des coquilles. Place chaque chose séparément dans un sac, et suspends chaque sac à part dans le fumier, en y ajoutant du vinaigre très fort. Place sous chaque sac un récipient, qui reçoive ce qui est dissous[5].

Chauffe sur le feu d'après la règle : ces produits se dissoudront dans l'espace de vingt-quatre jours, plus ou moins. Ensuite recueille toute l'eau dans une fiole, dont tu boucheras l'orifice et que tu enfouiras dans du fumier.

Retire et fais monter dans l'alambic; et lorsque le liquide montera, reçois-le dans une fiole, dont tu luteras l'orifice, et que tu enfouiras dans du fumier pendant quinze jours, jusqu'à ce que la matière se solidifie. Prends

[1] Mot à mot : des lumières, en grec φῶτα; ou bien un feu de lampes. (*Coll. des Alch. grecs*, trad., p. 278, 299, 324, 6; p. 427, etc.)

[2] Cf. les jarres d'Ascalon. (*Coll. des Alch. grecs*, trad., p. 280, 401.)

[3] Les scories et les cendres de Marie. (*Coll. des Alch. grecs*, trad., p. 99, 107, 155, 164 au bas, 196, 215, etc.)

[4] Formule courante. (*Coll. des Alch. grecs*, trad., p. 333.)

[5] *Coll. des Alch. grecs*, trad., p. 139.

IMPRIMERIE NATIONALE.

et retire de la fiole pour jeter dans un bassin de marbre ou de verre. Sèche et garde.

Prends du cuivre de Chypre, une livre, et fais fondre; lorsque le produit aura une belle teinte [1], projette dessus un mithqal de cet élixir.

XIV. TRAITEMENT DU CUIVRE POUR EN FAIRE DISPARAÎTRE LA ROUILLE [2].

Prends du vinaigre blanc concentré, un setier; ajoute trois onces de soufre blanc et du sel alcalin, trois onces; du sel amer, trois onces; de l'alun lamelleux, deux onces; du sang-dragon, une mesure de coupe [3]; du natron à soudure, quatre onces. Ensuite prends du cuivre de Chypre; fais-en des lames; fais-les chauffer fortement au feu, et éteins-le dans ces espèces, jusqu'à ce qu'il soit nettoyé.

XV. BLANCHIMENT DU SOUFRE.

Prends du soufre [4], et à proportion égale, du sel commun; expose au soleil avec du vinaigre blanchi pendant trois jours, si c'est possible; sinon un jour.

Quand tu verras que sa couleur aura changé, fais sécher, et ajoute, en proportion égale, la moitié du poids du soufre, du natron, du sel alcalin, du sel amer; fais chauffer par en dessous, et fais monter. Opère ainsi trois fois.

XVI. FUSION D'UN CORPS CHAUFFÉ QUI DEVIENT COMME DE L'EAU [5].

Prends de la pierre blanche et du soufre marin, des scories de fer, de l'arsenic rouge, du vitriol rouge, de l'antimoine, de la chélidoine (écrit *κλαυδια*), tous ces corps en même proportion que le soufre; pile. Prends du fer aminci et coupé en morceaux; et quand il sera chaud, projette dessus.

[1] *Γίνεται ξηρός.* (Voir plus haut, p. 47, la note 2.)

[2] *Coll. des Alch. grecs*, trad., *Chimie de Moïse*, p. 289, n° 8.

[3] Espèce de mesure.

[4] C'est-à-dire du sulfure d'arsenic, ou de la pyrite.

[5] Préparation d'un sulfure de fer complexe.

LIVRE VI[E]

(DE DÉMOCRITE).

I. SUR L'OPÉRATION DU CUIVRE.

Prépare le cuivre ainsi : fais des lames de cuivre; chauffe-les au feu.

Projette dans de la saumure, qui aura été traitée pendant deux ou trois jours. Opère ainsi sept fois, jusqu'à ce que le cuivre[1] soit mou comme du mastic.

II. ÉLIXIR DE DIPLOSIS[2] (δίπλωσις).

Prends de l'étain, et purifie-le autant que possible. Après que tu l'auras purifié, fais-le fondre et projette dessus un peu d'argent, environ une partie pour trois parties d'étain (κασσίτερος). Mélange, retire et garde cet élixir.

Prends du cuivre purifié, deux mithqals; de l'argent, un mithqal; fais-les fondre. Projette sur eux de cet élixir; pour chaque mithqal deux quarterons (1/4 de sicle); verse tout d'un trait.

III. ÉLIXIR DE MAGNÉSIE.

Prends de la magnésie, quatre livres. Pile, passe dans un tamis de toile et lave dans l'eau distillée; fais sécher.

Ajoutes-y de la chaux d'œuf, de l'alun lamelleux, de l'arsenic et de l'eau salée, de chacun d'eux trois onces. Mêle-les et imbibe-les de vinaigre concentré, pendant sept jours. Fais sécher au soleil.

Fais chauffer au feu d'un four, pendant sept jours; retire et broie.

Fais digérer dans du vinaigre, pendant sept jours; prends le produit avec son vinaigre; mets-le dans une marmite; fais chauffer pendant sept jours, en l'aspergeant avec du vinaigre.

(1) Voir ci-dessus, livre V, recette XI, p. 48.

(2) *Diplosis.* Opération pour changer les métaux en or et en argent. (*Introd. à la Chimie des anciens*, etc., p. 56 et 60.) Il s'agit ici de l'argent.

Ensuite décante la magnésie; fais-la sécher. Traite-la par le natron et fais fondre. Ceci est le corps de la magnésie[1].

IV. DIPLOSIS DE L'ARGENT, QUI N'ÉTAIT PAS USITÉE.

C'est le traitement au moyen de la chaux des philosophes, préparée avec des coquilles d'œufs.

Fais macérer des coquilles d'œufs avec de l'eau et du sel pendant un jour, dans un plat ou un bassin. Puis débarrasse-les du lait qui est dedans; lave-les bien avec de l'eau, un jour ou deux.

Fais-les sécher et mets dans une marmite; enduis avec un lut qui résiste au feu. Perce la marmite tout autour, dans sa partie élargie; pratiques-y six trous, et place-la dans un four de verrier, où le feu chauffe violemment, jusqu'à ce que la matière blanchisse comme de la neige.

Sache que, au commencement, elle sera noire comme de la suie; puis elle deviendra blanche.

Après cinq jours, tu retireras la marmite. Lorsqu'elle sera refroidie, ouvre-la. Si la matière n'est pas bien blanche, mets-la de nouveau dans une marmite, et la marmite dans un four, jusqu'à ce que la matière chaude paraisse dans ta main blanche comme de la chaux.

Mets dans une fiole, ferme et cache. Ceci est la chaux des philosophes.

V. TRAITEMENT DE L'EAU DES PETITS ŒUFS ET DES CORPS QUI EN SORTENT[2].

Prends cent œufs, casse-les, en séparant les blancs des jaunes. Tu mettras chacun d'eux dans un morceau de laine; tu les presseras, et tu placeras le produit dans une fiole, dont tu luteras l'orifice. Aux cent jaunes, tu ajouteras une once de la chaux des philosophes, et aux blancs, une once.

Lute les fioles et enfouis-les jusqu'au col, dans du fumier en fermentation, pendant vingt jours.

Ensuite retire-les du fumier, débouche-les; fais monter dans un alambic, en faisant du feu dessous avec des charbons; et ne laisse pas tomber le feu, jusqu'à ce que l'eau ait monté.

[1] Voir *Coll. des Alch. grecs*, trad., p. 188-193. — [2] *Ibid.*, trad., p. 143, 404, 424, etc. (Voir aussi la *Pratique de l'empereur Justinien*, p. 368.)

Laisse alors refroidir, ouvre les fioles. Fais monter les jaunes, et fais aussi monter le corps qui est au fond.

Broie bien et prends-en deux parties, une partie d'eau et une du corps. Mets dans un bassin; broie également bien ensemble.

Retire-les du bassin; mets dans une fiole; ferme son orifice et lute-le.

Fais sécher et enfouis la fiole dans du fumier, pendant trente et un jours. Retire et laisse refroidir. Vide dans une marmite de cuivre.

Distille de nouveau cette eau, jusqu'à ce qu'il n'y ait plus d'eau qui passe. Enlève la (marmite) et laisse refroidir; puis retire le corps qui est au fond de la marmite; pile-le bien comme du kohol[1].

Prends le corps que tu as gardé, ainsi que l'eau distillée sur lui; mélange cette eau et ce corps; broie-les et mets dans une fiole. Lutes-en l'orifice et enfouis dans du fumier pendant deux jours. Retire et ouvre la fiole; fais monter dans l'alambic, de façon à purifier. Retire du feu, laisse refroidir; fais attention au corps purifié qui est au fond.

L'eau qui aura monté, mets-en la moitié dans une fiole. Lutes-en l'orifice avec du plâtre ou du sel. Laisse sécher (cet enduit).

Prends une marmite d'argile; place au milieu la fiole qui a été enduite de sel. Recouvre-la avec du sel et lute la marmite avec de la terre. Laisse sécher et enfouis dans un feu couvert de cendres, pendant deux jours. Retire du feu et laisse refroidir. Ouvre et extrais la fiole. Vois si l'eau est devenue épaisse.

Au cas contraire, place la fiole dans la marmite pour la seconde fois; enterre-la de même pendant deux jours. Puis extrais-la et vide-la dans un mortier. Apporte l'élixir obtenu avec l'eau qui a monté, mêle-le avec ce que tu as retiré de la fiole; broie au soleil pendant trois jours, jusqu'à ce que le produit soit sec. Pile et mets dans une fiole; bouche et conserve.

VI. (ÉLIXIR DES ŒUFS.)

Ceci est l'élixir des œufs.

Son travail est le suivant : du soufre apyre (θεῖον ἄπυρον), une livre; de l'arsenic rouge, qui est la sandaraque, deux onces. Pile bien ensemble dans un mortier; ajoute de notre vinaigre.

[1] Antimoine sulfuré en poudre impalpable, employé comme fard.

Projette dans cet élixir du soufre apyre; opère pendant dix jours avec le mortier.

Puis sèche et mets dans une fiole; lute et laisse sécher; puis enfouis dans les cendres d'un feu doux, pendant trois jours. Retire et fais sécher.

Prends de l'eau jaune, obtenue avec les jaunes d'œufs. Ajoute dessus une once d'alun, et mets-la dans une fiole. Fais-la monter dans l'alambic, et lorsqu'elles auront monté, apporte le soufre apyre préparé.

Verse dessus cette eau et broie ensemble dans un mortier cette eau et le soufre apyre, jusqu'à ce qu'il sèche.

Fais monter le produit obtenu avec le soufre sur un feu doux, en le traitant dans l'alambic pendant deux ou trois heures; puis laisse refroidir. Prends-en deux parties, et du sublimé obtenu avec la sandaraque ou l'arsenic (sulfuré), une partie.

Mets dans un mortier, et apporte les petites eaux des jaunes (*sic:* probablement les jaunes des petits œufs), qui sont restées dans ce mortier. Amène en consistance de miel, pendant trois jours.

Puis mets dans une fiole. Prends du lut pour oindre le col; enduis-en la fiole, et place-la sur le trépied. Verse dans (la marmite) de l'eau, jusqu'à la hauteur du col (de la fiole).

Cette fiole, enduis-la d'abord avec du lut. Fais attention qu'il n'y pénètre rien d'étranger. Dépose-la dans cette marmite, où est l'eau que j'ai dite, et veille à ce qu'elle ne plonge pas entièrement, mais qu'elle soit immergée jusqu'au col, pendant que tu la chaufferas pendant un jour.

Ensuite retire la fiole de l'eau et laisse-la refroidir. Mets le produit dans un mortier et travaille-le jusqu'à ce qu'il se dessèche. Opère à l'ombre et non au soleil.

Lorsqu'il sera sec, mets-le dans une autre fiole; lute et laisse sécher; fais chauffer dans une poêle pendant un jour. Ôte et conserve. Que le feu soit doux.

Prends de l'argent ou du plomb, et purifie-le une ou deux fois. Ensuite fais-le fondre dans un petit creuset et projette dessus de la préparation ci-dessus, pour une once la moitié d'une drachme en plus. Lorsque tu projetteras cette préparation sur l'argent, elle devra être travaillée en forme de boulette avec une feuille d'or petite et mince[1]. Quand tu verras que

[1] Voir p. 47.

l'argent est fondu dans le creuset, projette alors dessus cette boulette préparée avec l'élixir.

VII. AUTRE ÉLIXIR D'OR [1].

Prends de l'arsenic doré, autant que tu voudras. Délaye-le dans du vinaigre, et ajoute, pour une livre d'arsenic, trois onces de sel commun; agite bien ce vinaigre, et ensuite décante-le, en le mettant dans un mortier, et laisse-le, jusqu'à ce qu'il dépose et s'éclaircisse.

Ensuite sépare le vinaigre du dépôt, et ajoute sur ce dernier une autre dose de vinaigre et du sel. Broie dans le mortier, et laisse déposer; le vinaigre surnagera. Décante le vinaigre à clair. Travaille ainsi le vinaigre trois fois, jusqu'à ce que tu voies que ses impuretés sont parties.

Ensuite fais sécher le produit et pèses-en une livre, et du sel dulcifié, quatre onces. Mets dans un mortier et mêle bien. Ensuite fais monter dans l'alambic, comme tu sais. Lorsque l'élixir de l'arsenic aura monté pendant quatre ou cinq jours, conserve le sédiment qui restera.

Lorsque tu feras monter l'eau des œufs, fais-la monter avec soin et mets-la à part. Puis apporte la chaux des œufs. Pour une livre d'eau, ajoute une once de chaux. Mêle, et enfouis le tout pendant quarante jours dans du fumier. Tous les sept jours, change le fumier; le quarante et unième jour, retire le produit du fumier et sépare (par filtration) la chaux, (puis laisse-la) jusqu'à ce qu'elle soit sèche.

Verse l'eau des œufs sur le sédiment de l'élixir bien broyé. Fais-la monter dans l'alambic; et lorsqu'elle aura monté, mets l'eau (obtenue) à part.

Pèse de l'élixir d'arsenic, de l'élixir du mercure que tu as sous la main, de la chaux qui était enfouie (dans le fumier) avec l'eau des œufs : de chaque élixir, une once.

Fixe chaque élixir à part; et lorsqu'ils auront été fixés, ajoutes-y du sel et de l'alun, et laisse pendant sept jours. Ensuite retire, débouche, mêle les deux élixirs ensemble, et mets dans un mortier. Imbibe-les avec l'eau qui avait été enfouie dans le fumier avec la chaux. Pour chaque livre, prends une once d'eau. Partage cette eau en quarante parties, de façon à imbiber pendant quarante jours, chaque jour, avec une partie de l'eau.

Opère ainsi pendant quarante jours entiers; et trois fois par jour, broie

[1] Les manuscrits ajoutent en marge : «Cette opération est difficile».

le produit. Lorsque les quarante jours seront accomplis, mélange et conserve.

Prends du cuivre rouge, fais-le fondre; purifie-le à plusieurs reprises. Ensuite projette sur lui cet élixir.

Lorsque tu auras purifié le cuivre, jette dessus de la moutarde (?) et attends un peu. Puis prends-le, mets-le au feu; place-le dans le creuset, et, lorsqu'il fondra, projette, de cet élixir, pour chaque once de cuivre, une drachme; ensuite fais fondre une seconde fois et projette une demi-drachme; puis à la troisième fois, un tiers de drachme. Ensuite fais fondre exactement ensemble et retire.

VIII. EAU D'ŒUFS [1].

Prends des œufs, autant que tu voudras; casse-les et mets leurs blancs dans une fiole de verre; enferme celle-ci dans un autre vase, et enterre dans du fumier frais de cheval, jusqu'au col du vase. Laisse quinze jours, et change le fumier une fois tous les cinq jours.

Fais monter dans un alambic, et, quand l'eau aura monté, prends-en une livre, et ajoute de la chaux des œufs, deux onces. Agite bien et fais monter dans l'alambic. Traite ainsi quatre fois l'eau d'œufs, en ajoutant de la chaux une seconde fois.

Prends de l'élixir d'arsenic, deux parties; du soufre, une partie; de la pyrite et de la magnésie, de chacun une partie. Broie ensemble et imbibe avec l'eau d'œufs que tu as fait monter.

Opère ainsi pendant sept jours, en travaillant au soleil : une fois le matin, une fois au milieu du jour, et une fois à la neuvième heure [2], pendant que tu imbibes avec l'eau des œufs que tu as rendue astringente (*sic*). Quand ce sera fait, fais sécher, broie et conserve à part.

IX. (TEINTURE DES LAMES DE CUIVRE.)

Prends du sel de Cappadoce, deux parties; mets-le sur une lame (de métal), et grille-le, jusqu'à ce qu'il cesse de décrépiter. Prends de l'alun la-

[1] Pratique de Justinien. (*Coll. des Alch. grecs*, trad., p. 369.) — [2] A l'heure du coucher du soleil.

melleux, une partie; mets sur une lame et chauffe jusqu'à ce qu'il cesse de bruire(?).

Puis mets les deux produits dans un mortier et broie bien, en aspergeant peu à peu avec du vinaigre blanc. Opère ainsi pendant sept jours. Prends et fais sécher, et, quand le produit sera sec, mets-le sur une lame et chauffe-le doucement; puis conserve.

Prends du cuivre et fais-en des lames minces. Chauffe-les au feu; coupe-les en petits morceaux[1]; fais macérer dans du vinaigre blanc distillé, pendant trois jours. Prends-les, frotte-les, lave bien dans de l'eau, mets dans un creuset. Fais-les fondre; après fusion, bats-les sur une enclume et fais-en des lames minces; fais agir le feu, et travaille bien, jusqu'à ce que le produit soit (rouge) comme du feu.

Prends cet élixir de sel et d'alun; mélange avec du vinaigre blanc; fais-en une bouillie; frotte bien (les feuilles de métal) et barbouille-les avec la bouillie que tu frotteras (dessus). Mets au feu et souffle, jusqu'à ce qu'elles aient pris la couleur du feu. Opère ainsi sept fois.

X. (AUTRE PRÉPARATION.)

Prends[2] le cuivre, coupe-le en petits morceaux; mets-les dans un creuset; ajoute un peu d'élixir, de sel et d'alun. Retire, travaille et fais-en des lames minces. Enlève, broie avec du vinaigre et de l'arsenic sulfuré; fais fondre.

Opère ainsi sept fois, fonds et fais des lames minces. Fais chauffer jusqu'à ce qu'elles soient rouges de feu. Enlève et plonge ce cuivre dans le vinaigre. Opère de même quatre autres fois.

XI. (AUTRE PRÉPARATION.)

Coupe en petits morceaux, mets-les dans un creuset; et, pour chaque livre de cuivre purifié après fusion, projette une once d'élixir d'œufs fondu. Prends-en deux parties et une partie d'argent blanc. Mêle et tu verras.

[1] *Collection des Alchimistes grecs*, trad., Cosmas, p. 418, n° 9. Le commencement est le même.

[2] Ces recettes paraissent distinctes; elles représentent les variantes d'une même préparation.

IMPRIMERIE NATIONALE.

XII. BLANCHIMENT DE LA MAGNÉSIE.

Prends une livre de magnésie et une livre de sel; broie ensemble. Mets dans un vase d'argile; place-le dans un fourneau et fais chauffer doucement pendant six heures. Retire et lave, jusqu'à ce que l'eau soit douce au goût. Fais cela trois et quatre fois, jusqu'à ce que le produit soit blanc.

XIII. COMMENT ON OBTIENT LE CORPS DE LA MAGNÉSIE.

Prends deux amphores[1]; perce le fond de l'une d'elles. Broie la magnésie et ajoutes-y du natron, environ un tiers; pétris avec de l'huile. Mets (le produit) dans l'amphore qui n'est pas percée, et place cette dernière au-dessous de celle qui est percée. Lute les deux amphores de tous côtés; place-les dans un four et chauffe pendant deux heures. Retire ce que tu trouveras. Ceci est le corps de magnésie.

XIV. PRÉPARATION DU MERCURE.

Apporte un chou (*κράμβη*), pile-le et exprimes-en le jus; (ajoutes-y), selon son poids, de l'eau de natron. Mêle avec de la chaux, ou du plâtre, ou de la pierre de marbre (ou d'alabastron[2]) brûlé; ou, si ce n'est pas possible, avec de l'excrément blanc de chien.

Fais macérer toutes ces choses; filtre leurs eaux et mets-les dans une marmite ou un plat de fer, jusqu'à ce qu'elles bouillent bien. Ajoute du mercure et laisse sur le feu, qui doit être doux, toute la journée. Lorsque tu décanteras, tu trouveras que le mercure est fixé. S'il ne l'est pas suffisamment, prolonge la cuisson. Ceci est la préparation du mercure.

XV. CONDUITE DE L'ÉLIXIR D'ARSENIC.

Prends de l'arsenic (sulfuré), une livre; broie, tamise; prends de l'aris-

(1) Voir *Coll. des Alch. grecs*, trad., p. 418, n° 10; p. 142, n° 5. Mais les analogies sont trop vagues pour qu'on puisse affirmer l'identité de la préparation.

(2) Voir les sens multiples de ce mot. (*Coll. des Alch. grecs*, trad., p. 5.) Il désignait entre autres l'antimoine sulfuré, ou oxydé. (*Introd. à la Chimie des anciens*, p. 238.)

toloche ronde, une livre; pile-les ensemble fortement avec du vinaigre blanc, pendant sept jours. Fais sécher; broie bien; mets dans une marmite. Couvre, lute et allume le feu, comme précédemment, une première fois.

Broie, tamise, fais monter en vapeur sept fois, comme tu as fait monter la première fois.

XVI. TRAITEMENT DE LA PYRITE.

Prends de la pyrite blanche, une livre, et du sel amer, deux livres. Broie bien ensemble, en aspergeant par-dessus une petite quantité de vinaigre blanc distillé.

Mets dans une marmite et fais chauffer un jour et une nuit, comme tu as fait précédemment.

Lorsque le produit aura été chauffé, mets-le dans un mortier; broie avec du vinaigre blanc pendant un jour, et le matin du jour suivant, décante le vinaigre. Lave dans l'eau jusqu'à ce que la noirceur ait disparu et que le produit soit purifié. Fais cela pendant quatre jours, en opérant comme le premier jour.

XVII. POUR LA MAGNÉSIE[1].

Opère comme tu as fait pour la pyrite. Mets à part; sers-t'en avec l'élixir ci-dessus, celui qui est préparé avec l'eau des œufs.

XVIII. OPÉRATION DE L'URINE INCORRUPTIBLE (*οὖρον ἄφθαρτον*[2]).

Prends de l'urine, dix setiers; mets-les dans un chaudron. Enlève l'écume jusqu'à ce que l'urine soit purifiée. Ajoutes-y de la lie de vin brûlée, cinq livres, après l'avoir broyée. Remue avec un bâton et laisse déposer pendant une heure. Filtre dans un linge. Ce qui restera sur le linge, rejette-le et conserve les eaux pures qui auront passé.

XIX. PRÉPARATION DU VINAIGRE.

Prends du vinaigre, vingt setiers italiques; du natron d'Alexandrie, neuf

[1] La magnésie signifie ici une variété de pyrite. (*Introd. à la Chimie des anciens*, p. 285.) — [2] Voir plus haut, p. 34, IX.

livres; de la lie, deux livres. Broie et ajoute du vinaigre. Remue chaque jour, et abandonne le produit pendant sept jours. Passe dans un linge; jette le sédiment, et sers-toi du vinaigre.

XX. ANTIMOINE DES PHILOSOPHES.

Prends des œufs nouveaux; casse-les, sépare les blancs, réunis les coquilles sur une planche, et mélange les jaunes dans un plat. Presse-les dans un linge.

Mets-les dans une marmite d'argile, et fais cuire jusqu'à ce qu'ils épaississent et forment une boulette (σφαῖρα).

Mets le produit dans un plat; émiette-le.

Introduis-le dans un alambic sans chapiteau[1], et place celui-ci dans une marmite renfermant de l'eau. Remue pendant sept jours, jusqu'à ce que la matière soit dissoute.

Retire. Prends un autre alambic, muni d'un chapiteau[2]; enduis-le avec un lut qui résiste au feu. Place-le sur des charbons ardents; chauffe-le avec un feu énergique, jusqu'à ce que monte quelque chose de rouge, et conserve. Ceci est le soufre des philosophes.

Le résidu (σκωρία) qui se trouve au fond de la marmite, conserve-le et mets-le dans un plat de fer. Chauffe celui-ci jusqu'à ce qu'il soit rouge de feu, de façon que le feu pénètre à l'intérieur et fasse disparaître toute la partie onctueuse. Vide sur une tuile, pour refroidir le produit. Ceci est le plomb brûlé.

XXI. PRÉPARATION DE L'ÉTAIN BRÛLÉ.

Prends du plomb blanc[3]; mets-le dans un alambic, garnis celui-ci de son chapiteau. Agis comme précédemment; donne du feu jusqu'à ce que l'eau monte; conserve cette eau. C'est de l'eau dulcifiée, ainsi que l'eau de pluie et l'urine des petits enfants.

Le résidu qui demeure dans la marmite, recueille-le; il ressemble à la gomme adragante. Prends-le et traite-le comme l'autre résidu, et il se dissoudra (ou se délayera). Ceci est l'étain brûlé.

[1] Mot à mot : un alambic borgne; ceci est mis en opposition avec le paragraphe suivant.

[2] Il a ici un blanc pour un mot.

[3] Synonyme de l'étain. (*Introd. à la Chimie des anciens*, p. 264.)

XXII. CHAUX DES SAGES.

Prends les coquilles d'œufs, essuie la partie intérieure avec un morceau de toile propre. Prends la pellicule mince et tu trouveras qu'elle ressemble à une fleur[1]. Ceci est la fleur des philosophes. Mets à part et sache que de deux cents œufs il sortira deux onces (de ce produit).

Prends les coquilles; mets-les dans un vase propre, avec de l'eau du ciel, au soleil; lave et fais macérer vingt jours; lave vingt fois et sèche. Elles resteront alors pures et brillantes. Ajoutes-y du bataschta(?)[2] et sèche au soleil.

Mets dans une amphore d'Antioche; ajuste le couvercle; lute bien l'amphore, et place dans le récipient à digestion spontanée.

Donne du feu du matin au soir; le soir, lute le fourneau. Lorsque le jour paraîtra, tu trouveras encore du feu dans le foyer.

Quand il sera refroidi, vide le bataschta[2], et tu trouveras qu'il est blanc. S'il y subsiste un peu de noir, recommence comme la première fois, et tu auras à la fin une matière blanche comme de la neige.

Pour atteindre ce résultat, prends la première eau, verse-la dessus et fais bouillir. Ceci est la chaux des sages.

XXIII. PRÉPARATION DU FER ET DU CUIVRE BRÛLÉ.

Prends ces fleurs et place-les dans un plat de fer; mets sur le feu. Donne un feu doux, sans fumée, ni flamme. Veille à ce qu'il n'y ait pas de fumée qui empêche la fixation[3].

Fais cuire ainsi sur le feu, jusqu'à ce que le métal brûle; de deux onces, on retire une drachme. Ceci est le grand mystère.

XXIV. PRÉPARATION DU SOUFRE QUI EST L'HUILE D'ŒUFS.

Prends du soufre, dix parties, et une partie de la chaux, qui est notre

[1] Toute pellicule formée à la surface d'un liquide prenait ce nom. On dit encore de nos jours : la fleur d'une teinture, la fleur du vin, etc., dans ce sens. (*Introd. à la Chimie des anciens*, etc., p. 286.) Le mot moderne *efflorescence* répond à une image analogue.

[2] Mot inintelligible.

[3] *Coll. des Alch. grecs*, trad., p. 137.

arsenic[1]; mets dans un ballon de verre; agite une heure et tu trouveras que le produit est puissant comme du feu. Ceci est l'eau forte[2].

Suspends le ballon dans un bocal de terre; enfouis-le dans du fumier de cheval pendant trois jours; retire et mets le produit dans un alambic bien lavé. Fais monter légèrement. Opère ainsi et recommence sept fois; conserve. Ceci est l'eau forte, la fille des Persans (*sic*).

XXV. PRÉPARATION DE L'ARSENIC QUI EST LA CHAUX D'ŒUFS.

Prends un récipient de verre, large d'un empan et demi, dont la hauteur soit de quatre doigts. Fais-lui un couvercle de verre; mets dedans de la chaux, autant que tu voudras. Prends de l'eau douce et mets-la dedans.

Lute le récipient avec de la boue; dépose-le sur le trépied rond des sages; enduis le couvercle avec de la pâte de farine de froment. Donne un feu de charbon, doucement, pendant trois heures, (à un degré tel qu'en) posant ta main sur le couvercle supérieur, celui-ci s'échauffe seulement au point que ta main puisse le supporter. Veille à ce qu'il ne crépite pas, et laisse refroidir trois jours.

Puis ouvre avec précaution; tu trouveras à la partie supérieure une matière pareille à des boutons de fleur (κάλυξ).

Prends une coquille d'huître, ou une cuiller; recueille et prends ce qui a monté. Mets-le dans un flacon (φιάλη) de verre. Expose au soleil pendant une heure, et tu trouveras un produit blanc comme de la neige. Conserve-le dans un vase de verre.

Qu'il y ait de l'eau qui surnage au-dessus de la chaux dans la marmite, quatre doigts.

Traite ainsi le (produit) supérieur avec l'inférieur, jusqu'à ce qu'il ne reste rien. Ceci est l'arsenic qui a monté[3].

XXVI. PRÉPARATION DU PLOMB.

Prends du plomb brûlé, autant que tu voudras; mets-le dans un mor-

[1] C'est sans doute de l'acide arsénieux. (Voir la préparation suivante.)

[2] Ce mot désigne ici un oxysulfure d'arsenic, ou un composé analogue. Les alchimistes latins donnent des formules similaires.

[3] Il semble que cette description représente une cristallisation d'acide arsénieux, dans un liquide aqueux.

tier de cuivre. Pile à sec convenablement, jusqu'à ce qu'il soit comme du kohol[1]; mets-le dans une fiole; jette dessus de l'eau de chaux; bouche l'orifice et enterre la fiole dans du fumier en fermentation, pendant une nuit.

Retire et mets le produit dans une fiole de verre. Remue avec ton doigt, laisse reposer, Décante avec précaution dans une autre. Prends et verse dessus de l'eau de chaux.

Opère ainsi sept fois; lave ensuite dans de l'eau douce, jusqu'à ce que le produit soit purifié et blanc comme du lait. Fais sécher au soleil. Mets dans une bouteille. Traite ainsi tous les corps.

XXVII. PRÉPARATION DE LA MAGNÉSIE.

Prends de ces cendres que tu as lavées, de chacune d'elles une partie; et de la chaux des sages, une partie; mêle ensemble dans un mortier de verre. Ajoute par-dessus du soufre préparé. Pétris le tout; mets dans un flacon, enterre celui-ci dans du fumier en fermentation, pendant toute la nuit. Le matin, retire, lave et fais sécher. Opère ainsi trois fois.

Le produit sera blanc comme de la neige. Conserve-le. Ceci est la magnésie des philosophes.

XXVIII. (L'ARSENIC ET L'ÉTAIN FONT DE L'OR.)

Prends de l'arsenic sublimé, huit mithqals; trois parties d'eau de soufre, et une de magnésie blanchie. Mets dans une fiole; lute et place-la dans une marmite pleine d'eau. Donne du feu jusqu'à ce que le produit épaississe.

Que ceci soit pour toi un signe : lorsque tu verras que le produit fond, émet de la vapeur, et qu'il se sublime comme du mercure.

Chauffe-le jusqu'à ce qu'il se dessèche; laisse refroidir et conserve. Prends de ceci deux *quarta;* projette sur une livre d'étain; fais fondre de nouveau et ce sera de l'or.

XXIX. FIXATION DU FUGITIF (MERCURE) QUI SE SUBLIME (?).

Prends de la myrrhe, une livre; pile et tamise; mets dans l'alambic.

[1] C'est-à-dire en poudre impalpable.

Dépose la myrrhe sur un lit de chiffons, de façon que l'eau ne la mouille pas. Bouche l'orifice du récipient avec des chiffons; fais un feu doux de charbons. Ajuste bien ton récipient. Quand l'eau aura monté, cohobe-la. Veille à ce que la myrrhe ne baigne pas dans l'eau. Fais monter l'eau deux fois.

Prends le résidu et vois combien il y a de mithqals. Prends une partie de ce résidu, et deux parties de mercure. Travaille-les dans un mortier, jusqu'à ce qu'ils s'absorbent réciproquement et ne forment qu'une nature (c'est-à-dire un produit homogène).

Ensuite prends et mets dans une fiole; verse dessus de l'eau; couvre l'orifice de la fiole avec du papier et mets par-dessus du parchemin; lie-bien ce couvercle. Place dans du fumier pendant quarante et un jours. Ensuite tu trouveras un produit pareil à du cristal.

Pile et mets dans l'alambic. Prends du sel ammoniac : pour trois parties d'élixir, une partie de sel ammoniac; chauffe et fais monter en vapeur, une fois.

Pour une livre de cuivre, on projette une drachme de cet élixir.

XXX. TRAITEMENT DE L'ÉTAIN POUR LE PURIFIER ET LE RENDRE PAREIL À L'ARGENT.

Prends de l'étain, fais-le fondre et coule-le dans une marmite pleine d'eau froide. Après cela, fais-le fondre de nouveau, et traite-le comme précédemment.

Fais monter de l'eau; fais bouillir avec du sirop de guika[1], deux fois. Fais fondre et pile avec du sa'ba[2], jusqu'à ce que le produit soit réduit en poussière.

Fais fondre de nouveau. Jette par-dessus du bitume(?)[3] et fais chauffer jusqu'à ce qu'il brûle. Apporte du gaschafa, du pahschaqa et du çasaha(?)[4], de chacun un mithqal; projette-les dedans. Active le feu. Retire et mets sécher[5].

(1) Mot corrompu.

(2) Mot inintelligible.

(3) *Taschdaqa*, mot inconnu.

(4) Mots inconnus. (Voir aussi p. 66, XXXV, ci-après.)

(5) Cette recette paraît positive. Elle doit être rapprochée de celles du Papyrus de Leyde. (*Introd. à la Chimie des anciens*, etc., p. 28, n°s 1 et 2; p. 29, n° 4; p. 35, n° 24.) D'après ce texte, les mots inconnus devraient signifier poix, alun, couperose, ou sel de Cappadoce. — A explique en marge *taschdaqa* par le mot *trontha* qui n'est pas plus clair; *gaschafa* par arsenic; *pahschaqa* par soufre et *çasaha* par *dima*, mot aussi obscur.

XXXI. PURIFICATION DU PLOMB.

Fais fondre du plomb; projette dessus une bouillie de............. (cinq mots inintelligibles), dans un plat de fer. Fais chauffer; purifie; mets dans un creuset. Ensuite fais ce que tu dois.

XXXII. PURIFICATION DU SOUFRE ET PRÉPARATION DE SON EAU.

Mets une livre de soufre dans un vase de verre, en pilant bien. Place dessus du fondant d'Alexandrie[1], ou des orfèvres, ou du fondant de boulanger, qui a été pilé, deux onces; de la litharge, cinq onces; de l'huile, une once[2]. Lute l'orifice du flacon avec du plâtre.

Enterre dans du fumier de cheval pendant quatre jours, jusqu'à ce que le produit soit liquide comme de l'eau.

Lorsqu'il sera liquéfié, prends-le et verse par-dessus, dans le flacon, un peu d'eau chaude, en prenant garde que le flacon n'éclate par l'action de la chaleur. Lorsque l'huile surnagera au-dessus de l'eau, décante et verse dans un vase de verre. Décante ainsi deux fois.

Prends le soufre, fais sécher et conserve. Mets-en un mithqal sur une livre de fer (*ἄρης*) préparé; fais fondre et tu auras de l'argent blanc.

L'eau et l'huile du soufre elle-même, il les appelle de l'urine.

XXXIII. DISSOLUTION DE LA MARCASSITE QUI EST LA PYRITE[3].

Pile-la, nettoie-la des graviers qui y sont attachés; mets-la dans une bouteille de verre. Verse dessus de l'urine d'âne, que tu changeras chaque matin, jusqu'à ce qu'elle s'échauffe et se dissolve.

Mets au soleil jusqu'à ce que le produit s'épaississe comme du lait; verses-en une partie sur soixante parties d'étain ou de cuivre, et fais fondre. Ce sera l'argent blanc.

(1) Carbonate alcalin?

(2) Les manuscrits ont en marge le signe de l'argent, avec le numéro d'ordre 5.

(3) Au-dessous du signe de la pyrite, à la marge, se trouve le signe de l'argent, avec le numéro d'ordre 6.

XXXIV. PRÉPARATION DE L'EAU FORTE QUI JOUE LE RÔLE DE FONDANT POUR TOUS LES CORPS SOLIDES[1].

Prends une livre de fondant des orfèvres; mets dessus, dans une marmite, de l'eau jusqu'au tiers. Mets cette eau dans un bassin; quant au résidu, jette-le.

Ajoute dans l'eau du bassin du sel ammoniac, une once. Expose au soleil, jusqu'à ce que le produit se dessèche.

Prends une livre de naphte blanc[2]; asperge avec ce liquide et travaille. Projettes-en sur tous les corps solides et ils fondront.

XXXV. PURIFICATION DE L'ÉTAIN, POUR QU'IL DEVIENNE COMME DE L'ARGENT[3].

Prends de l'arsenic brûlé, qui n'a pas été en contact avec l'eau. Pile-le bien; tamise et remplis-en une jarre d'argile. Assujettis bien la jarre; fiche au milieu de la jarre un clou, afin qu'il y ait un trou pour y faire tomber l'étain.

Prends de l'étain, fais-le fondre et verse-le dans la jarre; celle-ci doit avoir été lutée et séchée depuis un jour.

Lorsque tu y auras versé l'étain, couvre-la avec de la chaux et bouche l'orifice de la jarre avec notre terre à lut. Fais sécher et chauffe bien le fourneau avec un feu de crottins. Place dans le feu cette jarre : elle y demeurera un jour et une nuit.

Ensuite retire la jarre et tu trouveras un lingot, auquel adhère du soufre solidifié, semblable à de la tutie verte. Gratte cette matière adhérente[4]. Prends un autre échantillon de chaux non éteinte[5]; mets-la dans une fiole d'albâtre, en la remplissant jusqu'au quart, et achève de l'emplir avec de l'eau. Cette eau devra rester dans la fiole d'albâtre pendant trois jours.

[1] Ce titre existe aussi dans les vieilles recettes des alchimistes latins.

[2] Le lexique de Bar Bahloul distingue deux espèces de naphtes : le noir et le blanc.

[3] Voir p. 64, XXX.

[4] Les mots qui suivent «solidifié» ont été omis par A.

[5] C'est-à-dire d'acide arsénieux, comme plus haut, p. 61, XXIV.

Décante l'eau et retire-la de la fiole; ajoutes-y une once de schakân[1] et une demi-once de wars[2]; laisse trois jours. Pèse de l'étain (Ζεύς), une livre, et fais-le fondre dans cette eau, à sept reprises. Le métal en sortira pareil à de l'argent à l'épreuve.

Lorsque tu auras fondu l'étain et que tu l'auras projeté dans cette eau, dispose une bouteille d'argile pour y jeter les eaux de fâghira[3], de schakân et de wars. Recouvre l'ouverture de la bouteille avec la coquille du noyer d'Inde (cocotier), munie d'un trou. Fais fondre l'étain et projette-le par le trou, de manière qu'il tombe dans l'eau, sans qu'il saute à tes yeux et les brûle[4].

Partage l'eau en sept parties et ce que tu y auras projeté une première fois, ne l'y projette pas une seconde[5].

Lorsque l'eau sera refroidie, projettes-y l'étain fondu sept fois, selon notre traité.

Prends de cet étain purifié, neuf drachmes, une drachme d'argent naturel et une drachme de cuivre; fais fondre et projette dans le fourneau : fais comme je te l'ai révélé.

XXXVI. DOUBLEMENT DE L'OR[6].

Prends un mithqal de cuivre de Chypre tendre, dix mithqals d'or, dix mithqals d'argent et quinze mithqals de sel ammoniac. Décape les métaux et mets-les dans un creuset. Fais fondre et projette dans de l'eau de couperose; il en sortira du bon or[7].

XXXVII. EAU BLANCHE D'ŒUFS[8].

Prends une livre d'eau blanche d'œufs, ajoutes-y une livre de sel ammoniac et autant d'alun lamelleux; mets dans une fiole; fermes-en l'orifice

[1] A, en marge, explique le mot par styrax (pour στυπτηρία), ou alun.

[2] Safran de l'Inde, ou *Memecylon tinctorium* d'Ibn Beïthar.

[3] *Zantoxylon Avicennæ* d'Ibn Beïthar.

[4] Observation réelle : l'étain fondu et coulé dans l'eau, pouvant donner lieu à des projections dangereuses.

[5] Passage omis par A.

[6] Voir les recettes pour fabriquer l'asem, dans le Papyrus de Leyde. (*Introd. à la Chimie des anciens*, etc., p. 29 et suiv.)

[7] Fabrication d'or à bas titre, avec teinture superficielle.

[8] A la marge de A, une lettre indiquant le numéro d'ordre 11. — Suit le signe de l'argent.

avec du linge et enterre dans du fumier, jusqu'à ce que les produits soient dissous.

Fais monter les eaux divines et abreuve les esprits, c'est-à-dire ceux qui veulent boire; c'est-à-dire (verse) comme sur les mains.

XXXVIII. SOUFRE APYRE (θεῖον ἄπυρον).

Prends du soufre vif, fort, minéral. Broie-le dans du vinaigre distillé, pendant trois jours; fais chauffer dans une amphore, pendant un jour. Broie une seconde fois dans du vinaigre.

Fais chauffer de la même manière, trois fois; fais monter en vapeur. Ceci est le traitement du soufre, (je dis) le soufre non brûlé et commun.

XXXIX. HUILE D'ŒUFS.

Prends des jaunes d'œufs autant que tu voudras. Mets dans une fiole; pour chaque jaune, mets deux drachmes de misy de Chypre, doré, de première qualité, pilé. Bouche la fiole; suspends-la au soleil pendant trois jours; décante l'huile dorée, sers-t'en. Si tu veux dissoudre un corps, quel qu'il soit, prends-en une partie, et des esprits ou des corps, une partie; mélange et mets dans une fiole au soleil, jusqu'à ce que tout soit dissous.

XL. SUBLIMÉ DE MERCURE[1].

Prends une marmite neuve; mets-y du sel pilé et du vitriol vert, de chacun une partie. Mets dessus du mercure, aussi une partie. Couvre la marmite avec une coupe sans bec. Enduis bien avec du naphte blanc et du sel. Place dans un fourneau à tirage spontané, jusqu'à ce que le produit monte entièrement et adhère à la coupe. Alors ouvre et retire. Pile, lute (l'alambic) et fais monter, comme la première fois.

Agis ainsi, jusqu'à ce que le produit soit pareil à du sucre candi blanc.

[1] Signe du mercure, à la marge. C'est une préparation de chlorure de mercure sublimé. (Comp. p. 47, VIII, et p. 48, IX.)

(APPENDICE.)

DIRES DE DÉMOCRITE.

I. SUR L'ANIMAL À DEUX FACES.

Prends un animal (ζῶον, écrit ζιον) de cinabre rouge d'Espagne, grillé au feu, c'est-à-dire de l'arsenic[1], et de la sandaraque. On les mêle ensemble, on les broie et on les fait cuire, jusqu'à ce qu'ils fondent au feu. C'est là ce qu'il appelle du soufre incombustible. Au lieu de cinabre d'Espagne, on peut employer du soufre du Pont[2]. Fais ceci, c'est l'animal à deux faces.

II. (BLANCHIMENT DU FER.)

Il dit :

Prends la magnésie que j'ai dite, c'est-à-dire du cinabre traité avec du fer (ἄρης). Fonds-le d'un trait, comme de l'eau, tandis que tu mêles avec lui, dans la même proportion, du soufre traité, c'est-à-dire blanchi dans du vinaigre. Mets le fer (ἄρης) dans un creuset et souffle dessus avec soin. Lorsqu'il sera fondu, projette dessus le mercure d'arsenic[3] fixé, mêlé avec de la magnésie blanchie, et il sera blanc comme l'argent. Ceci est le fer, le sahim préparé par nous.

III. (TRANSFORMATION DE L'ÉTAIN.)

Et il dit :

Le mercure d'arsenic[4] qui a été blanchi et fixé, étant projeté sur de

[1] Oxydé ou oxysulfuré. Il s'agit ici de deux matières rouges différentes, appelées toutes deux cinabre : l'une est le sulfure de mercure, notre cinabre moderne; l'autre est le réalgar, ou sulfure d'arsenic rouge, appelé aussi *sandaraque* par les anciens. (*Introduction à la Chimie des anciens*, p. 238.)

[2] C'est plutôt la *sinopis*. (*Introd. à la Chimie des anciens*, etc., p. 261.)

[3] Sur les deux mercures, celui du cinabre, c'est-à-dire notre mercure moderne, et celui de l'arsenic sulfuré, c'est-à-dire l'arsenic métallique : *Introduction à la Chimie des anciens*, p. 99 et 239; p. 116, l. 4, dans la liste des signes.

[4] C'est-à-dire l'arsenic métallique sublimé. (*Introd. à la Chimie des anciens*, p. 239.)

l'étain pur, lui ôte son cri[1], et le métal devient comme du bel argent[2]. Il n'a plus de cri, après qu'il a réagi sur le fer préparé et blanchi par nous. Car tel est le mystère[3]:

Le soufre, blanchi et durci, blanchit le cuivre, amollit le fer, rend l'étain (*ζεύς*, écrit au-dessus *κασσίτερος*, étain) sans cri, et le plomb impropre à la projection (?).

IV. (ACTION DU MERCURE SUR LES MÉTAUX.)

Et il dit au sujet du mercure[4] :

S'il est dur et qu'il soit mêlé avec du fer, il l'amollit; avec le cuivre, il le blanchit; avec l'étain, il lui ôte son cri; avec le plomb, il le rend impropre à la projection. Telle est la vérité. Il parle ici du traitement du cinabre[5].

V. EAU DE SEL AMMONIAC.

Prends le sel ammoniac, broie et mets-le dans des intestins de mouton; recouvre avec de la boue fraîche; il se dissoudra et deviendra liquide; sers-t'en.

(1) On sait que l'étain pur, quand on le plie, fait entendre un cri caractéristique. — (Voir les *Origines de l'Alchimie*, p. 230, 280.)

(2) Voir *Introd. à la Chimie des anciens*, p. 64.

(3) Voir le même texte dans Démocrite. (*Coll. des Alch. grecs*, trad., p. 55, n° 23.) — Voir aussi p. 162, n° 10.

(4) Il s'agit toujours de l'arsenic métallique. Cet article répète le précédent.

(5) C'est-à-dire du sulfure d'arsenic rouge, qui fournit l'arsenic métallique par un traitement convenable.

(LIVRE VIIE DE DÉMOCRITE.)

CHAPITRE DE L'OEUVRE DE L'ARGENT.

I. (TRANSMUTATION PAR LE CINABRE.)

Prends du cinabre, pile-le et broie-le avec du vinaigre et du sel ammoniac, pendant sept jours. Fais sécher et fais monter son eau, que tu recueilleras dans un récipient dont l'orifice sera fermé, attendu qu'elle est volatile. Tiens-le fermé pendant sept jours.

Ensuite retire le résidu, (mets-le) dans un alambic et abreuve avec l'eau qui aura monté, jusqu'à épuisement de l'eau. Fais sécher et chauffe, jusqu'à ce que le produit soit comme un lingot de métal blanc, et qu'il soit fixé (qu'il ne fuie pas le feu).

Mets-en une partie, pour dix de cuivre de Chypre et une partie d'argent, et ce sera très bien.

II. DE LA SUBLIMATION DE TOUTE CHOSE.

Emplis la moitié ou le tiers d'une marmite de cendres, pose un alambic au milieu. Mets autour de l'alambic, presque jusqu'à la tête, de la cendre tamisée; chauffe et cela montera.

III. CALCINATION DU MERCURE.

Prends de la chaux d'œufs, une drachme; du vinaigre sublimé, quatre drachmes. Pile, abreuve de vinaigre; fais cuire, jusqu'à ce que le produit prenne la force de la chaux. Apporte du mercure vif, fais-le cuire dans ce vinaigre. Ceci est l'objet demandé.

IV. DISSOLUTION DE LA CHAUX QUI EST LE TALC.

Prends de l'excrément de petits enfants, depuis dix ans et au-dessous. Mets dans une bouteille d'argile; bouche bien et enterre dans du fumier

frais bien tassé, du fumier de cheval, pendant sept jours. Remplace le fumier par une nouvelle charge, pendant sept jours.

Après les quatorze jours, ouvre et tu trouveras des vers. Mets-les dans l'alambic et fais monter leur eau. Projette sur la chaux; elle se dissoudra et deviendra liquide.

Ensuite place dans un plateau de fer, mets-le sur le feu et elle se fixera. Ceci est l'objet demandé.

V. AUTRE PRÉPARATION DE LA PIERRE ALABASTRINE[1].

Prends cette pierre calcaire, mets-la dans une amphore lutée avec de la terre; bouche et lutes-en l'orifice. Mets dans un four de verrier, pendant un jour et une nuit. Extrais et jette dessus du bon vinaigre (ὄξος), jusqu'à ce qu'il surnage au-dessus quelque chose de blanc comme du lait.

Verse dessus de nouveau vinaigre, jusqu'à ce qu'il forme une couche distincte entre le lait supérieur et la lie du fond.

Prends ce qui surnage, et, si cela ne suffit pas, continue et prends encore ce qui surnage. Agis ainsi pendant vingt et un jours, jusqu'à ce qu'il ne surnage plus rien.

Prends la chaux (obtenue), mets-la dans un ballon de verre et suspends le vase au soleil, quarante jours. Puis lave dans de l'eau pure, fais sécher. Fais chauffer sur un feu doux, de façon que le produit ne brûle pas.

Vois, ceci est la fin de tout; le mystère est caché dans l'art de tempérer la force du feu[2]; sers-t'en pour tous les corps.

Ceci est la matière tinctoriale qui, mêlée avec la comaris, forme les pierres précieuses teintes en violet[3]. La comaris a été décrite avant ce chapitre[4].

VI. PRÉPARATION DE LA COMARIS.

Prends de la limaille de plomb[5], dix drachmes; prends de même du

[1] Albâtre ou alabastron, c'est-à-dire antimoine sulfuré ou oxydé. (*Introd. à la Chimie des anciens*, etc., p. 238.) Le sens de ce mot est encore plus étendu dans le Lexique alchimique. (*Coll. des Alch. grecs*, trad., p. 4.)

[2] Voir *Coll. des Alch. grecs*, trad., Olympiodore, p. 85; Zosime, p. 137. «Tout l'art consiste dans les feux légers», p. 238. (Voir aussi p. 43 du présent volume.)

[3] Voir *Coll. des Alchimistes grecs*, p. 341 et suiv.

[4] Mot écrit ici *carn*, et plus loin, *crn*, *croun*, *caroun* : c'est évidemment l'abréviation du mot κρόνος, plomb.

sel ammoniac et de l'alun, de chacun cinq drachmes; du natron, trois drachmes; du sel (ἅλς), une drachme; pile ensemble; mets dans une fiole; bouche son orifice comme tu sais.

Enterre dans du fumier pendant quarante jours.

Fais monter dans une marmite pleine d'eau, (ou) dans un creuset, mais fais monter; conserve.

VII. (ÉTAIN CHANGÉ EN ARGENT.)

Prends du mercure, deux parties; de la chaux vive, une partie; et de la pierre calcaire, une partie. Travaille ensemble; mets dans un flacon; bouches-en l'orifice. Apporte une marmite et remplis-la d'eau.

Places-y le flacon et fais dessous un feu doux, pendant un jour et une nuit. Laisse refroidir et retire; tu trouveras un produit pareil à du natron. Projettes-en un mithqal sur une livre d'étain purifié, et il sera changé en bel argent[1].

VIII. (L'ÂME DE L'ARSENIC.)

Démocrite[2] dit :

L'arsenic (sulfuré) a une âme et un corps[3]. Son âme est le sublimé qui monte de lui, lorsqu'il est fondu et soumis à la sublimation. Son corps est la masse solide (qui reste au fond du vase). S'ils ne sont pas séparés, l'arsenic corrompra toute chose[4].

[1] C'est une préparation d'asem, analogue au n° 5 du Papyrus de Leyde. (*Introd. à la Chimie des anciens*, p. 29.)

[2] Le texte dit Hippocrate.

[3] *Coll. des Alch. grecs*, trad., Synésius, p. 67, sur les corps et les âmes des métaux; p. 78, note 4; — Olympiod., p. 100, p. 138, p. 152, âme de l'arsenic; corps et âme du cuivre dans Stéphanus. (*Introd. à la Chimie des anciens*, p. 294; *Origines de l'Alchimie*, p. 276).

[4] L'opération qui consistait à extraire d'un corps un sublimé, puis à réunir ce dernier avec le résidu fixe, est courante chez les alchimistes grecs. (*Coll. des Alchimistes grecs*, trad., p. 139, 24, et note 3.) Le sublimé se formait :

Soit par une simple distillation, comme dans le cas du mercure, ou du sulfure d'arsenic;

Soit par une décomposition proprement dite, comme dans le cas du soufre extrait des pyrites;

Soit par une oxydation, produite avec le concours de l'air, comme dans le grillage des sulfures d'arsenic, changés en acide arsénieux; ou par le grillage des sulfures métalliques produisant des cadmies, c'est-à-dire des oxydes de zinc, plomb, cuivre, etc.

Parfois, au contraire, le mélange d'une matière organique donnait lieu à des réductions, comme dans la transformation des composés arsenicaux oxydés en arsenic métallique (second mercure).

Chacune de ces réactions était mise en œuvre par les alchimistes, ainsi qu'on peut le démon-

IMPRIMERIE NATIONALE.

Prends ce sublimé. Fais-le bouillir avec de l'huile de raifort. Lorsqu'il aura bouilli, vide (le contenu de la marmite) dans de l'alun et purifie-le avec de l'huile de ricin [1].

Tu peux aussi le faire fondre avec le mercure solidifié au moyen de l'aphrosélinon ; tu obtiendras de l'argent (*asem*) [2].

Le mercure [3] qui a été solidifié résulte d'un esprit lié avec un corps, par le moyen du sublimé monté dans l'alambic; il est appelé aussi sublimé.

Fais-donc monter d'abord et ensuite fixe l'un avec l'autre.

trer, d'après les textes, pour certaines préparations. Mais les anciens, n'ayant pas démêlé le caractère propre et la variété des réactions véritables, confondaient le tout sous des noms et des symboles identiques.

(1) Dans le texte *ρικινον*, pour *κίκινον*. Les deux noms *huile de ricin* et *huile de raifort*, pris tantôt dans un sens réel, tantôt dans un sens figuré, se rencontrent continuellement chez les alchimistes grecs. (Voir *Introd. à la Chimie des anciens*, p. 108, l. 2 et 3. — *Coll. des Alch. grecs.*, trad., *Lexique*, p. 10, et *passim.*)

(2) Le mot syriaque est *sin* : Sin était le dieu lunaire des Chaldéens. Mais il est préférable de lire ici le mot *asem*, qui répond au signe de l'argent, placé à la marge. (Voir *Introd. à la Chimie des anciens*, p. 62.)

(3) Il s'agit dans cet article de l'arsenic métallique sublimé, que les anciens regardaient comme un second mercure : le mercure tiré de la sandaraque étant opposé au mercure tiré du cinabre. (*Introd. à la Chimie des anciens*, p. 99, 239, 282. — *Coll. des Alch. grecs*, trad., Démocrite, p. 53; Synésius, p. 66 et 74.)

(LIVRE VIIIe DE DÉMOCRITE.)

(ŒUVRE DE L'OR.)

I. SUR CE SUJET : QUELLES SONT LES (SUBSTANCES) QUI ROUGISSENT[1] ?

Ce sont le misy jaune; la chalcite (couperose) de Chypre[2].

Travaille avec l'eau divine jaune et verse de l'élixir par-dessus, jusqu'à ce que le produit rougisse. Projette-le sur de l'argent et tu auras de l'or.

Voici ce qui rougit : le mercure qui a été blanchi, ou l'élixir de la magnésie qui a été blanchie, celle d'Arménie, de teinte écarlate[3].

II. PUISSANCE SECRÈTE.

Prends d'abord, deux drachmes de sang-dragon[4], puis deux drachmes de sori. Mets sur du plomb, il le rendra doré. Pile fortement, pétris dans du miel; ce sera (la couleur) cinabre si vantée.

III. POUR FAIRE DE LA MAGNÉSIE ROUGE.

Chauffe-la avec du natron et du miel, et elle sera de première qualité[5].

(1) Le mot *rougir* doit être entendu ici par «teindre en couleur d'or», c'est-à-dire «jaunir». La confusion de ces deux couleurs, entre elles et avec l'orangé, est perpétuelle chez les alchimistes grecs.

(2) Écrit *καλκαλδις ουκριν χαλκιτεριν*; *ουκριν* pourrait être le mot syriaque aucit, «c'est-à-dire». Ces mots signifient donc *χαλκῖτις*, c'est-à-dire *χαλκητάριν*. En effet, le lexique de Bar Bahloul a : Col. 859, l. 5, *χαλκῖτις*; c'est le *χαλκητάριν* suivant Rabbân (Honein) et Gabriel (Bochtjésu). Col. 898, l. 26 : *χαλκῖτις*, dans un manuscrit, cuivre blanc brûlé; il dit qu'il se change en *χαλκητάριν*. Col. 899, l. 2 : *χαλκητάριν*; selon Bar Séroschwaï, lorsque la *χαλκῖτις* vieillit, elle devient du *χαλκητάριν*. Col. 899, l. 5 : *χαλκῖτις*, dans un ancien manuscrit, c'est la fleur de cuivre et suivant les chimistes le *χάλκανθον*, et Gabriel (Bochtjésu) l'a confirmé.

Les Arabes connaissaient aussi le *χαλκητάριν* sous la forme colcotar ou calcotorin. (Comp. Ibn Beïthar, n° 1080; Dozy, *Suppl.*, t. II, p. 399.)

(3) Il s'agit sans doute d'une pyrite rougeâtre, blanchie par le grillage ou l'oxydation lente.

(4) En syriaque : Sam-trên; en arabe, Dam-Akhouên.

(5) La pyrite grillée ou oxydée est réduite à l'état d'oxyde de fer rouge; puis on la chauffe avec du natron et du miel.

IV. POUR QUE LA PYRITE DEVIENNE ROUGE.

Pile, mêle avec du natron et du miel et fais griller[1].

V. FUSION DU FER INDIEN (ἰνδικόν[2]).

Jette dessus de la magnésie et un peu de pierre magnétique (μαγνήτης). Elle a de l'affinité pour le fer. La nature jouit de la nature[3].

Nous pensions que ce mercure était du mercure commun, et que cette magnésie était de la magnésie commune; mais nous avons trouvé qu'elle est du cinabre et qu'il s'agit du mercure correspondant.

VI. LORSQUE TU VEUX FAIRE CHAUFFER L'ÉLIXIR.

Fais chauffer sur un feu doux de charbons, ou sur un fourneau. Si une première fois l'élixir brûlait, alors chauffe le fourneau avec des crottins, pour que l'élixir ne brûle pas.

Voilà ce que notre maître a prescrit.

VII. POUR QUE L'ARGENT DEVIENNE PRÉCIEUX COMME DE L'OR. LORSQU'IL EST PURIFIÉ, ON PROJETTE DESSUS DE L'ÉLIXIR.

Prends de l'argent pur, fais-le fondre; projette-le dans de l'arsenic non éteint[4], après que le produit a été mis dans une amphore et solidifié trois fois; ou bien projette-le dans l'arsenic mouillé, jusqu'à ce que tout se liquéfie, et cela trois fois.

Fais fondre de nouveau, ajoute peu à peu du verre broyé et purifié et du crin propre. Opère ainsi sept fois. Fais fondre et ajoute le crin et le verre.

Fonds de nouveau et projette dessus de l'huile d'œufs et tu auras de l'argent devenu aussi précieux que l'or.

(1) C'est une préparation de peroxyde de fer, de même que la précédente.

(2) Le texte dit : *ἰνικόν*.

(3) Formule démocritaine. (*Coll. des Alch. grecs*, trad., p. 47.)

(4) Cf. ce volume, p. 66, XXXV. Le mot syriaque signifie, à proprement parler, une pâte épilatoire d'orpiment et de chaux; mais il s'agit sans doute de l'orpiment seul.

VIII. CHAPITRE DE L'OR. (PRÉPARATION DU CINABRE.)

Prends du mercure et du soufre, en quantités égales. Travaille-les bien ensemble, jusqu'à ce que le mercure soit absorbé et ne soit plus visible. Mets dans une fiole, dont tu luteras l'orifice et la panse avec notre terre. Laisse sécher et mets dans notre four; chauffe du matin au soir. Laisse refroidir sur place jusqu'au matin.

Ouvre et prends ce qu'il y a dans la panse du récipient. Projettes-en une *quarta* sur une drachme d'argent pur et tu auras un or excellent.

IX. AUTRE PRÉPARATION D'ARGENT[1].

Prends de l'arsenic doré, quarante mithqals; de l'arsenic rouge, deux drachmes; de l'antimoine d'Occident, vingt drachmes; du mercure, dix drachmes; du sel ammoniac, cinq drachmes. Travaille toutes ces substances avec du vinaigre fort; chaque jour pétris avec de l'huile de sésame.

Mets dans une fiole d'albâtre; lute avec de la terre, suivant l'habitude; fais sécher. Allume du feu au-dessous, pendant toute la journée jusqu'à la nuit. Laisse refroidir jusqu'au matin.

Prends ce qui adhère au ventre de la fiole d'albâtre. Projettes-en une partie pour vingt parties de cuivre, et ce sera du bel argent.

X. AUTRE PRÉPARATION D'OR.

Prends de la limaille d'acier de l'Inde, quatre-vingt-dix drachmes; du mercure, cinquante drachmes; de l'arsenic rouge, trente drachmes; du soufre de l'Irak, vingt drachmes; de l'arsenic de Perse, soixante drachmes.

Travaille-les tous ensemble avec du fort vinaigre de vin, jusqu'à incorporation; mets dans un vase de verre.

Ajoute dessus du vinaigre, de façon à recouvrir le produit; lute le vase tout entier avec notre boue. Laisse sécher et enterre dans un feu de fumier.

Fais chauffer trois nuits, et, pendant le jour, remue avec une broche de cuivre, jusqu'à ce que la couleur du cuivre devienne comme de l'or, et que

[1] Ce chapitre devrait être dans le livre précédent.

l'épuration soit achevée. Ensuite laisse sur le feu, jusqu'à ce que le produit soit bien sec, et qu'il n'y reste plus d'humidité.

Prends du plomb; fais-le fondre; purifie-le et projette dessus de l'élixir précédent, une partie pour soixante parties de plomb, et il se produira de l'or.

XI. AUTRE PRÉPARATION D'OR.

Prends de la limaille d'excellent cuivre rouge, une partie, ainsi que six parties de mercure. Broie bien; travaille jusqu'à ce que le produit rougisse. Mets dans une chaudière; adapte l'alambic au récipient; lute le corps de la chaudière, ainsi que l'alambic et les joints. Veille aux joints, pour que le produit volatil ne s'évapore pas.

Fais monter et conduis le feu comme celui d'une lampe, jusqu'à ce que rien ne descende plus dans le récipient.

Laisse refroidir; retire; broie son âme avec son corps[1], et fais comme la première fois. Fais monter.

Broie de nouveau les deux ensemble. Fais monter jusqu'à ce que rien ne passe plus dans le récipient.

Le produit sera alors coloré et formera une masse teinte comme par du sang. Prends cette pierre; place-la entre deux coupes; enduis les joints et toute la surface avec notre lut, comme il convient. Lorsque le lut sera sec, place le système sur un trépied, allume le feu en dessous doucement, pendant neuf heures, et conserve.

Projette de cet élixir, une *quarta* sur une once de plomb[2]. Fais-le fondre à trois reprises, projette pendant chaque fusion de l'élixir, et ce sera de l'or excellent.

XII. AUTRE CHAPITRE SUR L'OR[3].

Mercure, neuf drachmes; limaille d'or, quatre drachmes; limaille de cuivre, six drachmes; limaille d'argent, dix drachmes; alun, deux drachmes; arsenic doré, une drachme; natron, une drachme; wars[4], dix drachmes;

(1) C'est-à-dire le produit volatil avec le résidu fixe. (Voir plus haut, p. 73, note 4, et *Coll. des Alch. grecs*, trad., p. 268.)

(2) *Croun*, abréviation de *κρόνος*.

(3) Cette recette est à peu près identique avec les premières lignes de la recette n° 1 de la *Mappæ clavicula* (*Transmission de la science antique*, p. 31); identité remarquable, comme fournissant une nouvelle preuve de l'origine grecque commune aux recettes latines et syriaques.

(4) Safran d'Inde ou *Memecylon tinctorium*. (Voir ci-dessus, p. 67, note 2.)

safran, dix drachmes; terre dorée, une drachme; vinaigre, autant qu'il faut.

Mêle toutes les limailles avec du mercure, et broie en consistance cireuse.

Mets l'amalgame dans un creuset, et, par-dessus, toutes ces autres choses, après les avoir broyées dans du vinaigre. Chauffe par en dessous. Quand le produit bouillira et que tout sera bien mélangé, prends et tu trouveras un grand profit (c'est-à-dire de l'or).

XIII. AUTRE CHAPITRE SUR L'OR.

Prends de l'or, deux drachmes; fais-en un cylindre (σωλῆν); (ajoute du) cuivre brûlé, deux drachmes. Fais chauffer et plonge dans de l'eau salée. Prends du mercure, deux drachmes. Pile dans de la saumure, jusqu'à ce que le produit soit à l'état d'amalgame. Prends du natron, deux drachmes, avec de l'huile. Fais fondre et ce sera de l'or.

XIV. AUTRE PRÉPARATION.

Cuivre brûlé, trois drachmes; or, une drachme; fais fondre; jette dessus de l'arsenic. Fais brûler, et le produit sera friable. Pile-le dans du vinaigre, comme de la rouille. Projette sur du plomb, et tu auras de l'électrum.

Projettes-y de l'or en quantité égale, et fais fondre[1].

XV. TRANSFORMATION DU PLOMB[2].

Cuivre brûlé, une partie et demie; minium, même proportion; limaille de plomb, six drachmes; cadmie ostracite[3] (καδμεία ὀστρακῖτις), une drachme. Travaille et pile tous ces corps dans du vin blanc. Réduis-les en pâte, et fais fondre dans un feu ardent : tu obtiendras du bon plomb. Mêles-y de l'or, deux drachmes, et ce sera bien.

[1] Cette recette est tout à fait semblable à celle de la *Mappæ clavicula*. (*Transmission de la science antique*, p. 45.) — Voir aussi p. 38.

[2] Écrit *croun* = χρόνος.

[3] *Introduction à la Chimie des anciens*, p. 240.

XVI. POUR FAIRE DE L'OR AVEC DE L'ÉTAIN.

Marbre réduit en chaux, cinq grammes; wars [1] chauffé, quatre grammes; cinabre, quatre grammes. Broie ensemble; fais un élixir.

Prends une once d'étain décapé, et limaille de fer, une partie proportionnée. Dispose au-dessous et au-dessus, dans l'alambic sans tête [2]. Recouvre et fais fondre avec un feu de crottins : le produit sera beau.

Nota. — L'étain a un signe fait de cette manière [3] : sers-t'en pour l'indication de l'étain.

XVII. AUTRE PRÉPARATION D'OR [4].

Prends de la couperose; de l'ocre (ὤχρα) et du misy, parties égales. Pile tous ces corps et mets-les dans une fiole. Fais chauffer pendant onze heures, à deux reprises (?), et tu trouveras de l'élixir.

Prends celui-ci, mets-en sur du plomb et sur du cuivre, et le métal deviendra or : c'est expérimenté.

XVIII. AUTRE PRÉPARATION D'OR [5].

Prends de l'étain, du mercure, du soufre, du çasa (?) et du schakân [6]; mélange ensemble et fais un bon élixir.

Comprends ensuite ce qui va être dit.

Prends des cornouilles acides, des écorces de grenade, des noix de galle, de la garance, de l'aloès socotrin, de la myrrhe, un peu de miel, du safran, de la fleur de grenadier [7], de l'écorce de cèdre, du fœnum græcum

[1] Safran d'Inde. (Voir ci-dessus, p. 78, n. 3.)

[2] Le texte dit «aveugle».

[3] C'est le premier signe de la page 5.

[4] Le signe de l'or se trouve à la marge dans les manuscrits, avec le numéro d'ordre 25. Les deux articles précédents ont à la marge le même signe, avec les nos 21, 22. De même les deux articles suivants, avec les nos 24, 25.

[5] Le chiffre 14 se trouve dans le manuscrit à la marge, au-dessous du signe de l'or; il doit être lu en réalité 24. C'est le numéro d'ordre. (Voir la note ci-dessus.)

[6] Mots inconnus, comp. ci-dessus, p. 64, XXX, et p. 67, XXXV. — Pour le mot *schakân*, écrit plus bas *schakâ*, on peut comparer l'arabe *schakk*, arsenic.

[7] Voir plus haut, p. 13, dernier mot de la 1re colonne.

et du sel. Pile bien toutes ces choses; ajoute par-dessus de l'eau, une livre; mets digérer dans une marmite, sur un réchaud à demi éteint, du matin jusqu'au soir.

Lorsque le vase sera refroidi, prends du cuivre et fais-le chauffer sur un feu ardent. Quand il sera brûlant, prends de la liqueur ci-dessus et teins-le avec elle; il prendra bien la couleur.

XIX. COMMENT ON DOIT TRAITER LE MERCURE POUR FAIRE DE L'OR ET DE L'ÉLECTRUM[1].

Prends du mercure, une livre; de la résine de térébinthe, trois onces; du cuivre blanc calciné, quatre onces; de l'arsenic rouge, deux onces; de la couperose, trois onces; de l'alun lamelleux, deux onces; de la rouille de plomb, deux drachmes; de la garance, une once; de l'eau de minium purifiée, deux setiers; du vinaigre, six setiers.

Mets dans une marmite; lutes-en l'orifice avec notre boue; laisse sécher.

Fais un feu modéré pendant un jour; que le produit reste dans la marmite pendant deux jours : tu remueras chaque jour.

Prends et mets au soleil. Triture jusqu'à ce que le produit devienne comme une pâte.

Prends ensuite cet élixir, quand il sera encore un peu mou; projette-le sur cinq livres de cuivre blanc, et tu le changeras en or.

Si tu veux de l'élixir pour l'argent[2], n'y mets pas d'arsenic et de garance, mais du plomb brûlé, deux onces; des rognures (?) réduites en poudre, trois onces. Projette sur cinq livres de cuivre, et ce sera de l'argent.

XX. ENDUIT VITREUX SUR UN VASE D'ARGILE.

Prends de la gomme adragante (τραγάκανθα), délayée dans de l'eau pendant un moment. Prends du verre, de la couleur que tu veux. Pile, tamise et pétris dans l'eau de cette gomme; enduis-en les vases d'argile qui n'ont pas été chauffés. Introduis-les dans un four de potier, et chauffe jusqu'à ce que l'enduit adhère à l'argile.

[1] Littéralement : de l'argent (à la marge le signe de l'or, avec le n° 25). — [2] A la marge le signe de l'argent, avec le n° 15.

(LIVRE IXE DE DÉMOCRITE.)

(LE MERCURE.)

I. SUR LE MERCURE MERVEILLEUX[1].

Ses premiers noms, en grec[2], sont les suivants : soufre, arsenic, sandaraque.

(Malgré la diversité de ces noms, c'est la même matière). La nature, en effet, lorsqu'elle reçoit quelque chose de contraire et se l'assimile, se fortifie : cette chose n'est pas expulsée, parce qu'elle prend et est prise. C'est ainsi que l'on a caché le nom du mercure et qu'on l'a rendu obscur.

De même le *ziouqa* (nom syriaque du mercure) varie de nom, suivant les diverses traditions; on l'appelle parfois *ziouq* et parfois *ziouq*, et argent liquide; eau d'argent; matière qui blanchit le cuivre; nuage blanc[3]; corps fuyant le feu; soufre; arsenic; sandaraque; et eau de ceux-ci; eau de soufre clarifiée; mystère révélé; eau de cuivre et eau de feu; eau de verre; sélénite[4] (*ἀφροσέληνον*); écume de mer; écume de fleuve; écume de toutes espèces et de tous animaux, principalement de chien enragé; eau de fleuve et de rosée; miel attique, celui qui est intermédiaire de toute chose et de tous les miels; eau de Saturne, c'est-à-dire éprouvée par le plomb (Saturne); chrysocolle; eau qui sert pour la rouille et les écritures.

Il est encore appelé fiel de tous les animaux, et levain, et lait de tous animaux[5], lait et résine de tous arbres et de toutes plantes, en raison de sa formation et de ses rapports avec le lait. On dit qu'il est appelé aussi urine du fils des toits[6]; et encore, ce qui se dissout et coule; transparence (*δίοψις*) et nuage, et toutes vapeurs du soufre suspendu.

[1] Mercure des philosophes.

[2] Voir *Coll. des Alch. grecs*, trad., *Lexique*, p. 15. Ces désignations se rapportent tantôt au mercure tiré des sulfures d'arsenic, c'est-à-dire à l'arsenic métallique (*Introd. à la Chimie des anciens*, etc., p. 282); tantôt au vif-argent ou argent liquide, qui est notre mercure actuel, tiré du cinabre.

[3] *Coll. des Alch. grecs*, trad., p. 11 et 20; p. 130, et *passim*.

[4] *Coll. des Alch. grecs*, traduction, p. 130 et 64.

[5] *Coll. des Alch. grecs*, trad., p. 73; p. 182; p. 192; p. 324; p. 387, et *passim*.

[6] On appelle en syriaque *fils des toits* le démon lunatique, qui possédait les épileptiques

C'est avec raison qu'on l'a appelé soufre suspendu[1], parce que, quand il est chauffé, on le trouve suspendu au couvercle du vase.

(Cette substance) ne porte pas nom unique; mais ses noms sont nombreux, parce qu'elle n'est pas d'une seule espèce, et qu'elle représente de nombreuses espèces, dont chacune est différente des autres.

Les livres disent : Prends du mercure; mais ils ne font nullement connaître de quelle espèce, ni de quel corps il est tiré. Le Philosophe[2] seul l'a dit, en exposant ses deux teintures, en jaune et en blanc. Pour le jaune (Chrysopée), il dit : Prends le mercure tiré du cinabre, qui seul blanchit le cuivre et le rend sans ombre. Il jaunira, si tu le traites par l'eau de soufre distillée, ou par le soufre seulement; c'est là le mystère révélé.

Dans les opérations de l'argent (Argyropée), il dit[3] :

Prends du mercure tiré de la sandaraque, ou de l'arsenic (sulfuré), et de la céruse[4], et des autres choses. C'est ainsi qu'il le définit, en expliquant les deux mystères : l'un qui est dans le Chalkydrion[5]; et l'autre, celui qui est signalé plus haut, et qui nous est connu par sa fixation. Mais quand il s'agit du mercure tiré du cinabre, il entend celui qui blanchit le cuivre : c'est-à-dire qui fait de l'argent, en le rendant sans ombre. C'est celui-là qui est nécessaire pour l'Argyropée.

Quant à la parole du Philosophe : Prends du mercure tiré de l'arsenic (sulfuré) et des autres choses, c'est bien, diras-tu. Mais sache que ceci est le mystère des deux mystères, parce qu'il y en a trois[6].

En réalité, il n'y a qu'un nom et qu'une opération[7]. Tu réussiras beaucoup de fixations, si tu comprends mon langage.

Il dit dans la Chrysopée :

Prends du mercure et fixe-le avec le corps de la magnésie, etc.

et qui était censé résider sur les toits plats, où l'on adorait la lune et les astres.

(1) Ce mot se trouve aussi dans la *Coll. des Alch. grecs*, trad., *Lexique*, p. 8, au bas. Le sens indiqué dans ce passage (c'est une eau) n'est pas celui que donne le texte syriaque, lequel paraît préférable.

(2) Démocrite, *Coll. des Alch. grecs*, trad., p. 46.

(3) Démocrite, *Coll. des Alch. grecs*, trad., p. 53; cf. Synésius, *Même collection*, p. 66.

(4) Le mot *céruse* paraît dans certains cas avoir été employé pour désigner l'acide arsénieux.

(5) *Coll. des Alch. grecs*, trad., *Lexique*, p. 16.

(6) *Coll. des Alch. grecs*, trad., p. 21 et 389.

(7) *Ibid.*, p. 388.

Et dans l'Argyropée, il dit :

Fixe suivant l'usage : c'est le mercure rouge. Il est désigné par un seul nom, tandis qu'il offre plusieurs variétés. Il faut supposer ici qu'il est tiré du cinabre seulement : le vrai mercure est celui qui en est tiré. Il n'opère pas seul toutes choses; mais il doit être fixé avec de l'arsenic (sulfuré), de la sandaraque, de la céruse, de la magnésie, ou de l'antimoine italique[1].

C'est pour cela que le Philosophe dit qu'il est contenu dans les choses au moyen desquelles il est fixé. Ce n'est pas seulement le mercure de ces choses qui y est fixé, mais tout mercure qui provient d'elles fixe toute chose, coagule et saisit, comme sa chose propre, ce qui lui est contraire. Car la nature ne forme pas le fond de l'être, et le mercure ne renferme pas en lui-même ces choses qui sont décrites partout[2]. Par là il devient évident que le mercure est un par le nom, non en acte, mais en puissance; c'est-à-dire que ses effets sont en puissance dans les mélanges qu'il forme. Il existe en effet des différences de mélange et de fixation dans deux choses, savoir : dans la céruse et dans l'antimoine italique. De même dans l'arsenic, lorsqu'il produit le blanchiment du cuivre; de même, dans le soufre marin et l'alun, et dans d'autres corps qui jaunissent ou blanchissent, selon la distinction des liqueurs.

On a dit que le mercure était aussi la pierre de lune et la pierre ferrugineuse. On lui a donné des surnoms : le mercure de cinabre, appelé mercure des teintures. Celui qui teint le cuivre, (on l'a appelé) eau de cuivre[3] et eau d'aphroud; et celui qui agit sur l'étain, (on l'a appelé) eau de fleuve et bile de dragon[4].

(1) *Collection des Alchimistes grecs*, traduction, p. 46. Le manuscrit A porte à la marge ces mots, c'est-à-dire de Coptos (κοπτικόν). (Voir *Collection des Alchimistes grecs*, trad., p. 19, n° 3).

(2) Cette phrase obscure se rapporte à la distinction entre la matière première et ses qualités. Tout ceci semble imité de Synésius. (*Coll. des Alch. grecs*, trad., p. 66 et suivantes.) — D'après cette théorie, le mercure des philosophes, ou matière première des métaux, prend des propriétés spécifiques, suivant la nature individuelle des mélanges qu'il concourt à former, et il communique ensuite ces propriétés aux métaux dont il opère la teinture.

(3) *Coll. des Alch. grecs*, trad., p. 209, n° 6.

(4) *Coll. des Alch. grecs*, trad., *Lexique*, p. 7 et 15.

II. DIRE DE PEBICHIUS.

Pebichius[1] dit :

Tous les corps (métalliques)[2], c'est le mercure. Et il les appelle les mystères : si tu tires de tous (les corps) le mercure et que tu le fixes, il deviendra le mercure propre du corps désiré[3] : tel est le mystère révélé. Il ne faut donc pas que, pour toute préparation, toute espèce de mercure soit mis en œuvre, mais seulement celle qui est propre à la préparation, et cela suffit.

III. (PRÉPARATION DU MERCURE À FROID.)

Prends un mortier de plomb, mets-y du cinabre et broie, en ajoutant de l'eau, avec un pilon également en plomb, jusqu'à ce que tu obtiennes du mercure[4].

Prends du vinaigre et broie au soleil.

D'autres prennent le mortier en poids (déterminé), de manière qu'il pèse trente mines, et le pilon dix mines. On s'en sert comme il vient d'être dit, et le mercure ainsi préparé, quand il est conservé, est dit le rouge des teintures.

IV. (PRÉPARATION DE L'ÉLIXIR TINCTORIAL.)

D'autres mélangent tous les mercures en proportion égale, ceux des corps et ceux des pierres. Ils font bouillir dans de l'eau de soufre, avec de la gomme et du mélange de safran (*κρόκου μάλαγμα*), qui est le safran macéré, et le reste de tous les autres. Après avoir fait tout le traitement, qui consiste en une autre combinaison, ils teignent.

V. (AUTRE PRÉPARATION.)

D'autres font un élixir de mercure; après qu'il a été rouillé ou éteint, ils

(1) Pebichius ou Epibichius, c'est-à-dire Horus l'Épervier. (Voir *Origines de l'Alchimie*, p. 168.) Le texte syriaque porte littéralement Pibicos.

(2) *Collection des Alchimistes grecs*, trad., p. 168.

(3) C'est-à-dire l'or.

(4) C'est une préparation pour obtenir du mercure sans distillation, en décomposant le cinabre au moyen du plomb. (Voir *Coll. des Alch. grecs*, trad., p. 171. — Et Pline, *Hist. nat.*, l. XXXIII, ch. XLI.)

le projettent sur de l'argent, et ils teignent. Ils jurent aux autres que ce n'est que du mercure, et leur parole est véridique.

VI. (PRÉPARATION DU MERCURE.)

Prends du soufre et du cinabre, en proportion égale; broie avec du vinaigre et fais bouillir dans un vase de cuivre; agis comme il a été dit, et tu auras du mercure[1].

Sers-t'en pour la préparation d'or (*χαλκύδριον*), avec de la sandaraque rouge et la céruse, en proportion égale; broie le tout avec du vinaigre, en consistance de pâte. Fais bouillir comme il a été dit. Essuie ce cinabre et sers-t'en.

VII. (PRÉPARATION ARSENICALE.)

Prends de l'arsenic doré; broie avec du vinaigre en consistance de pâte; fais bouillir suivant l'usage; essuie et conserve.

Arsenic (sulfuré) et sel ammoniac; broie bien dans de l'eau, jusqu'à ce que monte une légère vapeur de mercure.

Sache que tous les mercures qui se forment en dehors du feu sont nommés eau clarifiée.

VIII. ÉPREUVE DE L'ARGENT[2].

Mets-le dans une coupe avec du vinaigre pur et blanc; laisse un jour; s'il se fait de la rouille, c'est qu'il renferme du plomb (Saturne); s'il bleuit, il contient de l'étain (*ζεύς*)[3].

IX. AUTRE ESSAI.

Jette-le dans de l'eau : s'il garde son éclat, il est pur; s'il change, il est défectueux.

(1) Préparation de mercure sans distillation, en décomposant le cinabre au moyen du cuivre. (Voir la note 4 de la page précédente.)

(2) Le texte dit : du mercure, sans doute par suite de la confusion des deux signes. (Voir un essai analogue, *Introd. à la Chimie des anciens*, p. 39, Papyrus de Leyde, et Pline, *Hist. nat.*, l. XXXIII, ch. XLIV.) — L'essai décrit dans notre texte est fait par voie humide.

(3) L'épreuve repose sur des faits réels. Mais

X. (PURIFICATION DU MERCURE.)

Si le mercure a une mauvaise odeur, lave-le de la manière suivante :

Mets-le dans du vinaigre, dans lequel il y a du natron, au sein d'un vase de verre; laisse sept jours, et il blanchira.

XI. DE L'EAU DE SOUFRE[1].

Nous réunirons les règles des préparations blanches et jaunes et pour les (corps) décomposables, de manière que rien ne manque.

(*Les eaux blanches*)[2]. — Au commencement, nous avons dit, en parlant de tout ce qui est travaillé, ce que sont les eaux blanches de soufre. (On nomme ainsi) :

Le lait de mûrier[3], ou de figuier, ou de buffle[4], ou de chèvre, ou de vache, ou d'ânesse;

Eau de lait de ces choses : feuilles de pêcher, feuilles de laurier, eau d'alun, miel blanc, fleur de sel, cendre de bois de peuplier, chaux, eau de mer, urine, vinaigre blanc ou vinaigre de citron, terre de Cimole[5], acacia à résine et à fruits.

Ensuite terre de Mélos[6] qui est blanche et grasse, pierre légère et terre brillante, et toutes les pierres blanches qui se délayent[7] dans l'eau et s'isolent et s'allient ensemble, de façon à s'unir réciproquement. Car tu as appris que les sulfureux sont maîtrisés par les sulfureux, les humides par les humides correspondants[8].

On y mêle alors des blancs d'œufs et de la gomme blanche, et tout ce qui manque. Broie cette préparation qui a blanchi, et après qu'elle aura été brûlée séparément, projette-la.

la dernière indication est erronée; car le caractère indiqué ne s'applique pas à l'étain, mais au cuivre.

(1) C'est l'ὕδωρ θεῖον des alchimistes grecs.

(2) C'est-à-dire blanchissantes, teignant en argent.

(3) *Coll. des Alch. grecs*, trad., p. 155. (Voir aussi p. 96, note 2.)

(4) Boubou = βούβαλοι.

(5) Écrit *κομολια*.

(6) Écrit *mlisia*.

(7) Les opérations de délayer et de dissoudre sont confondues par les alchimistes.

(8) Axiome des alchimistes grecs. (*Coll. des Alch. grecs*, etc., trad., p. 21.)

Tu as entendu dire encore : Projette-la sur le reste de la préparation; ensuite chauffe et souffle, et éprouve si le métal est sans ombre. S'il ne l'est pas, tu n'as qu'à te blâmer toi-même[1], parce que, jusqu'à ce que tu possèdes toute la doctrine des livres et que tu en éprouves l'efficacité, ton désir ne saurait être satisfait.

XII. PRÉPARATION DE L'EAU ROUGE[2] DU SOUFRE.

Voici comment l'eau rouge est composée. Prends du vinaigre et de l'urine de petits enfants, et toutes les biles d'agneau et de mouton; de l'eau de mer, de l'eau de calcaire[3], de l'eau de chaux et de cendre de chou, et de l'eau d'alun, de natron, d'arsenic et de soufre, du lait d'ânesse et de chèvre, du lait de buffle, du safran de Cilicie, du carthame, du wars[4], des fleurs de mouron pourpre, de rhubarbe du Pont, de la pierre de. . . . .[5], de la fleur de cuivre, du vitriol noir, du jus de poireau, de l'encre indienne purifiée.

Pour le blanchiment et le rougissement, éviter que le produit ne brûle.

Le Philosophe ajoute : Jusqu'à ce que le noir soit parti entièrement, traite la pyrite; (opère) jusqu'à ce que le produit soit comme des paillettes d'or non brûlé.

Les choses indiquées ci-dessus pour le nettoyage concourent aussi au jaunissement, (par exemple) : l'eau de mer, l'eau de sel et l'eau d'alun, l'eau de chaux, l'eau de natron, et aussi l'eau de calcaire, et les liquides blancs, et toutes les huiles, et le vinaigre, et d'autres choses analogues. Pour le blanc vrai et le rouge, tu trouveras qu'ils sont décrits partout; tu connais la mesure.

XIII. CÉLÈBRE EAU DE SOUFRE, QUI EST VANTÉE EN TOUT LIEU.

Chaux, deux parties; soufre, une partie. Lave une marmite et mets-y de

(1) Ceci est un axiome démocritain, dans la *Coll. des Alch. grecs*, trad., p. 49, n° 11; il est reproduit dans plusieurs autres passages.

(2) Ou jaunissantes, c'est-à-dire teignant en or.

(3) *Emphoma*. Le lexique de Bar Bahloul explique ce mot ainsi : « céruse avec laquelle on blanchit les murs, alcali en poudre. Suivant Paul d'Égine, marc de vin brûlé. Suivant un autre auteur, alcali ». On a proposé ἔγκαυμα, mais c'est plutôt ἔμφωμα.

(4) Voir p. 67, 78 et 80.

(5) Écrit κιτον.

l'eau, jusqu'à ce qu'elle déborde. Couvre et lute; laisse jusqu'à ce que le lut sèche; lorsqu'il sera durci, agite bien et mets sur un feu ardent, pendant long temps. S'il est besoin d'eau chaude, ajoutes-en et laisse reposer; puis éclaircis et abandonne : tu trouveras que la liqueur surnageante est comme du vin[1]. Ajoute de l'eau chaude, couvre et fais bouillir. Puis écrase et laisse refroidir. Retire le dépôt de la marmite. Remets-y l'eau. Fais bouillir de la même manière, passe, et tu trouveras l'eau qui surnagera, couleur du sang.

XIV. PRÉPARATION DU CARTHAME[2].

Pile le carthame en masse; mets-le dans une corbeille de rameaux de palmes; jette dessus de l'eau, jusqu'à ce que sa couleur jaune ait disparu. Presse-le et laisse-le dans la corbeille un peu de temps. Puis mets-le dans un grand plat, et jette dessus du jaune d'œuf, (puis) du blanc, qui est la cendre ou la chaux. Frotte avec ta main jusqu'à ce qu'il rougisse. Puis mets le produit dans une corbeille, jusqu'à ce que l'eau descende; et jette dessus de l'eau. Laisse reposer un peu de temps, puis jette dans cette eau du vinaigre fort. Laisse un jour, et tu trouveras bientôt qu'elle est colorée comme du sang.

XV. CHAPITRE DANS LEQUEL EST MARQUÉE LA PUISSANCE SECRÈTE.

Du natron jaune[3] et du safran, huit drachmes; du carthame, quatre drachmes; du wars[4], huit drachmes; . . . . .[5], quatre drachmes; c'est le. . . . .[6] des grenades d'Égypte, ...; des fleurs de mouron (*ἀναγαλλίς*), quatre drachmes; de la couperose de Chypre, qui ressemble au verre[7], vingt drachmes; du vitriol noir, deux drachmes; du sang-dragon

(1) Polysulfure de calcium? Cette préparation est déjà décrite dans le Papyrus de Leyde (*Introd. à la Chimie des anciens*, p. 46), et elle figure aussi chez les alchimistes latins.

(2) Teinture jaune, autrement dite rouge.

(3) *Introduction à la Chimie des anciens*, p. 267.

(4) Voir ci-dessus, p. 67, 78, 80 et 88.

(5) Mot écrit *apsia*, peut-être θαψία.

(6) Mot corrompu.

(7) Couperose étant synonyme de vitriol, on voit ici le fait qui a donné l'idée du mot *vitriolum*. Ce mot est ancien. Il figure déjà dans les *Compositiones ad tingenda*, dont le manuscrit a été écrit vers le VIIIe siècle. (*Transmission de la science antique*, p. 14.)

IMPRIMERIE NATIONALE

délayé dans de l'urine de petit enfant, analogue à la laccha (orcanette), comme il a été dit dans le *Livre sur les pourpres*[1]. S'il n'y a pas de sang-dragon, ajoute de la laccha. Ensuite ajoute les plantes, fais bouillir et passe; ajoute les choses qui manquent, et mets en œuvre.

XVI. EAU DE CENDRES.

Elle a été indiquée dans le *Livre sur les compositions;* dans chaque endroit il est parlé des eaux de cendres de chou sauvage, de camphrier, de sarments, de bois de chêne, avec du calcaire, de la chaux, de l'alun, des excréments de chien, et tout ce qui t'a été transmis dans chaque endroit. Tout cela (se rapporte) à l'eau simple de soufre traitée avec de la chaux, et à l'eau de soufre clarifiée : je veux dire celle tirée du soufre seulement, c'est-à-dire du mercure.

[1] Ouvrage attribué à Démocrite. (*Coll. des Alch. grecs*, trad., p. 43 et 61.)

FIN[1].

LIVRE Xe.

(PRÉPARATIONS.)

I. LA CÉRUSE.

Opération de la céruse, qui est le *ψιμύθιον*.

Travaille du plomb en lames minces. Mets du vinaigre fort dans un vase, jusqu'au col. Fais passer des roseaux par quatre trous, au-dessus du vinaigre; place les lames sur eux. Recouvre le vase et lute. Laisse-le dans un endroit chaud de la maison. Que le vase soit enterré jusqu'à la moitié de sa hauteur dans du fumier. Après douze jours, (vois) si le plomb est dissous complètement. Sinon, recouvre de nouveau, jusqu'à ce qu'il soit complètement réduit en chaux et fondu dans le vase de vinaigre.

Retire et fais sécher. Pile dans un mortier de pierre; passe et pétris avec du vinaigre; fais-en des petits rouleaux et garde.

II. AUTRE PRÉPARATION DE CÉRUSE.

Prends du plomb autant que tu voudras; dispose-le comme des galettes de pain. Pratiques-y trois trous, dans lesquels tu passeras un fil; suspends dans un pot plein de vinaigre fort, à un empan de distance du vinaigre. Couvre le vase et laisse dix jours. Puis retire et gratte la céruse. Place sur la molette, broie et ajoute un peu d'eau salée. Mets en pâte, laisse sécher à l'ombre; répète les opérations une seconde fois, à un autre moment.

[1] Ce mot semble indiquer que la collection originelle, dite «Doctrine de Démocrite», se terminait ici. Le livre X aura été ajouté plus tard; ce que confirment son caractère général et diverses indications, telles que celles des cailloux du Tigre ou de l'Euphrate (n° XIII), etc.

III. PRÉPARATION DE LA SANDARAQUE[1].

Broie de la céruse (ψιμύθιον) dans un vase de cuivre; fais-la griller dans une large cuiller de fer ou de cuivre, en agitant constamment, afin qu'elle rôtisse également. Que le composé de plomb soit en grande quantité. Broie de nouveau et fais griller de nouveau, jusqu'à ce que le produit soit devenu couleur de sandaraque, et sers-t'en.

IV. OPÉRATION DE LA RUBRIQUE (σιρικια).

Prends de la céruse et fais-la griller sur une poêle, jusqu'à ce qu'elle soit changée en minium[2]. Prends-le et mêles-y de la chalcite[3], grillée comme il suit.

Tu feras macérer dans du vinaigre chauffé. Mélange alors le vitriol avec de la céruse et mets-les tous deux dans deux petites bouteilles, que tu boucheras et luteras de tous côtés; ensuite fais chauffer dans un four à tuiles.

On mélange : céruse, une partie, et chalcite, deux parties.

(Autre.) La rubrique (σίρικον) pure se prépare encore de cette façon :

Prends de la céruse; pétris avec du vinaigre et mets dans une cruche; bouche et lute avec notre boue; fais sécher et fais griller dans un four à tuiles pendant trois jours. Broie et garde.

(Autre) rubrique (σίρικον) étrangère. Céruse, vingt drachmes; vitriol de cuivre (χάλκανθον), quatre drachmes; place dans une petite bouteille, comme d'habitude, et fais griller pendant un jour. Pile et fais des gâteaux, au moyen de la gomme.

AUTRE PRÉPARATION DE LA RUBRIQUE.

Pétris de la céruse dans du vinaigre fort; mets dans une marmite;

(1) Ce mot désigne ici le minium, corps qui a été confondu souvent avec divers rouges minéraux et notamment avec le réalgar ou sandaraque. (*Introd. à la Chimie des anciens*, p. 261.)

(2) Le texte dit sandaraque.

(3) Voir p. 75, note 2.

bouche et lute avec notre boue. Fais cuire dans un four de potier pendant trois jours; vide et conserve.

V. SUBLIMATION D'ARSENIC DANS L'ALAMBIC (αἰθάλη).

Prends de l'arsenic de Nisibe[1] et broie. Apporte deux coupes, mets-le dans l'une d'elles et recouvre-la avec l'autre; enduis les joints; mets dans une marmite contenant des cendres tamisées. Fais du feu sous la marmite, et, quand elle sera refroidie, mélange le contenu de la coupe supérieure avec l'inférieure. Lute et fais du feu par trois fois; ensuite sers-t'en.

VI. LA LITHARGE S'OBTIENT AINSI :

Prends du plomb et lamine-le en feuilles; fais des lames longues. Ensuite roule les lames sur une baguette de fer, en faisant un seul tour pour chacune d'elles. Place sous ces feuilles enroulées de la chaux, pétrie en bouillie épaisse; mets dans un four bien chaud. Dresse la baguette dans le four; couvre le four, lutes-en le sommet pendant une nuit et tu trouveras.

VII. PRÉPARATION DE PLOMB BRÛLÉ.

Mets le plomb dans un vase sans couvercle. Projette dessus du soufre broyé avec du vinaigre; fais chauffer comme font les oculistes, afin qu'il devienne du plomb friable. Tu éprouveras s'il est bon; mais s'il brûle trop, il sera comme de la pierre. Fais attention qu'il ne te saute pas à la figure et qu'il ne te brûle.

VIII. PRÉPARATION DU VERT-DE-GRIS.

Prends un lingot de cuivre et de la colophane (κολοφωνία) délayée dans de l'eau[2]; verse-la sur le milieu du lingot de cuivre et incline le lingot au-dessus d'un vase d'argile, dans lequel il y a du vinaigre fort, et tu obtiendras du vert-de-gris. Tous les dix jours, gratte et conserve[3].

[1] Mot peut-être corrompu, pour *lamelleux?* — [2] Colophane, c'est-à-dire sulfure d'arsenic. — [3] Ce produit est du vert-de-gris arsenical.

Autre préparation. — Creuse une fosse en terre; enduis-la de chaux; mets-y du jus de raisin, et asperge dessus un peu d'eau; laisse trois jours, pour qu'il s'échauffe. Plonges-y du cuivre, et tous les trois jours ou plus, retire et mets au soleil. Rejette la liqueur et garde le produit solide. Opère de même une seconde fois.

IX. SUR LE BLANCHIMENT DE LA LITHARGE DESTINÉE À L'OPÉRATION DE L'ARGENT.

Prends-en deux livres; pile et tamise; ajoute du sel commun, deux livres, et de l'eau de mer. Fais bouillir jusqu'à ce que le produit soit beau. Lave dans de l'eau douce, et, lorsqu'il sera bien blanc, fais sécher et garde.

X. FUSION DU FER INDIEN QUI EST L'ACIER.

Prends de la limaille d'acier, mets dans un creuset, jette dessus du soufre et de l'arsenic; fais fondre sur un feu de charbon. Ceci est l'objet désiré; coule [1].

XI. LE CINABRE.

Prends du mercure excellent, une partie; du soufre en morceaux, huit parties. Broie dans un mortier de pierre très dure. Prends un vase de marbre rond, sans bec. Enduis-le bien (extérieurement) avec de la terre à luter mélangée de crin.

Si tu préfères, prends des œufs, perces-en l'extrémité, vide leur intérieur et ajoute le produit au lut. Enduis avec ce lut; laisse-le bien sécher. Mets sur de la cendre chaude jusqu'au matin; si l'opération réussit, le produit est parfait.

XII. DISSOLUTION DES OS.

Prends des os de cuisse de jeunes bœufs et chameaux; pile bien. Mets dans une marmite de cuivre; verse dessus du vinaigre blanc, jusqu'à ce qu'ils soient recouverts. Mets au soleil jusqu'à ce qu'ils se dissolvent; jette dessus une livre de camphre; mets au soleil, jusqu'à ce que les os se dissolvent [2].

[1] Cette recette est une variante de la recette VII, p. 41. — [2] Ces mots sont probablement un doublet.

Ensuite mets sur le feu jusqu'à ce qu'ils soient un peu chauffés. Ensuite prends et traite avec les six corps, pour les dissoudre.

XIII. FUSION DU VERRE.

Prends des pierres bien propres, sans parties noires ni bleues, des cailloux du Tigre et de l'Euphrate, ou tous autres semblables, et broie-les bien. Passe dans un tamis de crin, ou lave avec soin dans de l'eau. Fais sécher. Pèses-en une partie, et de la rubrique, trois parties. Mets dans une marmite neuve; dispose un four concave; place dessus la marmite. Laisse-la enfoncée jusqu'aux anses. Allume du feu par-dessous. Qu'il y ait au milieu de la marmite une tige de fer à tête recourbée, comme une fourchette à pot. Chauffe ainsi, jusqu'à ce que la matière fondue adhère à la tige et puisse s'enlever avec elle.

XIV. (COLORATION DES VERRES.)

Couleur de cire. — Il n'est pas besoin d'une autre couleur.

Si tu veux changer la couleur en couleur verte, opère ainsi : pour trois cents drachmes de verre, ajoute cinq drachmes de cuivre brûlé.

En rouge : pour trois cents (drachmes de verre), mets cinq (drachmes) d'alcali, et il sera pourpre.

En noir : cinq drachmes de cadmie dorée [1].

Si c'est en bleu, de même pour trois cents (drachmes) de verre, mets cinq drachmes d'antimoine d'Espagne.

Si c'est en blanc, cinq drachmes de céruse.

XV. ÉLIXIR FERRUGINEUX.

Prends du beau fer brûlé (σλώμωμα) [2] fais-en des lames minces, et apporte du vin blanc en bon état. Fais chauffer les lames au feu quarante fois,

[1] Ce mot doit désigner un sulfure; le soufre noircit le verre. — [2] Ce mot s'applique aussi au cuivre. (*Introd. à la Chimie des anciens*, p. 233.)

en les plongeant (chaque fois) dans ce vin. Travaille jusqu'à ce qu'elles soient blanches comme de la neige.

Prends alors un creuset (χωνεῖον); lamine les lames aussi minces que possible; range-les dans le creuset, et souffle bien jusqu'à ce qu'elles soient rouges comme du feu. Apporte de l'arsenic lamelleux et broyé, de sorte que pour chaque livre de fer (ἄρης), il y en ait quatre onces, et qu'il soit fondu de suite. Prends de l'étain pur ayant son cri, c'est-à-dire de l'ἑρμῆς[1] : pour une livre de fer (ἄρης), six onces; et lorsque le fer sera fondu, mets l'étain dessus. Souffle, et quand ils seront mêlés ensemble, prends : ceci est l'élixir demandé.

XVI. FABRICATION DE L'ARGENT.

Prends de l'élixir ferrugineux, douze *quarta;* du cuivre de Chypre, quatre drachmes; de l'argent, cinq drachmes; de l'arsenic doré, qui est la magnésie[2], quatre drachmes; fais fondre ensemble. Quand ils seront tous fondus, jettes-y du fondant; et quand ils seront dissous, saupoudre par-dessus de la chaux de Mâr Mâroun[3], et refonds une ou deux fois.

XVII. AUTRE.

Cuivre de Chypre, six parties; céruse, une partie; magnésie dorée, deux parties. Fais fondre et tu trouveras un corps blanc. Projettes-y de l'argent, deux parties, et ce sera très beau.

XVIII. AUTRE.

Cuivre blanc, vingt drachmes; fais fondre et jette vingt drachmes d'arsenic (sulfuré), peu à peu, jusqu'à ce qu'il soit fondu et mêlé; broie dans un mortier. Ensuite mets dans un creuset et fais fondre. Jette dessus de l'argent, vingt drachmes, et plonge le tout dans une liqueur de vinaigre, d'alun et de sel, amené en consistance de miel.

(1) Ceci a été écrit à l'époque où l'étain répondait à la planète Hermès (Mercure), et non à Jupiter; changement qui n'a eu lieu que plus tard. (*Introd. à la Chimie des anciens*, p. 82.)

(2) Πορνίσιν, c'est-à-dire *σχόρπισον*.

(3) Le chef des Maronites?

XIX. POUR PORTER REMÈDE À L'ARGENT QUI N'EST PAS BEAU[1].

Prends de la paille, de l'orge pour faire de la bière[2] et de la rue sauvage (πήγανον ἄγριον), c'est-à-dire baschoscha (en syriaque). Fais macérer dans de la saumure, trois drachmes; plus du natron blanc, trois drachmes. Mets dans un creuset et place-le dans le feu. Souffle beaucoup, jusqu'à ce que le produit soit très chaud et brillant.

XX. (CÉMENTATION DE L'OR[3].)

Du sel et de l'alun, chacun une once; du vitriol noir de Chypre, deux grammes; broie ensemble et mets dans un creuset. Plonges-y des lames d'or. Dispose par couches de la chalcite(?) entre les lames. Mets sur des charbons ardents et souffle. Quand le produit sera fondu, tu verras quel produit tu obtiendras.

XXI. TRAITEMENT DE L'ÉTAIN ET DU PLOMB.

Fais fondre chacun de ces corps dans une corne(?) de bélier[4]. Ajoute peu à peu du schakâ[5] et agite avec une spatule (σπάθη). Ceci est le traitement des deux corps.

XXII. ÉPREUVE DE L'ÉTAIN[6].

Mets-le dans un morceau de toile, ou sur du papier étendu, et (fonds : tu reconnaîtras ainsi si)[7] l'étain est de bonne qualité.....

[1] Ce procédé se trouve à peu près textuellement, quoique un peu abrégé, dans le Papyrus de Leyde. (*Introd. à la Chimie des anciens*, p. 34, n° 22.)

[2] Le texte porte : de la βύνη qui est le levain du ζύθος. Le lexique de Bar Bahloul, col. 370, l. 9, explique le mot βύνη par vin d'orge. Les mots *levain* et *vin* appartiennent en syriaque à la même racine et se confondent facilement. Le même lexique, col. 684, l. 22, et col. 688, l. 4, explique ζύθος par bière d'orge.

[3] Procédé de cémentation de l'or, destiné à le purifier. (*Introd. à la Chimie des anciens*, p. 15.)

[4] Creuset conique?

[5] Alun. (Voir ce volume, p. 67, note 1.)

[6] L'étain doit fondre avant que le papier ou la toile ne noircisse. (Voir Papyrus de Leyde, *Introd. à la Chimie des anciens*, p. 36.) Pline donne ainsi ce procédé. (*Hist. nat.*, l. XXXIV, ch. XLVIII.)

[7] On explique ainsi cinq mots douteux du texte.

IMPRIMERIE NATIONALE.

Fais fondre de nouveau l'étain, et jette dessus du natron (νίτρον) et du schakâ, autant qu'il en absorbera. Si tu opères bien, il sera comme de l'argent d'Égypte[1].

XXIII. PRÉPARATION DU TINKAL (OU SOUDURE D'OR)[2].

Natron jaune[3], une livre; sel alcalin, de même; fondant des polisseurs, de même. Broie et mets dans une marmite. Ajoute du lait, de façon à recouvrir la matière; fais du feu par en dessous. Lorsque la moitié du lait aura disparu, retire et mets dans un vase, jusqu'à ce que le produit soit solidifié, et ce sera de l'excellent tinkal (tangar), lequel sert pour souder.

XXIV. EAU DE SEL AMMONIAC.

Prends du sel ammoniac, autant que tu voudras; broie bien; prends un intestin de mouton qui n'ait qu'une ouverture; lave-le bien dans de l'eau, et ensuite dans de l'eau et du sel. Mets-y le sel ammoniac broyé; lie l'ouverture et conserve.

Prends du son de froment, ou des écorces de riz; fais bouillir dans de l'eau, jusqu'à ce que le produit écume. Retire du feu, et, au même moment, plonge (dans le produit) l'intestin qui contient le sel ammoniac. Recouvre la marmite avec un couvercle et du foin, pendant un jour et une nuit. Ensuite prends le produit, lorsqu'il est dissous et liquéfié; mets-le dans une fiole, dont tu fermeras l'orifice avec de la cire et un linge, pour qu'il ne disparaisse pas.

Dans cette eau, broie la préparation, comme il a été dit ci-dessus.

XXV. TRAITEMENT DU VINAIGRE QUI SERT À L'OPÉRATION.

Prends de la limaille de fer (ἄρης), une livre; de la couperose (χάλκανθον), une livre; du natron d'Alexandrie jaune, une livre; du soufre en

(1) C'est-à-dire comme de l'*asem*. (*Introd. à la Chimie des anciens*, p. 56.)

(2) Tangar (c'est-à-dire fondant pour soudure, en persan), expliqué dans le lexique de Bar Bahloul, col. 537, l. 14, et col. 918, l. 12, par χρυσόκολλα. C'est le borax du moyen âge, lequel ne doit pas être confondu avec la substance moderne de ce nom, laquelle était inconnue autrefois.

(3) *Introd. à la Chimie des anciens*, p. 39, 58.

morceaux (?)[1], une livre. Pile-les tous ensemble dans un mortier; tamise et garde.

Prends du vinaigre acide non falsifié, vingt setiers italiques; mets dans un vase de verre spacieux; remue pendant trois nuits et trois jours. Chaque jour, remue vingt fois; et le quatrième jour, quatre fois. Laisse déposer, décante et garde.

Prends deux vases de verre spacieux; mets dans l'un d'eux des écailles de fer rouillé[2], une livre; et ajoute du vinaigre, dix setiers. Laisse en repos trois jours.

Ceci, il l'appelle liqueur d'or (*χρυσοζώμιον*)[3].

Dans l'autre vase de verre, mets du cuivre de Chypre pur, avec lequel rien n'a été mélangé, ni étain, ni plomb. Ajoutes-en une livre, à l'état de lames. Ajoute du vinaigre préparé, dix setiers. Couvre et lute. Opère pendant trente jours, en agitant. Si tu le laisses davantage, le produit sera encore plus beau. Ceci est appelé *makka*[4]. Auparavant, ajoute une once du produit ci-dessus et pile.

XXVI. (PRÉPARATION DU ROUGE.)

(Premier traitement : *traitement de l'orpiment.*)

Première préparation du rouge[5]. (Préparation du rouge pareil au fard, c'est-à-dire propre à enduire superficiellement les métaux.)

Prends de l'arsenic doré (*ἀρσενικὸν χρύσινον*); broie et tamises-en deux livres. Mets dans un vase de verre et par-dessus du vinaigre fort, trois setiers; place au soleil; remue chaque jour pendant vingt et un jours.

Ensuite prends du vinaigre et mets la matière dans un mortier. Travaille avec de l'urine non corrompue (*οὖρον ἄφθαρτον*), pendant trois jours. Expose au soleil pour que le produit sèche.

Mets-le dans un vase spacieux d'argile; fais chauffer à un feu doux. Ajoute dans le vase de l'huile de ricin (*κίκινον*); fais-le chauffer pendant un jour et

(1) Mot écrit *μασεθος*, c'est-à-dire *μάζα θείου*?

(2) *Squama ferri* de Pline; oxyde des battitures. (*Introd. à la Chimie des anciens*, p. 252.)

(3) Cf. p. 20, note 7.

(4) Le signe du texte correspondant paraît être celui de la chrysocolle. (Voir p. 4 du présent volume.)

(5) Φυκωσις, écrit ici φουκσις.

une nuit. Place-le ensuite dans de l'urine non corrompue. Travaille un jour; chauffe de nouveau trois heures, en ajoutant de l'huile en quantité suffisante.

Travaille de nouveau avec du vinaigre et éprouve avec un stylet (γραφεῖον) au feu; vois si le produit chauffé rougit. Ajoute de l'écorce de safran[1], prise à parties égales. Travaille avec du vinaigre; ensuite éprouve avec un stylet (γραφεῖον), et sers-t'en ainsi.

DEUXIÈME TRAITEMENT : (*traitement de la sandaraque ou réalgar*).

Deuxième préparation du rouge[2]. — Deux livres de sandaraque. Pile, tamise et lave avec de l'eau de mer[3], pendant trois jours. Déverse l'eau qui surnage. Après trois jours, laisse sécher au soleil; mets dans un mortier et travaille avec du vinaigre fort, pendant trois jours, en ajoutant chaque jour du vinaigre.

Ensuite laisse sécher, fais chauffer avec de l'huile de ricin (κίκινον) sur un feu doux, jusqu'à ce que l'huile disparaisse.

Ensuite mets dans un mortier; broie avec de l'urine non corrompue, un jour et une nuit.

Prends de nouveau et fais bouillir dans de l'huile de ricin (κίκινον), de la même manière que l'arsenic. Ajoute alors de l'écorce de safran, à parties égales. Pile dans un mortier avec du vinaigre, amène en consistance de miel, et éprouve avec le stylet au feu. S'il rougit, garde.

(TROISIÈME TRAITEMENT : *traitement du soufre.*)

Ceci est la troisième clef, la troisième prescription.

Prends du soufre de Mélos[4]. Tamise et travaille bien avec de l'eau de mer, pendant trois jours et trois nuits, jusqu'à ce qu'il soit blanc comme

(1) Κρόνου λεβον, lire : κρόκου λέπου. Le mot *safran* est ici symbolique et désigne un sulfure, ou oxysulfure d'arsenic, ou d'antimoine. (*Introd. à la Chimie des anciens*, p. 287.) Le sens en est analogue, sinon identique à celui des écailles de cobathia. (*Coll. des Alch. grecs*, trad., p. 91.) — Si l'on préférait χρόνου, il faudrait entendre litharge, *squama plumbi*.

(2) Φυκωσις, écrit φουκωσις.

(3) Écrit θαλχινον.

(4) Dioscoride, *Mat. méd.*, l. V, ch. CXXIII. *Coll. des Alch. grecs*, trad., *Lexique*, p. 9. — Nos manuscrits portent : du soufre appelé μῆλον, c'est-à-dire pomme. C'est un contresens du traducteur syriaque.

de la céruse (ψιμύθιον). Laisse sécher, ajoute de la liqueur d'or et travaille. Ensuite fais sécher au soleil; ajoute de nouveau de l'eau de mer, chaque jour, autant qu'il en faut pour que le produit puisse se rassembler.

Ensuite mets le produit dans un vase spacieux, avec de l'huile de ricin, comme nous avons dit précédemment; fais chauffer sur un feu doux.

Prends et travaille dans un mortier avec de la liqueur d'or[1] au soleil. Ajoute en proportion égale de l'écorce de safran, et éprouve de nouveau avec le stylet.

Quatrième traitement : *traitement de la pyrite.*

Prends de la pyrite; pile, tamise et lave dans de l'eau de mer, deux jours; en remuant chaque jour l'eau avec la main, cinq fois par jour, pour faire sortir le sel, pendant que la pyrite blanchira. Prépare de la saumure (ἐξάλμη); fais chauffer une première fois; fais-la fondre doucement, jusqu'au degré où ta main puisse la supporter.

Mets dans un mortier; prends de la poudre de la pierre blanchie; ajoute la saumure, jusqu'à ce que celle-ci ne soit plus reconnaissable.

Ensuite prends et mets dans une fiole de verre; ajoute dessus de la liqueur d'or, de façon à recouvrir le produit; laisse un jour et une nuit. Quand le produit sera sec, mélanges-y du sel commun, et bouche (la fiole), comme je l'ai enseigné. Fais chauffer un jour et une nuit; mélange à égales parties, avec de l'écorce de safran. Éprouve avec le stylet et conserve. Ceci est la quatrième clef (écrit κλεῖσις τετἰάρτη).

Cinquième traitement : *eau de safran.*

L'eau d'alun de safran[2] s'obtient de cette manière : alun de safran, une livre; pile, tamise et jette dans de la liqueur d'or. Broie dans un mortier pendant un jour. Laisse déposer, et, quand le produit sera devenu solide à la partie supérieure, ajoutes-y de la suie (?) et garde. Ceci est l'eau d'alun.

[1] Voir p. 99. — [2] Alun veut dire ici acide arsénieux, préparé avec l'orpiment. (Voir *Coll. des Alch. grecs*, trad., Olympiodore, p. 82, au bas.)

SIXIÈME TRAITEMENT : *traitement du misy.*

Prends du misy, une livre; lave dans de l'urine non corrompue. Mets dans un mortier et pile dans de l'eau de soufre.

Mets dans un vase d'argile; lute et fais chauffer trois jours et trois nuits, dans un four de verrier, au-dessus de son faîte, ou extérieurement; et tu trouveras un ingrédient rouge. Ceci est le minium (ou plutôt la rubrique); conserve-le.

SEPTIÈME TRAITEMENT : *du soufre.*

Prends du soufre, deux livres; pile et tamise; mets dans un mortier et travaille trois jours et trois nuits, au soleil, avec de l'eau marine, qui est l'eau de chaux (qui suit).

XXVII. FABRICATION DE L'EAU MARINE, C'EST-À-DIRE DE L'EAU DE CHAUX.

Chaux, une partie; cendres de bois de peuplier, ou de figuier, ou de chêne, et du vinaigre blanc. Tu remueras bien, pour que le produit soit comme de la céruse, ou encore plus blanc.

Fais sécher et mets dans un mortier. Travaille avec de la liqueur d'or, jour et nuit, pendant trois jours, au soleil, en projetant de la liqueur d'or. Mets dans une fiole. Noircis avec de la suie (?) et conserve. Avec ce produit, fais chauffer du mercure sublimé (νεφέλη).

On trouve à la partie inférieure (du vase) la préparation et le mercure (fixé ?).

XXVIII. TRAITEMENT (οἰκονομία) DE LA COUPEROSE (χάλκανθον).

Couperose (χάλκανθον), une livre; sel blanc et pur, deux livres. Mélange dans de l'eau d'alun, au soleil, c'est-à-dire dans l'eau indiquée précédemment, pendant un jour. Ensuite ajoute de l'eau indiquée précédemment, autant que le produit pourra en absorber; laisse sécher, broie et fais sécher. Ajoute de l'urine non corrompue, jusqu'à consistance de miel, et conserve dans un vase de verre.

Ceci est la liqueur tinctoriale (ζωμὸς βαφικός). Prends de l'écorce de safran; verse et saupoudre avec du sel grillé, jusqu'à ce que son goût salé ait disparu; fais sécher au soleil et garde.

Ceci est la clef (écrit κλισις), appelée *puissance* (κράτος), qui contient tout.

XXIX. SOUDURE SACRÉE (ἱερόκολλα).

Verre pur, une partie; du natron d'Alexandrie, une partie; pile ensemble. Tamise et mets dans un mortier; mets par-dessus du vinaigre et de la chrysocolle; fais sécher et garde.

XXX. POUR LA PRÉPARATION DES CHOSES INDIQUÉES CI-DESSUS.

Prends de la litharge, deux livres; broie, tamise et ajoute du sel commun, deux livres; puis de l'eau de mer, et fais bouillir jusqu'à ce que la matière ait un bel aspect. Lave dans de l'eau douce. Si le produit est bien blanc, fais sécher et garde.

Prends de l'antimoine italique, une livre; et de la litharge, deux livres; pétris avec de l'écume de natron[1]. Mets dans un creuset et fais fondre. Autant que tu pourras, sers-t'en pour l'argent; tu le teindras en noir-verdâtre (μέλαν χλωρόν).

Prends de l'argent, quatre onces; du soufre, une livre, lequel aura été broyé avec de la chrysocolle, c'est-à-dire avec de la liqueur de cuivre : cela produira une substance noir-verdâtre.

La première et la deuxième (préparation?) blanchissent le cuivre; la première et la troisième amollissent le cuivre; la cinquième et la septième font pénétrer la teinture dans les corps.

La première opère avec le mercure (νεφέλη). Lorsqu'elle est traitée par lui, elle rougit les corps[2]. Pour cette opération, travaille avec de l'urine non corrompue, ou du vinaigre fort(?)[3], un jour et une nuit, et tu trouveras un mercure (νεφέλη) rouge.

[1] Νίτρου λεβος ou λαβος pour λέπος. — [2] On rappellera que rougir et jaunir sont synonymes dans la langue alchimique. — [3] Écrit αξουδιν.

XXXI. CUIVRE.

Cuivre qui a été blanchi, une partie; et (cuivre) qui a été traité, une partie. Broie ensemble, travaille et mets dans un bocal[1] (?). Fais chauffer sur un feu doux; prends avec le corps une partie de celui qui a été traité en même temps dans le sel calciné; après qu'il aura été chauffé, garde.

XXXII. DU CUIVRE.

Prends du cuivre de Chypre [*κύπρινον κυμινον* (*sic*)], une livre. Broie, tamise et travaille avec de l'eau de mer, de manière qu'il ne reste pas dans le métal de corps étranger, c'est-à-dire de fer, mais que tout soit comme de la rouille.

Prends du cuivre, celui qui a été obtenu au moyen du fer, deux parties; et du cuivre préparé comme plus haut, deux parties. Pile dans un mortier avec la liqueur d'or[2], jusqu'à ce qu'ils soient unis. Prends et fais chauffer trois jours et trois nuits, en plaçant dans un large bocal[3] (?). Tu le mettras sur un fourneau de verrier pour le chauffer; tu le placeras au voisinage (du foyer), sans le soumettre à l'action directe du feu. Ensuite prends et fais fondre le métal, avec le concours du fondant sacré (*ἱερόκολλα*), et tu trouveras ce que tu demandes.

XXXIII. TRAITEMENT DU MERCURE (*νεφέλη*), ET MANIÈRE DE LE CHAUFFER.

(On opère) avec la couleur obtenue au moyen de l'arsenic, c'est-à-dire avec la première préparation du rouge; ou bien avec le produit de la seconde préparation, obtenue au moyen de la sandaraque traitée; avec le produit de la quatrième préparation, exécutée au moyen de la pyrite traitée; avec le produit de la septième préparation, qui est l'eau divine, (obtenue) au moyen du soufre traité avec la liqueur d'or.

Avec ces choses donc, et aussi avec les autres désignées plus haut, fais bouillir trois jours et trois nuits.

(Mets) ensuite dans un fourneau à sublimation, lequel est un instrument (*ὄργανον*) disposé pour subir l'action du feu.

[1] Écrit *πουτιλικη*. — [2] Voir pages précédentes. — [3] Écrit *πίλικη*.

FIN DU LIVRE X^E.

(APPENDICE[1].)

TRAITEMENT DU PLOMB; FUSION DU PLOMB.

Fonds le plomb et fais-le brûler avec l'arsenic jaune, jusqu'à ce qu'il soit devenu friable. Ensuite lave-le avec du natron et du sel, jusqu'à ce qu'il ressorte et forme de la rouille. Puis lave-le, jusqu'à ce que l'arsenic en sorte, car le métal deviendra aussitôt brillant, et il aura la couleur de l'or. Ensuite mets-le dans une cruche; lute et fais chauffer sur un feu de fumier, pendant un jour et une nuit. Retire-le; il sera rouge comme du feu. Broie-le et mets-le dans un vase propre qui n'ait pas servi.

Purification du cuivre qui est travaillé[2]. — De l'alcali, de l'alun, du sel, du borax et du cuivre, qui sera nettoyé de la même manière que de l'argent. Puis du verre pilé non travaillé, du talc et de la litharge. Nettoie le talc et mets (ces corps) l'un sur l'autre dans un creuset rempli jusqu'aux bords, avec du soufre et du sel ammoniac. Fais fondre et...... (deux mots douteux). Verses-en sur le cuivre, qui deviendra blanc au point d'être méconnaissable.

Mélange du talc avec du cristal[3]. — Mets (le cristal) dans une bouteille; mêles-y de la colle blanche(?), de la résine, du blanc d'œufs et du vinaigre : de chacun, dix drachmes; qu'il y ait dix drachmes de talc. Place dans du fumier pendant quarante jours; il se dissoudra et formera de l'eau blanche comme de l'argent. Suspends(?) de la pierre à aiguiser (? ἀκόνη) dans du vinaigre, pendant quarante jours. Projette de cette chaux sur de l'argent, (projette aussi) du talc, et accomplis la préparation.

(1) Le premier article est en arabe. On trouve ici dans le manuscrit B les dix premières figures d'ustensiles placées à la fin du manuscrit A. L'article suivant est écrit au-dessous de ces figures, en travers de la page. Les deux dernières figures se trouvent dans B avant l'article *Purification du cuivre*, dont le commencement manque dans ce manuscrit.

(2) En syriaque.

(3) *Ibid.*

IMPRIMERIE NATIONALE.

Pendant les dix premiers jours de Nisan (avril), monte en haut de ce temple divin, et recueille l'herbe qui est au-dessus, autant que tu en voudras; mais prends garde qu'elle ne renferme de l'ergot. Sers-t'en suivant l'usage, pendant que tu feras mourir et que tu feras vivre, que tu feras concevoir, et que tu engendreras, et que tu feras croître, jusqu'à ce que notre fils vienne, et il sera le roi et la fin.

(COUPELLATION.)

Purification de l'argent falsifié. — Prends de l'argent, une partie; du plomb, deux parties; fais chauffer ensemble jusqu'à ce que le plomb brûle[1].

Voici le premier vase :

Suivent les figures qui vont être reproduites. Il a paru utile d'y joindre un commentaire.

[1] Coupellation, Papyrus de Leyde, dans *Introd. à la Chimie des anciens*, p. 35.

FIGURES DE L'ALCHIMIE SYRIAQUE.

J'ai fait photographier à Londres les figures d'appareils inscrites au folio 56 *a* du manuscrit A[1], avec le concours obligeant de M. Wallis Budge, assistant keeper au British Museum, qui a bien voulu copier aussi pour moi une page du texte; je dois lui en adresser ici mes remerciements. J'ai fait exécuter par M. Michelet les photogravures des figures, en dimensions linéaires doubles; ce sont ces photogravures que je vais reproduire, avec la traduction, par M. Rubens Duval, des légendes syriaques et arabes qui les accompagnent.

I. — *Alambic.*

Cet alambic est pareil à celui de Synésius. (*Introd. à l'étude de la Chimie des anciens*, etc., p. 164, fig. 40.)

A côté se trouve une inscription, non reproduite ici, qui signifie *premier ustensile.*

A la partie inférieure, on lit : « le four », ou plutôt : « le fourneau »; c'est le καμήνιον de la figure 137 de l'*Introduction à la Chimie des anciens* (p. 161); ou plutôt le καύσΤρα des figures 14, 15, 16 des pages 138, 139, 140. Il porte ici une sorte d'appendice latéral, indiquant peut-être la porte d'entrée.

Dans la chaudière est inscrit : « l'alambic » (*anbica*).

Au-dessus de l'appareil : « la cornue », ou plutôt le chapiteau.

Enfin « le récipient » porte aussi son inscription.

Entre le foyer du fourneau et la chaudière, il existe un appareil cylindrique spécial, probablement un bain de cendres ou un bain de sable, désigné par des lignes ponctuées (c'est-à-dire percé de trous?),

[1] Ces figures se trouvent aussi dans le manuscrit B, avec les mêmes légendes.

et une ébauche d'inscription. Ce bain-marie ou bain de sable existe aussi dans la figure 40 de l'appareil de Synésius; le plan des deux alambics est donc exactement le même, et ils relèvent d'une même tradition.

Fig. 1.

Alambic.

II. — *Vase à digestion.*

Cet instrument rappelle les vases à kérotakis des figures 20 et 21 de l'*Introduction à la Chimie des anciens*, etc. (p. 143); il se rapproche surtout de l'aludel, qui en dérive (voir *Introd.*, p. 145 et 162) et dont on peut voir une figure à la page 172 de l'ouvrage cité. Il rappelle spécialement le *vas primum*, de la figure 10 de la page 540, dans la *Bibliotheca chemica* de Manget, t. I. Il est placé sur un fourneau tout pareil à celui de l'alambic.

En voici les inscriptions :

Au bas du vase : « la racine (ou la plante[1]) ».

[1] Le mot syriaque a ces deux sens. Le mot *plante* appliqué à certains minéraux et produits existe également chez les alchimistes grecs et arabes.

Sur le côté et dans l'intérieur du récipient[1] : « celle qui fait monter ».
A la partie supérieure : « celle-ci est celle qui fait croître ».

Ces expressions peuvent être interprétées à l'aide des inscriptions de l'aludel, reproduit dans l'*Introduction à la Chimie des anciens*, etc., p. 170 et 171.

Fig. 2.

Vase à digestion.

En effet, la partie inférieure de cet aludel est appelée « vase où l'on évapore » : mot à mot : « celui où l'on évapore »; style tout à fait analogue à celui des inscriptions de notre figure actuelle. Le produit évaporé ou sublimé monte par le tube intermédiaire de l'aludel en question, et arrive en haut dans le « vase où l'on ramollit »; expression qui répondrait à « celle qui fait croître » du manuscrit syriaque[2], ainsi que je vais l'expliquer.

En effet, c'était dans ce dernier vase que se trouvait l'objet mé-

[1] Cette inscription a été répétée sur le côté, parce qu'elle était peu lisible dans l'intérieur.

[2] Il est possible aussi que le mot syriaque *merabbidnita* « qui fait croître » soit corrompu de *merakkdnita* « qui amollit », le *b* et le *k* ayant en syriaque une forme très analogue, et étant très souvent confondus par les copistes.

tallique, la feuille de cuivre ou de laiton, par exemple, destinée à prendre l'apparence de l'argent sous l'influence des vapeurs d'acide arsénieux, d'arsenic métallique ou de mercure, émanées du fond de l'appareil, suivant l'artifice ordinaire des alchimistes. Si l'on voulait imiter l'or, on y plaçait de même une feuille ou un objet d'argent, qui jaunissait peu à peu sous l'influence des vapeurs de soufre, de sulfure d'arsenic, ou analogues. Or, par cette action des vapeurs, le métal était d'abord ramolli, avant d'être coloré; conformément aux procédés généraux de la teinture des étoffes, que les alchimistes appliquaient aussi aux verres et aux alliages métalliques. En même temps, le poids du métal s'accroissait; ce qu'exprime l'inscription supérieure de la figure syriaque.

Les titres d'articles : « pour accroître le poids de l'or », si fréquents chez les alchimistes, sont conformes à cette interprétation. Le mot « racine » paraît répondre au résidu, *fæces* ou *caput mortuum*, de l'opération. Ajoutons que les mots « racine (ou plante) » et « croître » rappellent les analogies si fréquemment invoquées entre la transformation alchimique et la croissance des plantes.

L'appareil que nous examinons ici est soutenu, à l'aide d'une sorte de couronne, sur un fourneau tout pareil à celui de l'alambic; à cela près que le cylindre intermédiaire jouant le rôle de bain-marie n'est pas ponctué. La flamme ou les gaz du fourneau agissaient sans doute directement sur le fond de l'appareil.

Cet appareil répondrait en somme au *καρκίνος* (écrevisse ou scorpion), instrument de condensation rétrograde, que j'ai décrit, figuré et commenté dans les pages 145, 162, 171 de l'*Introduction à la Chimie des anciens.* On trouve même, dans les quelques lignes du texte syriaque qui précède les figures, les mots « huile de scorpion », qui paraissent se rapporter aux opérations actuelles : le mot scorpion (ou écrevisse) s'appliquant peut-être non à un animal, mais à l'appareil à digestion décrit ici. Cependant on le rencontre appliqué au fer, ou à la tortue, dans le *Liber sacerdotum*, n° 9, et au fer, dans un traité latin de Rasès (ms. 6514 de Paris, f. 114 v°). Au contraire, le manuscrit

arabe de Bordeaux n° 20, provenant d'Algérie, contient une figure d'appareil alchimique contourné, avec ces mots : « Ceci est une forme pareille à un scorpion ».

III. — *Chambre de grillage.*

C'est un vase quadrangulaire, entouré d'un bain de sable ou d'un fourneau : peut-être la projection de la figure 6. Aucune figure analogue n'existe chez les alchimistes grecs.

Fig. 3.

Chambre de grillage.

Inscription : « pour rôtir la racine (ou plante) ».

La racine pourrait être, d'après ce qui précède, le résidu ou *caput mortuum* du récipient inférieur de l'aludel, résidu obtenu après sublimation d'une pyrite ou d'un sulfure arsenical. (*Introd. à la Chimie des anciens*, etc., p. 260.)

IV. — *Fiole à digestion.*

Ce dessin rappelle les figures 37, à droite (p. 161), et 38 (p. 163) de l'*Introduction à la Chimie des anciens*. C'est une variante de la kérotakis ancienne, qui s'était dédoublée en quelque sorte, pour donner naissance à deux ordres d'appareils : l'aludel proprement dit, en terre cuite, destiné à opérer des sublimations et grillages de sulfures, vers la température rouge, et les vases de digestion au bain-marie, chauffés

à une très douce chaleur, dans lesquels on travaillait avec le mercure et avec des liquides aqueux.

La figure même rappelle les *vas secundum* et *quintum* de la page 540 de la *Bibliotheca chemica* (t. I), ainsi que les fioles closes, avec figures allégoriques, du *Mutus liber,* qui termine le même volume de cet ouvrage.

On peut en rapprocher aussi la fiole de droite de la figure 37, page 161 de l'*Introduction à la Chimie des anciens,* etc.

Le liquide intérieur est clairement indiqué dans la figure 4. Il y a trois appendices latéraux, dont la destination est obscure. Peut-être étaient-ils destinés à opérer des condensations successives, de façon à faire retomber les produits dans la fiole.

Fig. 4.

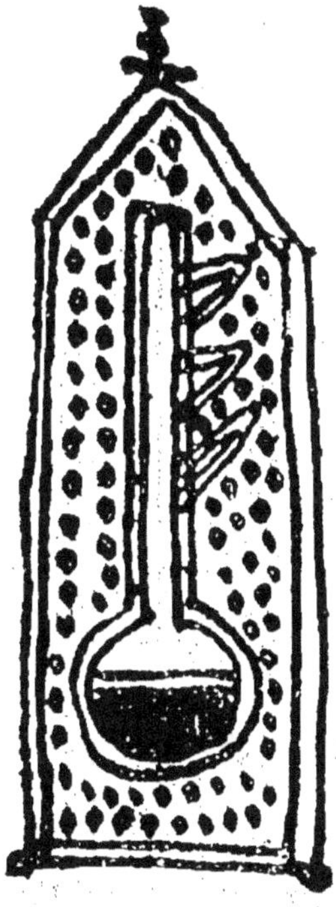

Fiole à digestion, sous une enveloppe ou cloche.

Les ponctuations de l'enveloppe semblent indiquer un appareil percé de trous, bain de sable ou bain d'air; mais le foyer n'est pas

figuré : le tout rappelle l'une des figures de la chimie du faux Géber latin (fiole sous une grille, *Transmission de la science antique*, p. 153).

Pas d'inscription.

V. — *Bain-marie.*

Fig. 5.

Bain-marie à eau chaude pour faire digérer un appareil central.

L'inscription porte : « l'eau chaude ».

VI. — *Appareil de sublimation.*

Fig. 6.

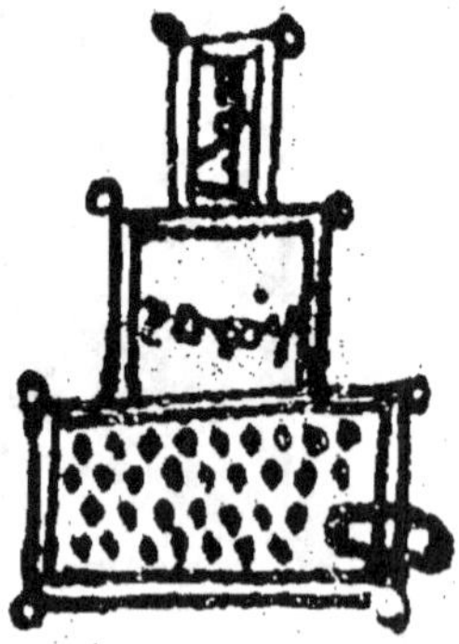

Appareil de sublimation sur son fourneau.

Les inscriptions sont d'une lecture incertaine.

IMPRIMERIE NATIONALE.

VII. — *Fiole à digestion.*

La forme est analogue à celle de la figure 4, quant aux appendices. Il y a en plus une sphère supérieure. Pas de liquide intérieur dessiné, ni de cloche enveloppante, ni d'étuve. La fiole est simplement posée, entre deux supports latéraux, sur un fourneau de forme singulière.

Fig. 7.

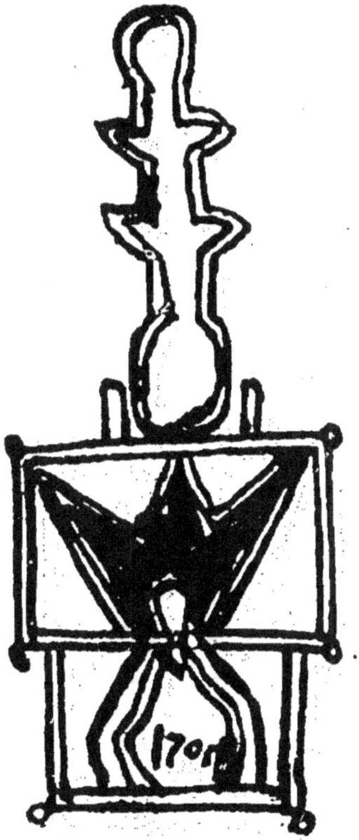

Fiole à digestion et à condensations successives.

Le tout rappelle d'une façon générale la fiole à *ὄπτησις*, à gauche de la figure 37, de l'*Introduction à la Chimie des anciens*, etc. (p. 161).

Inscription en bas : « fourneau ».

VIII. — *Fiole.*

Ceci rappelle la figure 42 de la page 165 de l'*Introduction.* La forme de cet appareil est d'ailleurs banale.

Fig. 8.

Fiole à fond rond.

Inscription : « l'eau »; c'est-à-dire que la fiole est destinée à chauffer un liquide aqueux.

IX. — *Appareil à digestion.*

Fig. 9.

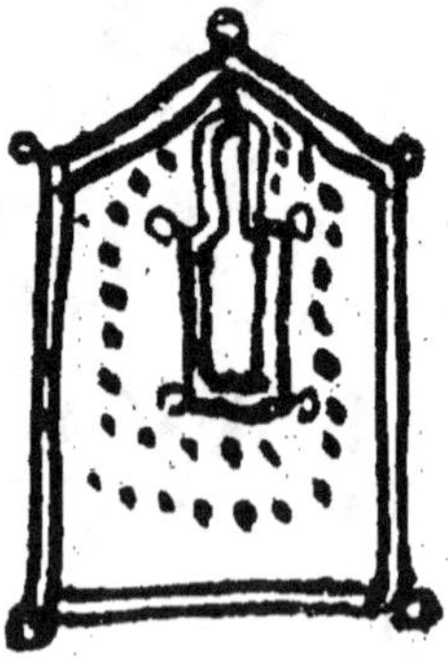

Appareil à digestion, dans une enceinte.

Pas d'inscription.

X. — *Appareil de grillage* (?).

Inscription de la partie inférieure : « chauffage ».

Fig. 10.

Appareil de grillage (?).

Partie moyenne : « la racine », c'est-à-dire la matière fixe destinée à être grillée. (Voir plus haut.)

XI. — *Kérotakis* (?).

Pas d'inscription.

Cet appareil, de forme singulière, rappelle les kérotakis ou instruments de digestion à palette des alchimistes grecs (la figure 25, page 149 de l'*Introduction à la Chimie des anciens*, par exemple; ou bien encore les figures 22 et 23 des pages 146, 147). Sur cette palette, vers le centre, on plaçait les objets métalliques destinés à être attaqués, ramollis et teints par les vapeurs mercurielles, arsenicales ou sulfurées. (Voir plus haut, p. 110.)

L'appareil actuel semble pourvu de deux petits récipients latéraux, disposés pour recevoir les produits liquéfiés ou distillés.

Le chapiteau supérieur devait condenser les vapeurs mercurielles ou autres et les faire retomber sur l'objet.

Fig. 11.

Appareil analogue à la kérotakis.

La partie inférieure est chauffée sur un très petit foyer, et enveloppée d'un cylindre, lequel maintient cette partie basse à une température convenable.

XII. — *Appareil à digestion.*

Inscription : « qui fait engendrer entre corps qui s'aiment ».

Cet appareil semble une sorte de kérotakis, analogue à celle de la figure 22, page 146 de l'*Introduction à la Chimie des anciens*, ou bien de la figure 25, page 145. Elle est ici posée sur un trépied, le tout enveloppé d'une cloche disposée sur un fourneau.

Fig. 12.

Appareil à digestion.

XIII. — *Appareil analogue.*

C'est une variante, grossièrement dessinée, du même appareil : la ligne horizontale supérieure tracée ici est incertaine, parce qu'elle se confondait avec le bord de la page du manuscrit.

Inscription, à droite : « chauffage ».

Sur le côté gauche, obliquement : « construction en terre ».

A la partie inférieure : « les étuis » ou gaines. Ce nom est singulier : je n'en vois pas l'interprétation, à moins qu'il ne s'agisse de tubes destinés à établir un courant ascendant d'air chaud dans l'appareil, ainsi qu'il a été supposé pour la figure 11.

Fig. 13.

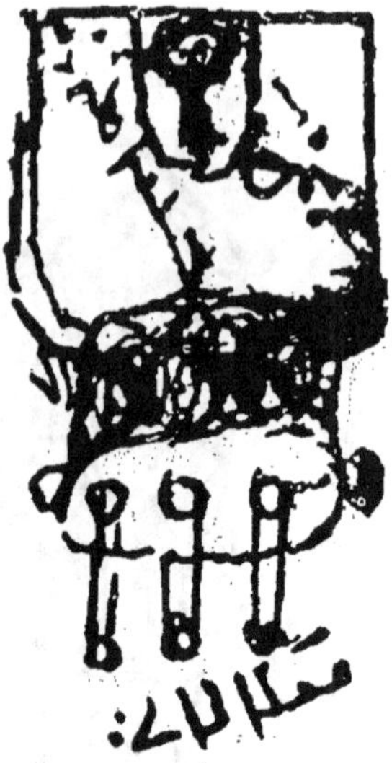

Appareil analogue.

XIV. — *Alambic.*

Fig. 14.

Alambic.

Inscription : « instrument pour produire (l'eau) divine ».

XV. — *Cornue et récipient.*

Inscription sur le col de la cornue : « l'arc recourbé »; sur le récipient (non reproduit) : « le lieu d'arrêt ».

Fig. 15.

Cornue.

C'est une cornue de la forme actuelle, adaptée à un grand ballon qui n'a pas été reproduit, parce qu'il est tracé au travers des lignes de la rédaction proprement dite et sur ces lignes même. La cornue est d'ailleurs sur la marge de la page. Elle manque dans le manuscrit B, qui est plus ancien. Ces détails montrent que toute la dernière figure a été ajoutée, après coup, par l'un des propriétaires du manuscrit A, à une époque moderne. Je l'ai donnée, pour ne rien omettre; mais elle n'appartient à la tradition antique, ni par sa forme, ni par la manière dont elle a été insérée dans le manuscrit.

Au contraire, les autres appareils qui viennent d'être reproduits sont régulièrement inscrits sur le folio 56 du manuscrit, et contemporains probablement de sa première rédaction. Ils marquent une ancienne phase de construction des appareils alchimistes, à une date voisine de celle qui répond aux kérotakis du manuscrit de Saint-Marc, et antérieure probablement à la date des figures du manuscrit 2327 de Paris. (Voir *Introd. à la Chimie des anciens*, p. 129, 152, 169.) En effet, dans ces dernières, les palettes de digestion ont disparu. Les appareils de l'ouvrage syriaque offrent dès lors un intérêt marqué et fournissent des termes nouveaux de comparaison.

M. B.

NOTICES ALCHIMIQUES

TIRÉES DU LEXIQUE SYRIAQUE DE BAR BAHLOUL[1].

1. *L'or* (col. 534, l. pénult.); les chimistes appellent l'or soleil, et sa figure dans leurs signes est ainsi : B[2].

L'or (col. 535, l. 4) est un corps (métallique) jaune, qui gît disséminé dans la terre. On le prépare artificiellement. Il est susceptible d'une fusion, modificatrice de la forme des objets, ainsi que d'un ramollissement sans fusion. Il sert à fabriquer des vases et d'autres travaux d'art. Il reçoit le signe et l'empreinte des maîtres du pouvoir.

2. *Le soleil;* les artisans appellent l'or soleil et lui donnent ce signe (la figure manque). J'ai trouvé aussi les figures que voici, parmi leurs signes : ⊕ [3].

3. *L'argent;* suivant Bar Séroschwaï, c'est un corps (métallique) qui a une couleur blanche. Il est distingué de l'étain par l'absence d'odeur fétide[4], quoiqu'il en soit congénère par la couleur; il est plus

[1] Ces notices sont accompagnées de l'indication de la colonne et de la page de l'édition de M. Rubens Duval, à moins qu'elles ne soient tirées de la partie qui n'est pas encore imprimée.

[2] *Introd. à la Chimie des anciens*, p. 104, l. 1; p. 112, l. 4. — Le présent volume, p. 5. — La figure donnée ici paraît altérée.

[3] *Introd.*, p. 122, note 1 : cercle avec un point central. Le second signe ne répond à aucun autre connu. Peut-être ces deux signes résultent-ils d'une confusion faite par Bar Bahloul avec ceux de la chrysocolle, ou soudure d'or des artisans. (Voir le présent volume, p. 5, col. 1 et 2, et p. 10, col. 1.)

[4] On voit que l'odeur propre que dégagent les métaux frottés avec la main, ou bien au contact d'une matière organique, jouait un rôle important dans leur étude chez les anciens auteurs; importance que cette odeur a perdue aujourd'hui.

IMPRIMERIE NATIONALE.

dur. Il possède toutes les qualités de l'or, à l'exception des caractères spécifiques de celui-ci. Les chimistes appellent l'argent lune, et ils le désignent par ce signe : ☽[1].

4. *La lune;* les artisans appellent lune l'argent, et, lorsqu'ils la désignent, ils la figurent ainsi : ☽. (Comp. *sah* de *sahra* lune.)

5. *Sina;* dans un manuscrit, la lune, c'est-à-dire l'argent; c'est (le grec) σελήνη; ce mot est en usage chez les alchimistes[2].

6. *Tombeau d'Isiodos* (d'Isis?)[3]; selon les chimistes, c'est la lune ou l'argent, et son signe est :  (variantes :  ☽)[4].

7. *Le cuivre* (col. 1238, l. 8); suivant Bar Séroschwaï, corps (métallique) fétide, qui possède une couleur analogue à l'or[5], quoique un peu différente. Il est comparable au fer pour la dureté et la fusibilité. Les artisans appellent tout cuivre ἀφροδίτη; le signe par lequel ils le désignent est : [6]. Ils désignent le cuivre par le mot ζεύς[7]. Le cuivre allié au plomb[8] se désigne ainsi :  (variantes :  et ).

(1) *Introd.*, p. 104, l. 2. Le signe grec de l'argent est retourné ici, sans doute en raison du caractère inverse de l'écriture syriaque. Cependant dans la page 7, col. 2 du présent volume, le signe grec de l'argent est simplement tourné d'un quart de cercle. En grec, le signe entièrement retourné est en réalité celui du mercure.

(2) Comp. le présent volume, p. 74, note 2; il s'agit probablement de l'*asem*.

(3) Peut-être vaut-il mieux lire Isidoros = Don d'Isis. Ou bien encore Osiris. (Voir le tombeau d'Osiris dans Olympiodore, *Coll. des Alch. grecs*, trad., p. 103, n° 42.)

(4) Nous trouvons ici le signe grec de l'argent incliné d'un quart de cercle, à côté du signe retourné.

(5) Ceci s'appliquerait mieux encore au bronze et à l'orichalque. Le mot χαλκός et le mot *æs* en latin comprenaient à la fois le cuivre et ses alliages colorés en rouge ou en jaune. (*Introd. à la Chimie des anciens*, p. 275.)

(6) Voir le présent volume, p. 4, col. 2. La queue est recourbée ici, au lieu d'être droite. C'est d'ailleurs le signe grec incliné.

(7) Cette attribution répond à un passage de Celse et à certaines listes astrologiques. (*Introd. à la Chimie des anciens*, etc., p. 79.)

(8) Molybdochalque des alchimistes grecs. Le premier signe est celui du plomb;

Cuivre de Corinthe, c'est du cuivre allié à l'argent, à l'or et au cuivre[1]; suivant d'autres, il renferme un alliage de fer avec d'autres espèces. D'autres désignent ainsi le cuivre avec lequel on fait de l'or et de l'argent[2]. (Comp. ἀφροδίτη et Bèlati.)

Cuivre corinthien, cuivre grec contenant de l'or et de l'argent. Dans le *Livre des Rois* (I, *Rois*, VII, 45), le cuivre corinthien désigne un composé d'or, d'argent, de fer et autres choses.

8. Ἀφροδίτη (col. 267, l. 3), Vénus. Les artisans emploient son signe pour le cuivre[3], et ce signe est le suivant : 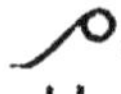. D'autres appellent ἀφροδίτη le cuivre rouge, et Bilati le cuivre blanc[4]. On l'appelle aussi aphroudou; aphroudou brûlé et ramené à sa nature, c'est-à-dire cuivre brûlé (oxydé) et fondu (réduit) de nouveau.

9. *Bilati* (col. 383, l. 17); ἀφροδίτη, Vénus, cuivre blanc, selon les artisans.

Bèlati (col. 402, l. 16); ἀφροδίτη, Vénus et aussi le cuivre blanc, comme l'appellent les artisans. Suivant Bar Séroschwaï, les Chaldéens appellent ainsi Vénus ou Bidouk, et son signe est : [5].

10. Χαλκὸς κεκαυμένος (col. 858, l. 18; col. 898, l. 21), cuivre brûlé.

11. *Carin*[6], selon les chimistes, cuivre brûlé. (V. p. 129, n° 41.)

12. Χάλκανθον (col. 859, l. 1), vert-de-gris.

13. Χαλκῖτις (col. 859, l. 5), χαλκητάριν; colcotar, d'après Honein

le dernier dérive de celui du cuivre et du plomb réunis. (Voir le présent volume, p. 7 et note.)

[1] *Introd.*, p. 231.

[2] La notion alchimique de transmutation se substitue ici à celle d'un alliage.

[3] *Introd.*, etc., p. 104, l. 6, et p. 112, l. 10 et 12. Dans ce dernier signe, la queue est recourbée.

[4] Laiton.

[5] Voir plus haut.

[6] L'origine de ce mot est inconnue.

et Gabriel — (col. 859, l. 7), chalcitos, en grec χαλκῖτις, et, suivant Honein, *calcidis* et *calcant*.

Calcidis (col. 898, l. 26); dans un manuscrit, cuivre blanc brûlé. Il (Démocrite?) dit qu'il se change en χαλκητάριν; dans un manuscrit, cuivre.

Χαλκητάριν (col. 899, l. 2); selon Bar Séroschwaï, lorsque la calcidis devient vieille, elle forme du colcotarin.

Χαλκῖτις (col. 899, l. 5); dans un ancien manuscrit, c'est la fleur de cuivre, et, suivant les chimistes, χάλκανθον, ainsi que Gabriel l'a confirmé[1].

Μίλτος (col. 1099, l. 4); selon les chimistes, fleur de cuivre.

14. *Le plomb* (col. 19, l. 22); les artisans l'appellent κρόνος et le représentent dans leurs signes par cette figure : 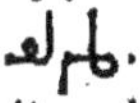. Le plomb, suivant Bar Séroschwaï, est un corps qui possède de l'analogie avec le fer par sa couleur, mais qui l'emporte par son poids. Il sert à travailler le diamant[2]. Il n'a pas la dureté du fer.

15. Κρόνος, une des sept planètes; les artisans appellent le plomb κρόνος et le représentent dans les signes par cette figure :  (variante : )[3]. C'est le plomb noir. Suivant Bar Séroschwaï, (ce mot signifie) Saturne, et la forme de son signe est celle-ci :  (variante : )[4].

Le muet (col. 538, l. 5); les artisans appellent ainsi le plomb, parce qu'il n'a pas de cri[5]. Bar Séroschwaï l'assimile à l'étain; (col. 675, l. 7), on trouve pour ce mot la figure : .

[1] Voir dans le présent volume, p. 44, note 6.

[2] Dans le texte : « il fait souffrir le diamant »; comparer plus loin ἀδάμας. On travaillait le diamant et les pierres précieuses, enchâssés dans des tablettes de plomb, au moyen de la poussière du rubis, ou du diamant lui-même.

[3] Le présent volume, p. 11, col. 2.

[4] Chez les alchimistes grecs, le signe du plomb dérive du μ, première lettre de μόλυβδος. (Voir *Introd. à la Chimie des anciens*, p. 104, l. 3; p. 112, l. 12; p. 114, l. 12.)

[5] Par opposition à l'étain, ou plomb blanc. Dans le manuscrit de Cambridge, le plomb est désigné parfois sous ce nom de *muet*.

16. Μόλυϐδος (col. 1031, l. 9 et 11); c'est le plomb, suivant Gabriel et chez les chimistes.

Μόλυϐδος πεπλυμένος (col. 1031, l. 18), plomb lavé.

17. *L'étain* (col. 210, l. 16); les artisans l'appellent ζεύς et, dans leurs signes, ils lui donnent cette figure :  (variantes :  et ).

L'étain, suivant Bar Séroschwaï, est un corps (métallique) fétide, qui ressemble par sa couleur à l'argent et qui est susceptible d'une fusion aqueuse[1]; c'est ainsi qu'on le coule lorsque l'on en fait des vases.

18. Ζεύς (col. 681, l. 6); substance chaude; Jupiter, planète, un des dieux du paganisme. Les chimistes appellent ζεύς l'étain[2]; dans leurs signes, ils le figurent par cette forme : △ (variante : △). Seconde forme chez les astronomes et les chimistes :  (variantes :  et 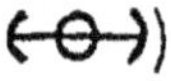)[3]. Sa forme est encore, chez les chimistes, figurée ainsi : . (Comp. col. 677, l. pénult.) Dans un autre endroit (col. 686, l. 22) : ζεύς, suivant les chimistes, est le cuivre И[4]; le cuivre rouge, dans un manuscrit, est désigné par Jupiter.

19. *Bêl* (col. 383, l. 8); ζεύς, Jupiter, et aussi l'étain, selon les artisans.

20. *Castrin* (= κασσίτερος); selon les chimistes, plomb blanc, étain, et, quand ils le désignent par un signe[5], Jupiter.

21. *Crotinon;* selon les chimistes, c'est l'étain ou plomb blanc[6].

[1] La notion de la fusibilité, c'est-à-dire de la liquidité, est assimilée ici à celle de l'eau, suivant la tradition alchimique.

[2] Cette attribution est postérieure au VIe siècle. (*Introd.*, etc., p. 86 et 94.) Cf. les signes de l'étain, même ouvrage, p. 112, l. 12; p. 114, l. 12.

[3] Voir le présent volume, p. 11, colonne 1.

[4] Voir la note 2 ci-dessus.

[5] Le signe manque; voir ci-dessus, étain et ζεύς, Jupiter, p. 4, col. 2, et p. 11, col. 1.

[6] Voir ci-dessus, p. 5, note 4.

22. *Carân;* selon les artisans, étain et plomb mélangés.

23. *Le fer;* selon Bar Séroschwaï, est un corps (métallique) dur, dont la couleur se rapproche du noir. Il prend du brillant par polissage et le feu l'amollit, lorsqu'il est chauffé de façon à en prendre la couleur. Il sert à fabriquer les ustensiles de tous les métiers et est employé à (différents) usages.

Le fer, dans un manuscrit, est appelé par les artisans *ἄρης*; dans leurs figures, il a ce signe : 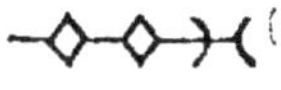 [1].

24. Ἄρης (col. 291, l. 6), Mars. Les artisans appellent le fer *ἄρης*, et, dans leurs signes[2], il a cette figure :  ou 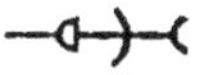 (variante : ). Il (Démocrite?) figure aussi l'étain de cette manière : 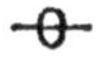 (variante : ), et il l'appelle *ἄρης*[3].

25. *Stâma* (*σΊόμωμα*); le fer dur chez les chimistes (écrit *estâma*, col. 222, l. 24).

26. Ἑρμῆς (col. 658, l. 19), Mercure. Selon les chimistes, on appelle *ἑρμῆς* le mercure. Voici le signe[4] par lequel ils le représentent :  (variante : 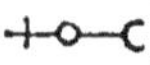).

On appelle aussi *ἑρμῆς* le verre[5].

Dans un autre manuscrit, on nomme la matière (*ὕλη*) du plomb[6] Ermès : 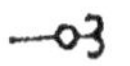 (variante : 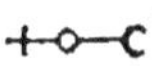)

Ermès, suivant Bar Séroschwaï, *qui aime l'argent et la parole.*

(1) Voir le présent volume, p. 11, col. 2.

(2) *Introd. à la Chimie des anciens*, p. 104, l. 5; p. 114, l. 1 et 17; p. 120, l. 5 et 22.

(3) Sur la similitude de l'un des signes de l'étain avec celui du fer : *Introd.*, etc., p. 112, l. 12; p. 114, l. 12.

(4) C'est le signe moderne du mercure, qui était représenté à l'origine par un croissant renversé; mais il changea de signe vers le VIIe siècle. (*Introd. à la Chimie des anciens*, p. 84.)

(5) Cf. l'attribution à Hermès de l'émeraude. (*Introd.*, p. 80.)

(6) Ceci semble une allusion à la vieille opinion égyptienne, d'après laquelle le plomb était la matière première des métaux, le mercure lui ayant été substitué plus tard dans ce rôle. (*Introd. à la Chimie des anciens*, p. 83.)

27. *Zioug d'arsenic* (col. 686, l. 14). Les chimistes appellent zioug l'élixir (ou essence) d'arsenic. Les artisans l'appellent Ermès, et, lorsqu'ils le désignent par des signes[1], ils écrivent ainsi : et encore : .

Ziouqa, chez les chimistes, c'est le zioug, le mercure.

28. Ὑδράργυρος (col. 41, l. 24; col. 55, l. 3; col. 610, l. 1), argent liquide. — Selon Bar Séroschwaï et Honein, le mercure. — Le mercure chez les chimistes et Bar Séroschwaï. Dans un endroit, celui-ci l'appelle *hydromyron* (variante : hydrochoron).

29. *Lait de vierge* (col. 748, l. 23); selon les chimistes, le mercure[2].

30. *Arsenicon* (col. 284, l. 19, et col. 303, l. 5); arsenic jaune; arsenic mâle, selon Séroschwaï.

Arsenicon (col. 298, l. 25), fleur d'arsenic.

Arsenicon transformé (col. 299, l. 15); selon les chimistes, arsenic que l'on a fait monter plusieurs fois dans l'alambic (*αἰθάλη*)[3].

31. Ἕλκυσμα (col. 526); suivant les chimistes, ... d'olive (?) (*sic*); plomb ajouté à l'épée pour la rendre plus lourde. Dans un autre endroit (col. 636, l. 23), scorie d'argent[4].

32. *Dhiqa reviqa* (col. 535, l. 14 = *καδμεία κυπρία* (?), Diosc., I, 738); selon Bar Séroschwaï, c'est la cadmie d'argent, (en arabe) *iklimya* d'argent.

Cadmia, dans un ancien manuscrit, *iklimya*, et aussi cadmia[5].

[1] Il s'agit de l'un des deux mercures, le mercure tiré de l'arsenic, c'est-à-dire l'arsenic métallique; l'arsenic étant l'un des agents tinctoriaux des métaux employés pour la transmutation. (*Introd.*, etc., p. 99, 236, 282.)

[2] Ce volume, p. 29, note 7.

[3] Acide arsénieux.

[4] C'est le sens normal. (*Introd.*, etc., p. 266.)

[5] Comp. sur ce mot ce volume, p. 13, note 2.

Climia[1]; selon Gabriel, c'est la partie la meilleure du cuivre de Corinthe. Elle est dure et connue sous le nom de ya'fouri.

33. Διφρυγές (col. 569, l. 8 et 17; Dioscor., I, 784); en grec et en syriaque, matière analogue à la tutie.

Diphrygès signifie brûlé deux fois. Ce mot désigne trois espèces de pierre. L'une d'elles se forme au moyen de la terre séchée au soleil et brûlée au feu; la seconde, avec le sédiment déposé dans le creuset de cuivre; et la troisième, au moyen de la marcassite brûlée dans le four. C'est une pierre fabriquée.

34. Μολύβδαινα (col. 1030, l. ult.); selon Bar Séroschwaï, le minium (ou séricon); (col. 1031, l. 6), selon Paul d'Égine, scorie d'argent. Dans un manuscrit, ce mot est appliqué aux scories de plomb; (col. 1032, l. 11), litharge que produit l'or et l'argent (col. 1039, l. 24); dans un ancien manuscrit, c'est la scorie de plomb et, suivant Bar Séroschwaï, la scorie de fer.

35. Πομφόλυξ; dans un ancien manuscrit, fumées qui se trouvent dans les fours où l'on fond le cuivre, de même que la cadmie; (autre glose : dans les fours où l'on fond le cuivre, l'or et l'argent).

Πομφόλυξ, tutie, selon Honein.

36. Ψιμύθιον (col. 265, l. 10); selon les chimistes, la céruse. — Ψιμύθιον, selon les chimistes, céruse, plâtre. — Ψιμύθιον, céruse de plomb.

37. *Clauydrion* (= χαλκύδριον); fleur de cuivre, selon les chimistes.

38. *Écailles de cuivre;* résidu de cuivre, selon Masih, fleur de cuivre : ce sont les écailles que l'on extrait du cuivre en le frappant.

[1] Calamine; minerai de zinc servant à fabriquer le laiton.

39. *Écume d'argent, μάλαγμα* de mercure et d'argent, fixés ensemble.

40. *Écume de natron* (*νίτρον*)[1], borax.

41. *Rouille de cuivre*, selon Sergius et Honein, vert-de-gris.

Rouille de Poulad, rouille d'acier.

Ἰός (col. 118, l. 10), d'après Rabban (Honein), rouille, vert-de-gris. Gabriel a confirmé cette interprétation. Dans un manuscrit, c'est l'*irin*, et, suivant Sergius et Bar Séroschwaï, c'est un poison.

Irin (col. 148, l. 1), dans un manuscrit, je crois que c'est le vert-de-gris. — Irin, dans un ancien manuscrit, ce sont les ingrédients des quatre espèces, vert-de-gris. — Ingrédients des quatre espèces (col. 1027, l. 16), c'est-à-dire *irin*, vert-de-gris[2].

42. *Sandaraque*, dans un manuscrit, arsenic[3].

Sandaraque, d'après Honein, arsenic rouge.

Sandrachos, dans un ancien manuscrit, arsenic jaune et rouge; et, suivant les chimistes, *sandrachin*, arsenic rouge.

Gabriel a expliqué sandracha par l'arsenic rouge, et sandrachin par les deux arsenics, le jaune et le rouge. *Sadrachos, σανδαράχη* (col. 943, l. 18), arsenic : deux espèces, le jaune et le rouge.

43. Σπόδιον (col. 238, l. 15), c'est-à-dire cendre, dans Paul d'Égine. Cendre que l'on recueille dans les édifices où l'on fait fondre le cuivre; litharge, cadmie ou corps brûlé; cendre des artisans en cuivre.

Μέλαν σπόδιον (col. 1071, l. 1), selon les chimistes, la cendre.

[1] C'est l'aphronitron des Grecs.

[2] Comparer ci-dessus, p. 9, col. 2. — *Iarim* signifie le vert-de-gris, chez les alchimistes latins du moyen âge. Entre la rouille de cuivre, ou oxyde de cuivre, et le vert-de-gris, ou fleur de cuivre, il s'est établi une certaine confusion.

[3] C'est le nom grec de l'un des sulfures d'arsenic, le réalgar, qui est rouge. L'arsenic proprement dit des anciens était le sulfure jaune, ou orpiment. (Comp. ce volume, p. 10.)

Σπόδιον, c'est la cendre qui se dépose dans les édifices où l'on fond le cuivre. Paul d'Égine en fait mention. Sergius l'appelle dans un endroit limaille de suie.

44. *Ladpontas* (col. 943, l. 12 = λεπίδος ἄνθος (?), Diosc., I, 753, l. 7), écaille de cuivre.

45. *Pierre sourde* (col. 863, l. 19), celle qui provient des sources du mercure; les philosophes lui ont donné beaucoup de noms[1].

46. *Lait de chienne* (col. 749, l. 2); c'est la limaille de fer chez les chimistes.

47. *Chrysocolle* (col. 537, l. 14), tankar (col. 812, l. 13), *tanacarau*, matière dont se servent les artisans pour souder; tankar.

Χρυσόκολλα (col. 918, l. 9), soudure d'or, d'argent et de cuivre, ainsi appelée par les chimistes. Gabriel prétend que c'est l'alliage d'or, appelé aussi tankar[2].

Χρυσόκολλα (col. 925, l. 5), soudure d'or; dans un manuscrit, poudre d'or et d'argent. De même sous la forme *prascola*, corrompu de χρυσόκολλα.

48. Βατράχιον (col. 350, l. 7), fleur, la fleur de la graine, jeune pousse, d'après Honein, Schamli et Gabriel. — Βατράχιον, *gbastakhon*, *boutlachron* et *gavastakhon* (col. 381, l. ult.), fleur......... c'est un poison; — *gbastakhon* (col. 445, l. 14), dans un ancien manuscrit, *gavastakhon*, fleur..... c'est un poison[3].

49. *Goumsanichos* (col. 466, l. 12), dans un ancien manuscrit, li-

[1] Pierre philosophale?

[2] Matière employée pour les soudures d'or. (*Int. à la Chimie des anc.*, p. 57, 243.)

[3] Comparer βατράχιον ἐστί χρυσόκολλα καὶ χρυσόπρασον. (*Coll. des Alch. grecs*, texte, Lexique, p. 6; trad., Synésius, p. 69. — *Introd. à la Chimie des anciens*, p. 243.)

tharge blanche. Bar Séroschwaï a confirmé cette explication; — litharge dorée (col. 1153, l. 7); selon Paul d'Égine, litharge de montagne. (Comp. col. 850, l. 21; col. 969, l. 21; col. 1016, l. 23.)

50. Μίσυ (col. 1035, l. 12), *mousidin*, suivant Zacharie, *mous*, poison. — Μίσυ (col. 1035, l. 15), selon Bar Séroschwaï, encre.

Μίσεως (μίσυ, col. 1075, l. 2), dans un ancien manuscrit, *mios*, c'est le vitriol des cordonniers, et, suivant Bar Séroschwaï, μίσυ.

Μίσυ (col. 1075, l. 12), dans un manuscrit; noir et suie, noir de charbon; selon les chimistes, vitriol noir. Gabriel a dit que le vitriol noir s'emploie pour l'encre noire et est appelé μίσυ en grec. Galien a dit que le vitriol noir se trouve sur la calcidis, comme la rouille sur le cuivre. Quant au sori, après un long temps, il peut se changer en χαλκῖτις. Le sori, la calcidis et le vitriol noir forment chacun une espèce; le sori est le vitriol rouge, et la χαλκῖτις est la calcidis.

Sori, dans un manuscrit, vitriol rouge — dans un autre manuscrit, chez les chimistes, fleur de cuivre; — dans un manuscrit, c'est le sorin qui se trouve dans le vitriol noir et s'en dégage facilement.

Sorin, dans un ancien manuscrit, (matière) du genre de l'alun et du vitriol noir; aussi *sori*[1].

51. *Sinops* (σινωπικὴ μίλτος, Diosc.), minium des peintres.

52. *Kabris* (κιννάβαρι), selon les chimistes, le minium[2]. De même *cinnabaris* et *cnabris*.

53. *Fleur des peintres* (col. 667, l. 20), selon Bar Sérapion, le minium; on a dit aussi : le lapis-lazuli.

[1] *Introd. à la Chimie des anciens*, p. 42. Le sori et le misy étaient des sulfates de fer plus ou moins oxydés et basiques, résultant de la décomposition spontanée des pyrites. Leur composition variait depuis le sulfate de protoxyde de fer jusqu'à l'hydrate de peroxyde.

[2] Sur la confusion entre le cinabre et le minium : *Introd. à la Chimie des anciens*, p. 244, 261.

54. *Soufre* (col. 867, l. 16); dans Paul d'Égine, le soufre non brûlé est le soufre jaune : ainsi s'exprime Paul. Mais, chez nous, dans Bârimma (montagne entre Mossoul et Tagrit), le soufre jaune est une espèce dont la couleur est analogue à celle de l'arsenic jaune, et le soufre pulvérulent forme un autre genre : c'est celui que l'on vend et qui est préparé en paquets. Le signe du soufre chez les chimistes[1] est celui-ci : o)–o.

55. *Apron commun* (col. 267, l. 20), soufre non brûlé[2] — les chimistes l'appellent soufre non brûlé — *apron* est le soufre jaune.

56. *Sauterelle de soufre*, chez les chimistes, ceinture (?); dans un manuscrit et dans Bar Séroschwaï.

57. *Fondeur*. Ce mot se dit des artisans qui font fondre l'argent et le coulent. Lorsque le métal résiste et ne se laisse pas purifier, ils y mêlent du plomb, du cuivre, du fer et autres choses semblables. Lorsqu'il est fondu avec ces corps et qu'il s'y mêle dans le creuset, sous l'action du feu qui l'échauffe avec les autres espèces, l'argent doit y laisser son résidu et se purifier; il sera alors utilisé pour le travail. Mais s'il n'est pas purifié par ces corps, et qu'il se mélange avec eux sans se purifier, il doit être considéré comme n'étant bon à rien et inutilisable.

58. *Purification par le feu* se dit des artisans qui font chauffer et fondre l'argent. Quand ils ont de la peine à le purifier, ils y mêlent du plomb, du cuivre et du fer, et d'autres corps semblables, lesquels, en fondant, se mélangent à lui dans le creuset, par l'action du feu qui chauffe ces espèces. L'argent laissera son sédiment par leur moyen et sera purifié, et il sera bon à travailler[3]. S'il n'est pas purifié ainsi,

[1] *Introd.*, p. 105, l. 24, 25; p. 112, l. 18 : θεῖον ἄθικτον. (Voir le présent volume, p. 5, col. 2.)

[2] Ἄπυρον.

[3] C'est l'opération de la coupellation, déjà connue des anciens.

mais qu'il se mélange avec eux et qu'il ne soit pas nettoyé, on doit le considérer comme bon à jeter, comme impropre à quoi que ce soit.

59. *Chimie* (col. 901, l. 9), (préparation de la) pierre philosophale; travail de l'art du soleil (or) et de la lune (argent). — Il y en a qui expliquent ce mot par le nom de *kima* (les Pléiades), les huit étoiles, c'est-à-dire travaillé au moyen de huit mélanges.

Kémélaya (col. 904, l. 10), c'est-à-dire la chimie, celle des sept corps métalliques et qui change les natures; (elle comprend) les arts, tels que l'orfèvrerie, le travail du cuivre, du fer et du verre.

60. *Atlin* (col. 331, l. 6 = *αἰθάλη*[1]), ustensile; l'aludel dans lequel on fait monter la fleur[2] et autres choses; alambic. Chez les chimistes, il est d'argile ou de terre.

61. *Natron* (*νίτρον*) [col. 1244, l. 3], dans un manuscrit, ingrédient; suivant El-Marwazi, le borax[3].

62. Ἀφρόνιτρον (col. 267, l. 11), *écume de natron*[4] — suivant Schamli, borax[5] — de même Honein, natron des gâteaux et borax, natron africain et de Carmanie. Il (y en a deux : l'un) rouge[6], l'autre blanc.

63. *Matronicon* (col. 1064, l. 10); Jésubocht mentionne un nitre *matronicon*, et je pense que c'est le *νίτρον*[7].

[1] Le mot grec s'appliquait à une vapeur sublimée, spécialement au mercure.

[2] Le mot *fleur* s'appliquait surtout à des produits solides sublimés. (*Introd.*, p. 286.)

[3] Ce mot signifiait un fondant alcalin; il n'avait pas son sens moderne. (Voir le numéro suivant.)

[4] *Introd.*, p. 263.

[5] C'est-à-dire sel employé pour décaper les soudures et les préserver de l'oxydation au moment du chauffage. Notre borax actuel n'a pris son nom qu'au XVIIe siècle.

[6] Ceci rappelle le natron roux ou jaune de Pline et des alchimistes. (*Introd.*, etc., p. 39.)

[7] Sans doute corrompu de *νιτρικὸν ἀμμωνιακόν*. (Voir *arméniacon*.)

64. *Ṣerâphâ, qui éprouve l'argent;* selon Bar Séroschwaï, c'est l'alun qui fait sortir la crasse de l'argent... alun rond et alun lamelleux, suivant Bar Sérapion, alun Yéménite, c'est-à-dire choisi, alun romain... l'alun, chez les chimistes, a ce signe : ❋[1]. — Pierre lamelleuse (col. 861, l. 28), alun du Yémen.

65. *Alun de plume* (col. 510, l. 19); chez les alchimistes, pierre blanche clivable et dont les lamelles adhèrent les unes aux autres.

66. Ἀφροσέληνον (col. 267, l. 23); chez les chimistes[2], écume de pierre, ailes des séraphins (alun lamelleux, voir ci-dessus et plus loin). — Ce mot signifie aussi amalgame (μάλαγμα) de mercure et d'argent alliés ensemble[3]. — Dans un manuscrit, talc — Gabriel l'appelle salive de lune, écume de lune[4], beurre de lune; c'est une espèce de talc. — Ailleurs, écume d'argent, amalgame (μάλαγμα) de mercure et d'argent alliés ensemble.

Écume de pierre (col. 545, l. 20); chez les chimistes, c'est l'aile de séraphin. l'écaille des pierres, la pierre blanche dont les écailles sont attachées les unes aux autres; je pense que c'est le talc.

67. *Écume de nitre*, borax.

68. *Natron de Bérénice* (Βερενίκιον νίτρον) [col. 362, l. 5]; selon Bar Séroschwaï, nitre mou. (Comp. Galien, XIII, 568.)

Borax de Bérénice[5] (col. 375, l. 4) [βερενίκιον], le borax rouge.

Borax de terre (col. 375, l. 16); selon Bar Séroschwaï, le borax des orfèvres.

[1] *Introd. à la Chimie des anciens*, etc., p. 108, l. 6, et p. 112, l. 21. (Voir le présent volume, p. 4 et 12.)

[2] Sélénite, c'est-à-dire sulfate de chaux, talc, mica. (*Introd.*, p. 267.)

[3] On lui donnait ce nom, à cause de l'éclat argentin de cet amalgame et de son origine, la lune étant assimilée à l'argent.

[4] *Sputum lunæ, spuma lunæ,* chez les alchimistes latins.

[5] Ce mot signifie un sel employé pour les soudures. Ce n'est pas le borax des chimistes modernes. (Voir plus haut, p. 133, note 5.)

69. *Arméniacon* (col. 296, l. ult.), lapis-lazuli — dans un ancien manuscrit : c'est un nom hébreu, car l'arméniacon c'est le sel ammoniac. — *Arménion* (col. 297, l. 18), pierre d'Arménie[1]. — Pierre d'Arménie (col. 861, l. 15), lapis-lazuli.

Ammoniacon (col. 183, l. 11), ammoniaque; *nitriacon ammoniacon*, selon Paul d'Égine[2]; — (col. 1090, l. 5) sel *armoniacon*, le sel ammoniac.

70. Ἀγλαοφωτίς (col. 26, l. 4; col. 29, l. 13), dans un ancien manuscrit, *γῆ σαμία* (Dioscor., I, 822), étoile de mer, le talc.

Terre de Samos (*γῆ σαμία*) [col. 488, l. 15; col. 874, l. 1], c'est peut-être le talc; elle vient de l'île de Samos.

Γῆ *σαμία* (col. 508, l. 22), dans un ancien manuscrit, et *γῆς ἀστήρ*, étoile de terre, talc.

Terre égyptienne (col. 299, l. pénult.), selon les alchimistes. Il (Démocrite?) appelle ainsi la terre blanche, qui est l'argent. Dans un manuscrit, il appelle terre étoilée le plâtre et l'arsenic; celle des médecins, il ne l'appelle pas mercure. — Dans un manuscrit, terre argentée. Selon Paul d'Égine, *tabâschir*.

Terre égyptienne (col. 300, l. 18), terre blanche ou cimolienne, c'est le marbre.

Ἀστήρ Ἀττικός (col. 223, l. 8, et col. 228, l. 6; comp. Dioscor., I, 605), *tabouschir* ou *βουβώνιον*; suivant Honein, l'étoile attique, c'est le marbre.

Terre étoilée (col. 300, l. 16); Bar Séroschwaï dit que c'est le mercure.

Étoile invincible (col. 874, l. 14), selon Bar Sérapion, étoile de terre, le talc; son signe, chez les chimistes[3], est ainsi : ○-⊖.

[1] Lapis-lazuli. (Comp. ci-dessus, p. 8, note 7; Dioscor., éd. Sprengel, t. I, 773, note 68.)

[2] Ἀμμωνιακόν, νάρθηκος ὀπός. (Diosc., I, 439; Galien, XI, 829.)

[3] Voir le présent volume, p. 3, col. 2.

71. *Emphoma* (col. 190, l. 14 et 22 = ἔμφωμα); c'est la céruse avec laquelle on blanchit les murs.

Alcali en poudre. Paul d'Égine a prétendu que c'était le marc de vin brûlé, et, dans un autre endroit, que c'était l'alcali[1].

72. Ἀδάμας (col. 39, l. 14, et col. 863, l. 1); selon Rabban (Honein), c'est la pierre la plus dure. Elle sert à percer les perles — pierre sur laquelle forgent les artisans du cuivre, sans qu'elle se brise; on l'appelle la pierre sourde (massive, dure), et aussi schamira[2].

Ἀδάμας (col. 135, l. 20), qui est travaillé avec le plomb[3]. — Tous les cachets, les perles et les corps durs et rugueux sont taillés et percés au moyen de cette pierre. Les tablettes de marbre sont aussi coupées et travaillées avec elle.

73. Ἤλεκτρον (col. 179, l. 14), appelé *dimitis* (= ἀδάμαντος λίθος); c'est la poudre d'électrum ou ambre jaune — il s'appelle *ce qui attire la menue paille.* — C'est une amulette qu'on suspend au col.

Ἤλεκτρον (col. 180, l. 3), selon Zacharie, alliage d'or et d'argent[4].

Diamantos (col. 565, l. 17, et col. 590, l. 1), dans un ancien manuscrit, c'est la poudre d'électrum, c'est-à-dire l'ambre (carabé).

74. *Amianton* (col. 186, l. 1, et col. 1074, l. pénult.), ἀμίαντος λίθος, le talc, selon Bar Séroschwaï — amiante incombustible (ce mot a été confondu avec la salamandre, qui passait pour un animal incombustible, col. 136, l. 6; col. 185, l. 25; col. 186, l. 21). — Λίθος ἀμίαντος (col. 971, l. 13), le talc, γῆς ἀστήρ et étoile de terre.

75. Ὑαλοειδής (col. 170, l. 22, et col. 615, l. 6), suivant Zacharie, verre fondu, ce qui ressemble au verre fondu.

[1] Comp. ci-dessus, p. 88, note 3.

[2] Σμύρις λίθος de Dioscoride? (Comp. ci-dessus, p. 17, n° 12.)

[3] Voir le présent vol., p. 124, note 2.

[4] Le double sens du mot *électrum*, qui signifie tantôt ambre, tantôt alliage d'or et d'argent, est accusé ici.

76. *Tou* (ܛܘ, col. 790, l. 15); les chimistes appellent ainsi le kohol. — Στίϐι et *σΊίμμι*, suivant Honein, le kohol.

77. ΚρύσΊαλλος (col. 918, l. 7), chez les chimistes, le cristal.

78. *Terre des philosophes* (col. 1016, l. 13), c'est la terre des creusets, qui est apportée d'Assouan dans la contrée de Sa'îd (Haute-Égypte).

79. *Sel de Cappadoce* (col. 1089, l. 20); dans un manuscrit, sel d'El-Andar (sel blanc). Le commentateur de Paul d'Égine a dit : le sel qui vient de la Cappadoce et il le nomme sel d'El-Andar, dans nombre d'endroits. — Selon Bar Séroschwaï, sel de Narga (?), c'est le sel de Cappadoce et le sel gemme et le sel d'El-Andar. Il m'a dit qu'il avait trouvé dans Dismos (Zosime?) ce mot expliqué par tankar.

Sel de Narga (?) (col. 1090, l. 9), c'est le sel en gros morceaux, ou sel d'El-Andar — fleur de soufre. (Comp. col. 603, l. 6.)

80. *Conion*, selon les artisans, la chaux. Dans un manuscrit, c'est la cendre — Gabriel a dit : c'est le nom de la lessive de cendre; en grec, *κονία*.

81. *Λίθος πυρίτης* (col. 970, l. 15), pierre marcassite, avec laquelle on purifie le cuivre.

Πυρίτης (col. 883, l. 3), chez les chimistes, marcassite.

Πυρίτης, suivant les chimistes, mercure ayant subi le traitement.

82. ἈρισΊολοχία (col. 299, l. 18), selon les chimistes, l'aristoloche.

83. *Safran* (col. 882, l. 16); safran de Cilicie chez les chimistes. L'un d'eux a dit : c'est le (minerai de) fer qui est apporté de la Montagne Noire, en Cilicie.

84. Ἐλύδριον (col. 168, l. 10), c'est-à-dire safran chez les chimistes — chez Bar Séroschwaï, *élydrium soris* (var. *enoris*), soufre marin[1].

85. *Tétines de chienne* (col. 377, l. 19); en persan sebestân ou segpestân, appelé en Égypte *mokheïta* (voir Ibn Beïthar, éd. Leclerc, n° 1157, *sébeste, cordia mixa*) — chez les chimistes, jus de câpre fraîche, d'après ce que m'a rapporté le moine érudit Jacoubi.

86. *Geschouba* (col. 521, l. 25), selon les chimistes, caroube.

87. *Sang-dragon* (col. 579, l. 13); selon les artisans, *sam-trên* (poison des deux) et *sam-saifa* (poison de l'épée) — en arabe, *dam-el-akhouên* (sang des deux frères)[2].

88. *Wars* (col. 669, l. 16); il possède la couleur du safran et sert pour les paupières; c'est le henné[3].

Le carthame (col. 772, l. 10); chez les chimistes, c'est la couleur de safran et qui ressemble à l'or.

89. *Claudianos* (col. 895, l. 16); selon les chimistes[4], c'est la *curcuma longa* — les Persans disent que c'est l'ivoire, d'autres l'urine d'éléphant, d'autres le lait d'oiseaux; mais c'est simplement une plante appelée dans un manuscrit *racine des foulons;* selon d'autres, plante bulbeuse?

Claudianos, c'est la chélidoine de Chine. J'ai trouvé que le Père Aqlos (*sic*) avait dit: zisimou de claudianos — c'est la fleur du cuivre, la fleur de l'arsenic.

[1] Comp. ci-dessus, p. 6, note 13.

[2] *Ibid.*, p. 75, note 4.

[3] *Ibid.*, p. 67.

[4] Le mot *claudianos* ou *claudianon* est souvent employé chez les alchimistes grecs. Il a été traduit dans leur *Collection*, et regardé comme synonyme d'un alliage de cuivre et de plomb. (*Introd. à la Chimie des anciens*, p. 244.) — Toutefois ce mot paraît avoir été pris aussi comme synonyme de chélidoine et d'élydrion, c'est-à-dire d'une variété d'asem ou électrum. — Dans l'alchimie syriaque, notamment, il offre souvent cette signification.

90. *Les jours* (col. 841, l. 15), forme des chimistes : ; jour et nuit :  et aussi jours[1].

91. *L'heure;* les artisans désignent l'heure par ce signe :  (variante : )[2].

92. *L'Eau* (col. 1067, l. 7); dans les signes des alchimistes a cette forme (le signe manque).

Eau divine (col. 1067, l. 17), suivant Bar Séroschwaï, blanc d'œuf[3].

93. *Le Lion* (col. 289, l. 11), signe du zodiaque; sa figure, chez les astronomes, est ainsi : [4].

94. *Le Chevreau* (col. 451, l. 11), signe du zodiaque; sa figure, chez les astronomes, est ainsi :  (variantes :  et 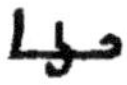[5]).

95. *La Balance,* signe du zodiaque; sa figure est :  (variante : ).

96. *L'Écrevisse* ou *Cancer,* signe du zodiaque; sa figure est :  (variante : 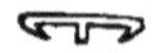[6]).

97. *Le Scorpion,* signe du zodiaque; sa figure est : [7].

98. *L'Épi,* signe du zodiaque; chez les astronomes : , et suivant Bar Séroschwaï : [8].

(1) *Introd. à la Chimie des anciens,* p. 108, l. 8; p. 112, l. 27.

(2) *Ibid.,* etc., p. 108, l. 9, et p. 112, l. 27.

(3) *Coll. des Alch. grecs,* trad., p. 8 et *passim.*

(4) Voir dans le présent volume, p. 12, col. 1.

(5) Le présent volume, p. 13, col. 1. Le signe a une forme différente.

(6) *Ibid.,* p. 12, col. 1. Signe orienté autrement.

(7) *Ibid.,* p. 12, col. 2. Le signe a une forme un peu différente.

(8) *Ibid.,* p. 12, col. 2. Même observation.

99. *Le Bélier* (col. 192, l. pénult.), signe du zodiaque : [1].

100. *Le Taureau*, signe du zodiaque :  et  (variantes :  et [2]).

101. *Les Gémeaux* : △[3].

102. *Le Sagittaire* : ⟶ (variante : [4]).

103. *Le Verseau* (col. 541, l. 23) : [5].

104. *Les Poissons* : x[6].

[1] Le présent volume, p. 12, col. 1. Signe différent.

[2] *Ibid.*, p. 12, col. 1. Même remarque.

[3] *Ibid.*, p. 12, col. 1. Même remarque.

[4] *Ibid.*, p. 12, col. 2. Signe analogue.

[5] Le présent volume, p. 13, col. 2. Signe dérivé des mêmes formes, mais dissemblable.

[6] *Ibid.*, p. 13, col. 1. Même observation.

TRAITÉ
D'ALCHIMIE SYRIAQUE ET ARABE.

II. TRADUCTION DU TEXTE ARABE.

I[1]

1. Le philosophe[2] a dit :

Le corps noir doit blanchir[3], après qu'il aura été traité. On emploiera, pour neuf parties d'eau, une partie des corps; (le tout sera traité) sur un feu doux[4], dont la chaleur ne doit pas être assez forte pour que la main ne puisse pas la supporter[5]. Elle ne doit être ni trop faible, ni trop forte. Tu entretiendras le feu en dessous, pendant six heures du jour. Ce qui s'écoulera[6] se solidifiera par le repos. Frotte pour éprouver le produit; ensuite laisse-le, jusqu'à ce que sa couleur s'éclaircisse[7]. Renouvelle cette opération pendant sept jours, jusqu'à ce que le noir disparaisse. Ceci est le véritable argent des anciens.

2. *Liquéfaction de la sandaraque.* — Prends une bouteille; lute-la jusqu'au col; prends de la sandaraque[8] autant que tu voudras, et une quantité convenable de sel d'Andar (sel blanc), plein une écuelle, autant qu'il peut en entrer. Mets sur l'orifice de la bouteille un bouchon de coton et dispose-la dans le fourneau. Allume le feu au-dessus d'elle, après l'avoir en-

(1) Les divisions et numéros d'articles ne sont pas dans le texte.

(2) Cet article est une sorte de préface.

(3) Cf. la pratique de Justinien. (*Coll. des Alch. grecs*, trad., p. 113-114 et p. 370. — Voir aussi Olympiodore, p. 99, l. 16, 17.)

(4) *Ibid.*, p. 79, 85, 123, 137, 158, 238. La nécessité d'un feu doux est fréquemment signalée.

(5) *Ibid.*, p. 143, au milieu.

(6) *Ibid.*, p. 128, «fais couler», etc.

(7) Le cuivre devenait sans ombre, c'est-à-dire qu'il prenait une teinte brillante et uniforme. (*Ibid.*, p. 46, 49, 133, 246, 247, etc.)

(8) Sulfure d'arsenic.

terrée dans la cendre. Le col devra être couvert avec un gobelet retourné, jusqu'à la partie renflée. Tu feras du feu au-dessus de la bouteille, selon la quantité de la matière. Si cette quantité est considérable, pendant huit heures; si elle est moyenne, pendant quatre heures; et si elle est petite, deux heures. Alors (la sandaraque) fondra.

3. (*Fusion de l'étain.*) — Si tu fais fondre de l'étain (ζεύς) et que tu le purifies, opère sur un poids déterminé. Si tu veux déverser le vase (de façon à couler le métal), fais-le; si tu veux, fais chauffer avec des aromates, (agents purificateurs[1]).

3 *bis. Fusion du plomb noir*[2]. — Prends de la limaille; mets-la dans du carthame[3]; souffle dessus; et, lorsque le métal s'amollira et commencera à couler, ajoutes-y une trace de myrobolan jaune[4], broyé plusieurs fois. Il deviendra pareil à de l'étain : c'est là le plomb (purifié).

4. *Liquéfaction de l'or*[5]. — Prends une coupe de porcelaine. Sur un marbre, broie la gomme arabique (avec de l'eau), jusqu'à ce qu'elle soit comme du miel. Enduis-en la coupe. On étendra par-dessus une feuille d'or, et on l'abreuvera avec la gomme, jusqu'à ce que la feuille se délaye. Sers-t'en pour écrire.

5. *Définition de l'élixir.* — C'est une substance essentielle, constituée avec l'aide du feu.

6. *Liquéfaction de la couleur rouge* (pour teindre la laine)[6]. — On prendra du jus de raifort et du jus acide de citron; on fera monter ces jus dans l'alambic. Prends environ la moitié de résine broyée et mets-la avec ces jus. On obtient ainsi une pâte : ce qui aura monté dans l'alambic servira à délayer la matière dorée, ou la couleur rouge de cuivre, ou tout autre.

[1] Voir l'article suivant.

[2] Le titre dit : fusion de l'acier.

[3] Ce mot signifie probablement une matière minérale orangée, conformément au sens connu du mot *safran*. (*Introd. à la Chimie des anciens*, p. 287.)

[4] Même observation qu'à la note précédente.

[5] C'est-à-dire délayement de l'or dans un liquide destiné à écrire.

[6] Le texte indique ici simplement la laine.

7. *Liquéfaction du vitriol.* — Broie du vitriol comme il convient; prends du céleri frais, que tu feras sécher dans une coupe. Verse le vitriol par-dessus; étends par-dessus une autre couche de céleri et couvre le tout. La matière se liquéfiera. Fais-en ce que tu voudras.

8. *Sublimation du mercure*[1]. — Prends une partie de mercure, une partie de sel et une partie de vitriol. Broie le tout comme il convient, jusqu'à ce que le mercure se délaye et cesse d'être visible. Ensuite mets le tout dans l'alambic; lute les jointures et laisse sur le feu pendant six heures. Retire l'alambic du feu, pour qu'il se refroidisse. Si le sublimé ne contient plus de mercure métallique, prends-le. Si tu y trouves du mercure métallique, broie-le de nouveau et fais-le monter sur le feu plusieurs fois, jusqu'à ce que le métal ait disparu.

9. *Sublimation du sel ammoniac.* — Sel ammoniac, une partie; et sel (commun), une partie. Broie-les comme il faut, et mets-les dans l'alambic. Laisse-les sur le feu douze heures, et le produit montera.

10. *Liquéfaction du mercure*[2]. — Une partie du (composé de) mercure et une partie de sel ammoniac; broie ensemble comme il faut et mets ce produit dans un (vase en forme d')œuf, dont le sommet sera bouché avec du lut. Tu placeras du son d'orge dans une marmite, et tu enterreras l'œuf dans le son. Le fond de la marmite doit être incliné, comme pour distiller. Fixe-la sur une autre marmite remplie d'eau. Ensuite lute les jointures, et pose sur le feu, qui brûlera par-dessous, pendant un jour ou deux jours et une partie de la nuit. Il se fera ce que tu cherches.

11. *Fixation du sel ammoniac*[3]. — Une partie de sel ammoniac et une partie de chaux blanche; broie-les, pétris-les et fais-en une boule. Tu les placeras dans un vase quelconque; tu mettras dans le vase, d'abord de la chaux; et au-dessus de la chaux, du sel; au-dessus du sel, la boule; puis le

[1] C'est une préparation de protochlorure de mercure (calomel).

[2] Comp. ci-après. Le mot *liquéfaction* s'applique à la production d'un sel mercuriel.

[3] C'est une préparation de chlorure de calcium, décrite également et avec plus de détail par Jacobus Theotonicus. (Voir *Annales de chimie et de physique*, 6e sér., t. XXIII, p. 458. — *Transmission de la science antique*, p. 156.)

sel, puis la chaux. Chauffe sur un feu de paille, pendant six heures. Ainsi se fera la fixation.

12. *Trempe de l'acier destiné à couper le fer.* — On trempera dans du fiel de mouton et du sang d'âne, mêlés en consistance liquide, à cinq reprises.

13. *Blanchiment du soufre*[1]. — Prends-en autant que tu voudras; broie-le bien avec du sel marin. Mets-le au soleil, jusqu'à ce qu'il blanchisse. Puis prends de l'arsenic rouge en petite quantité; mêles-y de l'urine de veau et laisse-le au soleil pendant sept jours, jusqu'à ce que sa blancheur soit parfaite. Ce produit blanchit le cuivre et amollit le fer.

14. *Propriétés du râs*[2]. — Deux parties de sel et d'arsenic; une partie de cendre de bois de chêne, et une partie de sel alcalin. Mets-les dans une grande coupe percée de trous. Verse par-dessus de l'eau, de façon à les recouvrir d'un empan. Laisse-les, jusqu'à ce que l'eau ait filtré; ensuite place l'eau dans une marmite et casse dessus des œufs, en même quantité que l'eau. Chauffe par en dessous, jusqu'à ce que la vapeur soit complètement dégagée. Ensuite pose le vase sur le feu; puis mets-le dans un chaudron; prépare un four, et chauffe par en dessous, jusqu'à ce que le produit devienne blanc. Ceci est la description du râs[3].

II

15. *Des espèces de vitriols naturels et factices*[4]. — Les vitriols sont de sept espèces :

1° Il y a le jaune, massif et solide;

[1] Il s'agit de l'arsenic sulfuré ou orpiment, que l'on soumet à une oxydation lente, afin de le changer en acide arsénieux, destiné à blanchir le cuivre. Cette préparation est déjà signalée, avec variantes, chez les alchimistes grecs, chez Olympiodore notamment. (*Coll. des Alch. grecs*, trad., p. 82.)

[2] Tête ou principe, l'un des noms de l'or. (Voir ci-après, n° 46.)

[3] Cette préparation obscure semble répondre à celle d'un sulfarsénite, employé pour teindre les métaux. On en trouve d'analogues chez les Latins, au XIIIe siècle. (*Transmission de la science antique*, p. 85.)

[4] Ce titre est écrit en syriaque. La description même est analogue à celles que l'on trouve dans Ibn Beïthar et dans les traductions latines des Arabes, faites au moyen âge. (Comp. ci-après, p. 163. — Voir le traité de Bubacar, *Transmission de la science antique*, p. 307.)

2° Le jaune, qui a des yeux dorés; il sert aux orfèvres;

3° Une espèce mêlée de poussière; elle est employée par les cordonniers et les teinturiers;

4° Le vitriol vert (calcantum);

5° Le calcantar (χαλκητάριν), vitriol jaune;

6° Le sourin (σῶρι ou plutôt séricon), vitriol rouge; c'est le fort ou le cabriçi (de Chypre?); il rentre dans la catégorie du rouge;

7° Le plus noble est le vitriol lavé par l'eau courante : une partie descend dans les fouilles des mines et les rayons du soleil l'agglomèrent en tombant dessus.

16. *Propriétés des aluns.* — Les aluns brûlent les choses et fixent les esprits, en se mêlant à eux. Ils comprennent sept espèces :

1° Le blanc de l'Yémen[1];

2° Le blanc des fils (pour le fil à coudre);

3° Le tabarzad (en persan) saccharin, blanc et dur, du Tabaristan[2];

4° Le syrien, mêlé de terre et de pierre;

5° Le liquide, rougeâtre;

6° Le jaune sale;

7° Le blanc, solide.

17. *Propriétés des borax*[3]. — Les borax dissolvent tous les corps. Ils comprennent sept espèces :

1° Il y a le borax du pain[4], formé de gros morceaux durs;

2° Le natron, qui est plus rouge que le borax du pain;

3° Le borax des orfèvres; il est blanc et ressemble au salpêtre[5];

4° Le salpêtre qui se trouve au pied des murs;

[1] Bar Bahloul le donne comme l'équivalent de l'alun lamelleux. (Comp. ci-dessus, p. 134.)

[2] Comparer Ibn Beïthar, éd. du Dr Leclerc, nos 1449 et 2164. — Traité de Bubacar, *Transmission de la science antique*, p. 307.

[3] Ce mot n'avait pas le sens de notre borax moderne. Il s'appliquait à divers sels alcalins, employés comme fondants et pour les soudures. (Traité de Bubacar, *Transmission de la science antique*, p. 308.)

[4] Il porte ce nom, parce que les boulangers, en Égypte, après l'avoir dissous dans de l'eau, l'étendent sur le pain avant de cuire ce dernier, afin de donner plus de lustre et d'éclat à la croûte. (Ibn Beïthar, n° 381. — Dozy, *Suppl. aux dict. arabes*, I, p. 74.) — Comp. ci-dessus, traduction, p. 9, col. 2, natron d'Afrique pour les gâteaux.

[5] Comp. ci-après, p. 164. — Dozy, *Suppl. aux dict. arabes*, I, p. 809.

5° Le borax écumeux (?)[1]; il tire sur le rouge; c'est le meilleur des borax;

6° Le borax du saule (?)[2]; il est blanc;

7° Le tinkar; c'est le borax travaillé[3].

18. *Propriétés des sels*[4]. — 1° Le sel sapide[5]; c'est le sel des aliments;

2° Le sel amer; il est employé par les orfèvres;

3° Le sel tabarzad, sel dur qui peut se cliver;

4° Le sel d'Andar, sel blanc[6], deux espèces : en gros morceaux, il est blanc; pur, il est transparent;

5° Le sel rouge; il y a des fentes dans les gros morceaux;

6° Le sel de naphte, en morceaux durs; il a une odeur analogue à l'odeur du naphte;

7° Le sel d'Inde, noir; le tabarzad est celui dont il se rapproche le plus; il est transparent;

8° Le sel de Chine, qui n'est pas connu[7], est blanc et dur; il a une odeur d'œuf bouilli;

9° Le sel alcalin;

10° Le sel de cendre[8];

11° Le sel de chaux[9];

12° Le sel d'urine.

Ces quatre (derniers) ont aussi des vertus utiles.

19. *Préparation de la chalcitis* (en marge : *vitriol blanc*). — Prends de l'alun blanc épuré; dissous-le et filtre-le. Ensuite délaye le vitriol et le vert-de-gris; mêle-les avec l'eau d'alun filtrée, et fais épaissir sur des charbons : il se formera de la chalcitis.

20. *Préparation du calcantum* (en marge : *vitriol vert*). — Dissous le vitriol dans de l'eau et filtre-le; ajoutes-y de la limaille de cuivre et fais-le

[1] Comp. Ibn Beithar, n° 381.

[2] Comp. Ibn Beïthar, n° 381. — Dozy, *Suppl. aux dict. arabes*, I, p. 74; II, p. 610.

[3] Bar Bahloul explique : «la chrysocolle dont se servent les artisans», c'est-à-dire le fondant destiné aux soudures.

[4] La classe des sels comprend onze espèces analogues dans le traité de Bubacar. (*Transmission de la science antique*, p. 308.)

[5] Le texte dit : odorant.

[6] Comp. ci-après, p. 163, n° 74.

[7] En Syrie?

[8] Carbonate de potasse.

[9] Potasse caustique impure?

cuire jusqu'à ce qu'il verdisse. Filtre et mets-le dans une marmite de cuivre. Mets dans dix parties de ce produit la moitié d'une drachme de sel ammoniac; fais chauffer jusqu'à ce que la matière épaississe.

21. *Autre (préparation) de calcantum.* — Dissous le vitriol, filtre-le, mets-y une quantité égale de rouille de fer; fais bien chauffer et filtre; tu obtiendras un produit rouge. Dans quelques cas, il tiendra lieu de sori.

22. *Autre (préparation) de calcantum.* — Fais chauffer du vitriol jaune et filtre-le; mets-y du vert-de-gris, suivant la proportion du vitriol. Laisse digérer pendant plusieurs jours, jusqu'à ce que le produit verdisse; filtre et agglomère (la partie insoluble).

23. *Propriétés du calcantar* (*χαλκηντάριν*) (à la marge : *vitriol jaune*). — Dissous le vitriol dans l'eau et filtre-le; mets-y du jus de jaune d'œuf clarifié, dans la proportion du quart du vitriol, et agglomère-le.

24. *Préparation du séricon* (à la marge : *vitriol rouge*). — On abreuvera le vert-de-gris avec de l'eau de vitriol filtrée, et on fera griller jusqu'à ce qu'il rougisse.

Ce sont là les vitriols que les philosophes ont préparés; ce sont les plus nobles des minéraux. Conserve-les pour les six usages.

25. *Le tinkar (soudure) factice.* — Une partie de sel alcali blanc et trois parties de borax épuré. Verse dessus du lait de buffle, de façon à les recouvrir. Laisse macérer[1], jusqu'à ce que le produit soit aggloméré. Fais-en des boules, laisse sécher et sers-t'en.

26. *Autre préparation.* — Prends du sel alcalin blanc, du natron, du borax épuré, du sel d'Andar (sel blanc), du sel d'urine et du sel ammoniac: de chacun une partie. Broie-les (séparément?) dans du lait de vache, autant que chaque partie en absorbera. Fais-en des boules et expose-les au soleil pendant quarante jours, jusqu'à ce que les impuretés se soient écoulées et que l'intérieur soit pur. Alors sers-t'en.

[1] A la marge : fais cuire.

27. (A la marge, au bas de la page : *un autre tinkar*). — Prends une partie de sel alcalin blanc et trois parties de nitre; fais cuire dans du lait de vache ou de buffle, en en recouvrant la matière, par trois fois. Fais-en des boules, que tu laisseras sécher, en les suspendant au soleil, pour qu'elles laissent suinter les parties liquides.

28. *Sel alcalin.* — Prends du sel alcalin blanc, en morceaux durs, autant que tu voudras. Broie-le et verse dessus sept fois de l'eau, en quantité égale. Laisse-le sept jours, puis mets-le dans une poêle et fais chauffer, jusqu'à ce que la matière soit réduite de moitié. Laisse reposer, tire à clair sept fois; mets le produit dans des jarres de terre minces et suspens-le au-dessus des coupes. Ce qui se solidifiera sur les jarres, broie-le et remets-le dedans; et ce qui coulera dans les coupes, couvre-le pour le préserver de la poussière, jusqu'à ce que le produit soit pris tout entier en masse.

29. *Autre préparation.* — Apporte une grande attention pour clarifier le produit, et mets-le dans des bouteilles lutées avec le lut des philosophes. Fermes-en solidement l'orifice et place-les sur de la cendre chaude, jusqu'à ce que le produit devienne solide comme du tabarzad[1].

30. *Sel de cendres.* — Tamise la cendre de chêne pour la purifier des charbons (auxquels elle est mélangée), au moyen d'un tamis de soie; traite-la comme le sel alcalin et tu obtiendras du sel blanc[2].

31. *Sel d'urine.* — Mets dix livres d'urine dans une outre, que tu placeras au soleil pendant quarante jours au moment de la plus grande chaleur. Si elle ne se solidifie pas, place-la sur de la cendre chaude; lorsque la cendre sera refroidie, retire la matière, et elle sera solidifiée. Si tu la traites comme le sel alcalin, le produit extrait n'en sera que meilleur.

32. *Autre préparation.* — Travailles-en la quantité que tu voudras, pendant un mois, et filtre-la. Puis mets, pour chaque livre de la matière filtrée quatre onces de sel alcalin; fixe-le sur de la cendre chaude, et tu obtiendras après vingt jours un produit pareil à du cristal.

[1] Espèce de sel dur, ci-dessus, p. 146, n° 18, 3°. — [2] Carbonate de potasse mêlé de bicarbonate.

III

33. *Chapitre de la connaissance des ustensiles.* — Les ustensiles sont de deux genres : un genre pour la fusion des corps, et un genre pour le traitement des simples.

Les ustensiles de fusion connus sont :

1° Le four;
2° Le soufflet;
3° Le *bout ber bout* (creuset sur creuset)[1];
4° La cisaille;
5° Le *boudaca* (creuset);
6° Le *macheq* (pilon ou marteau);
7° Le *machek* (pincettes ou tenailles);
8° Le broyeur.
On les trouve chez les orfèvres.

Bout ber bout signifie creuset sur creuset. A la base du creuset supérieur sont deux ou trois trous.

Tu y mettras ce que tu veux faire descendre; pétris avec du natron et de l'huile d'olive. Entasse les charbons autour du creuset (supérieur), de manière qu'ils en fassent le tour. Souffle dessus, comme pour obtenir la fusion du cuivre, du plomb, du talc, etc.

Le secret pour la fusion, c'est que le soufflet soit grand et en bon état; que la partie ronde soit proportionnée au col de l'outre; que le tuyau ait la largeur du trou du cafiz[2]. Le bois qui se trouve à la partie postérieure de l'outre doit être fabriqué au tour et attaché avec des courroies.

Le four doit avoir un couvercle ajusté. Le michak (cendrier?) doit être percé de trous et ajusté à l'intérieur du foyer.

Garnis le creuset tout autour avec des charbons, particulièrement pour fondre le fer, le plomb et l'acier.

Le fer devra être obtenu au moyen de la limaille chauffée avec un quart d'arsenic rouge, ou moitié d'arsenic jaune. Fais-le chauffer dans une bourse de papier liée, lutée et sèche, au milieu d'un fourneau bien chaud, pendant

[1] Ce mot semble répondre au *botus barbatus* des Latins. (*Transmission de la science antique*, p. 308.) — [2] Le cafiz, du grec κόφινος, était une mesure pour les grains.

un jour. Retire-le quand il sera refroidi, et broie-le avec de l'eau et du sel; puis fais-le sécher et remets-le dans sa bourse, comme il était d'abord. Fais cela trois fois. Ensuite tu laveras le produit avec de l'eau et du sel, et tu le feras sécher.

Pétris-en la sixième partie avec du natron mêlé à de l'huile, et fais-le descendre dans le *bout ber bout*. Fais cela sept fois, et il descendra en lingot, pareil au fer de Chine, si ce n'est qu'il sera en miettes.

Si tu veux le blanchir, imbibe-le avec du verre blanc de Syrie et du sel ammoniac, en quantité égale; pétris avec de l'huile. Tu le couleras sur de la terre sèche.

Fais cela avec patience et plusieurs fois, jusqu'à ce que le métal blanchisse et s'amollisse. Mêle-le avec de l'étain, en quantités égales. Il se comportera sur le feu comme de l'argent et gardera sa ténacité, si nous avons atteint (le résultat décrit dans) les grands chapitres.

34. *Ustensiles pour traiter les simples*[1]. — Ce sont :

1° La cucurbite[2] à bec;
2° L'alambic;
3° Le récipient;
4° La cucurbite et l'alambic aveugle;
5° L'*athal*[3];
6° Le chauffeur (bain-marie);
7° Les coupes (ou matras);
8° Les fioles;
9° Les bouteilles;
10° La *çalâya*[4] (marbre sur lequel on broie les aromates);
11° Le *fihr* (molette qu'on tient dans la main pour broyer les aromates);
12° Le fourneau;
13° Le *tabistan* (étuve?);

[1] Comp. ci-après, p. 165, et *Transmission de la science antique*, Traité de Bubacar, p. 308.

[2] Le mot *cucurbite* n'est pas une traduction exacte; il répond à un instrument moderne, assez différent par sa forme de celui dont il est question dans le texte.

[3] Bar Bahloul, sous le mot *athlin*, explique : « l'*athal* (sans doute l'aludel) est une cucurbite dans laquelle on distille les fleurs et autre chose :

« Alambic : chez les chimistes, il est en argile ou en terre cuite. » (Voir ci-dessus, p. 133, n° 60.)

[4] Comp. ci-après, p. 165, n° 80; p. 167, n° 85.

14° Le *nâfikh nafsahou* (littér., qui se souffle, ou s'enfle lui-même)[1];
15° Les boîtes;
16° Le *oukara* (?).

35. La cucurbite et l'alambic à bec, ainsi que le récipient, servent à distiller les liquides. Le précepte pour eux, c'est que la cucurbite soit grande, épaisse, sans fente à sa base et sans boursouflure dans son intérieur.

La cucurbite de l'alambic doit être plongée dans l'eau jusqu'au col. Quand le feu est allumé, on doit avoir une provision d'eau bouillante, que l'on ajoutera dans la marmite (bain-marie), à mesure que l'eau qui y est contenue diminuera. Fais attention que la cucurbite ne touche pas l'eau froide: et consolide-la de manière qu'elle ne remue pas. Son fond ne doit pas toucher le fond de la marmite, pour qu'elle ne se casse pas.

On fait monter (les liquides volatils) dans une cucurbite lutée, suspendue dans le bain-marie sur un piédestal d'argile. Tu chaufferas par en dessous, avec un feu doux. Lorsque le bain-marie sera chaud et qu'une partie distillera vivement, abstiens-toi de mettre du combustible, jusqu'à ce que la distillation s'arrête et cesse.

On peut aussi placer la cucurbite au milieu d'une marmite, dans laquelle il y aura de la cendre tamisée, et on fera du feu en dessous; c'est la meilleure conduite.

On peut encore poser le fond de la marmite sur un autre bain-marie; on y met de la cendre, et on établit dessus la cucurbite. Tu rempliras l'espace autour de la cucurbite avec des cendres tamisées; puis tu feras du feu. Il faut qu'elle soit affermie du côté de la queue et du côté de la tête du récipient, afin que la fumée n'y pénètre pas et que les courants d'air ne l'endommagent pas.

36. Les alambics comprennent quatre espèces:

1° L'alambic à base très large; il convient pour distiller les collyres et la chaux, et faire monter le sel ammoniac;

[1] Ce mot répond à l'αὐτοματάριον (voir ci-dessus, traduction, p. 35, note 3) que nous avons traduit par appareil à digestion spontanée. Toutefois on pourrait préférer le sens suivant: «appareil à tirage spontané»; il concorde mieux avec l'indication présente. On trouve d'ailleurs, dans les traités arabico-latins, cette indication: *qui per se sufflat.* (*Transmission de la science antique*, p. 308, Traité de Bubacar.)

2° L'alambic moyennement large à la base, pour distiller les essences, les liquides troubles et les teintures;

3° L'alambic à large oreille; il convient pour la distillation des pierres au commencement des opérations;

4° L'alambic à base étroite; il convient pour la distillation de l'eau et le filtrage.

La cucurbite et l'alambic aveugle conviennent pour la conduite des esprits et des corps oléagineux. Cet alambic a une rainure (extérieure) sans écoulement, où l'on met de l'eau, qui circule autour; on verse ensuite dans la cucurbite les eaux-fortes. Le chapiteau est disposé au-dessus; la jonction se fera, après que l'alambic aura été assujetti dans une marmite; l'eau de la cucurbite ne sert que pour dissoudre. C'est là le bain-marie dont on a parlé.

L'alambic aveugle est un matras disposé avec symétrie au-dessus de la cucurbite[1]. Tu y placeras les substances liquéfiées et tu le suspendras dans un bain-marie bien ajusté. Tu mettras au-dessous de ce dernier une chandelle allumée, ou une torche allumée, ou de la cendre chaude, et le produit se fixera avant que le feu soit éteint, ou que la cendre soit refroidie. C'est ainsi qu'il sera fixé.

37. *L'athal.* — L'athal est formé de verre ou d'argile, ou de terre ollaire, ou de terre de creuset, ou de fer. Aucune de ces matières ne dispense de luter avec le lut des philosophes.

38. *Lut des philosophes*[2]. — Prends de la terre de Cimole, rouge ou blanche, grasse[3], qui soit exempte de pierres. Étends-la dans un lieu propre et projette dessus de l'eau salée, jusqu'à ce qu'elle se délaye et se liquéfie, au point qu'on ne puisse plus la sentir au toucher. Laisse-la sécher.

Ensuite pile-la avec un bâton, comme la terre à jarres; puis passe-la dans un crible fin, et pile-la une seconde fois dans un mortier; puis passe-la dans un tamis de crins rudes.

Ensuite humecte-la avec de l'eau, dans laquelle tu auras fait macérer du

[1] Il semble qu'il s'agisse ici de la kérotakis des Grecs, ou d'un appareil résultant de sa transformation. (*Introduction à la Chimie des anciens*, p. 142 et suiv.)

[2] Comp. ci-dessus, p. 137, n° 78, et ci-après, p. 166, n° 82; p. 170, n° 91.

[3] Comp. Ibn Beïthar, éd. du Dr Leclerc, n° 1492.

son de riz, séparé de la farine, un jour et une nuit; puis réduis-la bien en pâte; couvre-la un jour et une nuit. Passe du fumier propre dans un crible fin et ensuite dans un tamis de crins rudes. Tu le broieras bien dans un mortier, et tu le mêleras avec la terre, en quantité égale. Tu mettras, pour chaque livre de terre, dix drachmes de sel de cuisine et trois livres de poterie (tessons), broyée et tamisée au tamis de crins rudes, ainsi qu'une poignée de poils de bête hachés.

Fais un feu supportable; ramollis un peu la matière et traite-la convenablement.

Sers-t'en pour luter : ceci est le meilleur lut des philosophes.

39. *Disposition de l'athal.* — Prends une marmite, de la capacité d'une auge, d'une coudée de long, large comme deux fois la main. Incline-la sur un plan uni; répands tout autour environ une poignée et demie de cendre tamisée. Ensuite enlève-la et travaille la cendre, de façon à en enduire cette marmite, comme avec de la terre. Tu laisseras sécher.

Prends-la et polis-en la surface avec de la céruse et du blanc d'œuf; polis-la à deux reprises. Pose-la sur le flanc, en la tournant d'un quart. Tu laisseras un espace libre pour le passage des vapeurs. Incline la marmite de l'athal sur son autre face et lute-la d'une manière égale de tous les côtés. Dispose la marmite, en l'inclinant de manière qu'elle avance sous le couvercle à une largeur de main près; de sorte que ce qui est au-dessus du couvercle ne subisse pas l'ardeur du feu, qui le brûlerait et l'endommagerait. Dispose-la en l'inclinant. Il y a un tour de main pour ce qui concerne les autres sublimations.

40. *Distinction des poids*[1]. — L'hémina (ἡμίνα) est de soixante statères; un setier, vingt onces; une once, sept zouz royaux; le bois, once (*sic*); une livre, ... (le chiffre en blanc) statères; la mine, deux livres; six grammes sont un dinar; un gramme, quatre carats; comme le gramme, le daneq du dinar[2]; un carat, quatre (grains d')orge. Six dinars, une livre; une livre, douze onces; une drachme, dix-huit carats; quatre drachmes, quinze dinars; un dinar, vingt-quatre carats; un ṭassoug (un quart de daneq, ici un sixième de daneq); un daneq, quatre carats; le naṭla et le

[1] Ce paragraphe est en syriaque. — [2] Suivant Bar Bahloul, le daneq est le sixième du zouz.

IMPRIMERIE NATIONALE.

meniquita[1] sont équivalents; le meniquita, un demi-setier. L'hémina, une livre; mais l'hémina sacrée contient neuf setiers; la corne contient douze setiers.

[*Nota.* — Ici suivent, dans le manuscrit A, trois pages et demie laissées en blanc par le copiste, qui avait trouvé cette lacune dans son original, savoir : la moitié du folio 64 verso, folio 65 recto et verso, et folio 66 recto; mais la moitié du folio 64 verso et le folio 65 recto ont été remplis par une main postérieure et contiennent ce qui suit ci-après. La lacune existe également dans le manuscrit B, qui n'a pas l'addition suivante; mais il ne s'y trouve pas de blanc indiquant cette lacune.]

IV

41. [*Description du travail de l'argent doré.*] — Tu prendras dix drachmes d'aigle[2], dix drachmes de baroud[3], dix drachmes de vert-de-gris et trente drachmes de vitriol kabriçi (de Chypre?); au total soixante drachmes; puis le poids total de vinaigre vierge. Ensuite plonge ces ingrédients dans le vinaigre; fais chauffer sur un feu doux, jusqu'à ce qu'il ne reste sur eux qu'une seule partie du liquide mentionné ci-dessus. Filtre cette eau à part, dans une bouteille propre. Prends alors une drachme de limaille d'argent et enduis-la avec trois drachmes de mercure, jusqu'à ce qu'elle devienne pareille à des pois. Prends ensuite une cuiller de fer; mets-y ce mélange, et fais chauffer sur un feu doux, un jour entier, jusqu'à ce qu'il ne reste plus de liquide. (Prends de l'eau un poids de cinq drachmes.)

Retire le mélange du feu et laisse-le refroidir. Après cela, prends un poids de quatre drachmes de vert-de-gris et pétris-le avec cette eau, comme de la terre forte. Mets le mélange dedans et fais-en une boule pareille à une noix; recouvre avec le lut des philosophes et laisse sécher à l'ombre. Fais cuire sur le feu convenablement pendant une nuit; puis suspends la cuisson et mets le produit dans le creuset. Active le feu jusqu'à ce que

[1] Une once (suivant Bar Bahloul, une once et demie). — [2] Nom du sel ammoniac. (Voir p. 160, n° 55, première ligne.) — [3] Poudre de nitre ou de salpêtre.

le produit fonde. Alors le mercure disparaîtra et il restera de l'argent teint en jaune, d'après le titre (yâr)[1] de Djemâl ed-Din.

[Après la lacune, on lit :]

l'argent; et, par la puissance de Dieu et sa justice, il (l'argent?) est revenu à son état.

---

42. En ce qui concerne le verre, ses bases sont le sable et l'alcali.

L'émail est composé de cailloux et de minium[2].

Le cinabre est formé de mercure et de soufre. Quand on les réunit ensemble, en proportion égale, leur union a lieu et il se produit un composé.

Quant au cuivre jaune, sa base est le cuivre rouge. Projette dessus de l'antimoine brûlé dans de l'huile d'olive, et il deviendra d'un jaune durable, à l'extérieur et à l'intérieur, résistant à la pierre de touche; c'est le schabah[3].

---

43. Nous pouvons faire qu'un végétal devienne animal, et qu'un animal produise un autre animal. Soit par exemple les cheveux. Quand les cheveux humains pourrissent, après un certain temps il se forme un serpent vivant. De même, la chair de bœuf se change en abeilles et en frelons; l'œuf devient dragon; le corbeau engendre les mouches. Bien des choses, en pourrissant et en s'altérant, engendrent des espèces d'animaux. De la pourriture des plantes naissent certains animaux. Quant au basilic, en pourrissant, il engendre des scorpions venimeux. De même un grand nombre de plantes, en pourrissant et en s'altérant, produisent des animaux[4].

[1] On appelle *yar* le titre exact ou le contrôle d'un métal. Djemâl ed-Din serait l'auteur d'un ouvrage intitulé ainsi.

[2] De plomb brûlé? d'après Bar Bahloul = *μολύβδαινα*.

[3] Imitation de l'or. — Voir un brevet moderne relatif à un alliage de cuivre et d'antimoine imitant l'or, que j'ai cité dans la *Transmission de la science antique*, p. 32.

[4] Ce genre de raisonnement, fondé sur la vieille tradition des générations spontanées, se rencontre dans plusieurs auteurs au moyen âge. Citons, par exemple, Avicenne, *De Animâ*, dans *Artis chemicæ principes*, p. 37, 38 (Bâle, 1572). La production spontanée des abeilles, au moyen de la chair en putréfaction, est une tradition antique, comme le montre la fable d'Aristée, dans Virgile.

V

44. Voici les principaux métaux, qui sont les principes fondamentaux : ils sont au nombre de sept : l'or et l'argent, le fer, le cuivre, le plomb blanc (étain), le plomb noir et le mercure. Celui-ci est le principe des autres et il les contient tous. En effet, si tu fonds tous ces corps, ils reviendront par le feu à l'état de mercure, qui est le principe d'où ils procèdent.

De même les astres dans le firmament sont au nombre de sept; les uns restent en arrière, et quelques-uns de ceux qui les précèdent sont utiles à plusieurs de ces derniers. Nous voulons dire par là que les uns tirent du profit des autres, et les uns intervertissent leur ordre avec les autres. Quelques-uns ne servent ni ne nuisent, ce qui arrive aussi à certains astres. Salut!

---

45. *De la connaissance des corps, des esprits et des pierres.* — Sache que tous les objets dans l'univers appartiennent à quatre genres, savoir : les animaux, les minéraux, les choses terrestres et les végétaux. Quant aux choses terrestres, elles ne comprennent rien qui concerne notre science, d'après l'accord de tous. Il reste donc les trois genres qui font l'objet de la science. Or chacune des races humaines répond à un genre; et on a dit que les vérités signalées par les philosophes consistaient dans leurs assertions sur ce genre[1]. Chaque groupe de savants a apporté ses arguments dans ce sens, et on en trouve un commentaire abrégé dans la *Risâlet-el-Bachriya* (« Traité de l'humanité », nom d'un ouvrage), qui a éclairci le sujet, avec la volonté de Dieu!

Sache qu'il y a sept corps (métalliques), sept esprits, sept pierres et sept choses composées. Tout ceci rentre dans la pratique de l'art. Parmi les objets ainsi mentionnés, c'est-à-dire les corps, les esprits et les pierres, cela est bon pour le travail de l'or qui a la couleur rouge; et cela est bon pour le travail de l'argent qui a la couleur blanche. Je te l'explique afin que rien ne soit ambigu. Je mentionnerai les noms spéciaux des corps, des esprits et des pierres, autres que les noms connus. Ces noms spéciaux leur

[1] Le genre propre à chaque race.

ont été donnés par les philosophes, pour servir de signes et de marques distinctives; (je les donnerai) afin que rien ne soit ambigu, mais que chaque chose soit à sa place. Rien de ce qui intéresse le traitement (de notre art) ne doit t'être caché, avec la volonté de Dieu!

46. *Indication des noms des sept corps.* — (L'or). Soit premièrement, le feu, le soleil. On l'appelle :

1° L'or; 2° l'argent noble; 3° le soleil; 4° le père de l'expérience; 5° l'ʿasdjad (or et joyaux); 6° le tibr (or et métal précieux brut); 7° le radhadh (pluie fine, c'est-à-dire le principe subtil); 8° l'ʿâlam (ou ʿâlim, l'universel, ou le savant); 9° le rayon de soleil; 10° le feu; 11° la lumière; 12° la cire rouge; 13° le soufre permanent; 14° le mahazz (le mobile?); 15° le pondéré; 16° la tête ou le principe[1]; 17° le principe fondamental; 18° le sain; 19° le parfait; 20° le permanent; 21° l'ardent; 22° le sel des corps; 23° la gomme.

47. *Noms de l'argent.* — Soit l'eau, la lune. On l'appelle :

1° La lune; 2° la mère; 3° la feuille de métal (ou argent monnayé); 4° la pâte de feuilles (?); 5° l'hermès de l'œuf (peut-être hermès blanc); 6° la cire de l'œuf (peut-être cire blanche); 7° le lion domestique; 8° le serviteur; 9° la nuit; 10° l'or lépreux; 11° l'ivoire; 12° l'interstice; 13° l'aube; 14° l'insipide (?); 15° le sain; 16° le vizir (ou lieutenant); 17° le voyageur.

48. *Noms du fer.* — Arès :

1° Le fort; 2° la mort; 3° le safran; 4° Mars; 5° l'indien; 6° poulad (nom persan du fer); 7° siṭâm (fer dur, *σίδωμα*); 8° djalmid[2]; 9° le rouge; 10° le Yéménite; 11° le tendre; 12° le schirwouân durci; 13° sahim[3]; 14° la rouille des corps; 15° le serviteur sale; 16° le brûlé; 17° l'inverse (du mercure)[4]; 18° chaborkân (nom persan de l'acier).

49. *Noms du cuivre.* — Vénus :

1° L'industrieux (?); 2° Mars; 3° l'éthéré; 4° l'ardeur; 5° la brique; 6° le

[1] Râs, voir ci-dessus, p. 144, n° 14 et note 2.

[2] Voir ci-dessus, traduction, p. 11, note 8.

[3] Voir ci-dessus, traduction, p. 6, note 10.

[4] Voir *Transmission de la science antique*, p. 284.

vert; 7° le jaune; 8° le moyen; 9° le sang gelé; 10° celui qui dure peu de temps; 11° yaband (nom persan?[1]); 12° le roux; 13° le noble; 14° l'image du soleil; 15° Afroud (ἀφροδίτη).

50. *Noms du plomb (blanc). Étain.* — Zeus :

1° Celui qui a un cri; 2° la terre blanche; 3° le mou; 4° celui qui attire[2]; 5° le sulfureux blanc; 6° le passant (?); 7° le lâche; 8° l'étoile; 9° Jupiter; 10° l'anak (plomb blanc); 11° le bariolé; 12° le blanc; 13° berhisch[3]; 14° le gelé; 15° Zeus; 16° l'étain; 17° kalzavouasch[4]; il se forme avec la limaille de fer et le myrobolan broyé.

51. *Noms du plomb noir.* — Saturne :

Abar (nom arabe du plomb); kéwân[5]; la terre (noire); l'osrob[6]; le noir; le borax noir; les couperoses des corps et des pierres; l'alcali des corps; le fondant; le charbon; le corps du kohol; l'or cru; Djafar; le bien-être (?); sadsak (?); fumier de la lune; l'or inverse[7]; le faible; l'éternel (ou l'ancien); le sulfureux[8].

52. *Noms du mercure.* — Hermès[9] :

Le divisé; Mercure; la vie des corps; le nuage; le supérieur; l'eau; celui qui attire (ou le trompeur); le nuage agité; l'eau du soleil; l'écrivain; l'eau de la lune; l'eau de cuivre; l'eau de fer; l'auteur; le lait de la vierge; le lait virginal; le froid[10]; le plus ferme des corps; le ressusciteur des morts; la lumière des lumières; le poussin des démons; l'allongé en direction (?); l'âme; l'oriental; l'arménien; l'éclair; le poisson (ou les Poissons, signe du zodiaque); le froid; l'esclave fugitif; l'eau lourde; l'esprit liquide;

(1) Peut-être *yâhoud*, juif?

(2) Ou le trompeur.

(3) Sans doute le persan *berdjis*, Jupiter.

(4) Peut-être mot persan.

(5) Nom araméen de Saturne.

(6) Nom persan du plomb.

(7) Il s'agit probablement de l'opposition entre les propriétés occultes et les propriétés manifestes. (*Transmission de la science antique*, p. 284, 291 et 313.)

(8) La confusion entre les signes du plomb et du soufre existe déjà chez les Grecs. (*Coll. des Alch. grecs*, trad., p. 8, 9 : eau de soufre, soufre blanc.) — *Introd. à la Chimie des anciens*, liste des signes : plomb, p. 114, l. 11; comparé à soufre, même ligne, etc.

(9) Rapprocher de cette nomenclature celles des alchimistes grecs. (*Coll. des Alch. grecs*, trad., p. 15; p. 20, n° 11.)

(10) Ou le courrier.

le corps liquide; l'eau-de-vie; le fugitif[1]; zawârah (eau vive en persan); ziouq et zioug (nom du mercure d'après le persan zibaq); eau de soufre distillée; secret révélé; eau de verre; aphrosélinon[2]; écume de mer; eau de Kéwan (eau de Saturne); chien altéré; miel attique; fiel de tout animal; lait de tout animal; sueur et lait de tout corps; simples; levain; urine de possédés; soufre d'alambic[3].

---

53. *Ce qui est suspendu au couvercle.* — Le mercure de cinabre qui blanchit le cuivre et en fait de l'argent sans ombre; les mercures de magnésie; les mercures d'arsenic[4]; les mercures de sandaraque, ou la céruse, ou le kohol italique; les mercures de soufre marin et d'alun; le mercure de Kéwan (de Saturne); l'eau de plomb, et ..... [un mot en blanc] et tous les mercures tirés des corps (métalliques).

54. *Les sept esprits*[5]. — Ce sont :

1° Le mercure; 2° le sel ammoniac; 3° l'arsenic rouge; 4° l'arsenic jaune; 5° le soufre jaune; 6° le soufre rouge; 7° le soufre blanc.

Quant au mercure, nous avons déjà mentionné ses noms, en parlant des corps. Son classement parmi les corps s'impose en effet, puisqu'il est le premier d'entre eux; c'est de lui qu'ils dérivent et tirent leur principe fondamental. Son classement parmi les esprits résulte de ce qu'il se volatilise par l'action du feu et n'est pas fixe : voilà pourquoi on l'a mis aussi au nombre de ceux-ci.

Ainsi les corps sont ceux que le feu liquéfie, sans qu'ils disparaissent; tandis que les esprits se volatilisent par le feu et ne demeurent pas fixes. Le nom de corps s'applique justement aux métaux, parce que ceux-ci sont épais, tandis que les esprits sont légers; les corps retournent vers leur principe (terrestre), et les esprits s'envolent vers leur monde (céleste).

(1) Dans le manuscrit A.

(2) Ἀφροσέληνον.

(3) Comp. sur ces noms, ci-dessus, p. 82, traduction.

(4) Voir *Introd. à la Chimie des anciens*, p. 239.

(5) Comparer les énumérations qui suivent, relatives aux corps, aux soufres, aux genres de pierres, de marcassites, de magnésies, de vitriols, de sels, d'aluns, de borax, etc., avec le traité de Bubacar, analysé dans la *Transmission de la science antique*, p. 306 et suiv. — Ce sont des exposés tout à fait congénères.

Ces noms ont été imposés à ces diverses choses, à cause des qualités et états qu'elles possèdent; c'est là ce qui les a rendus nécessaires.

55. *Noms du sel ammoniac.* — L'aigle; le vautour; le lion sauvage; le sel d'oiseaux; le camphre; l'art aigu; l'oiseau du Chorassan; le brun d'Arménie (? ou le calife d'Arménie); le bienfaisant; la graisse de sel; l'eau du laveur; celui qui aide aux choses; la thériaque. Il a été nommé encore thériaque, parce que, s'il est dissout dans la bouche d'un individu à l'aide de sa salive, et qu'il tombe ensuite dans la gueule d'un serpent, il le tue.

56. *Noms des deux arsenics*[1]. — Les deux frères; les deux califes; les deux rois; les deux couronnes; les deux pierres; (l'orpiment et) la sandaraque; le rouge et le jaune; les constituants des pierres d'or; le destructeur des corps; l'allié (ou l'aigu); le minerai du second (mercure); la science jaune[2]; l'asphalte de la sagesse (? ou le rouge des philosophes); les deux scorpions; la guêpe; la sandarachis; le divin du second (mercure); le jeune homme; les pierres d'Arménie; les deux mondes; les deux oiseaux. Tout cela désigne le jaune et le rouge.

57. *Noms du soufre.* — Le roi; les deux gardiens; la fiancée jaune, ou rouge, ou blanche; la cire jaune, ou rouge, ou blanche; le gardien de la mine; le soleil; le levain d'or; le souffle; l'air; l'esprit qui teint; le scorpion; le lion de terre; la pierre vénérée; le gosier; l'oiseau produit par les ardeurs du soleil (?); le lien de l'horizon.

Voici la seconde dénomination de la partie volatile, après qu'on l'a extraite (du soufre brut) : la lanterne rouge; la teinture; l'agile(?); le divan(?); le cœur; le foie.

Après qu'on en a fait sortir la teinture, on nomme son corps : l'air et le souffle; le savon acheté.

On nomme le noir sortant de son corps : le potentat; le puissant; le vieillard décrépit.

58. *Noms de la pierre hématite.* — La gracieuse; la tortue de mer.

[1] Réalgar rouge et orpiment jaune. (*Introd. à la Chimie des anciens*, p. 238.)

[2] Il faut sans doute sous-entendre *et la science rouge*. (Comp. ci-dessus, p. 159, n° 54.)

59. *Noms du minium.* — Qui tient de la lentille (par la couleur); femelle; séricon[1].

60. *Noms du cuivre brûlé.* — La gorge.

61. *Noms de la malachite.* — Pierre de cuivre.

62. *Noms de la cadmie* (c'est-à-dire la litharge). — Coupe de verre; huile de lessive (?); celle qui a des dessins.

63. *Noms du sel* (aphrosélinon?). — Le talc; l'étoile d'eau.

64. *Noms du talc.* — L'étoile de terre.

65. *Noms des œufs.* — La ville de mer; l'eau divine.

66. *Noms de la coquille (d'œuf).* — L'émir de l'Inde; la pierre de la porte de la ville.

67. *Dénomination des sept pierres.* — Elles sont de deux espèces : les pierres qui contiennent des esprits et qui se volatilisent, et les pierres qui ne contiennent point des esprits et ne sont pas volatiles.

Les pierres qui contiennent des esprits sont au nombre de sept; ce sont :

1° La marcassite; 2° la magnésie; 3° l'antimoine (sulfuré); 4° l'hématite; 5° le minerai magnétique; 6° le vitriol; 7° le sel.

Telles sont les sept pierres; chacune d'elles comprend sept couleurs et espèces. C'est ce que mentionne. . . . . . [2].

Les pierres qui ne contiennent pas d'esprit sont aussi au nombre de sept :

1° Le talc; 2° le koheul; 3° la nacre; 4° le cristal; 5° la malachite; 6° le lapis-lazuli; 7° l'agate.

Il y a aussi sept pierres qui entrent dans notre travail et qui subissent le traitement

1° La cadmie; 2° la litharge; 3° le minium; 4° la céruse; 5° le sel alcalin; 6° la chaux blanche calcinée au four; 7° le verre (?)[3].

[1] Mot grec formé du persan *sarendj*, minium (?). — [2] Mot douteux. — [3] *Schizraq*, mot persan, peut-être de *schischel*, verre.

Ce sont également les pierres formées avec le plomb.

Le cinabre, le vert-de-gris, le stibium (ou minium?), le verre, l'émail, la graisse de laine[1], la graisse d'œufs, la graisse de misy (?), rentrent aussi dans le travail (parmi les minéraux composés).

68. *Description des pierres dont la mention précède.* — Chacune des pierres dont nous avons parlé comprend sept espèces.

(*Marcassites.*) — La marcassite, sept espèces : 1° la dorée; 2° l'argentée; 3° la ferrugineuse; 4° celle de cuivre; 5° celle de plomb; 6° celle d'étain; 7° celle du cuivre rouge.

1° *La dorée.* Elle est jaune et a une belle couleur; si tu la frottes sur la pierre de touche, la couleur de sa trace sera pareille à celle de l'or rouge. Elle fond dans le sel alcalin. Tu peux couler le produit fondu comme l'or rouge, si ce n'est qu'il est sec et s'écrase. Elle rentre dans le chapitre de l'or; elle se travaille, en donnant de beaux produits.

2° *L'argentée.* Elle est couleur de poussière, et l'extérieur est blanc; elle se délaye aisément; elle est molle. Si tu la frottes sur une pierre, elle laisse une trace blanche. Elle rentre dans le chapitre de l'argent.

3° (La ferrugineuse.) Elle est noire à l'extérieur et rosée à l'intérieur, rude au toucher, dure et très sèche; calcinée, elle est bonne pour les élixirs d'étain.

4° La marcassite du cuivre possède des propriétés analogues, mais la dorée et l'argentée lui sont supérieures.

Toutes les marcassites peuvent fournir une chaux blanche et un liquide distillé. Elles peuvent être sublimées dans l'alambic et fournir des corps liquides. Cela sera expliqué complètement à sa place.

69. La magnésie a aussi sept espèces :

1° Noire, femelle, molle; 2° noire, dure; elle est bonne pour le verre; 3° blanche, brillante; 4° couleur de poussière, grise; 5° couleur de kohol; 6° rouge, molle.

[1] C'est-à-dire de cuivre rouge? Comp. ci-dessus, p. 142, n° 6.

Toutes les précédentes rentrent dans le chapitre de l'argent :
7° La rouge, qui fait partie des teintures.

70. L'antimoine, sept espèces :

1° L'indien blanc; 2° l'indien vert; 3° celui de Mahmoud; 4° celui d'Amide (ou de Diar-Békir); 5° celui de Mourâzab; 6° celui du Djébal, blanc; il est arrondi, pulvérulent; 7° celui de Barrân (environs de Bokhara).

Tous rentrent dans le (chapitre) du blanc, et nous expliquerons cela à sa place.

71. La pierre magnétique, sept espèces :

1° La pierre magnétique du fer; 2° de l'or; 3° de l'argent; 4° du cuivre; 5° de l'étain; 6° du mercure; 7° du zakasch(?)[1].

Chacune d'elles attire le métal correspondant, comme l'aimant de fer. Ceci a été mentionné par Aristote dans le Livre des pierres[2].

72. L'hématite, deux espèces :

1° La femelle qui est molle et est appelée l'hématite des lentilles; 2° le minéral mâle, qui est dur.

73. Le vitriol, sept espèces :

1° Le jaune; 2° le vert; 3° le rouge; 4° le calcant; 5° le colcotar; 6° la calcidis; 7° le vitriol noir[3].

Toutes ces espèces rentrent dans le chapitre de l'or.

74. Le sel, sept espèces :

1° Le sel des aliments; 2° le sel des orfèvres; 3° le sel d'Andar[4]; 4° le sel de naphte et le natron; 5° le sel du Chorassan; 6° le sel indien; 7° le natron, sel de nitre.

Le sel artificiel comprend aussi sept espèces : 1° le sel alcalin; 2° le sel d'arsenic ou fleur de sel[5]; 3° le sel d'urine; 4° le sel végétal; 5° le sel de

(1) Ce mot ne saurait s'appliquer à autre chose qu'au plomb.

(2) Livre apocryphe, mentionné aussi dans Avicenne, *De Animâ*. (*Transmission de la science antique*, p. 290.)

(3) Assimilé par le lexique de Bar Bahloul à la mélantéria de Dioscoride.

(4) Sel blanc, sel gemme; le lexique de Bar Bahloul l'explique par sel de Cappadoce.

(5) Acide arsénieux.

bois et de cendres, c'est le sabarzag; 6° le sel de mur (salpêtre); 7° le sel tinkar.

Tous les sels rentrent dans (la catégorie) du blanc; ils nettoient les choses salies, rendent le noir brillant et servent à la dissolution des corps et des esprits; c'est là leur action.

75. Les aluns, sept espèces :

1° L'alun de montagne (ou du Djébal), le blanc pour les fils; 2° l'alun d'Égypte; 3° le jaune, le crasseux; 4° celui de l'Yémen[1]; 5° celui du. . . . . (écrit Djadjad?); 6° le rouge; 7° le blanc solide.

76. Le fondant ou borax, sept espèces :

1° Le borax blanc; 2° le borax des orfèvres; 3° le borax jaune; 4° le borax rouge[2]; 5° (ici un blanc d'une demi-ligne) . . . .

Les borax sont des fondants pour tous les corps.

Nous mentionnerons avec l'aide de Dieu les vertus des corps, des esprits et des pierres dans le chapitre de l'or, ainsi que ce qui les concerne dans les chapitres de l'argent et autres métaux.

---

77. *Énumération de ce qui est relatif à l'art de faire de l'or, parmi les corps, les esprits et les pierres.* — Parmi les corps : l'or, le fer et le cuivre.

Parmi les esprits : le mercure, le soufre, les deux arsenics et le sel ammoniac.

Parmi les pierres : la magnésie rouge, la marcassite dorée, l'aimant (magnétis) rouge, l'hématite, les diverses espèces de l'antimoine, le vert-de-gris, le sel ammoniac, le stibium (ou minium), le cinabre, tous les vitriols et le calcand; ils rentrent entièrement dans le blanc et le rouge.

La pierre magnétique, l'agate, la malachite, le lapis-lazuli, la rouille de fer : tout cela rentre dans le chapitre de l'or; toute chose est inférieure à ce dernier et il est excellent.

Ces pierres sont au nombre de vingt-huit.

[1] Comp. ci-dessus, p. 145, n° 16. — [2] *Ibid.*, p. 145, n° 17.

78. *Ce qui est relatif au chapitre de l'argent, parmi les corps, les esprits et les pierres.* — Parmi les corps : l'argent et les deux plombs.

Parmi les esprits : le mercure, les deux arsenics et l'ammoniac.

Parmi les pierres : les deux arsenics, le sel ammoniac et la litharge (martak).

Ces trois substances rentrent dans le blanc et le rouge.

La litharge d'argent (mardaseng[1]), le minium, la céruse, la cadmie, le verre, le talc, la nacre, le cristal, l'émail et tous les sels.

79. *Ce qui rentre dans les deux arts à la fois.* — L'antimoine (sulfuré), le mercure, le sel ammoniac, l'arsenic jaune, l'alun, le vert-de-gris, le sel artificiel. (Comp. ci-dessus, p. 163, l. pénult.) Voilà ce qui convient aux deux sciences et aux deux arts.

80. *Mention de l'ustensile et du traitement*[2]. — Les ustensiles, sept (espèces); le traitement, sept (espèces).

La marmite, les matras, la cornue, le *çalâya*. (Voir p. 150, n° 34, 10°.)

La marmite comprend deux espèces : celle d'argile et celle de verre.

La cucurbite avec l'alambic et les matras : c'est l'alambic aveugle.

Les cucurbites sont deux espèces : d'argile et de verre, pour l'alambic, ainsi que l'espèce des matras de l'alambic aveugle.

La septième chose concerne la construction dans laquelle se trouve l'ustensile; pour tout ustensile, il y a une construction où il s'adapte.

Le traitement et l'opération, c'est le chauffage et la quantité de son feu, la connaissance de la sublimation, de la distillation et de la liquéfaction.

La sublimation est de deux espèces : sublimation des corps et sublimation des esprits.

La distillation est deux espèces : la distillation par le feu humide[3] et la distillation par le feu sec.

La liquéfaction est de deux espèces : elle est suspendue, ou non suspendue[4].

La septième (opération) est la fixation et la manière de la produire.

Ainsi tout est rendu manifeste.

[1] Le lexique de Bar Bahloul ne fait pas de différence entre les mots *martak* et *mardaseng*, qu'il donne comme synonymes de litharge. Cependant sous le mot μολύβδαινα, il dit : « le martak est engendré par l'or et l'argent ».

[2] Voir ci-dessus, chap. III, p. 149.

[3] Sans doute le feu de fumier.

[4] Ceci semble vouloir dire que la liquéfaction s'opère, tantôt par l'action directe du feu sur le corps fusible libre, ou peut-être par sublimation; tantôt par l'action du feu sur le corps renfermé dans un récipient, et fusible sans sublimation.

81. *Section des qualités de l'ustensile.* — La marmite doit être également équilibrée, reposant sur son extrémité, dans la même position que la cucurbite et suivant son équilibre. Elle ne doit pas avoir de défaut. Qu'elle soit en verre ou en argile. Elle est grande ou petite, suivant la quantité des matières. S'il s'agit d'une matière à faire monter, celle-ci doit occuper le quart de la marmite; s'il s'agit d'un chauffage, la moitié.

Si le chauffage ou la sublimation est répété, on lute la marmite avec le lut des philosophes.

82. *Les luts.* — Celui-ci (se prépare ainsi)[1] : on prend une partie de terre de Cimole et trois parties de menue paille. On broie la terre comme il faut et on mélange avec la menue paille : par exemple, dix parties (de terre) et dix de guimauve, ou dix de chinân (poudre de son et de lupin, qui servait à nettoyer). On mêle ensemble, et par-dessus on verse de l'eau, de façon à recouvrir le tout. Laisse un jour et une nuit. Ensuite lute avec le produit l'ustensile que tu voudras, de verre ou d'argile. Lute-le et fais-le sécher à plusieurs reprises, afin que la cucurbite ou l'alambic ne se brise pas au feu.

83. La cucurbite doit avoir une longueur d'une coudée, plus ou moins. Sa tête, son extrémité et son milieu doivent être égaux; sa largeur doit être de telle dimension que la main puisse y entrer. Son alambic (chapiteau) doit être adapté à la largeur du bain de sable, pour qu'il y descende. La paroi du bain doit avoir une longueur de quatre doigts, afin que la cucurbite y entre jusqu'à la moitié, que le surplus ne descende pas au-dessous de la cucurbite, et qu'il n'y ait pas besoin de remplir l'espace entre eux deux. L'alambic, en effet, s'il est mal fixé sur la tête de la cucurbite, laissera échapper la fumée de l'ingrédient fondu; il y aura une diminution et une perte.

Quant aux cucurbites sans alambic, c'est-à-dire les matras et les alambics aveugles, elles doivent être conformes à la description que nous avons faite. Le matras doit être adapté sur elles et y pénétrer jusqu'au tiers. S'il est aveugle, il en sera de même, et l'alambic doit être de dimension égale; mais il ne doit pas avoir de trou. Lorsque les cucurbites ont un alambic, elles conviennent pour la distillation et la sublimation; quand elles sont pourvues de matras, elles conviennent pour la liquéfaction et la fixation. Salut!

[1] Comp. ci-dessus, p. 152, n° 38.

84. *Les matras.* — Leur fond doit être comme le fond des cucurbites sans bec[1]; de la longueur de la moitié de la cornue. Parmi les deux matras superposés, le matras supérieur s'élèvera au-dessus de l'inférieur, comme la cucurbite et son matras. Le matras inférieur sera luté, et le supérieur non luté. Les matras conviennent pour l'incération et la fixation.

85. *La çalâya* (pierre qui sert de mortier[2]). — Elle doit être très dure; sa longueur sera d'une coudée; sa largeur de trois coudées; elle aura un bord rond. Si elle est plus grande ou plus petite, retranche cela (*sic*). Le *fihr* (pierre à broyer, voir p. 150, n° 34, 11°, ci-dessus) doit être très noir; il est arrondi ou non.

Sur la *çalâya*, on broie les ingrédients secs qu'on veut faire monter.

Les ingrédients humides et tous les produits que nous avons mentionnés comme convenables pour l'art doivent être déposés dans un mortier et ensuite réduits en poudre.

Nous avons mentionné ce qui a besoin d'un ustensile.

86. *Le chauffage.* — Maintenant nous parlerons du traitement et de la quantité du feu pour le chauffage. Le chauffage se fait de deux manières.

Soit d'abord ce qui est chauffé avec la graisse, le vinaigre, l'eau d'alcali et le sel. Quand il est procédé de cette manière, le feu doit être moyen et proportionné à la graisse et au reste; de telle sorte qu'il liquéfie l'ingrédient et le transforme en pâte. La marmite doit être à moitié remplie, plutôt moins que plus. On mettra sur le sommet de la marmite un couvercle luté, en l'enfonçant à la manière d'un bouchon de cruchon, et on laissera sécher. Mais si tu l'ajustes (simplement) sur le sommet de la marmite, consolide la jointure avec du lut et laisse sécher.

Place la marmite sur un feu qui l'enveloppe tout entière, un feu de fumier sec, ou de sciure de bois, ou de cendre de fourneau. Alimente-le de temps en temps. En opérant ainsi, on met parfois autour de la marmite deux couches et parfois davantage; mais le traitement doit avoir lieu de la manière que nous avons indiquée. Parfois on y exécute les mélanges, sans qu'il y ait besoin de graisse, de vinaigre, ou d'eau, pourvu que le traitement soit conforme à ce que nous avons indiqué.

[1] D'écoulement, comp. ci-dessus, p. 39, l. 16, et p. 52, dernière ligne. — [2] Comp. ci-dessus, p. 150, n° 34, 10°.

87. *Sublimation au moyen du bain-marie.* — La sublimation se fait avec une marmite d'argile, une marmite de verre ou une marmite de porcelaine. En voici la description. La marmite doit être lutée avec le lut des philosophes. On lui fera un collier de boue, d'une largeur de deux doigts, afin qu'elle soit solidement fixée sur le bain-marie. Le bain-marie sera rond; il aura une porte longue et large, d'un empan sur un empan. Il aura deux fenêtres sur les côtés, à cause de la fumée et pour le passage de l'air. Il y aura un espace d'un empan, entre le fond de la marmite et le bain-marie. Le collier de la marmite sera au tiers de celle-ci.

Si la marmite est de verre, elle aura une lèvre renversée, d'une largeur de quatre doigts. Elle aura un couvercle de verre, qui la fermera complètement.

Si elle est de porcelaine, tu la placeras et la fixeras à la cucurbite et à l'alambic aveugle. Que la digestion dure trois jours, ou au plus sept jours. Le septième (jour), projette une drachme d'élixir pour soixante d'argent, et il le changera en or, avec la permission de Dieu.

88. *Explication du traitement*[1] *de l'or calciné, exposé dans ce chapitre.* — Prends de l'or rouge autant que tu voudras et fais-le fondre. Ajoutes-y du siricon, environ la moitié. Lorsqu'il sera bien fondu, retire-le et broie-le dans un mortier, car il doit être broyé. Ajoutes-y du mercure en même quantité. Broie bien le produit sur la pierre *çalâya* avec de l'eau et du sel, afin que le noir en sorte. Recueille-le, essuie-le dans un morceau d'étoffe et mets-le de côté. Prends environ la moitié de son poids de soufre jaune, que tu broieras bien et que tu mélangeras avec l'or et le mercure. Tu broieras le tout sur la pierre *çalâya*, jusqu'à ce que la poudre devienne d'un noir violet.

Ensuite mets le produit dans une petite marmite d'argile lutée, ou dans une jarre, ou dans un pot. Lute le couvercle du vase et laisse-le sécher. Ensuite chauffe-le sur un feu de fumier, ou de sciure de bois, ou de cendre de four. Que le feu soit maintenu jusqu'à ce que le produit atteigne l'état voulu; tu le reconnaîtras à ce signe que le produit devient tout entier jaune et rouge, sans partie noire. S'il ne parvient pas à ce résultat au premier feu, soumets-le à un second feu, dans lequel il séjournera un jour et une nuit.

Si les signes de sa cuisson sont accomplis, ouvre le sommet du vase et

[1] Titre rouge en syriaque.

regarde; mais ne le brise pas. Si le but est atteint, retire le produit. Sinon, remets-le à sa place; lute le vase comme la première fois et remets-le au feu. Fais ainsi pour tout ce qui doit être chauffé, jusqu'à ce que le produit atteigne le but, tel que nous l'avons indiqué, et qu'il soit comme du bel or. Ceci est l'or calciné, exposé dans ce chapitre.

89. *L'aigle rouge*[1]. — Une partie de sel ammoniac; pile-le bien; vitriol jaune en même quantité. Réunis-les, après qu'ils auront été réduits en poudre. Fais-les monter dans un *athal* d'argile[2]; je ne dis pas un *athal* de verre ou de porcelaine, mais d'argile. Le chauffage sera d'un jour entier, en opérant sur deux livres.

Ouvre le vase le lendemain, quand il sera froid, et tu trouveras le sel ammoniac coloré en blanc, en jaune, ou en couleur grise, après qu'il aura monté et que le vitriol sera resté au fond, très coloré en rouge.

Retire le vitriol de la marmite, et mélange le vitriol broyé avec le sel ammoniac, en quantité égale. Allume le feu comme la première fois; fais cela trois ou cinq fois, et chaque fois mélange le vitriol avec ce qui monte.

Si le sel ammoniac devient jaune, d'un jaune vif, c'est bien; car il acquiert de l'éclat, après avoir pris le rouge du vitriol. Mets-le de côté. C'est là le sel ammoniac rouge. Quel que soit le sel ammoniac que tu emploies dans le traitement, il faut qu'il devienne ainsi. Lorsqu'il sera arrivé à cet état, réunis-le avec la chaux d'or, à parties égales, et amène le tout en consistance de cire, entre deux coupes.

90. *Pour amener en consistance de cire.* — Prends ces deux substances, réunis-les après les avoir broyées sur la pierre *çalâya*, et mets-les entre deux coupes. La coupe inférieure doit être lutée et disposée conformément à ce que nous avons indiqué dans la description des coupes. Tu consolideras la jointure avec du lut et tu placeras la coupe sur un feu de charbons doux, en surveillant le feu. Lorsque tu verras que la vapeur commence à monter vers la coupe supérieure, tu retireras le vase du feu; quand il sera refroidi, tu broieras le produit sur la pierre *çalâya;* puis tu le soumettras encore au feu dans la cucurbite, c'est-à-dire avec la coupe. Fais cela jusqu'à ce que tu voies que le produit s'est réuni en une seule masse et qu'il est devenu mou comme de

[1] Comp. ci-dessus, p. 160, n° 55. — [2] *Ibid.*, p. 152, n° 37.

la cire, dans le fond de la cucurbite. On réalisera cet effet quatorze fois, et chaque fois on remettra le produit au feu, de la manière indiquée ci-dessus. Ceci est l'incération. Par toute incération, tu entendras ce qui précède.

91. *Manière de luter.* — Le lut des jointures entre les coupes doit être composé de sel calciné et de blancs d'œufs; de même pour les jointures des cucurbites et des vases à liquéfier. Si tu veux, consolide le chapiteau. On appelle ce lut, lut blanc.

92. *Calcination du sel.* — Broie le sel et mets-le dans une jarre lutée; puis place-le sur un feu de verriers, ou autre; ce feu ne devra pas tomber pendant trois jours. Alors le sel sera calciné et opaque comme du fromage. Retire-le. Quand tu voudras luter quelque vase, place un peu de sel dans une écuelle et pétris-le avec du blanc d'œuf, jusqu'à consistance emplastique; lute, laisse sécher et mets au feu. Lorsque tu auras achevé l'incération, occupe-toi de la liquéfaction.

93. *La liquéfaction.* — Prends l'objet amené à l'état cireux, broie-le bien et passe-le dans un tamis de crins, non retenu par un cercle; mais tu en réuniras les bords et tu les lieras avec un fil de crin très solide. Tu prendras un pot, que tu perceras à la base, afin que le fil puisse y passer; suspends-y ce fil. Le pot devra être incliné; au-dessous tu placeras une coupe large et de grande dimension. Le tamis sera suspendu au-dessus de lui, vers le milieu, et le pot disposé par-dessus la coupe, de façon à la couvrir.

Ensuite place, au-dessus du pot, du fumier frais en grande quantité; et laisse-le comme nous l'avons indiqué. Change ce fumier tous les dix jours. Le produit filtrera et découlera du tamis, en fournissant une eau rouge. Retire-la et mets-la de côté.

La liquéfaction s'opérera en quarante-deux jours, ou plus. Cette eau, si tu en fais chauffer une drachme, et que tu distilles par en haut, teindra le métal à l'extérieur et à l'intérieur. Mets l'eau dans une cucurbite et fixe le produit.

94. *La fixation.* — Tu prendras l'eau obtenue par la liquéfaction; tu la mettras dans une cucurbite non lutée. Tu ajusteras sur la tête de la cucurbite un couvercle incliné à la base. La tête du couvercle descendra dans

la cucurbite jusqu'au tiers environ; il doit s'y adapter exactement. Lute la jointure avec du lut blanc. Pose la cucurbite au sein d'une marmite, dans laquelle il y aura de la cendre tamisée. La cendre sera disposée sous la cucurbite, à une épaisseur de deux doigts, tout autour d'elle, jusqu'à ce qu'il ne reste de la cucurbite que le quart visible.

Allume au-dessous d'elle un feu égal de charbons, lequel ne devra pas trop chauffer, mais seulement à ce point que si tu poses la main sur le couvercle, ta main puisse supporter la force de la chaleur, et non autrement. Le feu ne devra tomber, ni la nuit ni le jour. Chaque fois que les charbons viendront à être consumés, remets-en d'autres peu à peu, et que cela se fasse avec une grande circonspection, jusqu'à ce que le contenu soit fixé.

Le signe est que la transpiration de la marmite cesse, et qu'il ne s'y fait plus entendre de bouillonnement. Quand tu auras remarqué ce signe, interromps le feu et laisse bien refroidir.

Ensuite retire le produit et tu le trouveras d'un beau rouge et d'une odeur agréable.

Il sera broyé et réduit en poussière rouge. Conserve-le, car il guérit les malades. Broie-le bien sur la pierre *çalâya*, et place-le en haut, dans un magasin à bouteilles, en mettant un sceau sur son récipient. Si tu veux le projeter, prends de cet ingrédient autant que tu voudras, pose-le sur une lame d'or mince, de même poids, et comprime le tout en forme de boulette. Fais fondre de l'argent, et quand tu verras qu'il est fondu, projette cette boulette dans le creuset; elle tombera au fond. Souffle un peu, jusqu'à ce que ce produit fonde bien. Retire-le, il sera d'une belle teinte.

VI

95. *Liquéfaction des perles*[1]. — On les lave dans de l'eau et du sel, à plusieurs reprises, jusqu'à ce qu'elles soient propres. Ensuite on les fait sécher au soleil, dans une coupe de verre. Puis on verse dessus du jus acide de citron filtré, autant qu'il en faut pour les recouvrir. Préserve-les de la poussière. Elles se délayeront. Alors on les prendra et on les mettra dans une bouteille épaisse; tu en lieras l'ouverture et tu la suspendras au milieu d'une jarre à vinaigre de vin, dans un trou creusé au sein du fumier frais;

[1] Cf. *Coll. des Alch. grecs*, trad., p. 349, 353.

celui-ci sera changé une fois par jour. Elles se dissoudront en vingt jours. Ajoutes-y de la colle, ou de la gomme, et sers t'en pour le travail.

96. *Description du travail des perles, et aussi des hyacinthes*[1]. — Broie des petites perles, des perles noirâtres; lave-les avec de l'eau et du sel, et fais-les sécher au soleil. Veille à ce que la poussière ne les touche pas; puis mets-les dans un vase de verre, une bouteille, ou autre vase; verse dessus du sel acide de citron filtré et clarifié. Laisse-les un jour et une nuit à l'air libre. Ensuite enlève la première eau acide de citron, et remets dessus une seconde eau acide.

Puis laisse un jour et une nuit, et clarifie.

Ne manque pas de faire cela, pendant cinq ou sept jours; puis fais écouler l'eau. Tu trouveras les perles réduites en une pâte, que tu mettras dans une coupe et que tu laveras bien à l'eau, jusqu'à ce que l'acide ait disparu et qu'il ne reste plus d'âcreté. Ensuite tu étendras le produit dans la coupe, mais sans y toucher avec la main. Fais bien attention aussi de le soustraire au contact de la poussière et de l'air.

Laisse-le sécher, puis prends-en quatre mithqals, et six mithqals de sublimé mercuriel, avec du sel d'Andar et de la calcadis. Mélange ces produits les uns avec les autres et avec de l'eau d'œuf filtrée, jusqu'à ce que le tout prenne une consistance pâteuse[2].

Alors roule la perle dans une coupe de verre poli, sans que ta main la presse; puis mets-la dans une étoffe de soie, et perce-la avec une soie de porc; puis remets-la sur la coupe et roule-la. Elle se desséchera. Ensuite laisse-la enveloppée dans un morceau de coton, dix jours pendant l'été et vingt jours pendant l'hiver. Puis frotte-la sur la pierre à polir, sur laquelle on frotte les joyaux, jusqu'à ce que la perle soit polie et douce au toucher.

Si tu veux en outre lui donner un éclat brillant, tu prendras un poisson, dont tu fendras le ventre et retireras la vésicule; tu laveras celle-ci dans l'eau[3]. . . . .

(1) Le yacout, du grec *ὑάκινθος*, hyacinthe, désignait les pierres rouges, bleues ou violettes, comme l'améthyste, le rubis, le saphir, etc.

(2) Il faut ensuite mouler la matière, ou la pétrir en petites boules rondes; opérations omises dans le texte arabe, mais décrites chez les Latins et chez les Grecs.

(3) La formule est interrompue et incomplète. (Voir *Coll. des Alch. grecs*, trad., p. 351, n° 5.)

97. *Autre (formule) pour les perles*[1]. — Mets des petites perles dans une coupe de vinaigre fort, jusqu'à ce qu'elles soient délayées; filtre, jette dessus du jus de symphytum (consoude) et de mûres, et mets le produit au soleil pendant vingt jours; ensuite fais-en ce que tu voudras.

98. *Description de l'onguent d'Abou 'Anât*[2]. — Prends du baume, du goudron, de la résine et du sang-dragon. Pile les deux onguents et broie les deux produits secs, que tu jetteras dans les deux onguents (et que tu y laisseras), jusqu'à ce qu'ils se confondent avec eux et qu'il se forme un onguent unique : tu mettras celui-ci dans un matras. Lie sur le sommet (du matras) un linge mince et propre de coton cardé; lie-le d'une manière lâche, de manière qu'il descende dans l'onguent et y plonge, mais sans arriver au fond. Ensuite mets dans la partie supérieure du sachet la pierre chauffée (que tu veux teindre), de manière qu'elle ne touche pas à la paroi du vase de verre.

Puis on couvre le vase. On retire l'objet, après une demi-journée, et on le trouve teint en rouge.

L'onguent, jusqu'à ce qu'on le fasse chauffer, demeurera en repos. Que la teinture ait lieu dans un jour serein, privé de vent. Ensuite découvre l'objet.

99. *Teinture éprouvée pour l'hyacinthe et le cristal*[3]. — Deux mithqals de résine de pin; deux mithqals de sang-dragon; un demi-mithqal d'onguent de baume; un demi-mithqal de goudron de Syrie. On les broiera et pétrira avec du fiel de bœuf. On chauffera la pierre artificielle dans le creuset; quand elle sera chaude, projette la pierre chauffée dans cet ingrédient, une fois ou deux fois, et elle rougira.

100. *Joyau d'hyacinthe éprouvé.* — Prends un poids de deux livres d'arsenic jaune, aplati comme une lame d'or. Broie-le bien, tamise-le et mets-le à part. Ensuite prends du soufre jaune de Mésopotamie, deux onces; du sel ammoniac cristallisé, deux drachmes. Broie-les bien, tamise-les et mêle-les à l'arsenic.

Ensuite prends un poids égal à la moitié du tout de verre blanc, qui n'ait jamais été travaillé; concasse-le. Après que tu auras bien fait chauffer les mor-

[1] Cet alinéa est en syriaque. — [2] Peut-être Abou 'Ayât. Procédé pour vernir en rouge un objet de verre, ou pierre précieuse artificielle. — [3] Voir ci-dessus, traduction, p. 29.

ceaux dans le feu, plonge-les dans de l'eau d'alcali ou de l'eau de sel, pour qu'ils se fendent et s'égrugent. Puis broie bien et mélange avec les matières ci-dessus que tu as mises à part, je veux dire l'arsenic, le soufre et le sel ammoniac. Dans un pot vernissé vert place le tout, c'est-à-dire les quatre ingrédients. On mettra au-dessous une couche de sel pilé. Ajuste sur la tête du pot une coupe proportionnée, de manière que le sommet du pot entre dans la coupe. Lute la jointure, que tu consolideras. Enfonce le pot jusqu'à moitié dans le feu. Il devra avoir un collier, sur lequel posera l'orifice de la coupe. Il doit y avoir entre le fond du pot et le sol un empan (d'intervalle).

Allume un feu égal, continu, pendant deux jours et deux nuits; puis laisse refroidir et ouvre-le doucement. Tu verras la coupe remplie à l'intérieur d'un objet pareil à des grappes de raisins très rouges, ressemblant à l'hyacinthe rouge, mais plus beau et plus brillant. Tu en prendras ce que tu voudras, parmi les parcelles et les morceaux.

101. *Autre blanc*[1]. — Prends des perles non perforées, lave-les et fais sécher, puis broie-les comme du sable fin; filtre dans de la soie. Prends de la chaux non éteinte; fais-la macérer dans de l'eau et clarifie son eau sept fois, dans un vase de verre, jusqu'à ce que cette eau soit claire comme le jour. Lave la poudre des perles, lave-la dans de l'eau de chaux trois fois.

Prends une poêle de fer neuve; pèse sept zoug (drachmes) et pose sur le fourneau. Jette dessus de l'eau de tinkar[2]; humecte la matière peu à peu avec ton doigt, et alors elle fondra. Prends (les perles délayées) et verse-les dans une coquille d'œuf; fais-les passer, pendant qu'elles seront chaudes, d'une coquille dans une autre coquille, de manière qu'elle (la coquille) ne brûle pas, mais que l'intérieur des perles noircisse. Fais passer chacune des perles que tu voudras, grosses ou petites; chauffe(?) doucement, de manière qu'elles s'arrondissent. Fais passer de l'une à l'autre (coquille), de manière que la coquille ne brûle pas, mais que l'intérieur des perles noircisse. Change les coquilles trois fois. Lorsque la perle commencera à refroidir en s'arrondissant, tu prendras une aiguille d'argent, ou de cuivre, dont tu humecteras la tête avec ta salive, et tu la plongeras dans un verre placé près de toi et disposé pour cette opération. Fais doucement dans la perle un trou, de la dimension que tu voudras. Si elle n'a pas d'éclat, plonge-

[1] Cet alinéa est en syriaque, ainsi que les suivants. — [2] Sur le tinkar, voir p. 147, n° 25.

la trois fois dans du talc délayé; laisse sécher à l'ombre. Jette-la dans de la poussière rouge, essuie et traite avec du sang de tortue[1], et vois ce que tu obtiendras.

102. *Autre préparation.* — Prends du cristal en pierre et jette-le dans de l'urine d'âne pendant quarante jours, et il se formera du béryl[2].

103. *Autre.* — Prends ce que tu voudras de nacre, de cristal et de perles, en quantité égale. Pile-les tous, mêle-les et mets-les dans une coupe. Jette par-dessus du vinaigre fort, macéré avec du sel ammoniac, et que tu auras fait monter pour le blanchir. Projette-le sur la poudre qui est dans la coupe; couvre le tout avec du vinaigre, distillé sur du sel ammoniac. Couvre la coupe avec une coupe similaire, et lute les jointures et la coupe tout entière. Laisse sécher, puis mets au feu pendant deux jours et une nuit. N'interromps pas le feu; au commencement, un feu doux, ensuite moyen, puis ardent. Pendant que la perle se refroidit, perce-la, avant qu'elle ne durcisse.

104. *Autre.* — Pile les perles et mets-les dans une fiole avec du jus de citron; change le jus chaque matin, pendant quatre ou cinq jours, jusqu'à ce qu'elles se délayent. Nettoie-les avec de l'eau blanche; roule-les dans du blanc d'œuf, avec intelligence, après avoir enveloppé tes doigts dans de la soie blanche. Emploie plus ou moins de matière. Quand la perle sera molle, perce-la avec une soie de porc. Lorsqu'elles seront dures, pétris chacune d'elles dans un peu de pâte, et jette-les à des pigeons, qui les mangeront. Attends deux heures; tue les pigeons et rôtis-les tout entiers. Lorsqu'ils seront chauds, retire les perles et mets dans de la colle, et elles brilleront comme des lumières[3].

105. *Autre.* — Prends du verre bleu, dix mithqals; de l'alun, cinq; de la terre de Mélos[4], un. Pile le tout et fais cuire avec du lait d'ânesse, dans une coupe. Remue, jusqu'à ce que les perles forment une pâte dure et ronde;

[1] Minium ou rubrique. (Voir ci-après, p. 176, n° 105.)

[2] En syriaque, pierre précieuse de diverses couleurs.

[3] Voir *Coll. des Alch. grecs*, trad., p. 305, n° 5.

[4] Le texte dit de la pomme. (Comp. ci-dessus, traduction, p. 100, note 4.)

jette-les à des poules noires qui les avaleront. Attends deux heures. Puis tue celles-ci et rôtis-les, sans les ouvrir. Laisse jusqu'au soir. Le soir, chauffe sur le feu, fends les poules et retire les perles, pendant qu'elles sont chaudes. Perce-les et enduis-les de poussière rouge appelée *kholouc*, c'est-à-dire *meghâra* (minium ou rubrique), ou de sang de tortue; lave et mets-les dans ta bouche. Ensuite elles brilleront.

106. *Dissolution de l'aphrosélinon, qui est le talc*[1]. — S'il est mis dans un sirop de bière (ζύθος), il se délayera et deviendra comme de la pâte. Enterre-le dans du fumier. On le prendra ensuite, on en fera des perles et on les teindra avec toute espèce de couleur qu'on voudra.

---

107. Tiré de Zosime (Ζώσιμος). *Comment on fabrique l'émeraude.* — Prends de la céruse (ψιμύθιον), qui est le safidka (nom persan de la céruse), une partie; et du verre, deux parties; fais cuire ensemble et fais cuire..... [2]

VII

108. *Chapitre de l'or*[3]. — Prends de la chaux d'or, une partie; de la chaux d'antimoine rouge, une partie; du mercure rouge dissous, trois fois autant que l'ensemble précédent. Réunis ces produits, et enterre le tout, jusqu'à ce qu'il se délaye. Fixe-le, puis projettes-en une partie, pour cent parties (d'argent?); cela formera de l'or.

109. *Calcination de l'or exposée dans ce chapitre.* — Tu prendras de l'or, autant que tu voudras, en lames minces, que tu enduiras d'un fort enduit de marcassite dorée; puis tu les chaufferas dans un pot luté, de façon à déterminer l'absorption, pendant vingt et un jours, jusqu'à ce qu'elles épaississent.

Répète cette opération plusieurs fois, jusqu'à ce que tu voies les lames se désagréger. Broie-les bien et fais chauffer dans une fiole sur un feu doux.

(1) Ἀφροσέληνον ἐστὶ κάμαρις καὶ κουφόλιθος. (*Coll. des Alch. grecs*, Lexique, texte, p. 5.)

(2) Comp. ci-dessus, p. 15, l. 9; traduction, p. 29, n° 1.

(3) Ici reprend le texte arabe.

Puis retire le produit et tu le trouveras pareil à du safran[1] rouge. Mets-le de côté; ceci est l'or brûlé.

La marcassite dont tu enduiras les lames est la marcassite dorée que nous avons décrite[2]. Broie-la bien avec de l'eau d'alun et de sel ammoniac; tu prendras de l'alun, une partie, et du sel ammoniac, une partie. Broie-les bien, verse dessus de l'eau à trois reprises. Mets sur le feu, jusqu'à ce que la moitié de l'eau ait disparu. Puis nettoie, filtre le produit et sers-t'en.

110. *Calcination de l'antimoine.* — Prends de l'antimoine vert, ou celui de Mourâzab (voir ci-dessus, p. 163, l. 5), autant que tu voudras. Broie-le bien; tamise-le et ajoutes-y de la graisse en même quantité : tu peux prendre n'importe quelle graisse. Fais chauffer dans une marmite d'argile, jusqu'à ce que le produit brûle et noircisse. Tu peux aussi le laver et y ajouter en même quantité du sel amer seul, que tu broieras bien; tu feras chauffer sur un feu fort, un jour et une nuit. Puis retire le produit, lave-le dans de l'eau plusieurs fois, jusqu'à ce que l'eau soit douce et d'un goût agréable. Ensuite sèche le produit et projette dessus du sel, à poids égal, puis remets-le au feu. Fais cela jusqu'à ce que tu le voies blanchir comme du fromage; mets-le de côté. Ceci est la calcination.

111. *Rougissement.* — Prends du vitriol, trois parties; et du soufre jaune, une partie; broie-les bien et fais distiller au feu sec. Il distillera une eau jaune. Abreuve avec cette eau l'antimoine blanchi et chauffe-le. Tu feras cela, jusqu'à ce que tu le voies rougir, à plusieurs reprises. Mets-le de côté. C'est l'antimoine blanchi, puis rougi; mêle-le avec de la chaux d'or, et, comme nous l'avons indiqué, ajoutes-y du mercure rouge dissous.

---

112. *Description du mercure rouge dissous.* — Prends du mercure qui a monté dans l'athal, comme nous l'avons indiqué[3], autant que tu voudras; broie-le avec du soufre et l'eau du vitriol, dans laquelle tu auras broyé de l'antimoine blanchi sur la pierre *çalâya;* fais cela pendant trois jours continus. Puis fais sécher et fais monter dans un athal de verre. Ensuite prends

[1] Ou à de la rouille de fer. — [2] Voir ci-dessus, p. 162, n° 68. — [3] Comp. ci-dessus, p. 152, n° 37.

ce qui a monté et broie-le dans de l'eau pendant trois jours. Fais-le encore monter et ne cesse pas d'opérer ainsi, jusqu'à ce que le produit distillé soit rouge. Mets-le de côté, c'est le mercure rouge.

Réunis ensemble le sel ammoniac rouge et le vitriol, comme nous l'avons indiqué, en parties égales. Réduis-les en consistance cireuse, entre deux coupes, à plusieurs reprises, jusqu'à incération parfaite, comme nous l'avons décrit précédemment[1]. Dissous-les dans l'appareil appelé enterrement suspendu (c'est-à-dire dans du fumier), comme nous l'avons mentionné[2]. La liquéfaction se fera, à partir de la troisième semaine jusqu'à la sixième. Tu changeras le fumier une fois tous les dix jours, et alors le produit se dissoudra en une belle masse rouge.

Si tu fais chauffer une monnaie (une drachme d'argent) et que tu la plonges dans l'eau, elle se teindra à l'extérieur et à l'intérieur d'une teinte jaune d'or, qui ne s'en ira pas; si ce n'est par la fusion.

Mêle ensemble ce qui suit : l'or calciné et l'antimoine calciné, comme nous l'avons indiqué; dissous-les et fixe-les, conformément à la dissolution et à la fixation décrites[3] ci-dessus. Ajoutes-en une partie pour cent d'argent, et ce dernier deviendra de l'or. Quand tu projetteras cet ingrédient sur l'argent, il se formera une boulette d'or. Ceci est le plus noble des chapitres.

113. *Chapitre de l'or.* — De l'or calciné, une partie; du fer rouillé, une partie; du cuivre calciné, une partie; broie-les dans du vinaigre distillé, pendant trois jours; qu'il y ait dans le vinaigre de la teinture d'hématite. Ces substances seront prises en parties égales, réduites en poudre et (mises) dans l'athal trois fois, jusqu'à ce que le sel ammoniac monte jaune comme le jaune d'œuf. Tu en prendras une partie pour trois parties du vinaigre distillé.

Ensuite tu chaufferas (ce produit) avec les mélanges ci-dessus, pendant trois jours, et tu feras sécher le produit sur un feu doux; puis tu le mettras dans une grande bouteille. Tu projetteras dessus du mercure rouge dissous, à poids égal et à trois reprises. Tu enterreras le produit, jusqu'à ce qu'il se dissolve et se fixe. La dissolution et la fixation se feront comme nous l'avons indiqué auparavant[4]. Ensuite projettes-en une partie sur soixante parties d'argent; il sera teint et deviendra de l'or.

[1] Comp. ci-dessus, p. 143, n° 10.
[2] *Ibid.*, p. 167, n° 86.
[3] Comp., p. 168, n° 88; p. 176, n° 109.
[4] *Ibid.*

Calcination de l'or. — Nous l'avons décrite[1], en parlant de la marcassite dorée.

114. *Description du fer rouillé.* — Il se prépare ainsi : tu prends de la limaille de fer poulad (acier) et tu la chauffes avec environ la moitié de son poids d'arsenic rouge. Ensuite traite-le dans un sac de papier(?) luté et séché. Fais-le chauffer un jour et une nuit. Ensuite retire-le; fais fondre et broie. Ensuite mets-le dans un vase de verre; verse dessus du vinaigre distillé, en quantité égale, à quatre reprises, et laisse-le au soleil, ou dans du fumier, jusqu'à ce que le vinaigre rougisse. Ensuite clarifie le vinaigre rouge, et mets à sa place du vinaigre blanc. Continue, jusqu'à ce que le produit se délaye entièrement dans le vinaigre. Recueille le vinaigre et laisse-le dans un vase large; puis mets-le au soleil, jusqu'à ce que le vinaigre disparaisse et qu'il reste la teinture de fer.

115. *Calcination du cuivre.* — Brûle le cuivre dans du soufre, jusqu'à ce qu'il devienne noir, brûlé, et qu'il se désagrège. Lave-le dans de l'eau propre; ensuite fais-le sécher et abreuve-le de vitriol et de jaunes d'œufs, à plusieurs reprises; fais-le chauffer, de telle sorte qu'il rougisse et jaunisse.

116. *Eau de vitriol jaune.* — Pour trente onces d'eau, une once de vitriol et une demi-once de soufre jaune. Pile-les bien et bats-les avec soin dans du jaune d'œuf, avec une demi-livre de miel d'abeille. Distille, jusqu'à ce que toute l'humidité soit partie. Ensuite abreuve dans cette eau le cuivre que tu as fait brûler pendant un jour, et fais-le chauffer pendant une nuit. Fais cela, jusqu'à ce que sa couleur arrive au jaune. Ceci est la calcination du cuivre.

117. *Chapitre de l'or.* — Prends de la limaille d'or, autant que tu voudras. Enduis-la bien, avec quantité égale de mercure; lave-la dans de l'eau. Essuie-la, et broie avec elle environ la moitié de son poids de soufre jaune. Fais-la chauffer au feu, comme précédemment, jusqu'à ce que sa couleur noire devienne rouge jaune. Ceci s'appelle le cinabre de l'or.

Délaye le fer (avec de l'eau), jusqu'à ce qu'il se réduise en un liquide

[1] Comp., p. 168, n° 88; p. 176, n° 109.

rouge; et délaye l'hématite, jusqu'à ce qu'elle se réduise à l'état de kholouc (parfum jaune dont le safran est la base[1]). Réunis les deux eaux, en quantités égales, et laisse reposer deux jours. Sache que si tu chauffes une pièce de monnaie (une drachme d'argent) et que tu la plonges dans cette eau, son extérieur et son intérieur deviendront rouges.

118. *Délayement du rouge et de l'hématite.* — Prends de la limaille de fer et du barmâhen[2], une partie, et autant de sel ammoniac. Broie-les bien et fais chauffer dans un feu doux. Retire le produit et enterre-le dans un vase suspendu, comme nous l'avons indiqué[3]. Il se liquéfiera alors en une eau rouge, d'un rouge très fort, au bout de quatre semaines, et au maximum en six semaines.

De même l'hématite; son traitement ne diffère pas[4], car elle se liquéfie comme le fer, en produisant une eau couleur de safran.

Délaye chacun d'eux en particulier sur un feu humide; et s'il en reste un peu qui ne se soit pas délayé à l'état d'eau rouge, après que tu l'auras délayé de nouveau avec un peu d'eau, réunis-les au reste, à parties égales, et laisse-les pendant deux jours.

Puis broie le cinabre d'or avec l'eau rouge, jusqu'à ce qu'il en ait absorbé une quantité égale à son poids.

Ensuite enterre-le dans un vase suspendu, comme nous l'avons indiqué, et il se liquéfiera en trois semaines ou plus, en formant une eau d'un beau rouge.

Fais distiller dans l'alambic, sur un bain-marie d'eau. Renouvelle la distillation et répète cela plusieurs fois, jusqu'à ce que le produit se soit résolu entièrement en une eau rouge.

S'il est resté un sédiment noir, semblable à du safran, et qui ne se soit pas transformé entièrement, renouvelle la distillation pour lui. Dispose une coupe sur l'alambic, mets celui-ci dans une marmite pleine de cendres, et allume au-dessous des charbons, jusqu'à ce que le produit se fixe; ainsi que nous l'avons décrit dans les chapitres précédents.

Projettes-en une partie pour cent sur l'argent, afin de former de l'or.

(1) Comp. ci-dessus, p. 176, n° 105, où il est indiqué comme une poudre rouge.

(2) Mot persan qui signifie peut-être la même chose, de *barmah*, partie, et *âhen*, fer.

(3) Voir plus haut, p. 178, n° 112, et plus loin, p. 182, n° 123.

(4) Sel ammoniac, voir plus haut, p. 160, n° 55.

119. *Chapitre de l'or.* — Prends une partie d'or et une partie de fer, réduit en poudre et délayé. Délaye-les ensemble et broie-les avec du mercure, pris en même quantité. Recouvre le (tout) avec du soufre jaune; fais chauffer pendant la nuit. Répète cela trois fois, jusqu'à ce que le produit devienne comme du cinabre; puis broie-le et abreuve-le de cette eau que je vais décrire ci-après, pendant trois jours. Tu l'abreuveras pendant le jour, et tu le chaufferas pendant la nuit.

120. *Description de cette eau.* — Prends ce que tu voudras de vinaigre, ajoutes-y du sel ammoniac. Quand il sera dissous, ajoutes-y du cuivre brûlé. Quand il sera dissous, ajoutes-y du soufre jaune, en parties égales. Quand le tout sera dissous, fais-le monter dans un alambic. Ensuite trempes-y ton ingrédient. Projettes-en une partie sur quarante d'argent, tu obtiendras de l'or d'un beau jaune.

121. *Chapitre de l'or.* — Prends de la limaille d'or, une partie; de (l'oiseau) volant[1], trois parties; de la fiancée jaune[2], deux parties; de l'arsenic rouge, une partie; du cuivre brûlé, une partie; de la limaille de fer[3], une demi-partie. Broie le tout dans du vinaigre, pendant trois jours; fais-le chauffer la nuit. Broie et fais monter dans l'*athal* trois fois. Tu rendras le supérieur inférieur, car le volant, la fiancée et l'arsenic monteront; mais l'or demeurera, et ce qui restera en bas sera calciné.

Prends de ce qui monte, une partie, et de l'inférieur, une partie; et du sel ammoniac environ la moitié du tout; boie le tout et fais-le monter dans une bouteille, que tu enterreras dans du fumier frais, pendant trois semaines et plus, jusqu'à ce qu'il soit dissous. Ensuite fixe-le. Projettes-en un poids de deux grains sur un mithqal d'argent : ce sera de l'or.

122. *Eau de vitriol et de soufre, dans laquelle tu abreuveras les ingrédients.* Du vitriol jaune, trois parties; du soufre jaune, une partie. Broie-les et distille-les avec de l'eau de rose; telle est la description de ce produit.

(1) Soufre, voir p. 160, n° 57.

(2) Voir ci-dessus, p. 160, n° 57.

(3) Dans le manuscrit B, une note au bas de la page, d'une main postérieure, dit : «*Daus* est la limaille de fer; c'est-à-dire le safran (rouille de fer); le volant et la fiancée mêlés ensemble; la scorie (du fer).» Dans le dictionnaire persan de Vullers, I, 929, et dans Dozy, *Suppl. aux dict. arabes*, I, 476, ce mot est expliqué par «eau dans laquelle on a trempé le fer rougi»; suivant d'autres, «mâchefer». Ce mot est écrit *davas*, *daus* et *dous*.

123. *L'enterrement du corps suspendu.* — Place les ingrédients dans un morceau de tamis, sur un entonnoir de verre. Mets au-dessus de l'entonnoir un morceau de peau. Que le tout soit déposé au-dessus d'une chandelle, suspendue dans une jarre, à une distance de quatre doigts. Couvre le sommet de la jarre et enterre-la dans du fumier frais, jusqu'à ce que le produit se dissolve. Fixe-le et projettes-en une partie sur trente parties de bel argent.

124. *Chapitre de l'or.* — Prends du mercure délayé rouge, trois parties; de la chaux d'or rouge, une partie; réunis-les dans une bouteille, que tu enterreras dans du fumier frais, jusqu'à ce que le produit se dissolve. Fixe-le. Projettes-en une drachme sur quarante d'argent, pour le teindre. Mêle-le avec de l'or et fais ta volonté.

125. *Distillation de la marcassite.* — Une partie de marcassite et une partie de sel ammoniac. Broie-les et fais-les distiller. Retire ce qui reste dans l'alambic; laisse-le passer la nuit à l'air; puis distille-le de nouveau et répète cela plusieurs fois.

125 *bis.* *Chapitre de l'or.* — De la marcassite dorée, de l'antimoine, de la litharge, de l'arsenic rouge, de l'alcali tinkar[1], de chacun une partie; du soufre jaune, quatre parties; du vitriol jaune, deux parties; du borax, une partie; et du vert-de-gris, une partie. Broie bien le tout. Délaye-le et fais-lui absorber du borax, jusqu'à ce qu'il fonde bien; le noir sortira. Mets le produit de côté. Ensuite fonds l'argent; projette, de l'élixir ci-dessus, le poids d'un carat; unis l'argent à une même quantité d'or, et tu auras un beau produit.

VIII

CHAPITRES DE LA DESCRIPTION DE L'ART ANIMAL[2].

126. L'élixir ressemble au poison, à cause de sa violence et de sa subtilité; car il altère et dénature des corps nombreux et agglomérés, lorsqu'on fait agir sur eux une petite quantité de cet élixir.

[1] Comp., pour le tinkar, p. 147, n° 25, ci-dessus.

[2] Ce titre répond à la doctrine des alchimistes arabes sur la pierre philosophale extraite des minéraux, des végétaux et des animaux. (Voir, dans le volume relatif à l'*Alchimie arabe*, les œuvres de Djaber, p. 177, sections 34 à 37, et dans le volume relatif à la *Transmission de la science antique*, p. 328, le *Livre des Soixante-dix*, en latin, *De lapide animali*.) Il en résulte que les chapitres présents ont probablement été écrits vers le xe ou xie siècle de notre ère.

Il ressemble à la thériaque, à cause de sa force et de son utilité, car il fait revivre les corps atténués et réduits à l'état divisé.

127. *Énumération des objets végétaux et animaux.* — Ce sont ceux dont les philosophes ont fait leur élixir et pour lesquels ils ont adopté des signes et des indications. Tels sont dix (objets appelés) pierres, savoir :

1° Les cheveux; 2° le crâne; 3° le cerveau; 4° la bile; 5° le sang; 6° le lait; 7° l'œuf; 8° l'urine; 9° la nacre; 10° les cornes.

Le plus noble est le cheveu; ensuite vient le cerveau, l'œuf, le crâne, le sang, la bile, l'urine et la nacre; et après le lait et la corne.

Lorsque nous serons arrivés à l'endroit de l'élixir des végétaux, nous en parlerons.

128. *Cet art se pratique avec les sept choses spirituelles que voici.* — 1° La réunion; 2° la séparation; 3° la distillation; 4° la purification; 5° l'union (alliage); 6° la dissolution (délayement ou liquéfaction); 7° la fixation. On décrira ensuite l'élixir; cette description aura lieu à sa place, si Dieu le permet.

129. *Calcination de l'argent.* — Fais fondre l'argent et projette dessus environ la moitié d'un alliage de plomb et d'étain. Retire-le; broie-le et abreuve-le avec l'eau du sel ammoniac et le soufre, pendant un jour. Fais-le chauffer pendant une nuit dans un feu doux. Puis broie-le et fais-le chauffer. Fais cela sept ou dix fois. Le produit deviendra comme du fromage. Mets-le de côté.

130. *Eau de sel ammoniac et de soufre.* — Une partie de sel ammoniac et une demi-partie de soufre jaune; verse dessus trois parties d'eau; fais chauffer cela sur un feu doux, jusqu'à ce qu'il ne reste qu'une partie de l'eau. Sers-t'en selon le besoin.

131. *Calcination du verre.* — Prends du verre fin, qui n'ait jamais été travaillé; (prends-en) un fragment, que tu feras chauffer sur un feu fort, et que tu plongeras dans une dissolution du sel alcali; alors il se fendra. Broie-le avec du sel, pris en même quantité; abreuve-le de blancs d'œufs, pendant

un jour entier. Puis fais-le sécher et mets-le dans un pot d'argile luté, sur le feu, pendant un jour et une nuit. Ensuite lave-le bien. Renouvelle le sel, le blanc d'œuf et le chauffage; fais cela cinq ou sept fois, et le produit blanchira bien. Lave-le et fais-le sécher sur un feu doux, puis sers-t'en.

132. *Chapitre de l'argent*[1]. — Prends l'alliage de plomb et d'étain; purifie-le; délaye de la magnésie; délaye-la et blanchis-la. Puis prends du sel fusible[2]; fais-le chauffer dans une marmite; pile-le à part. Fais chauffer de l'alun convenablement et pile-le. Broie du fondant blanc et mêle-le. Prends de la magnésie, une partie; du sel de montagne, une partie, et deux parties d'alun; du fondant, une demi-partie. Fais fondre l'étain et abreuve-le peu à peu, jusqu'à ce qu'il devienne de l'argent.

133. *Autre*[3]. — Prends du mercure, fais-le bien bouillir dans de l'huile de raifort. Mets-le dans un grand creuset, trop large pour le produit; délaye-le et fais-lui absorber de l'alun grillé et broyé, en grande quantité; et il se fera le produit mentionné (ci-dessus).

134. *Autre*[4]. — Prends de l'étain pur et fonds-le quatre fois; chaque fois mets-y de la résine romaine (ou d'Europe), de la graisse d'orge (? mot persan), c'est-à-dire l'huile d'orge. Après cela, prends le corps blanc de la magnésie délayée. Mets, pour une livre d'étain, deux onces de magnésie, jusqu'à ce que le métal l'absorbe, et le métal sera beau.

IX

135. *Le chapitre le plus grand, le principal, le meilleur, et le plus important de tous les chapitres de l'or.* — Prends du safran qui croît sur le mont Sinaï, autant que tu voudras; qu'il soit très frais. Lave-le avec du savon et de l'eau propre. Fais bien sécher à l'ombre. Remplis avec l'alambic jusqu'à moitié; monte l'alambic et consolide la jointure. Allume un feu de charbons, et une eau blanche distillera.

Ensuite l'eau cessera de couler, en raison de la faiblesse du feu.

[1] A la marge, en syriaque : des Égyptiens. C'est donc l'asem.

[2] Fondant alcalin.

[3] A la marge, en syriaque : (procédé) des Francs.

[4] A la marge, en syr. : (procédé) des faibles.

Lorsque tu verras que l'eau aura cessé de couler, chauffe avec du bois, jusqu'à ce que la graisse distille. Chauffe jusqu'à ce que rien ne passe plus.

Alors cesse le feu; ouvre l'alambic; retire ce qu'il y a dedans; et tu trouveras un produit noir comme de la magnésie. Retire-le; garde chaque chose dans un vase, et mets-les à part[1].

Ensuite prends du savon, autant que tu voudras; mets-le dans l'alambic et traite-le comme tu as traité le safran. Mets à part l'eau, la graisse et le sédiment, chacun de son côté.

Ensuite traite le soufre de la même manière; mets chaque chose de côté.

De même pour la marcassite; traite-la et mets à part.

Alors tu auras achevé la conduite des quatre (corps susmentionnés) et leur séparation.

Ensuite attaque-toi aux sédiments[2]. Broie-les chacun à part. Mets chaque sédiment dans une marmite d'argile lutée; laisse-le sur un feu fort, un jour et une nuit. Ensuite retire-le, broie-le et remets-le dans la marmite. Fais cela jusqu'à ce qu'il soit parfait : sa perfection consiste en ce que le sédiment du safran arrive à prendre la couleur du teck, ou la couleur poussière (grise); que le savon prenne la couleur de la cire; le soufre, la couleur blanche, avec une teinte de vert-de-gris; enfin la couleur de la marcassite deviendra pareille à celle du fromage.

Lorsque ces couleurs seront ainsi obtenues, tu mettras tous les produits dans un alambic; tu verseras dessus l'eau blanche, qui sera sortie de tous ces corps. Chauffe ensuite par-dessus avec douceur, de façon que la distillation s'opère, et mets de côté. Ensuite prends ce qui reste dans l'alambic et tu le trouveras réduit en poudre; c'est la magnésie blanche. Cette terre, mets-la de côté[3].

Prends les graisses; réunis-les toutes dans un alambic; place l'alambic dans une marmite contenant de l'eau. Puis chauffe par-dessous avec douceur, après avoir mis une coupe sur le chapiteau de l'alambic et avoir consolidé la jointure avec du lut. Le feu devra être doux; laisse sur le feu, jusqu'à ce que le contenu s'épaississe comme du miel. Puis retire l'alambic. Quand il sera refroidi, ouvre le chapiteau et verses-y de l'eau blanche, trois fois le poids de la graisse. Ensuite monte la coupe sur l'alambic, et enterre-le dans du fumier,

[1] A la marge : 1° la réunion; 2° la séparation; 3° la distillation. — [2] A la marge : 1° la purification. — [3] A la marge : 2° la distillation. Le 3° manque.

pendant une semaine. Puis retire le produit, tu le trouveras rouge, d'un beau rouge. Décante-le dans une bouteille et mets-le à part.

Verse ensuite de l'eau dans l'alambic, comme tu as fait la première fois, et enterre-le pendant sept jours, jusqu'à ce que l'eau devienne rouge. Ensuite[1] décante, et remets de nouveau sur le résidu de l'eau blanche. Ne cesse pas de faire cela, jusqu'à ce que l'eau sorte blanche et ne rougisse plus, mais qu'elle demeure telle que tu l'as fait entrer. Alors retire l'alambic et décante ce qu'il y a dedans, en faisant écouler l'eau. Retire le sédiment et tu le trouveras blanc. Mets-le dans une bouteille et place la bouteille dans une marmite contenant des cendres. Bouche le col de la bouteille et allume du feu au-dessous, de temps en temps; puis laisse refroidir. Retire le produit : il sera comme de la cire. Mets-le à part. C'est l'air qui a pris corps et la mère qui réunit.

Ensuite prends du mercure d'Orient et du mercure d'Occident, parties égales[2]. Fais-les monter dans un athal de verre sept fois, jusqu'à ce qu'ils arrivent au blanc. Puis broie-les dans l'eau blanche, qui a été distillée pendant trois jours; et fais-les monter dans deux coupes de verre, ou dans une grande bouteille : il montera dans la panse du vase un corps pareil à du beau cristal pur[3]. Suspends-le dans une jarre, conformément à ce que nous avons indiqué. Enterre celle-ci dans du fumier frais, pendant quarante jours, et le produit se liquéfiera. Ajoutes-y environ la moitié de talc de verrier, et remets le produit dans le fumier (litt. dans l'enterrement) pendant deux semaines; puis retire-le. C'est là l'eau, l'eau-forte triple, qui dissout toute chose; mets-la de côté.

Ensuite prends de la magnésie purifiée, c'est-à-dire obtenue avec les quatre sédiments, une partie[4]; de la mère qui réunit[5], une partie. Mets-les ensemble dans un athal, un alambic, ou une bouteille de verre. Verse dessus de l'eau triple, en quantité égale. Enterre le vase pendant quarante jours. Retire-le; incorpore son contenu avec de la limaille d'or rouge, deux fois son poids. Ensuite fais chauffer doucement ce mélange avec de la limaille (d'or), deux fois son poids. Broie-le jusqu'à ce qu'il soit bien sec. Ensuite fais absorber cette eau rouge teinte, que tu as retirée auparavant lors de l'en-

[1] A la marge : 4° la purification.

[2] *Coll. des Alch. grecs*, trad., p. 373. — Djâber, dans le volume intitulé *Traités d'Alchimie arabe*, p. 207.

[3] Chlorure de mercure sublimé.

[4] A la marge : 5° la combinaison.

[5] Comp. la fin du premier paragraphe de cette page.

terrement (dans le fumier). Fais-en absorber, le poids du tout, trois fois; puis fais chauffer sur un feu doux, tel que le feu nécessaire pour rôtir un oiseau. Broie le produit et chauffe le peu à peu, de façon qu'il absorbe cette eau, en quarante jours ou plus. Ensuite enterre-le pendant quarante jours ou plus, et le produit se délayera, en formant une belle eau rouge, qui n'aura pas de sédiment.

Tu y tremperas ce que tu voudras; il en sortira de l'or rouge. Si tu fais bouillir avec elle du mercure, il sortira de l'or rouge. Fixe-le au bain d'eau chaude; il sera fixé en vingt-huit jours, et pareil au miel solidifié. Puis retire-le et mets-le dans une coupe de verre au soleil, pendant sept jours, jusqu'à ce qu'il soit desséché. Ensuite broie-le et dépose-le dans un vase de verre.

Si l'on projette un mithqal de ceci sur quatre-vingts mithqals (d'argent), on obtiendra un or à l'épreuve, résistant à l'affinage.

Si tu veux, projettes-en une drachme sur soixante drachmes de cuivre rouge, tu auras un bel argent blanc. Opère le mélange et travaille-le.

Si tu le projettes sur soixante drachmes d'étain purifié, tu obtiendras un blanc merveilleux; mêle-le avec vingt drachmes (d'argent pur) et fais-en ce que tu voudras.

Projette l'élixir sous forme de boulette, comme nous l'avons dit précédemment.

136. *Liquéfaction du mercure*[1]. — Prends du sublimé mercuriel — (en syriaque) mange du miel et mets-en dans tes narines et dans tes yeux[2]. — Prends une partie de mercure, une partie de vitriol jaune et une partie de sel. Broie bien le vitriol et le sel. Étends-en la moitié sur la pierre çalâya[3], presse dessus le mercure mis à part, après l'avoir tamisé dans un linge; ajoute l'autre moitié de vitriol et de sel; asperge par-dessus de l'eau alcaline; le produit bouillonnera et écumera. N'ajoute pas davantage d'alcali. Broie-le avec la pierre fihr[4], jusqu'à ce que tu ne voies plus trace du mercure.

Fais sécher le produit et fais-le monter dans un athal d'argile ou de porcelaine, et qu'il soit chauffé tout le jour jusqu'à la nuit; qu'il y ait une livre de mercure, plus ou moins. A la suite de cela, tu trouveras le mercure monté

(1) Comp. ci-dessus, p. 143, n° 10.

(2) Ceci a sans doute pour but de préserver l'opérateur contre la poussière du sublimé mercuriel (chlorure de mercure).

(3) Voir p. 150, n° 34, 10°; p. 167, n° 85.

(4) Voir p. 150, n° 34, 11°; p. 167, n° 85.

et éteint, tandis que le vitriol et le sel seront restés en bas. Remets le mercure non employé sur le résidu. Broie-le et fais-le encore monter. Fais cela trois fois ou plus, jusqu'à ce que tu voies que l'extinction du mercure et son blanchiment sont accomplis; mets-le alors de côté. Toutes les fois que tu le feras monter, reverse la partie supérieure sur la partie inférieure.

Ensuite prends de ce mercure, une partie, de l'alliage de plomb et d'étain, une partie, et du mercure vif, une partie. Amalgame le plomb avec le mercure vif dans une cuiller de fer, sur un feu doux.

Broie sur la pierre çalâya et ajoute par-dessus le mercure sublimé. Broie bien le tout, jusqu'à ce que tu voies la poussière devenir noire; mets de côté; amène à consistance cireuse entre deux coupes. Le produit fondra; le mercure sublimé se réunira au-dessus de lui, pareil à un disque poussiéreux.

Retire le produit, et enterre-le dans un vase suspendu[1]; il se liquéfiera en trois semaines, en produisant un liquide pareil à de la graisse; mets-le de côté. Ceci est le mercure liquéfié.

Cette eau blanchira tous les cuivres, et les vases et autres objets; mais cette teinture est fugace. On appelle cette eau « eau triple et eau-forte ».

Elle dissout le talc, l'argent, l'or, le fer, le plomb et les pierres, telles que la marcassite, la magnésie, le minium, la pierre magnétique et autres. Ce mercure est appelé de soixante noms et le plus souvent : eau analogue au lait. C'est l'eau triple et pas autre chose.

X

137. *Chapitre de l'argent parfait*[2] (ce titre en syriaque). — Prends de la limaille d'argent et, en quantité égale, du mercure blanc et vif. Réunis-les et broie-les sur la pierre çalâya avec la pierre fihr, en y ajoutant du vinaigre et du sel, jusqu'à ce que le produit devienne comme de la crème.

138. *Pour que le fer ne se rouille pas*[3]. — Broie la céruse avec de l'huile et enduis-en le fer; l'alun et l'eau produisent aussi le même effet.

[1] Voir p. 165, n° 80, l. antépén.

[2] L'alinéa suivant est encadré d'une raie rouge, comme en dehors du texte dans le manuscrit A; dans le manuscrit B, il est rayé. Ce paragraphe renferme un procédé pour amalgamer l'argent et réduire le tout à l'état de pâte pulvérulente. (Cf. les recettes des *Compositiones, Transmission de la science antique*, p. 9 et 21.)

[3] Les alinéas suivants en syriaque.

139. *Traitement du marbre (?) pour le travail.* — Il doit macérer dans du vinaigre blanc, ou dans de l'eau de sasa[1] pendant trois jours. On en prend un mithqal. Ensuite il sera préparé, broyé et formera un élixir.

140. *Trempe du cuivre.* — Mélange de l'eau et du vinaigre, et fais chauffer le cuivre, puis jette-le dans l'eau et le vinaigre. Opère ainsi plusieurs fois, jusqu'à ce qu'il soit selon ta volonté.

141. *Autre.* — Chauffe une lame de cuivre; jette-la dans de l'eau de blancs d'œufs. Prends cette eau et coagule-la. Puis éteins la lame dans l'eau de blancs d'œufs coagulée. Tu feras ainsi dix fois. Il y aura dans les blancs d'œufs de l'alun de l'Yémen et du nitre. La lame sera nettoyée. Ceci est la purification du cuivre travaillé.

142. *Trempe de l'étain.* — Fais-le fondre dans une cuiller de fer; jette dessus de l'huile d'olive et du soufre des foulons. Fais ainsi trois fois, et il deviendra excellent.

143. *Fixation du mercure.* — Fais fondre le plomb dans un vase de fer; puis retire-le du feu; tu auras du mercure dans une bourse de coton, enduite d'huile d'olive : verse-(le) dans le plomb fondu. Opère ainsi plusieurs fois, jusqu'à ce qu'il durcisse comme une pierre.

144. *Autre.* — Broie-le dans de la moutarde pendant une heure, jusqu'à ce qu'il noircisse; puis fais-le cuire dans du vinaigre et du sel, jusqu'à ce qu'il soit nettoyé. Dépose-le dans une jarre de terre; ensuite enduis-le d'huile d'olive; ajoute dessus un peu de cendre tamisée; ensuite fais fondre une partie de plomb; ajoute l'huile par-dessus de façon à le recouvrir. Opère ainsi plusieurs fois, jusqu'à ce qu'il se fixe.

145. *Autre.* — Jette dessus, au lieu de cendre, de la marcassite blanche, pour le mercure blanc, et de la marcassite de couleur jaune, pour le mercure rouge. Puis projette dessus du plomb blanc (étain) fondu, pour la mercure blanc, et du plomb noir fondu, pour le mercure rouge; tu auras du plomb noir fondu.

[1] Mot inconnu.

146. *Autre.* — Mets le mercure dans une bourse et sépare ce qui passe à travers le linge. Prends ensuite du soufre, et mets-le sur le feu jusqu'à ce qu'il fonde. Puis mets le mercure filtré par la bourse avec le soufre fondu. Laisse-les ensemble, jusqu'à ce que le mercure demeure fixé.

147. *Sur la préparation de l'alliage monétaire*[1] (*drachme*) *noir.* — Prends dix drachmes de lingot pur (d'argent) et cent drachmes de cuivre rouge; mets-les dans un creuset; fais fondre et renverse dans le bâliq (récipient?); lorsqu'il sortira du bâliq, délaye de l'encre dans un linge avec de l'eau, et mets-y le métal. Il noircira complètement.

148. *Noircissement de l'alliage monétaire*[2]. — Prends cinquante drachmes de noir; mets dessus douze drachmes de lingot d'argent pur; fais fondre dans un creuset et renverse dans le bâliq.

Noircissement[3]. — Prends du sel blanc pur; limaille de cuivre blanc, autant que tu voudras. Fais fondre et, après que tu auras fait fondre le plomb et le cuivre, laisse le produit dans une assiette où il y aura du...... (mot écrit cahach-salag), jusqu'à ce que le sel soit saturé de........... Ensuite fais-le fondre dans une cuiller de fer avec le cuivre, et renverse-le dans le bâliq. Frotte avec de l'alun de l'Yémen dans un linge; et, quand il sortira du bâliq, dépose-le dedans cet alun : la couleur noire se développera complètement.

XI

149. *Chapitre des Francs pour blanchir le cuivre*[4]. — Prends de l'eau qui a été traitée et de l'alun. Fais chauffer le cuivre, jusqu'à ce qu'il rougisse; trempe-le dans cette eau traitée par l'alun, à plusieurs reprises, jusqu'à ce qu'il blanchisse et ne soit plus reconnaissable.

[1] Cet alliage est désigné dans le texte sous le nom de drachme, c'est-à-dire de monnaie. Cette assimilation entre l'alliage monétaire et la monnaie existe aussi chez les alchimistes latins, le mot *nummus* ayant été employé pour désigner l'asem. (*Transmission de la science antique*, p. 261.)

[2] *Carriya*, mot qui ne se trouve pas dans les dictionnaires, mais qui semble formé du turc *cara*, noir. Cet alinéa, ainsi que le précédent et le suivant, est en arabe.

[3] Dans le texte, *carriya* comme dans le paragraphe précédent.

[4] Les alinéas suivants en syriaque.

150. *Trempe du cuivre.* — Mêle du vinaigre, de l'alun et du sel; fais chauffer les lames, et trempe-les plusieurs fois, jusqu'à ce qu'il soit fait selon ton désir.

151. *Incération du sel et de l'huile.* — Prends du sel doux; pétris-le dans de l'huile d'olive; chauffe-le dans une marmite lutée, sur laquelle il y aura un couvercle luté. Chauffe dans un feu de fumier, pendant une nuit. Recommence ce traitement sept fois et plus, jusqu'à ce que le produit soit comme de la cire.

152. *Travail de l'étain pur.* — Après qu'il aura été purifié convenablement, ajoute dessus de l'alun lamelleux et de la chalcite de toute fonte : opère la fusion, et tu trouveras de l'argent d'Égypte.

153. *Mélange pour obtenir un bronze tranchant.* — Avec une mine de cet étain, une once de cuivre rouge et six drachmes d'androdamas, ou, suivant un autre, d'adamantos (acier).

154. *Purification de l'étain.* — Fais-le fondre et projette-le dans du sel amer, sept fois. Fais-le fondre encore et projette-le dans des jaunes d'œufs; il sera purifié.

155. *Autre.* — Pétris de la sarcocolle en poudre avec du blanc d'œuf; fais absorber à l'étain, et ce sera (fait).

XII

156. *Liquéfaction instantanée du talc*[1]. — Le talc est chauffé et plongé dans. . . . . (deux mots corrompus), jusqu'à ce qu'il soit bien liquéfié. Salut!

157. *Chapitre du rouge.* — On prend de la limaille de cuivre et on l'abreuve d'eau de vitriol, de vert-de-gris et de thériaque(?). Fais-le chauffer dans un fourneau, une nuit. Puis on le retirera et on le broiera, jusqu'à ce qu'il forme une poudre rouge. Il teindra dix drachmes d'argent, puis il s'alliera à cinq parties d'or.

[1] Ce qui suit est en arabe.

158. *Autre.* — Fais sécher une feuille de laurier-rose et pile-la, projette-la sur l'argent en fusion, et elle en rougira le triple de son poids et l'amollira. Ajoute dessus trente parties d'or, et fais ta volonté.

159. *Autre.* — Comprime une feuille de laurier-rose fraîche; ensuite pile-la et fais cuire avec du soufre jaune, sur un feu doux; il se formera de l'eau rouge. Fais chauffer l'argent en lames et plonge-les-y : il sortira de l'or à l'épreuve.

160. *Préparation de la céruse*[1]. — Fais fondre de l'étain et jette dessus du sel d'Andar, à poids égal; agite bien, jusqu'à ce qu'il devienne comme de la cendre. Broie le métal dans de l'eau et du sel, et il deviendra très blanc.

161. *Coloration de l'or par vernissage.* — Le vernissage est appelé coloration; il s'applique à l'extérieur; il convient à l'or qui n'est pas suffisamment coloré, ainsi qu'au plus brillant et à tout autre. — Vert-de-gris d'Émesse, une partie; autant de sel ammoniac. Broie-les et mets-les de côté. Fais chauffer l'or altéré sur le feu; frotte-le avec du sable et de l'eau, et lave-le proprement. Prends ensuite l'ingrédient réduit en poussière; mets-le dans une écuelle et humecte-le avec un peu d'eau, jusqu'à ce qu'il demeure en consistance emplastique. Trempe dedans l'or, qui en sera saturé. Puis laisse-le sécher près du feu. Ensuite place-le sur le feu, jusqu'à ce qu'il devienne rouge et que la vapeur cesse de se produire. Ensuite retire-le et laisse-le un peu à l'air; puis lave-le dans de l'eau, et il sortira avec une teinte rouge vif, plus beau que l'or à l'épreuve. Celui qui n'aura pas été sur le feu, ou n'aura pas fondu, ne sera jamais parfait, solide et d'une teinte durable.

162. *Chapitre de l'or.* — Du vitriol de Perse, du vitriol d'Égypte, du calcand cabrizi (de Chypre?), de l'antimoine, du sel d'Andar, du colcotar, de chacun dix drachmes; trois drachmes de cadmie d'or; cinq d'hématite; trois de marcassite dorée; trois de soufre jaune; cinq de sel ammoniac; deux de vert-de-gris; une de malachite; une de lapis-lazuli. Le tout

[1] Cette préparation est celle du bioxyde d'étain.

sera broyé et déposé dans une coupe d'Assouan. On fera du feu par-dessous, jusqu'à ce que la vapeur de ce produit cesse et que l'ingrédient dans la coupe devienne rouge de feu. Ensuite projette dedans le métal que tu veux multiplier; recouvre le sommet de la coupe, et laisse-la une bonne heure, jusqu'à ce qu'elle refroidisse. Prends le vase et retire le produit : tu le trouveras rouge comme l'or pur; l'étain retenant l'élixir condensé en lui, intérieurement et extérieurement. S'il n'est pas parfait la première fois, recommence une seconde fois.

163. *Autre du même genre.* — Prends du lut de bouse de vache et du vitriol jaune, de chacun dix drachmes; du sel et du vert-de-gris, de chacun cinq drachmes; du sel ammoniac et de l'antimoine, de chacun quatre drachmes; trois drachmes d'hématite; sept d'alun; une drachme et demie de cinabre; un daneq (sixième d'une drachme) de soufre jaune; et un daneq d'arsenic rouge. Broie-les et tamise-les ensemble. Mets-les dans une coupe d'Assouan ou autre, en argile; allume du feu en dessus, ou laisse-la sur un feu de charbons, jusqu'à ce que la vapeur cesse de se former et que le produit rougisse. Ensuite jettes-y l'objet proposé, moitié or et moitié argent. Laisse-le bien se teindre en rouge; retire-le et il sera devenu rouge intérieurement et extérieurement.

164. *Coloration de l'or allié.* — Prends une partie d'or et une partie d'argent, fonds-les et fais-en ce que tu voudras; mets le produit de côté. Ensuite prends le poids d'une drachme de koheul et une drachme d'antimoine; deux daneq de sel concassé; trois drachmes de lut de bouse de vache; pile-les et mets-en une couche par-dessous l'alliage ci-dessus et une couche au-dessus. Recouvre-le bien et ferme le sommet du vase. Fais du feu en dessous, de manière que le fond du vase rougisse. Alors arrête le feu et laisse refroidir. Retire le produit et débarrasse-le de l'excès de l'ingrédient. Frotte-le avec du sable et lave-le bien avec de l'eau; puis mets de côté. Ensuite prends le poids de cinq drachmes de lut de bouse de vache, deux drachmes et demie de sel concassé, une drachme de sel ammoniac, une drachme de minium, de cinabre, de vert-de-gris, de colcotar, de vitriol jaune, de chacun une drachme; au total huit (corps?).

XIII

165. *Pour le verre*[1]. — Dix parties d'alcali et treize parties de sable; mets-les dans une poêle et grille-les, jusqu'à ce qu'elles soient propres comme de la laine pure. Chauffe dans le creuset jusqu'à ce que le produit puisse être étiré comme de la gomme. Fais-en ensuite ce que tu voudras : des coupes, des fioles, des boites, etc., selon ce que Dieu le permettra. Si les objets fabriqués se fendent pendant la fabrication, on dépose sur eux un filet de verre fondu. Consolide la tête et le reste, puis remets dans le fourneau pour chauffer les objets et retire-les peu à peu.

Une livre de borax; la moitié d'une livre de sable pulvérulent; nettoie comme la première fois, jusqu'à ce que la crasse s'en aille et que le tout reste en fragments. Mets-les dans le creuset jusqu'à ce que le verre soit fondu. Si tu veux qu'il soit blanc, ajoute dessus de la magnésie femelle; si tu veux qu'il soit bleu, ajoute dessus quatre mithqals d'antimoine brûlé.

166. *Teinture verte.* — Mets une livre du produit préparé dans le creuset; allume le feu dessous, depuis le matin jusqu'à neuf heures. Ajoute par-dessus la moitié d'une livre de litharge et quatre mithqals d'antimoine brûlé; quand il sera prêt, fais-en ce que tu voudras.

167. *Teinture noire.* — Une livre de borax, une demi-livre de sable pulvérulent et une poignée de scories de fer. Mets ensuite dans le creuset, depuis le matin jusqu'à neuf heures, jusqu'à ce que tu obtiennes ce que tu désires. Fais ce qu'il y a à faire, selon la volonté de Dieu Sabaoth.

168. *Teinture rouge appelée toubi.* — Sept mithqals de scories de fer et quatre mithqals d'antimoine brûlé. Projette sur une mesure (de verre), pesée suivant l'usage. Le verre sera d'un rouge *toubi.* Pour tous les rouges préparés, ceci est le poids et la juste mesure. Pour tous les rouges, ceci est le poids fixé.

169. *Élixir qui rend le verre*[2] *bleu comme du saphir.* — Une once d'étain;

[1] Ce qui suit est en syriaque.

[2] On lit dans le texte le mot *splénia*, qui est sans doute une variante du mot *spilaya*, saphir.

deux onces de plomb. Chauffe le plomb noir, jusqu'à ce qu'il ait bel œil[1]. Ajoute par-dessus le plomb blanc (étain). Fais chauffer de nouveau très fort, jusqu'à ce que les produits deviennent brillants. Diminue un peu le feu, jusqu'à ce que tu voies (qu'il a diminué), d'après la manière dont est chauffé le dessous de la marmite. Attends un peu, jusqu'à ce que la teinte rouge du fond de la marmite ait cessé[2], c'est-à-dire la forte chaleur. Fais ensuite du feu par-dessous plus doucement, jusqu'à ce que la céruse apparaisse à la surface. Enlève-la peu à peu, jusqu'à ce que le plomb ait disparu et soit entièrement devenu céruse. Remets celle-ci de nouveau au feu, de façon qu'elle soit brûlée d'une manière égale et qu'il n'y reste plus d'étincelles qui brillent.

Allume ensuite un bon feu par-dessus, jusqu'à ce que le produit soit comme de l'argent pur. Laisse-le passer la nuit là où il est, jusqu'au retour du jour. Puis retire-le; broie dans un vase; tamise dans un tamis; puis remets-le sur le feu, jusqu'à ce qu'il forme une seule masse. Retire-le; projettes-en une once sur une livre de verre bleu, et ce sera (fait).

170. *Élixir qui teint le verre blanc en jaune citron et le verre vert en couleur de pistache.* — Cinq onces de plomb (Kronos) et une once d'étain (Camosch)[3]; mets-le au feu comme tu as fait la première fois; traite-le sur un feu convenable, comme nous l'avons déjà dit ci-dessus, jusqu'à ce qu'il rougisse comme des grains de grenade. Lorsqu'il sera rouge, prends un mithqal de sable et jette-le dessus. Lorsque son éclat deviendra mielleux, c'est-à-dire lorsque sa face deviendra pareille à du miel, ajoute un autre mithqal de sable. Lorsque tu verras le produit devenir comme de la pâte, ajoute-lui la moitié d'un autre mithqal, jusqu'à ce qu'il soit comme de la cire, et coule-le sur une pierre. Prends une demi-livre de litharge, jette-la dans le creuset avec deux onces et demie de sable; mêle-les ensemble; éteins le feu et laisse depuis le soir jusqu'au matin, jusqu'à ce qu'ils s'unissent(?). Ensuite allume le feu au-dessus, depuis le matin jusqu'à midi, jusqu'à ce

(1) Cf. *Transm. de la science antique*, p. 42.

(2) Ici, encadré d'une ligne comme superflu : «jusqu'à ce que tout le plomb ait disparu et soit devenu comme de la céruse».

(3) Bar Bahloul, dans son lexique, assimile Camosch à Kronos. La même identification se trouve ci-dessus (traduction, p. 11, note 9). Mais, dans le manuscrit d'alchimie de Cambridge (feuillet 111 verso), Camosch est distinct de Kronos et répond à Zeus (l'étain). — Le titre est en syriaque, le reste commence par de l'arabe et continue en syriaque.

que le produit soit en bon état. Retire-le et coule-le sur une pierre. Prends du verre blanc de bonne qualité, une livre, et de celui-ci, quatre onces; mets dans le creuset. Ajoute deux onces de l'élixir des six parties, et le verre sera d'un beau jaune citron. Si tu ajoutes de l'eau que nous avons déjà dite, un poids donné sur un poids égal de vert, ce sera une belle couleur de pistache. Priez pour moi!

171. Prends une partie d'étain[1] et une partie de sel; fais chauffer dans une amphore pendant trois jours, jusqu'à ce que le métal soit amené à l'état de céruse (oxyde d'étain). Retire-le et lave-le; ajoutes-y une partie de sel ammoniac, pris sous le même poids que l'étain (Zeus). Chauffe de nouveau pendant trois jours et trois nuits. Retire et mets dans un petit estomac de mouton; lute et expose le tout à la chaleur d'un creuset de verrier, pendant un jour; le produit fondra en un liquide blanc. Fais chauffer du mercure dans un creuset (boudaqa) et verse par-dessus ce liquide, à deux ou trois reprises, jusqu'à ce qu'il soit fixé; chauffe d'abord doucement, ensuite fortement; coule sur une belle pierre et sers-toi du produit comme le Seigneur le voudra. — Purifie l'étain avec du vinaigre et de la résine de pin, en le versant plusieurs fois dans ce mélange.

172. Il faut que le four des verriers ait six compartiments, dont trois disposés en étage l'un au-dessus de l'autre, dans le genre des grenades. L'inférieur sera profond, et destiné au feu; celui du milieu, percé en face des chambres du milieu. Celles-ci seront égales[2], disposées sur les côtés et non au milieu; de façon que le feu (d'en bas) s'élève vers la région médiane, où est le verre, et qu'il chauffe et fasse fondre la matière en travail. Le compartiment supérieur, en forme de voûte, est disposé de façon à recouvrir uniformément la partie moyenne, et à être utilisé par le refroidissement qui suit le travail des objets. Trois compartiments parallèles feront face au compartiment du milieu, de façon que la flamme y circule. Le compartiment central est destiné à la cuisson; il ne s'ouvre pas vers le dehors[3]. Les deux autres sont disposés pour l'introduction des ouvriers; ils auront une entrée pour la canne du verrier; ils seront pourvus de portes à deux van-

[1] Bel ou Zeus. — [2] Prosnousisié = *égales* = *προσισωθεῖσαι* de *προσισόω*. — [3] Mot douteux.

taux[1], placées chacune d'un côté. Telle est l'organisation du fourneau pour les grands objets.

173. L'organisation du plus petit fourneau est celle-ci (il s'agit du four pour les objets ronds, les pâtes et choses semblables). Il y aura dans ce petit four, destiné aux objets ronds et autres choses analogues, quatre compartiments, dont deux disposés l'un au-dessus de l'autre. L'inférieur sera pour le feu et sera profond; son sommet sera ouvert au milieu, pour que le feu monte par là également vers le compartiment supérieur, par des trous pareils. Le compartiment supérieur aura une tête allongée et un petit trou en haut (pour) la fumée, et il sera percé de tous les côtés, pour permettre le travail de plusieurs personnes. A chaque trou, il y aura un petit bec d'argile, pour l'écoulement de la matière traitée. Toutes ces choses seront disposées dans le grand compartiment supérieur; et il y aura aussi une cuve d'argile, qui est celle du creuset, dans le même grand compartiment, sur l'alignement des trous. Cette cuve, à son rebord extérieur, sera pourvue d'un trou, dont l'orifice circulaire sera bouché à moitié; sur le côté il y aura un autre compartiment, enduit d'une couche de terre à brique, destiné à faire réagir le fondant et le sable, comme on l'a dit auparavant dans la démonstration de l'opération.

Telle est la disposition du four des philosophes, ainsi que celle du second four. Telles sont les choses admirables que l'on voit dans les fours.

174. *Pour une fusion violente.* — Deux parties d'alun; deux de cuivre brûlé; deux de natron; une de vitriol noir; deux d'antimoine; une de miel; une. . . . . Que le travail ait lieu avec du verre en morceaux. On ajoute une partie de raisins secs et une d'huile d'olive; travaille ainsi.

175. L'alcali est tiré de la rue (*πήγανον ἄγριον*); le fondant, du sel alcalin; le sel ammoniac, de la suie; l'alun, de ses minéraux pierreux; le natron de même. Le mercure est tiré de son minerai rouge; les deux pierres d'arsenic, des minerais métalliques. Les deux pierres tirées des pyrites couleur de feu sont aussi employées.

[1] Suzugié = *συζυγής*.

XIV

176. *Mélange du salpêtre*[1]. — Cinquante parties d'orge; une partie de camphre.

177. *Formule du contenu des flèches en roseau*[2]. — Dix (drachmes) de salpêtre; une drachme et demie de soufre; deux drachmes et demie de charbon; toutes les mèches n'ont qu'un seul titre.

Formule des amorces. — Dix (drachmes) de salpêtre; une de soufre; une de charbon; on les broiera bien.

Formule des pétards et formule des machines de guerre. — Dix drachmes de salpêtre; deux de charbon; deux de soufre; on broiera de façon à réduire en poudre.

Formule des flèches en bois. — Onze drachmes de salpêtre; trois drachmes des quatre charbons; trois drachmes des quatre soufres.

Formule du marron. — Dix drachmes de salpêtre; trois de charbon et une et demie de soufre.

Formule de l'artifice. — Dix drachmes de salpêtre; trois parties de charbon et une partie et demie de soufre.

Formule du clair de lune. — Dix drachmes de salpêtre; une demi-partie de charbon et trois parties de soufre.

Formule de la graine franque des Patrices (?). — L'alun, le grain du passereau, le vert-de-gris, le vinaigre..... (un mot effacé); on dispose les parties.....

XV

178. Dix parties de mercure[3]; deux de lie de vin, ou autant qu'il suffit; une d'antimoine, ou autant qu'il suffit; quatre-vingts de plomb (kéwan); ..... (le chiffre effacé) de sel ammoniac. Introduis d'abord le mercure et le plomb; et ensuite ajoutes-y les autres. Lorsque le tout sera bien fondu, ainsi que la préparation, verse le produit dans une huile grasse. Fais fondre

(1) Ce qui suit est en arabe.

(2) Il s'agit ici des fusées. Ces recettes de fusées et d'artifice rappellent celles du traité arabe de Hassan Alrammah, reproduites dans l'ouvrage sur *le Feu grégeois* de Reinaud et Favé, p. 23 et suiv. Elles sont contemporaines des croisades.

(3) Ce qui suit est en syriaque.

vingt (parties?) de cuivre (Bilati); ajoutes-en deux de sel ammoniac; quatre-vingts d'antimoine et quatre-vingts du ferment, préparé suivant les indications ci-dessus. Le ferment, après avoir été écrasé, sera mis avec le sel ammoniac. Ainsi tout va bien.

179. *La soudure*[1]. — Un poids d'argent; quatre-vingts d'alun et deux habba (un habba = le quart du silique, κεράτιον) d'étain (Bel). Sers-t'en avec l'argent et le cuivre (Bilati); chauffe-les d'abord. Verse sur le métal du sel ammoniac dissous, sur l'endroit que l'on veut souder. Ensuite ajoute la soudure, parties par parties, comme il convient, jusqu'à ce que ce soit (fait).

180. *Autre.* — Huit(?) parties de mercure; huit parties d'étain; recouvres-en ce que tu voudras.

181. *Autre.* — Du mercure, du cuivre calciné, des feuilles d'argent et de la limaille de fer; mets dans un creuset; pèse selon l'usage et conduis le feu de même.

182. Du soufre à volonté; du sel, une partie; et du vitriol de noir, deux parties; et ceux-ci pour le premier mercure, en tenant compte de son déficit (?). Et de l'arsenic, si tu veux.

[Voici diverses additions propres au manuscrit A que l'on croit utile de reproduire, pour ne rien omettre. Observons cependant qu'elles sont en dehors du texte, d'une écriture postérieure, grossière et négligée. Elles sont dues probablement à l'un des lecteurs du manuscrit] :

Sur le recto de la première page du manuscrit, avant le texte syriaque qui commence au verso[2] :

.... du sempervivum (joubarbe) et du lait de chacal (euphorbe)........... du lait de vierge (mercure); prends ces choses..... fais-les cuire sur un feu doux.............

[1] Le mot *soudure* est en arabe. — [2] En syriaque.

.....[1] deux espèces : celui d'Istakhar et celui de l'Irak; le meilleur est celui d'Istakhar; c'est l'eau de fer.

La magnésie a plusieurs variétés : 1° la noire pulvérulente;

2° Celle qui a des yeux brillants[2];

3° La magnésie en morceaux durs, couleur de fer : celle-ci est mâle;

4° La magnésie rouge, féminine, qui a des yeux étincelants : celle-ci est la meilleure.

L'alun[3] a deux espèces : le jaune et le blanc; il est apporté des mines d'argent; il a une couleur terne.

Le calcandis est le vitriol blanc; le calcand est le vitriol vert; le calcantar (ou colcotar) est le vitriol jaune.

Le séricon (ou sori) est le vitriol rouge.

A la marge, à la fin du manuscrit syriaque, feuillet 55 verso (écriture moderne et mauvaise), bas de la page :

Pour trois onces une seule once, plus ou moins, et comme signe, lorsque les vapeurs monteront en plus grande quantité et se manifesteront, on connaîtra la réussite..... Il augmentera le feu et modifiera le traitement; il renforcera le feu, et l'eau qui a été versée d'abord distillera; de même le vitriol; de même l'eau de soufre....... Le sel sera choisi, bien broyé, desséché et placé dans.................................

Marge du haut du feuillet 56 recto, c'est-à-dire toujours à la fin du texte syriaque :

L'eau de vitriol distillera à la fin, lorsque le feu sera fort, et de même distillera l'esprit de sel[4].....

Marge du bord :

Pour cela il prendra la graisse de scorpion et l'esprit de vitriol, et aussi l'eau-forte.

(1) En arabe.

(2) Mot douteux.

(3) Ce mot en arabe est écrit en caractères néo-hébreux, comme plusieurs gloses marginales du manuscrit; ce qui indique que ce passage a été ajouté après coup.

(4) Cette addition est beaucoup plus moderne que le texte même du manuscrit.

Marge du feuillet 56 verso. Côté :

On prendra[1] des lames de....... et on frappera avec un marteau de fer d'une manière égale, jusqu'à ce que le produit fournisse une belle feuille d'or.....

En haut du même feuillet :

Traitement de la feuille d'or pour l'encre[2].

Autre marge, en bas :

Prends une pierre.......; broie bien et fais sécher trente fois (?) 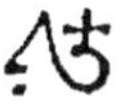 (*sic*). On broiera et on lavera jusqu'à ce que.... l'or restera dans.....

Sur le côté :

..... la mine, les sept mines.

Sur la marge supérieure du feuillet 57 :

Traitement de l'eau d'or pour écrire[3].

Sur le côté :

On prendra de l'or de teinte orangée; il sera battu et bien aminci, roulé en... et comprimé; ensuite il sera mis dans un creuset et placé près du feu et au-dessus[4]..... jusqu'à ce que le..... disparaisse et qu'il reste l'or en poudre calciné; on y ajoutera de l'eau de gomme et on écrira.

Autre marge de côté :

On prendra deux......... d'argent pur, qui sera fondu avec l'or; on broiera l'agrostis[5]...
....

(1) Préparation des feuilles d'or. (Cf. *Coll. des Alch. grecs*, trad., p. 363.)

(2) En lettres arabes.

(3) *Ibid.*

(4) Renvoi en bas de la page..... Si tu y mets de la poussière et que tu mélanges du mercure, l'or s'étirera et augmentera, ensuite il fondra.

(5) En marge et en lettres arabes : traitement de l'agrostis (chiendent).

TRAITÉS

D'ALCHIMIE SYRIAQUE

CONTENUS DANS LE MS. Mm. 6. 29

DE LA BIBLIOTHÈQUE DE L'UNIVERSITÉ DE CAMBRIDGE.

ANALYSE ET EXTRAITS.

TRAITÉS DE ZOSIME, DE DÉMOCRITE ET AUTRES.

I. PREMIER TRAITÉ.

LIVRE PREMIER.

Livre premier : Sur les couleurs.

(Feuillet 1 recto[1].)

1. *Sur l'épreuve de l'or.*
2. *Comment l'or s'allie au fer.*
3. *Pour faire de l'or à l'épreuve (ἴ6ρυζον).*
4. *Pour rendre l'or quatre fois plus lourd.*

Verso.

« Chauffe un peu et retire du feu ; verse dans une marmite neuve et couvre. »

(En rouge) : *Fin du livre premier sur les couleurs.*

LIVRE IIe.

Livre second : Retour, lettre beith (βῆτα), qui traite des écritures de toute sorte et de l'enduit pour écrire en or[2].

1. « Prends une coupe (φιάλη) très épaisse, entailles-en tout l'intérieur

[1] L'auteur n'est pas désigné. Les premiers feuillets du manuscrit, renfermant le commencement du premier livre, sont perdus. Le recto du premier feuillet contient la fin de ce livre ; mais il est en partie effacé et en partie rongé des vers ; il n'y a de lisible que les en-têtes en rouge des articles, dont nous donnons la traduction.

[2] Voici le titre syriaque : ܟܬܒܐ ܕܬܪܝܢ ܗܦܘܟܝܐ ܒܝܬ ܐܬܘܬܐ ܕܡܡܠܠ ܥܠ ܟܬܝܒܬܐ ܕܟܠ ܓܢܣ ܘܥܠ ܫܘܥܐ ܕܟܬܒܝܢ ܒܗ ܐܝܟ ܕܗܒܐ.

avec un silex, comme quand on laboure un champ en retournant de part et d'autre (βουστροφηδόν[1]), de manière à la rendre rugueuse comme une lime. Ensuite mets-y du miel blanc et prends une lame (d'or), que tu limeras; opère au-dessus et finement, de manière à obtenir une poudre. Quand tu en auras extrait autant que tu le désires, verse un peu d'eau sur le miel et mélange convenablement. Puis décante et tu obtiendras l'or liquide. »

« On le fixe de cette manière : prends de la colle de poisson, ou de bœuf, ou de la gomme arabique[2] brillante, autant qu'il sera nécessaire. Mets dans une coupe (? mot effacé). Avec ceci, écris des lettres d'or sur des vases (? mot effacé), sur des statues et sur tout ce que tu voudras, de façon à faire paraître les lettres dorées. »

Le bas du feuillet, qui contient une autre recette, est mangé des vers et illisible.

Feuillet 2 recto.

2. Quatre autres formules analogues :

La première recommande d'adjoindre à l'or en limaille du suc de térébinthe (*ἐρέβινθος = τερέβινθος*), ou du suc d'opoponax (appnicos = *ὀποπάνακες*);

La seconde emploie de l'eau de gomme arabique;

La troisième, de la colle liquide;

La quatrième, de la colle de poisson.

Verso.

Autre préparation faite avec l'eau de gomme arabique.

3. *Pour peindre et écrire sur du papier, du verre, ou du marbre.* — « On opère de cette manière : du wars (*memecylon tinctorium*); du fiel de tortue, de l'arsenic doré, de l'alun lamelleux, l'intérieur d'écorces de grenades sèches, de la terre de Samos (? mot effacé), du safran. Prends de chaque chose une

(1) ܐܝܟ ܟܪܒܐ ܘܦܢܝܐ ܘܡܦܢܐ.

(2) ܩܘܡܝܢ. Ce mot, qui revient assez souvent dans la suite, semblerait désigner une racine du genre de la carotte. (Voir *The book of the Bee*, éd. Budge, 102, 4; comp. *Die Schatzhöhle*, éd. Bezold, 251, 2; et le lexique syriaque de Bar Bahloul sous ܩܘܡܪܐ.) Cependant il s'agit évidemment, ici et plus loin, d'une espèce de colle, et nous croyons que ce mot doit être identique avec ܩܘܡܝ qui, dans le lexique de Bar Bahloul, est expliqué par *gomme arabique*. C'est ainsi que nous traduirons ce mot. On trouve aussi plus loin ce mot écrit ܩܘܡܡܘܣ. (Comparer ci-dessus, page 48, ligne antépénultième, et ci-après, page 205, note 2.)

partie, ainsi que les blancs de cinq œufs, et fais-en une pâte. Quand tu voudras peindre, tu la pétriras dans de l'eau de gomme arabique, ou dans du vin jaunâtre[1]. »

4. *Autre préparation.* — « Du wars, de l'arsenic bien purifié, un peu de vert-de-gris, de la bile de veau, de la gomme dorée[2], de chacun une partie; mêle-les ensemble et enduis une lame avec. »

5. *Autre préparation.* — Plomb et cuivre fondus à plusieurs reprises et projetés dans de l'eau froide, etc.....

Feuillet 3 recto. Suite (sir).

6. *Pour écrire en or.* — « De l'arsenic de bonne qualité, deux parties; du wars, une partie; de la litharge dorée, une partie; broie et mets dans de l'eau. Puis prends vingt-quatre feuilles d'or; prends du mélange ci-dessus une partie pour quatre (feuilles); broie ensemble dans un mortier propre, en ajoutant un peu de sel. Quand ce sera bien broyé, ajoute de l'eau, jusqu'à ce que cet or demeure isolé et nettoyé. Ensuite ajoute à ce qui reste du mélange un peu de gomme arabique en poudre, additionnée d'un peu d'eau de safran. Broie[3] jusqu'à ce que le produit épaississe comme de l'encre. Tu mettras dans un vase de cuivre, et quand tu voudras écrire

Verso.

tu y plongeras un calame fendu et humecté. S'il était sec, tu l'oindrais avec une couenne de porc. »

7. *Autre préparation.* — Feuilles de cuivre et d'argent réduites en poudre, avec addition d'eau, et ensuite d'un peu de couperose (χάλκανθον).

Suite (sir).

8. *Pour dorer facilement.* — « Prends des lames d'étain (ζεύς); plonge-les dans du vinaigre et de l'alun, recouvre-les avec la colle que tu voudras. Puis ajoute du safran et broie convenablement; laisse macérer dans de l'eau de carthame et du vinaigre. Place sur un feu doux de sciure de bois, jus-

(1) Cette recette est à peu près la même que le n° 74 du Papyrus de Leyde. (*Introd. à la Chimie des anciens*, p. 43.) La recette suivante est analogue au n° 75 de ce papyrus.

(2) [illegible]

(3) Dans le texte [illegible], sans doute une faute de copiste pour [illegible].

qu'à ce que la pâte soit homogène. Pendant qu'elle est chaude, enduis-en les lames; elles prendront la couleur de l'or. Prends garde de ne pas y mettre du wars, car il empêcherait le travail. »

9. *Pour écrire en or.* — « Prends du plomb et fonds-le à plusieurs reprises, en le trempant dans de l'eau froide. Ensuite

Feuillet 4 recto.

broie l'or avec du mercure pur, jusqu'à ce qu'il s'amollisse. Alors ajoutes-y de l'eau de gomme arabique et écris, en y trempant un calame fendu et humecté. »

Suite (sir).

10. *Pour qu'un vase quelconque paraisse doré.* — Feuilles d'or réduites en poudre, avec addition de natron et de vinaigre; on épaissit avec de la pierre ponce (κίσσηρις). Avant d'enduire le vase, on le frotte avec de la pierre ponce. Si c'est un vase de cuivre, il faut en outre le frotter avec de l'alun lamelleux, sans quoi la dorure ne tiendrait pas.

11. *Pour faire de la liqueur d'or.* — Cinabre, sel gemme, limaille d'or, alun et vinaigre, mêlés et broyés dans un vase de cuivre.

12. *Dissolution de l'or pour teindre.* — Natron rouge, cinabre, travaillés avec un peu d'alun;

Verso.

limaille d'or, arsenic doré, addition d'eau de gomme arabique.

13. *Pour faire une peinture noire sur un vase d'or, au moyen de l'encaustique.* — Argent, cuivre rouge et plomb fondus ensemble et saupoudrés de soufre marin; on épaissit avec du vinaigre; faire chauffer sur des charbons.

14. *Travail de l'or pour (les ornements) de femme et toute espèce de vases.* — Or et chrysocolle brûlée; sur l'or préparé en lames, on projette le mélange indiqué plus haut.

Feuillet 5 recto.

15. Trois autres préparations analogues :

16. *Pour écrire avec du mercure.* — Mercure avec un peu de chaux, d'alun liquide et de vinaigre fort, etc.....

17. *Pour écrire avec du safran et du carthame.* — On fait la préparation avec de l'eau de pluie, ou de citerne; selon d'autres, avec du miel.

18. *Donner aux objets l'apparence de l'or.* — Procédé pour dorer, au moyen du cuivre broyé avec de l'urine de mulet.

Verso.

19. Autre procédé pour écrire en or, sans employer d'urine.

20. *Travail de la feuille d'or.* — Bile de tortue de mer, travaillée avec du cuivre et de l'étain broyés. Toute autre bile d'animal est bonne. Safran, feuilles de pommier, etc.

21. *Lettres jaunes que l'on veut écrire sur des corps et qui ne s'effaceront pas.* — Limaille de.....[1] travaillée avec de la chrysocolle.

Feuillet 6 recto.

22. *Pour qu'un vase quelconque paraisse doré, et que rien ne puisse en altérer la couleur, si ce n'est le feu.* — Arsenic, os de seiche, ou fleur de cuivre, vitriol jaune, litharge dorée, blancs d'œufs, gomme adragante, travaillés avec de la bile de chèvre, etc.

23. *Pour que l'argent et le cuivre prennent la couleur de l'or.*

Verso.

Or et plomb fondus ensemble, addition de natron et d'eau pure.

24. *Lettres en argent.* — Limaille d'argent et mercure, même travail.

25. *Autre préparation.* — Lames d'argent broyées avec du sel et du natron; addition de bile de buffle[2].

26. *Autre.* — Asem (sina) fondu en grenailles, broyé dans de l'eau; addition d'eau de gomme arabique.

27. *Pour faire des lettres noires.* — « Vitriol noir vif macéré dans de la vieille saumure de caille[3]; sers-t'en pour écrire. »

28. *Écriture en argent.* — « Lames d'argent; broie-les avec du mercure, de la terre brillante, de l'alun, de la gomme arabique et du vinaigre; sers-t'en pour écrire. »

[1] ܗܘܦܐ ܕܐܣܩܡܐ. — [2] ܡܬܘܪܐ ܕܐܝܕܚܐ. — [3] ܟܡܘܪܐ ܕܣܟܘܢ ܚܘܠܡܐ.

29. *Sur l'argent ou le cuivre (Bilat) : écrire des lettres qui (ne) changent (pas) de couleur.* — Cuivre brûlé et alun..... (en partie effacé).

Feuillet 7 recto.

30. *Pour écrire sur le cuivre (Bilat) des lettres noires.* — Cuivre de Chypre, argent, plomb.

31. *Comment (on prépare) l'argent, le cuivre ou l'or pour écrire.* — Argent, cuivre de Chypre, plomb, fondus et saupoudrés de soufre écrasé.

32. *Pour écrire des lettres sur du cuivre de Chypre.*

Verso.

Écailles de cuivre de Chypre broyées et mêlées avec de la gomme arabique.

33. *Pour écrire des lettres noires sur un vase de cuivre, sans qu'elles s'effacent.* — Vitriol noir avec du soufre non brûlé ou des noix de galle, verjus de....., alun lamelleux, gomme d'acacia et couperose, broyés dans de l'urine ancienne.

34. *Pour écrire des lettres d'argent sur du cuivre.* — Du soufre non brûlé, des feuilles de laurier (? mot effacé), de la litharge et du natron, etc.....

Feuillet 8 recto.

35. *Écriture sur cuivre.* — Traitement avec l'eau de natron, l'arsenic doré, l'élydrion broyé et les blancs d'œufs.

36. Autre préparation avec les poudres de diverses pierres.

Verso.

37. *Pour écrire avec du mercure.* — Traitement du mercure avec de la chaux, de l'alun et du vinaigre fort; addition de colle de poisson.

38. *Pour écrire avec de l'étain (ζεύς).* — Étain fondu avec du mercure; addition de gomme arabique.

39. *Figures d'or sur une peau de pourpre.* — Élydrion et or broyés ensemble; addition de colle, ou de gomme arabique.

40. *Lettres de cuivre sur du fer.* — « Fleur de cuivre et excréments de poissons, en parties égales avec du vinaigre; sers-t'en pour écrire. »

41. *Pour écrire des lettres noires sur du fer.*

Feuillet 9 recto.

Cadmie, litharge, sel de Cappadoce, terre cimolienne, délayés dans du vinaigre, de la bière d'orge et des blancs d'œufs.

II. (TRAITÉ DE ZOSIME.)

LIVRE PREMIER.

1. *Travail de l'argent d'Égypte* (asem). — Cuivre de Chypre, ou clous[1] de cuivre, avec du vinaigre, du sel et de l'alun; addition de céruse et de litharge : le tout délayé ensemble, et ensuite avec de l'argent, d'après les proportions indiquées.

2. *Autre préparation.* — Cuivre blanc, terre de Chio et sel, travaillés avec du vinaigre.

3. *Préparation au moyen du sel.* — Cuivre blanc de Galatie, purifié et trempé dans du vinaigre.

Verso.

Addition de sel et d'alun; après le travail, addition d'argent mou et de terre de Chio, etc.[2].

Feuillet 10 recto.

4. *Autre.* — Orichalque, vinaigre, alun et sel; laver avec de l'eau de citerne; sandaraque ferrugineuse, magnésie travaillée, terre de Samos, terre de Chio, etc.

5. *Autre.* — Cuivre de Chypre macéré (?)[3], fondu avec de l'alun lamelleux et du sel; terre de Samos; argent pur, etc.

Verso.

6. *Autre.* — Cuivre d'Ibérie, sandaraque, argent.

Feuillet 11 recto.

7. *Autre.* — Orichalque, argent, sandaraque.

Verso.

8. *Autre.* — Terre d'androdamas, argent. « Dans d'autres livres j'ai trouvé

(1) Ou plutôt grenaille. — (2) Ceci semble être une autre préparation de l'asem. — (3) [illegible]

adamantos au lieu d'androdamas; cuivre (Astéra) de Ptolémaïs, surtout celui de Crète asps (*sic*)[1], ou bien les alliages d'argent et de cuivre, où l'argent domine. » On trempe dans de l'alun et du sel.

9. *Comment le cuivre se délaye.* — Sel gemme, cumin, aphronitron, lait de chèvre.

Feuillet 12 recto.

10. *Comment on blanchit le cuivre pour l'allier avec l'argent.* — Cuivre de Chypre, sandaraque de fer ou de plomb (Camosch), alun lamelleux, etc.

Verso.

11. *Diplosis d'argent.* — Cuivre, plomb, terre de magnésie, mercure; addition d'argent pendant la fusion.

12. *On peut changer les poids indiqués, de cette manière.* — Indication d'autres poids des mêmes matières.

Feuillet 13 recto.

13. *Autre.* — Cuivre de Chypre, alun lamelleux, sel, androdamas; addition d'argent en fusion et de fer.

Verso.

14. *Autre.* — Cuivre de Chypre et argent; on mêle au cuivre du vinaigre, de la terre de Samos, du sel de Cappadoce.

15. *Autre* intitulé : (*Cuivre*) *merveilleux qui se lamine admirablement*[2]. — Cuivre de Chypre (?)[3], argent, sel de Cappadoce et alun.

16. *Autre.* — Cuivre, sandaraque rouge, céruse, magnésie.

17. *Autre.* — Lames de cuivre macérées dans du vinaigre, terre de Chio, terre de Samos.

Feuillet 14 recto.

18. *Autre.* — Magnésie blanchie, alun lamelleux, vinaigre, etc.

19. *Autre.* — Cuivre traité, corps de magnésie, fer fondu, argent fondu, plomb pur traité, bastrichanitis (?)[4] traitée, litharge, céruse, cad-

(1) ܐܣܛܪܐ ܕܒܝܬ ܦܛܘܠܡܐܝܕܘܣ. ܬܡܠܬ ܗܘ ܕܩܪܝܛܐ ܐܣܦܣ.

(2) ܬܡܝܗܐ ܕܡܬܪܩܥ ܬܡܝܗܐܝܬ.

(3) Écrit ܐܣܦܪ ܩܘܦܪܐ, peut-être pour ܐܣܦܪ ܩܘܦܪܝܐ.

(4) ܒܣܛܪܝܟܢܝܛܝܣ.

mie blanche, soufre dans lequel on a brûlé du cuivre, broyés avec du lait blanc, de l'urine de génisse ou de mouton, ou de la bière d'orge, ou du blanc d'œuf, ou du lait de chèvre ou d'ânesse, etc.

Verso.

20. *Autre.* — Cuivre brûlé broyé et additionné de plomb et de mercure; on broie aussi de la bastrochantis[1], de la cadmie, de la chrysocolle, du cinabre, de la magnésie, de l'androdamas.

21. *Rouille de cuivre de Chypre.* — Fruits acides et astringents, alun rond, lait de figues et sel; on y trempe de minces lames de cuivre.

Feuillet 15 recto.

22. *Pour rendre le cuivre plus mou que le plomb.* — Alun rond, vinaigre et lait de figues; on y fait macérer le cuivre. On se sert aussi d'huile de noix de galle, de ricin et de raves.

23. *Blanchiment (du cuivre).* — Cinabre, sandaraque traitée, projetée sur un peu de cuivre, d'argent et de plomb.

24. *Travail du blanchiment (du cuivre) fondu.* — Cuivre de Chypre, étain, magnésie, mercure, écailles (de cuivre ou de fer?)[2].

25. *Pour faire que le cuivre dur devienne au toucher pareil à l'argent et se lamine comme lui.*

Verso.

« On le traite par l'urine de mouton ou la pierre pyrite, en le chauffant et le trempant. On en projette chaque jour pour la trituration (le laminage?); car ces substances blanchissent, amollissent et conservent toute chose. On a à ce sujet le témoignage d'Agathodémon, dans le livre adressé à Osiris. »

26. *Pour blanchir le cuivre rose.* — Magnésie blanche et étain.

27. *Préparation au moyen des fruits de pêcher (?) (περσέα), laquelle a aussi son signe,* que voici : 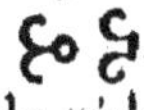. Elle rouille et amollit le cuivre en s'y attachant; elle le brûle et le réduit au quart; elle le blanchit, etc.

[1] ܒܣܛܪܘܟܢܛܝܣ. Est-ce le *rasouchti* des Byzantins, synonyme de *æs ustum*? (*Coll. des Alch. grecs*, trad., p. 418.) — [2] ܩܠܦܐ.

Feuillet 16 recto.

28. *Teinture de l'argent pur*[1]. — Deux espèces de teintures, l'une superficielle, appelée *pinou;* l'autre profonde, au moyen de broiement, trituration et fusion, appelée *teinture blanche*, etc.....

(A la fin, la formule connue :) « Écoute le Philosophe qui dit que les sulfureux sont dominés par les sulfureux, et les liquides par les liquides, je dis par les liquides de leur espèce, et d'autres choses de ce genre. Nous commencerons donc par la teinture qui produit la coloration superficielle. »

29. *Teinture de l'argent en noir.* — Arsenic broyé dans de l'eau.

Verso.

30. *Autre.* — « Alun lamelleux broyé dans de l'eau; enduis et chauffe. »

31. *Autre.* — « Vitriol vif et natron vif; broie avec du miel; enduis et chauffe. »

32. *Pour faire la couleur du saphir.* — Natron rouge fondu.

33. *Teinture en bleu.* — Natron rouge, alun pur, carthame rouge.

34. *Teinture couleur de saphir.* — Natron rouge, sel et un peu d'ammoniaque.

35. *Teinture qui rend l'argent pareil à de l'or.* — Kar dont mangent les animaux appelés *cynocéphales*, dans le pays de Gihon, près d'Adamos (?)[2]; on le fait macérer dans de l'eau et on le mêle avec de l'alun lamelleux. Faire cuire l'argent dans cette préparation; on peut mettre des olives, au lieu de kar.

Feuillet 17 recto.

36. *Teinture profonde d'argent, appelée teinture blanche par les incrédules*[3].

« Ô femme, Héphestion a décrit, comme je le pense, quelques-unes de ces teintures blanches, qu'il a envoyées à Anastase, et celui-ci à son com-

[1] A la marge : *pinou;* πῖνος des alchimistes grecs : Olympiodore, *Coll. des Alch. grecs*, texte, p. 75.

[2] [illegible]

[3] En marge : *fugitif et persécuteur.*

pagnon. Tout le travail des livres de la chimie est (dans) le livre Imouth[1]. Il y a beaucoup d'espèces de teintures blanches. On les prépare par enduit, par broiement et par fusion.

« Telles sont ces trois espèces : celle qui se volatilise rapidement; celle qui se volatilise lentement; celle qui ne se dissipe pas du tout[2]. Celle qui se volatilise rapidement est obtenue avec le soufre. Celle qui se volatilise lentement est produite par les sulfureux. Celle qui ne se dissipe pas est produite par les corps (métalliques).

« Au genre du soufre appartiennent : le soufre, l'arsenic (sulfuré) et la sandaraque.

« Les sulfureux sont tous les minéraux précieux issus de la terre, depuis le mercure (le fugitif), jusqu'à la chrysocolle.

« Les corps (métalliques) sont : le cuivre, le fer, l'étain, le plomb.

« Le mélange de ces choses fixe les corps volatils, si la matière fugace se rencontre avec celle qui est fixée. Tel est, par exemple, le mercure (le nuage) fugace, qui fixe l'étain parmi les corps (métalliques), et parmi les sulfureux, la magnésie et le kohol; puis, parmi les sulfureux, le soufre, les arsenics et

Verso.

la sandaraque. C'est pourquoi on opère au moyen d'eux tous. Le philosophe Démocrite[3] dit : Le mercure (le nuage) et aussi les soufres (?)[4] sont des matières fugaces; mais ils fondent avec eux le sel, le natron, l'alun, la couperose (*χαλκηντάριν*), le sori, le vitriol noir, la chalcite (*calcadis*) et d'autres choses. Si donc tu ajoutes du sel aux soufres, des soufres aux sulfureux, et des sulfureux aux corps, et que tu opères par fusion, tu trouveras un mélange convenable pour teindre une partie de cuivre rouge en blanc. Quand le Philosophe faisait une teinture, celle-ci durait éternellement, parce qu'il n'y avait pas de cause qui la rendît fugace. De même vous, vous témoignerez que, quand deux corps sont mêlés par fusion, la teinture ne s'évanouit jamais. Il en est ainsi des amollissements et de la

[1] ܟܠܗ ܦܘܠܚܢܐ ܕܟܬ̈ܒܐ ܕܟܝܡܝܐ، ܟܬܒܐ ܐܝܬܘܗܝ ܗܘ ܕܐܡܘܬܐ. Comparer ܕܐܡܘܬܐ ci-après. Le livre d'Imouth était l'un de ceux de Zosime. (*Origines de l'Alchimie*, p. 8.) — L'article actuel paraît en être extrait. Ce nom se retrouve plus loin.

[2] Ce passage est analogue, mais non identique au texte d'Olympiodore. (*Coll. des Alch. grecs*, trad., p. 81-84, surtout p. 84.)

[3] Écrit *Dioumoucratis* ܕܝܘܡܘܩܪܐܛܝܣ.

[4] ܟܒܪܝܬܐ, forme différente de ܟܒܪܝܬܢܐ les sulfureux.

rouille de toute chose[1]. Maintenant venons-en à ce que nous nous proposons de dire. »

37. *Pour rendre l'argent noir.* — Sandaraque, pyrite, soufre marin, vitriol noir, noix de galle, couperose; addition d'huile de raves; on verse sur l'argent.

38. *Autre.* — Limaille de fer et de cuivre, chalcite; addition de vinaigre; verser sur l'argent.

Feuillet 18 recto.

39. *Autre.* — Vitriol noir d'Asie, chrysocolle, sang-dragon, cinabre, sandaraque; addition de vinaigre.

40. *Travail de la couleur vineuse.* — Sandaraque et arsenic dans de l'eau de soufre et de chaux; pendant le travail, addition de miel.

41. *Autre.* — Sur l'argent en fusion : du soufre, de l'arsenic et de la sandaraque;

Verso.

addition de safran, de vinaigre, de chrysocolle brûlée, d'alun lamelleux, de résine[2], de cadmie; on mélange avec du mercure.

42. *Autre.* — Arsenic, sandaraque, pyrite; limaille d'argent et mercure.

43. *Pour donner à l'argent la couleur de la pomme* (rose ou jaune). — Argent fondu avec du mercure, racine de camomille, eau chaude de safran; addition de miel.

44. *Pour rendre l'argent vert.*

Feuillet 19 recto.

Sur l'argent fondu : pyrite, eau de soufre, addition de résine.

45. *Pour rendre l'argent couleur d'azur.* — Cuivre brûlé, étain, arsenic, suc de solanum (ἀλικάκαβον), encre indienne, sang-dragon; on projette sur l'argent.

(1) ܚܠܐ ܐܘ ܙܘܦܬܐ ܘܫܘܚܬܐ ܘܕܟܘܬܗܘܢ (lire ܘܕܟܘܬܗܘܢ).

(2) صوابي, comparer le présent volume, texte, p. 17, l. 13; trad., p. 14.

46. *Pour dorer l'argent.* — Mercure, mince feuille d'or; addition d'eau et de sel.

47. *Autre.* — Mercure et quatre feuilles d'or, avec de l'alun.

Verso.

48. *Soudure facile d'argent de premier titre*[1]. — Argent de premier titre et cuivre, pour rendre très rouge, addition d'une pâte (miel) formée de cuivre rouge, de plomb et d'argent fondus.

49. *Autre.* — Argent et plomb fondus; on projette de cette soudure sur l'objet que l'on veut souder. Pour souder le cuivre avec le fer, on dépose la soudure sur le cuivre; on chauffe le fer et on le pose sur le cuivre, à la place où est la soudure; même procédé pour souder entre elles des paillettes de cuivre.

Feuillet 20 recto.

50. *Alliage de cuivre, d'argent et d'or.* — « Nous avons décrit les procédés dont l'art tire parti. Maintenant est venu le moment d'écrire sur l'utilité des autres travaux relatifs à ces arts, dont nous avons parlé ici, et qui sont véritablement utiles et avantageux. Nous aurons le témoignage de tous les hommes qui réussissent dans leurs essais et leurs opérations. Par ces moyens et d'autres analogues, on peut éprouver la vérité. Et toi (femme)[2], de cette manière, tu peux aussi t'intéresser à la science; aucune notion de cette science, que les hommes vénèrent et redoutent, ne te demeurera étrangère. Car, de même qu'il est nécessaire de manger et de boire tous les jours, ainsi il est indispensable qu'une partie des connaissances arrive à l'âme de l'extérieur, c'est-à-dire par l'expérimentation des choses qui demandent de la patience, telles que celles qui s'appliquent au cuivre, à l'argent et à l'or; attendu que la beauté et la sagesse dans ce sujet ne découlent pas du pur entendement. »

51. *Bel alliage de cuivre.* — Cuivre rouge, mélangé avec de la poudre ferrugineuse, etc.

Verso.

52. *Préparation de l'alliage.* — On projette sur de l'argent de la terre androdamas.

(1) ܪܘܟܒܐ ܕܐܘܟܒܐ ܕܣܐܡܐ ܩܕܡܝܐ. — (2) Théosébie.

53. *Purification de l'argent.* — On projette du plomb sur de l'asem (sina)[1].

54. *Épreuve de l'asem* (sina). — On le fait chauffer; s'il reste brillant, il est pur; s'il devient couleur d'or, il renferme du cuivre; s'il devient pourpre, il contient du plomb.

55. *Éprouve l'adamas ainsi.* — « Mords-le : s'il est pur, il est friable; s'il est mou, c'est qu'il n'est pas bon. »

Fin du livre premier.

LIVRE IIe (DE ZOSIME).

Livre deuxième du même auteur. De l'argent.

Feuillet 21 recto.

1. *Travail de l'argent d'Égypte.* — Cuivre rouge de clous, vinaigre, sel et alun, céruse, litharge dorée, argent.

2. *Autre.* — Cuivre blanc purifié dans du vinaigre; addition de sel broyé dans du vinaigre avec de l'alun.

Verso.

3. *Autre.* — Cuivre blanc, alun, eau de citerne, arsenic qui ressemble au fer, magnésie travaillée, étain purifié, bonne terre blanche.

4. *Autre.* — Cuivre de Chypre macéré dans du vinaigre, alun et sel, terre blanche, chaux, argent pur.

Feuillet 22 recto.

5. *Autre.* — Cuivre d'Ibérie, arsenic, argent, etc.

6. *Autre.* — Cuivre appelé orichalque, mêlé d'argent; addition d'arsenic, d'alun et vinaigre.

[1] Coupellation.

Verso.

7. *Autre.* — Pierre d'androdamas tirée de la terre, etc.....; j'ai trouvé dans un endroit que la pierre d'adamas peut remplacer celle-ci; elle a beaucoup d'efficacité, etc.....

8. *Pour délayer le cuivre.* — Sel gemme, cumin, aphronitron, lait de chèvre.

9. *Pour blanchir le cuivre, afin qu'il puisse s'allier à l'argent sans être reconnu.*

Feuillet 23 recto.

Cuivre de Chypre, arsenic ferrugineux, alun lamelleux, sel de Cappadoce; après fusion, addition de cire, puis de magnésie préparée et alliée avec du plomb. Le mélange sera encore plus beau, si l'on ajoute du fer préparé avec de la magnésie et du mercure.

10. *Comment on remédie à l'argent qui n'est pas beau.* — « Prends de la paille, de la bière d'orge et de la rue; fais macérer dans trois drachmes de saumure et trois drachmes de natron blanc; mets le tout dans un creuset et souffle fortement, jusqu'à ce que celui-ci soit bien chaud, et quand il sera bien chaud, laisse-le refroidir[1]. »

Verso.

11. *Pour doubler le poids de l'argent.* — Cuivre, plomb, corps de magnésie, mercure; addition d'argent.

12. *Autre* (à la marge : bon, mais prends garde de te tromper). — Cuivre de Chypre, alun lamelleux, sel, argent mou.

Feuillet 24 recto.

13. *Autre.* — Cuivre de Chypre, argent pur; addition de terre blanche et de sel de Cappadoce; faire macérer dans du vinaigre.

14. *Autre.* — Cuivre de Chypre et argent; saupoudrer pendant la fusion avec du sel, comme ci-dessus.

[1] C'est le n° 22 du Papyrus de Leyde. (*Introd. à la Chimie des anciens*, p. 34.)

15. *Autre.* — Lame de cuivre macérée dans du vinaigre, puis fondue; saupoudrer avec de la terre de Chio, de la terre de Samos, du sel, de l'alun lamelleux et de l'alun. . . . . ;[1] on projette sur l'argent.

Verso.

16. *Autre.* — Cuivre blanc trempé dans du vinaigre, puis fondu avec addition de natron, de vitriol noir brûlé, du sel comme ci-dessus, du lait de figue ou du lait ordinaire, de l'arsenic, de la sandaraque (?)[2], de la terre de Samos, de l'aphrosélinon, du vinaigre fort, puis du fer, et en dernier lieu de la magnésie et de l'alun lamelleux, broyés dans du vinaigre.

17. *Comment l'asem (sina) dur et noir deviendra blanc et mou.* — Feuilles de l'arbre de la noix de galle et du buis qui est appelé φιλλυρέα[3] macérées dans de l'eau; on y trempe le métal avant la fusion, qui est répétée trois fois; addition d'aphronitron et d'alun.

Feuillet 25 recto.

18. *Purification de tout argent noirci.* — « Prends de la paille, de la bière d'orge, de la rue sauvage et du sel, trois empans (*sic* = trois drachmes); fais macérer dans du vinaigre blanc et verse par-dessus de l'aphronitron, trois (drachmes); mets du feu par-dessous et souffle fortement; laisse refroidir[4]. »

19. *Pour fixer l'argent fondu.* — Terre (? mot effacé) azurée, ou bien, de préférence, rouge.

20. *Pour rendre l'asem (sina) rouge comme de l'électrum*[5]. — Asem fondu avec de la couperose (χαλκητάριν), de l'ocre de l'Attique, du sori, de la pierre de Phrygie[6], de l'ocre égyptien; on projette cet élixir sur l'argent fondu, qui devient semblable à l'électrum. On peut aussi projeter : vitriol noir, ocre de l'Attique, ocre de Cappadoce, couperose (χαλκητάριν), ocre d'Égypte, pierre de Phrygie, mélangés avec l'asem.

(1) ܘܙܠܗܐ ܕܩܠܦܐ.

(2) ܘܐܪܣܢܝܩܘܢ ܘܐܣܢܕܪܟܐ.

(3) ܛܪܦܐ ܕܐܝܠܢܐ ܕܥܦܨܐ ܘܕܒܘܟܣܐ ܗܘ ܕܡܬܩܪܐ ܦܝܠܘܪܝܐ, au lieu de ܘܕܒܘܟܣܐ lire ܘܕܒܘܟܣܘܢ. Comp. Immanuel Lœw, *Aramaeische Pflanzennamen*, p. 63; et sur une confusion pareille, le lexique syriaque de Bar Bahloul, colonne 309, l. 5.

(4) Voir la recette 10.

(5) Ce dernier mot est expliqué en arabe, à la marge, par mélange d'or et d'argent.

(6) ܠܝܬܘܣܦܪܘܓܝܘܣ = λίθος Φρύγιος. Comp. Diosc., I, 807, éd. Sprengel.

Verso.

21. *Autre.* — Préparation analogue; sauf quelques différences dans les quantités; ocre de Chypre, au lieu d'ocre de Cappadoce.

22. *Autre.* — Préparation semblable; également ocre de Chypre, au lieu d'ocre de Cappadoce.

23. *Autre.* — Préparation analogue avec des lames d'argent.

Feuillet 26 recto.

On ajoute : de l'aphronitron, du vin d'Égypte, ou de Cilicie, de la fleur de sel, ou de l'urine de petit enfant, de la chalcite.

24. *Autre analogue.* — Mention de l'alun lamelleux, vin vieux d'Égypte.

Verso.

25. *Autre.* — Sans différences notables.

26. *Autre.* — Mentionne le *χάλκανθον* avec le *χαλκητάριν*.

27. *Autre.*

Feuillet 27 recto et verso.

28. Huit autres préparations analogues.

Feuillet 28 recto.

29. Deux autres préparations du même genre.

30. (*La coloration durable en*) *argent s'obtient aussi au moyen d'enduits*[1]. — Ocre de Chypre, couperose (*χαλκητάριν*), vitriol noir, ocre d'Égypte, broyés avec du vin d'Égypte et préparés en pastilles. Sur l'argent en fusion on projette une pastille et de l'aphronitron,

Verso.

puis deux autres pastilles avec de l'aphronitron, ou plus, suivant la quantité du métal. Les pastilles devront être préparées au moment du lever de l'étoile du Chien.

[1] ܨܒܥܐ ܡܩܘܝܢܝܬܐ ܗܘܐ ܐܦ ܒܝܕ ܡܫܘܚܐ.

31. *Autre analogue.* — On ajoute la pierre de Phrygie et l'alun lamelleux.

32. *Autre.* — Augmentation des quantités pour l'enduit.

33. *Autre analogue.*

Feuillet 29 recto et verso.

34. Sept autres préparations du même genre.

Feuillet 30 recto.

35. Deux autres préparations.

Au bas de la page, les signes du plomb (*κρόνος*), du fer (*ἄρης*), de l'étain (*ἑρμῆς*), du cuivre brûlé, de l'arsenic, de la magnésie, de l'argent (lune), de l'or (soleil), de l'électrum (*ζεύς*), du cuivre (*ἀφροδίτη*), du mercure (*ἀνο-βίβαζον*), du soufre, de la sandaraque et de la litharge.

LIVRE IIIe JUSQU'AU Ve (DE ZOSIME).

Feuillet 30 verso.

Composition du livre qui suit le deuxième livre de l'argent[1].

1. *Siwân, Loura, Sahoum, Sarosch, Sah, Ṭou, Saïm, selon l'ordre de leur retour; va jusqu'à l'endroit où est indiqué un autre retour.*

2. *Chapitre attribué à Platon.* — « Broie chaque espèce à part, pèse et mets dans une marmite, remue d'abord avec le doigt qui est près du pouce et fais cuire légèrement sur un feu de fumier, pendant un jour. »

« (Ces espèces) sont :

1° Pyrite d'Ossa, trois grammes;
2° Ocre de Chypre, un gramme et demi;
3° Sori rouge, trois grammes;
4° Vitriol noir de Chypre, quatre grammes et demi;
5° Ocre de l'Attique, neuf grammes. »

[1] Ici se trouvent les signes des sept planètes et métaux dont les noms suivent : ܣܝܘܢ. ܠܘܪܐ. ܣܗܘܡ. ܣܪܘܫ. ܣܗ. ܛܘ. ܣܐܝܡ ܐܝܟ ܛܟܣ ܗܘܦܟܗܘܢ ܘܐܙܠ ܥܕܡܐ ܠܕܘܟܬܐ ܕܪܫܝܡ ܗܘܦܟܐ ܐܚܪܢܐ ܩܦ ܕܦܬܓܡܐ ܦܠܛܘܢ. Pour Sahoum et Sarosch, comp. ci-dessus, trad., p. 6, notes 7 et 10.

« Agite et fais cuire, jusqu'à ce que le produit soit comme du cuivre brûlé; mêles-y une préparation de couperose (χαλκητάριν), cuite à part pendant trois jours, neuf grammes. Fais fondre dans le fourneau à tirage spontané[1], en projetant neuf grammes d'élixir avec de l'aphronitron.

« La préparation sera belle avec ces poids : pyrite d'Ossa, deux grammes un quart; vitriol noir de Chypre, quatre grammes et demi; ocre de l'Attique, neuf grammes; couperose cuite, neuf grammes. Opère comme tu l'as appris. »

Feuillets 31, 32, 32 ϰ.

3. Vingt autres préparations analogues, avec quelques différences dans l'indication des ingrédients et des poids.

Feuillet 32 ϰ verso.

Fin du livre sur le travail de l'argent, de la lettre hé (= ε').

LIVRE VIe (DE ZOSIME).

Commencement du livre sur le travail du cuivre, lettre vav (= ϛ').

1. « La lettre vav contient la doctrine sur la cuisson du cuivre qui sert aux opérations des teintures[2]. Les premières teintures sont appliquées à l'or, à l'argent et au cuivre. Les prêtres se servaient de ces procédés pour leurs préparations, telles que le doublement et la multiplication des métaux[3]. Dans le cas où c'était une teinture d'or,

Feuillet 33 recto.

ils s'en servaient pour le doublement de l'or. Si c'était une teinture d'argent, pour le doublement de l'argent; si c'était une teinture de cuivre, pour le doublement du cuivre. »

(1) ܘܣܡܘܗܝ ܒܟܘܪܐ ܕܢܦܫܐ ܡܢ ܢܦܫܗ. Feuillet 27 r°, on lit : ܣܡܘܗܝ ܒܡܦܘܚܐ ܕܟܘܪܐ (*sic*, lire ܕܟܘܪܐ) ܐܘ ܒܟܘܪܐ ܕܢܦܚ ܡܢ ܢܦܫܗ, littéralement *soufflet spontané, ou fourneau qui souffle de lui-même*; voir sur cet ustensile ci-dessus, p. 35, note 3, et p. 151, note 1, traduction, et *Transmission de la science antique*, p. 308.

(2) Le mot *teintures* (?) est représenté par un signe composé d'un triangle isocèle. Le sommet est surmonté des deux points du pluriel.

(3) ܘܟܕ ܐܝܟ ܕܡܫܟܚܐ ܕܡܠܝܘܬܐ ܘܡܫܬܡܗܝ (*sic*) ܡܫܬܡܗܝܢ ܗܘܘ ܕܘܟܝܐ ܐܝܟ ܕܟܝܢܐ. ܐܘ ܕܟܝܢܐ. Il s'agissait en réalité de fabriquer des alliages à bas titre, que l'orfèvre faisait passer pour les métaux purs. (*Introd. à la Chimie des anciens*, p. 53.)

« De même, suivant la proportion, pour la multiplication de l'or ou de l'argent; pour l'amollissement et le laminage des métaux. »

2. *Fabrication de lames de métal noir, ou alliage corinthien.* — « On l'emploie pour le travail des images (ou idoles), ou des statues que l'on veut rendre noires[1]. On opère également sur les statues, ou les arbres, ou les oiseaux, ou les poissons, ou les animaux, ou sur les objets que tu voudras.

« Cuivre de Chypre, une mine; argent, huit drachmes, c'est-à-dire une once; or, huit drachmes. Fonds, et après fusion, saupoudre avec du soufre, douze drachmes; sel ammoniac non traité, douze drachmes. Prends et mets dans un vase nettoyé, en disposant par-dessous le sel ammoniac. Puis saupoudre par-dessus avec du sel ammoniac ce qui a été projeté. Laisse refroidir. Ensuite prends, fais chauffer et plonge cette préparation dans du vinaigre, deux demi-setiers (ἡμίνα); du vitriol noir vif, huit drachmes : tout cela pour une mine de cuivre. Si tu veux opérer sur plus ou moins, prends de la préparation en proportion, et laisse refroidir dans l'ingrédient.

« Prends, lamine le métal, mais ne le lamine pas à la longueur de plus de deux doigts. Ensuite chauffe, et chaque fois que tu chaufferas, plonge dans l'ingrédient et retires-en la crasse, afin qu'il donne de l'éclat.

« Ce cuivre conservera sa noirceur, lorsqu'il sera limé et réduit en poudre; quand il sera fondu, il demeurera également saturé de sa couleur noire. »

Verso.

3. *Autre* préparation : avec de la scorie de fer, du vitriol noir, du soufre, de l'arsenic, de l'aphronitron (? αφυτις)[2], du noir de fumée de poix, du bitume, etc.

Feuillet 34 recto.

4. « Il faut savoir comment se faisait le traitement des enduits et de l'incération, d'après le premier livre sur les modifications de l'argent, son amollissement[3], ou son noircissement. Cette recette capitale était la principale pour les anciens, et elle était tenue cachée. Non seulement le secret était obligatoire, mais il était aussi prescrit par tous les serments qui en sanctionnaient le mystère.

« Ainsi que nous l'avons dit, les divers symboles des prêtres ont été ex-

(1) Cf. Pline, H. N., *XXXIII*, 67. — *Introd. à la Chimie des anciens*, p. 37, n° 36. — (2) ܐܦܘܛܝܣ. — (3) ܐܘ ܪܘܟܟܐ.

pliqués par les anciens maîtres et les différents prophètes, dont le nom est devenu célèbre, et qui ont prévalu avec toute la puissance de la science. Quant à moi, j'ai vu combien on éprouve de difficulté à obtenir ces désignations de la part des gens envieux, en raison de l'espoir de vanité fondé sur elles,

Verso.

et de la jouissance qu'ils en retiraient[1]. Mais dans cette jouissance il y a aussi quelque tourment, et ce tourment engendre la sottise. La série de toutes les méchancetés commence par l'envie : je parle de méchancetés telles qu'elles ne peuvent être décrites en détail. Ayant ainsi vu quel était le degré de leur sottise et de leur pauvreté d'esprit, j'ai détourné ma face de tous ces écrits, et je me suis décidé à ne plus les prendre en main, et à ne plus m'occuper des serments, des jalousies et des méchancetés excessives; j'ai renoncé à les interpréter, sans aucune jalousie de ma part, parce qu'ils sont le produit de la passion. »

5. *Autre préparation.* — Cuivre de Chypre, or, argent, plomb, soufre, aphronitron (? αφρτις)[2], pierre thracique (? θαβικον[3]), sel, pierre ponce, bitume.

Autre. — Cuivre purifié, or, argent, plomb, soufre, arsenic, sel.

6. *Autre.* — Cuivre purifié, or, argent, plomb, noir de fumée de poix, suc de sésame sec, soufre, sel.

Feuillet 34 κ recto.

7. *Autre préparation.* — Peu différente; on y mentionne la pierre gagatès[4].

8. *Pour faire une image d'homme, en lui donnant des couleurs.* — « Opère en formant (? mot effacé) une figure (φαντασία) phrygienne[5], considérable aux yeux de ceux qui la verront et qui croiront que c'est un être vivant[6]. Si tu veux la faire couleur de cuivre de chaudron, mélange avec une partie de cuivre de Chypre, en fondant d'abord le cuivre plusieurs fois, jusqu'à ce

(1) *Coll. des Alch. gr.*, trad., p. 187, 221, 235. Zosime revient sans cesse sur cet ordre d'idées.

(2) ܐܦܪܛܝܣ.

(3) ܬܐܒܝܩܘܢ. Dioscoride, *Mat. méd.*, l. V, ch. CXLVI.

(4) *Introduction à la Chimie des anciens*, p. 254.

(5) ܦܢܛܣܝܐ ܦܪܘܓܝܐ.

(6) Voir *Mappæ Clavicula*, dans la *Transmission de la science antique*, p. 63.

qu'il devienne couleur de pourpre. Après l'avoir limé, mets-le avec ces quantités (des ingrédients) qui t'ont été indiquées. »

9. *Pour l'image des femmes.* — « Or, une partie; argent, quatre parties. Le mélange a l'apparence de la chair de femme; il brille comme un éclair. Tel il sera, quand on le trouvera (achevé). On fait aussi des images noires avec de l'or, de l'argent, du cuivre et d'autres mélanges. Ce sont là les mélanges et les préparations que nous t'avons dits, etc. »

Verso.

10. *Autre préparation.* — Cuivre de Chypre, magnésie, fer, suc d'acacia.

11. *Autre.* — Cuivre fondu, fer, vitriol noir, bitume de Judée, arsenic, encre d'Inde ou de Scythie, soufre sans odeur. La teinture est celle que l'on appelle *pinosimos.* Cette teinture est destinée à la surface; elle comprend toute sorte de couleurs et d'espèces métalliques. La teinture blanche est celle qui pénètre, au moyen d'un ingrédient, dans la profondeur du corps.

Feuillet 35 recto.

Les premières lignes sont en partie effacées.

12. *Pour teindre le cuivre en noir.* — Enduire avec de l'huile, du soufre, du vitriol noir (? mot effacé) et du safran.

13. *Autre.* — Soufre, millet noir, sel, vitriol, vinaigre.

14. *Autre.* — Nitre noir, alun dur.

15. *Autre.* — Vitriol liquide et vinaigre.

16. *Autre.* — Cuivre blanc indien, etc.

Verso.

17. *Autre.* — « Cuivre ductile (ἐλατός[1]) indien, laminé jusqu'à ce qu'il soit très mince; il est d'une couleur excellente et agréable au toucher. »

18. Cuivre blanc laiteux (?) (γαλακτικόν) qui se lamine; sel pilé, alun, etc.

(1) ܐܠܛܘܣ.

Feuillet 36 recto.

19. Suite. — « On dit que le livre de cette préparation

Verso.

a été trouvé par Tertullus qui était de Mesouloutyou (?)[1]; suivant d'autres, par Mepanris (?)[2], etc. Beaucoup d'autres veulent donner leur nom aux recettes; personne ne les en empêche. Mais ils sont blâmés par les prêtres, par ceux qui possèdent les livres. Les prêtres en font lire une copie dans les sanctuaires des temples. Tout le monde sait que ces livres sont d'Hermès et d'autres auteurs égyptiens[3]. Quelques-uns disent qu'on y trouve la teinture noire et la teinture blanche excellente (? Loupariston) du cuivre[4]. Cet usage ne doit pas devenir un objet d'envie, car il est blâmé aussi par les prêtres. Au surplus, on sait que ce cuivre sert pour la fabrication (? mot effacé) des idoles. Lehdou, fils de Dionysos, fils de Moundos d'Apidos (= Abydos?), fils de Thormathidos, a fait avec lui (la statue) appelée Minerve. »

« Il convient de connaître le mélange du cuivre blanc, employé pour reproduire l'argent, dans les objets qui imitent ce métal. »

20. *Pour blanchir la fonte du (cuivre) indien altéré.* — « Cuivre égyptien, une partie; purifie-le bien et projette de l'argent dessus. D'autres en prennent quarante-huit parties; plomb, vingt drachmes; alun lamelleux, quinze drachmes. Broie tous ces corps ensemble et mets-les fondre, en agitant avec une tige de fer chauffée avec soin, de manière qu'ils se mêlent et se confondent ensemble. Ensuite prends et verse d'une seule coulée, pendant que le produit est chaud; laisse refroidir. Il peut recevoir de l'éclat, être chauffé et ciselé. C'est là un des mélanges de notre art; car tous ces procédés rentrent dans notre art. »

21. *Autre fusion de cuivre.* — Plomb, magnésie, mercure.

Feuillet 36 *bis* recto et verso.

22. *Autre.* — Préparation peu différente.

(1) ܡܣܘܠܘܛܝܘܢ. — De la moyenne Égypte?

(2) ܡܦܢܪܝܣ.

(3) Ceci semble une allusion à une pratique connue des Égyptiens, qui mettaient toutes les inventions sous le nom d'Hermès, à l'exclusion des inventeurs individuels. (*Origines de l'Alchimie*, p. 39.)

(4) ܠܘܦܪܝܣܛܘܢ.

23. *Sur les choses qui possèdent une couleur propre à rougir et à donner la teinte du corail.* — Cuivre préparé avec du cinabre et de l'eau de sel.

24. *Couleur de feu pour donner à un objet la teinte du corail lorsqu'on le lamine.* — Cuivre de Chypre excellent, de couleur rouge, fondu quatre fois et mélangé avec du cinabre, du minium, de la racine d'orcanète, etc.

Feuillet 37 recto.

25. *Pour rendre le cuivre couleur de corail.* — Cuivre de Chypre, alun lamelleux. On trempe dans de l'eau de sel, et aussi dans des biles, dans des jaunes d'œufs, dans de la chélidoine, dans du mercure (? ἐν αἰθάλῃ), dans de la liqueur blanche[1], dans du safran, dans du cumin indien, dans. . . . .[2], dans des écorces de grenade, dans des fleurs de grenade, dans de l'aristoloche et du vitriol de Chypre, avec de la chalcite de Chypre; on mélange avec de la gomme arabique[3] et de l'eau de citerne. En y plongeant le cuivre, il sera comme de l'or. Si tu as compris ce que j'ai dit, il sera rouge de fer.

26. « Le cuivre des Persans[4] Abidounidos et Tasvanouchidos[5] était fabriqué par des hommes habiles, au moyen de celui qui a l'aspect de l'or naturel, et avec du plomb, du cuivre, du mercure (nuage) et beaucoup d'autres choses, etc. . . »

Verso.

27. *Différentes manières de chauffer le cuivre et de le fondre.*

Feuillet 38 recto.

Même sujet.

Verso.

28. *Du (cuivre) jaune fondu*[6]. — Cuivre d'Égypte réduit en pâte, après fusion avec du vinaigre, résine, rouille grattée (ἰὸς ξυστός), chalcite broyée, addition de fer, de verre, de feuilles de vigne jaunissantes et autres choses analogues.

29. *Mélange du jaune.* — Cuivre blanc laiteux, ocre, rouille grattée, chélidoine; pâte d'huile, avec de la résine et du vinaigre; chalcite broyée.

(1) [syriaque].
(2) [syriaque].
(3) [syriaque], voir ci-dessus, p. 204, note 2.
(4) *Introd. à la Chimie des anciens*, p. 261. Cuivre trouvé dans les trésors de Darius.
(5) [syriaque]. C'était un bronze spécial.
(6) [syriaque].

Feuillet 39 recto.

30. (A la marge.) *Que tous les passants admirent l'idole et s'enorgueillissent de l'objet sculpté, comme le fit Pabapnidos, fils de Sitos, l'imposteur.* — (Dans le texte.) « De même tu seras émerveillé, en opérant ainsi qu'il a été dit. La couleur sera stable, celle dont il a été question au sujet du blanc ci-dessus. Combien on est ému, quand on admire l'invention des arts; combien la vue en est belle! Ainsi on a dit que cette invention appartient à Pabapnidos, fils de Sitos, ce maître des statues[1]; c'est lui qui constitua cette couleur. Combien il doit être admiré pour ses inventions! La couleur deviendra bleue[2], en ajoutant de la graine de solanum nigrum (ἀλικάκαβον), du suc de saule et de laurier blanc, etc. »

Verso.

31. « Les philosophes qui ont exécuté une préparation ont dit comment il fallait l'entendre. On fait des figures, des statues, des images de serpents et d'animaux; la statue du bon Ange (Agathodémon), celle de la bonne Fortune, celle du Hasard, celle de la Terre, et celle du Destin (?)[3], celle du Nil, qui est le Gihon, celle des fruits, des épis, et l'image de ces choses qui se prêtent à l'erreur et à l'illusion des individus abusés. Je méprise les disciples de Nilos qui admiraient des choses indignes d'admiration; ils étaient en effet ignorants, et on leur appliquait la parole qui dit : « Connais-toi « toi-même ». Cette parole même, ils ne l'admiraient pas.

« Telles sont les choses relatives à la teinture du cuivre et de ses alliages, ô femme[4]! . . . »

Feuillet 40 recto.

« Je pense que les anciens, par suite de leur esprit de jalousie, n'écrivirent pas ces choses: mais ils les firent connaître en secret aux prêtres seuls. Les hommes étaient saisis de crainte à la vue des images; ils pensaient qu'elles étaient animées et qu'elles tenaient leurs couleurs de la nature vivante; à tel point qu'ils n'osaient pas les regarder en face, par crainte de la nature vivante des membres et de la figure de l'objet façonné. Peu nom-

(1) ܡܚܫܒܬܐ ܗܕܐ ܕܐܠܗܘܬܐ ܕܦܐܦܢܝܕܘܣ ܒܪܗ ܕܣܝܛܘܣ ܗܢܐ ܗܘ ܕܐܢܕܪܝܢܛܐ.

(2) ܟܘܢܘܣ ܡܟܘܢܘܣ κύανος = κυανός?

(3) ܘܦܘܪܣܐ ܕܐܢܫܐ ܘܕܚܠܐ.

(4) Ce passage répond à ceux de Zosime où il réfute Nilos. (*Coll. des Alch. grecs*, trad., p. 187.)

breux étaient ceux qui pensaient qu'elles étaient faites par la composition et l'artifice des hommes; attendu que cela ne se disait qu'en secret et en cachette[1]. »

32. « Maintenant nous allons décrire les nettoyages de chacun des cuivres. »

Quel nettoyage est employé pour chaque cuivre. — Nettoyage commun, avec de l'eau chaude, des lavures de vaisselle et du vinaigre, de la terre saline ou nitreuse, ou de la lessive de bette, ou de la pierre ponce en poudre, ou du sable de mer rugueux et autres choses.

Verso.

33. *Pour le cuivre blanc.* — « Terre de Samos ou de Chio, ou terre d'étoile appelée *astéritis* (γῆς ἀστήρ), ou terre cimolienne, ou . . . . .[2], ou terre brillante, ou terre de Mélos, ou pierre légère appelée coupholithe (κουφόλιθος), et autres telles que : pétrosélinon, plâtre cuit, albâtre et autres, natron blanc, dit de Bérénice[3], tamisé. »

34. *Pour le cuivre rouge*, avec du verre.

35. *Pour le cuivre noir*, avec du natron noir, qui est appelé *indicon* (ἰνδικόν? mot effacé).

36. *L'indicon (bleu) se fait ainsi*[4]. — Orcanète de première qualité, broyée et mélangée avec du beurre.

37. *Le mercure (nuage[5]) se manipule ainsi.* — Il se prépare avec de la sandaraque, de la magnésie, de la pierre ferrugineuse, de l'argent broyés ensemble, etc.

Feuillet 41 recto.

38. *Autre.* — Chaux, sel, plomb, craie[6], fer.

39. *Autre.* — Mercure (ἑρμῆς), cadmie, craie, alun, faire cuire au feu.

[1] Cette protestation contre le culte des idoles est caractéristique. Il y a un passage analogue, mais plus vague, contre les fraudes des prêtres dans Zosime. (*Coll. des Alch. grecs*, trad., p. 235.)

[2] ܩܛܦܛܝܩܐ qui semblerait être le mot grec κατάφατικός.

[3] Verre de Bérénice. (*Coll. des Alch. grecs*, trad., p. 333.)

[4] ܟܕ ܢܫܘܚ ܡܫܚܐ ܘܣܡܩ ܒܗ ܗܘ. ܐܝܢܕܝܩܘܢ ܗܘܐ ܚܡܝܪܐ.

[5] Il s'agit ici de l'arsenic métallique sublimé.

[6] ܩܡܘܣܝܐ.

Comme dit Jovinien[1] dans l'Histoire du monde, projette de la terre appelée cimolienne sur de l'or blanc, et il rougira.

40. *Ainsi on projette le bleu* (κυανός) *et la chrysocolle; et ils sont projetés après toutes les teintures. C'est pourquoi le Philosophe* (*a mis*) *après l'indication de ces diverses préparations son livre de la Teinture*[2].

41. Étain purifié, arsenic, cinabre, minium et chrysocolle broyés ensemble.

42. *Je vais vous faire connaître la préparation du misy*[3]. — On le broie dans un vase de plomb avec du vin; addition de soufre.

Verso.

43. *Pour faire la couleur dorée, ou corinthienne.* — Aphronitron, sel, soufre non brûlé, fleur de cuivre.

44. *Teinture blanche pour rendre le cuivre semblable à l'asem* (*sina*), *tel qu'il est dans les lettres.* — Alun broyé dans de l'eau; addition de cendre (κονία) de fourneau.

45. *Pour rendre le cuivre semblable à l'asem* (*sina*). — Étain, chrysocolle, céruse, terre de Chio, mercure (fugace).

Feuillet 42 recto.

46. *Pour rendre le cuivre semblable à l'asem.* — Alun avec mercure.

47. Autre procédé : terre de Chio et mercure avec de la pierre ponce.

48. *Pour rendre le cuivre blanc.* — Urine d'enfant, cinabre, sel.

49. *Pour donner à un vase de cuivre la couleur de l'asem.* — Plomb, mercure, terre de Chio.

50. *Ferment*[4] (ζύμη) *au moyen duquel se font des vases de cuivre semblables à l'asem.* — Plomb, mercure, etc.

(1) ܝܘܒܝܢܝܢܘܣ. *Iovinianus.*

(2) ܗܟܢܐ ܡܫܕܐ ܩܘܐܢܘܣ ܘܟܪܘܣܘܩܘܠܠܐ ܘܡܫܬܕܝܢ ܒܬܪ ܟܠܗܘܢ ܨܒ̈ܥܐ. ܡܛܠ ܗܢܐ ܦܝܠܘܣܘܦܐ ܒܬܪ ܡܘܕܥܢܘܬܐ ܕܬܘܩܢ̈ܐ ܗܠܝܢ ܫܚܠܦ̈ܐ ܣܡ ܟܬܒܗ ܕܦܘܣܝܣ. Au lieu de φύσις « nature », peut-être doit-on lire φύκωσις « teinture ».

(3) ܐܘܕܥܟܘܢ ܕܝܢ ܐܘܡܢܐ ܕܡܝܣܘܢ.

(4) Ou plutôt « liqueur ».

Verso.

51. « Ainsi j'ai livré ouvertement cette recette, d'après laquelle avec du suc de feuilles de roses, exprimé à un certain moment, on fait des pastilles ; ces pastilles doivent être enduites d'eau de rose d'une manière uniforme. »

52. « Elle dit : tous les corps (métalliques) ; mais je n'ai pas traité jusqu'ici la doctrine relative à ce sujet, parce qu'elle a été perdue et qu'elle ne nous est pas parvenue. Ces choses sont écrites dans son *Traité sur le mercure*, et moi, j'en ai parlé dans le *Traité sur les causes* et dans le *Traité de la commémoration*. »

53. *Pour faire la couleur d'argent.* — Coupholithe (*κουφόλιθος*), c'est-à-dire pierre légère, broyée dans de l'eau, mercure, céruse, litharge.

Feuillet 43 recto.

Suite.

Verso.

54. *Teinture rouge et couleur de feu.* — Cuivre brillant, broyé dans de la farine de vesce.

55. *Autre.* — Cumin pilé avec de l'eau de pluie.

56. *Autre.* — Pierre ponce brûlée et broyée dans de l'huile ; on enduit des briques non brûlées ; on broie des briques non enduites. « Les uns appellent ces briques égyptiennes ; moi je les appelle briques de rose ; d'autres les nomment briques libératrices. »

57. *Comment on doit traiter tout cuivre et (notamment) celui qui aura la couleur de l'or.* — Farine d'orge pétrie avec de l'eau de citerne et des blancs de petits (œufs?)[1] ; on met dans un vase non étamé[2] et on en frotte le cuivre.

58. On fait un trou suffisant pour placer l'objet de cuivre ; on en lute l'intérieur avec de la fiente de bœuf (*βόλβιτος*), et on y dépose le cuivre. On le fait fondre, après avoir luté pour que le principe tinctorial ne s'échappe pas.

[1] ܡܣܘܪ̈ܬܐ ܕܩܛ̈ܢܐ. — [2] ܒܡܐܢܐ ܕܠܐ ܐܒܟ, expression fréquente ; fol. 44 v°, l. 14, ܐܒܟܘܗܝ « étame-le ».

Feuillet 44 recto.

59. *Comment on donne la couleur de feu aux objets d'asem* (*? sina*). — Cuivre brûlé, carthame, alun, natron.

60. *Voici ce que dit le Philosophe sur la teinture du cuivre.* — Carthame broyé et mélangé avec un peu de safran; ou bien, natron, couperose, alun.

61. *Pour faire la couleur d'or.* — Limaille de plomb, natron, sel, fruits de grenade acides; alun lamelleux.

Verso.

On en enduit le cuivre.

62. *Teinture d'argent, pour que le cuivre paraisse être de l'argent.* — Cuivre nettoyé, alun broyé dans de l'eau; on enduit le cuivre; addition de plomb, cendres de figuier, de chêne ou de mûrier.

63. Pour que le cuivre ressemble à de l'argent pendant un an, on prend un tesson du vase appelé *liqousaticon*[1], qui ait déjà servi. On enduit de colle, on étame à l'intérieur; on assujettit bien, dans du foin de foulon, et on ferme l'orifice avec un linge. On fait cuire dans de l'eau et de la cendre de sarment.

64. *Nettoyage du cuivre.* — Betterave, comme pour l'argent, etc.

Feuillet 45 recto.

Fin du livre VI sur le cuivre et le travail du cuivre.

LIVRE VIIe (DE ZOSIME).

Livre VII qui est appelé scellé *et* sceau *et* Héphestion[2].

1. « Je vais maintenant exposer avec soin toutes les choses qui te sont nécessaires, à toi (femme) et à tous les rois puissants, pour amollir l'argent ou d'autres corps; pour les rendre pareils à la cire; pour sceller et cacheter

(1) ܠܝܩܘܣܛܝܩܘܢ. — (2) Écrit Houphestion.

sur eux, ou sur telles autres choses que tu voudrais sceller sans feu[1]. Opère ainsi : prends le corps que tu voudras, en fragments[2]; mêle avec du mercure (appelé fugitif), jusqu'à ce qu'il s'amollisse et forme une pâte à ta volonté, et, lorsqu'il sera suffisamment liquide, sers-t'en pour les cachets. D'autres, après qu'il a été amené en pâte sur le feu, le chauffent, pour en chasser le mercure (le nuage). »

2. *Chapitre d'Héphestion*[3], *pour faire du cuivre blanc.* — « Prends une lame de cuivre de Nicée (*νικαινον*)[4]; mets dans de la saumure pendant trois jours;

Verso.

puis prends-la, lave-la dans du mercure, laisse sécher un jour. Ensuite mélange avec du mercure, jusqu'à ce que le produit devienne propre à être pulvérisé. Broie la lame avec de la sandaraque vive : cuivre, une once; sandaraque, deux drachmes. Broie dans du vinaigre blanc, pendant trois jours, jusqu'à ce que le produit soit comme de la cire. Mélange avec du natron et de l'huile; fonds et le produit sera blanc. Fonds ensuite avec de l'arsenic vif, en saupoudrant jusqu'à ce que le produit se réduise en poudre. Broie le cuivre et fais cuire dans du suc de noix de galle; fonds, en projetant dessus de la magnésie, et il deviendra blanc. »

3. *Pour faire du cuivre noir.* — Cuivre brûlé, couperose, noix de galle, vitriol; addition de poix liquide, soufre, litharge, calcand, feuilles de saule, chaux.

4. *Pour faire du cuivre vert.* — Cuivre brûlé, pierre de Phrygie, cadmie, du bleu (? *κυανόν*[5]), ocre, limaille de plomb, addition de bon vin.

5. *Sur les miroirs. Comment se font les miroirs d'argent.* — « Pour une mine d'argent, projette trois onces d'adamantos, suivant d'autres, d'androdamas. Quand l'argent est beau, projette

Feuillet 46 recto.

l'androdamas, et, quand le produit est devenu beau, ajoute (encore de) l'ar-

[1] *Coll. des Alch. grecs*, trad., p. 297. Chimie de Moïse, n° 52. L'empreinte est faite dans ce passage sur un vernis épais. De même p. 312, n° 18, dans le traité d'orfèvrerie. Tandis que, dans le traité syriaque actuel, on amollit l'or en l'amalgamant.

[2] ܡܢ ܦܓܘܣܡܐ ܐܝܠ ܕܪܓܫ ܘܦܪ̈ܘܬܐ.

[3] ܡܢ ܗܘܦܣܛܝܘܢ.

[4] ܢܝܩܝܢܘܢ. *Coll. des Alch. grecs*, trad., p. 182 et 277.

[5] ܩܘܐܢܘܢ; peut-être « de la résine », comp. p. 7, l. 13; trad., p. 14.

gent (?); fonds en pastilles[1]. Quand tu voudras laminer le métal, fais chauffer les pastilles et, après avoir laissé refroidir, lamine. Lorsque tu l'auras laminé jusqu'à la longueur du petit doigt, fais de nouveau chauffer et refroidir, et lamine de nouveau. Lorsque tu l'auras laminé jusqu'à la longueur de deux doigts, ou comme tu voudras, suivant la mesure du miroir, tu ne dois pas le chauffer de nouveau; mais enduis-le à froid et tel quel. Lamine-le fortement, pendant qu'il est froid, enduis-le bien, pour qu'il se resserre[2]. Enduis-le de nouveau et égalise avec soin, de manière qu'il soit enduit également partout. Ensuite frotte bien avec de la pierre ponce réduite en poudre, au moyen d'un linge, que tu tremperas dans la pierre ponce. On fera tomber de l'huile goutte à goutte sur le miroir. (La pierre ponce?) sera finement broyée, de manière qu'il n'y ait pas de grains.

« Quand tu trouveras que le miroir est beau et parfait, ajoute de nouveau sur ce miroir de la pierre ponce broyée avec un morceau de toile épais, et frotte avec un autre morceau de toile, en faisant tomber de l'huile goutte à goutte. Quand tu verras qu'il est poli et net, prends de la pierre légère (*κουφόλιθος*), que tu broieras et comprimeras dans un linge, comme il est dit (ci-dessus). Frotte avec un morceau de laine. Quand la pierre légère apparaîtra au travers[3], prends-en avec le morceau de laine et frotte une seconde fois. Essuie de nouveau avec un linge mince, sans verser dessus de l'huile. Frotte ensuite légèrement avec le même linge, sans pierre légère. Ce linge doit être mince. Broie alors du charbon de bois de laurier, mets-en dans un morceau de toile et passe ce linge dessus le miroir, comme il a été dit ci-dessus. Frotte le miroir avec un morceau de toile,

Verso.

en versant des gouttes d'huile, jusqu'à ce qu'il soit beau; puis de nouveau, avec de la pierre légère. Prépare les charbons comme pour le nettoyage de l'argent et du cuivre, selon l'usage actuel (?)[4]. Ce sont les charbons des artisans du cuivre. Après qu'ils ont servi à fondre celui-ci et qu'ils ont été retirés du creuset, ils sont broyés et employés, en les renfermant dans un morceau de linge.

[1] ܘܟܠ ܕܢܦܫ ܢܚܫܐ. ܚܡܝܡ ܟܡܐܢܘܬܐ ܠܟܠܗܘܢ ܐܪܓܘܢܝܬܐ. ܘܟܠ ܕܢܦܫ ܢܚܫܐ ܕܗܢܘ ܢܚܫܐ ܗܘܝ ܠܩܕܡܝܬܐ.

[2] ܐܬܥܨܪܘܢ. ܬܬܠܬܠ ܐܝܟ ܕܢܬܥܨܪ.

[3] ܟܕ ܕܝܢ ܕܫܠܡܬ ܠܗ ܡܘܩܠܡܘܢ.

[4] ܘܟܣܝ ܟܠܗ ܟܘܬܐ ܕܝܢ ܐܝܟ ܕܟܠܟܠܢܐ ܗܢܘܢ ܕܣܦܣܢܬܐ ܐܝܟ ܕܝܢ ܐܚܠ.

« Il convient que tu comprennes maintenant deux opérations dignes d'admiration : l'une est celle du bois de laurier qui polit et fait briller, et ce n'est pas en vain qu'on s'en sert pour le blanchiment du cuivre dans la préparation divine; d'autres (s'en servent) pour le polissage des perles. Combien sont laids les miroirs faits par simple fonte! Mais le frottement fait ressortir leur éclat et leur poli; il les fait paraître comme des perles étincelantes. De même, si la perle est enduite, polie et frottée, le polissage en fait ressortir la couleur. »

6. « Tu as la preuve de cela dans le premier livre d'Imouth et dans le second livre d'Imouth; on y explique que les cuivres sont nettoyés comme il suit. Prends des branches de saule, enlèves-en l'écorce et fais brûler; jette dans l'eau du sel, sans le réduire en poudre; mais frotte avec les charbons qui en proviennent, en trempant dans de l'eau. Après cela, brûle des coquilles attiques[1]; pile, broie et attache dans un morceau de linge; étends sur le miroir, en versant l'huile goutte à goutte.

Feuillet 47 recto.

« Pile alors de la pierre légère et sers-t'en, en la mettant dans une étoffe, comme il a été dit ci-dessus, et fais tomber goutte à goutte de l'huile. Frotte de nouveau avec un morceau de laine mince, tant qu'il y aura de l'huile et jusqu'à ce que celle-ci ait disparu. Ensuite essuie doucement avec un morceau de toile. »

7. *Pour souder le cuivre avec du fer.* — Oindre d'abord de poix, puis avec une teinture (φυκαιδα ?)[2], composée de cuivre couleur de sang et de. . . . . (?). Pour souder de l'argent, on gratte les deux espèces que l'on veut souder ensemble, après les avoir enduites d'huile. Pour souder du cuivre et du fer, on se sert d'étain et de plomb, mêlés à égales parties. Oindre de poix, puis étamer[3], etc.

Verso.

8. *La préparation de l'adamas*[4] *(androdamas) se fait ainsi.* — Cuivre blanc, deux parties; et plomb, une partie. On reconnaît le vrai adamas de cette

(1) ܚܠܙܐ ܕܝܢ ܗܟܢ ܐܘܩܕ ܫܚܘܩ ܐܠܗܝܘܢ.

(2) ܘܨܒܥܐ ܗܘ ܕܡܢ ܐܚܕܪ ܘܡܢ ܕܡܐ ܘܡܢ ܕܘܫܦܬܐ.

(3) ܘܡܣܝܡ ܐܢܟ ܐܢܐ.

(4) ܐܕܡܣ.

manière : on fait chauffer du fer et on le met au-dessus; s'il n'est pas bon, il fond aussitôt.

9. *Alliage de plomb qui ressemble à de l'argent.* — « Pour une mine de plomb, une once de cuivre, six d'androdamas; suivant d'autres, six drachmes d'adamantos. »

10. *Teinture qui ressemble à de l'or.* — « Chrysocolle dont se servent les ouvriers orfèvres. On prend le poids d'un dinar et on enduit le métal avec cette chrysocolle. Si tu emploies notre chrysocolle, rends la couleur un peu épaisse, en y plongeant fortement le métal. Si elle est en petite quantité, chauffe-la et enduis avec du sel et du vinaigre. »

11. *La teinte bleue se donne à l'or de cette manière.* — Or, argent, cuivre et plomb, saupoudrés de soufre après fusion; broyer dans du vinaigre.

12. *Pour rendre le cuivre semblable à de l'asem.* — Cuivre blanc fondu et mêlé avec de l'étain.

13. *Comment on blanchit des paillettes de cuivre*[1]. — Oindre et frotter d'alun et de sel. Après quelque temps, frotter doucement du mercure, etc.

Feuillet 48 recto.

14. *Pour blanchir le cuivre.* — Mélanger avec de l'étain. — Cuivre blanc d'Héphestion (écrit Houphestion) : mêler avec de l'argent de Nicée (?)[2] lavé; ajouter de la rouille, réduire en limaille; addition de cuivre broyé, sandaraque, vinaigre et natron ou huile, etc.

15. *Comment l'or se soude avec le fer* (et avec le cuivre). — On polit le cuivre et le fer, et on enduit de colle de bœuf; puis on soude les lames d'or.

16. *Pour dorer de l'électrum* (?) (mot écrit *χλαινα*)[3].

Verso.

« Prends de l'électrum (?)[4], fais-le cuire dans du vinaigre et du vitriol,

[1] ܐܝܟܢܐ ܡܬܐܒܪ ܩܠܦܐ ܕܢܚܫܐ. Litt. : comment on étame des écailles de cuivre.

[2] ܢܝܩܝܘܣ.

[3] ܟܠܐܝܢܘܢ ܡܚܠܐ ܕܟܣܦܐ. — Cp. *χαλάϊνον*, *Transmission de la science antique*, p. 368-370.

[4] ܫܐܡ ܕܐܬܐ ܕܢܦܩ ܡܢ ܝܡܐ. Électrum a le double sens d'alliage d'or et d'argent et d'ambre : « Ambre jaune (*ἤλεκτρον*), qui est tiré de la mer »; comp. ci-dessus, traduction, p. 18, n° 16.

mêle avec de la colle de bœuf; enduis avec l'ingrédient, puis soude les lames. »

17. *Pour dorer un vase de poterie.* — Lait de figue, noyaux de pêche (*περσέα*) et safran.

18. *Pour dorer de l'électrum* (?) (mot écrit *κλαινα*)[1]. — « On fait chauffer légèrement, on enduit avec de la colle de bœuf et on soude les lames. »

19. *Autre.* — « Myrrhe, saumure, lait de figue, lait de mûre; souder les lames. »

20. *Pour dorer une pierre dure.* — « Du jonc (?)[2], de la myrrhe, de la résine liquide, de la gomme arabique[3] blanche; frotte avec de la limaille (d'or)[4]; pétris avec du vin et enduis ainsi la matière travaillée pendant six jours. Quand elle sera sèche, frotte avec du verre de Bérénice (?) (mot écrit *πρικιν*), de la limaille et de l'eau[5]; expose au soleil jusqu'à ce que la matière sèche; prends de la colle et enduis-en la matière travaillée. »

21. *Comment on doit dorer.* — Plâtre, eau de colle de poisson; on frotte avec ces ingrédients, puis avec du milésium (*μιλήσιον*) et de l'eau; ensuite avec de l'ocre, ou du minium, et de la colle liquide, et on dore ainsi les lames. Pour dorer le parchemin des livres, huile de noix de galle; ou bien les mêmes ingrédients.

22. *Comment doit être (verni) le bois blanc quand on veut le dorer.*

Feuillet 49 recto.

Colle, matière blanche (λεύκωμα?)[6], myrrhe, résine.

23. *Comment on dore l'ivoire.* — On frotte l'ivoire avec de l'alun et de l'eau chaude, puis on fait cuire et réduire de la racine d'arction (?)[7]; ad-

[1] ܟܠܝܪܘܢ ܘܛܠܐ, voir la note 3 de la page précédente.

[2] ܐܚܪܐ.

[3] ܨܡܓܐ.

[4] (lire ܟܡܝܬܐ?) ܗܘ ܟܡܝܘܬܐ.

[5] ܗܘ ܟܦܪܝܩܝܢ ܘܫܚܝܩܐ ܥܡ ܡܝܐ.

[6] ܠܘܩܘܡܐ.

[7] ܥܩܪܐ ܕܐܪܩܛܝܘܢ *αρκτος* = *ἄρκτιον* (?) Cf. *Introd. à la Chimie des anciens*, p. 119, l. 21 et note 1.

dition d'un peu de natron. On enduit l'ivoire avec ce produit et on colle les lames (d'or) avec de la colle de pierre (λιθοκόλλα).

De même pour les cornes.

Fin du livre sur le scellé, le sceau et Héphestion (Houphestion).

LIVRE VIIIe (DE ZOSIME).

Livre VIII sur le travail de l'étain; lettre heth (= η').

Livre sur l'étain qu'a exposé Zosime : A Théosébie, la reine, salut!

1. « Les saintes Écritures, ô femme! disent qu'il y a une espèce de démons qui ont commerce avec les femmes et les dirigent [1]. Hermès en fait également mention dans son livre sur les (sciences) naturelles; et tout son livre offre un sens à la fois manifeste et caché. Il en fait mention dans ces termes : Les livres anciens et divins disent que certains anges furent pris de passion pour les femmes. Ils descendirent sur la terre et leur enseignèrent toutes les opérations de la nature. C'est à leur sujet que notre Livre (la Bible) a dit que ceux qui s'étaient enorgueillis

Verso.

ont été chassés du ciel, parce qu'ils avaient enseigné aux hommes toutes les choses mauvaises, qui ne servent pas à l'âme. Ce sont eux qui ont composé les ouvrages (chimiques), et d'eux vient la première tradition sur ces arts. On appelle leur livre *Chema* (*koumou*), et c'est de là que la chimie (*koumia*) a reçu son nom. »

« Le Livre se compose de vingt-quatre sections [2]; chacune de celles-ci a son nom propre, ou lettre, ou traité. Elles sont expliquées par la voix des prêtres. L'une d'elles est appelée *Imos;* une autre, *Imout;* une autre a pour titre *face :* c'est ainsi qu'on traduit. Une section est appelée *clef;* une autre, *sceau* ou *scellé;* une autre, *manuel* (ἐγχειρίδιον); une autre, *époque* (ἐποχή).

[1] Ce passage nous a été transmis aussi par Le Syncelle. (*Origines de l'Alchimie*, p. 9.)

[2] Le chiffre 24 se rencontre souvent dans les écrits hermétiques; par exemple, dans le *Livre des Kyranides*, partagé en 24 chapitres, et où il est question des 24 gemmes; dans le *Traité des fleuves* du Pseudo-Plutarque, etc. Les lettres de l'alphabet jouent un grand rôle dans la littérature gnostique.

Comme je l'ai dit, chacune a son nom. On trouve dans ce livre les arts exposés dans des milliers de paroles.

« Ceux qui vinrent ensuite en composèrent autant, afin de les commenter eux-mêmes. Mais ces commentateurs n'écrivirent rien de bon. Non seulement ils gâtèrent les livres de la chimie (koumia); mais ils en firent des mystères. Le Philosophe dit qu'ils noyèrent dans un grand océan les écrits de la science de la nature. Sans doute ils voulaient vous instruire; or, s'ils instruisent les âmes, c'est qu'ils sont des philosophes. Si tu es philosophe, ne mens donc pas; car tu sais ce qu'est l'enseignement, ce qu'est le corps et l'âme,

Feuillet 50 recto.

et chaque fois accomplis ton devoir. La parole de la sagesse dit que tout est méditation. Isidore[1] dit aussi que la méditation accomplit l'œuvre.

« Je sais que cela ne t'échappe pas, à toi (femme); tu le sais, car tu es de ceux qui voudraient cacher l'art, si on ne l'avait pas écrit. C'est pourquoi vous avez formé une assemblée et établi des serments vis-à-vis les uns des autres. Mais toi (femme), tu as mis tes disciples à part de la multitude, tu les a réunis en petits groupes, et tu les as instruits ouvertement. Cependant tu dis que ce livre ne peut être acquis qu'en secret. Si les mystères sont nécessaires, à plus forte raison faut-il que chacun possède un livre de chimie (koumi), qui ne soit pas tenu caché. Sache donc, ô femme! que d'après le Philosophe les auteurs des commentaires ont parlé seulement de l'argent teint en or; mais le livre de chimie qu'ils ont caché annonçait que le plomb, l'étain, le fer et l'argent seraient teints en or, chacun de ces métaux pour lui-même; les uns aussi en argent; les autres, en cuivre; les mêmes, en fer (le plomb fait de l'étain; le cuivre, du fer; l'argent, de l'or); les mêmes aussi, en étain; et ainsi de haut en bas, et de bas en haut (de la liste des métaux).

« Il existe beaucoup d'autres arts. Là sont exposés des arts nombreux, de telle sorte que nous pouvons y trouver ces (opérations) faites à la main, ces expériences que l'on appelle χειρότμητα[2]. Celles qui te sont annoncées, s'y trouvent. »

Verso.

2. *Pour rendre l'étain semblable à l'argent, on opère ainsi :* Sandaraque,

[1] Petesis = Isidore. Dans le texte, Isidos. — [2] *Origines de l'Alchimie*, p. 157, 177.

magnésie, sel de Cappadoce, sel ammoniac, sel commun; puis cendre et chaux.

3. *Autre.* — Addition de pompholyx.

Feuillet 51 recto.

4. *Autre.* — Fondre du fer avec le corps de la magnésie; litharge blanche broyée dans de l'eau, du vinaigre, de l'huile de raifort, huile et cire. Chauffer sur un feu doux de cyprès, appelé *ϖάπυρος*[1].

5. *Pour traiter le cuivre de Chypre.* — Faire macérer dans de l'alun, ou comme il t'a été enseigné dans le livre sur l'argent, sous la lettre *βῆτα*; urine de vierge, écorce de pêcher (*ϖερσέα*), ou de laurier, ou d'oranger, ou de figuier, ou écorce ou lait de mûrier, ou alun, ou suc d'olive, ou eau de mer, ou vinaigre fort, soit vinaigre blanc, soit vinaigre de Chypre, etc.

Verso.

6. *Il y a encore un autre moyen.* — « Enduis le cuivre de soufre. Tu trouveras sans doute ce procédé dans le livre second (lettre *βῆτα*); tu broieras et tritureras tous les ingrédients après fusion, selon les quantités qui sont indiquées. Si tu veux opérer avec l'orichalque, prends de l'urine d'enfant, les écorces de l'arbre que tu voudras, soit de citronnier, ou de figuier, ou de pêcher, etc... »

7. *Tu peux procéder aussi par pulvérisation.* — Fondre l'étain dans un ustensile appelé *ϖυρομάχος*, c'est-à-dire qui résiste au feu, ou au fond de celui qui est appelé *σκύθος*, etc.

Feuillet 52 recto.

Suite.

8. « Prends de la raclure de cuivre de Nicée (?)[2], ou de la limaille, etc.; pétris dans de l'huile, fais des boulettes (?)[3] et fais fondre avec confiance, en soufflant au moyen d'une outre, ou au moyen du récipient à tirage spontané[4] (*αὐτοματάρειον*); laisse refroidir dans le fourneau, etc. »

(1) ܡܢ ܢܘܪܐ ܕܩܝܣܐ ܕܐܪܙܐ ܕܡܬܩܪܐ ܦܣܦܘܪܘܣ.

(2) ܘܣܪܘܩ ܡܢ ܟܘܪܙܐ… ܕܢܚܫܐ ܢܝܩܝܐ.

(3) ܘܥܒܕ ܟܘܟܒܐ

(4) ܘܢܦܘܚ ܒܡܫܠܚܬܐ ܐܘ ܒܝܕ ܙܩܐ ܐܘ ܒܝܕ ܐܘܛܘܡܛܪܝܢ ܗܢܘ ܕܝܢ ܕܐܢܐ ܕܢܓܕ, comp. traduction, p. 35, note 3; p. 151, note 1.

Verso.

Suite.

Feuillet 53 recto.

Suite.

Verso.

9. *La purification de l'étain se fait ainsi.* — Faire fondre dans une marmite enduite de poix; verser dans une coupe ointe d'huile; plonger dans de l'eau de mer.

10. *Pour purifier l'étain.* — Après qu'il a été traité comme il convient, on saupoudre dessus de l'alun lamelleux, de la chalcite; on opère la fusion, et on trouve de l'argent égyptien (asem).

11. *Purification du plomb très utile.* — Fondre et verser dessus de l'huile et du bitume; ou fondre, jusqu'à ce qu'il soit réduit à un tiers.

12. *Pour allier le plomb avec l'étain, de manière à obtenir un beau métal.* — Mercure et plomb, etc.

Feuillet 54 recto.

13. *Étain pour faire de l'argent.* — Faire macérer l'étain dans de l'eau de mer et fondre; addition d'arsenic, de pompholyx, cadmie blanchie; natron et sel; huile de cyprès, cire pontique (?), ou litharge blanche, ou scorie d'argent.

14. *Autre.* — Cuivre blanc avec du cuivre de Nicée (νικαινον), étain, broyés avec de l'alun et de la terre argentifère, natron et huile.

Verso.

15. *Autre.* — Étain, sandaraque, suc de solanum nigrum (ἁλικάκαβον); poix, alun et terre d'argent, arsenic blanchi, cuivre de Chypre.

16. *Teinture d'étain doré.* — « Enduis de safran ou de bile de veau, de bouc ou de bœuf, ou même de chèvre (αλβιτος?) noire ou blanche[1], et fais du cinabre (? écrit χουμβρις)[2]; mets en magasin. Si tu nettoies l'étain, il n'en sera que plus brillant, mais on dit que ce n'est pas la règle. Si tu veux qu'il soit pur, éprouve-le en l'enduisant avec de l'élydrion et de la résine sèche. Opère ainsi, ou d'une manière analogue. »

[1] ܐܘ ܐܦ ܕܐܠܒܛܘܣ ܐܘܟܡܐ ܐܘ ܚܘܪܐ. Dans le lexique de Bar Bahloul, col. 165, l. 25, ce mot est expliqué par « bouc ». — [2] ܘܟܬܒ ܟܘܡܒܪܝܣ.

17. *Pour dorer l'étain.* — On le frotte avec de la pierre ponce schisteuse, ou (une autre) pierre schisteuse, et on applique les lames (d'or). « De même pour le plomb. J'ai appris, ô femme! que l'étain, quand il est allié au mercure, s'unit de lui-même aux lames. »

18. *Pour éprouver l'étain.* — « Fonds l'étain et mets-le dans un morceau de linge; si celui-ci brûle, c'est qu'il y a du plomb[1]. »

Feuillet 55 recto.

19. *Pour éprouver le mercure* (nuage)[2]. — « Mets-le dans une coupe avec du vinaigre et laisse-le un jour; s'il y a du plomb, le vinaigre noircit; s'il y a de l'étain[3], il verdit. »

20. *Autre.* — « Frotte un peu avec un linge; s'il adhère, (en formant une pellicule épaisse), il est frauduleux. »

21. *Comment on solidifie le mercure.* — Mêler du mercure avec de l'étain fondu; frotter et mettre dans un roseau mince.

22. *Autre.* — On mêle avec des lames d'étain.

23. *Pour faire de l'or avec de l'étain, comme cela se pratiquait autrefois.* — Marbre réduit en chaux, wars brûlé, safran (κρόκος), craie (?)[4]; étain et limaille de fer des fabricants de peignes.

Fin du livre sur l'étain et sur le travail de l'étain.

LIVRE IXᵉ (DE ZOSIME).

Livre IX sur la lettre ṭêt (= ϑ'). La lettre ṭêt renferme tout le discours qui parle du travail du mercure. Elle est

Verso.

la clef de tout, parce qu'elle renferme le travail du mercure et le discours qui s'y rapporte.

1. « De même que le mystère des neuf lettres[5] est la clef commune des

(1) Recette n° 32 du Papyrus de Leyde. (*Introd. à la Chimie des anciens*, p. 36.) — Pline, H. N., XXXIV, 48.

(2) Au lieu de « mercure », il faut lire « argent ».

(3) Au lieu d'« étain », lire « cuivre ».

(4) [illegible].

(5) Énigme sibyllin? *Origines de l'Alchimie*, p. 136. (Voir le présent volume, p. 265, au milieu.)

choses visibles, comme il nous est dit dans le livre sur les noms et dans le livre sur les amulettes[1]; ainsi la lettre têt renferme toute la clef de l'art visible, clef qui réside dans le mercure de toute espèce. Or le discours sur le travail du mercure, ô femme! est bien varié et difficile à comprendre. Mais il est toute la clef de cette œuvre. C'est pourquoi c'est le dernier livre de tous les livres appelés clef et chalkydrion (*χλικουκδριον*)[2]. Ce livre-ci traite du mercure, mais il a besoin d'un autre pour le compléter. On a vu plus haut le traitement du corps qui entraîne après lui le corps fugace, à un degré plus ou moins marqué : il s'agit des trois espèces du mercure[3]. Le premier mercure parmi les corps fugaces détermine seulement une volatilité partielle. Au lieu de disparaître, il fixe les corps fugaces, qui sont les soufres. Ainsi se vérifie la parole de Marie, qui dit que les soufres teignent et sont fugaces. Ils sont fixés par le mercure. Quand donc on parle de l'arrêt et de la fixation d'une teinture, fixation rouge ou blanche, au moyen du soufre, ou de la sandaraque, ou de l'arsenic, sache (femme) qu'il s'agit de ce mercure; car on opère avec les trois espèces du soufre. C'est pourquoi ses noms anciens sont ceux-ci :

Feuillet 56 recto.

soufre, arsenic, sandaraque. »

Suit le même texte que celui des manuscrits du British Museum, ci-dessus, p. 45, l. pénult., jusqu'à la p. 47, l. 13 (dans la traduction, p. 82, jusqu'à la p. 85). Il suffira donc d'en signaler les variantes, qui sont peu nombreuses :

Après ܡ̈ܝܐ ܕܗܠܝܢ, p. 46, l. 3 (trad. : et eau de ceux-ci, p. 82, au milieu de la page), ajoute : ܗܘ ܕܝܢ ܡ̈ܝܐ ܕܟܒܪܝܬܐ ܘܡ̈ܝܐ ܐܙܪܢܝܟܐ ܘܡ̈ܝܐ ܕܣܢܕܪܟܐ « c'est-à-dire eau de soufre, eau d'arsenic et eau de sandaraque ».

P. 46, l. 4, au lieu de ܘܐܦܪܘܣܠܝܢܘܢ (trad., p. 82, sélénite *ἀφροσέληνον*) : ܘܗܘ ܕܡܬܟܢܐ ܠܗ ܐܦܪܘܣܠܝܢܘܢ « et celui qu'on appelle sélénite ».

(1) ܕܠܐ ܡܩܒܠܐ.

(2) ܩܠܝܐ ܘܟܠܟܘܣܕܪܝܘܢ, comparer ci-dessus, p. 46, l. 20 (traduction, p. 83, l. 15).

(3) Ce mot semble ici synonyme de *πίνος*, traduit plus haut par « teinture », dans le chapitre relatif aux trois teintures, p. 214. Le mot *fugace* signifie l'absence de fixité de la teinture, en raison de sa volatilité, ou de toute autre cause. La teinture a été aussi appelée « élixir » et « pierre (philosophale) »; ce qui nous ramène à la notion du mercure des philosophes.

P. 46, l. 7, après ܕܕܒܫ̈ܐ (trad., p. 82, et de tous les miels) : ܘܟܪܘܢ. ܘܡ̈ܝܐ ܟܪܘܢ. ܗܘܢ ܕܡܬܒܚܪ ܒܗܘܢ « et Saturne, et eau de Saturne, au moyen de laquelle il est éprouvé ».

P. 46, l. 11, au lieu de ܒܚܠܝܗ (trad., p. 83, l. 1, c'est avec raison) : ܕܙܕܩܐ qui a le même sens.

P. 46, l. 13, ܘܚܕ ܗܘ..... (trad., p. 83, l. 3-5), on lit ainsi : ܘܡܟܠ ܟܠܡܕܡ. ܫܡܗܐ ܐܚܪ̈ܢܐ ܣܓܝ̈ܐܐ ܩܪܘܗܝ. ܐܠܐ ܛܫܘܗܝ ܘܟܣܝܘܗܝ ܟܕ ܠܐ ܬܚܘܡܐ. ܘܥܒܕܘܗܝ ܟܕ ܠܐ ܡܬܬܚܡ. ܟܕ ܓܝܪ ܚܕ ܫܡܐ ܐܝܬ ܠܗ. ܠܘ ܡܢ ܚܕܐ ܐܕܫܐ ܗܘܐ. ܐܠܐ ܡܢ ܣܓܝ̈ܐܐ. ܚܕ ܡܢ ܚܕ ܡܫܚܠܦܢ̈ܐ. « Et pour tout dire, on l'a appelé de beaucoup d'autres noms, mais on l'a caché et dissimulé en le laissant sans définition. Tout en n'ayant qu'un seul nom, il n'est pas d'une seule espèce, mais de beaucoup d'espèces différentes les unes des autres. »

P. 47, l. 11 (trad., p. 84, l. 16 et 17, dans deux choses, savoir : dans la céruse), au lieu de ܒܬܪ̈ܬܝܢ on lit : ܒܬܪ̈ܬܝܢ ܓܘܢܝܢ « dans deux couleurs... ».

P. 47, l. 12, au lieu de ܘܫܘܚܐ ܘܒܐܚܪ̈ܢܐ (trad., p. 84, l. 19, et l'alun, et dans d'autres corps), on lit : ܘܫܘܚܐ ܘܓܘܫܡ̈ܐ ܐܚܪ̈ܢܐ ܕܝܕܥ ܐܢܬ « et l'alun et les autres corps que tu sais ». Après ce paragraphe, le texte diffère et suit ainsi (*milieu du feuillet 57 verso*) :

« Ceux qui ont écrit sur le travail des pierres ont aussi défini le mercure; non seulement ils ne l'appellent pas simplement zioug, mais ils disent de plus qu'il est formé d'argent et de pierre ferrugineuse. Ceux qui ont écrit sur les préparations l'ont aussi défini, en disant : Le zioug vivant, qui est formé de mercure et de plomb. »

Feuillet 58 recto.

« Celui qui est formé avec le cinabre, ils l'ont appelé mercure tinctorial. Celui qui est formé avec le cuivre, ils l'ont appelé eau de cuivre et eau d'aphroud; de même qu'ils ont appelé le mercure tiré de l'argent, eau d'argent, écume de sélénite (ἀφροσέληνον) et rosée. Celui qui est tiré de l'étain, quelques-uns l'ont surnommé eau de fleuve; d'autres, bile de dragon[1]. »

2. « Nous allons parler de ce sujet. Dans un lieu lointain de l'Occident[2],

[1] *Coll. des Alch. grecs*, trad., lexique, p. 15. — [2] ܒܐܬܪܐ ܪܚܝܩܐ ܕܡܥܪ̈ܒܐ. Mines d'étain de Cornouailles.

là où se trouve l'étain, il y a une source qui sort de terre et le fait surgir comme de l'eau. Lorsque les habitants de cet endroit voient qu'il est sur le point de se répandre hors de la source, ils choisissent une jeune fille remarquable par sa beauté et la placent devant lui toute nue, en bas dans un terrain creux, afin qu'il s'éprenne de la beauté de la jeune fille. Il s'élance sur elle d'un bond[1], en cherchant à s'en emparer; mais elle s'échappe d'une course rapide, pendant que des jeunes gens se tiennent auprès d'elle, en portant des haches dans leurs mains. Aussitôt qu'ils le voient s'approcher de la jeune fille, ils le frappent et le coupent, et il vient de lui-même dans le creux, et de lui-même il se fixe et durcit. Ils le coupent en lingots[2] et s'en servent. C'est pourquoi ils appelèrent eau de fleuve le mercure tiré de l'étain;

Verso.

ils l'appelèrent ainsi, parce qu'il court comme l'eau qui se jette dans les lacs et qu'il a l'apparence d'un dragon furieux et venimeux. »

3. « Au sujet de ce fait que le mercure est tiré de tous les corps, Pébéchius, voyant qu'il se formait avec tous les corps, se tenait sur les marchés en criant : Tous les corps sont du mercure, et il expose ainsi le mystère qui s'étend à tous. Avec eux tous si tu extrais et fixes le mercure, tu obtiendras le corps désiré : c'est là le mystère révélé. Il ne faut donc pas chercher ce mercure dans quelque préparation que ce soit, mais seulement dans celle qui est convenable, en opérant avec le corps qui se forme[3]. Mais ce qui a été dit jusqu'ici suffit, et il est temps d'en venir à ce que je me propose de traiter. »

4. *Travail du mercure qui sert à l'or.* — « Prends des clous d'or et jette dans un mortier de fer (ou de basalte?, écrit βχσΐνις)[4] avec de l'eau, ou de la gomme liquide; lime et mets la limaille dans une fiole de verre : tu auras un mercure doré, qui sert aussi pour (écrire dans) les livres. Ceux qui préparent le mercure doré sont

Feuillet 59 recto.

les fabricants de lames d'or pour les temples et les statues de rois; mais ils

(1) ܘܢܫܘܪ ܒܚܕܐ ܫܘܪܐ.

(2) ܘܥܒܕܝܢ ܠܗ ܦܣܩܐ ܠܗ ܬܕܐܡ.

(3) Cp. les mss. du British Museum, ci-dessus, p. 47, l. 18 (trad., p. 85, dire de Pebichius).

(4) ܒܡܘܪܟܐ ܕܦܪܙܠܐ ܐܘ ܒܣܢܝܢ ܒܣܢܝܛܐ ܘܟܘܟ. Le fer et le basalte portaient le même nom chez les Égyptiens.

cachent, eux surtout, leur art et ne le livrent à personne[1]. Les fabricants de l'or et ceux qui travaillent finement le mercure, agissent comme s'il n'était pas naturel. Or on appelle corps doré tout corps très divisé et fondu[2]. Ainsi ils ne veulent pas que l'on connaisse leur tradition.

« Il est appelé condensation des rayons du soleil, sphère de soleil (ou d'or), eau de soleil, liqueur de soleil, et aussi de tous les noms des liqueurs d'or, principalement lorsqu'il est impur. Il est dit aussi : eau de soufre clarifiée et mystère révélé. »

5. *Autre.* — Lames minces d'or dans un mortier de fer, graisse de porc et un peu de soufre, etc.

Verso.

6. *Autre.* — Limaille d'argent, bon miel, résine blanche liquide, cuivre brûlé; on conserve dans un tube fait avec une plume de cigogne (*πελαργός*), ou d'un autre gros oiseau.

7. *Autre.* — Limaille d'argent, pierre ferrugineuse, magnésie.

8. *Autre.* — Limaille de cuivre broyée dans de l'eau; on recueille peu à peu avec une éponge le mercure qui surnage, puis on fait chauffer doucement.

9. *Autre.* — Limaille fine de cuivre, chrysocolle, limaille d'étain et alun.

10. *Autre.* — « Prends des lames de fer propres; sers-toi d'un mortier et fais de la limaille, comme on l'a expliqué pour le cuivre et comme l'a dit Pébéchius. »

Feuillet 60 recto.

11. *Autre.* — Lames d'étain, un peu de soufre marin et de graisse d'arsenic.

12. *Autre.* — Plomb broyé dans un mortier de fer.

13. *Autre.* — « Le mercure d'étain se fait ainsi : sel, alun, céruse, terre de Samos, eau de citerne ou de source. On broie et on expose au soleil jusqu'à ce que ce soit réalisé. D'autres écrits disent : L'étain deviendra du

[1] Cf. Zosime, *Coll. des Alch. grecs*, trad., p. 231. — [2] Lexique alchimique, *Coll. des Alch. grecs*, trad., p. 17 : « on appelle or, etc. ».

mercure (de la rosée), de cette manière : on met dans un mortier d'étain les ingrédients indiqués ci-dessus, on les lime avec soin et ils forment ce mercure (hydrargyron)[1]. »

14. *Autre.* — Limaille d'étain,

Verso.

eau et sel.

15. *Autre.* — « Prends un mortier de plomb et un pilon de plomb; projette du cinabre et broie dans de l'eau, jusqu'à ce qu'il se forme du mercure (hydrargyron). »

16. Suit le même texte que dans l'*Alchimie* syriaque du British Museum (ci-dessus, p. 47, l. 21 et suiv.; trad., p. 85, n°s III, IV, V). Variantes : ܟܕ ܡܬܩܛܪ au lieu de ܟܕ ܡܬܢܛܪ, p. 47, l. 22, « quand il est fixé » au lieu de « quand il est conservé », trad., p. 85, n° III, l. 7.

A la fin de ce paragraphe est intercalé ce qui suit : « D'autres (opèrent) suivant la recette du petit livre ou recueil. D'autres, lorsqu'ils veulent travailler, fixent aussi le mercure tiré de l'étain; et de la même manière aussi celui du cuivre. Pour celui de l'argent, ils agissent selon leur manière de voir. »

Suit le paragraphe, p. 47, antépén. (trad., p. 85, n° IV). Variantes : ܥܡ ܩܘܡܝ ܘܡܘܙܓܐ ܕܟܘܪܟܡܐ ܕܐܝܬܘܗܝ ܟܘܪܟܡܐ ܫܚܝܩܐ « avec de la gomme et du mélange de safran, qui est le safran trituré ». P. 48, l. 1, ܐܣܛܐܠܘܢ au lieu de ܐܣܛܠ.

17. Après la l. 2 de la p. 48 et après le n° V de la p. 85 de la traduction, on lit : « Ceux qui ont vu ont cru et se sont étonnés de l'insignifiance du travail. Ils ont détruit tout le mercure d'Espagne et de Phrygie; ils ont disparu et sont morts sans avoir rien vu, ni rien compris au travail, parce qu'ils étaient aveuglés par la vue des deux fils de l'homme, c'est-à-dire le commun et le charnel[2]. »

[1] Dans Pline (H. N. L., XXXIII, ch. XLI), on trouve signalée la décomposition à froid du cinabre par le cuivre, dans un mortier de ce métal, avec production de vrai mercure. On doit sans doute entendre de même le texte syriaque, le mercure étant mis à nu au moyen du plomb, ou de l'étain. — *Coll. des Alch. grecs*, trad., p. 171. Voir le présent volume, p. 85 et 86.

[2] ܗܢܘܢ ܕܚܙܘ ܗܝܡܢܘ ܘܐܬܕܡܪܘ ܒܫܒܝܪܘܬܗ ܕܥܒܕܐ. ܘܐܘܒܕܘ ܟܠܗ ܙܝܘܓܐ ܕܐܣܦܢܝܐ ܘܕܦܪܘܓܝܐ. ܘܐܬܚܒܠܘ ܘܡܝܬܘ ܟܕ ܡܕܡ ܠܐ ܚܙܘ. ܘܐܦܠܐ ܐܣܬܟܠܘ ܒܥܒܕܐ ܡܛܠ ܕܡܥܘܪܝܢ ܗܘܘ ܡܢ ܚܙܬܐ ܕܬܪܝܢ ܒܢܝ ܐܢܫܐ. ܗܢܘ ܕܝܢ ܓܘܢܐ ܘܒܣܪܢܐ.

Feuillet 61 recto.

18. *Autre opération.* — Mortier de plomb, dans lequel on broie du cinabre avec du vinaigre, au moment du lever de Sirius; on mélange du suc de la racine de la plante appelée σιδηρῖτις, autrement dit ἑλξίνη[1].

19. *Autre.* — « Mercure tiré des pierres. Le mercure a une nature froide, et tue ceux qui le boivent. Le Philosophe a dit que celui qui en subit l'action ressemble à un homme ivre et altéré[2]. »

20. « Le mercure se prépare au moyen du cinabre. Le cinabre est formé au sein de la terre dans laquelle il y a de l'argent. Après qu'elle a été réduite en poudre, privée par grillage de son humidité et ramollie, et qu'elle s'est changée

Verso.

en une matière couleur de feu, couleur de flamme (?) (elle devient) du cinabre[3]. Comme il est de la nature du vif-argent de s'altérer, on le purifie au moyen du vinaigre et du feu. On appelle cela du mercure[4], aussi nommé argent liquide. Si donc tu veux obtenir ce mercure, prends deux vases de cuivre, etc. » On y pétrit le cinabre dans du vinaigre, etc.

Feuillet 62 recto.

21. Deux autres préparations avec du cinabre.

22. Une autre avec de l'arsenic.

Verso.

23. *Autre.* — Arsenic et sel ammoniac.

24. *Autre.* — Soufre marin, sandaraque, limaille d'étain.

25. *Autre.* — Céruse et sandaraque.

(1) Dioscor., t. I, p. 582.

(2) ܘܪܘܝܐ ܡܫܬܚܠܦ ܒܪܥܝܗ ܗܘܐ.

(3) ܡܛܠ ܕܐܝܟ ܕܡܫܚܠ ܘܡܬܚܫܠ ܡܢ ܐܟܣܕܘܬܐ ܘܡܬܚܫܠܐ ܡܫܡܫܚܐ ܒܓܘܢܐ ܕܢܘܪܐ (?) ܘܒܓܘܢ(?) ܢܘܪܐ ܡܫܬܚܠܦܐ (*sic*). — (4) Pline distingue le mercure natif du vif-argent, ou métal artificiel. (*Introduction à la Chimie des anciens*, p. 257).

26. *Autre.* — Sandaraque, androdamas, pierre ferrugineuse, alun, vitriol, gomme.

Feuillet 63 recto.

27. *Suite.* — « L'androdamas est la terre de laquelle on extrait l'argent pur. Il faut savoir

Verso.

que le résidu[1] obtenu dans l'extraction du mercure, et qui reste au fond de la marmite, sert seul pour l'amalgamation de l'argent, lorsqu'on opère les mélanges suivant les règles prescrites dans le premier livre (qui traite des transmutations), pour éprouver le mercure d'Espagne. Ce produit seul sert pour le mélange de la composition, principalement dans le premier livre des chimistes[2]. »

28. « Que les marchands ne te donnent pas un faux mercure à la place du vrai; car chez eux on met en œuvre les écrits corrompus des chimistes, qui falsifient les corps et opèrent la diplosis.

« Pour chacun des autres arts, on s'est ingénié à inscrire dans un livre ce qui lui est utile; les fabricants de drogues possèdent un écrit qui leur sert pour les drogues; les marchands de vin en ont un autre pour les vins; les marchands d'huile, un autre pour les huiles. Ainsi, dans tous les arts, il existe des procédés pour falsifier les choses pures. Les vrais philosophes comptent aussi à côté d'eux des corrupteurs, surtout parmi ceux qui ont parlé de la nature, sans savoir ce que c'est que la nature, ni où elle prend son principe, ni même que la nature est simple et composée. Pour les choses dont nous traitons exactement dans le livre divin, veille à ne rien faire sans l'éprouver corporellement et spirituellement. Car nombreux sont les adversaires (de la vérité) et les inventeurs des espèces falsifiées, qui prennent les apparences de la vérité.

Feuillet 64 recto.

Les vrais sages sont vite reconnus, s'ils sont examinés corporellement et spirituellement. »

29. *Épreuve du mercure.* — Suit le même texte que dans l'*Alchimie* du British Museum, ci-dessus, p. 48, l. 9-12 (trad., p. 86, n° VIII et IX); puis on lit : « Il y a beaucoup d'épreuves pour celui-ci et pour toute chose.

[1] Ἀπουσία, ἀφουσία, Du Cange. — [2] ܗܘ ܒܠܚܘܕ ܢܦܩ ܒܡܘܙܓܐ ܕܪܘܟܒܐ ܝܬܝܪܐܝܬ ܒܟܬܒܐ ܩܕܡܝܐ ܕܟܘܡܝܐ.

Tous les artisans savent les employer quand ils achètent; mais quand ils vendent, ils jurent sur leur tête qu'ils ne connaissent pas le moyen de les éprouver. Tu as dans chacun de nos livres une épreuve pour tout ce que tu désires, de même que tu as dans les paroles divines une épreuve pour reconnaître celui qui est inspiré de Dieu, quand ce n'est pas Dieu lui-même. »

Fin du discours sur le travail du mercure. Celui qui ne l'a pas éprouvé sait peu de choses.

APPENDICE.

---

1. *De la lettre ṭêt* (= θ'), *sur l'eau de soufre.* — Ce qui suit, jusqu'au feuillet 69, c'est-à-dire jusqu'à la fin du chapitre, présente le même texte que les manuscrits du British Museum, ci-dessus, p. 48, l. 13, jusqu'à p. 50, l. 14 (trad., p. 87, n° XI, jusqu'à la fin de la p. 90). Voici les principales variantes. Dans la trad., p. 87, n° XI, il faut ajouter à la fin de la l. 2 : « au commencement du livre que nous avons dit d'Imout ». (Comparer ci-dessus, p. 238.) Dans le texte, p. 48, l. antép., ܩܩܘܢ ܣܘܪܝܐ au lieu de ܩܩܘܩܘܣ ܣܘܪܐ. P. 48, l. pénult., ajoute : ܗܘܐ après ܕܡܬܩܛܠܐ. P. 48, l. ult., ܕܐܬܐܡܪ au lieu de ܕܐܡܪ. P. 49, l. 1, après ܟܠܗܘܢ ܟܬ̈ܒܐ suit : ܠܐ ܡܨܝܐ ܐܢܬ ܐܦܠܐ ܚܕ
ܡܢ ܡܠܐܟ̈ܐ ܗܠܝܢ ܠܡܥܒܕܘ ܫܦܝܪ. ܡܛܠ ܕܡܢ ܟܠܗܘܢ ܟܬ̈ܒܐ ܥܬܝܩܐ. ܘܡܢ ܗܠܝܢ
ܕܐܢܐ ܟܬܒܬ ܡܢ ܢܦܫܝ ܡܬܩܝܡ ܘܡܬܬܣܝܡ ܟܠܗ ܫܪܪܐ. ܐܢ ܗܟܝܠ ܐܢܬ ܐܘ ܒܪܢܫܐ ܚܡܝܡ
ܒܟܝܢܟ. ܘܡܛܠ ܕܡܬܟ̈ܠܝܬ ܒܚ̈ܫܐ ܘܒܥ̈ܝܕܐ ܢܫ̈ܝܐ ܡܡܪܚ ܐܢܬ ܠܡܥܒܕ.
ܕܠܐ ܟܠܗܘܢ ܟܬ̈ܒܐ. ܒܢܦܫܟ ܐܠܕܝܢ. ܡܛܠ ܕܠܐ ܡܥܒܕܬ ܫܦܝܪ.

2. La fin du n° XI, p. 88, doit donc être traduite, d'après cette variante : « jusqu'à ce que tu possèdes toute la doctrine des livres, tu ne saurais exécuter convenablement une seule de ces opérations (litt. : un de ces chapitres). En effet, c'est au moyen de tous les livres anciens et de ceux que j'ai écrits moi-même qu'est composée et constituée toute la vérité. Si donc, ô homme! tu es ardent par ta nature et que, empêché par les passions et tes mœurs efféminées, tu oses travailler à une opération sans posséder tous les livres, tu n'as qu'à te blâmer toi-même de n'avoir pas bien travaillé. »

3. P. 49, l. 4, après ܘܕܥܪܒܐ ajoute : ܕܕܡܐ. ܕܒ̈ܝܥܐ « du sang, des œufs » (après « et de mouton », p. 88, n° XII, l. 2, trad.).

P. 49, l. 6, ܕܒܩ̈ܘܩܘ au lieu de ܕܒܩܘ.

P. 49, l. 8, après ܕܡܘܬܐ ܗܦܘܟܬܐ ajoute : ܕܐܟܬ ܗܢܐ ܢܚܠܐ. ܐܢܫܝܢ ܕܝܢ ܘܐܦ ܒܡܝ̈ܐ ܕܬܘܡܐ ܡܫܬܡܫܝܢ. ܐܦ ܒܡܝ̈ܐ ܕܒ̈ܨܠܐ ܘܐܚܪ̈ܢܝܬܐ ܕܐܝܟ ܗܠܝܢ ܟܠܗܝܢ ܪ̈ܛܝܒܢ ܢܗܘܝܢ ܐܝܟ ܕܒܫܚܩܐ ܘܒܫܘܦܐ. ܘܒܡܦܩܢܘܬܐ ܕܐܘܟܡܘܬܐ ܕܟܐܦ̈ܐ ܝܩܝܪ̈ܬܐ ܘܒܚܘܪܐ ܘܒܣܘܡܩܐ ܘܠܐ ܬܬܘܩܕ.

4. Dans la trad., p. 88, n° XII, la l. 9 « Pour le blanchiment. . . . . » doit donc être lue : « quelques personnes se servent aussi du suc d'ail, même du suc d'oignon et autres choses semblables. Tous ces ingrédients doivent être employés à l'état liquide, par exemple pour le broyage, le frottage, le dégorgement du noir des pierres précieuses, le blanchiment et le rougissement, et pour empêcher le produit de brûler. »

5. P. 49, l. 10, ܦܘܪ̈ܫܢܐ au lieu de ܦܘܪ̈ܫܢܐ, et après ܡܬܚܙܝܢ a : ܗܢܘܢ ܕܝܢ ܠܐܘܟܡܘܬܐ ܘܡܨܩܠܘܬܐ ܚܘܪܐ ܘܣܘܡܩܐ ܢܘܣܦ ܡܝ̈ܐ ܕܝܡܐ. Trad., p. 88, n° XII, l. 13, « Les choses indiquées », lire ainsi : « Pour les choses indiquées ci-dessus, c'est-à-dire pour le noircissement et le polissage du blanc et du rouge, on se sert de l'eau de mer, etc. »

6. P. 49, l. 13, après ܒܫܘܠܐ ajoute : ܘܡܬܚܫܚܝܢ ܗܠܝܢ ܡܝ̈ܐ ܒܒܘܫܠܐ ܘܒܫܚܩܐ ܘܒܡܫܝܓܐ ܘܒܫܪܟܐ ܕܣܘܥܪ̈ܢܐ; dans la trad., p. 88, n° XII, l. 17, ajouter avant : Pour le blanc vrai : « On se sert de ces eaux pour la cuisson, le broyage, le lavage et le reste des autres opérations. » — A la fin de la ligne ܘܡܫܘܚܬܐ (mauvaise leçon) au lieu de ܘܡܫܘܚܬܐ. Au commencement du paragraphe suivant (n° XIII, p. 88 de la trad.) est ajouté : ܢܐܡܪ ܕܝܢ ܡܟܝܠ ܐܦ ܥܠ ܡܝ̈ܐ ܐܚܪ̈ܢܐ. ܗܢܘܢ ܕܐܬܪܫܝܡܘ ܒܐܓܪ̈ܬܐ ܐܚܪ̈ܢܝܬܐ « Nous parlerons ensuite de cette autre eau, qui est indiquée dans d'autres lettres. »

P. 49, l. 19, après ܐܝܟ ܣܘܓܐܐ a : ܥܠ ܗܘ ܕܝܢ ܦܚܬܐ ܕܐܝܬ ܒܩܕܪܐ (trad., p. 89, l. 5), au lieu de « ajouter de l'eau chaude », lire « sur le résidu qui est dans la marmite, jette de l'eau chaude ».

7. A la fin de cet article (p. 49, l. 21; trad., p. 89, n° XIII), on lit d'autres préparations, qui vont du milieu du feuillet 66 recto au milieu du feuillet 67 recto. « D'autres, pour cette opération, au lieu d'eau, emploient de l'urine d'enfant; d'autres, du vinaigre; d'autres, de la cendre de notre bois, etc. »

8. *Autres préparations tirées d'autres livres.* — « Arsenic, sandaraque, antimoine de Coptos; ou bien eau de chaux traitée et eau de mer; ou urine d'enfant. On couvre cette eau avec soin, de peur que son esprit ne s'échappe et ne soit perdu. »

9. Suit l'article sur le carthame, p. 49, l. 21 (trad., p. 89, n° XIV). Variantes : p. 49, l. pénult., ܡܘܩܠܐ ܚܘܪܐ au lieu de ܡܘܩܪܐ ܚܘܪܐ; dans la trad., p. 89, n° XIV, l. 4 : au lieu de « du jaune d'œuf, (puis) du blanc », lire « du bdellium blanc ».

P. 50, l. 1, le premier mot ܡ̈ܢܝܐ manque et le second est ܘܩܘܩܘܡܘ au lieu de ܘܪܓܘܢ,

P. 50, l. 4 : ܬܦܣܝܐ ܐܪܒܥ ܕܪ̈ܟܡܘܢ ܘܐܠܗܝܢ ܕܟܢܘܫ. ܪܘܡܢ ܡܨܪܝܢ ܫܬ ܕܪ̈ܟܡܘܢ. Dans la trad., p. 89, n° XV, l. 3; après « du wars, huit drachmes », lire : « du thapsia, quatre drachmes, ... des grenades d'Égypte, six drachmes ».

P. 50, l. 6 : ܕܡܐ ܕܬܢܝܢܐ ܠܡ̈ܝܐ ܕܛܠܝܐ ܙܥܘܪܐ ܟܡܐ ܕܣܦܩ. ܒܫܠ ܠܕܡܐ ܕܬܢܝܢܐ ܒܡ̈ܝܐ ܕܛܠܝܐ ܙܥܘܪܐ ܐܝܟ ܠܟܐ. Dans la trad., p. 89-90, lire : « du sang-dragon, de l'urine de petit enfant, autant qu'il en faut. Fais cuire le sang-dragon dans l'urine de petit enfant, à l'instar de la laccha. . . . . »

A la fin de l'article, p. 50, l. 8 (trad., p. 90, n° XV), ajoute : « Je pense que tu sais ce que sont les biles et les autres choses. »

10. *Autre préparation.* — Vinaigre purifié, eau de cendres, miel, fleur de sel, safran, suc de porreaux, bile liquide de buffle tout entière[1]; ensuite soufre, arsenic, sandaraque, cinabre, vitriol, résine (? écrit *κιαιον*[2]); broyer dans de l'eau préparée ainsi : safran, wars, couperose (calcitis) de

(1) ܡܪܪܬܐ ܕܓܡܘܫܐ ܕܐܟܠܐ ܟܠܗ. — (2) ܩܝܠܐܘܢ.

Chypre, écorce d'orange, natron rouge, etc. « Enduis-en les lames d'or et fais-les chauffer neuf heures. Le livre caché a dit ainsi : sinon rien ne se fera. »

11. Suit l'article sur l'eau de cendres, p. 50, l. 8 (trad., p. 90, n° XVI). Variantes. Au commencement : ܡܢ ܪ̈ܘܚܐ ܩ̈ܠܝܠܬܐ ܡܬܥܒܕܝܢ܀ ܐܢܬܝ ܠܟܝ ܕܝܢ ܐܣܗܕܬܐ ܠܟܝܢܘܢ܀ ܒܟܬܒܐ ܡܫܪܪܐ ܕܝܠܝ ܕܥܠ ܪ̈ܘܟܒܐ. ܐܢܬܝ ܠܟܝ ܕܝܢ ܡܩܢܝܐ ܐܢܬܝ ܘܡܟܪܙܐ ܕܝܢ ܒܟܠܕܘܟ. « Cette eau est composée de beaucoup de choses; tu en as la preuve (toi, femme!) dans mon livre véridique sur les compositions; tu la possèdes publiquement et elle est annoncée publiquement en tout lieu. En font partie : l'eau de cendre de choux sauvage, etc. »

P. 50, l. 10, ܘܩܫܐ ܘܩܡܫܘܬܐ au lieu de ܘܦ̣ܩܿܘ ܘܩܡܫܘܬܐ.

P. 50, l. 11, ܠܟܝܢ au lieu de ܠܟܝ « à toi » (au féminin).

P. 50, l. 12, ܡܢܗܘܢ ܕܡܢ ܟܪܘܒܬܐ au lieu de ܡܢܗܘܢ ܕܡܢܝܢ ܟܪ̈ܘܒ.

12. P. 50, l. 13, après ܡܛܠ ajoute : ܡܠܘܟܬܐ ܕܟܠ ܗܘ̈ܢܝܐ ܘܙܘܓܝܘܢ ܐܘܟܣܐ ܡܢܝܢ ܟܪ̈ܘܒܬܐ. A la fin du n° XVI, p. 90 de la trad. : « Fin du livre sur le mercure, c'est-à-dire l'eau de soufre. »

Le recto du feuillet 68 du manuscrit de Cambridge se termine ici et le verso est resté en blanc. Une main postérieure y a écrit en arabe une formule pour le fromage frais.

Feuillet 69 recto.

LIVRE Xe DE (ZOSIME).

Lettre sur le plomb; c'est la lettre yod (10e=ι), livre qui rapporte la préparation de notre plomb noir.

---

1. Suit un article en partie effacé; on y lit : litharge blanche, huile, antimoine de Coptos ou attique, magnésie.

2. *Pour faire du plomb blanc.* — Sandaraque, sel et huile.

3. *Pour teindre le plomb.* — Sori, élydrion, vinaigre ou huile de raifort.

4. *Pour faire du molybdochalque*[1]. — Rouille grattée, élydrion.

5. *Pour rendre le plomb dur, de manière à le faire servir pour ce qui est appelé antabra.* — L'antabra ressemble à un dinar[2]. Plomb, sandaraque clarifiée et garance, molybdochalque, cuivre brûlé.

Verso.

6. *Pour faire du molybdochalque.* — Limaille de cuivre de Chypre, rouille grattée, couperose, écorces de grenade broyées.

7. *Pour faire du plomb semblable à de l'asem.* — Plomb, terre de Samos; sel et alun lamelleux. Le cuivre devra être amolli par le feu (θερμόλυτος), c'est-à-dire séché avec du lupin, etc.

Feuillet 70 recto et verso.

Suite.

Feuillet 71 recto.

8. *Une préparation qu'on t'a déjà fait connaître dans une autre (lettre) s'exécute ainsi.* — « Travail d'argent léger, quatre corps : liqueur d'or, fleur d'or, safran d'or (χρυσοζώμιον, χρυσοάνθινον, χρυσοκόνιον). Ce sont des pulvérisations appelées métalliques. Eau de soufre non altérée, mercure, gomme, etc. Tu trouveras ces opérations dans le livre appelé Scellé, et dans le livre appelé Époque (ἐποχή), et aussi dans le livre appelé Clef[3], etc. »

Verso.

9. *Chrysocolle.* — Chrysocolle, c'est-à-dire colle d'or, pierre d'andro-damas, soufre, etc.

Feuillet 72 recto.

10. *Pour faire du plomb vert.* — Fondre et agiter avec du cyprès, de la racine d'orcanète et de l'alun.

11. *Pour faire du molybdochalque.* — Plomb, limaille de cuivre de Chypre, rouille, couperose, écorces de grenade broyées.

(1) ܠܡܥܒܕ ܕܘܓܐ ܒܠܛ, littéralement : pour faire le muet bilat. Le mot *muet* doit s'entendre ici du plomb. (Voir le lexique de Bar Bahloul, col. 538, l. 5.)

(2) ܠܡܥܒܕ ܩܢܝ ܐܡܬܝ ܕܗܘܐ ܐܟܘܬ ܕܡܫܬܡܫܐ ܐܢܛܒܪܐ. ܐܢܛܒܪܐ ܐܝܟ ܕܝܢܪܐ ܕܡܝܐ ܗܘܐ.

(3) On a vu plus haut (p. 238) que ce sont là trois sections du livre de l'alchimie.

12. *Pour rendre le plomb dur.* — Fondre et projeter des teintures appropriées, etc.

Verso.

13. *Pour faire du molybdochalque.* — Fondre du plomb avec le minerai de cuivre appelé χλκουδιν (?)[1], mercure, sandaraque.

14. *Autre.* — Fleur de soufre, vinaigre.

Feuillet 73 recto.

15. *Le moulage* (?)[2] *se fait ainsi.* — Plâtre et épeautre mélangés ensemble; si un morceau (? mot effacé) de colle de menuisier est mêlé avec eux, il n'en sera que plus beau.

16. *Pour rendre un vase d'étain et de plomb pareil à du cuivre.* — On travaille avec la rouille de cuivre; addition de gomme ou de colle, ou même de comaris.

17. *Pour travailler la céruse.* — On la broie et on la mélange avec du vinaigre, etc.

Verso.

18. *Pour faire de la céruse.* — Préparation analogue.

Suit le même texte que dans les manuscrits du British Museum, ci-dessus, p. 51, l. 4 (trad., p. 92, nº III).

P. 51, l. 5, après ܒܠܥܣܝܢ suit : ܒܡܕܐ ܕܢܗܘܐ ܡܫܬܘܝܬܐ. ܐܢܫܝܐ ܕܠܐ ܡܫܬܘܐ ܢܦܠܓܘܢ ܕܡܫܬܘܐ ܘܡܫܬܘܐ ܠܐ. ܘܡܫܬܘܝܬܐ..... Dans la trad., l. 2 : « en agitant constamment, jusqu'à ce qu'elle rôtisse également, de manière qu'il n'y en ait pas une partie de rôtie et une partie non rôtie ».

P. 51, l. 7 : ܣܒ ܣܦܝܕܐ. ܘܬܫܬܘܢ ܠܠ ܥܠ ܛܝܓܢܐ ܘܥܠ ܐܣܦܢܓܐ. ܘܫܓܘܪ ܐܣܛܘܢܬܘܢ ܡܢ ܠܬܚܬ ܐܝܟ ܕܢܗܘܐ ܕܘܗܝ. Dans la trad., p. 92, nº IV, l. 1 : « Prends de la céruse, fais-la fondre sur une poêle et sur un plateau; chauffe par-dessous en remuant jusqu'à..... »

P. 51, l. 12-13 : ܣܒ ܠܗ ܣܦܝܕܐ ܘܓܒܣܘܢ ܒܡܠ ܘܐܪܙܐ ܒܡܣܪܩܬܐ (?) ܘܠܐܦܝ ܣܝܓܘܢ ܒܓܘܠܐ ܕܐܝܬ ܠܗ ܚܘ ܣܡܐ et après ܡܘܙܩܐ suit : ܘܟܠܦܝ ܣܝܓܘܢ

(1) ܣܟܘܒܝܢ ou ܣܟܘܒܝܢ.

(2) Dans le texte ܐܡܦܘܣܐ « moule ». On pourrait aussi supposer que ce mot est mal écrit, pour ܐܡܦܘܣܐ = ἐμφωμα; voir ci-dessus, traduction, p. 88, note 3, et traduire par *céruse* ou *badigeon*.

ܒܬܢܘܪܐ (?) ܘܐܦܠܐ ܗܩܝܪܐ (?) ܒܡܬܪܬܐ ܘܥܕܘ ܒܡܕܩܬܐ. Dans la trad., p. 92, n° IV, l. 9 : « Prends de la céruse, pétris avec du vinaigre et mets dans une bouteille; lute avec de la boue mélangée de crins; fais sécher et griller dans un four à potier pendant trois jours; ensuite retire la bouteille; mets le produit dans un mortier et broie avec soin. »

P. 51, l. 15, après ܕ ܡܫܐܠܬܗܘܢ suit : ܘܦܘܫ (*sic*) ܕܦܘܚܪܐ ܐܬܘܢܐ ܡܢ ܘܗܘܢ ܕܬܬܚܡܐ ܠܬܠܬܐ ܝܘܡܝܢ ܚܕ. ܘܗܘܢ ܡܢ ܘܡܢ ܡܫܚܬܐ ܒܡܟܘܢ, variante qui ne modifie pas la traduction.

19. Suit l'article sur la litharge, p. 51, l. ult. (trad., p. 93, n° VI); omet les mots ܘܡܢܝܢ ܐܘܩܝܐ ܐܬܘܢܐ et finit après le mot ܘܡܢܐ, p. 52, l. 2. Puis vient l'article sur le plomb brûlé, p. 52, l. 5 (trad., p. 93, n° VII); finit après le mot ܥܡܠܐ, p. 52, l. 7.

Feuillet 74 recto.

20. *Le travail de la céruse se fait ainsi.* — Lames de plomb travaillées avec du vinaigre.

Verso.

21. *Pour allier (?) de l'arsenic ou de l'étain avec du plomb.* — Longue opération, avec du vinaigre, du sel ammoniac, de la scammonée et de l'arsenic.

Feuillet 75 recto.

Autre. — Arsenic, sandaraque, vinaigre, scammonée.

Verso.

22. *Règles appelées Héphestion* (écrit Houphestion). — « Prends de l'étain, celui qui est allié au plomb ou au cuivre (?)[1], trente et une livres; fais chauffer dans un four de verrier ou dans un de ces (ustensiles?) que tu sais. Après qu'il sera fondu, prends et projette dessus de l'antimoine rouge, conservé en capsules (?)[2], dix livres; fais fondre jusqu'à ce qu'il soit complètement absorbé et réuni au cuivre, et laisse-le jusqu'à ce qu'il soit fixé. Fais fondre ensuite de nouveau; alors saupoudre dessus, peu à peu, l'élixir suivant, sans chauffer : ocre de Chypre vrai, six livres; ocre attique sans

[1] ܚܕܐ ܙܝܘܣ ܗܘ ܕܗܘܐ ܡܢ ܟܠܗܝܢ ܘܗܘ ܕܡܬܚܠܛܐ. Le mot ܐܙܝܘܣ (ζίος) se trouve dans les neuf préparations analogues qui suivent; on l'a traduit par étain (ζεύς). — [2] ܒܩܘܣܠܐ ܗܘ ܕܡܬܢܛܪܐ ܘܡܬܩܪܐ ܣܩܠܐ.

vinaigre, quatre livres; ocre d'Égypte grasse, deux livres; pierre de Phrygie, huit livres; minium d'Amid, quatre livres; couperose, trois livres; vitriol de Chypre, trois livres; fais cuire avec du pompholyx, en remuant avec une baguette de fer, si ces choses se sont altérées (?)[1]. Éprouve, comme pour le verre, jusqu'à ce que tu voies que sa couleur est celle que tu désires, etc. »

Feuillet 76 recto.

Suite.

Verso et feuillet 77 recto.

23. Neuf autres préparations analogues.

Fin du livre sur le plomb.

LIVRE XIᵉ (DE ZOSIME).

Livre sur le fer. Lettre kaf (=$\varkappa'$) *qui renferme les paroles sur le fer.*

1. « Quelques-uns des traitements du fer ont besoin du secours divin. D'autres sont rendus clairs par les signes qui les désignent. Prends du fer blanchi; frotte et mélange avec du mercure dans de la saumure, jusqu'à ce qu'il ait suffisamment macéré. Fais fondre pendant plusieurs jours, jusqu'à ce qu'il soit comme de la poussière; ce sera pour toi la préparation divine. »

Verso.

2. Deux autres préparations.

3. *Pour fondre le fer.* — Écailles[2] d'acier barbare, travaillées avec de l'antimoine, de la magnésie, de l'alun d'Égypte.

4. *Préparation de fer pour écrire sur du verre.* — Elle sera plus forte que l'acier. Cendre de corne brûlée, mêlée avec du vinaigre fort; on en enduit le fer et on fait chauffer.

5. *Pour teindre le fer en couleur d'or.* — Couperose, vitriol et eau de mer; enduire le fer en faisant chauffer l'or.

(1) [illegible] — (2) ܩܠܦܐ.

IMPRIMERIE NATIONALE.

Feuillet 78 recto.

6. *Pour souder le cuivre avec le fer.* — Fer, cuivre, plomb, etc.

7. *Pour que le fer ne se rouille pas.* — Feuilles d'arroche (*ἄλιμος*) bouillies dans de l'eau de mer; y tremper le fer; ou bien céruse et huile; ou bien alun et eau de mer.

8. *Pour dorer le fer.* — Frotte-le avec de la pierre ponce[1]; puis emploie du cuivre brûlé, broyé avec du sel, de l'alun et de l'eau; en enduire le fer.

9. *Paillettes de fer dorées*[2]. — Paillettes de fer; préparer de l'or liquide au moyen de feuilles dissoutes dans du mercure; préparer de même de l'argent liquide; enduire les paillettes, etc.

10. *Pour dorer le fer.* — Vitriol et couperose broyés dans de l'eau de mer; enduire le fer.

11. *Pour rendre du fer noir.* — Fer, plomb, sinopis[3], vitriol.

Verso.

12. *Pour dorer le fer.* — Deux autres préparations.

13. *Pour souder l'argent avec l'or.* — Trois préparations; rouille grattée, etc.

14. *Pour souder de l'or avec du cuivre.* — Pierre de marbre mélangée avec de la colle de bœuf, etc.

15. *Élixirs faits avec du fer et appelés χρυσοφωτα, c'est-à-dire produisant une couleur d'or éclatante.* — « Ils ont une nature telle que, aussitôt que tu projettes leur rouille sur l'argent, la nature ordinaire du métal est changée, c'est-à-dire que le corps devient de l'électrum. Projette dessus cet ingrédient préparé au moyen du fer, c'est-à-dire le χρυσοφωτα, et le métal deviendra (de l'or) de première qualité. »

16. « La magnésie fond le fer : après l'avoir broyé avec de l'huile sur un marbre, projettes-en une partie pour trois. »

17. Suivent deux autres préparations.

(1) ܟܐܦܐ ܕܐܝܬ ܦܘܡܝܩܘܢ. — (2) ܩܠܦܐ ܕܐܝܬ ܘܡܕܗܒܐ. — (3) ܐܪܥܐ ܕܣܝܢܘܦܝܣ. Peut-être : graine de moutarde (σίνηπι).

Feuillet 79 recto.

18. Quatre autres opérations.

Verso.

Suite.

Feuillet 80 recto.

19. Quatre autres préparations.

Verso.

20. Trois autres préparations.

Feuillet 81 recto.

21. « Si tu fais ces choses, tu seras un homme heureux. Mais si tu es impur, tu ne travailleras pas bien, tu ne comprendras pas, et tu n'entendras pas les autres (philosophes). Tout ton cœur sera éclairé par la science de ces paroles. Une personne, par un travail facile, peut t'enseigner cette œuvre d'enfant. On doit comprendre, ou écouter ce que les autres ont dit. Celui-là est un homme distingué qui comprend par lui-même quelque chose. C'est aussi un homme excellent, celui qui a confiance dans le maître qui lui enseigne le bien. Celui qui ne comprend pas par lui-même et qui n'écoute pas ce que les autres lui disent, est un homme perdu. *Platon a énoncé d'une autre manière ces préceptes.* Veille à ce que Isdos[1] (Pétésis?) ne blâme pas ta paresse et ta sottise, et après lui Platon. Sache que tu seras éprouvé pour les choses spirituelles et corporelles, jusqu'à ce que tu parviennes à la perfection, en acquérant la patience avec la pureté et l'amour (de l'art); alors tu trouveras (l'objet de ton désir), en délaissant les arts corporels. Ne cesse donc pas de méditer et de travailler, et tu comprendras. Écoute ce que l'on te dira quand tu interrogeras. Ne blasphème pas quand tu ne sauras pas quelque chose, mais confesse (ton ignorance) et patiente quand tu ne réussis pas. Ainsi tout ce qui sera fait par toi au moment voulu réussira et sera parfait (? mots effacés). »

Verso.

22. *Voici que témoigne Apsidès (?)*[2] *le philosophe et le poète; il a dit en effet :*

(1) ܐܣܕܘܣ. — (2) ܐܦܣܝܕܣ.

Rapportons d'abord toute excellence à Dieu, ...[1]. Travaille le fer comme tu l'as appris, et le cuivre. . . . . (mots effacés) : mêle et fonds.

23. *Autre.* — « Lorsque tu veux fixer la teinture sur du fer qui n'a pas été teint, fais brûler un ongle de. . . . . (mot effacé); broie dans de l'eau et teins le fer : la teinture sera fixée. »

24. *Autre.* — Magnésie lavée dans de l'eau.

25. *Autre.* — Ajoute du vinaigre.

Fin du livre sur le fer.

Feuillet 82 recto.

LIVRE XIIe (DE ZOSIME).

Livre sur l'électrum, qui est un métal spécial. Tout don précieux et tout présent vient d'en haut et est donné à ceux qui en sont dignes.

1. « Comme les livres anciens, ô femme! en raison de la dissimulation des démons, trompent ceux qui ne sont pas éclairés à leur sujet, il convient de rechercher si (l'électrum), de même qu'il est voisin de l'or par ses propriétés, doit aussi en être rapproché pour son usage et pour son travail. *Le Philosophe dit en effet :* Rends le métal blanc (argent), au moyen du cinabre, du sel et de l'alun; puis rend-le rouge (or), au moyen du vitriol, du séricon, de la couperose et du soufre non brûlé, ou comme tu l'entendras. Projette sur l'argent et ce sera de l'or[2], etc. Ces recettes étaient tenues secrètes et elles ne se transmettaient qu'avec le serment de ne pas être révélées au public. »

Verso.

2. *Autres recettes pour l'électrum.* — On y lit les mots croticados[3], sougnatis[4], pouqaidos[5], etc., comme ingrédients entrant dans la composition de l'électrum.

(1) ܐܝܟ ܕܐܡܪ ܩܕܡ ܩܕܡ ܢܬܠ ܡܫܒܚܘܬܐ ܠܐܠܗܐ ܕܡܫܬܒܚ.

(2) L'auteur se sert des mots *saroch, loura, sivan*, pour le cuivre, l'argent et l'or. (Voir p. 221, n° 1.) Ce passage est un résumé du premier paragraphe de la *Chrysopée* de Démocrite. (*Coll. des Alchimistes grecs*, traduction, p. 40.)

(3) ܩܪܘܛܝܩܕܘܣ.

(4) ܣܘܓܢܛܝܣ.

(5) ܦܘܩܝܕܘܣ.

Feuillet 83 recto, milieu.

3. « Apprends aussi comment se font les miroirs d'argent (loura) : sache que tu en trouveras les démonstrations traditionnelles dans la lettre delta ($=\delta'$). Il convient que tu polisses (l'argent), comme pour un miroir. Il faut aussi que tu comprennes tout le travail opéré au moyen du mélange suivant : cuivre brûlé, une partie; limaille de cuivre de Chypre, fer (sahoum) indien, de chacun une partie, etc. »

Verso.

Suite.

Feuillet 84 recto.

Suite; l'auteur recommande d'opérer la fusion dans l'appareil à tirage spontané (αὐτοματάρειον)[1]. A défaut de cet appareil, se servir du four de verrier.

Verso.

Suite.

Feuillet 85 recto.

Suite. « On projetait de la croticados réduite en limaille, avec du mercure; on cuisait dans de l'eau de soufre. Lorsque le produit était sec, on le faisait digérer dans un bocal[2], puis on versait le liquide par-dessus. Ceux qui ne la projetaient pas faisaient cuire avec la pierre de Phrygie, ou avec celle qui est appelée apitou (pyriforme?)[3]. Le livre dit que c'était là une recette secrète.

« L'histoire ancienne rapporte qu'Alexandre le Macédonien en fut l'inventeur, de la façon que voici. La foudre tombait constamment sur la terre et ravageait tous les ans les fruits de la terre et la race des humains, au point de n'en laisser subsister qu'un petit nombre. »

Verso.

« Alexandre, ayant eu connaissance de ces faits et en étant affligé, inventa cet alliage, formé par l'or (siwan) et l'argent (loura) : c'est pour cela que

(1) ܐܘܛܘܡܛܪܝܢ, comp. ci-dessus, trad., p. 35, note 3; p. 151, note 1.

(2) ܢܗܦܘܢ ܒܗ̇ ܒܩܛܡܪܐ ܒܫܘܫܠܐ.

(3) ܐܦܝܛܘ.

l'alliage a été appelé électrum, c'est-à-dire entrelacé, parce que c'est un mélange de ces deux métaux brillants.

« *Il rapporte les résultats visibles obtenus par leur alliage.* — C'est pourquoi on dit que si un individu dans ce temps-là était (exposé à être) frappé par la foudre, il préparait avec les métaux brillants un électrum brillant, et (par la vertu de ce corps) il n'était pas accablé par le fléau, de même qu'Alexandre ne l'a pas été.

« C'est alors qu'Alexandre prépara des espèces de monnaies gravées[1], formées d'or et d'argent, et il les répandit dans cette terre, sur laquelle tombait la foudre; il la hersa et l'abandonna à elle-même, et la foudre n'y tomba plus. Il avait dans sa maison une espèce de miroir, qui était, dit-il, une protection contre tous les maux; et sa parole est véridique, car il n'arrivera plus à personne d'être exposé à des maux et à des combats tels que ceux qu'il eut à supporter.

« Les rois, ses successeurs, inférieurs à lui, le crurent, et ils acquirent ce miroir, (qu'ils mirent) dans leur maison comme un talisman. Ce miroir, lorsqu'un homme s'y regarde, lui suggère l'idée de s'examiner lui-même et de se purifier, depuis la tête jusqu'au bout des ongles. »

Feuillet 86 recto.

« Le miroir fut apporté ensuite chez les prêtres, dans le temple appelé *Les sept portes.* Ces miroirs étaient fabriqués à la taille des hommes et leur montraient qu'ils devaient se purifier. Tout cela était exposé en forme de mystère, comme je te l'ai fait connaître (à toi, femme!) dans le livre qui est appelé *Cercle des prêtres.*

« Le miroir n'était pas disposé dans ce but, qu'un homme s'y contemplât matériellement; car aussitôt qu'il quittait le miroir, à l'instant il perdait la mémoire de sa propre image. Qu'était-ce donc que ce miroir? Écoute.

« Le miroir représente l'esprit divin; lorsque l'âme s'y regarde, elle voit les hontes qui sont en elle, et elle les rejette; elle fait disparaître ses taches et demeure sans blâme. Lorsqu'elle est purifiée, elle imite et prend pour modèle l'Esprit-Saint; elle devient elle-même esprit; elle possède le calme et se reporte sans cesse à cet état supérieur, où l'on connaît (Dieu) et où l'on en est connu[2]. Alors devenue sans tache (sans ombre), elle se débarrasse

[1] ܗܝܕܝܢ ܥܒܕܗ ܗܘܐ ܐܠܟܣܢܕܪܘܣ ܡܠܟܐ ܕܐܝܟ ܗܘܐ ܀ ܒܪܘܫܡܐ ܕܕܗܒܐ ܘܕܣܐܡܐ.

[2] ܘܠܘܬ ܕܪܓܐ ܡܥܠܝܐ. ܠܐܬܪܐ ܕܝܕܥ ܐܘ ܡܬܝܕܥ.

de ses liens propres et de ceux qui lui sont communs avec son corps, et elle (s'élève) vers l'Omnipotent. Que dit en effet la parole philosophique? Connais-toi toi-même. Elle indique par là le miroir spirituel et intellectuel. Qu'est donc ce miroir, sinon l'esprit divin et primordial (du Père?).

« A moins qu'on ne dise que c'est le principe des principes, le fils de Dieu, le Verbe, celui dont les pensées et les sentiments procèdent aussi de l'Esprit-Saint. Telle est, ô femme! l'explication du miroir. »

Verso.

« Lorsqu'un homme y regarde et s'y voit, il détourne sa face de tout ce qui est appelé dieux et démons, et, s'attachant à l'Esprit-Saint, il devient un homme parfait; il voit Dieu qui est en lui, par l'intermédiaire de cet Esprit-Saint [1].

« Ce miroir est placé au-dessus des Sept portes [2], du côté de l'Occident, de telle sorte que celui qui y regarde voit l'Orient, là où brille la lumière intellectuelle, qui est au-dessus du voile. C'est pourquoi il est placé aussi du côté sud, au-dessus de toutes les portes qui répondent aux Sept cieux [3], au-dessus de ce monde visible, au-dessus des Douze maisons [4] et des Pléiades, qui sont le monde des treize. Au-dessus d'eux existe cet Œil des sens invisibles, cet Œil de l'esprit, qui est présent là et en tous lieux [5]. On y voit cet esprit parfait, en la puissance duquel tout se trouve, dès maintenant et jusqu'à la mort.

« Nous avons rapporté ceci, parce que nous y avons été conduits en parlant du miroir d'électrum, c'est-à-dire du miroir de l'esprit.

« Ces monnaies qu'Alexandre sema dans la terre, les gens qui les trouvent s'en servent pour le même usage, en gravant sur elles la figure d'Alexandre à cheval. Ils les suspendent sur eux-mêmes, comme des amulettes. D'autres, lorsqu'ils les trouvent, gravent...... (mot effacé) et argent, et les suspendent sur eux-mêmes, etc...... »

[1] Tout ce développement, imprégné de gnosticisme, rappelle, par son caractère général, les commentaires de Zosime sur la lettre Ω. (*Coll. des Alch. grecs*, trad., p. 221 et suiv.; voir aussi p. 90.)

[2] Voir les portes symboliques de Celse. (*Introd. à la Chimie des anciens*, p. 78.)

[3] Voir les Sept firmaments, dans le *Livre de Cratès*. (*Traités d'Alchimie arabe*, p. 47.)

[4] Signes du zodiaque.

[5] L'Œil sacré ou *Oudja* est un symbole égyptien; il désignait tantôt le soleil et la lune; tantôt les deux yeux du soleil, qui aperçoit toutes choses du nord au midi, etc. (*Dict. d'archéologie égyptienne*, par Pierret, p. 399.)

Feuillet 87 recto.

« Transmets ceci (femme) à ceux des philosophes qui en sont dignes, et enseigne-leur les choses de l'esprit; détourne-toi des anciennes (doctrines), et reconnais que toute cette exposition renferme le type des choses invisibles. »

4. *Voici les types d'Aristote.* — « Il ne promit pas d'expliquer, ni même. . . . .[1]; car, quoique philosophe pour les choses visibles, il n'a pas bien distingué l'existence des choses invisibles, c'est-à-dire celle des intelligences ou substances spirituelles. Les anges qui lui inspirèrent la science ne les connaissaient pas, et ne pouvaient par conséquent communiquer ce qu'ils ne possédaient pas. Lui-même ne savait pas

Verso.

ce qu'il n'avait pas reçu de ses maîtres, car il n'y avait personne qui en possédât la tradition.

« Il n'était pas non plus l'Esprit-Saint; mais c'était un homme mortel, une intelligence mortelle et un corps mortel. C'était le plus brillant parmi les êtres non lumineux, mis en contraste avec les êtres incorporels. Il possédait un pouvoir d'appropriation ou de résistance sur les êtres corporels et non lumineux[2], autres que les intelligences supérieures et les grands corps célestes. Comme il était mortel, il ne put s'élever jusqu'à la sphère céleste; il ne sut pas non plus s'en rendre digne. C'est pourquoi sa science et ses actes demeurèrent dans la région inférieure à cette sphère.

« Mais toi (femme), élève-toi par ta pensée en dehors de la sphère inférieure, qui est une partie de l'univers (visible); envisage ton âme, au moyen de ce miroir spirituel d'électrum, fabriqué avec les deux intelligences, c'est-à-dire avec le Fils de Dieu, le Verbe, joint à l'Esprit-Saint, et rempli de la spiritualité de la Trinité. Communique-le sans jalousie à ceux qui en sont dignes et qui te le demanderont, afin qu'ici-bas même tu possèdes un grand bien : je veux dire les âmes que tu sauveras et que tu dirigeras vers la nature incorporelle et incorruptible. »

5. « *Chez les Égyptiens, il y a un livre appelé les Sept cieux, attribué à*

[1] ܠܐ ܐܫܬܘܕܝ ܕܢܦܫܘܩ ܕܐܬܡܣܝܗܘܢ ܘܐܦܠܐ . . . ܗܘܐ (*sic*) ܗܘܐ

[2] ܗܘܐ ܠܗ ܫܘܠܛܢܐ ܕܚܣܢܐ ܘܕܩܘܡܐ ܠܘܩܒܠ ܓܘܫܡܢܐ ܕܠܐ ܢܗܝܪܝܢ ܠܒܪ ܡܢ ܗܘܢܐ ܥܠܝܐ ܘܓܘܫܡܐ ܪܘܪܒܐ.

Salomon, contre les démons; mais il n'est pas exact qu'il soit de Salomon, parce que ces talismans [1] ont été apportés autrefois à nos prêtres;

Feuillet 88 recto.

c'est ce que la langue employée pour les désigner fait déjà supposer; car le mot *talismans de Salomon* est une expression hébraïque. En tout temps, les grands prêtres de Jérusalem les tiraient, suivant le sens simple, du gouffre inférieur de Jérusalem [2].

« Après que ces écrits eurent été répandus partout, étant encore inachevés, ils furent corrompus.

« C'est lui qui les avait inventés, comme je l'ai dit plus haut. Mais Salomon n'écrivit qu'un seul ouvrage sur les sept talismans, tandis qu'on imagina des commentaires, à différentes époques, pour expliquer les choses que cet ouvrage renfermait; or dans ces commentaires il y avait de la fraude. Tous, ou à peu près, sont d'accord sur le travail des talismans dirigés contre les démons. Ces talismans agissent comme la prière et les neuf lettres écrites par Salomon [3]; les démons ne peuvent y résister.

« Mais revenons plus en détail au sujet que nous avons en vue. Les sept bouteilles (talismans), dans lesquelles Salomon renferma les démons, étaient en électrum. Il convient d'ajouter foi à cet égard aux écrits juifs sur les démons. Le livre altéré, que nous possédons et qui est intitulé les Sept cieux, renferme, en résumé, ce qui suit (? [4]). L'ange ordonna à Salomon de faire ces talismans (bouteilles). Il ajoute : Salomon fit les sept talismans (bouteilles), suivant le nombre des sept planètes, en se conformant aux prescriptions divines sur le travail de la pierre (philosophale),

Verso.

pour le mélange de l'argent, de l'or et du cuivre de Chypre, avec le corps appelé orichalque et cuivre de Marrah (?) [5]. On prend une partie du métal pourvue de son ombre, on le met en présence de toutes les pierres sulfu-

[1] Littéralement : bouteilles. De même plus loin, partout où se trouve le mot *talisman* dans ce passage. L'assimilation des talismans à des bouteilles, dans lesquelles les démons sont enfermés par la vertu des écritures magiques, inscrites dessus, est expliquée plus bas.

[2] La Géhenne?

[3] Le nom mystérieux de Dieu? — Tout ce passage est imprégné des idées juives et cabalistiques.

[4] ܕܐܠܣܚܘܪ.

[5] ܕܡܪܐ.

reuses : la meilleure de toutes engendre le métal privé d'ombre. Les ingrédients nécessaires sont au nombre de neuf, en tout. C'est par eux que tout s'accomplit, ainsi que tu le sais.

« Le sage Salomon sait aussi évoquer les démons; il donne une formule de conjuration et il indique l'électrum, c'est-à-dire les bouteilles d'électrum, sur la surface desquelles il inscrivit cette formule.

« Tu trouveras le mélange, le poids et le traitement de chacun des corps et des pierres précieuses dans les écrits juifs, et principalement chez Apilis, fils de Gagios[1]. Si tu découvres le sens de ces écritures, tu y découvriras avec sincérité ce que tu poursuis. Sinon, cherche ton refuge auprès du crocitidos, surtout celui qui est dans le manuel (*ἐγχειρίδιον*) (?)[2], attendu qu'on produit l'or (siwan) avec le fer (sahoum) teint en rouge. On trouve (dans le manuel) l'indication complète des neuf choses nécessaires.

« Si tu ne veux pas te servir de ce moyen, sache qu'il faut, pour la préparation de l'électrum, les corps suivants : or (siwan) brûlé, argent (loura) dit de la fourmi (*μύρμηκος*), cuivre (saroch) blanchi, fer (sahoum) tendre et amolli, plomb (? ṭou), argent (lune) purifié. Tu trouveras leur traitement partout, etc. »

Feuillet 89 recto et verso.

Suite.

Feuillet 90 recto.

Suite.

Fin du livre sur l'électrum.

[1] ܐܦܝܠܝܣ ܒܪ ܓܓܝܘܣ. — [2] ܘܐܠܐ ܗܘܐ ܠܟ ܗܢܐ ܡܥܕܪܢܐ ܠܘܬ ܩܪܘܩܝܛܝܕܘܣ. ܒܝܬܝܪܐܝܬ ܗܘ ܕܒܐܢܟܝܪܝܕܝܢ

III. TRAITÉ DE DÉMOCRITE.

Feuillet 90 verso.

LIVRE PREMIER.

Livre de Démocrite : préparation de l'or.

C'est une traduction de la *Chrysopée* de Démocrite, qui se trouve également dans l'*Alchimie* du British Museum, ci-dessus, p. 10, l. 3 (trad., p. 19). Mais le texte en est souvent trop différent pour qu'on se borne à en donner les variantes. Voici la traduction complète des parties qui offrent ce caractère[1].

1. « Prends du mercure (ܣܟܠܐ) et fixe-le avec le corps de magnésie, ou avec de l'antimoine[2] italique, ou avec du soufre rouge, ou avec de la sélénite, ou de la chaux (*τίτανος*), ou avec de l'alun, ou avec de l'arsenic, ou comme tu l'entendras. Prépare deux creusets (*χώνη*); fais chauffer et projette sur le mercure. Examine si la rouille est rouge, projette-la sur de l'argent et elle produira de l'or. Si l'on projette sur l'or, on obtient le corail d'or. »

2. « Le même résultat sera obtenu par la sandaraque rouge et l'arsenic, en les faisant agir sur le corps de magnésie, la chrysocolle et le cinabre rouge. Le cuivre est privé d'ombre seulement par le mercure, avec le concours du vinaigre. »

3. « *Pierre pyrite.* — Fais-la chauffer, selon l'usage, de façon à la rendre fluide. On la liquéfie au moyen de la résine et de la litharge, ou bien de la cire, ou même de l'antimoine (*σlίμμι*) italique. On saupoudre (avec du plomb) : il ne s'agit pas de celui dont on se sert ordinairement, ne l'oublie pas, mais de celui qui vient de Samos. Tu projetteras de cet ingrédient partout, autant que tu voudras. La nature saisit la nature. »

(1) Comp. *Coll. des Alch. grecs*, trad., p. 46. — (2) Le texte porte ܐܣܛܘܡܐ « acier », mais il faut lire ܐܣܛܝܡܐ = *σlίμμι*.

4. Suit l'article sur la préparation de la pyrite, p. 10, l. 17 (trad., p. 20, n° 3).

Variantes qui ne modifient pas le sens :

P. 10, l. 18, ܡܫܚܐ ܕܐܡܓܢܝܣܝܐ au lieu de ܡܫ̈ܚܐ ܕܐܡܗ.

P. 10, l. 19, ܠܐܣܛܘܡܘܡܐܢܐ au lieu de ܒܙܪ̈ ܪܘܚܐ; ܐܘܟܡ̈ܐ au lieu de ܐܘܟܡܐ.

P. 10, l. 20, ܒܣܘܡܩܐ au lieu de ܣܘܡܩܐ et ܒܚܣܪ au lieu de ܢܦܣܪ. Suit :

5. Préparation du claudianos avec du marbre, de l'alun, ou de l'arsenic, ou de la sandaraque, ou de la chaux. Si l'on en projette dans de l'argent, il fait de l'or; dans de l'or, il fait du corail d'or.

Autre préparation.

Suit :

En bas du feuillet 91 recto.

l'article de l'androdamas (trad., p. 20, n° 4). Pas de variante notable; on ajoute à la fin : « La nature saisit la nature. »

Puis vient le n° 5, p. 20 de la traduction. Pas de variantes; seulement ܒܨ̈ܠܐ ܕܐܪ̈ܙܐ au lieu de ܒܨ̈ܠܐ ܕܐܬ̈ܠܐ, p. 11, l. 3. A la fin de l'article : « La nature saisit la nature. »

Suit le n° 6, p. 20 de la traduction. Variantes :

P. 11, l. 7 : également ܒܠܩܛܐ; ܚܫܪܐ ܗܘ ܕܗܝܕܪܓܝܪܘܢ « vitriol de mercure » au lieu de ܚܫܪܐ ܕܢܚܫܐ « fleur de cuivre » (trad., p. 20, dernière ligne).

P. 11, l. 10, ܘܐܠܐ ܠܐ ܒܗܝܕܪܓܝܪܘܢ ܒܪܘܟ au lieu de ܘܐܠܐ ܗܘܐ ܘܐܠܐ ܠܐ. ܒܗܝܕܪܓܝܪܘܢ ܒܪܘܟ; trad., p. 21, l. 4 : « s'il ne devient pas encore tel, blâme le mercure (le plomb?); s'il n'est pas blâmable, tu réussiras bien ».

P. 11, à la fin de la l. 17, ajoute : ܒܚܡܝܗ ܒܡܫܚܐ ܙܒܢܐ ܣܓܝܐܬܐ ܘܡܢ ܒܬܪܟܢ; dans la trad., p. 21, n° VII, l. 3, après « Une fois transformée », ajouter : « fais-la bouillir avec de l'huile plusieurs fois; ensuite..... »

Feuillet 92 recto.

7. A la fin de cet article suit : « Ô natures célestes! merveille des natures!

Ô natures sublimes, qui agitent et modifient les natures! Ô natures supérieures aux natures et différentes des (autres) natures! Ce sont des natures et elles possèdent une grande vertu et elles appartiennent aux grandes natures transformées par le feu. Elles sont l'œuvre des sages admirables; elles guérissent toutes les maladies du corps, lorsqu'on s'en sert avec art. Mais ceux qui, sans aucune science, travaillent les matières, échouent souvent par leur ignorance;

Verso.

ils oublient que les médecins éprouvent d'abord les plantes, et ils se mettent tout d'abord à faire des triturations. Or les médecins ne les font pas tout d'abord, mais ils éprouvent auparavant celle (des plantes) qui a de la vertu, celle qui . . . . . (mot effacé) et dont l'effet est intermédiaire, ou froid, ou humide; ils recherchent de quelle nature est la maladie; ils mélangent les plantes et amènent (? mot effacé) la guérison, en éprouvant les plantes. Tandis que ceux-là, ayant arrêté leur opinion sans avoir expérimenté, accourent avec la prétention de guérir jusqu'à l'âme; mais ils négligent le travail ordinaire (? mot effacé); ils veulent faire des triturations, sans savoir si les remèdes sont efficaces, et ils échouent, sans avoir le sentiment de leur ignorance, tandis qu'ils nous parlent par énigmes, et non selon la vérité. Ils opèrent, sans qu'aucun d'eux ait éprouvé quel est l'agent qui nettoie par sa projection . . . . . »

Suit le même texte qu'au commencement du manuscrit A du British Museum, ci-dessus, p. 1, l. 9 d'en bas (trad., p. 1, l. 6 d'en bas).

Variante : manque ܘܐܝܟܢܐ ܡܢ ܠܡܠܬܐ ܡܝܬܝܢ; suit ܘܐܝܟܢܐ ܗܘ ܕܡܬܡܟܟܝܢ ܟܟܪ; l. pénult., ܡܬܝܬܝܢ au lieu de ܡܝܬܝܢ; et au lieu de ܒܟܝܢܐ ܘܟܝܢܝܬܐ a : ܐܠܐ ܠܘܬ ܚܘܐ ܟܝܢܝܬܐ « mais venons-en aux (démonstrations) naturelles » (trad., p. 2, l. 2).

Suit la phrase sur la goutte de pourpre, puis trois lignes effacées.

Feuillet 93 recto.

Ensuite :

8. « *Prends de la poix* (πίσσα) *du Pont*, fais bouillir dans du vin, etc. » (en partie effacé).

9. « *Prends du safran de Cilicie*, des pétales de carthame; jette dans du

vin, et cela formera une belle liqueur; teins avec elle les lames de cuivre, etc.»

Verso.

10. *Autre.* — «Prends de notre plomb, etc.» (même texte que dans l'*Alchimie* du British Museum, ci-dessus, p. 11, l. 19; trad., p. 21, n° 8).

Variantes :

P. 11, l. 3 d'en bas, ܒܣܘܦܝܘܣ au lieu de ܒܣܘܦܘܣ; ligne suivante, au lieu de ܕܙܘܣܛܘܡܘܣܛܐ a : ܘܡܙܘܣܛܘܡܘܣܛܐ; au lieu de ܐܙܘܦܟܠܐ a : ܐܙܘܦܟܠ.

P. 12, l. 3, ܟܣܦܝܪܐ au lieu de ܟܣܦܐ; dans la trad., p. 22, n° 9, l. 2, «aux Égyptiens» au lieu de «à Mar.....»; ܘܠܡܨܪܝܐ au lieu de ܘܠܡܪܝܐ. Après ܠܐ ܕܝܢ ܬܬܕܡܪܘܢ, p. 12, l. 4, «ne vous étonnez donc pas» (trad., p. 22, n° 9, l. 4); suit :

11. «Car unique est l'agent qui opère, au lieu et place de tous; son nom est caché à tout homme, et manifeste pour tout homme; grand est son prix, et cependant, ce prix est très petit. Cet agent est difficile à trouver et (il est si vulgaire) qu'on le jette au fumier. (Comparer la fin de l'avis, p. 2 de la traduction.) Reposez-vous maintenant de l'étude de la matière (ὕλη), et procurez-vous un don véritable (? mots effacés). Il n'y a qu'une nature qui triomphe de toutes les natures.» (Voir la fin du n° 9, p. 22 de la traduction.)

Fin du livre premier de Démocrite le philosophe.

LIVRE IIe (DE DÉMOCRITE).

Livre second de Démocrite le philosophe.

Feuillet 94 recto.

1, 2, 3. Suit le texte de l'*Alchimie* du British Museum, ci-dessus, p. 12, l. 5 (dans la trad., p. 23). Variantes :

P. 12, l. 8, ܒܗܝܕܪܓܣ au lieu de ܒܚܘܡܪ; trad., n° 1, l. 5 : «dans du mercure» au lieu de «dans de la liqueur». (Il y avait probablement, dans l'ori-

ginal des manuscrits du British Museum, Zeus = Hermès, au lieu de *zoum*, erreur d'un copiste.)

P. 12, l. 10, ܕܐܠܡܫܢܘܪ au lieu de ܕܐܠܡܫܢܘܪܐ; l. 13, après ܡܓܢܝܣܝܐ ajoute : ܟܕ ܦܠܓܐ ܐܠܗܘܢ ܟܒܪܝܬܐ ܓܢܣܐ ܕܦܪܙܠܐ. ܡܓܢܝܣܝܐ; trad., p. 23, n° 1, l. 9 : « (il s'amollit) pendant que le soufre en prend une demi-partie, car la magnésie est une espèce de fer ».

P. 12, l. 13 (trad., p. 23, n° 2, l. 3), manque ܢܗܘܐ .... ܚܕ « qu'il y en ait une partie et trois parties d'alun ».

P. 12, l. 16, ܐܘ ܚܠܐ ܕܩܛܪܘܡ au lieu de ܐܘ ܕܩܛܪܘܡ; trad., p. 24, n° 3, l. 2, « ou du vinaigre de citron » au lieu de « ou du jus de citron ».

4. Après le n° 3 de la p. 24 de la trad., suit : « *Prends du soufre apyre blanc* et de la litharge; broie avec de la cadmie, ou avec de l'arsenic, ou avec de la céruse (ψιμύθιον? écrit ϖμτις), ou du vinaigre et du sel, etc. »

Feuillet 95 recto.

5. *Préparation de l'argent.* — L'article commence ainsi : « Il est unique et seul, l'agent qui opère à la place de toutes les plantes. Cet agent en effet, lorsqu'il est cuit de plusieurs manières différentes, manifeste une diversité d'effets correspondante. La céruse a une autre puissance, supérieure à celle qui est connue, lorsque l'une de celles-ci (des plantes?) est cuite (avec elle?), conformément à sa vertu spéciale; car toutes ont la même nature générale. Si les livres n'expliquent pas cette nature supérieure à toutes, nous serons jetés sottement dans la confusion de matières. Les philosophes nous jetteront dans la confusion de matières (ὕλη); en cela beaucoup ont caché la vérité.

Verso.

« Moi je ferai en sorte qu'ils éprouvent votre science. Venons-en maintenant à l'eau, dans laquelle on fait bouillir les plantes blanches et rouges. »

Suit le même texte que dans l'*Alchimie* du British Museum, p. 12, avant-dernière ligne (trad., p. 24, n° 4).

Variantes :

P. 12, dernière ligne, ܡܝܐ ܕܝܡܐ au lieu de ܡ̈ܝܐ ܕܙܘܩܐ; trad., p. 24, n° 5, l. 1, « eau de mer » au lieu de « alun ».

P. 13, l. 1, ܗܪܡܝܣ au lieu de ܙܘܣ, « Hermès » au lieu de « Zeus » (« étain » dans la trad., n° 5, l. 2); ܠܗܘܢ ܣܡ ܟܣܪܐ au lieu de ܠܗܘܢ ܟܣܪܐ; ܐܒܪܘܕܡܐ au lieu de ܐܪܘܕܡܐ.

P. 13, l. 3, ܩܪܘܛܐ au lieu de ܠܓܪܝܣܐ; trad. n° 5, l. 5 : « soit comme de la cire » au lieu de « soit réduite en farine ».

P. 13, l. 5, ܣܡ ܡܣܡܘܪ au lieu de ܡܣܢܘܪ ܡܢܘܪ.

6. Après le n° 5 de la p. 24 de la traduction, suit : « Voici pour vous la litharge blanche. Elle blanchit ainsi : elle est projetée avec des feuilles de laurier, de la farine, du miel et de l'arsenic. Broie ces matières et elles épaissiront; enduis-en la lame extérieurement sur une seule face et laisse l'autre intacte. Fais cuire suivant ton habitude, et quand (l'ingrédient) sera cuit, projette-le dans l'une des natures, puis jette-le dans une eau, renfermant

Feuillet 96 recto.

de la cendre de bois (? mot effacé). Quand les produits seront mélangés. . . (deux mots effacés). Ceci (se fait) au moyen de l'eau vraie et commune. La nature triomphe de la nature. »

7. « Prends le mercure (le lait) et broie avec lui de l'alun et un peu de misy; broie dans du vinaigre; projettes-y de la cadmie blanche, ou de la magnésie, ou de la chaux, pour qu'il soit (transformé en) un corps (solide). Tu broieras sur le feu et tu feras cuire avec des charbons. Qu'il y ait aussi du soufre apyre. La nature saisit la nature. »

8. « Voici pour vous : arsenic, une once; natron, quatre drachmes; écorce de pêcher ou feuilles tendres, deux onces; lait de vache, une once; alun autant qu'eux tous. Broie dans du vinaigre, ou dans de l'urine, ou dans de la chaux, jusqu'à ce que les produits soient réduits en liqueur (ζύμη). Fais chauffer et teins tous (les métaux) dans lesquels se trouve de la rouille, et leur rouille disparaîtra. Une nature saisit une nature. »

Suit le texte du British Museum, ci-dessus, p. 13, l. 6-8 (trad., p. 24, n° 6).

Verso.

Fin du livre second de Démocrite le philosophe.

IV. EXTRAIT DE DÉMOCRITE, 3ᵉ LIVRE.

Ensuite Démocrite : Je vous dis à vous, philosophes, salut !

1. Même texte que p. 13, l. 9 et suiv. (trad., p. 25.)

Variantes : ܣܡܡܣܪܟܝ au lieu de ܣܡܡܣܪܟ ; l. 12-13, ܐܡܪ ܐܢܐ ܕܝܢ ܘܝܩܝܪܐ ܠܛܝܡܘܬܗ. ܘܕܠܐ ܝܕܝܥ ܘܡܓܠܝܐ ܠܟܠ. ܘܝܩܝܪܐ ܫܡ̈ܗܘܗܝ ܘܚܕ ܗܘ ܫܡܗ. ܗ̇ܝ ܕܟܕ ܟܐܦܐ ܐܝܬܝܗ̇ ܠܐ ܐܝܬܝܗ̇ ܟܐܦܐ. ܘܟܕ ܝܩܝܪܐ ܒܛܝܡܘܬܗ̇ ; trad., p. 25, nº 2, l. 1 et 2 : « pierre sans valeur, dis-je, mais qui a un très grand prix; qui n'est pas connue, et qui est manifeste pour tout le monde; qui a beaucoup de noms, et qui n'a qu'un seul nom; elle qui, étant une pierre, n'est pas une pierre; étant très précieuse[1]. . . . . »; l. 16, ܡܟܪܝܣ au lieu de ܡܟܟܪܝܣ ; l. suivante, ܘܪܝܫܢܣ au lieu de ܢܫܐ ; dans la trad., nº 3, fin : « le mercure » au lieu de « le cuivre »; l. 17 et 18, ܒܣܡܐ ܕܫܘܪܐ au lieu de ܒܫ ܫܘܪܐ ; l. antépén., ܘܦܫܩܘܢ au lieu de ܘܐܫܩܘܢ.

P. 14, l. 3, ܡܪܡܪܝܛܝܣ au lieu de ܡܪܓܠܝܛܝܣ ; dans la trad., p. 26, nº 5, l. 6 : « et ce sera de la pierre de marbre, *μαρμαρῖτις* », au lieu de « et ce sera une perle ».

Feuillet 97 verso.

2. Suit : « *Voici pour vous un (dragon?)*[2] *que l'on trouve dans un rocher qui est dans le fleuve du Nil.* — Enlève-lui ses os[3] et broie-les dans du sang de lièvre, ou dans du sang de porc, ou dans du jus acide de citron, ou comme tu l'entendras; traite-les comme des lupins. Projette-les dans un vase de sélénite (ἀφροσέληνον), ou. . . . . . (deux mots douteux)[4], ou comme tu l'entendras, pourvu qu'il soit propre. Veille à ce qu'ils ne soient pas en trop gros fragments. A ces petits morceaux, enlève leurs parties noires et broie-les dans du vinaigre seul; mêle avec eux la liqueur (ζύμη) de solanum nigrum, ou. . u. . . . (mots douteux)[5]. Projette-la sur les morceaux et verse par-dessus du suc (χυλός) de symphyton, ou de chou sauvage, ou de cumin[6]. »

[1] *Collection des Alchimistes grecs*, traduction, p. 130.

[2] ܐܘ ܒܚܡܝ ܢܦܪܚܝ.

[3] *Collection des Alchimistes grecs*, traduction, p. 23, note 5.

[4] ܘܐܝܟ ܒܡܐܢܐ ܕܐܦܪܣܠܝܢ. ܐܘ ܒܡܣܩܘܠܐ. ܐܘ ܐܦ ܐܣܛܘܪܓܘܣ.

[5] ܘܦܫܘܢ ܕܡܫܩܫܘܢ. ܕܐܝܟ ܗܘܐ ܢܦܫܬܐ ܡܫܬܪܝܐ ܘܣܟܠ ܕܐܡܕܝ ܐܠܐ ܟܠܚܕܐ.

[6] ܐܘ ܩܘܡܝܢ.

3. *Comment se prépare la pourpre*[1]. — « Prends et broie-la bien; mets-la dans de l'eau; fais-en une pâte (μάζα) et délaye-la dans l'eau. Fais avec elle de la teinture (φῦκος), une partie (de pourpre) pour deux parties (d'eau). Verse-la sur la laine et celle-ci deviendra pourpre. Prépare aussi de l'eau de chaux,

Feuillet 98 recto.

et, quand tu l'y auras plongée, lave-la dans cette eau. »

4. *Autre préparation.* — « Prends de la teinture (φῦκος), ajoutes-y de la chaux, ou du vinaigre, ou de l'alun; (laisse digérer) pendant trois jours. Clarifie cette eau et fais-la chauffer; mélange avec cette eau du..... (mot écrit ασρτος)[2]. Aussitôt qu'elle bouillira, mets-y de la laine ou un tissu (mot écrit εγιον)[3] blanc. Retire et lave dans de l'eau de mer, et tu trouveras une belle teinte pourpre. »

5. *Pourpre froide.* — « Elle se fait au moyen de cette eau qui, après avoir bouilli, imprègne la laine (?)[4]. On y place la laine; elle devra être soumise à l'action de l'alun et y rester un jour. Ensuite lave-la et mets-la dans du... (mot douteux)[5]. Lave-la de nouveau : ceci est la (teinture en) pourpre. »

Fin du livre de Démocrite le philosophe. Quiconque opérera, accomplira; quiconque cherchera, trouvera.

[1] Ces trois recettes répondent au Livre de Démocrite sur la pourpre, cité dans la *Collection des Alchimistes grecs*, et dont il y subsiste un fragment, trad., p. 43.

[2] ܐܣܦܪܛܘܣ.

[3] ܐܝܓܝܘܢ. Serait-ce ἔριον, le nom de la laine en grec? Comp. ci-après, p. 305.

[4] ܗ̇ܘ ܗ̇ܢܘܢ ܡܢ ܡܝܐ. ܗܘܝܢ ܥܡܪܐ ܕܡܨܒܥܘ. ܡܬܕܡܝܢ ܠܡܬܢܣܘܢ (à la marge ܠܡܬܢܣܘ).

[5] ܘܗܘܝܢ ܐܦܪܐ ܠܗ ܠܢܝܘܢ.

V

AUTRE TRAITÉ ATTRIBUÉ À DÉMOCRITE[1].

Livre premier.

1. Suit : « Prends de l'urine, avec laquelle tu écriras sur ton bras ce que tu voudras et laisse prendre. Ensuite répands sur les lettres de la poudre de charbon sèche et essuie avec un linge; alors les lettres seront visibles[2]. »

2. *Autre*[3]. « Prends des noix de galle; broie bien; projette dessus de l'eau, et avec cette liqueur écris sur du papier (*χάρτης*) et laisse sécher. Prends de la liqueur de misy, trempes-y le papier, et lis. »

Verso.

3. *Autre article.* — Mercure, terre de Samos, alun lamelleux, argent; faire cuire ensemble, etc.

4. *Préparation du cuivre blanc pour qu'il s'allie à l'argent en quantité égale.* — Cuivre de Chypre, cuivre blanc (Bilat), sandaraque, alun, sel.

5. *Autre.* — Étain, lait de chacal (mercure), mastic, etc.

Feuillet 99 recto.

6. *Préparation de l'argent.* — Mastic et mercure.

7. *Pour écrire des lettres d'argent.* — Couperose et vinaigre.

[1] Collection de recettes de diverses époques, en partie postérieures même à Zosime.

[2] Cette formule est relative à une écriture sur la peau; elle doit être rapprochée du tatouage, lequel était considéré par les anciens comme une amulette contre les mauvais esprits. C'est pourquoi la loi mosaïque le prohibait. (Lévitique, XIX, 28.) Le Talmud (*Makkoth*, 21 *a*) et les auteurs syriaques, et notamment Bar Bahloul, en donnent la recette. Citons à cet égard le commentaire de saint Éphrem sur le Deutéronome, XIV, 1 : « Le législateur défend aux Israélites, dit-il, de faire dans leur chair ces inscriptions qui sont formées sur leurs corps avec des couleurs, telles que les inscriptions en usage chez les Égyptiens, qui dessinent dans leur chair les images de leurs dieux au moyen de piqûres. » (*Opera syriaca*, I, 274 c.)

[3] Article relatif à une écriture pour correspondance secrète. C'est de l'encre fabriquée en deux fois : une première écriture incolore étant tracée sur le papier avec une infusion de noix de galle, qui noircit ensuite par l'addition d'un sel ferrugineux.

8. *Pour que la couleur de l'argent ressemble à celle de l'or.* — Natron rouge et sel blanc.

9. *Pour que l'argent soit doré à jamais.* — Mercure et or; enduire avec le vase d'argent, après l'avoir frotté avec de l'alun.

10. *Comment l'étain vrai est traité par le natron et l'alun.* — On le nettoie comme il convient et on le traite comme l'argent.

Verso.

11. *Comment l'étain devient blanc.* — Le fondre cinq fois avec de la chaux de marbre.

12. *Comment on écrit des lettres d'argent.* — Mercure versé sur de la fiente de pigeon et délayé dans du vinaigre.

13. *Pour reconnaître s'il y a une fraude dans l'étain.* — « Après l'avoir mis sur le feu, étends une feuille de papier par terre et verse dessus l'étain fondu; si elle brûle, il est frauduleux; sinon, non. » (Comparer le texte de l'*Alchimie* du British Museum, p. 54, l. 17-19; trad., p. 97, n° XXII.)

14. *Comment on traite l'étain et le plomb.* — « Après avoir fait fondre dans un vase d'argile, saupoudre par-dessus de la farine d'alun, en en mettant peu à peu et en remuant avec une spatule : ceci est la fleur des deux. » (Comparer le texte du British Museum, p. 54, l. 6; trad., p. 97, n° XXI.)

15. *Comment le cuivre devient blanc.* — Faire fondre avec de la magnésie.

16. *Comment on nettoie le cuivre.* — On fait bouillir de la betterave et on frotte le cuivre, etc.

Feuillet 100 recto.

17. *Teinture d'or.* — Misy et cumin (mot écrit *κυμιδιν*)[1].

18. *Autre.* — Chrysocolle et vinaigre.

19. *Autre.* — Arsenic et cumin.

20. *Autre.* — Élydrion, arsenic doré, biles de veau, safran de Cilicie.

[1] ܡܣܘܡܝܢ ܘܩܘܡܝܢ.

21. *Comment on prépare la soudure d'or.* — Cuivre de Chypre, argent, or.

22. *Comment on fait de l'or et on le nettoie.* — Mercure couleur de fer;

Verso.

il se nettoie ainsi : alun, saumure, natron, feuilles de pêcher, etc.

23. *Teinture d'or.* — Misy brûlé, alun avec de l'élydrion, broyés dans de l'urine; on enduit le vase que l'on veut teindre.

24. *Autre.* — Mercure blanc et urine; addition de misy, sel et carthame.

Feuillet 101 recto.

25. *Comment se fait l'élixir blanc.* — Mercure (lait de vierge), soufre, alun, etc.

Verso.

Suite. Dernière ligne :

Fin du premier livre de Démocrite le philosophe.

(LIVRE IIe DE DÉMOCRITE.)

Feuillet 102 recto.

Livre second.

1. *Premier travail du cinabre.* — Couperose (χαλκητάριν) broyée dans de l'eau; addition de miel; faire cuire sur un feu doux un jour entier.

2. *Rouille* (Ἰὸς écrit ις[1]) *qui sert pour la teinture des perles et des rubis.* — Cuivre brûlé, lavé dans de l'eau et du sel, et broyé dans du vinaigre, dans lequel il y aura du foin[2] et du sel marin, et plus de foin que de vinaigre. Après qu'il a été broyé, on en fait des pastilles, que l'on place sur un tamis. On met du vinaigre dans un plat d'argile, et on pose par-dessus le tamis, en recouvrant avec un autre plat. On enduit les plats de poix et on les

(1) ܐܝܣ. — (2) ܚܘܫܐ.

place dans la terre, pendant quarante jours. Puis on retire, on ajoute des biles de chèvre. Quand le produit est sec, on détache le résidu.

3. *Au sujet de ce qu'en Scythie et en Égypte, il y a une roche qui ressemble à du bitume*[1]. — « Si on la consume par le feu, on trouve des paillettes d'or. On a trouvé, en Égypte, dans cette roche beaucoup de...... (mot écrit σκκλονια[2] = σκώληξ?). C'est pourquoi il disait : Après qu'elle est devenue comme de l'or, si on la jette dans un creuset et si on la fait fondre, on trouve de l'or. Mais je pense qu'il convient de la fondre, ainsi qu'il est écrit dans le petit *Livre* relatif au sable des minerais[3] d'or,

Verso.

celui dont le vieillard Aqoula[4] a dit qu'en Égypte Cratès[5] l'appelle mystérieux. J'ai trouvé, (dit-il), cette roche; mais par jalousie je l'ai tenue cachée. Il nous expose donc que dans le pays de Tripoli il y a un endroit appelé Akminin[6]; c'est une montagne dans laquelle il y a des pierres semblables à l'or. Si tu veux en retirer le claudianos (électrum) qui s'y trouve et qui est beau, prends cette pierre et enfouis-la dans du fumier de cheval, pendant vingt jours; puis retire-la et fais-la griller sur le feu, pendant deux jours, et tu la trouveras réduite en chaux. Broie-la et mets-la dans de l'eau — qu'il y ait beaucoup d'eau; — ce qui restera au fond, recueille-le. »

4. *Le mercure impur se lave ainsi.* — Jeter le mercure dans du vinaigre avec du natron, au sein d'un vase de verre; laisser sept jours, et il blanchira.

5. *Au sujet de ce qu'il y a en Scythie une roche appelée sélénite* (*ἀφροσέληνον*), *qui a la couleur de la poix noire.* — « Elle s'effrite comme la pierre et, par la force du soleil, elle devient (couleur de) sang. Zosime[7] l'appelle anfoug[8]. »

[1] ܡܛܠ ܕܒܐܣܩܘܬܝܐ ܘܒܡܨܪܝܢ ܐܝܬ ܟܐܦܐ ܕܕܡܝܐ ܠܟܘܦܪܐ.

[2] ܡܛܠ ܕܐܣܩܘܬܝܐ ܐܝܬ ܒܗ ܟܐܦܐ ܕܡܬܩܪܝܐ ܐܦܪܘܣܠܝܢܘܢ ܕܡܝܐ ܠܙܦܬܐ ܐܘܟܡܬܐ.

[3] ܡܛܠ ܚܠܐ ܕܡܬܠܬܐ ܕܕܗܒܐ.

[4] Aquila ou Asclepias?

[5] Le Livre de Cratès existe en arabe. (Voir le volume des *Traités d'Alchimie arabe*, p. 9 et 44.)

[6] ܐܩܡܝܢܝܢ.

[7] Écrit Zosimas. Ceci prouve que le traité actuel ou du moins l'article présent n'est pas de Démocrite, quoiqu'il en porte le nom; c'était là un nom générique, en quelque sorte, employé par tous les auteurs chimistes qui se disaient de son école.

[8] ܕܟܘܪܐ ܗܘܐ ܐܘܣܝܡܘܣ ܐܢܦܘܓ.

6. *Il convient de demander :* « Au sujet du cuivre de Chypre, comment on le traite avec le concours de la magnésie. L'étain brûlé, étant projeté dans le cuivre en fusion, rend ce dernier blanc comme l'argent; mais le métal est cassant et il convient d'y ajouter de la magnésie. Le cuivre devra être chauffé avec de l'ocre[1], ce qui le rendra pareil à l'or[2]. »

7. *Comment l'étain se purifie.* — Au moyen de l'arsenic.

8. « On appelle sang perpétuel (?)[3] ces choses qui ressemblent à des fourmis, dans (la teinture d)'or qui vient de la plante crousth . . . . . » (mot en partie effacé).

Feuillet 103 recto.

9. *Au sujet de la dracontia*[4], *qui est une pierre appelée nuit.* — « C'est une pierre noire et brillante comme un miroir. Il y en a une autre qui est encore plus sombre que la première. »

10. *Cinabre* (?) (*κλέβρις*)[5], *pierre* (couleur) *de la limaille de fer.* — « Fais-la brûler dans un fourneau pendant deux jours; prends-en deux parties; du cumin, une partie; fais cuire et ajoute de la cendre (*σπόδιον?*)[6], obtenue avec de la fiente de l'oiseau de mer (*sic*), trois parties; du séricon, deux parties; de la couperose, une demi-partie; mets dans un vase et fais cuire. »

11. *Comment on éprouve l'adamas.* — « Lorsque tu le limes, s'il s'effrite, il est bon; s'il ne s'effrite pas, il n'est pas bon. »

12. *La purification de l'étain se fait ainsi.* — Faire fondre avec du sel, de l'huile et du bitume.

13. *Autre.* — Avec de l'alun et du plomb.

14. *Autre.* — Avec du bitume de Judée, du sel, de la couperose, de l'arsenic et de l'alun.

15. *Comment on délaye la sélénite* (*ἀφροσέληνον*). — « La vraie sélénite, quand elle est mise dans la liqueur (*ζύμη*) appelée bière d'orge (*ζύθη*), se

(1) ܘܫܚܢܐ ܗ̇ܘ ܕܗܘܐ ܥܡ ܐܘܟܪܐ.

(2) C'est la préparation d'un bronze.

(3) ܕܡܐ ܡܡܠܝܐ.

(4) Comparer Pline, pl. IV, l. XXXVII, chap. LVII.

(5) ܩܠܒܪܝܣ. Sur ce mot, voir l'*Alchimie* du British Museum, ci-dessus, p. 13, l. 16, et la variante, p. 273. Dans la traduction, p. 25, note 4, on l'a rendu par « cinabre ».

(6) ܣܦܘܕܝܢ.

délaye et se met en pâte; enfouis-la dans du fumier. Quelques-uns la prennent et en font des perles, qu'ils teignent de toutes les couleurs qu'ils veulent, d'après Zosime. »

16. *On doit mélanger l'androdamas avec le cuivre; le mélange se fait ainsi.*

Verso.

— « Tu le feras chauffer sur des charbons et tu y tremperas du sel à trois reprises. Il sera broyé et projeté; attendu que le vieillard a dit : Si tu projettes du lait virginal (du chlorure de mercure) sur l'argent, il doit être broyé comme du sel. Ensuite projette-le; broie pendant trois jours et le métal fondra. »

17. *Démocrite a dit :* « A Alexandrie et en Égypte, il y a un arbre qu'on appelle Aphrodite. Si on mâche de ses feuilles et qu'on en mette sur son ongle, celui-ci est teint comme avec du cinabre. »

18. *Dicrusion* (?) (Dioscore?)[1] *a dit :* « Un (certain) marbre contient du cuivre; on en fait des colonnes. Il est de deux couleurs, jaune et blanc. »

19. *Théodotos a dit :* « Les perles de cuivre sont fusibles. »

« Il a dit qu'une perle était cachée à Cyrène (?)[2] et qu'elle avait été trouvée fendue en quatre parties égales, blanches et polies. »

20. *Il a dit :* « Il a été question entre nous de ce qui noircit l'argent et blanchit le mercure[3]. »

21. *Il a dit :* « L'étain vrai n'a pas de cri. »

22. *Il a dit :* « L'écume de mer (ἀλκυόνιον) renferme un principe essentiel; on la projette sur l'argent, et elle le teint; mais elle avait (d'abord) produit de la rouille. »

23. *Il a dit :* « J'ai trouvé un papier sur lequel il y avait ces mots : Prends de la pierre d'Arménie (ἀρμένιον) et projettes-y du beurre; je pense qu'il faut faire ainsi. »

24. *Il dit qu'un vieillard lui a dit :* « En Perse, on trouve des pierres dans un endroit appelé Bêth-Zaité (région des oliviers); elles sont rouges à

(1) ܐܡܪ ܕܝܩܪܘܣܝܘܢ. — (2) ܘܐܡܪ ܕܐܠܡܪܓܢܝܬܐ (sic) ܟܣܝܐ ܒܩܘܪܝܢܘܣ ܡܕܝܢܬܐ. — (3) ܐܡܪ ܕܗܘܬ ܒܝܢܬܢ ܥܩܬܐ ܐܝܕܐ ܕܡܘܟܡܐ ܠܣܐܡܐ ܘܡܚܘܪܐ ܠܙܝܒܩܐ.

l'extérieur et blanches à l'intérieur; si on les recueille quand la lune est pleine, on aura ce qu'on désire. Mêles-y aussi du misy. »

Feuillet 104 recto.

25. *Alliage d'argent et d'étain.* — « Je vais vous faire connaître un mystère caché : le sel de Cappadoce et la magnésie changent la couleur; la cire blanche l'améliore; étends (sur le métal) ce blanc, qui est comme du mastic[1]. Lorsque ces choses sont projetées sur l'étain, elles le rendent aussi brillant que l'argent. Si elles sont projetées sur le plomb, elles agissent de même. »

26. « Au sujet de ce que Agathodémon appelle l'alabastron[2] attique (? écrit bastros anticos[3]) : c'est le claudianos[4]. Au sujet du produit que Marie a appelé alabastron (? écrit alcastrion), qui est très blanc : il est appelé omastos trimitis (Hermès Trismégiste?) et Zeus[5] ximos (Maximus?)[6]; (traité par ?) la fleur de cuivre, (il fournit du) claudianos : celui-ci ne noircit pas. »

27. *Comment se fait l'émeraude.* — Faire tremper la pierre pendant trois jours dans de l'alun, du. . . . . (mot écrit ασχριρν[7]), du sel et de l'urine; addition de biles; on la trempe aussi pendant sept jours dans du jus de porreau.

28. *Comment on nettoie le cuivre.* — On en fait des lames, qu'on chauffe au feu et qu'on trempe dans sept fois son poids de jus acide de citron, à deux reprises, puis dans de l'urine et du sel, etc.

Verso.

29. *Comment le cuivre devient rouge.* — On le broie dans de la saumure et on le met dans du mercure, en proportion égale; puis on ajoute les ma-

(1) ܗܘܝܘ ܕܝܢ ܡܣܛܝܟܐ ܐܝܟ ܗ̇ܘ ܚܠܐ.

(2) *Introd. à la Chimie des anciens*, p. 238. — Comp. ci-dessus, p. 72, note 1.

(3) ܡܛܠ ܗܘ ܕܐܡܪ ܐܓܬܘܕܝܡܘܢ ܐܠܒܣܛܪܘܢ ܩܪܐ ܠܗ ܐܢܛܝܩܘܣ.

(4) Synonyme d'électrum et de laiton. (Voir ce volume, p. 138, note 4.) On remarquera que cet alliage est préparé ici avec le cuivre et l'alabastron, c'est-à-dire avec l'antimoine. C'est une nouvelle indication, conforme à la préparation chez les anciens d'un alliage de ces deux métaux pareil à l'or. (*Transmission de la science antique*, p. 32.)

(5) Hermès et Zeus sont les noms de l'étain.

(6) ܡܫܬܡܗܐ ܕܝܢ ܐܘܡܣܛܘܣ ܕܝܢ ܛܪܝܡܝܛܝܣ ܘܙܘܣ ܟܣܝܡܘܣ.

(7) ܐܣܟܪܝܪܢ.

tières suivantes : misy, couperose de Chypre, arsenic, cadmie de plomb; on ajoute encore du miel et du plâtre, etc. « Ce procédé est celui qui est donné pour les deux épreuves (de l'or) (Abrozosis[?][1]). Grégorios[2] a donné le suivant : misy, arsenic, pyrite, rouille de cuivre, cinabre du pistachier (σχί-νος?)[3], safran et fleur de carthame; on les traite ainsi, etc. »

30. *L'arsenic subit le traitement que voici.* — On le fait fondre sur un feu doux, après l'avoir bien écrasé; on le met dans de la saumure, on le broie et on le réduit en bouillie; puis on le met dans du safran et on broie de nouveau.

Feuillet 105 recto.

31. *Préparation de la pyrite.* — On la lave avec de la chalcite et on la fait chauffer, jusqu'à ce qu'elle devienne pourpre; puis on la broie.

32. *Scorie de cuivre,* qui est une pierre. — On broie avec du safran et du vin, et on filtre dans un linge.

33. *La céruse se fait ainsi.* — On broie dans du lait de vache, ou de chèvre; on ajoute de l'arsenic, de la scorie[4] de cuivre, de la pyrite, du cinabre[5], du misy, de la limaille d'argent, etc.

Verso.

« Tu trouveras de l'électrum, parce que Théodote a dit que le cuivre attique seul pouvait devenir sans ombre (ἄσκιος). »

34. *Diogène a dit :* « Il y a un plomb noir; aussitôt qu'on le fait fondre, il paraît noir, mais il a la couleur de la pourpre. On le trouve chez ceux qui travaillent le plomb. »

Puis suit le même texte que dans l'*Alchimie* du British Museum, ci-dessus, p. 14, l. 7-8 (trad., p. 26, n° 7).

35. *Il dit :* « Je puis obtenir cette couleur en trois jours. Je lui demandai : Comment fais-tu? et comment projettes-tu du ..... (mot effacé) dans un vase dont l'orifice est étroit, au point que le..... (mot

(1) [illegible]. — C'est le grec ἀξρύζωσις. (*Introd. à la Chimie des anciens*, p. 108 et 109.)

(2) [illegible]

(3) [illegible]. Peut-être σχῖνος est-il corrompu de σχιστός, lamelleux.

(4) [illegible].

(5) [illegible].

effacé) y entre seul? Il me répondit : Ce vase est nécessaire pour ceux qui travaillent les perles, parce que lorsque tu fais chauffer le sampidin (?) et le samrapin (?)[1], il rend rouge et rougit. Il faut y ajouter du mercure et chauffer ensuite. »

Vient ensuite le même texte que dans l'*Alchimie* du British Museum, ci-dessus, p. 14, l. 8-9 (trad., p. 27, n° 8).

36. Puis : *Il a dit* : « Lorsque la sélénite (ἀφροσέληνον) est broyée, on y ajoute du sang de chèvre; ainsi elle est rendue plus forte. » — Après cela, le texte du British Museum reprend : ci-dessus, p. 14, l. 9 et suiv. (trad., p. 27, n° VI). Notre texte omet le passage qui suit : ܠܬܘܗܘܢ, l. 12, jusqu'à ܙܘܡܚܐ, l. 14; et ܘܓܘܣ, l. 15.

Feuillet 106 recto.

Suit :

37. *Teinture en pourpre.* — « Herbe marine ou fucus, avec de l'eau et du sel; ajoutes-y la laine; retire et lave; tu trouveras de la belle pourpre. »

38. *Comment on liquéfie et on mélange les petites perles, et on en fait des grosses.* — « Mets-les dans une coupe avec du vinaigre fort; laisse-les jusqu'à ce qu'elles se dissolvent; filtre-les et mets dans de la liqueur (χύλος) de symphytum et de mûre; place au soleil pendant vingt jours, et ensuite fais-en ce que tu voudras[2]. »

39. *Eustathénès a dit*[3] : « Au sujet du lieu dans Hiérapolis, qui est appelé *la Montagne*, il y a près de là (une pierre?) qui produit du plomb. On l'en extrait ainsi : tu prendras cette pierre et tu la feras chauffer au feu; tu l'éteindras dans de l'urine sept fois, et également dans . . . . . (mot effacé)

Verso.

sept fois; ensuite tu la mettras au feu et elle produira du plomb. C'est ce que l'on appelle la cadmie; on la trouve aussi en Thrace (?)[4]. »

40. *Le vieillard Aqoulas* (Aquila ou Asclépias?) *a dit*[5]. — Même texte que dans l'*Alchimie* du British Museum, ci-dessus, p. 14, l. 17 (trad., p. 27, n° IX); l. 18, ܬܠ̈ܐ au lieu de ܬܠ̈ܬܐ; l. 19, ܘܡܥܕܝܢ ܐܝܟ ܕܗܘܐ au lieu de ܘܗܘܐ.

[1] ܚܠܒܐ ܕܡܐ ܕܬܗܘܐ ܐܠ ܣܡܦܝܕܝܢ ܘܣܡܪܦܝܢ.

[2] *Collection des Alch. grecs*, traduction, p. 349.

[3] ܐܡܪ ܐܘܣܛܐܬܢܣ.

[4] ܕܡܬܩܪܝܐ ܩܠܡܝܐ.

[5] ܐܡܪ ܣܒܐ ܐܩܘܠܣ.

41. *Comment se fait l'émeraude.* — Mélange de céruse et de verre.

42. *Comment on obtient le corps de la magnésie.* — Même texte que dans l'*Alchimie* du British Museum, p. 32, l. 14 (trad., p. 58, n° XIII). Variantes peu importantes.

43. *Il a dit :* « Le pompholyx qui est au-dessous et au-dessus du cuivre, quand on le chauffe (avec lui), blanchit le cuivre comme de l'argent, et le rend friable. »

44. *Il a dit :* « Si tu veux retirer l'or des vêtements, fais brûler les morceaux (des vêtements) et mets (la cendre) dans un creuset en ajoutant du mercure; place sur le feu jusqu'à ce qu'il fonde [1]. »

45. « Au sujet de ce fait que la cadmie rougit au moyen de la couperose :

Feuillet 107 recto.

quand tu auras luté les creusets, tu perceras deux trous, l'un par où l'on jettera de l'huile, l'autre par où l'on jettera le misy (?) [2]. »

46. « *Il a été question* entre nous des livres des philosophes, et, comme nous lui faisions observer combien le chalkydrion était une chose difficile (à obtenir), il dit : Le cuivre brûlé, quand il a été purifié, tient lieu de chalkydrion. »

47. « *Il a dit qu'en Égypte il y a un fleuve* appelé Nil, qui est une mine d'or, parce que tout son sable est plein d'or. »

48. *On demanda au vieillard Aqoulas* (Aquila ou Asclépias?). — « Qu'est-ce que les soufres qui s'unissent entre eux? » Suit le même texte que dans l'*Alchimie* du British Museum, p. 14, l. 20 (trad., p. 28, n° 3). L. 21-22, au lieu de ܠܐܙܠ ܐܝܟ ܕܟܣܝܐ a : ܐܙܠܝ ܐܝܟ ܟܣܝܐ; dans la traduction, à la fin de l'article, au lieu de « tu les trouveras modifiés », lire : « ils formeront le mystère caché ».

49. *Il a dit :* « Ce sont les lauriers et les grands myrtes. »

50. *Il a dit :* « Que la cadmie et la couperose doivent être mises en quantités égales et chauffées pendant trois ou quatre heures; ensuite elles absorbe-

(1) Ce procédé est déjà décrit par Vitruve. — (2) ܡܣܘܣܐ.

ront le natron et seront projetées sur l'argent. Fais fondre au feu et tu trouveras ce que tu désires. »

51. *Il a dit :* « Si l'ingrédient brûle, fais cuire avec de la fiente de bœuf et place sur le trépied[1]. »

52. *Il a dit :* « Quand le pompholyx est cuit avec la couperose et projeté sur le cuivre de Chypre, il le nettoie; si l'on met du pompholyx sur du cuivre, il le rougit. »

53. *Il a dit :* « J'ai teint de l'argent et il était comme de l'or; mais la teinture a été fugace. Je lui demandai : Qu'y avais-tu mis? Il me répondit : Du sori cuit dans de l'urine de bœuf, parce que le cuivre brûlé, si on le fait chauffer sur le feu et qu'on le trempe dans l'huile, revient à sa première nature. »

Verso.

54. *Il a dit :* « Que le fer teint (*σίδρωμα βαπτικόν*) porte un seul nom. On le prépare avec cette pierre. . . . . et avec celle qui ressemble à de l'or; elles ne constituent qu'une seule pierre. »

55. *Il a dit.* — Même texte que dans l'*Alchimie* du British Museum, ci-dessus, p. 14, l. pénult. (trad., p. 28, n° 4).

56. *Il a dit :* « Le cuivre brûlé, s'il vient à brûler, doit être broyé avec de la chalcite, du misy, de l'arsenic et du sel de Cappadoce; on les met dans une liqueur (*ζύμη*) où il y a du vinaigre, jusqu'à ce qu'ils rougissent. »

57. *Il a dit :* « Après qu'on a mis l'élixir de cadmie et de chalcitarin (*χαλκητάριν*), on ajoute du verre, afin qu'ils s'unissent entre eux. »

58. *On lui demanda :* « S'il convenait d'ajouter du natron, avant que (l'ingrédient) ait rougi, ou après qu'il avait rougi. Il répondit qu'il ne convenait pas d'en mettre, parce qu'il gâterait l'élixir. »

59. « Au sujet d'une question discutée entre nous, relativement à l'or à l'épreuve (abrouzousios?)[2], à savoir s'il est ainsi appelé d'après la ville de . . . . ., comme l'a prétendu Théodotos de la Cyrrhestique[3]. On doit employer de la rouille, parce que les lames de cuivre en forme de cou-

[1] [illegible]. — [2] ܐܒܪܘܙܘܣܝܘܣ. — [3] [illegible].

ronnes doivent être teintes avec l'or à l'épreuve (abrouzousios). C'est pourquoi j'ai dit que je fais brûler du cuivre brûlé et que j'en projette. Il absorbera le vinaigre et le sel pendant sept jours, en le lavant un jour sur deux. Ensuite mets-y du sel et fais cuire au feu pendant six heures. Après l'avoir retiré du feu, lave-le; c'est là le cuivre nécessaire pour fabriquer l'or à l'épreuve. »

Feuillet 108 recto.

60. *Le Philosophe dit :* « Le blanchiment de la magnésie se fait ainsi. » Même texte que dans le British Museum, ci-dessus, p. 32, l. 10 (trad., p. 58, n° XII).

61. *Le vieillard Aqoulas* (Aquila ou Asclépias?) *a dit :* « Si l'argent est teint, il sera comme de l'or. On doit d'abord le rendre noir au moyen des trois soufres cuits dans l'huile, parce qu'il convient de mélanger le cuivre non brûlé avec les teintures fugaces. »

62. *Qu'est-ce que le sel et le natron artificiel?* — « C'est la chaux que l'on trouve au-dessous du verre, quand il est fondu. »

63. *Qu'est-ce que la terre appelée scorie?* — « C'est celle que l'on trouve dans le four des verriers, et qui ressemble à la chaux. »

64. « On dit que l'*ατσις*(?) est la même chose que l'(hématite = *λίθος αἱματίτης*; *αμμτις*); quoique en fibres plus longues(?); c'est une pierre véritable. On la broie et on la met dans l'eau, et elle devient comme du sang. »

65. *J'ai dit au vieillard :* « Pourquoi ne rougissons-nous pas l'ocre et le misy, et ne traitons-nous pas (le métal) selon la règle, pour qu'il devienne rouge? Il m'a répondu : J'ai broyé de cette manière, et le métal est devenu pareil à de l'or; mais la teinte a disparu lors du second traitement, parce qu'il n'y avait pas de mercure; car celui-ci est l'agent qui fixe toutes les teintures. »

Verso.

66. *Il a dit :* « Du soufre apyre avec du mercure, parce que l'ocre et la pierre de Phrygie font brûler le cuivre. »

67. « En raison de la . . . . . (*πήγανον*)[1] qui est avec l'étain, il convient

(1) [illegible].

de luter le creuset, pour que le mercure soit capable de résister au feu. On le met dans une coupe avec de l'huile, etc. »; on le fait fondre et on ajoute du natron, de l'alun et du suc de poireau.

68. *On lui a demandé.* — Même texte que dans l'*Alchimie* du British Museum, ci-dessus, p. 15, l. 1-2 (trad., p. 28, n° 6).

69. *Il a dit :* « Quand on fond (un métal) avec du natron et de l'huile, on doit projeter d'abord le natron; puis on mélange avec lui les corps suivants : eau de chaux, de lie (σφέκλης), eau d'alun, eau de soufre, d'arsenic, de sandaraque, eau de chou, eau de câpre (κάππαρις). On fait la projection dans le mélange fait avec l'arsenic, la sandaraque et l'eau douce. Ensuite tu filtreras l'eau de chou et de câpre. La chalcitarin (χαλκιτάριν) fixe la cadmie. Tu dois écrire et demander s'il faut projeter en égale proportion les trois soufres qui cuisent dans l'huile, et quelle quantité on doit en mettre pour une quantité donnée d'argent. »

70. *On doit demander :* « Combien d'alun doit être mis pour quelle quantité d'eau; et dans quelles plantes (minerais) on doit projeter du verre, afin que les teintures ne soient pas fugaces[1]. »

Feuillet 109 recto.

71. *On doit demander :* « Au sujet de quelle roche dit-il que c'est la pierre thracias (? écrit θρακιτις)[2], qui contient des étoiles d'or? »

72. *On doit demander :* « Combien de calaïs (? écrit qlaïnn)[3] doit-on projeter dans une quantité donnée d'argent? Lorsque l'un des quatre (agents) sera modifié, on prendra du natron et une proportion égale de rouille de cuivre. On mettra le métal dans le creuset, et il en sortira le corps qui a deux noms[4]. Heureux celui qui comprend! »

73. *Il a dit.* — Même texte que dans les manuscrits du British Museum, ci-dessus, p. 15, l. 2-3 (trad., p. 28, n° 7). Variante : ܢܣܘܒܐ au lieu de ܐܙܘܓܐ.

74. « *Combien on doit* mêler de cuivre pour (obtenir le métal de) l'astro-

[1] ܘܠܓܘܢܝܬܐ ܕܠܐ ܒܡܝܐ ܡܫܬܢܝܢ ܘܠܐ ܢܥܒܪܢ.

[2] ܕܐܬܩܪܐ ܬܪܩܝܛܝܣ. Voir Dioscor., *Mat. méd.*, l. V, ch. CXLVI.

[3] ܘܟܡܐ ܩܠܝܢ ܒܟܡܐ ܟܣܦܐ ܡܫܬܕܐ. Comp. sur le calaïs ci-dessus, p. 236, n. 3; p. 237, n. 1; et *Transmission de la science antique*, p. 367.

[4] Électrum ou asem?

labe (ἀστρολάβον) : cuivre de Nicée (νικαιον), deux parties; cuivre rouge, une partie. »

75. *Je t'ai enseigné comment on doit chauffer le lait virginal* (le mercure). — « Mets-le dans un morceau de laine, avec un peu d'arsenic, et fixe-le. Ensuite mets dans un vase d'argile, rempli à moitié, du soufre apyre broyé, et introduis-y le morceau de laine, qui renferme ce lait. Mets de nouveau du soufre apyre; remplis-en le vase et ferme l'orifice avec un morceau de laine. Mets par-dessus une couche de sel, et par-dessus le sel, mets du lut. Place sur un feu doux, pendant trente-huit jours; puis retire-le. Quand le vase sera refroidi, brise-le et tu trouveras du cinabre. »

76. *Cristal.* — Même texte que dans l'*Alchimie* du British Museum, p. 15, l. 10-17 (trad., p. 29, n° 1, l. 4 et suiv., et n° 2 et 3). Variantes : ܐܢܕܝܩܘܢ (ἰνδικόν « fer indien? ») au lieu de ܐܢܕܩܘܢ traduit par « rubrique? ».

Verso.

77. *Comment on doit teindre l'émeraude.* — On met dans un vase d'argile de l'alun, du foin et de l'eau, puis de la cire blanche et du cristal broyés; addition de chrysocolle broyée.

78. *Comment se teignent les perles.* — Cuivre brûlé, rouille et miel du Pont, cuits ensemble pendant une heure.

Feuillet 110 recto.

79. *Autre.* — Chalcite, vinaigre, biles de bœuf, poudre de cristal; celle-ci fixe l'alun et devient de l'émeraude.

Suit l'article de l'*Alchimie* du British Museum, ci-dessus, p. 15, l. 18 (trad., p. 30, n° 4).

80. *Première teinture de toutes les pierres.* — « Sel et eau préparés comme ci-dessus pour la teinture des pierres. Fais chauffer à la flamme. »

81. *Comment se prépare la pierre qui polit le cristal et qui est appelée fumée* (?)[1]. — « Concasse-la; prends-en un poids de deux drachmes. Prends donc un poids de deux drachmes; prends de la chrysocolle de Macédoine et du solanum nigrum (ἀλικάκαβον), et fais chauffer. »

(1) ܘܩܛܪܐ ܐܢܫܐ.

82. *Comment l'argent noir est blanchi et amolli; décapage par fusion (?)* [1]. — On verse l'argent fondu dans de l'eau de feuilles de figuier sauvage, et on ajoute du natron et de l'alun.

83. *Autre décapage par fusion, qui rend bon tout argent mauvais.* — « Prends du..... (écrit κονδα)[2] et de la rue (πήγανον) sauvage; fais macérer dans du vinaigre; projettes-y un peu de sel; quand tu auras fait fondre au feu, projette de ces plantes et fais cuire longtemps. »

84. *Comment on purifie l'argent.* — Voir le dernier article syriaque des manuscrits du British Museum, texte, p. 60 (trad., p. 106).

Variantes :

« Du plomb, une partie » au lieu de « du plomb, deux parties ». Le texte ajoute à la fin : « l'argent restera seul, il sera blanc, mou et brillant ».

85. *Comment le cuivre deviendra blanc comme de l'argent.*

Verso.

Même texte que dans l'*Alchimie* du British Museum, ci-dessus, p. 15, l. 4 et 5 (trad., p. 28; n° 8); a « hydrargyron » au lieu de « mercure ».

86. Suit l'article du British Museum, p. 15, l. 6-8 (trad., p. 28, n° 9).

Variantes :

Le texte ajoute après le titre : ܐܪܡܝܗܝ ܒܢܘܪܐ « mets-le au feu »; ܙܦܬܐ au lieu de ܒܣ̈ܡܐ; dans la trad., n° 9, l. 2 : « projettes-y de la poix »; ܠܟܠ ܩܕܡܝ au lieu de ܟ̄; l. 7, ܬܘܒ ܐܪܡܝܗܝ ܒܢܘܪܐ ܒܒܘܛܐ au lieu de ܘܬܘܒ ܦܫܘܪ; dans la trad. : « mets-le de nouveau au feu dans un creuset » au lieu de « fonds »; p. 28, dernière ligne, ܪܡܐ ܡܢ ܝ̄ܐ ܚܠܒܐ ܕܒܬܘܠܬܐ au lieu de ܪܡܐ ܡܢ ܬܠܬܐ; dans la trad. : « projettes-y du lait virginal (mercure), une partie pour onze », au lieu de « projettes-y ..... un tiers(?) »; l. 8, ajoute ܥܡ ܣܝܪܩܐ après ܘܐܬܠܡܣܝܗ.

87. Autre : « argent, une partie; élixir, trois parties; mercure blanc, une demi-partie; fais cuire ensemble et tu trouveras ce que tu désires ».

88. *Comment on éprouve si l'argent est bon.* — « Mets-le au feu et, quand

(1) ܠܠܦܣܘܢ λαμπρυνσοχῶνος? — (2) ܗܒ ܩܘܢܕܐ

il sera fondu, laisse-le refroidir; s'il apparaît noir, il y aura du plomb; s'il est dur et qu'il brûle, il y aura du cuivre; telle est son épreuve[1]. »

89. *On fait de l'argent avec du mercure de cette manière.* — On fait chauffer le mercure et on y projette de l'étain, avec la pierre sourde appelée *creta*[2].

90. *Autre.* — Cuivre de Chypre, chalcite, sel ammoniac, broyés ensemble et réduits en petites masses (μάζα)[3]; on y ajoute des raisins secs broyés.

91. *Pour que l'argent ressemble à la chrysocolle.*

Feuillet 111 recto.

« Céruse, eau, lait virginal; broie ensemble et sers-t'en. La teinture demeurera, tant qu'on ne soumettra pas la matière à l'action du feu. »

92. *Comment opèrent les Égyptiens.* — « Mercure trouvé dans la montagne de Chypre, vingt drachmes; céruse, une drachme; litharge provenant du traitement de l'or, deux drachmes; fais cuire et tu obtiendras un corps blanc. Projettes-y de l'argent blanc, deux drachmes, et tu auras ce que tu désires. »

93. *Autre.* — Étain purifié, mêlé avec du mercure, de l'argent, de la magnésie et de la couperose; tous ces corps cuits ensemble.

94. *Autre qui est véritable.* — Cuivre blanc, fondu avec du sel de Cappadoce, de l'alun égyptien; addition de sandaraque et d'argent.

95. *Autre.* — Mercure et étain.

96. *Autre procédé qui est appelé diplosis*[4]. — Beau mercure, argent et couperose.

Verso.

97. *Comment on fait l'argent.* — Étain et mercure cuits ensemble.

98. *Autre.* — Plomb purifié dans du bitume ou de la poix, ou bien étain purifié; addition de mercure.

99. *Autre.* — Étain, mercure, magnésie, lait virginal.

[1] Comparer ci-dessus, traduction, p. 86, n°s VIII et IX.

[2] ܩܪܝܛܐ.

[3] ܘܡܚܒܫ ܐܢܘܢ ܡܙܓܐ ܠܡܙܓܬܐ, et ensuite ܘܡܙܓܐ ܘܡܚܒܫ ܡܙܓܐ.

[4] ܐܘܡܢܐ ܕܡܬܩܪܝܐ ܕܝܦܠܘܣܝܣ.

Une autre main a ajouté ici

Au bas du feuillet 111 verso.

les noms des sept planètes ou métaux en syriaque, en hébreu, en grec, en latin, en persan et en arabe, de la manière suivante :

Syriaque : *Sahra* (la lune ܣܗܪܐ); *Bêl* (Jupiter ܒܝܠ); *Kaukabta* (Vénus ܟܘܟܒܬܐ ?); *Schemscha* (le soleil ܫܡܫܐ); *Pâlha* (Mars ܦܠܚܐ, litt. : le soldat); *Taggâra* (Mercure ܬܓܪܐ, litt. : le marchand); *Bêlsamin* (Saturne ܒܠܗܘܪܡܝܢ, corrompu de ܒܥܠܫܡܝܢ).

Hébreu : *Sihar* (la lune סְהַר); *Milcom* (Jupiter מִלְכֹּם, ordinairement assimilé à Saturne); *Astarté* (Vénus עַשְׁתֹּרֶת, écrit ܐܣܬܪܐ); *Schémesch* (le soleil שֶׁמֶשׁ); *Tammouz* (Mars תַּמּוּז); *Camosch* (Mercure כְּמוֹשׁ, ordinairement assimilé à Saturne); *Kévân* (Saturne כֵּוָן).

Grec : *Sélèné*, *Hermès*, *Aphrodité*, *Hélios*, *Arès*, *Zeus*, *Cronos*.

Latin (corrigé par surcharge : en phrygien) : *Luna*, *Mercuriu*, *Venere*, *Sol*, *Marta* (Mars), *Guba* (Jupiter), *Saturna* (Saturne).

Persan : *Bahrâm* (Mars ܒܗܪܡ); *Bilati* (Vénus ܒܠܬܝ); *Mordad* (ܡܘܪܕܕ); *Havir* (? ܗܘܝܪ); *Nébo* (Mercure ܢܒܘ); *Mirrikh* (ܡܪܝܟ = مِرِّيخ, ordinairement Mars); *Kadkad* (? ܟܕܟܕ).

Arabe : *Kamar* (la lune قَمَر); *'Oṭarid* (Mercure عُطارِد); *Zohara* (Vénus زُهَرَة); *Schams* (le soleil شمس); *Mirrikh* (Mars مِرِّيخ); *Moschtari* (Jupiter المُشْتَرِى); *Zohal* (Saturne زُحَل).

LIVRE IIIe DE DÉMOCRITE.

Feuillet 112 recto.

Avec l'aide de Dieu, qui dirige le confesseur,
nous allons transcrire un autre livre de Démocrite.

Suit le texte de l'*Alchimie* du British Museum, ci-dessus, p. 15, l. 20 (trad., p. 31 et suiv.). Une tache d'humidité a rendu illisible une partie des lignes.

P. 15, l. pénult., ܦܘܪܘܣܛܠܝܣ au lieu de ܦܘܣܛܠܝܣ.

P. 16, l. 4, ܘܦܫܘܪ au lieu de ܘܡܫܘܚ; l. 7, après ܚܡܝܪܐ ajoute : ܥܡ ܐܡܘܬܐ; l. 8, ܬܠܬܝܢ au lieu de ܓ̄; trad., p. 32, l. 2 : « pendant trente jours » au lieu de « pendant trois jours »; l. 9, ܟܪܘܣܘܠܝܛܘܣ au lieu de ܟܪܘܣܘܐܠܝܛܘܣ et ܒܒܣܡܐ au lieu de ܒܒܒܣܡܐ; l. 20, ܒܡܐܬܐ ܕܐܠܟܘܡܝܐ au lieu de ܒܠܟܘܡܝܐ; ajoute à la fin de la ligne 23 : ܘܫܚܢܝܗ ܡܘܬܢܐܝܬ ܐܪܒܥܐ ܝܘܡܝܢ ܘܐܦܩ ܡܢ ܢܘܪܐ ܘܫܘܦ; dans la trad., p. 33, n° V, l. 5 : « fais chauffer sur un feu doux pendant quatre jours; puis retire du feu et broie avec de l'urine non corrompue. . . . . ».

P. 17, l. 3, manque ܘܦܪܘܣܝܘܢ ܟܠܩܢܬܐ; l. 12, ܘܟܠ ܝܘܡ ܕܬܠܬܐ au lieu de ܘܡܢ ܡܬܠܬܐ; l. 13, après ܚܙܝ a : ܘܐܘܪܘܣ ܐܠܗܘܬ ܒܗܠ ܡܬܚܫܚ ܐܡܬܝ ܕܫܡܥܬ ܐܘܪܘܣ ܕܠܐ ܡܣܬܚܠܦ ܗܘ ܗܢܐ ܩܢܘܢܐ; dans la trad., p. 34, n° IX, dernière ligne : « et sers-toi de l'urine de cette manière. Quand tu entends parler de l'urine incorruptible, c'est de cette règle qu'il s'agit ».

P. 17, l. 15, ܘܡܚܐ ܒܦܪܙܠܐ ܢܚܫܐ ܘܟܣܦܐ ܘܐܪܥܐ ܒܡܐܬܐ ܕܐܠܟܘܡܝܐ ܗܘܡܢܬܟ.; l. 17, après ܗ̄ a : ܫܘܚܠܦܐ ܡܥܘܗܒ ܡܫܩܠܐ ܐܘ ܐܢܬܬܐ (?) ܘܩܒܠ ܫܘܚܠܦܐ ܕܗܕܐ ܕܝܢ ܨܒܥܐ ܘܓܘܢܐ et manque ܐܪܙܢܬܐ; dans la trad., p. 34, n° XI, commencement : « Écoute maintenant la description du mélange, ô femme (? mot effacé); reçois la connaissance du mélange pour cette pratique, le mélange des couleurs et des teintures ».

L. 20, ܘܕܘܩ au lieu de ܘܕܐܩ et ܕܟܠܐܘܠܝܡ au lieu de ܟܠܐܘܠܝܡ; l. 22-23, ܒܟܘܡܝܢ ܒܦܘܪܘܣܛܠܝܣ au lieu de ܒܟܘܡܝܢ ܒܦܘܪܘܣܛܠܝܣ; l. 23, ܐܘ ܐܠܐ ܕܠܟܘܠܗ au lieu de ܘܟܠܗ ܟܠܗ.

P. 18, l. 3, au lieu de ܘܩܛܘܠ ܐܝܟ a : ܘܒܒܝ ܕܩܛܘܠܝ et trois lignes en partie effacées et illisibles.

Feuillets 114 et 115.

Viennent ensuite dix autres préparations, dont quelques parties endommagées par l'humidité sont peu lisibles.

La suite (p. 18, l. 5; trad., p. 35, n° XII) reprend à la ligne 16 du verso du feuillet 115.

Variantes :

P. 18, l. 5, ܐܪܟܝܡ au lieu de ܐܪܟܝ̈ܢ; l. 7, ܐܣܘܣܛܝܘܣ au lieu de ܣܘܣܛܝܘܣ; l. 10, ܗܘܝܢ ܕܗܘ au lieu de ܗ̄; l. 13, ܒܠܐܬܘܢ ܕܐܟܘܠܝܐ ܐܦܫ ܒܝܘܡܐ ܐܬܘܢ

ܥܠ ܚܟܠ au lieu de ܘܠܐ, et ܐܦܪ̈ manque au commencement de la ligne suivante; dans la trad., p. 36, l. 3 et 4, au lieu de « dans la partie. . . . . » lire : « dans le four supérieur où l'on place l'objet travaillé quand il a été achevé . . . . . »; l. 16, ܐܚܝܠ ܘܥܡ ܡܪܡ au lieu de ܐܝܟ ܕܡܣܬܘܡܝܢ; l. 17, ܘܕܟܐܪܘܣܘܢ au lieu de ܣܟܐܪܘܣܘܢ; dans la trad., p. 36, l. 11 : *βατράχιον* au lieu de *μθρχιον*; l. 21, ܕܠܐ ܡܣܬܟܠܐ au lieu de ܐܣܟܠܪܘܢ, ce qui ne change rien au sens. Ajoute à la fin :

Fin du livre de Démocrite le sage et le philosophe. Celui qui n'a pas expérimenté sait peu de choses.

VI

LIVRE D'ESDRAS.

Feuillet 116 verso.

(Extrait) du livre d'Ezra (Esdras), le scribe savant.

1. « Prends de la limaille de fer, une livre; de l'arsenic rouge de première qualité, trois onces; mets-les dans du vinaigre traité au moyen du cuivre; broie jusqu'à trente fois (? mot effacé) au soleil, jusqu'à ce que la rouille du fer ait disparu (? mot effacé), et qu'il n'y ait plus rien de nuisible, mais que le produit paraisse entre les doigts comme de l'or. En le travaillant, ajoutes-y un peu du vinaigre traité par le cuivre, en aspergeant avec la main, jusqu'à épuisement du vinaigre dont il a été parlé. Lorsque le produit aura pris une consistance emplastique (σπλήνιον) et épaisse comme du miel, tiens à ta portée une baguette de fer, munie d'une poignée de fer, telle que celle des ouvriers qui travaillent l'encaustique(?)[1]; tu placeras cet outil sur des charbons ardents, jusqu'à ce qu'il soit chaud. Quand il sera chaud, tu le poseras sur la préparation broyée à l'avance. Quand celle-ci aura brûlé et qu'elle sera refroidie, enlève-la par petits morceaux, en grattant. Répète cela, jusqu'à ce que l'ingrédient soit entièrement employé. Alors mets les parcelles grattées dans un mortier,

Feuillet 117 recto.

et broie comme il faut. Verse dessus du vinaigre, fait avec la limaille de fer; broie trois jours et trois nuits. Quand le produit aura pris une consistance emplastique (σπλήνιον) et qu'il aura séché plus ou moins, prends le mortier et projette son contenu dans une grande marmite d'argile, que tu auras enduite avec le lut qui résiste au feu; enduis l'orifice avec le même lut[2]. Fais cuire sur un feu doux, pendant deux jours et deux nuits; prends

[1] ܘܗܘܐ ܟܝ ܡܩܝܡܬܐ ܐܝܟ ܕܦܪܙܠܐ ܘܐܦ ܟܡ ܐܩܠܝܡܐ ܕܦܪܙܠܐ. ܐܝܟ ܗܠܝܢ ܕܦܥܠܝܢ ܟܠ (?) ܚܕܡܬܝܢܐ.

[2] ܘܡܚܒܘܫ ܦܘܡܗ ܒܛܝܢܐ ܚܣܝܢܐ ܒܗ ܕܩܘܪܘܡܛܝܩܝ. Au lieu de ܘܡܚܒܘܫ qui ne donne pas un sens convenable, lire ܘܚܒܘܫ.

ensuite et broie dans le mortier. Ceci est de l'or, tel qu'un homme abandonné à ses seules connaissances ne pourrait pas en obtenir. »

2. *Autre traitement du vinaigre qui sert au travail.* — Suit le même texte que dans l'*Alchimie* du British Museum, ci-dessus, p. 55, l. 7, jusqu'à la p. 59, l. 5; dans la trad., p. 98, n° XXV, jusqu'à la fin de la p. 104.

Variantes :

Le texte ajoute partout ܒܣܘܢܬܐ « dans un filtre » après le mot ܢܣܘܠ « clarifie », et ܡܛܟܣܬܐ « à la disposition » après le mot ܛܪ « garde ».

P. 55, l. 12, ܠܐܩܡ ܡܐܢܐ ܕܐܣܛܘܡܟܬܐ au lieu de ܩ̄ ܐܣܛܘܡ̄; l. antépénult., ܘܡܩܒܩܒܝܢ au lieu de ܘܛܪܝܢ.

P. 56, l. 4, ܠܟܣܝܘܢ au lieu de ܠܟܣܝܠܘܢ; l. 11, ܗܟܢܐ au lieu de ܗܟܢ; l. 15-16, manque ܕܪܘܣܛܘܡܘܢ ܩܡܩ̄. ܩܘܡܘܡܐ; l. pénult., après ܩܪܘܣܛܐ ajoute : ܠܝ ܣܡܡ; dans la trad., p. 101, quatrième traitement, avant-dernière ligne : « éprouve avec le stylet si le produit est rouge ».

P. 57, l. 1, ܘܪܘܡ ܘܐܬܘܪܐ ܕܢܚܫܐ au lieu de ܘܡܟܡܘܡ; l. 6, ܡܚܕܪܐ au lieu de ܡܚܕܪܐ, et après ܛܪ ajoute : ܗܢܐ ܗܘ ܩܠܝܕܐ ܕܫܬܐ; dans la trad., à la fin du sixième traitement : « ceci est la sixième clef »; l. 9, au commencement, ܐܘ ܕܟܪܒܐ ܕܒܪܐ ܐܘ ܕܟܦܪ ܐܘ ܕܒܠܘܛܐ ܐܘ ܕܬܐܢܐ ܐܘ ܕܫܘܐ ܠܗܘܢ ܐܘ ܚܠܐ ܚܘܪܐ ܐܘ ܡܝܐ ܚܡܝܡܐ ܕܙܪܩܐ; dans la trad., p. 102, n° XXVII, après « cendres de bois de peuplier » ajouter : « ou de chou sauvage, ou de camphrier, ou de chêne, ou de figuier, ou de chose équivalente, ou de vinaigre blanc, ou d'eau chaude d'alun »; l. 11, ܒܡܐܢܐ ܕܐܣܛܘܡܟܬܐ ܘܡܣܢܕ au lieu de ܒܐܣܛܘ̄; l. 12, après ܢܘܩܗܘܢ a : ܗܐ ܡܫܟܚ ܐܢܬ ܩܕܡܝܟ ܒܫܘܠܗ ܘܬܘܩܢܗ; dans la trad., p. 102, n° XXVII, dernière ligne : « Voici que tu trouveras devant toi sa cuisson et sa préparation »; l. 13, ܐܨܛܘܡܟܐ au lieu de ܐܣܛܘܡܘܟܐ; l. 14, ܕܐܬܐܨܛܪܒܗ ܠܐܣܦܪܘ au lieu de ܕܐܬܐܨܛܪܒܗ; de même, ligne suivante, ܕܐܨܛܪܒܗ ܠܐܣܦܪܘ; l. 16, ܒܡܐܢܐ au lieu de ܒܡܐܢ.

P. 58, l. 8, manque ܢܣܒܝܢ et a : ܘܪܝܫܐ au lieu de ܘܪܝܫܬܐ; l. 10, ܠܘܩܒܠܗܝܢ au lieu de ܠܘܩܒܠܗ̈ܝܢ; l. 12, manque ܛܘܠܐ ܒܝܘܡܐ ܙܒܢܬܐ. ܘܟܕ ܢܩܘܠ ܝܘܡܐ ܘܡܘܡ; l. 13, ܐܘܣܦ ܛܪ au lieu de ܛܘܪ; l. 17, manque ܒܡܪܬܐ.

P. 59, l. 2, ܕܐܬܒܪܝ au lieu de ܕܐܬܒܪܝܘ; l. 4-5, ܕܦܪܫ ܒܡܐܢܐ ܒܡܐܢܐ ܘܡܫܠܛܐ au lieu de ܕܦܪܫ ܒܡܫܠܛܐ; dans la trad., p. 104, dernière

ligne : « un instrument qui rougira, pour apprendre à combattre avec le feu », au lieu de « un instrument disposé pour subir l'action du feu ». Ensuite, au lieu de « fin du livre X^e », on lit : « fin du livre d'Ezra le prophète ». (Il y a lieu de remarquer qu'en syriaque le mot dix se dit *ʿesra* et ne diffère du nom d'*Ezra* que par la seconde lettre.)

Fin du feuillet 120 recto.

3. Suivent les équivalents des noms des planètes et des métaux : le soleil, l'or[1]; la lune, l'argent; *charsn* (ܚܪܣܢ = cerusa?), céruse; litharge, mastic (? mot effacé) et vinaigre; Mars, le fer; dauça (ܕܘܨܐ), eau de fer (? mot effacé; comp. ci-dessus, trad., p. 181, note 3); lait virginal, mercure; pierre d'Arménie, arsenic; atticon, plomb; Zeus, étain; sidéritis, marcassite; cire d'Alexandrie, verre. . . . . (mot effacé); eau divine. . . . . (une ligne effacée).

[1] Représenté par un cercle avec point central. (*Introd. à la Chimie des anciens*, p. 122, note 1.)

VII

LIVRE DE ZOSIME.

Feuillet 120 verso.

Commencement du livre IX de Zosime[1] le philosophe, sur les changements de la terre et de sa poussière, et sur les pierres et les drogues tirées de la terre.

1. « Ἅλς, c'est le sel ammoniac qui sert (à fabriquer le) lapis-lazuli. »

« Ἀρνικόν ou ἀρσενικόν, car il porte ces deux noms, est la pâte d'arsenic (ܢܘܪܐ) dont on se sert pour épiler[2]; elle vient d'Arménie. »

« Ἀφρονίτρον, c'est le natron africain; d'autres l'appellent natron γλικον; il diffère de cet aphronitron (φονιτρον) qui est le natron des gâteaux (ܕܩܦܠܐ = ܕܩܦܠܐ). Ἀφρός de νίτρον signifie écume de nitre[3]. Il ressemble par son aspect à la farine de froment et il est blanc. »

« L'aphronitron n'est pas cependant à l'état de farine et n'est pas pulvérulent; mais il est solide et dur. Il sert journellement à ceux qui polissent leurs corps avec de la craie. »

« Γύψος est le plâtre[4]. »

« Διφρυγές[5] : j'ai éprouvé souvent cet ingrédient, qui est bon. (Il vient) d'une colline de l'île de Chypre, où se trouve une mine qui le produit et qui est éloignée de 30 stades de la ville. Il gisait dans un endroit qui est à moitié chemin entre cette mine et la ville la plus proche. Le directeur (ἐπίτροπος) préposé à cette mine nous disait que c'est le résidu inutilisé des fours. »

« Θεῖον, c'est le soufre. »

« Ἰός, c'est la rouille ou *irin*[6]. »

Feuillet 121 recto et verso.

« Καδμεία, c'est.... (deux lignes effacées) le produit du chauffage....

(1) Écrit Zosimaos.

(2) Comp. ci-dessus, p. 8, et Dioscor., *Mat. méd.*, l. V, ch. CXX.

(3) *Ibid.*, l. V, ch. CXXX.

(4) Dioscor., l. V, ch. CXXXIII.

(5) *Ibid.*, l. V, ch. CXIX. — *Introd. à la Chimie des anciens*, p. 233.

(6) Comp. ci-dessus, p. 9.

Il offre l'apparence des vapeurs d'incantation, ou de la fumée d'encens. .... (plusieurs mots effacés). Ne dis donc pas que c'est une terre; mais appelle-la, si tu veux, une pierre. Elle est refondue dans les fours et forme du cuivre. De là viennent (mot effacé) et le diphrygès. Mais celui-ci en diffère. .... (2 mots effacés) à la fois par sa forme, et par le minerai dont il est tiré. .... (1 mot effacé). Telle est leur différence ou génération, comme tu voudras (? mot effacé) l'appeler. Cette cadmie se forme aussi avec la pierre qui est appelée. .... (1 mot effacé), lorsqu'elle est fondue dans un four. C'est la cadmie des fours et la cadmie de Chypre. C'est avec raison qu'on l'appelle une pierre. Les médecins distinguent celle qu'ils appellent *βοτρυῖτις*, c'est-à-dire en forme de grappe, et celle appelée *πλακῖτις*, c'est-à-dire en croûtes. La cadmie en forme de grappe est recueillie dans les parties supérieures des fours, quand on les chauffe; tandis que la *πλακῖτις* se trouve dans les parties inférieures[1]. »

« Κίσσηρις, la pierre ponce[2]. »

« Κυανός, c'est le bleu des peintres; cinabre (*sic*)[3]. »

« Κονία (écrit *κασια*), c'est la cendre. »

« Λεπίς (écrit *λεπος*)[4], c'est l'écaille. Il y a celle du cuivre, qui sert beaucoup plus que celle du fer ou de l'acier[5]; on l'appelle. .... (2 mots effacés) et il existe encore une autre écaille. »

« Λιθάργυρος, litharge. »

« Μελαντερία ou *μέλαν*, c'est l'encre des écrivains[6]. »

« Μίσυ. ....[7] (deux lignes complètement effacées) au-dessus, qui est dans une montagne à gauche de la ville (?). .... (3 mots effacés) que nous avons maintenant à gauche. .... (2 mots effacés). Il se trouvait que l'entrée de la mine des métaux. .... (2 mots effacés). Dans cette mine, je vis trois couches (*ζώνας*) de minéraux. .... (3 mots effacés), les unes au-dessus des autres. La couche inférieure est celle de l'ingrédient. .... (3 mots effacés) appelé *sori;* celle qui est au-dessus de celui-ci. .... (2 mots effacés). La troisième, la supérieure, c'est le misy, qui est. .... (1 mot effacé). Le directeur (*ἐπίτροπος*) qui était préposé à ce moment-là à la mine (? mot effacé) des métaux, en nous montrant ces couches. .... (nous dit? mot

(1) *Introd. à la Chimie des anciens*, p. 239.

(2) Dioscor., l. V, ch. CXXIV.

(3) *Ibid.*, l. V, ch. CV.

(4) *Introd. à la Chimie des anciens*, p. 233.

(5) ܘܪܘܥܛܐ, erreur de copiste pour ܘܪܘܣܛܐ.

(6) Dioscor., l. V, ch. CXVII. — *Introd. à la Chimie des anciens*, p. 243.

(7) *Ibid.*, l. V, ch. CXVI. — *Introd.*, etc., p. 242.

effacé) : Je viens d'arriver pour ainsi dire à l'instant, parce que nous manquions de... (1 mot effacé). Ce qui se traite dans ces fours pendant un grand chauffage..... (1 mot effacé), ce sont les trois minerais que tu as vus; nous en recueillons une grande quantité.

« J'étais déjà venu précédemment dans ce lieu avant d'aller à Rome. Jusqu'à présent j'avais une provision (de misy). Quand j'avais besoin de projeter du vitriol noir dans une liqueur quelconque, j'en faisais fondre une motte, grosse comme le poing. Lorsque le vitriol ne prend pas de consistance par ce procédé, il se divise en petites parcelles[1]. Après avoir admiré la fermeté de la motte et l'avoir brisée, je trouvai dans une fracture circulaire[2] qu'elle était..... (1 mot effacé), ressemblant à une espèce d'efflorescence qui se trouvait au-dessus... » (deux lignes effacées).

Feuillet 122 recto.

« Τίτανος, chaux (ou plutôt calcaire) [deux mots effacés]... du mercure. »

« Φακὸς est la rhubarbe rouge. »

« Χαλκῖτις, c'est le *χαλκητάριν*. Nous en avons parlé dans le chapitre sur le vitriol[3]. »

« Χαλκὸς κεκαυμένος, c'est le cuivre brûlé[4]. »

« Χάλκανθος, c'est la fleur de cuivre[5]. »

« Χρυσόκολλα, soudure d'or[6]. »

« Ψιμύθιον, céruse[7]; quand le plomb est dissous dans du vinaigre bien fermenté, il forme de la céruse, et lorsque la céruse est brûlée avec du... (? mot effacé), il se forme ce que l'on appelle du séricon. »

Υποπαυκος (ὑποπάναξ), lait de chacal[8].

2. *Explication des terres de toute espèce par Zosime le philosophe.* — « La terre, que tout le monde appelle ordinairement de ce nom, se délaye aussitôt qu'elle est mise dans l'eau et se change en boue. C'est celle dont on se sert; elle possède plusieurs variétés propres. »

(1) ܐܝܟ ܦܬܘܪܐ ܘܠܐ ܐܘܢܟܝܢ ܗܘܝ ܡܩܒܠܐ.

(2) ܚܘܕܪܐ ܐܨܡܐ.

(3) Dioscor., l. V, ch. cxv. — *Introd.*, etc., p. 243.

(4) *Ibid.*, l. V, ch. lxxxvii. — *Introd.*, etc., p. 233.

(5) Dioscor., l. V, ch. lxxxviii. — *Introd.*, p. 232, 241.

(6) *Ibid.*, l. V, ch. civ. — *Introd.*, p. 243.

(7) *Ibid.*, l. V, ch. ciii. — *Introd.*, p. 266.

(8) *Ibid.*, l. III, ch. xlviii. — Ibn Beïthar, n° 459.

« Lorsqu'elle est grasse, (elle convient) pour luter, mieux que tout autre produit.

Verso.

« Elle est noire à l'intérieur (? mot effacé). Il y a aussi la terre grasse que l'on appelle terre glaise (? ܦܣܡܠܐ).

« Il y a encore la terre blanchâtre. Ses variétés présentent des propriétés opposées.

« Il y a aussi des variétés intermédiaires, qui se rapprochent de l'une ou l'autre. On doit considérer comme intermédiaires (? mot effacé) celles qui s'éloignent..... (1 mot effacé) également des deux côtés.

« Il y a d'autres variétés (? mot effacé) de terre, produites par le mélange des couleurs (? mot effacé).

« D'autres espèces sont formées par les pierres et les sables; on en dégage au moyen de l'eau la matière qui y est mêlée. Quand on opère ainsi, ce qui est de nature pierreuse et sablonneuse demeure au fond; ce qui reste à la surface est la vraie terre. »

3. « Tel est le produit qui forme la terre apportée de Lemnos[1], que quelques-uns appellent rubrique de Lemnos, et d'autres, terre sigillée de Lemnos. Cette terre, en effet, possède une couleur analogue à celle de la rubrique. Mais elle en diffère, en ce qu'elle ne barbouille pas les objets avec lesquels elle est en contact, comme le fait celle-ci. Il existe, en effet, à Lemnos, une colline toute rouge par sa couleur, où l'on ne voit ni arbre, ni plante, ni pierre, mais cette terre qui

Feuillet 123 recto.

présente trois variétés. La première est celle que fit, dit-on, (mots effacés) et que personne ne travaille (?), si ce n'est la prêtresse. La deuxième est la rubrique, dont se servent surtout les charpentiers pour faire des marques sur le bois. La troisième est celle des polisseurs, dont se servent beaucoup ceux qui lavent le linge et les vêtements. C'est pourquoi elle est décrite dans le livre de Dioscoride et dans d'autres livres. On mélange du sang de chèvre avec cette terre, et on l'appelle Lemnia (λημνία). Ainsi, prenant la boue obtenue par ce mélange, cette prêtresse en découpe (des morceaux) et elle

(1) Dioscor., l. V, ch. CXIII. Il y a des variantes considérables dans la description; celle-ci est bien plus développée dans le texte de Zosime.

fabrique ainsi ces sceaux, qui sont appelés terre de Lemnos. Le désir de l'instruire m'a engagé[1] à voir par moi-même la juste proportion de ce mélange. En effet, je suis allé à l'île de Chypre, à cause des produits qu'on apporte de ce pays; et dans la Syrie, appelée Cœlé-Syrie, laquelle est une partie de la Palestine, à cause de l'asphalte (ἄσφαλτος) qui est le bitume, et de beaucoup d'autres choses dignes d'être vues. De même je n'ai pas négligé de me mettre en route pour me rendre à Lemnos, afin de voir comment on mélange le sang de chèvre avec la terre.

« M'étant donc préparé deux fois à voyager d'Asie à Rome, par la Thrace et la Macédoine, je vins d'abord par mer de la (ville de) Troade qui est appelée Alexandrie[2],

Verso.

et je visitai l'île de Lemnos. Ayant trouvé un vaisseau en face de Thessalonique, je m'abouchai avec le capitaine du vaisseau, pour qu'il me conduisît d'abord à Lemnos, et nous tombâmes d'accord à ce sujet. Mais je ne savais pas dans laquelle des villes de Lemnos je devais descendre, parce que j'ignorais d'abord qu'il y avait deux villes dans cette île. Je pensais que, comme à Samos, à Chio, à Cos, à Andros, à Ténédos et dans toutes les îles de l'Archipel, appelé mer Égée, il n'existe aussi dans l'île de Lemnos qu'une seule ville, désignée par le même nom que l'île tout entière. Lorsque nous arrivâmes à l'île et que nous fûmes descendus du vaisseau, j'appris que le nom de la ville où nous avions abordé était Myrine; je n'y vis ni les choses dont a parlé Philoctète, ni celles qui sont montrées dans la colline sainte d'Héphestos, située dans la campagne de cette ville. Mais j'appris que les dernières choses se trouvaient dans la région d'une autre ville, appelée Héphestos (Héphestiade), laquelle n'était pas voisine de la ville de Myrine, où nous avions abordé. Le capitaine du navire n'avait pas le temps de m'attendre; je renonçai donc à ce projet, et je résolus de ne voir Héphestos et les collines qu'à mon retour de Rome en Asie. En effet, la chose arriva comme je l'avais désiré et pensé.

« Après avoir quitté l'Italie, je vins en Macédoine;

Feuillet 124 recto.

je visitai ce pays presque en entier. J'arrivai ensuite à Olympos (? mot ef-

[1] ܘܐܠܨܬܢܝ ܕܐܬܐ ܡܫܘܚܬܐ ܐܣܪܐ. — [2] ܡܢ ܛܪܘܐܣ ܕܡܬܩܪܝܐ ܐܠܟܣܢܕܪܝܐ.

facé), ville voisine de la Thrace, et de là à une mer voisine de cet endroit et située à une distance d'environ 120 stades. Je m'embarquai sur un vaisseau, et je vins d'abord à Thasos, à une distance d'environ 200 stades. De là, j'arrivai à Lemnos, à environ 700 autres stades d'Alexandrie de Troade.

« Si j'ai décrit le voyage et les distances, c'est afin que si quelqu'un désire voir comme moi Héphestos, il connaisse la situation de ce lieu, et qu'il se prépare convenablement au voyage qu'il se propose de faire.

« La ville d'Héphestos se trouve dans la partie orientale de l'île de Lemnos; la ville de Myrine, dans la partie occidentale. Ce que le poète Homère dit au sujet d'Héphestos s'applique sans doute à Lemnos, à mon avis, à cause de la nature de la colline où se trouve ce produit, semblable au sang pur par sa couleur, colline sur laquelle rien ne pousse. A l'époque où je me trouvais dans cette île, la prêtresse y vint; elle y projeta une quantité de froment et d'orge, et elle fit

Verso.

d'autres choses, selon l'usage de la religion des habitants de cet endroit (mot effacé); puis elle chargea tout un chariot de cette terre et elle se rendit à la ville. Elle la pétrit et fit des sceaux de Lemnos, ces sceaux qui sont connus partout.

« J'ai cru devoir m'informer au sujet de ce qui est dit, à savoir que, dans les temps anciens, on mêlait du sang de bouc et de chèvre avec cette terre. J'appris la tradition qui courait à cet égard et qui faisait rire ceux qui l'entendaient. Cependant ce n'était pas des hommes simples, mais des hommes instruits dans beaucoup de sciences et dans toute l'histoire ancienne de leur pays. J'ai aussi reçu de l'un d'eux un livre, écrit par l'un des anciens du pays, qui enseignait tous les usages de cette terre, tirée de Lemnos. C'est pourquoi je n'ai pas négligé d'expérimenter cet ingrédient, et j'en ai pris deux myriades de charges. »

4. « *Terre de Samos*, appelée Samia, qui est de la craie (creta[1]) : on se sert surtout de l'espèce appelée estremis (= ἀστήρ ou ἀστερίς), ou étoile de terre[2], c'est-à-dire craie. La terre de Lemnos possède un peu plus de vertu efficace que celle qui vient de Samos et qui est appelée craie.

[1] Dioscor., *Mat. méd.*, l. V, ch. CLXXI. — [2] Voir le présent volume, p. 14, n° 3 et note 8.

Feuillet 125 recto.

« L'étoile de terre est collante (et convient) pour luter; c'est une craie. La terre Sélinusia (σεληνουσία γῆ) et la terre de Chio possèdent une grande vertu pour nettoyer. C'est pourquoi beaucoup de personnes s'en servent pour leur usage personnel. »

5. « *Terre* dite *cimolienne*[1], propre aux mélanges. Quand tu prends de la terre argentée, ou dorée, ou ferrugineuse, sache qu'elle est appelée ainsi, parce qu'elle est extraite des mines d'argent, d'or et de fer. »

6. « *Terre appelée ampélitis*[2], c'est-à-dire des vignes; quelques-uns l'appellent simplement terre d'argent. Elle est appelée terre des vignes, non pas parce qu'on y plante des vignes, mais parce qu'on en enduit les vignes et qu'elle tue les vers qui mangent les yeux des jeunes pousses de la vigne. On appelle aussi cette terre asphalte, c'est-à-dire bitume. »

7. « *Autre terre* qui vient de l'Arménie, près de la Cappadoce. Elle est très siccative et de couleur jaune; celui qui nous l'a donnée l'appelle pierre, et non terre; elle se délaye facilement comme le calcaire. De même que dans le calcaire, quand on le broie, on ne trouve pas de sable,

Verso.

ainsi, dans les mottes de cette terre, il n'y a pas de sable. Lorsque tu la réduis en poudre dans un mortier, elle est complètement unie et sans gravier, de même que l'étoile de terre qui est de la craie; mais elle n'est pas légère comme l'étoile de terre. Aussi a-t-elle plus de consistance que celle-ci et elle ne s'envole pas en l'air (ܐܝܟ ܐܐܪ) de la même manière. C'est pourquoi ceux qui la voient en masse ont de la peine à comprendre que ce soit une pierre. Dans l'écrit présent, on ne fait pas de distinction, soit qu'on l'appelle pierre, terre, ou motte. Elle est désignée par les habitants de cet endroit sous le nom de *zarina*, c'est-à-dire en syriaque *zarnikha* (arsenic). La montagne d'où elle est tirée, et qui est à l'Est, se nomme *Bagavana* (ܒܓܘܢܐ). La ville près de laquelle se trouve cette montagne s'appelle *Agraca* (ܐܓܪܩܐ). »

[1] Dioscor., l. V, ch. CLXXV. — [2] *Ibid.*, l. V, ch. CLXX.

« La terre de Lemnos a plus que toute autre de la vertu, et plus encore la terre appelée érétriade (ἐρετριὰς γῆ)[1]. »

8. « Une autre est appelée terre *pignitis* (πιγνῖτις)[2]. Elle a la vertu de la terre de Lemnos; mais elle en diffère par la couleur, car elle est noire comme la terre ampélite. »

Feuillet 126 recto et verso.

9. « Je parlerai d'abord de ces pierres qui, broyées dans un mortier avec les compositions, se délayent et se réduisent en liqueur (χυλός). »

Suit la description des pierres, dans un texte peu différent de celui du British Museum, ci-dessus, p. 8, l. 10 et suiv. (trad., p. 15-17, XVIII, nos 1 à 13).

Variantes : Après le n° 5, le manuscrit ajoute : « Une autre appelée schisteuse » (? ܣܟܝܣܛܘܣ, σχιστὸς λίθος de Diosc.).

Après le n° 7, manque la phrase : « Ce sont là les sept terres... »

Après le n° 9, on ajoute : « Une autre est appelée *asson* (ἄσσιος λίθος de Diosc.) et se trouve à Assos, d'où lui vient son nom (? mot effacé). »

Après le n° 12, on ajoute : « Celle qui est appelée arabique (ἀραβικὸς λίθος de Diosc.), qui ressemble à l'ivoire. »

Après le n° 13, suit :

« Pierre géode ou de terre. »

Feuillet 127 recto.

Autre, dont le nom est effacé.

« Pierre sélénite (ἀφροσέληνον), c'est-à-dire écume de mer[3]. »

Fin des pierres qui ont une vertu médicinale de toute sorte, dont se servent les sages médecins, sur lesquelles Zosime a fait des recherches et qu'il a décrites pour Théosébie, la reine et la prêtresse.

10. *Explication d'autres expressions médicales de Zosime le philosophe :*

« Γάλα (? mot effacé), est le lait;
Τυρός, le fromage;
Βούτυρον, huile de beurre, ou beurre, ou comme tu voudras l'appeler;
Πυτία, présure;

[1] Dioscor., l. V, ch. CLXXVI. — [2] *Ibid.*, l. V, ch. CLXXVIII. — [3] *Ibid.*, l. V, ch. CLVIII.

Χόλη, bile;
Ὕδωρ (écrit hudros), écume;
Οὖρον, urine;
Σίαλον, salive;
Ῥύπος, crasse;
Σαρκός (σάρξ), chair;
Πιμελή, graisse;
Στέαρ (? écrit κσΊαα), lard;
Μυελός, moelle;
Κεφαλαί, têtes;
Κέρατα, cornes;
Πλεύμων, poumon;
Ἧπαρ, foie;
Κοιλία, ventre;
Ὄρχις, testicule;
Νεφροί, les reins;
Ὄνυξ, ongle;
Ὀσῖέα κεκαυμένα, os brûlés. »

Verso.

« Ὄφεως [σῦφαρ], peau de serpent;
« Λειχῆνες ἵππων [1], cal des chevaux;
« Δέρμα προβάτων, peaux de moutons;
« Ἀράχνη, araignée;
« Δέρμα[τα] παλαία, vieux cuirs;
« Ὄσῖρεα : quelques-uns appellent ainsi (l'enveloppe de) tous les animaux (marins). Aristote applique ce nom à ceux qui ont pour couverture une coquille, que d'autres appellent ὄσῖρεον, et ils lui donnent ce signe (un triangle rectangle). Il désigne toute espèce du genre des coquillages. Dans ce genre, on comprend tous les animaux tels que les buccins (κήρυκας), les pourpres (πορφύρας), les cames (χήμας) et les pinnes marines (πίννας). C'est le genre des coquillages et des mollusques. »
« Ἔριον (? [2]), laine;
« Τρίχες, cheveux;
« Ὠά (? [3]), œufs;
« Ἐχῖνοι, hérissons : deux espèces, hérisson de terre et hérisson de mer. Le hérisson de terre s'appelle (en syriaque) *coupda;* le hérisson marin est petit, rond et rempli d'écailles épineuses comme le coupda. »
« Ὀποπάναξ, suc de panax;

Feuillet 128 recto.

11. « Κορύδος, huppe ou alouette huppée, petit oiseau que l'on rencontre

(1) Écrit ܠܝܟܝܢܣܗܦܦܘܢ; Dioscor., l. II, ch. XLV. — (2) Écrit ܐܪܝܘܢ. Comp. ci-dessus, p. 274, note 3. — (3) Écrit ܐܘܐ. Comp. Bar Bahloul, col. 11, l. 1.

sur les chemins. Bouilli dans l'eau, il est bon pour ceux qui souffrent de douleurs d'entrailles; on doit le manger, en plusieurs fois, dans son jus (ζύμη). Il a sur la tête une épaisse huppe de plumes. On cite à son sujet une fable d'Aristophane le poète comique qui dit : Tu es sot et inconsidéré; tu ne connais même pas la strophe[1] qui disait que la huppe était antérieure à tous les animaux, et même antérieure à l'existence de la terre. Comme son père était mort dans une région où il n'y avait pas de terre, elle le porta pendant cinq jours; mais quand elle vit que le fardeau était trop lourd pour sa tête, elle l'enterra. Ceci est confirmé par le poète Théocrite, qui dit : Comme le cercueil sur la tête de la huppe; il veut parler de ceux qui ont un cercueil sur leur tête.

Verso.

« J'ai rapporté cette fable au sujet de cet oiseau, parce que je voulais faire connaître qu'il a une huppe de plumes sur la tête, et que tu peux en tirer du secours pour les intestins (κῶλον). Je désire aussi qu'il soit indiqué à ceux qui ne le connaissent pas, parce qu'il ressemble aux oiseaux de Vénus (Ἀφροδίτη), oiseaux qui sont également du genre des alouettes; mais ils diffèrent beaucoup, par la grandeur de leur huppe, de celui-là, qui est un peu plus petit qu'eux. »

12. « Ἀδάρκης[2], les uns le font masculin, les autres féminin; c'est une espèce d'écume saline qui s'attache à certains arbres ou aux roseaux;

« Ἀλκυόνιον, écume de mer[3];

13. « Ἅλς[4], sel gemme et sel marin. Ces deux espèces de sels possèdent la même vertu; mais elles diffèrent en ce que le sel gemme est de nature plus compacte et plus ferme. Il est plus épais et plus astringent. Le sel marin fond, aussitôt qu'il est mis dans l'eau. Le sel gemme ne fond pas aussi facilement,

Feuillet 139 recto.

parce que . . . . . (1 ligne effacée).

« Toute espèce de sel est engendrée dans des lagunes d'eau, renfermant un

[1] Écrit *estouphos*.

[2] Dioscor., *Mat. méd.*, l. V, ch. CXXXVI.

[3] Concrétion marine. Diosc., l. V, ch. CXXXV.

[4] Dioscor., l. V, ch. CXXV.

principe salin, lorsque l'eau s'évapore par l'effet des chaleurs de l'été. Ce sel a la même vertu que celui dit *de Tragase* (τραγασαῖος), mot qui signifie.... ou une ville [1]. Celui-ci se forme dans l'endroit où l'eau sourd et est retenue après sa montée; elle s'amasse ainsi dans un espace peu étendu. Au moment de l'été, elle est échauffée et desséchée par le soleil et elle se solidifie. Comme elle contient un principe salin, le résidu de cette eau fournit un sel, qui prend son nom du lieu où il se trouve et aussi de l'eau dont il se forme. En effet, cette eau chaude est dite de Tragase.

« Il y a aussi le sel de Sodome, qui est dans la mer Morte. »

14. « Il y a encore celui qui est appelé *aphronitron*, ou *sel africain;* il possède cette particularité que seul il renferme un jus (χυμός), lequel, comme on sait, est appelé *amer*. »

« Νίτρον, c'est le natron. On a montré que cet ingrédient possède une vertu

Verso.

intermédiaire entre les sels (? mot effacé) et le natron africain. »

15. « *Fleur de sel* [2], c'est un sel. Quelques personnes, notamment le Philosophe, l'appellent ἀλὸς ἄνθος; mais d'autres le distinguent de ce que l'on nomme ἁλὸς ἄνθος. C'est un ingrédient liquide. »

16. « Ἀλὸς ἄχνη [3], c'est un sel appelé ἄχνη, c'est-à-dire écumeux. Il ressemble à la fleur de sel. Il se trouve en grande quantité à l'état naturel dans les salines. Tu peux le solidifier ou le liquéfier plus aisément encore que le sel; mais ce qui reste en dehors de la matière fondue (? mot effacé), tu ne peux le recueillir et le mélanger, comme cela se pratique pour le sel. »

17. « Σπόγγος [4], éponge;

18. « Γάρον [5], saumure;

19. « Ἅλμη [6], c'est l'eau salée, l'eau que forme le sédiment des poissons salés, à l'instar de la saumure. »

(1) ܗܘܐ ܫܡ [illegible] ܐܘ ܡܕܝܢܬܐ. — Localité de Troade.

(2) Dioscor., l. V, ch. CXXVIII.

(3) *Ibid.*, l. V, ch. CXXVI.

(4) Dioscor., l. V, ch. CXXXVII.

(5) *Idem.*, l. II, ch. XXXIV.

(6) *Idem.*, l. V, ch. CXXVII.

« Fin de la première partie du commentaire sur les noms des matières médicales. Quiconque opérera bien, accomplira. »

« Fin du livre de Zosime, le philosophe, adressé à Théosébie, la prêtresse. Traité utile pour toute espèce de corps. Celui qui n'a pas expérimenté, sait peu. Celui qui a expérimenté, a cru en sagesse. Laisse le sage s'instruire encore. »

VIII

LETTRES DE PÉBÉCHIUS.

Feuillet 130 recto.

---

1. *Lettre de Pébéchius*[1], *adressée à Osron*[2] *le philosophe et le mage des Perses.* — « Pébéchius, le plus humble des philosophes, à Osron salut! J'ai trouvé en Égypte les livres divins et cachés d'Ostanès, écrits en lettres persanes, et je n'ai pu les expliquer. Je viens te prier de me juger digne de ta grâce, et de me faire m'envoyer les lettres persanes, afin que je puisse expliquer les paroles cachées qui sont écrites dans ces livres; car j'ai une grande passion et un vif désir d'obtenir cette connaissance. Je demande donc la faveur d'être jugé digne de (recevoir) sans jalousie la doctrine de cet homme, qui possédait l'esprit de Dieu; de telle sorte que je puisse copier les écritures composées en Égypte, et divulguer celles qui ont été composées en Perse. Je demande que ces lettres me soient envoyées, pour être divulguées à tout le monde. Aussitôt après que je serai parvenu à expliquer ces livres, je vous les enverrai en retour de la tablette (renfermant l'écriture) que je vous demande. Donne-moi une prompte réponse, avant que la mort (? mot effacé) m'atteigne. »

Verso.

2. *Réponse d'Osron à Pébéchius.* — « Osron, le plus humble des mages, à Pébéchius, le philosophe, salut! Lorsque j'ai reçu tes lettres, j'ai éprouvé une grande joie et j'en ai reçu un grand honneur, puisque tu m'as jugé digne d'être distingué parmi les mages, mes collègues. J'ai reçu ton ordre, et je n'ai pu trouver de repos jusqu'à ce que je vous aie envoyé ce que vous m'avez demandé, ô philosophes. Je vous ai adressé les lettres persanes. Quant aux livres divins d'Ostanès, qui renferment des choses dites excellemment et sans aucune altération, ô vous que j'honore plus que tous les

[1] Le nom égyptien Pebech était synonyme d'Horus l'épervier. (*Origines de l'Alchimie*, p. 168.) Peut-être est-il le même que celui du personnage appelé Horus ou Aros par les Arabes.

[2] ܐܘܣܪܘܢ.

sages de la Perse, je vous demande de me faire ce présent, donné et révélé par la bonté divine. Fais-moi donc promptement ce présent, parce que la vieillesse s'est emparée de moi, et je crains que l'affaiblissement de l'intelgence, qui est une maladie de l'esprit, ne m'atteigne; ou bien encore une attaque, qui amène l'égarement de mon esprit, et que je cesse alors d'être digne des paroles divines. Je vous salue, copistes des livres divins d'Ostanès et principalement (? mot effacé) toi,

Feuillet 131 recto.

le chef de tous, Pébéchius, ainsi que tous ceux qui reçoivent ton enseignement. »

3. *Réponse de Pébéchius.* — « Je te rends grâces, ô toi supérieur à l'homme, ô immortel, mon maître...... (mot effacé), de ce que j'ai été jugé digne, moi Pébéchius, de recevoir l'objet de la demande que j'adressais aux dieux et aux hommes. Non seulement tu m'as rempli de joie; mais tu m'as donné à cette heure une grande vertu. J'ai été jugé digne ainsi d'une sagesse supérieure. Que ferai-je pour plaire à la puissance redoutable qui réside en ta personne? Voici que j'ai appris à connaître la faveur (divine) révélée à Ostanès. Nous voulons que tu puisses, toi aussi, annoncer ce qu'Ostanès a exposé sans jalousie.

« J'ai ouvert son livre et j'y ai trouvé tout l'art de l'astrologie, de l'astronomie, de la philosophie, des belles-lettres (φιλολογία), celui du magisme, des mystères et des sacrifices; enfin cet art redouté par beaucoup de personnes et si nécessaire, celui

Verso.

du travail de l'or. Cet art était écrit........ (mots effacés). Tout le livre était sous la protection du nom de Dieu; et le livre entier traitait (? mot effacé) des minéraux, des pourpres et des teintures divines des pierres précieuses. Je l'ai transcrit au moyen (? mot effacé) des écritures égyptiennes et grecques, et je l'ai rendu ainsi clair pour tout le monde. J'ai transcrit les sept écritures, telles que je les ai trouvées.

« J'ai trouvé un livre divin, plus précieux que tous les livres. C'est avec justice que le divin Ostanès l'a appelé la couronne; car il est la couronne de tous les dieux, le maître des livres. Il a donc été nommé soleil (or) et rien n'est plus excellent que lui, si ce n'est Dieu. En transcrivant, en lisant

et en acquérant les (vertus?) terrestres consignées parmi les choses écrites, je m'étonnai de trouver des paroles libres de toute envie, de voir combien elles étaient complètes, rationnelles et pures; combien Ostanès était animé de l'esprit de Dieu, lui qui, étant un écrivain universel et un docteur, ne dédaigna pas de prendre le rôle de disciple, alors que toutes ces sciences venaient en réalité de lui (? mot effacé).

« Quant à moi, je me suis efforcé d'écrire selon sa doctrine. Mon âme en a recueilli de l'avantage; mais mon corps s'est épuisé dans le travail nécessaire pour faire sortir de ce présent mis à notre disposition les paroles divines (qu'il renferme). Venez, vous tous..... philosophes (2 lignes effacées).

Feuillet 132 recto.

.... (Apprenez à connaître) les 365 [1] sections (?); il a enseigné le mystère révélé. (Ses disciples) ont....... multiplié (leurs commentaires) sur chacune d'elles. Il leur a persuadé de lui révéler les mystères du sortilège du roi. Ils lurent...... l'écrit dont il avait parlé. Ils reçurent ainsi l'explication des 365 jours de l'année, avec cet autre jour ajouté pour compléter le temps [2]. Alors ils purent défaire le sortilège du roi, et ils expliquèrent ce qui était écrit dans les stèles sacerdotales d'Hermès, dans chacune de ces stèles. Ils y lurent les six jours et ils montrèrent au roi l'art véritable. Le roi, après s'être réjoui parce que son désir était rempli, et après avoir rendu grâce, construisit des lieux secrets en Égypte. Il inscrivit l'art divin et inénarrable sur sept tablettes (ou stèles), tant de ses propres mains que par les mains des philosophes, puis il les plaça dans l'endroit secret. Il disposa à l'entrée de cet endroit sept portes [3] : une porte de plomb; une porte d'électrum; une porte de fer; pour le soleil qui éclaire l'univers, il établit une porte d'or; pour Saturne, une porte de cuivre; pour Mercure (Ἑρμῆς), une porte d'étain; et pour la lune, une porte d'argent [4].

[1] D'après Manéthon, on attribuait à Hermès 36,525 livres, nombre formé d'après celui des jours de l'année. (*Origines de l'Alchimie*, p. 42.)

[2] Le jour des années bissextiles, sans doute.

[3] Voir les sept portes de Celse. (*Introd. à la Chimie des anciens*, p. 78.)

[4] Dans une note, à la marge, on lit : « Dans un manuscrit, nous avons trouvé : une porte de plomb, qui est Cronos (Saturne); une porte d'électrum, qui est un alliage, qui est Zeus (Jupiter); une porte de fer, qui est Arès (Mars); une porte d'or, qui est le soleil; une porte de cuivre, qui est Aphrodite (Vénus); une porte d'étain, qui est Hermès (Mercure); et une porte d'argent, qui est la lune. » — Cette note répond à un texte antérieur à l'époque où se firent les changements d'attribution des métaux; l'électrum ayant disparu

« Avec tout l'éclat et la force

Verso.

. . . . . . (2 lignes effacées) il retraça un dragon qui mange sa queue[1]. . . . . des images, et œuvres d'art d'un caractère symbolique[2]. . . . . Il conseilla de n'ouvrir la porte des secrets à aucune personne qui ne fût de bonne naissance, ni instruite[3]; mais il convenait de réserver tous les mystères divins pour les adeptes du maître. C'est ainsi que les prêtres scellèrent tous les mystères; puis chacun d'eux s'en retourna dans son pays. »

de leur liste vers le VIe siècle de notre ère, et Jupiter ayant alors été assigné à l'étain, tandis qu'Hermès devenait la planète du mercure. (*Introd. à la Chimie des anciens*, p. 84 et 94.)

[1] Le serpent Ouroboros. (*Coll. des Alch. grecs*, trad., p. 87.)

[2] Il semble que ce passage se rapporte aux inscriptions hiéroglyphiques, qui étaient réputées contenir les mystères des sciences et de l'alchimie dès le temps des Alexandrins. — *Coll. des Alch. grecs*, trad., Olympiodore, p. 87. Zosime, p. 233. — Cette opinion a régné pendant tout le moyen âge. (*Introd. à la Chimie des anciens*, p. 235.)

[3] *Collection des Alchimistes grecs*, trad., p. 98.

IX

FRAGMENTS MYSTIQUES.

1. « *Le philosophe Ctésias* (? écrit *cstos*)[1] était allé dans un pays qui est au milieu de tous les pays, dans l'Inde, région voisine de la terre qui produit les aromates et les parfums; il était animé du désir de gratifier sa nation du parfum nécessaire pour les offrandes. Il façonna des images de *raima*. Le raima est un animal qui n'a qu'une corne (licorne). Il explique dans son livre qu'il n'est pas possible de domestiquer la licorne, ni de la toucher, ni de l'asservir, ni de la dompter. Elle n'est pas apprivoisable, dit-il, parce qu'on ne peut pas facilement s'en emparer. Elle n'est pas saisissable, parce qu'elle ne peut être vaincue par personne, à moins que Dieu ne le permette. Elle ne peut être touchée, parce qu'il est difficile de s'en approcher — un pareil mystère est difficile à croire. — Elle ne peut être asservie, parce que celui qui serait digne d'une telle faveur serait un être divin. Elle est indomptable, parce que l'art du roi et de ses chefs est insuffisant (? mots effacés)..... Il a plu (à Dieu) qu'il en fût ainsi, et cette offrande....... »

Feuillet 133 recto.

« *Roustos* (Zoroastre?) *le philosophe*[2] apprit que Ctésias avait donné à son pays cette licorne (2 mots effacés). Il érigea dans son pays une image (?) d'éléphant, sur la poitrine duquel il écrivit ces mots : Il mange beaucoup et vit (? mot effacé) beaucoup d'années. Une offrande était....... (mot effacé). »

« *Sophar, le mage et le philosophe des Perses*[3], apprit que les philosophes qui étaient en Égypte avaient fait..... (mot effacé) des offrandes dans leur pays. Lui aussi, il érigea un aigle[4], qui saisissait une poule et la mangeait; il écrivit au-devant de ses pattes qui tenaient..... : (? mot effacé) la poule : prends de l'eau et abreuve l'aigle. Aigle signifie année[5]. Il ordonna

(1) ܩܣܛܘܣ ܦܝܠܘܣܘܦܐ.

(2) ܪܘܣܛܘܣ ܦܝܠܘܣܘܦܐ.

(3) ܣܘܦܪ ܡܓܘܫܐ ܘܦܝܠܘܣܘܦܐ ܕܦܪܣܝܐ ܫܡܥ ܕܐܝܟ ܦܝܠܘܣܘܦܐ.

(4) Sur l'Aigle d'airain de Sophar : *Coll. des Alch. grecs*, trad., p. 129.

(5) A la marge : Grand mystère.

aussi aux mages de la Perse de rendre des honneurs divins à (l'aigle placé sur) une colonne (?)[1]. Dans Rome, on bâtit un temple et on y installa ces idoles précieuses. »

2. « *Hippocrate*[2], *homme de bien*, était de la race des philosophes. Il apparut longtemps après et voulut posséder le don de son père[3]. En effet, son père possédait un livre écrit par les anciens, où se trouvait un feuillet renfermant ces mots : Prends la pierre qui n'est pas une pierre[4], qui a été engendrée vivante de la semence des deux métaux[5], formée par le mélange des quatre éléments. . . . . Sacrifie-la et fais-la fondre; fais-en des fleuves et abreuves-en les champs de la plaine.

» Hippocrate fut heureux quand il eut trouvé ce feuillet et l'eut lu;

Verso.

il crut qu'il était digne d'être le chef des philosophes (?). Il découvrit la contrée où la raison régnait en toutes choses et il y habita trois années. Il fut surpris à la vue de ce qui s'y produisait (? mot effacé) et il suspendit ses propres recherches. Il se présenta alors devant Dieu, qui est le maître (? mot effacé) de la matière (ὕλη), pour acquérir des connaissances profitables. Là il vit la mer, le feu, le ciel, la pluie et le glaive. . . (mot effacé). Hippocrate comprit l'art; il le mit en pratique (? mot effacé) et il remplit ses chambres avec les produits de cet art.

« Il pensa qu'il était bon de publier le présent (divin) qui lui avait été fait et il se mit à dire[6] : Voici ce qu'il y a dans l'homme, en commençant par (la description de) son corps. Il annonce d'abord que l'homme est composé par le mélange de quatre choses : le froid, le chaud, l'humide et le sec. La puissance du feu est, dit-il, supérieure à celle des trois autres éléments, parce qu'elle dissout et détruit les matières (ὕλας), et elle les liquéfie.

(1) ܠܐܣܛܘܢܠܐ, lire ܠܐܣܛܘܢܐ?

(2) Confusion avec Démocrite. (Voir plus haut, p. 37.)

(3) Cf. *Coll. des Alch. grecs*, trad., p. 45.

(4) *Coll. des Alch. grecs*, trad., p. 122.

(5) ܗܿ ܕܐܬܝܠܕ ܚܝܐ ܡܢ ܕܕܗܒ ܘܕܐܣܐܡ ܡܬܟܠܟܠܐ. ܓܒ (*sic*) ܝܒܝܫܐ; la semence des deux métaux, c'est-à-dire de l'or et de l'argent.

(6) Il y a dans cet article une étrange confusion du vrai Démocrite, le naturaliste, dont les voyages en Orient semblent visés ici, avec le Pseudo-Démocrite alchimiste, rappelé au début, enfin avec Hippocrate le médecin, cité d'une façon plus ou moins défigurée. Il se faisait un singulier amalgame dans l'esprit des écrivains de nos traités gréco-syriaques, à peu près comme plus tard dans la *Turba philosophorum*.

Vois combien est vraie la doctrine, qu'il explique dans un langage caché en disant : Il y a un tissu nerveux dans le corps humain, tissu au moyen duquel toute la force de la chaleur et du mouvement se manifeste. Mais il a dit plus clairement : Si la fièvre est grande, elle brûle et enflamme le corps; si elle est modérée, elle maintient le corps en état; si elle est petite, elle manque de force pour dissoudre le corps, qui demeure ferme et alerte, et n'est pas endommagé. C'est lui qui indiqua aussi cet autre beau diagnostic : Le liquide (urine) qui sort du corps

Feuillet 134 recto.

y diminue l'élément humide . . . . . (une ligne effacée). Il explique l'action qu'il éprouve de la part du feu (fièvre) . . . . . (mot effacé). Si le feu est modéré, le liquide est émollient et de consistance uniforme. Si la force du feu est grande, l'urine est mauvaise et d'un aspect désagréable. C'est de cette manière qu'il expose exactement comment il a créé l'art (de la médecine), par son art (philosophique). De cet art il a fait sortir celui du diagnostic; au moyen des procédés de l'art, il a déduit les instruments de la médecine; au moyen de l'intelligence (générale des choses), l'intelligence (particulière des maladies). Ô la belle pensée de l'âme! Ô pensée de l'intelligence amie des hommes! Ô savant qui aime les hommes, qui est doué d'un tempérament miséricordieux! Ô désintéressement d'une science constituée divinement! Ô vrai don du Dieu miséricordieux! Par l'art (philosophique) il créa l'art (médical); par l'art il publia l'art; par l'art il expliqua l'art; par l'art il orna l'art. L'intelligence a parlé devant l'intelligence; la joie a amené la joie. Lui mortel, grâce à l'insigne faveur qui lui fut faite, songea à rendre les mortels immortels. Non seulement il livra le véritable art de l'amour des hommes à ceux qui le comprennent et en sont dignes; mais il a permis, en révélant la médecine pour le bien commun de l'humanité, que ceux qui possèdent la science soient honorés des ignorants,

Verso.

et qu'ils reçoivent d'eux des offrandes. . . . . . (mots effacés), lorsque (les malades) sont délivrés (?) des douloureux tourments des maladies. Nous blasphémerions en ne rapportant pas (?) ce bienfait au créateur; car ce n'est pas un ange, mais Dieu seul qui le livra si exactement à Hippocrate. Il était digne de ce présent, ce prophète qui possédait l'esprit de Dieu, ce

vrai philosophe! Nous ne pouvons en parler dignement, ni approcher de la hauteur qu'il a atteinte; cependant nous pouvons proclamer son mérite à un degré suffisant, pour que toutes les langues de la terre le célèbrent et le glorifient dans leurs prières. »

3. « A Hippocrate, cet auteur de tous les biens, opposons Homère, le créateur du mal, cet homme pervers, indigne de compassion, qui ne mérite pas les honneurs rendus à sa mémoire. Il se mit à expliquer l'art divin, à le changer, à l'altérer et à l'obscurcir, sans tenir compte des intérêts de l'humanité et des (hommes de son) temps. Ce maudit, ce blasphémateur mena une mauvaise vie et jouit d'un bonheur immérité. C'est lui qui a célé les commentaires incomparables de nos pères sur les sciences divines; il est un objet d'opprobre, non seulement pour le temps actuel, mais aussi pour toujours.

« Toi donc, ô homme! scrute et examine ses paroles, combien elles sont pleines de méchanceté, d'envie, d'impudence,

Feuillet 135 recto.

de rage furieuse (? mot effacé).

« Cependant les hommes crurent que c'était là (mot effacé) un enseignement puissant et sublime. Ils prirent ses paroles et les enseignèrent. De cette manière, ils s'occupaient de l'âme, au nom d'une religion prétendue divine, mais non du corps mortel. En réalité, c'étaient des corrupteurs, réprouvés par les hommes vraiment intelligents. Quel est celui qui descend de la lumière dans les ténèbres, si ce n'est l'homme qui cherche à proclamer les paroles d'Homère? Tel maître, tels disciples. Le réprouvé est descendu du ciel aux enfers. Mais Homère s'avoue lui-même un envieux (c'est-à-dire qu'il dissimule par envie). Vois, en effet, comment il parle de la Muse et de la colère du fils de Pélée. Il dit « la colère », en vérité, pour la divinité : c'est de la divinité elle-même qu'il parle. Sous les mots « Fils de Pélée » il a dissimulé le don divin, et il l'a fait aussi pour la fabrication des cinq dieux et le travail dans les cinq langues. Il n'a pas de respect même pour Dieu, quand il blasphème, ce dragon impur, dont les lèvres portent témoignage contre lui-même. Il s'est élevé et il a attaqué la personne inénarrable de Dieu. Mais la colère de Dieu s'est retournée et élancée contre lui; elle a voilé les yeux de son cœur, elle a fermé les oreilles de son esprit; son âme n'a pas accompli

le travail qu'elle devait. Dieu, le dispensateur de la lumière, ne lui a pas permis d'approcher de la perfection.

Verso.

« Par les sept paroles, les sept inventions (? mot effacé) furent réalisées, telles qu'Hermès les avait dites. Mais, comme Homère n'était pas digne de se servir des cinq paroles, il ne lui fut pas donné de les énoncer convenablement, ni de la même manière (qu'Hermès). Tel un homme de peu d'esprit se suspend pour sauter, mais laisse son pied suspendu, sans savoir redescendre, et demeure subitement confondu; ainsi Homère renonça aux paroles de la vérité et au légitime salaire (de la science). Il était juste qu'il reçût en récompense le châtiment de la cécité.

« Méprisez donc ses paroles, bonnes tout au plus pour les dieux des marchés et des carrefours! Que celles-ci descendent dans la région inférieure et soient prononcées dans les tribunaux et (les lieux) d'oppression! Ses paroles, en effet, sont recherchées avidement par ceux qui aiment à s'entretenir d'actions perverses et de spoliations. C'est la doctrine d'Homère qui rend les juges contempteurs de la justice, eux qui s'appliquent et travaillent à obscurcir la lumière, en suivant leur maître[1].

« Toi, ô homme! si tu veux participer au vrai don de la philosophie, ne prête pas l'oreille pour l'écouter. Il a raconté, en effet, la cruauté et le courroux de la mer; il a semé du froment qui ne lui a pas donné de récolte, parce qu'il n'a pas travaillé dans la lumière véritable, mais

Feuillet 136 recto.

........(ligne effacée), (s'efforçant en vain) de surpasser des paroles qui avaient été dites d'une façon supérieure.

« Nous donc qui connaissons (? mot effacé) la définition du bien, venons offrir, comme des prêtres, des sacrifices sacerdotaux, afin de ne pas agir comme des partisans du mal. Ainsi nous aurons devant nous (? mot effacé) le désintéressement; nous nous armerons des armes de la vérité; nous installerons dans nos cœurs les lampes de la lumière et nous aiguiserons nos langues comme des calames, pour arriver à la lumière de la vérité. »

[1] Cet étrange morceau semble se rattacher à la lutte des chrétiens contre l'hellénisme, compliquée de la haine du médecin contre les littérateurs.

4. « Il n'est ni juste ni raisonnable d'appeler dieux le ciel et la terre; mais nous traiterons complètement et en peu de mots de chaque chose, en récitant cette prière : Notre Père, qui es aux cieux, donne l'intelligence aux prunelles des yeux (de ton serviteur), afin qu'il participe à ta lumière pure qui habite dans (le ciel), (mots effacés) avec tout l'éclat de la lumière véritable; accorde-lui de l'obtenir. Tu tiens les clefs du monde; tu es le commencement et la fin; tu demeures au milieu du feu sur la terre; tu tiens le fond de la mer et les fondements de la terre; seul tu peux enflammer l'eau et la mer, (changer la direction des flots), faire habiter les poissons sur la terre, rappeler les morts de l'enfer ténébreux et ouvrir le Tartare. Ta personne est de feu; tes yeux sont des étoiles[1]. . . . .

Verso.

(une ligne effacée); l'air est l'éclat de ta flamme.

« Ne m'abandonne pas, ô Dieu. . . . . mais donne-moi la sagesse de ta main droite et l'aide de ton peuple; ô Dieu, daigne entrer promptement dans mon cœur; daigne entrer dans mon cœur. Pénètre mon esprit et remplis-moi de la flamme de la vraie science; qu'elle habite dans mon être. Chasse de mon âme la méchanceté et l'envie[2]; que ta main puissante fortifie mes mains, afin que je ne me lasse pas d'écrire la vérité pour ceux qui en sont dignes. Délie, délie ma main, pour que je puisse écrire. C'est toi qui donnes le cœur pour produire le bien, et la langue pour divulguer les mystères cachés. . . Tu ouvres la bouche et le cœur de l'enfant. Certes, celui qui agit avec envie fait le mal. Pour moi je ne sais ce que je dois faire; je me tais et je crains, car je ne suis pas philosophe. Viens, ô Dieu, et dis-moi ce que je dois faire, car j'ai bonne volonté. Éloigne de mon âme le compagnon des ténèbres. Tu tiens dans ta main gauche le voile, l'égarement, le sceau, le frein et la clef.

« — Prends la hache à deux tranchants et coupe avec elle l'envie. — J'ai vu l'envie, et j'ai sauté dessus; mais l'envie n'a pas tremblé devant le glaive, elle est restée ferme et a combattu. Alors j'ai vu son audace; j'ai ceint mes reins; j'ai saisi la hache (?) et le casque (?)[3].

(1) Voir l'invocation à Agathodémon dans le Papyrus de Leyde. (*Introd. à la Chimie des anciens*, p. 18.) — Cf. l'Introduction du présent volume, p. XLI.

(2) Cf. le passage de Zosime cité par Olympiodore. (*Coll. des Alch. grecs*, p. 90, et aussi p. 92 et 235.)

(3) ܘܐܚܕܬ ܡܪܐ ܘܩܘܒܥܐ ܥܠ ܕܪܥܝ ܩܘܡܬܐ.

Feuillet 137 recto.

..... (mots effacés). J'ai pris l'envie par les cheveux qu'elle avait en abondance sur la tête (?)..... elle ne put fuir; puis je saisis la hache, je frappai l'envie pour l'abattre (? mot effacé). Mais je fus effrayé par sa voix, car je pensais qu'elle était terrassée. Or elle me dit: Cesse de combattre avec moi, ô Satan, je ne puis être vaincue par les philosophes. Je fus troublé, mais je la saisis par les cheveux et je me mis à la couper en morceaux, membre par membre et articulation par articulation. Ainsi je la tuai..... j'étendis à terre le tronc et la tête, et je les tirai..... Alors je vis un homme coupé en morceaux; il était disloqué, mais il n'était pas mort. Je lui demandai : Comment n'es-tu pas mort? Son crâne parla et me dit : Tu m'as tué, moi qui ne voulais rien révéler (?)... Je ressentis une grande joie dans mon cœur, parce que l'envie avait été vaincue et tuée. Elle ne reviendra plus jamais. Maintenant que l'envie est morte, je vais commencer le huitième livre sans envie. »

Livre Huit : de l'union (synode) de l'or et de l'argent.

« Sur les pierres précieuses, leurs teintures, les pourpres vraies, la teinture en jaune des verres et du reste. Sur cette matière, il y a six livres que j'ai indiqués : celui du plomb, de l'étain, du fer, du cuivre, du mercure et de l'argent-plomb (asem). J'ai préparé et fait connaître tout ce qui était digne de l'un des dieux[1].

Verso.

« *Sur l'union de l'or et de l'argent* (texte fort endommagé), leurs opérations.......... leurs unions, leurs mélanges, leurs fusions réciproques, jusqu'à leur disparition totale (mort), l'explication produite par..... Maintenant il dit : Au sujet de ces paroles qui expliquent les signes..... ils sont la puissance de Dieu. Écoutez, ô hommes, prêtez l'oreille à ces choses qui sont écrites, et observez les prescriptions. »

[1] Qui président aux métaux.

X

CONJURATION MAGIQUE.

« *Je vous adjure, au nom des dieux immortels et au nom du dieu des dieux*[1], par la puissance........ insondable en elle-même, qui échauffe par son feu, qui tourne et circule devant la figure de l'image ineffable.

« Ce n'est ni au fils, ni au frère, ni..... à l'ami pervers, ni au confident (infidèle) du secret, qu'on doit révéler....... ces livres que j'ai écrits, pour l'amour de Dieu : surtout ceux qui touchent l'or (le soleil) et l'argent (la lune). Tu dois savoir aussi ceci : j'ai prié les dieux immortels de ne point laisser pénétrer mes paroles dans les oreilles des sots. Quant aux adeptes (qui ont trahi le) mystère, ils ne doivent pas même voir un de mes livres... Ne sois pas assez fou pour oser prétendre leur transmettre la tradition, car le livre est gardé par Dieu....... (Il traite) de l'art et de ses opérations, mais l'art... à Dieu qui

Feuillet 138 recto.

(Feuillet taché d'humidité et en grande partie rongé par les vers ; quelques passages lisibles).

« .....ainsi il a été offert à qui (le mérite?). Son maître le lui donne et lui fait connaître..... Ainsi tu es bien heureux..... il est réservé à ceux qui en sont dignes... L'art n'est pas donné à tout homme.....

« Il désigna la route avec son bâton[2]..... il m'interrogeait et voulait apprendre de moi où je prétendais aller. Je lui persuadai d'être mon maître et de me diriger dans la route qui conduit aux trésors cachés. Il comprit mon désir secret..... Il prit ainsi et désigna avec son bâton..... (doublet du passage précédent)

Verso.

« .....je lui persuadai d'être mon maître et de me diriger dans la route

[1] Formule païenne de conjuration. (Voir Papyrus de Leyde, *Introd.*, p. 18.)

[2] Nouveau fragment qui rappelle certaines histoires magiques de la vieille Égypte.

qui conduit (aux trésors cachés). Il comprit ma volonté; mais il craignait les dieux immortels et il ne voulait pas voyager avec moi; . . . je promis. . . . que je lui donnerais le double. . . . nous arrivâmes ainsi aux trésors cachés. Il me fit signe de la main (d'offrir) de ma part les sacrifices que réclament les dieux; j'accomplis son désir et je donnai âme pour âme et corps pour corps. Mais même ainsi, on ne consentit pas à suspendre le jeûne — et je perdis la vie. . . . . Ensuite je demeurai quarante (jours). . . . . Un second dieu m'ouvrit (la demeure des) sages, recouverte par un monticule d'herbe et de rosée, vêtement du corps et de l'âme. Je frappai, après être demeuré chaque fois quarante jours devant chaque porte. Alors j'entrai (?) par la porte. . . . après avoir offert des présents nombreux et convenables. . . . . »

Au bas du verso de ce feuillet, une main moderne a écrit :

Quæ nunc sequuntur dislocata erant folia, quorum plerìqua (*sic*, lire pleraque) arbitror ad initium libri pertinent (*sic*).

XI

MORCEAUX ALCHIMIQUES.

Feuillet 139 recto.

Les six premières lignes sont complètement effacées.

1. *Travail des perles*[1]. — Le commencement est effacé. « Fais-en des perles convenables; perce-les avec une soie de porc[2] et mets-les dans une marmite avec de l'eau pendant trois jours. »

2. *Pour amollir les perles comme de la cire.* — « Prends des perles et mets-les au milieu de raisins acides, pendant trois heures environ; place-les au soleil, puis prends-les, pétris-les dans de l'eau : elles peuvent alors être percées. »

3. *Travail des perles.* — « Prends de la pierre d'Avaristan qui est........ Broie-la, prends du lait de..... fais macérer un jour et une nuit..... ensuite prends de la cire de peintre non falsifiée; dissous-la dans du blanc d'œuf et du mercure : du mercure, six parties, et du blanc d'œuf........ parties. »

Verso.

Les huit premières lignes sont complètement effacées.

« Range-les dans ta main et laisse-les..... tu les rouleras..... jusqu'à ce qu'elles soient bien desséchées. Ensuite frotte avec une dent[3] et fais-les briller; elles seront supérieures en beauté aux perles naturelles. Cela a été éprouvé et est vrai. »

4. *Travail des onyx.* — Article complètement illisible.

5. *Travail des nacres appelées romaines (?) par quelques personnes.* — Suivent deux lignes illisibles.

(1) *Coll. des Alch. grecs*, trad., p. 349, 352. — Le présent volume, p. 171.

(2) ܐܥܒܪ ܐܢܝܢ ܒܣܥܪܐ ܕܚܙܝܪܐ, comp. ܣܘܣ ܒܣܥܪܐ ܕܚܙܝܪܐ, ci-dessus, page 85, ligne 17.

(3) On sait que les anciens se servaient d'une dent d'animal pour polir.

Feuillet 140 recto et verso.

« dans le sel.... en l'exposant au soleil, jusqu'à ce qu'il n'y reste plus rien. Le matin du jour suivant, retire ce qui a monté à l'intérieur de la cucurbite et expose-le au soleil ardent pendant trois heures. Retire la cucurbite et mets-la au soleil; qu'elle y demeure cinq heures, jusqu'à la neuvième heure. Recueille avec une spatule (?)[1] d'argent le premier produit qui aura monté au sommet de la cucurbite; mets-le dans un plat et veille à ce qu'il ne soit pas en contact avec le vinaigre. Pendant sept jours nettoie....... »

6. Préparation tinctoriale dont le commencement est effacé; puis on lit : « Nettoie ce corps, suivant la règle que je t'ai indiquée, en l'exposant, avec son esprit, au soleil. Ceci est le mystère des sages qui a été caché aux simples; c'est l'orgueil et la fierté dans lesquels ont vécu les philosophes; c'est le blanchiment pur que les sages se sont arrogé. De même que tu as blanchi, rougis ainsi, et ton travail atteindra la perfection. Ceci est la cendre qui a été nettoyée sept fois, par son esprit, ainsi que l'a enseigné Démocrite, cet illustre philosophe. »

7. Suit le texte de l'*Alchimie* du British Museum, ci-dessus, p. 19, l. 14, jusqu'à p. 20, l. 19 (trad., p. 38, n° 3, jusqu'à p. 40, n° IV).

Variantes :

P. 19, l. 15, après ܟܐܦܐ ajoute : ܡܥܠܝܬܐ ܗܝ ܕܫܡܗ ܐܠܒܣܛܪܘܣ; trad., n° III : « une pierre sublime dont le nom est albâtre (ἀλάβαστρος), qui teindra..... »; et ܡܢ ܢܦܫܬܐ ܢܫܡܗ ܘܪܘܚܗ au lieu de ܥܠ ܕܢܦܫܬܐ ܢܫܡܗ ܥܡ ܦܘܪܫܢܗ; l. 19, ܒܠܚܘܕ ܘܡܫܬܥ ܘܪܘܚܢܝ au lieu de ܘܡܫܬܥ ܒܠܚܘܕ . ܐܘ ܚܒܪ; l. 20, ܡܢ ܟܠ ܡܕܡ ܡܢܗ ܡܫܟܚ ܐܢܬ ܠܐܘܚܠ ܕܚܝܠܐ ܒܟܠ ܗܘ ܡܫܟܚ au lieu de ܡܢ ܟܠ ܡܕܡ ܡܢܗ ܡܫܟܚ ܐܢܬ; l. 21, ܕܡܢܟܘܢ au lieu de ܕܡܢܟܘܢ; l. 23, ܕܡܫܬܟܚ au lieu de ܕܐܫܬܟܚ, et ܒܡܘܟܠܝܗܘܢ au lieu de ܒܡܘܟܠܗ.

P. 20, l. 1, ajoute : ܗܘܐ ܕܫܪܐ ܟܕ ܗܘ ܡܕܢܚ; dans la trad., p. 38, n° 3, l. 19, ajouter avant « ouvre » : « quand l'alambic sera refroidi »; l. 2, ܒܟܦܐ au lieu de ܒܟܦܬܐ; l. 4, ܡܣܡܣܐ au lieu de ܡܫܚ; l. 5, après

(1) ܒܟܣܝܐ.

Feuillet 141 recto.

ܡܚܠܐ ajoute : ܡܣܡܩܠܐ ; la l. 7 est ainsi : ܦܪܘܫ ܘܐܣܬܟܠ ܐܪܙܐ ܗܢܐ (?) ܕܡܣܝܡܢܐ ܩܕܡܝܟ ܐܢܐ ܥܠ ܡܘܒܠܗ ܕܟܣܐ ܕܟܠܫܐ. ܗܕܐ ܐܪܥܐ ܕܚܘܪܬܗ ܕܐܝܬܝܗ ܐܪܥܐ ܕܡܘܠܝܒܕܘܣ; trad., p. 39, n° II, au commencement : « Distingue et comprends le mystère que je place devant toi, au sujet du traitement de la chaux, cette terre que tu as blanchie, qui est la terre de plomb »; l. 12, après ܫܚܢ suit : ܐܬܘܢܐ ܐܬܘܢܐ ܦܘܫ ܚܡܘܡ ܗܘܝܘ. ܐܬܟܐܕ̈ܐ ܐܠܐ ܕܡܟܣܐ ܡܟܬܒܐ ܙ̄ ܒܝܘ̈ܡܝܢ; dans la trad., n° II, l. 8 : « chauffe pendant sept jours le four... »; l. 14, ܒܡܫܚܐ au lieu de ܒܫܚܢܐ, et ܠܐܘܪ au lieu de ܠܘܪ; dans la trad., la l. 12 du n° II doit être lue ainsi : « ferme l'ouverture avec une étoffe de soie et accumule du soufre (θεῖον) sur du soufre »; l. 15, après ܚܘܪܐ ajoute : (*sic*) ܗܘܝܘ ܐܠܒܣܛܪܘܢ; dans la trad., n° II, avant-dernière ligne : « c'est-à-dire le cuivre blanc, l'albâtre (ἀλάβαστρος) qui. . . . . »; l. 16, ܕܠܐ ܠܘܬܣܡܬܐ au lieu de ܕܠܐ ܠܘܬܣܡܐ; l. 17, ܒܡܘܪܫܘܬܐ ܐܝܟ ܚܡܘܛܐ ܡܫܚܢܐ au lieu de ܐܝܟ ܚܡܝܪܐ; l. 18-19, ܕܠܐ ܐܝܬ ܐܚܪܢܐ ܕܕܡܐ. ܗܢܘ ܗܘ ܐܪܙܐ ܕܐܬܟܣܝ ܘܡܛܫܝܢܘܗܝ; dans la trad., p. 40, fin du n° III : « Ceci est la grande dissolution, laquelle ne ressemble à aucune autre. C'est le mystère qui a été caché, celui qu'on a tenu secret. »

Verso.

8. « . . . . . (la première ligne effacée), une partie, et du mercure, une partie; le plomb fondra. Ajoute du mercure et broie-le; mets dans un vase de verre; lute et enferme dans un feu de fumier, un jour et une nuit. Ensuite retire-le; travaille-le dans de l'eau de sel amer, pendant sept jours. Puis prends de l'arsenic doré, deux parties pour une partie de l'ingrédient; travaille-les ensemble dans notre vinaigre; mets dans un vase de verre; lute et mets au feu pendant sept jours; puis retire et travaille avec de l'eau de blanc d'œuf, pendant sept jours, et le produit blanchira. Projette une once de cet élixir sur une livre de cuivre purifié, et il se formera du bel argent; ne doute pas de cela, mon frère. »

9. « Autre traitement qui est aussi très important et éprouvé. » Sel amer, couperose (chalcite); on travaille en ajoutant du mercure artificiel, que l'on rend méconnaissable par une addition de céruse, d'arsenic jaune, d'arsenic rouge, de borax des artisans; on projette sur des lames, etc.

Feuillets 142 et 143 recto.

10. Suite des mêmes opérations.

Verso.

11. *Préparation de l'huile..... qui sert pour le travail de..... au sujet de la première huile qui en est préparée...... lorsqu'une personne s'oint avec cette huile, celle-ci la guérit des maladies occasionnées par l'air.* — « Prends un mithqal d'huile d'olive pure..... » (la suite est trop effacée pour pouvoir être lue).

XII

AUTRES FRAGMENTS MYSTIQUES.

Feuillet 144 recto.

1. Les neuf premières lignes ont été fortement endommagées par l'humidité; le commencement est illisible : « . . . . . de toute éternité. De même que . . . . . ainsi les paroles de l'homme . . . . . Y a-t-il quelque chose d'aussi doux et honorable que ces paroles qui, lorsqu'elles sont prononcées, nourrissent; lorsqu'elles sont assimilées, fortifient (?); lorsqu'elles sont enfantées, font croître? Il n'y a pas de pouvoir qui prévale contre ceux qui disposent d'elles; ils règnent sur les rois, commandent aux puissants et triomphent des vainqueurs eux-mêmes[1]. Non seulement Dieu a béni et scellé les livres, mais aussi ceux qui s'en sont approchés. (Le maître) n'a omis dans ses paroles et son enseignement aucune des choses du monde; il a parlé de ce qui se trouve dans la terre et les mers et les flots, au-dessous de la terre et au-dessus de la terre, dans l'air et l'éther; il a exposé toutes les révolutions des astres et leurs mouvements, la sphère divine du ciel. Cela ne lui a pas suffi, mais il a parlé aussi de ce qui existe dans le ciel, au-dessus du monde, et qu'on ne peut atteindre; il l'a sondé et pénétré; il l'a révélé. »

Verso.

Également très effacé. Voici le sens des mots lisibles des huit premières lignes :

« . . . . . (Le maître a parlé) d'une manière intelligible et claire . . . . il a livré à tous avec clarté toutes ces (connaissances). En les découvrant . . . . . il est devenu presque Dieu . . . . . il a fait disparaître l'envie . . . . . qui obscurcissait . . . . . ses livres divins. » Suit :

2. « Sur *Ostanès* . . . . (Il ordonne) que personne n'ose altérer ses livres . . . . . qu'on n'ose pas y faire des additions ou des suppressions . . . . . il ordonne à tout le monde et prescrit de ne point faire connaître au vulgaire ses paroles. Il profère de terribles conjurations pour qu'elles ne soient révélées

[1] Il s'agit des formules magiques, si usitées en Égypte et en Orient. Le maître est Hermès ou Ostanès.

à personne, si ce n'est à un homme qui en soit digne, à un homme qui recherche la vérité et aime Dieu, qui possède la crainte de Dieu; à un homme qui soit miséricordieux envers le pauvre et éloigné de toute méchanceté, et qui n'emploie pas son temps comme ces hommes et ces femmes pervers. Il a voilé les mystères, avec la même précaution que la prunelle de ses yeux; il a ordonné qu'ils ne soient pas livrés aux disciples qui n'en étaient pas dignes. Voilà pourquoi tous les philosophes ont altéré la langue dans leurs paroles, et ils ont donné un sens pour un autre sens, un nom pour un autre nom, un passage pour un autre, une espèce pour une autre, une vision pour une autre. Cet homme de bien parmi les bons. » . . . . .

Feuillet 145 recto.

Les trois premières lignes qui terminent cet article sont effacées. Suit :

3. « *Hermès le divin*, trismégiste, qui est le principe et la fin de cet art divin, expliqua sans jalousie les révolutions des astres et leurs mouvements à travers les signes qu'il appela maisons (célestes); il nomma zodiaque les maisons célestes. . . . . . La lune traverse exactement ces douze maisons, une par mois.

« Au moyen de leurs mouvements, il expliqua les sorts, en disant : Celui qui naît dans le signe du Bélier, sera heureux; il fait allusion ainsi au bonheur de l'art. Il expliqua d'une manière figurée que le soleil entre dans le signe du Bélier pendant les dix premiers jours du mois de nisân (avril), (en disant) : Cette préparation divine a lieu dans les dix premiers jours de nisân [1]. De même pour le reste du temps; il dit ensuite qu'il y a deux autres entrées pour le commencement du temps. Il les fixa en mars (Arès), en disant : Le Scorpion a servi de guide pendant tout le temps et pour toutes les maisons célestes.

« Il a exposé toutes ces choses dites plus haut : le Taureau, les Gémeaux, l'Écrevisse (Cancer), le Lion, l'Épi, la Balance, le Scorpion, la grande Idole (Sagittaire), le Chevreau, le Verseau, les Poissons. Il a indiqué en général les signes et les puissances divines. . . . . » (la fin de la dernière ligne est effacée).

Verso.

(Les côtés sont endommagés par l'humidité, la première ligne illisible.)

[1] Comp. ci-dessus, trad., p. 106.

« La lune préside à l'état corporel (des métaux?); Saturne (?), au froid; Mars, à l'ardeur du feu; Jupiter, à l'amollissement; Vénus..... »

« Mercure a la proportion voulue pour la matière première et commune (aux métaux employés) dans les images des prêtres..... en Égypte.

« Il inventa pour le monde les deux arts nécessaires, qui sont indispensables et connexes. Cet homme admirable en toutes choses possède à la fois des secours pour l'âme et l'art (de guérir) le corps. Par sa connaissance du cours des astres et au moyen de leurs révolutions et de leurs changements, il nous a livré l'œuvre divine, lui, ce dispensateur de toute gloire, du désintéressement, du salut, des biens et des honneurs, le divin Hermès. Quelle langue pourrait produire une parole comme celle-ci, et louer dignement le bienfait accordé avec tant de libéralité à l'espèce humaine?

« Il a écrit pour ceux qui peuvent en être dignes, mais il n'est ni juste ni bon que ceux qui ne sont pas dignes connaissent ces paroles divines.

« Après la mort de cet homme divin, *Necepso*[1], *roi d'Égypte*, trouva les tablettes d'Hermès; il s'approcha et tomba sur sa face; il supplia Dieu que les choses écrites lui fussent révélées. Après quatre jours..... » (la suite manque).

(1) ܐܘܟ ܢܩܦܣܘ ܡܠܟܐ ܕܡܨܪܝܢ.

XIII

RECETTES ALCHIMIQUES.

Feuillet 146 recto[1].

1. *Autre.* — « Projette dans de la liqueur d'orge et mets dans du fumier de cheval pendant quatorze jours, et il sera(?) pareil à du mercure. »

2. *Dissolution de la comaris qui est appelée perle* (? *m q i ni*)[2] *et qui n'a été connue* (?) *de personne*. . . . . (préparation en partie effacée).

3. *Dissolution de la comaris.* — « Prends de la lie(?)[3] et mets-la dans un vase, avec autant d'eau qu'il faut. Ensuite projette de la chaux, deux parties; et fais cuire jusqu'à ce que ces deux ingrédients se mêlent en se dissolvant. . . . . »

La suite est effacée en partie.

4. *Dissolution de la comaris et blanchiment des perles.*

Verso.

Le commencement est entièrement effacé.

5. *Autre procédé avec de l'aphronitron, fixation de la comaris*[4]. — « Mélange la comaris dissoute dans du lait de mûrier d'Alexandrie, et garde pour l'usage. Si tu n'as pas de ce lait, prends du figuier noir ou blanc et opère, quoique ce ne soit pas la même chose. »

6. *Préparation de alqos (sic)*[5]. — « Projette dans de la cire fondue de l'huile de noix; fais chauffer sur des charbons et projette dessus du natron. Lorsque tu les verras fondus, projette dessus de la colophane, sept parties;

(1) Ce folio fait suite au folio 139, qui forme la page 322 du présent ouvrage, à moins qu'il ne le précède : en tout cas, les deux folios sont le débris d'un ouvrage sur les perles, analogue à ceux de la *Coll. des Alch. grecs*, trad., p. 324 et suiv.

(2) ܕܗܝ ܡܪܓܢܝܬܐ ܡܩܓܝܢܝ.

(3) ܣܒ ܦܝܠܐ. Au feuillet 147 recto, on lit ܦܝܠܐ ܐܝܟܐ ܕܫܚܡܐ. Comparer ci-dessus, trad., p. 24, note 1, σφέκλης.

(4) ܡܣܡܟܬܐ ܕܩܘܡܪܝܣ.

(5) ܥܒܝܕܘܬܐ ܕܐܠܩܘܣ. — Procédé pour préparer la matière première des perles artificielles?

de la comaris, quatre parties; et du verre réduit en pâte adhésive, au moyen de mastic et de gomme d'amandier[1].

« Si tu veux fondre la comaris, projette du savon dans la comaris et chauffe doucement, de manière qu'elle fonde à l'état de cire. »

7. *Dissolution de la comaris; dissolution de la guimauve, de l'élydrion, de la couleur bleue double (? dbiqinin) et de la couleur bleu clair (? doulouquianon)*[2] *et d'autres fleurs (couleurs), ainsi que de beaucoup d'autres choses.* — « De la lie (?)[3],

Feuillet 147 recto.

trois onces; du sel, six onces; fais cuire. . . . . » (le reste est effacé).

8. *Autre.* — « Dissolution de la comaris qui est appelée λάκκος rouge(?), c'est-à-dire citerne[4]. Il en existe une qui est pareille à l'eau contenue dans une citerne; il en existe une autre qui ressemble au cristal, en étant un peu plus sombre. Parfois elle renferme des gouttes brillantes. Après l'avoir prise, nettoie-la avec soin au moyen d'aphronitron, et laisse-la refroidir. Prépare-la avec du coriandre.

Verso.

« Lave dans un vase d'argile, mets-y aussi de la colle. . . . . . . , etc. » (le reste est en partie effacé).

Feuillet 148 et dernier, recto[5].

9. Le commencement, en partie effacé, forme le complément de l'article sur le misy (p. 299).

« Ainsi se forme le vitriol noir au-dessus du chalcitarin (χαλκιτάριν), comme la rouille au-dessus du cuivre. . . . . . . , etc. Je vis quelque chose qui lui ressemblait, peut-être était-ce du sori; après un long temps il peut se changer en chalcitarin. (Comp. ci-dessus, trad., p. 44, note 6, et p. 75, note 2.) Il n'y a donc rien d'étonnant si ces trois ingrédients sont de même nature par

(1) ܗܪܐ ܘܙܓܘܓܝܬܐ ܡܪܟܒܐ ܡܢ ܡܣܛܟܐ ܡܟܪܟܝܢ ܠܗ ܘܩܘܡܝܐ ܕܠܘ̈ܙܐ.

(2) ܘܨܒܥܐ ܕܬܚܠܝܐ ܘܕܒܝܩܝܢܝܢ ܘܕܘܠܘܩܝܢܘܢ.

(3) ܦܠܠ.

(4) L'auteur semble avoir confondu la laque (*lacca*) avec le grec λάκκος « citerne ».

(5) Ce feuillet se rattache évidemment au livre de Zosime sur la terre et les pierres, p. 297 et suivantes. Ce sont des articles qui devraient être placés, d'après l'ordre alphabétique suivi dans ce livre, à la suite de celui du misy, dont le n° 9 formerait la fin. Puis vient le pompholyx, et les mots qui commencent par un Σ. Le folio 148 devrait donc être intercalé entre les feuillets 121 et 122. Mais nous n'avons pas voulu changer l'ordre des feuillets du manuscrit.

leur genre et leur vertu. Je dis : le sori, le chalcitarin et la couperose (ou vitriol noir); mais ils diffèrent entre eux par leur degré de ténuité et leur cohésion.

« Le plus épais est le sori.

« Le plus ténu est la couperose.

« Le chalcitarin tient le milieu par sa couleur.

« Μολύϐδαινα est. . . . . (un mot effacé).

« Μόλυϐδος est le plomb.

« *Astéra*. . . . . (un mot effacé). »

10. « Pompholyx qui se trouve dans les fours. . . . . » (la fin de la ligne effacée).

Verso.

« . . . . . lorsqu'il est fondu. *En Chypre donc*, comme le directeur (ἐπίτροπος) ne le retirait pas de la préparation (?) qui sert au four pour la fusion. . . . . de la cadmie, il se forma un ingrédient. . . . . pendant que j'étais là et je le vis. C'étaient des parcelles attachées (?) à la cadmie et qui formaient un résidu (?), à l'endroit où était le grand soufflet. La matière formait une masse dure et compacte. Elle se condensait aux dépens de la vapeur qui s'élève, lorsque la cadmie fond. Je la recueillais et c'était du pompholyx. Lorsqu'elle descend d'en haut et qu'elle tombe à terre, le produit est appelé σποδός; c'est la cendre recueillie dans les établissements où l'on fait fondre le cuivre. D'autres l'appellent σπόδιον. »

11. « Sandaraque, c'est l'arsenic. »

12. « Συνοδοχος (σάνδυξ), c'est le séricon. » (Comparer Diosc., I, 771, éd. Sprengel; Galien, XII, 244, éd. Kuehn; et l'*Alchimie* du British Museum, ci-dessus, p. 5, l. 8; trad., p. 10, note 7.)

13. « Σκωρία, c'est l'excédent qui provient du fer et de l'argent; ainsi l'on dit scorie de fer. »

14. « Στυπτηρία, c'est l'alun; le nom de cet ingrédient renferme l'idée d'astringence, car il possède cette propriété par sa nature. L'espèce appelée lamelleuse (σχιστός) est ténue; puis vient l'alun rond, qu'on appelle πέτρος γογγύλος (?); l'alun épais est l'alun humide, qui est aussi appelé. . . . . »

Ici finit le manuscrit.

ADDITIONS ET CORRECTIONS.

P. xi, l. 12, en remontant : sur Pébéchius et Horus, voir plus loin, p. xxxviii et p. 309, note 1.

P. xi, l. 9, en remontant : sur le nom d'Hippocrate, à la place de Démocrite, voir aussi plus loin, p. xvii, xl et p. 314, note 5.

P. xxvii, l. 2. *Au lieu de :* et d'Héphestion, *lisez :* du livre d'Héphestion. Ce mot peut être regardé comme synonyme de Héphestos (Vulcain), c'est-à-dire de Phta, divinité égyptienne, aussi bien que Imhotep (Imouth).

P. xxxv, avant-dernière ligne du texte : Asclépias ou Asclépios. De même partout où se trouve Akoulas.

P. 9, note 5. Le mot *iarin* est un autre synonyme. — Voir p. 129 : *Irin*, et note 2.

P. 10. La liste de la p. 297 et suiv. doit être rapprochée de celle des minéraux cités ici.

P. 10, note 7. *Au lieu de : συνοδοχος, lisez : σάνδυχος (σάνδυξ).*

P. 14-16. Terres, etc. — Voir p. 302 et suiv.

P. 16, l. 1. *Au lieu de :* Terre de miel, *lisez :* Pierre de miel.

P. 27, note 5. Akolos=Akoulas=Asclépias ou Asclépios. — Voir p. xxxv et p. 278, 283, 284.

P. 27. On a omis l'indication du paragraphe VII.

P. 35, l. 9. Récipient à digestion spontanée, ou bien à tirage spontané. — Voir p. 118, XIII, et p. 151, note 1.

P. 58, XIII. Le système formé par deux amphores superposées paraît le même que celui appelé *bout ber bout*, p. 149; c'est le *botus barbatus* des Latins, mot dont l'étymologie était inexpliquée.

P. 60, l. 11. *Au lieu de :* Alambic sans chapiteau, *lisez :* Alambic borgne ou aveugle. — Voir p. 152 et 166.

P. 67, note 3. *Au lieu de :* Zantoxylon, *lisez :* Xantoxylon.

P. 85, l. 1 et 2, et note 1. *Au lieu de :* Pebichius, *lisez :* Pébéchius.

P. 134, n° 67. *Au lieu de :* Écume de nitre, *lisez :* Écume de natron.

P. 134, n° 68. *Au lieu de :* Nitre mou, *lisez :* Natron mou.

P. 135, l. 5. *Au lieu de :* Ammoniaque, *lisez :* Sel ammoniac.

P. 138, l. 3, en remontant : Le Père Aqlos. — Peut-être est-ce le vieux Akoulas, de la p. 27.

P. 159, n° 53. *Au lieu de :* Les mercures de sandaraque, ou la céruse, ou le kohol italique, *lisez :* Les mercures de sandaraque, ou de céruse (acide arsénieux), ou de kohol italique.

Les deux premiers sont notre arsenic métallique; le dernier est notre antimoine.

P. 165, l. 14. *Au lieu de :* La cornue, *lisez :* La cucurbite.

P. 204, au milieu. *Au lieu de :* Opoponax, *lisez :* Opopanax.

P. 213, note 2 : ܟܪ̈ au lieu de ܗܪ̈.

P. 226, l. 10. Loupariston paraît devoir être lu Leucariston.

P. 229, note 4 : ܚܠܡܙܝܣ au lieu de ܚܠܡܝܙܣ.

P. 232. Livre appelé... Héphestion. — Ce mot paraît être synonyme de Héphestos (Vulcain), c'est-à-dire de Phta. — Voir plus haut, addition à la p. XXVII.

P. 233, l. 3, en remontant, et l. 1 de même : Quand l'argent est beau... à rapprocher « du bel œil » de l'argent (*hilare*), p. 47, note 1.

P. 237, note 1 : ܟܡܣܝܪܗܘܣ au lieu de ܟܡܣܪܗܘܣ.

P. 247, note 2 : ܘܟܟܟܬܗ au lieu de ܘܟܟܟܬܗ.

P. 252, l. 3 du texte, en remontant. *Au lieu de :* Porreaux, *lisez :* Poireaux.

P. 256, note 1 : ܣܒ ܐܣܘܣ.

P. 256, note 2, dernier mot : ܡܣܠܓ.

P. 264, note 1 : ܐܠܡܛܘܪܝܢ au lieu de ܐܠܡܡܛܘܪܝܢ.

P. 274, note 5 : ܟܝܙܙܡܚ.

P. 294, note 1 : ܟܘܦ au lieu de ܟܘܦ.

P. 318, note 3 : ܟܫ au lieu de ܟܣ.

CORRECTIONS AU VOLUME SYRIAQUE.

P. 12, l. 7 : اسو au lieu de امو.

P. 13, l. 13 : مدارج au lieu de مدارح.

TABLE ANALYTIQUE DU TOME II.

L'ALCHIMIE SYRIAQUE.

II

III

IV

V

PREMIER TRAITÉ D'ALCHIMIE SYRIAQUE ET ARABE.

TRADUCTION DU TEXTE SYRIAQUE.

PRÉLIMINAIRES.

DOCTRINE DE DÉMOCRITE LE PHILOSOPHE.

IMPRIMERIE NATIONALE.

TRAITÉ D'ALCHIMIE SYRIAQUE ET ARABE.

TRADUCTION DU TEXTE ARABE.

I

II

III

IV

V

VI

VII

VIII

IX

X

XI

XII

XIII

XIV

XV

TRAITÉS D'ALCHIMIE SYRIAQUE

CONTENUS DANS LE MS. Mm. 6. 29

DE LA BIBLIOTHÈQUE DE L'UNIVERSITÉ DE CAMBRIDGE.

ANALYSE ET EXTRAITS.

TRAITÉS DE ZOSIME, DE DÉMOCRITE ET AUTRES.

I. PREMIER TRAITÉ.

II. TRAITÉ DE ZOSIME.

IMPRIMERIE NATIONALE.

III. TRAITÉ DE DÉMOCRITE.

IV

V. AUTRE TRAITÉ ATTRIBUÉ À DÉMOCRITE.

VI

VII. LIVRE DE ZOSIME.

VIII. LETTRES DE PÉBÉCHIUS.

IX. FRAGMENTS MYSTIQUES.

IMPRIMERIE NATIONALE.

X. CONJURATION MAGIQUE.

XI. MORCEAUX ALCHIMIQUES.

XII. AUTRES FRAGMENTS MYSTIQUES.

XIII. RECETTES ALCHIMIQUES.

HISTOIRE DES SCIENCES.

INDEX ALPHABÉTIQUE DU TOME II.

ALCHIMIE SYRIAQUE ET ARABE.

A

B

IMPRIMERIE NATIONALE.

C

D

E

IMPRIMERIE NATIONALE.

F

G

H

I

J

K

L

M

IMPRIMERIE NATIONALE.

N

O

P

R

S

IMPRIMERIE NATIONALE.

T

U

V

www.ingramcontent.com/pod-product-compliance
Lightning Source LLC
Chambersburg PA
CBHW060749230426
43667CB00010B/1498
* 9 7 8 2 0 1 2 5 5 9 0 5 9 *